随机过程与控制

郭业才　编著

气象出版社
China Meteorological Press

内容提要

本书系统介绍了随机过程与随机控制的基础知识与基本理论，主要有随机过程与随机控制两部分。随机过程部分包括随机信号基础、随机过程的统计特性、随机分析及平稳随机过程、正态随机过程、泊松过程及马尔可夫链等内容；随机控制部分包括随机系统的自回归滑动平均模型与受控自回归滑动平均模型的统计特性、参数辨识、模型定阶及预测、滤波与平滑及最小差方控制，随机系统状态模型与最优状态估计等内容。选材注重基础性、实用性、新颖性与实践性，内容论述由浅入深、逻辑严谨、表述清晰，符合工科学生的认知规律。

本书可作为信息与通信工程、电子与通信工程、控制理论与控制工程、电路与系统、大气科学等专业的研究生教材；也可作为电子信息类专业及大气科学专业高年级本科生教材；也可作为工程技术人员的参考用书。

图书在版编目(CIP)数据

随机过程与控制/郭业才编著. —北京：气象出版社，2013.8

ISBN 978-7-5029-5751-3

Ⅰ.①随… Ⅱ.①郭… Ⅲ.①随机过程-高等学校-教材 ②随机控制-高等学校-教材 Ⅳ.①O211.6 ②O231

中国版本图书馆 CIP 数据核字(2013)第 167752 号

出版发行：气象出版社

地　　址：北京市海淀区中关村南大街 46 号　　**邮政编码**：100081

总 编 室：010-68407112　　**发 行 部**：010-68409198

网　　址：http://www.cmp.cma.gov.cn　　**E-mail**：qxcbs@cma.gov.cn

责任编辑：黄海燕　蔺学东　　**终　　审**：汪勤模

封面设计：博雅思企划　　**责任技编**：吴庭芳

印　　刷：三河市鑫利来印装有限公司

开　　本：720 mm×960 mm　1/16　　**印　　张**：22

字　　数：425 千字

版　　次：2013 年 8 月第 1 版　　**印　　次**：2013 年 8 月第 1 次印刷

定　　价：42.00 元

本书如存在文字不清、漏印以及缺页、倒页、脱页等，请与本社发行部联系调换

前 言

在现实中存在这样一类自然现象,它的演变过程是不能事先预知的,这就是随机现象。描述这类随机现象的数学模型就是随机过程。在随机过程的基础上,以“试试看”的思想进行的控制活动是随机控制,随机控制的对象是随机系统。随机系统内部含有随机参数,外部含有随机干扰和观测噪声等。任何实际的系统都含有随机因素,但在很多情况下可以忽略这些因素;当这些因素不能忽略时,按确定性控制理论设计的控制系统的行为就会偏离预定的设计要求,而产生随机偏差量。以随机系统的动态特性及随机系统的分析和控制为内容开展研究的理论,称为随机控制理论。它以随机过程理论为数学工具,以随机控制系统为研究对象,通过控制器的最优设计来预测被控系统的随机偏差量值的大小和极限,并使这种随机偏差的量值达到最小为目标。其内容涉及数学模型的建立、系统分析、系统估计、卡尔曼滤波、随机最优控制、系统辨识和参数估计等。

随机过程和随机控制理论广泛应用于雷达与通信、天文与气象、经济与市场、航天、航空、海洋工程、工程控制、生物医学等许多领域,是高等理工科院校研究生、高年级本科生及科技工作者必须掌握的基本知识、基本理论和基本方法。

本书是作者根据多年教学经验和体会,从工程角度出发,在取材和阐述方式上,力求由易到难、由浅入深、由简到繁,既注重知识体系的系统性和完整性,又突出工程实用性和新颖性,具有以下特点:

(1)内容拓展性。根据随机过程与随机控制系统的内在联系进行编写,章节内容构成了从随机现象出现到随机系统辨识、决策、控制与预测的体系结构;同时,注重章节内容之间的合理衔接与划分,层次分明,重点突出。

(2)体系新颖性。整个知识点起点高,基本理论和方法思想阐述清晰,循序渐进;同时,注意吸收新理论与新技术成果,构成了从随机过程到随机控制的新体系。

(3)方法实用性。围绕随机系统中发生随机现象的各个环节特点及解决问题的方法与技巧展开剖析,融思想性、科学性、新颖性与实用性于一体,从理论分析到实际应用都有利于读者把握分析问题、解决问题的科学方法精髓。

(4)思维引导性。对基本理论与方法给出了详细的论证推导过程,读者可按拓展与延伸方法对提高性理论与方法进行论证推导，有利于提高读者分析问题和解决问题的能力。

(5)实例融入性。每章的重点内容都配有通信、随机控制、天气预报、信号处理等领域的应用实例分析与较多习题，以激发读者学用结合、学研结合的思维。

本书在编写过程中参阅了大量文献，书后所列参考文献为本书的基本内容提供了极好的素材，本书还引用了某些文献的部分内容并对其进行了吸收与消化，在此，谨向有关作者表示谢意。同时，本书还得到了南京信息工程大学教材建设基金立项项目（No. 12JCLX025）、南京信息工程大学 2013 年校级重点教材立项项目（No. 13ZDJC014）、江苏省高校“十二五”重点专业建设项目（No. 164）、江苏省高校自然科学研究重大项目（13KJA510001）及气象出版社的大力支持，在此表示衷心的感谢。

由于编者水平有限，难免有不少谬误和疏漏，恳请读者给予批评指正。

郭业才

2013 年 7 月

目　录

第 1 章　基础知识

【内容导读】 本章给出了概率、随机变量、随机向量、复随机变量、高斯随机变(向)量等重要概念;讨论了随机变量的分布函数与概率密度函数、随机向量的分布函数与概率密度函数、随机变(向)量函数的分布函数与概率密度函数;分析了随机变(向)量的数字特征,包括均值、方差、相关矩与协方差、相关系数等;介绍了随机变量的矩母函数、特征函数及拉普拉斯变换。

本章的目的是在概率论的基础上,建立客观事物及其概率的数学模型。从而使学生在已学概率论的基础上,对随机现象本质的理解达到进一步的深化。

随机过程的基础是概率论。本章将对随机变(向)量的概念、分布、数字特征等与随机过程分析密切相关的特性进行概述。

1.1　概率

1.1.1　随机试验与样本空间

【定义 1.1】如果一个试验具有以下共同特点:

①可以在相同的条件下重复进行;

②事先不能确定会出现哪一个试验结果;

③每次试验的可能结果不止一个,并且可以预知试验的所有可能结果。

则称该试验为随机试验,记为 E。

【定义 1.2】在个别试验中,试验结果呈现出不确定性;在大量重复试验中,试验结果遵从统计规律性的现象,称之为随机现象。

【定义 1.3】随机试验 E 的所有可能结果组成的集合称为 E 的样本空间,记为 S。样本空间中的元素 s,也就是随机试验 E 的一个结果,称为样本点。

1.1.2 随机事件及其概率与独立性

1)事件域与概率

【定义 1.4】把试验 E 的样本空间 S 的子集(子集的组成规则是任意的)称为 E 的随机事件,简称事件。如果在试验中,该子集的样本点出现,则称该事件发生。

可见,事件是样本空间 S 的一个子集,但一般不将 S 的一切子集都作为事件,而是将具有某限制而又相当广泛的一类 S 的子集称作事件域。

【定义 1.5】设试验 E 的样本空间 S 的一些子集的集合为$\mathbb{S}$,如果满足:

①$S\in\mathbb{S}$;

②若 $A\in\mathbb{S}$,则 A 的补集$\overline{A}\in\mathbb{S}$;

③若对任意的 $n=1,2,\cdots,A_n\in\mathbb{S}$,则$\bigcup\limits_{n=1}^{\infty}A_n\in\mathbb{S}$。

则称$\mathbb{S}$为事件域,$\mathbb{S}$中的元素为事件。

事件域具有如下性质:

①空集 $\phi\in\mathbb{S}$;

②若对任意的 $n=1,2,\cdots,A_n\in\mathbb{S}$,则$\bigcap\limits_{n=1}^{\infty}A_n\in\mathbb{S}$;

③若 $A,B\in\mathbb{S}$,则 $A-B\in\mathbb{S}$。

【定义 1.6】设试验 E 的样本空间 S 的一个事件域为$\mathbb{S}$,$P(A)$是$\mathbb{S}$上的实值函数,且满足:

①若对任意 $A\in\mathbb{S},P(A)\geqslant 0$;

②$P(S)=1$;

③若对任意的 $n=1,2,\cdots,A_n\in\mathbb{S}$及 $A_iA_j=\phi(i\neq j)$,且有

$$P(\bigcup_{n=1}^{\infty}A_n)=\sum_{n=1}^{\infty}P(A_n)$$

称 $P(A)$为事件 A 的概率。事件 A 的概率表示了事件 A 发生可能性大小(数值)。

【定义 1.7】由样本空间 S,事件域$\mathbb{S}$和概率 P 构成的三元有序总体$(S,\mathbb{S},P)$,称为概率空间。

2)事件的分类

①基本事件:由一个样本点组成的单点集。

②必然事件:在每次试验时必然发生的事件。样本空间 S 是自身的子集。

③不可能事件:在每次试验时都不会发生。空集 ϕ 是 S 的子集,但是不包含任何样本点。

3)事件间与相应概率间关系

①包含:如果事件 A 发生必然导致事件 B 发生,则称 B 包含了 A,记为 $A\subset B$ 或 $B\supset A$,且

$$P(A)\leqslant P(B) \tag{1.1.1}$$

$$P(B-A)=P(B)-P(A) \tag{1.1.2}$$

②交(或积):事件 A 与 B 同时发生,记为 $A\cap B$ 或(AB);其概率记为 $P(A\cap B)$ 或 $P(AB)$。

③并(或和):事件 A 与 B 中至少有一个发生,记为 $A\cup B$,则

$$P(A\cup B)=P(B)+P(A)-P(AB) \tag{1.1.3}$$

④不相容:若事件 A 与事件 B 不能同时发生,即 $AB=\phi$,则称事件 A 与 B 互不相容,且

$$P(AB)=P(\phi)=0 \tag{1.1.4}$$

⑤对立(互逆):若 A 是一个事件,称 $\overline{A}$ 是 A 的对立事件(或逆事件),即 $A\overline{A}=\phi$,$A\cup\overline{A}=S$,有

$$P(A\cup\overline{A})=P(S)=1 \tag{1.1.5}$$

$$P(\overline{A})=1-P(A) \tag{1.1.6}$$

⑥有限可加性:若 $A_1,A_2,\cdots,A_n$ 是两两互不相容的事件,则有

$$P(A_1\cup A_2\cup\cdots\cup A_n)=P(A_1)+P(A_2)+\cdots+P(A_n) \tag{1.1.7}$$

4)条件概率

【定义1.8】设 A,B 是两个事件,且 $P(A)>0$,称 $P(B|A)=P(AB)/P(A)$ 为在事件 A 发生的条件下事件 B 发生的条件概率。

①条件概率乘法公式

设有事件 $A_1,A_2,\cdots,A_n$,且 $P(A_1A_2\cdots A_n)>0$,则

$$P(A_1A_2\cdots A_n)=P(A_1)P(A_2\mid A_1)P(A_3\mid A_1A_2)\cdots P(A_n\mid A_1A_2\cdots A_{n-1}) \tag{1.1.8}$$

②全概率公式

设试验 E 的样本空间为 S,A 为 E 的事件,$B_1,B_2,\cdots,B_n$ 为 S 的一个划分,且 $P(B_i)>0(i=1,2,\cdots,n)$,则有

$$P(A)=P(A\mid B_1)P(B_1)+P(A\mid B_2)P(B_2)+\cdots+P(A\mid B_n)P(B_n) \tag{1.1.9}$$

③贝叶斯公式

设试验 E 的样本空间为 S,A 为 E 的事件,$B_1,B_2,\cdots,B_n$ 为 S 的一个划分,且 $P(A)>0$,$P(B_i)>0(i=1,2,\cdots,n)$,则有

$$P(B_i \mid A)=\frac{P(AB_i)}{P(A)}=\frac{P(A \mid B_i)P(B_i)}{\sum_{n=1}^{\infty}P(A \mid B_n)P(B_n)} \tag{1.1.10}$$

5)独立事件

【定义 1.9】设 $A_1,A_2,\cdots,A_n$ 是 n 个事件,如果对于任意 $k(1\leqslant k\leqslant n)$ 及 $1\leqslant i_1<i_2<\cdots<i_k\leqslant n$,都有

$$P(A_{i_1}A_{i_2}\cdots A_{i_k})=P(A_{i_1})P(A_{i_2})\cdots P(A_{i_k}) \tag{1.1.11}$$

则称 $A_1,A_2,\cdots,A_n$ 为相互独立的事件。

显然,若 $A_1,A_2,\cdots,A_n$ 独立,则 $A_1,A_2,\cdots,A_n$ 中的任意两个都是独立的(称之为两两独立);反之,若 $A_1,A_2,\cdots,A_n$ 两两独立,则未必有 $A_1,A_2,\cdots,A_n$ 独立。

1.2　随机变量及其分布

为了全面地研究随机试验的结果,揭示客观存在着的统计规律性,现将随机试验的结果与实数对应起来,将随机试验的结果数量化,引入随机变量的概念。

1.2.1　随机变量的分布函数与概率密度

1)随机变量的分布函数与性质

【定义 1.10】设 S 是随机试验 E 的样本空间,$\mathbb{S}$是 S 的一个事件域,在概率空间 $(S,\mathbb{S},P)$中,$X(s)$是定义在 S 上的单值实函数,如果对于任意的实数 x,$\{X(s)\leqslant x\}\in\mathbb{S}$,则称 $X(s)$为$(S,\mathbb{S},P)$上的一个随机变量,记为 X。称

$$F_X(x)=P\{X\leqslant x\}=P\{X\in(-\infty,x]\} \tag{1.2.1}$$

为随机变量 X 的概率分布函数或分布函数。

如果随机变量 X 的全部可能取到的值是有限多个或可列无限多个,则称 X 为离散(型)随机变量;如果随机变量 X 的全部可能取到的值是不可列的,则称 X 为连续型随机变量。

对于离散随机变量,有

$$F_X(x)=\sum_{i=1}^{\infty}P\{X=x_i\} \tag{1.2.2}$$

概率分布函数有如下性质:

①$F_X(x)$是 x 的单调非减函数,即对于 $x_2>x_1$,有

$$F_X(x_2)\geqslant F_X(x_1) \tag{1.2.3}$$

②$F_X(x)$为非负函数,且满足

$$0\leqslant F_X(x)\leqslant 1 \tag{1.2.4}$$

而且 $F(-\infty)=\lim_{x\to-\infty}F(x)=0$，$F(+\infty)=\lim_{x\to+\infty}F(x)=1$。

③随机变量在区间 $(x_1,x_2]$ 内的概率为

$$P\{x_1 < X \leqslant x_2\} = F_X(x_2) - F_X(x_1) \tag{1.2.5}$$

④$F(x)$ 是右连续，即

$$F_X(x^+) = F_X(x) \tag{1.2.6}$$

离散随机变量的分布函数除满足以上性质外，还具有阶梯形式，阶跃的高度等于随机变量在该点的概率，即

$$F_X(x) = P\{X \leqslant x\} = \sum_{i=1}^{n} P(X = x_i)u(x - x_i) = \sum_{i=1}^{n} P_i u(x - x_i) \tag{1.2.7}$$

式中，$u(x)$ 为单位阶跃函数，$P_i=P(X=x_i)$。

2）随机变量的概率密度函数

【定义 1.11】如果对于连续型随机变量 X 的分布函数 $F_X(x)$，若存在非负函数 $f_X(x)\geqslant 0$，使对于任意实数 x，有

$$F_X(x) = \int_{-\infty}^{x} f_X(t)\,\mathrm{d}t \tag{1.2.8}$$

则称函数 $f_X(x)$ 为随机变量 X 的概率密度函数，简称概率密度。反之，如果已知连续型随机变量 X 的分布函数 $F_X(x)$，则其概率密度函数为

$$f_X(x) = \frac{\mathrm{d}F_X(x)}{\mathrm{d}x} \tag{1.2.9}$$

概率密度函数有如下性质：

①概率密度函数为非负函数，即

$$f_X(x) \geqslant 0 \tag{1.2.10}$$

②概率密度函数在整个取值区间的积分为 1，即

$$\int_{-\infty}^{\infty} f_X(x)\,\mathrm{d}x = 1 \tag{1.2.11}$$

③概率密度函数在区间 $(x_1,x_2]$ 的积分，给出了该区间的概率，即

$$P\{x_1 < X \leqslant x_2\} = F_X(x_2) - F_X(x_1) = \int_{x_1}^{x_2} f_X(x)\,\mathrm{d}x \tag{1.2.12}$$

从前文对离散型随机变量分布函数的讨论可知，在定义冲激函数 $\delta(x)$ 后，则离散型随机变量的概率密度为

$$f_X(x) = \sum_{i=1}^{\infty} P(X = x_i)\delta(x - x_i) = \sum_{i=1}^{\infty} P_i\delta(x - x_i) \tag{1.2.13}$$

1.2.2 随机向量的分布函数与概率密度

1)随机向量的分布函数

【定义 1.12】设 $X_1,X_2,\cdots,X_n$ 是定义在概率空间$(S,\mathbb{S},P)$中的 n 个随机变量，则称 $\boldsymbol{X}=(X_1,X_2,\cdots,X_n)$为概率空间$(S,\mathbb{S},P)$中的一个 n 维随机向量。

n 维随机向量取值于 n 维实数空间$\mathbb{R}^n$，对于 n 个实数 $x_1,x_2,\cdots,x_n$，由于

$$\{X_1\leqslant x_1,X_2\leqslant x_2,\cdots,X_n\leqslant x_n\}=\bigcap_{k=1}^{n}\{X_k\leqslant x_k\}\in\mathbb{S}$$

因此，n 维随机向量的概率是存在的。

【定义 1.13】设 $\boldsymbol{X}=(X_1,X_2,\cdots,X_n)$是定义在概率空间$(S,\mathbb{S},P)$中的 n 维随机变量，则称

$$F_{\boldsymbol{X}}(x_1,x_2,\cdots,x_n)=P(X_1\leqslant x_1,X_2\leqslant x_2,\cdots,X_n\leqslant x_n) \tag{1.2.14}$$

为 n 维随机向量 $\boldsymbol{X}$ 的分布函数，也称为 n 个随机变量 $X_1,X_2,\cdots,X_n$ 的联合分布函数。

如果随机向量 $\boldsymbol{X}$ 只取有限多个或可列无限多个不同的向量值，则称 $\boldsymbol{X}$ 为离散型随机向量；如果随机向量 $\boldsymbol{X}$ 全部可能取到的不同向量值是不可列的，则称 $\boldsymbol{X}$ 为连续型随机向量。

【定义 1.14】对于连续型随机向量 $\boldsymbol{X}$ 的分布函数 $F_{\boldsymbol{X}}(x_1,x_2,\cdots,x_n)$，如果存在非负可积函数 $f_{\boldsymbol{X}}(x_1,x_2,\cdots,x_n)$，使对于任意 n 个实数 $x_1,x_2,\cdots,x_n$，有

$$F_{\boldsymbol{X}}(x)=\int_{-\infty}^{x_1}\int_{-\infty}^{x_2}\cdots\int_{-\infty}^{x_n}f_{\boldsymbol{X}}(u_1,u_2,\cdots,u_n)\mathrm{d}u_1\mathrm{d}u_2\cdots\mathrm{d}u_n \tag{1.2.15}$$

则称函数 $f_{\boldsymbol{X}}(x_1,x_2,\cdots,x_n)$为连续随机向量 $\boldsymbol{X}$ 的概率密度函数，简称概率密度。反之，如果连续型随机向量 $\boldsymbol{X}$ 的分布函数 $F_{\boldsymbol{X}}(x_1,x_2,\cdots,x_n)$是$\mathbb{R}^n$ 上的连续函数，则其概率密度为

$$f_{\boldsymbol{X}}(x_1,x_2,\cdots,x_n)=\frac{\partial^n F_{\boldsymbol{X}}(x_1,x_2,\cdots,x_n)}{\partial x_1\partial x_2\cdots\partial x_n} \tag{1.2.16}$$

$f_{\boldsymbol{X}}(x_1,x_2,\cdots,x_n)$有如下性质：

① $f_{\boldsymbol{X}}(x_1,x_2,\cdots,x_n)\geqslant 0$；

② $\int_{-\infty}^{\infty}\int_{-\infty}^{\infty}\cdots\int_{-\infty}^{\infty}f_{\boldsymbol{X}}(u_1,u_2,\cdots,u_n)\mathrm{d}u_1\mathrm{d}u_2\cdots\mathrm{d}u_n=1$。

2)边缘分布函数与边缘概率密度

特别地，当 $n=2$ 时，n 维连续随机向量 $\boldsymbol{X}$ 就是二维连续随机向量，记为 $\boldsymbol{X}=(X_1,X_2)$。

二维随机向量 $\boldsymbol{X}=(X_1,X_2)$的分布函数或随机变量 X_1 和 X_2 的联合分布函数为

$$F_{X_1X_2}(x_1,x_2)=P\{(X_1\leqslant x_1)\cap(X_2\leqslant x_2)\}=P\{X_1\leqslant x_1,X_2\leqslant x_2\} \tag{1.2.17}$$

二维随机向量 $\boldsymbol{X}=(X_1,X_2)$ 的概率密度或随机变量 X_1 和 X_2 的联合概率密度为

$$f_{\boldsymbol{X}}(x_1,x_2)=\frac{\partial^2 F_{\boldsymbol{X}}(x_1,x_2)}{\partial x_1 \partial x_2} \tag{1.2.18}$$

二维随机向量 $\boldsymbol{X}=(X_1,X_2)$ 关于 X_1 和 X_2 的边缘分布函数为

$$\begin{cases} F_{X_1}(x_1)=F_{\boldsymbol{X}}(x_1,\infty)=\displaystyle\int_{-\infty}^{x_1}\left[\int_{-\infty}^{\infty} f_{\boldsymbol{X}}(x_1,x_2)\mathrm{d}x_2\right]\mathrm{d}x_1 \\ F_{X_2}(x_2)=F_{\boldsymbol{X}}(\infty,x_2)=\displaystyle\int_{-\infty}^{x_2}\left[\int_{-\infty}^{\infty} f_{\boldsymbol{X}}(x_1,x_2)\mathrm{d}x_1\right]\mathrm{d}x_2 \end{cases} \tag{1.2.19}$$

式中，$F_{X_1}(x_1)$、$F_{X_2}(x_2)$ 分别为随机变量 X_1 和 X_2 的分布函数，依次称为二维随机向量 $\boldsymbol{X}=(X_1,X_2)$ 关于 X_1 和 X_2 的边缘分布函数。边缘分布函数可以由 $\boldsymbol{X}=(X_1,X_2)$ 的分布函数 $F_{\boldsymbol{X}}(x_1,x_2)$ 按式(1.2.19)确定。

二维随机向量 $\boldsymbol{X}=(X_1,X_2)$ 关于 X_1 和 X_2 的边缘概率密度为

$$\begin{cases} f_{X_1}(x_1)=\displaystyle\int_{-\infty}^{\infty} f_{\boldsymbol{X}}(x_1,x_2)\mathrm{d}x_2 \\ f_{X_2}(x_2)=\displaystyle\int_{-\infty}^{\infty} f_{\boldsymbol{X}}(x_1,x_2)\mathrm{d}x_1 \end{cases} \tag{1.2.20}$$

式中，$f_{X_1}(x_1)$、$f_{X_2}(x_2)$ 分别为随机变量 X_1 和 X_2 的概率密度，依次称为二维随机向量 (X_1,X_2) 关于 X_1 和 X_2 的边缘概率密度。边缘概率密度可以由 (X_1,X_2) 的概率密度 $f_{X_1X_2}(x_1,x_2)$ 按式(1.2.20)确定。

3)条件分布和独立性

设概率空间 $(S,\mathbb{S},P)$ 中的两个随机变量 X 和 Y，在 $X\leqslant x$ 的条件下，随机变量 Y 的条件概率分布函数和条件概率密度分别为

$$F_Y(y\mid x)=\frac{F_{XY}(x,y)}{F_X(x)} \tag{1.2.21}$$

$$f_Y(y\mid x)=\frac{f_{XY}(x,y)}{f_X(x)} \tag{1.2.22}$$

若有 $f_X(x|y)=f_X(x)$，$f_Y(y|x)=f_Y(y)$，则称 X 与 Y 是相互统计独立的两个随机变量。

两个随机变量相互统计独立的充要条件为

$$f_{XY}(x,y)=f_X(x)f_Y(y) \tag{1.2.23}$$

即随机变量 X 与 Y 的二维联合概率密度等于 X 和 Y 的边缘概率密度的乘积。

n 维随机向量中 n 个随机变量相互统计独立的充要条件是对所有的 $x_1,x_2,\cdots,x_n$，满足

$$f_{\boldsymbol{X}}(x_1,x_2,\cdots,x_n)=f_{X_1}(x_1)f_{X_2}(x_2)\cdots f_{X_n}(x_n)=\prod_{i=1}^{n} f_{X_i}(x_i) \tag{1.2.24}$$

1.3 随机变量的数字特征

随机变量的数字特征主要有均值、方差和相关矩等。

1.3.1 数学期望(期望、均值、统计平均、集合平均)与方差

1)数学期望

【定义 1.15】设 $F_X(x)$是随机变量 X 的分布函数,若

$$\int_{-\infty}^{\infty} |x| \mathrm{d}F_X(x) < +\infty$$

则称

$$m_X = E[X] = \begin{cases} \int_{-\infty}^{\infty} x f_X(x)\mathrm{d}x & X \text{ 为连续的} \\ \sum_{i=1}^{\infty} x_i P\{X = x_i\} = \sum_{i=1}^{\infty} x_i P_i & X \text{ 为离散的} \end{cases} \tag{1.3.1}$$

为随机变量 X 的数学期望。随机变量 X 的数学期望有着明确的物理意义:如果把概率密度 $f_X(x)$看成是 X 轴的密度,那么其数学期望便是 X 轴的几何重心。数学期望有如下性质:

①设 C 是常数,则

$$E[C] = C \tag{1.3.2}$$

②设 X 是一个随机变量,C 是常数,则

$$E(CX) = CE(X) \tag{1.3.3}$$

③设 X 与 Y 是两个随机变量,则有

$$E(X+Y) = E(X) + E(Y) \tag{1.3.4}$$

④设 X 与 Y 是相互独立的随机变量,则有

$$E(XY) = E(X)E(Y) \tag{1.3.5}$$

2)方差

【定义 1.16】设 $F_X(x)$是随机变量 X 的分布函数,若

$$\int_{-\infty}^{\infty} (x - E[X])^2 \mathrm{d}F_X(x) < +\infty$$

则称

$$D(X) = \sigma_X^2 = \begin{cases} \int_{-\infty}^{\infty} (x - E[X])^2 f_X(x)\mathrm{d}x \\ \sum_{i=1}^{\infty} (x_i - E[X])^2 P(X = x_i) = \sum_{i=1}^{\infty} (x_i - E[X])^2 P_i \end{cases} \tag{1.3.6}$$

为随机变量 X 的方差。方差反映了随机变量 X 的取值与其均值之间的偏离程度，或者是随机变量在数学期望附近的离散程度。

方差开方后称为标准差或均方差

$$\sigma(X)=\sqrt{D(X)} \tag{1.3.7}$$

方差有如下性质：

①设 C 是常数，则

$$D(C)=0 \tag{1.3.8}$$

②设 X 是随机变量，C 是常数，则

$$D(CX)=C^2D(X) \tag{1.3.9}$$

③设 X 与 Y 是相互独立的随机变量，则有

$$D(X+Y)=D(X)+D(Y) \tag{1.3.10}$$

数学期望的不同表现为概率密度曲线沿横轴平移的距离不同，而方差的不同则表现为概率密度函数曲线在数学期望附近的集中程度。

【例 1.1】已知高斯随机变量 X 的概率密度为 $f_X(x)=\frac{1}{\sqrt{2\pi}\sigma}e^{-\frac{(x-m)^2}{2\sigma^2}}$（$m$ 为 X 的均值，σ^2 为 X 的方差），求其数学期望和方差。

解：根据数学期望和方差的定义

$$E(X)=\int_{-\infty}^{\infty}xf_X(x)\mathrm{d}x=\int_{-\infty}^{\infty}\frac{1}{\sqrt{2\pi}\sigma}e^{-\frac{(x-m)^2}{2\sigma^2}}\mathrm{d}x$$

令 $t=\frac{x-m}{\sigma}$，$\mathrm{d}x=\sigma\mathrm{d}t$，代入上式并整理

$$E(X)=\frac{\sigma}{\sqrt{2\pi}}\int_{-\infty}^{\infty}te^{-\frac{t^2}{2}}\mathrm{d}t+\frac{m}{\sqrt{2\pi}}\int_{-\infty}^{\infty}e^{-\frac{t^2}{2}}\mathrm{d}t=0+\frac{m}{\sqrt{2\pi}}\cdot\sqrt{2\pi}=m$$

$$D(X)=\int_{-\infty}^{\infty}(x-m)^2f_X(x)\mathrm{d}x=\int_{-\infty}^{\infty}\frac{(x-m)^2}{\sqrt{2\pi}\sigma}e^{-\frac{(x-m)^2}{2\sigma^2}}\mathrm{d}x$$

与前面做同样的变换，即令 $t=\frac{x-m}{\sigma}$ 整理后，得

$$D(X)=\frac{2\sigma^2}{\sqrt{2\pi}}\int_{0}^{\infty}t^2e^{-\frac{t^2}{2}}\mathrm{d}t$$

查数学手册的积分表，可得

$$\int_0^{\infty}x^{2n}e^{-ax^2}\mathrm{d}x=\frac{1\times3\times\cdots\times(2n-1)}{2^{n+1}a^n}\sqrt{\frac{\pi}{a}}$$

令 $n=1$ 及 $a=\frac{1}{2}$，利用上式的积分结果，可得

$$D(X) = \frac{2\sigma^2}{\sqrt{2\pi}} \frac{\sqrt{2\pi}}{2} = \sigma^2$$

可见，高斯变量的概率密度由它的数学期望和方差唯一决定。

1.3.2　条件数学期望

1)条件数学期望

【定义 1.17】设(X,Y)为离散随机向量，在给定$Y=y$和条件分布律$f_{X|Y}(x|y)=P(X=x|Y=y)$后，若

$$\sum_x^{\infty} |x| P(X=x \mid Y=y) < +\infty$$

则称

$$E[X \mid Y] = \sum_x^{\infty} xP(X=x \mid Y=y) \tag{1.3.11}$$

为X在$Y=y$条件下的条件数学期望。同理，Y在$X=x$条件下的条件数学期望为

$$E[Y \mid X] = \sum_x^{\infty} yP(Y=y \mid X=x) \tag{1.3.12}$$

【定义 1.18】设(X,Y)为连续随机向量，在给定$Y=y$和条件概率密度$f_{X|Y}(x|y)=P(X\leqslant x|Y=y)$，若

$$\int x\mathrm{d}F_{X|Y}(x \mid y) < +\infty$$

则称

$$E[X \mid Y] = \int xf_{X|Y}(x \mid y)\mathrm{d}x \tag{1.3.13}$$

为X在$Y=y$条件下的条件数学期望。同理，Y在$X=x$条件下的条件数学期望为

$$E[Y \mid X] = \int_{-\infty}^{\infty} yf_{Y|X}(y \mid x)\mathrm{d}y \tag{1.3.14}$$

【例 1.2】设随机向量(X,Y)的概率密度为

$$f_{XY}(x,y) = \begin{cases} \dfrac{1}{y}\mathrm{e}^{-\left(\frac{x}{y}+y\right)} & x>0, y>0 \\ 0 & x\leqslant 0, y\leqslant 0 \end{cases}$$

试求$E[X|Y]$。

解：因为

$$f_Y(y) = \int_{-\infty}^{\infty} f_{XY}(x,y)\mathrm{d}x = \begin{cases} \mathrm{e}^{-y} & y>0 \\ 0 & y\leqslant 0 \end{cases}$$

所以，有

$$f_{X|Y}(x \mid y) = \begin{cases} \frac{1}{y}\mathrm{e}^{-\frac{x}{y}} & x > 0 \\ 0 & x \leqslant 0 \end{cases}$$

所以，在 $Y=y$ 的条件下，X 的条件数学期望为

$$E[X \mid Y] = \int_{-\infty}^{\infty} x f_{X|Y}(x \mid y)\mathrm{d}x = \int_0^{\infty} \frac{x}{y}\mathrm{e}^{-\frac{x}{y}}\mathrm{d}x = y$$

2)条件数学期望的性质

①设 X 和 Y 是随机变量，则有

$$E\{E[X \mid Y]\} = E[X] = \begin{cases} \sum_y P[Y=y]E[X \mid y] & (X,Y)\text{ 为离散的} \\ \int_{-\infty}^{\infty} E[X \mid y]f_Y(y)\mathrm{d}y & (X,Y)\text{ 为连续的} \end{cases} \tag{1.3.15}$$

证明：若(X,Y)为离散随机变量，则

$$\begin{aligned} \sum_y P[Y=y]E[X \mid Y] &= \sum_y \sum_x xP(X=x \mid Y=y)P(Y=y) \\ &= \sum_y \sum_x xP(X=x, Y=y) = E[X] \end{aligned}$$

若(X,Y)为连续随机变量，则

$$\begin{aligned} E\{E[X \mid Y]\} &= \int_{-\infty}^{\infty} E[X \mid y]f_Y(y)\mathrm{d}y \\ &= \int_{-\infty}^{\infty}\left[\int_{-\infty}^{\infty} x f_{X|Y}(x \mid y)\mathrm{d}x\right]f_Y(y)\mathrm{d}y \\ &= \int_{-\infty}^{\infty} x f_{XY}(x,y)\mathrm{d}x\mathrm{d}y \\ &= E[X] \end{aligned}$$

②设 X 和 Y 是随机变量，a,b 为常数，则

$$E[(aX_1 + bX_2) \mid Y] = aE[X_1 \mid Y] + bE[X_2 \mid Y] \tag{1.3.16}$$

③设 X 和 Y 是随机变量，$g(x)$、$h(x)$为一般的函数，则

$$E[g(X)h(Y) \mid Y] = h(Y)E[g(X) \mid Y] \tag{1.3.17}$$

④设 X 为随机变量，则

$$E[X \mid X] = E[X] \tag{1.3.18}$$

⑤设 X 和 Y 是相互独立的随机变量，则

$$E[X \mid Y] = E[X] \tag{1.3.19}$$

1.4 矩母函数、特征函数与拉普拉斯变换

1)矩母函数

【定义 1.19】设随机变量 X 的分布函数为 $F_X(x)$,称

$$\psi(t)=E[e^{tX}]=\int_{-\infty}^{\infty}e^{tx}\,dF_X(x) \tag{1.4.1}$$

为 X 的矩母函数。

矩母函数刻画了随机变量的许多特征,是研究随机变量分布的主要工具。当随机变量 X 的矩母函数存在时,它唯一地确定了 X 的分布。这是因为由 $\psi(t)$ 的各阶导数在 $t=0$ 时的值,能得到各阶矩,即

$$\psi'(t)=E[Xe^{tX}]$$
$$\psi''(t)=E[X^2e^{tX}]$$
$$\vdots$$
$$\psi^{(n)}(t)=E[X^ne^{tX}]$$

在 $t=0$ 时,有

$$\psi^{(n)}(0)=E[X^n],n\geqslant 1 \tag{1.4.2}$$

若 X 和 Y 是相互独立的随机变量,则 $X+Y$ 的矩母函数为

$$\psi_{X+Y}(t)=\psi_X(t)\cdot\psi_Y(t) \tag{1.4.3}$$

典型分布的 $f(x)$、$\psi(t)$、均值与方差,如表 1.1 所示。

表 1.1 典型分布的 $f(x)$、$\psi(t)$、均值与方差

随机变量	分布类型	$f(x)$	$\psi(t)$	均值	方差
离散型	二项分布参数 n,p,$0\leqslant p\leqslant 1$	$\binom{n}{x}p^x(1-p)^{n-x}$ $x=0,1,\cdots,n$	$[pe^t+(1-p)]^n$	np	$np(1-p)$
	泊松分布参数 $\lambda>0$	$e^{-\lambda}\frac{\lambda^x}{x!}$ $x=0,1,\cdots$	$\exp\{\lambda(e^t-1)\}$	λ	λ
	几何分布参数 $0\leqslant p\leqslant 1$	$p(1-p)^{x-1}$ $x=1,2,\cdots$	$\frac{pe^t}{1-(1-p)e^t}$	$\frac{1}{p}$	$\frac{1-p}{p^2}$
	负二项分布参数,r,p	$\binom{x-1}{r-1}p^r(1-p)^{x-r}$ $x=r,r+1,\cdots$	$\left[\frac{pe^t}{1-(1-p)e^t}\right]^r$	$\frac{r}{p}$	$\frac{r(1-p)}{p^2}$

续表

随机变量	分布类型	$f(x)$	$\psi(t)$	均值	方差
连续型	(a,b)上均匀分布	$\dfrac{1}{b-a}, a<x<b$	$\dfrac{e^{tb}-e^{ta}}{t(b-a)}$	$\dfrac{a+b}{2}$	$\dfrac{(b-a)^2}{12}$
	指数分布参数 $\lambda>0$	$\lambda e^{-\lambda x}, x\geqslant 0$	$\dfrac{\lambda}{\lambda-t}$	$\dfrac{1}{\lambda}$	$\dfrac{1}{\lambda^2}$
	Γ—分布参数(n,λ), $\lambda>0$	$\dfrac{\lambda e^{-\lambda x}(\lambda x)^{n-1}}{(n-1)!}$	$\left(\dfrac{\lambda}{\lambda-t}\right)^n$	$\dfrac{n}{\lambda}$	$\dfrac{n}{\lambda^2}$
	正态分布参数 (m,σ^2)	$\dfrac{1}{\sqrt{2\pi}\sigma}e^{-(x-m)^2/2\sigma^2}$ $-\infty<x<\infty$	$\exp\left(mt+\dfrac{\sigma^2 t^2}{2}\right)$	m	σ^2
	B—分布参数 a,b, $a>0,b>0$	$cx^{a-1}(1-x)^{b-1}$ $0<x<1$ $c=\dfrac{\Gamma(a+b)}{\Gamma(a)\Gamma(b)}$		$\dfrac{a}{a+b}$	$\dfrac{ab}{(a+b)^2/(a+b+1)}$

2) 特征函数

【定义1.20】设 n 维随机向量 $\boldsymbol{X}=(X_1,X_2,\cdots,X_n)$ 的分布函数为 $F_{\boldsymbol{X}}(x_1,x_2,\cdots,x_n)$，则称

$$\psi_{\boldsymbol{X}}(\omega_1,\omega_2,\cdots,\omega_n) = E[e^{j(\omega_1 X_1+\omega_2 X_2+\cdots+\omega_n X_n)}]$$
$$= \int_{-\infty}^{\infty}\cdots\int_{-\infty}^{\infty} e^{j(\omega_1 x_1+\omega_2 x_2+\cdots+\omega_n x_n)} dF_{\boldsymbol{X}}(x_1,x_2,\cdots,x_n)$$

(1.4.4)

为 n 维随机向量 $\boldsymbol{X}$ 的第一特征函数。

特征函数 $\psi_{\boldsymbol{X}}(\omega_1,\omega_2,\cdots,\omega_n)$ 有如下性质：

① $$|\psi_{\boldsymbol{X}}(\omega_1,\omega_2,\cdots,\omega_n)| \leqslant \psi_{\boldsymbol{X}}(0,0,\cdots,0) = 1 \qquad (1.4.5)$$

$$\psi_{\boldsymbol{X}}(-\omega_1,-\omega_2,\cdots,-\omega_n) = \psi_{\boldsymbol{X}}^*(\omega_1,\omega_2,\cdots,\omega_n) \qquad (1.4.6)$$

证明：由于概率密度非负，且 $|e^{j(\omega_1 x_1+\omega_2 x_2+\cdots+\omega_n x_n)}|=1$，所以

$$|\psi_{\boldsymbol{X}}(\omega_1,\omega_2,\cdots,\omega_n)| = \left|\int_{-\infty}^{\infty}\cdots\int_{-\infty}^{\infty} f_{\boldsymbol{X}}(x_1,x_2,\cdots,x_n) e^{j(\omega_1 x_1+\omega_2 x_2+\cdots+\omega_n x_n)} dx_1 dx_2\cdots dx_n\right|$$
$$\leqslant \int_{-\infty}^{\infty}\cdots\int_{-\infty}^{\infty} f_{\boldsymbol{X}}(x_1,x_2,\cdots,x_n) dx_1 dx_2\cdots dx_n$$
$$= \psi_{\boldsymbol{X}}(0,0,\cdots,0) = 1$$

② 若 $\boldsymbol{A}$ 为 $n\times m$ 矩阵，$\boldsymbol{b}=(b_1,b_2,\cdots,b_m)$，$\boldsymbol{X}=(X_1,X_2,\cdots,X_n)$，则 $\boldsymbol{Y}=\boldsymbol{XA}+\boldsymbol{b}$ 的特征函数为

$$\psi_{\boldsymbol{Y}}(\omega_1,\omega_2,\cdots,\omega_n) = \psi_{\boldsymbol{Y}}(\boldsymbol{\omega}) = e^{j\boldsymbol{b}\boldsymbol{\omega}^T}\psi_{\boldsymbol{X}}(\boldsymbol{\omega}\boldsymbol{A}^T) \qquad (1.4.7)$$

证明：$\psi_Y(\omega)=E[\mathrm{e}^{\mathrm{j}\omega Y^T}]=E[\mathrm{e}^{\mathrm{j}\omega(XA+b)^T}]=\mathrm{e}^{\mathrm{j}\omega b^T}E[\mathrm{e}^{\mathrm{j}(\omega A^T)X^T}]=\mathrm{e}^{\mathrm{j}\omega b^T}\psi_X(\omega A^T)$

③相互独立随机变量之和的特征函数，等于各随机变量特征函数之积，即 $Y=\sum_{k=1}^{n}X_k$ 的特征函数，即

$$\psi_Y(\omega)=E[\mathrm{e}^{\mathrm{j}\omega\sum_{k=1}^{n}X_k}]=E[\prod_{k=1}^{n}\mathrm{e}^{\mathrm{j}\omega X_k}]=\prod_{k=1}^{n}E[\mathrm{e}^{\mathrm{j}\omega X_k}]=\prod_{k=1}^{n}\psi_{X_k}(\omega) \quad (1.4.8)$$

④设 n 维随机向量 $\boldsymbol{X}=(X_1,X_2,\cdots,X_n)$ 的特征函数为 $\psi_{\boldsymbol{X}}(\omega_1,\omega_2,\cdots,\omega_n)$，则对 $k\leqslant n$，k 维随机向量 $\boldsymbol{X}'=(X_1,X_2,\cdots,X_k)$ 的特征函数为

$$\psi_{\boldsymbol{X}'}(\omega_1,\omega_2,\cdots,\omega_k)=\psi_{\boldsymbol{X}}(\omega_1,\omega_2,\cdots,\omega_k,\underbrace{0,\cdots,0}_{(n-k)个}) \quad (1.4.9)$$

⑤设 n 维随机向量 $\boldsymbol{X}=(X_1,X_2,\cdots,X_n)$ 的 $k_1+k_2+\cdots+k_n$ 阶矩 $E[X_1^{k_1}X_2^{k_2}\cdots X_n^{k_n}]$存在，则

$$E[X_1^{k_1}X_2^{k_2}\cdots X_n^{k_n}]=(-\mathrm{j})^{\sum_{i=1}^{n}k_i}\left[\frac{\partial^{k_1+k_2+\cdots+k_n}\psi_{\boldsymbol{X}}(\omega_1,\omega_2,\cdots,\omega_n)}{\partial\omega_1^{k_1}\partial\omega_2^{k_2}\cdots\partial\omega_n^{k_n}}\right]\Bigg|_{\omega_1=\omega_2=\cdots=\omega_n=0} \quad (1.4.10)$$

该性质给出了特征函数与矩的关系。特别地，对于一维随机变量 X 的特征函数为

$$\psi_X(\omega)=E[\mathrm{e}^{\mathrm{j}\omega X}]=\begin{cases}\sum_{i=1}^{\infty}P(X=x_i)\mathrm{e}^{\mathrm{j}\omega x_i} & X\text{ 为离散的}\\ \int_{-\infty}^{\infty}f_X(x)\mathrm{e}^{\mathrm{j}\omega x}\mathrm{d}x & X\text{ 为连续的}\end{cases} \quad (1.4.11)$$

【定义 1.21】设 n 维随机向量 $\boldsymbol{X}=(X_1,X_2,\cdots,X_n)$ 的第一特征函数为 $\psi_{\boldsymbol{X}}(\omega_1,\omega_2,\cdots,\omega_n)$，则称

$$\Psi_{\boldsymbol{X}}(\omega_1,\omega_2,\cdots,\omega_n)=\ln\psi_{\boldsymbol{X}}(\omega_1,\omega_2,\cdots,\omega_n) \quad (1.4.12)$$

为 n 维随机向量 $\boldsymbol{X}$ 的第二特征函数。

由第二特征函数可得

$$\begin{aligned}c_{k_1+k_2+\cdots+k_n}&=(-\mathrm{j})^{\sum_{i=1}^{n}k_i}\left[\frac{\partial^{k_1+k_2+\cdots+k_n}\Psi_{\boldsymbol{X}}(\omega_1,\omega_2,\cdots,\omega_n)}{\partial\omega_1^{k_1}\partial\omega_2^{k_2}\cdots\partial\omega_n^{k_n}}\right]\Bigg|_{\omega_1=\omega_2=\cdots=\omega_n=0}\\&=(-\mathrm{j})^{\sum_{i=1}^{n}k_i}\left[\frac{\partial^{k_1+k_2+\cdots+k_n}\ln\psi_{\boldsymbol{X}}(\omega_1,\omega_2,\cdots,\omega_n)}{\partial\omega_1^{k_1}\partial\omega_2^{k_2}\cdots\partial\omega_n^{k_n}}\right]\Bigg|_{\omega_1=\omega_2=\cdots=\omega_n=0}\end{aligned} \quad (1.4.13)$$

$c_{k_1+k_2+\cdots+k_n}$ 称 n 维随机向量 $\boldsymbol{X}$ 的 $k_1+k_2+\cdots+k_n$ 阶累积量，由于 $c_{k_1+k_2+\cdots+k_n}$ 是用第二特征函数定义的，因此第二特征函数也称累积量生成函数。由式(1.4.10)和式

(1.4.13)可知：随机向量 $\boldsymbol{X}$ 的 n 阶矩和 n 阶累积量有着密切联系。

【例1.3】随机变量 X_1 与 X_2 为互相独立的高斯变量，其数学期望为零、方差为1，求 $Y=X_1+X_2$ 的概率密度。

解：数学期望为零、方差为1的高斯变量 X 的概率密度为

$$f_X(x)=\frac{1}{\sqrt{2\pi}}\mathrm{e}^{-\frac{x^2}{2}}$$

先根据定义求 X_1 与 X_2 的特征函数

$$\psi_{X_1}(\omega)=\int_{-\infty}^{\infty}f_{X_1}(x)\mathrm{e}^{\mathrm{j}\omega x}\,\mathrm{d}x=\mathrm{e}^{-\frac{\omega^2}{2}}$$

$$\psi_{X_2}(\omega)=\mathrm{e}^{-\frac{\omega^2}{2}}$$

由特征函数的性质

$$\psi_Y(\omega)=\psi_{X_1}(\omega)\psi_{X_2}(\omega)=\mathrm{e}^{-\omega^2}$$

Y 的概率密度为

$$f_Y(y)=\frac{1}{2\pi}\int_{-\infty}^{\infty}\psi_Y(\omega)\mathrm{e}^{-\mathrm{j}\omega y}\,\mathrm{d}\omega=\frac{1}{2\pi}\int_{-\infty}^{\infty}\mathrm{e}^{-\omega^2}\mathrm{e}^{-\mathrm{j}\omega y}\,\mathrm{d}\omega=\frac{1}{\sqrt{2\pi}}\mathrm{e}^{-\frac{y^2}{4}}$$

由此可见，借助傅里叶变换，比起直接求两个随机变量之和的概率密度要简单得多。

【例1.4】求数学期望为零的高斯变量 X 的各阶矩和各阶累积量。

解：数学期望为零、方差为 σ^2 的高斯变量 X 的概率密度为

$$f_X(x)=\frac{1}{\sqrt{2\pi}\sigma}\mathrm{e}^{-\frac{x^2}{2\sigma^2}}$$

X 的特征函数为

$$\psi_X(\omega)=\int_{-\infty}^{\infty}f_X(x)\mathrm{e}^{\mathrm{j}\omega x}\,\mathrm{d}x=\mathrm{e}^{-\frac{\sigma^2\omega^2}{2}}$$

X 的一、二阶矩为

$$E[X]=-\mathrm{j}(-\sigma^2\omega\,\mathrm{e}^{-\frac{\sigma^2\omega^2}{2}})\big|_{\omega=0}=0$$

$$E[X^2]=(-\mathrm{j})^2[(-\sigma^2\omega)^2\mathrm{e}^{-\frac{\sigma^2\omega^2}{2}}-\sigma^2\mathrm{e}^{-\frac{\sigma^2\omega^2}{2}}]\big|_{\omega=0}=\sigma^2$$

继续求出 n 阶矩

$$E[X]=\begin{cases}1\times3\times5\times\cdots\times(n-1)\sigma^n & n\text{ 为偶}\\0 & n\text{ 为奇}\end{cases}$$

可见，高斯变量 X 的 n 阶矩阵与阶数有关，主要与方差有关。另一方面，由第二特征函数

$$\Psi_X(\omega)=\ln\psi_X(\omega)=-\frac{\sigma^2\omega^2}{2}$$

并根据累积量与第二特征函数的关系式(1.4.13),得各阶累积量

$$c_1 = 0$$
$$c_2 = \sigma^2$$
$$c_n = 0 \quad (n > 2)$$

数学期望为零的高斯变量的前三阶矩与相应阶的累积量相同。

从例 1.4 可知:高斯变量 X 的高阶矩(二阶以上)不一定为零,而高斯变量 X 的 n 阶累积量在 $n>2$ 时为零。因此,当存在加性噪声时,由于高斯噪声的高阶累积量为零,可以在高阶累积量上检测非高斯信号。

3)相关矩与协方差

在 n 维随机向量 $\boldsymbol{X}=(X_1,X_2,\cdots,X_n)$ 的 $k_1+k_2+\cdots+k_n$ 阶矩 $E[X_1^{k_1}X_2^{k_2}\cdots X_n^{k_n}]$ 中,当 $k_1=1,k_2=1,k_i=0,i\geqslant 3$ 时,得到的二阶矩 $E[X_1X_2]$称为 X_1 和 X_2 的相关矩,记为 $R_{X_1X_2}$,即

$$R_{X_1X_2} = E[X_1X_2] \tag{1.4.14}$$

而称

$$C_{X_1X_2} = E\{[X_1 - E(X_1)][X_2 - E(X_2)]\} \tag{1.4.15}$$

为 X_1 和 X_2 的协方差。相关矩和协方差的关系为

$$C_{X_1X_2} = R_{X_1X_2} - E[X_1]E[X_2] = R_{X_1X_2} - m_{X_1}m_{X_2} \tag{1.4.16}$$

相关矩和协方差反映了两个随机变量相互之间的关联程度。用协方差对两个随机变量各自的均方差进行归一化处理,得到相关系数

$$r_{XY} = \frac{C_{XY}}{\sigma_X\sigma_Y} \tag{1.4.17}$$

相关系数只反映两个随机变量的关联程度,与随机变量的数学期望和方差均无关。

可以这样来理解统计独立与相关性:如果把二维随机变量看成平面上随机点的坐标,则统计独立表明随机点的两个坐标是随机的,它们之间没有任何联系。二维随机变量 X 和 Y 相互统计独立的充要条件为 $f_{XY}(x,y)=f_X(x)f_Y(y)$几乎处处成立。

相关是指两个坐标之间的线性相关程度。如果两个随机变量是完全相关的,那么随机点在平面上的分布将是一条直线,随机点的两个坐标严格遵循线性方程。如果两个随机变量的相关系数介于 0 和 ±1 之间,则两个坐标之间可能是以直线之外的其他方式联系起来的。随机变量 X 和 Y 不相关的充要条件为 $r_{XY}=0$(等价于 $R_{XY}=E[X]E[Y]$)。

两个随机变量统计独立,则它们必然不相关。反之则未必。

【例 1.5】随机变量 $Y=aX+b$,其中 X 为随机变量,a,b 为常数且 $a>0$,求 X 与 Y 的相关系数。

解:根据数学期望的定义,若 $E[X]=m_X$,则

$$E[Y]=E[X]+b=am_X+b=m_Y$$

先求协方差，再求相关系数

$$C_{XY}=E\{(X-E[X])(Y-E[Y])\}=\int_{-\infty}^{\infty}\int_{-\infty}^{\infty}(x-E[X])(y-E[Y])f_{XY}(x,y)\mathrm{d}x\mathrm{d}y$$

将 $Y=aX+b$，$m_Y=am_X+b$ 代入，并由概率密度性质，消去 y，得到

$$C_{XY}=a\int_{-\infty}^{\infty}(x-m_X)^2\left[\int_{-\infty}^{\infty}f_{XY}(x,y)\mathrm{d}y\right]\mathrm{d}x=a\int_{-\infty}^{\infty}(x-m_X)^2f_X(x)\mathrm{d}x=a\sigma_X^2$$

同理，将 $X=\dfrac{(Y-b)}{a}$，$m_X=\dfrac{(m_Y-b)}{a}$ 代入，并由概率密度性质，消去 x，则有

$$C_{XY}=\frac{1}{a}\int_{-\infty}^{\infty}(y-m_Y)^2\left[\int_{-\infty}^{\infty}f_{XY}(x,y)\mathrm{d}x\right]\mathrm{d}y=\frac{1}{a}\int_{-\infty}^{\infty}(y-m_Y)^2f_Y(y)\mathrm{d}y=\frac{\sigma_Y^2}{a}$$

由前两式联立，解得

$$\sigma_Y^2=a^2\sigma_X^2$$
$$C_{XY}=\sigma_X\sigma_Y$$

可见，当 X 与 Y 呈线性关系 $Y=aX+b$，且 $a>0$ 时，二者的相关系数

$$r_{XY}=\frac{C_{XY}}{\sigma_X\sigma_Y}=1$$

4)拉普拉斯变换

若函数 $f(x)$ 在任意有限区间分段光滑且满足绝对可积条件，即

$$\int_{-\infty}^{\infty}|f(x)|\mathrm{d}x<+\infty \tag{1.4.18}$$

那么函数 $f(x)$ 的傅里叶变换 $F(\omega)$ 存在，且

$$F(\omega)=\int_{-\infty}^{\infty}f(x)\mathrm{e}^{-\mathrm{j}\omega x}\mathrm{d}x \tag{1.4.19}$$

于是，借助于傅里叶反变换可得

$$f(x)=\frac{1}{2\pi}\int_{-\infty}^{\infty}F(\omega)\mathrm{e}^{\mathrm{j}\omega x}\mathrm{d}\omega \tag{1.4.20}$$

若函数 $f(x)$ 不是绝对可积的，那么它的傅里叶变换就不存在，当然式(1.4.20)也不成立。这时，若假定 $f(x)$ 在 $(-\infty,+\infty)$ 上不是绝对可积的，且当 $x<0$ 时，$f(x)=0$，则可将 $f(x)$ 乘以 $\mathrm{e}^{-\beta x}$ $(\beta>0)$，使辅助函数 $f(x)\mathrm{e}^{-\beta x}$ 满足绝对可积条件。因此辅助函数 $f(x)\mathrm{e}^{-\beta x}$ 的傅里叶变换 $F_\lambda(\omega)$ 存在，有

$$F_\lambda(\omega)=\int_{-\infty}^{\infty}f(x)\mathrm{e}^{-\mathrm{j}\omega x}\mathrm{e}^{-\beta x}\mathrm{d}x=\int_{0}^{\infty}f(x)\mathrm{e}^{-(\beta+\mathrm{j}\omega)x}\mathrm{d}x \tag{1.4.21}$$

令 $s=\beta+\mathrm{j}\omega$，记作 $F_\beta(s)=F(s)$，有

$$F(s)=\int_{0}^{\infty}f(x)\mathrm{e}^{-sx}\mathrm{d}x \tag{1.4.22}$$

称式(1.4.22)为 $f(x)$ 的拉普拉斯变换，而拉普拉斯反变换为

$$F(x) = \frac{1}{2\pi \mathrm{j}}\int_{\beta-\mathrm{j}\infty}^{\beta+\mathrm{j}\infty} f(s)\mathrm{e}^{sx}\mathrm{d}x \tag{1.4.23}$$

综上所述，当 $x<0$ 时，$f(x)=0$，则 $f(x)$ 的单边拉普拉斯变换为式(1.4.22)所示。

此外，若 $f(x)$ 在 $(-\infty,+\infty)$ 上不绝对可积，且当 $x<0$ 时 $f(x)$ 不为零。这时式(1.4.22)就不成立了。在这种情况下，可定义分段函数为

$$f_+(x) = \begin{cases} f(x), & x>0 \\ 0, & x\leqslant 0 \end{cases} \tag{1.4.24}$$

$$f_-(x) = \begin{cases} 0, & x\geqslant 0 \\ \varphi(x), & x<0 \end{cases} \tag{1.4.25}$$

于是，有

$$f(x) = f_+(x) + f_-(x) \tag{1.4.26}$$

函数 $f_+(x)$ 和 $f_-(x)$ 的单边拉普拉斯变换是存在的，有

$$F_+(s) = \int_0^{\infty} f_+(x)\mathrm{e}^{-sx}\mathrm{d}x \tag{1.4.27}$$

设它在 $\mathrm{Re}(s)=\beta>a$ 时收敛。而

$$F_-(s) = \int_{-\infty}^{0} f_-(x)\mathrm{e}^{-sx}\mathrm{d}x \tag{1.4.28}$$

在 $\mathrm{Re}(s)=\beta<b$ 时收敛，这时

$$f(x) = \frac{1}{2\pi \mathrm{j}}\int_{\beta_1-\mathrm{j}\infty}^{\beta_1+\mathrm{j}\infty} F_+(s)\mathrm{e}^{sx}\mathrm{d}s + \frac{1}{2\pi \mathrm{j}}\int_{\beta_2-\mathrm{j}\infty}^{\beta_2+\mathrm{j}\infty} F_-(s)\mathrm{e}^{sx}\mathrm{d}s \tag{1.4.29}$$

式中，$\beta_1>a$，$\beta_2<b$。

如果 $F_+(s)$ 与 $F_-(s)$ 在 $a<\mathrm{Re}(s)<b$ 内同时收敛，这时 $f(x)$ 的双边拉普拉斯变换为

$$F(s) = F_+(s) + F_-(s) = \int_{-\infty}^{\infty} f(x)\mathrm{e}^{-sx}\mathrm{d}x \tag{1.4.30}$$

则 $F(s)$ 在 s 平面的带形域或 $a<\mathrm{Re}(s)<b$ 内收敛。下面举例说明这个问题。

【例 1.6】已知非线性函数为

$$f(x) = \begin{cases} f_+(x) = 1, & x>0 \\ f_-(x) = \mathrm{e}^x, & x<0 \end{cases}$$

讨论其双边拉普拉斯变换的收敛域。

解：

$$f_-(x) = \begin{cases} 0, & x\geqslant 0 \\ \mathrm{e}^x, & x<0 \end{cases}$$

$$f_+(x) = \begin{cases} 1, & x>0 \\ 0, & x\leqslant 0 \end{cases}$$

$$F_{-}(s)=\int_{-\infty}^{0}\mathrm{e}^{x}\mathrm{e}^{-sx}\mathrm{d}x=\frac{1}{1-s}\mathrm{e}^{(1-s)x}\Big|_{-\infty}^{0}$$

因 $s=\beta+\mathrm{j}\omega$ 故

$$F_{-}(s)=\frac{1}{1-\beta-\mathrm{j}\omega}\mathrm{e}^{(1-\beta-\mathrm{j}\omega)x}\Big|_{-\infty}^{0}=\frac{1}{1-s}(\beta<1)$$

当 $\mathrm{Re}(s)=\beta<1(=b)$时,$F_{-}(s)$存在。而

$$F_{+}(s)=\int_{0}^{\infty}\mathrm{e}^{-sx}\mathrm{d}x=\frac{1}{s}(1-\mathrm{e}^{-sx})\Big|_{x\to\infty}=\frac{1}{s}\quad(\beta>0)$$

当 $\mathrm{Re}(s)=\beta>0(=a)$时,$F_{+}(s)$存在。所在,在 $0<\beta<1$ 时,双边拉普拉斯变换 $F(s)$存在,即

$$F(s)=\int_{-\infty}^{\infty}f(x)\mathrm{e}^{-sx}\mathrm{d}x$$

$F(s)$的收敛域,如图 1.1 所示。

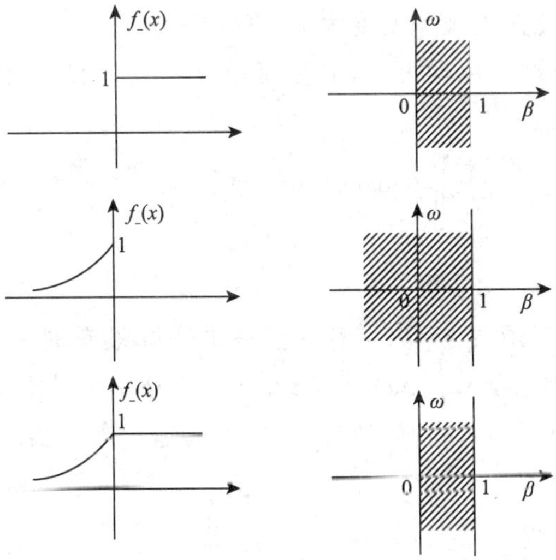

图 1.1　双边拉普拉斯变换的收敛区

1.5　随机变量的函数及其分布

当随机变量 X 的分布函数 $F_X(x)$已知时,若随机变量 X 的函数为

$$Y=g(X)\tag{1.5.1}$$

如何求 Y 的分布函数?

当随机向量 $\boldsymbol{X}=(X_1,X_2,\cdots,X_n)$的分布函数 $F_{\boldsymbol{X}}(x_1,x_2,\cdots,x_n)$已知时,若随机

向量 $\boldsymbol{X}$ 的函数为

$$Y = g(\boldsymbol{X}) = g(X_1, X_2, \cdots, X_n) \tag{1.5.2}$$

如何求 Y 的分布？

当随机向量 $\boldsymbol{X}=(X_1,X_2,\cdots,X_n)$ 的分布函数 $F_{\boldsymbol{X}}(x_1,x_2,\cdots,x_n)$ 已知时，若随机向量 $\boldsymbol{X}$ 的函数 $\boldsymbol{Y}=(Y_1,Y_2,\cdots,Y_n)$，且

$$\begin{cases} Y_1 = g_1(\boldsymbol{X}) = g(X_1, X_2, \cdots, X_n) \\ Y_2 = g_2(\boldsymbol{X}) = g(X_1, X_2, \cdots, X_n) \\ \qquad\qquad \vdots \\ Y_n = g_N(\boldsymbol{X}) = g(X_1, X_2, \cdots, X_n) \end{cases} \tag{1.5.3}$$

如何求 $\boldsymbol{Y}$ 的分布函数？

1.5.1 一维随机变量函数的分布

设连续随机变量 X 的概率密度为 $f_X(x)$，有

(1)若 $y=g(x)$ 严格单调可微，其反函数 $x=h(y)$ 存在，则连续随机变量 $Y=g(X)$ 的概率密度为

$$f_Y(y) = \begin{cases} f_X(h(y))\left|\dfrac{\mathrm{d}h(y)}{\mathrm{d}y}\right|, \min\{g(-\infty), g(+\infty)\} < y < \max\{g(-\infty), g(+\infty)\} \\ 0 \qquad\qquad\qquad\qquad \text{其他} \end{cases} \tag{1.5.4}$$

(2)$y=g(x)$ 的反函数 $x=h(y)$ 存在且是非单调，也就是一个 y 值对应着多个 x 值；但在不相重叠的区间 $\Delta x_1,\Delta x_2,\cdots,\Delta x_n$ 上均严格单调可微，且各区间上的反函数存在且依次为 $x_1=h_1(y),x_2=h_2(y),\cdots,x_n=h_n(y)$，则连续随机变量 $Y=g(X)$ 的概率密度为

$$f_Y(y) = f_X(h_1(y))\left|\frac{\mathrm{d}h_1(y)}{\mathrm{d}y}\right| + f_X(h_2(y))\left|\frac{\mathrm{d}h_2(y)}{\mathrm{d}y}\right| + \cdots + f_X(h_n(y))\left|\frac{\mathrm{d}h_n(y)}{\mathrm{d}y}\right| \tag{1.5.5}$$

【例 1.7】随机变量 X 和 Y 满足线性关系 $Y=aX+b$，X 为高斯变量，a，b 为常数，求 Y 的概率密度。

解：设 X 的数学期望和方差分别为 m_X 和 σ_X^2，则 X 的概率密度为

$$f_X(x) = \frac{1}{\sqrt{2\pi}\sigma_X}\mathrm{e}^{-\frac{(x-m_X)^2}{2\sigma_X^2}}$$

因为 Y 和 X 是严格单调函数关系，其反函数为

$$X = h(Y) = \frac{Y-b}{a}$$

且 $h'(Y)=\frac{1}{a}$，代入式(1.5.4)，得 Y 的概率密度为

$$f_Y(y)=\frac{1}{\sqrt{2\pi}\sigma_X}\mathrm{e}^{-\frac{\left(\frac{y-b}{a}-m_X\right)^2}{2\sigma_X^2}}\left|\frac{1}{a}\right|=\frac{1}{\sqrt{2\pi}\,|a|\sigma_X}\mathrm{e}^{-\frac{(y-am_X-b)^2}{2a^2\sigma_X^2}}=\frac{1}{\sqrt{2\pi}\sigma_Y}\mathrm{e}^{-\frac{(y-m_Y)^2}{2\sigma_Y^2}}$$

上式表明，高斯变量 X 经过线性变换后的随机变量 Y 仍然是高斯分布，其数学期望和方差分别为

$$m_Y=am_X+b$$
$$\sigma_Y^2=a^2\sigma_X^2$$

1.5.2 随机向量函数的分布

设 $\boldsymbol{X}=(X_1,X_2,\cdots,X_n)$ 为连续随机向量，其概率密度为 $f_{\boldsymbol{X}}(X_1,X_2,\cdots,X_n)$，则连续随机变量 $Y=g(X_1,X_2,\cdots,X_n)$ 的分布函数为

$$\begin{aligned}F_Y(y)&=P(Y\leqslant y)=P\{g(X_1,X_2,\cdots,X_n)\leqslant y\}\\&=\int\cdots\int_{g(X_1,X_2,\cdots,X_n)\leqslant y}f_{\boldsymbol{X}}(x_1,x_2,\cdots,x_n)\mathrm{d}x_1\mathrm{d}x_2\cdots\mathrm{d}x_n\end{aligned}\tag{1.5.6}$$

式中，$[Y\leqslant y]=[g(X_1,X_2,\cdots,X_n)\leqslant y]$ 等价于 $(X_1,X_2,\cdots,X_n)$ 落在区域 $\{(x_1,x_2,\cdots,x_n)\,|\,g(X_1,X_2,\cdots,X_n)\leqslant y\}$ 内。

特别地，当随机变量 X 和 Y 是连续型时，有

(1) $Z=X+Y$ 的概率密度为

$$f_Z(z)=\int_{-\infty}^{\infty}f_{XY}(x,z-x)\mathrm{d}x=\int_{-\infty}^{\infty}f_{XY}(z-y,y)\mathrm{d}y\tag{1.5.7}$$

(2) $Z=X/Y$ 的概率密度为

$$f_Z(z)=\int_{-\infty}^{\infty}f_{XY}(yz,y)\,|\,y\,|\,\mathrm{d}y\tag{1.5.8}$$

【例 1.8】已知 $(X_1,X_2)\sim N(0,0;\sigma_1^2,\sigma_2^2;r)$，求 $Y=X_1/X_2$ 的概率密度。

解：

$$\begin{aligned}f_Y(y)&=\int_{-\infty}^{\infty}f_{X_1X_2}(x_2y,x_2)\,|\,x_2\,|\,\mathrm{d}x_2\\&=\int^{\infty}\frac{1}{2\pi\sigma_1\sigma_2\sqrt{1-r^2}}\exp\left\{-\left[\frac{1}{2(1-r^2)}\right]\left[\frac{(x_2y)^2}{\sigma_1^2}-2r\frac{x_2yx_2}{\sigma_1\sigma_2}+\frac{x_2^2}{\sigma_2^2}\right]\right\}|\,x_2\,|\,\mathrm{d}x_2\\&=\frac{\sigma_1\sigma_2\sqrt{1-r^2}}{\pi[\sigma_2^2y^2-2r\sigma_1\sigma_2y+\sigma_1^2]}\end{aligned}$$

若 X_1 与 X_2 相互独立，则 $r=0$，因此

$$f_Y(y)=\frac{\sigma_1\sigma_2}{\pi[\sigma_2^2y^2+\sigma_1^2]}$$

1.5.3 随机向量函数向量的分布

当随机向量 $\boldsymbol{X}=(X_1,X_2,\cdots,X_n)$ 的分布 $f_{\boldsymbol{X}}(x_1,x_2,\cdots,x_n)$ 已知时，若随机向量 $\boldsymbol{X}$ 的函数向量 $\boldsymbol{Y}=(Y_1,Y_2,\cdots,Y_n)$，即

$$\begin{cases} Y_1 = g_1(X_1,X_2,\cdots,X_n) \\ Y_2 = g_2(X_1,X_2,\cdots,X_n) \\ \quad\vdots \\ Y_n = g_n(X_1,X_2,\cdots,X_n) \end{cases}$$

的反函数存在，且为

$$\begin{cases} X_1 = h_1(Y_1,Y_2,\cdots,Y_n) \\ X_2 = h_2(Y_1,Y_2,\cdots,Y_n) \\ \quad\vdots \\ X_n = h_n(Y_1,Y_2,\cdots,Y_n) \end{cases} \tag{1.5.9}$$

则 $\boldsymbol{Y}=(Y_1,Y_2,\cdots,Y_n)$ 的概率密度为

$$\begin{aligned} f_{\boldsymbol{Y}}(y) &= f_{\boldsymbol{Y}}(y_1,y_2,\cdots,y_n) \\ &= |J|\ f_{\boldsymbol{X}}(h_1(y_1,y_2,\cdots,y_n),h_2(y_1,y_2,\cdots,y_n),\cdots,h_n(y_1,y_2,\cdots,y_n)) \end{aligned} \tag{1.5.10}$$

式中，$|J|$ 为雅可比行列式 J 的绝对值，雅可比行列式为

$$J = \left|\frac{\partial(x_1,x_2,\cdots,x_n)}{\partial(y_1,y_2,\cdots,y_n)}\right| = \begin{vmatrix} \dfrac{\partial x_1}{\partial y_1} & \dfrac{\partial x_1}{\partial y_2} & \cdots & \dfrac{\partial x_1}{\partial y_n} \\ \dfrac{\partial x_2}{\partial y_1} & \dfrac{\partial x_2}{\partial y_2} & \cdots & \dfrac{\partial x_2}{\partial y_n} \\ \vdots & \vdots & & \vdots \\ \dfrac{\partial x_n}{\partial y_1} & \dfrac{\partial x_n}{\partial y_2} & \cdots & \dfrac{\partial x_n}{\partial y_n} \end{vmatrix} \tag{1.5.11}$$

【例 1.9】设 X,Y 是互相独立的高斯变量，数学期望为零、方差相等 $\sigma_X^2=\sigma_Y^2=\sigma^2$，$A$ 和 Φ 为随机变量，且

$$\begin{cases} X = A\cos\Phi \\ Y = A\sin\Phi \end{cases} \qquad A > 0,\quad 0 \leqslant \Phi \leqslant 2\pi$$

求 $f_{A\Phi}(a,\varphi)$，$f_A(a)$ 和 $f_\Phi(\varphi)$。

解：由于 X,Y 互相独立，则它们的联合概率密度为

$$f_{XY}(x,y) = f_X(x)f_Y(y) = \frac{1}{2\pi\sigma^2}\mathrm{e}^{-\frac{x^2+y^2}{2\sigma^2}}$$

由于给出的条件即为反函数，可直接求雅可比行列式

$$J=\begin{vmatrix}\dfrac{\partial x}{\partial a} & \dfrac{\partial x}{\partial \varphi}\\ \dfrac{\partial y}{\partial a} & \dfrac{\partial y}{\partial \varphi}\end{vmatrix}=\begin{vmatrix}\cos\varphi & -a\sin\varphi\\ \sin\varphi & a\cos\varphi\end{vmatrix}=a$$

A 与 Φ 的联合概率密度为

$$f_{A\Phi}(a,\varphi)=|J|f_{XY}(x,y)=\frac{a}{2\pi\sigma^2}\mathrm{e}^{-\frac{x^2+y^2}{2\sigma^2}}=\frac{a}{2\pi\sigma^2}\mathrm{e}^{-\frac{a^2}{2\sigma^2}}$$

式中，$a^2=x^2+y^2$，再利用概率密度的性质求 A 的概率密度为

$$f_A(a)=\int_0^{2\pi}\frac{a}{2\pi\sigma^2}\mathrm{e}^{-\frac{a^2}{2\sigma^2}}\mathrm{d}\varphi=\frac{a}{\sigma^2}\mathrm{e}^{-\frac{a^2}{2\sigma^2}}$$

这就是瑞利分布，是通信与电子系统中应用很广的分布。同样，可利用概率密度降维的性质可得 Φ 的概率密度

$$f_\Phi(\varphi)=\int_0^{\infty}\frac{a}{2\pi\sigma^2}\mathrm{e}^{-\frac{a^2}{2\sigma^2}}\mathrm{d}a=\int_0^{\infty}\frac{1}{2\pi}\mathrm{e}^{-\frac{a^2}{2\sigma^2}}\mathrm{d}\frac{a^2}{2\sigma^2}=\frac{1}{2\pi}$$

可见，Φ 为在$[0,2\pi]$上的均匀分布的随机变量。

【例 1.10】已知二维随机变量(X_1,X_2)的联合概率密度 $f_X(x_1,x_2)$，求 $Y=X_1-X_2$ 的概率密度。

解：设

$$\begin{cases}Y_1=X_1\\ Y_2=X_1-X_2\end{cases}$$

这种假设是为了保证运算过程的简单，也可做其他形式的假设。先求随机变量 Y_1，Y_2 的反函数及雅克比行列式，即

$$\begin{cases}X_1=Y_1\\ X_2=Y_1-Y_2\end{cases}$$

$$J=\begin{vmatrix}\dfrac{\partial x_1}{\partial y_1} & \dfrac{\partial x_1}{\partial y_2}\\ \dfrac{\partial x_2}{\partial y_1} & \dfrac{\partial x_2}{\partial y_2}\end{vmatrix}=\begin{vmatrix}1 & 0\\ 1 & -1\end{vmatrix}=-1$$

二维随机向量(Y_1,Y_2)的联合概率密度为

$$f_{\boldsymbol{Y}}(y_1,y_2)=|J|f_{\boldsymbol{X}}(x_1,x_2)=f_{\boldsymbol{X}}(x_1,x_2)=f_{\boldsymbol{X}}(y_1,y_1-y_2)$$

利用概率密度性质，求得 Y_2 的边缘概率密度为

$$f_{Y_2}(y_2)=\int_{-\infty}^{\infty}f_X(y_1,y_1-y_2)\mathrm{d}y_1$$

最后用 Y 和 X_1 分别代替 Y_2 和 Y_1

$$f_Y(y)=\int_{-\infty}^{\infty}f_X(x_1,x_1-y)\mathrm{d}x_1 \tag{1.5.12}$$

这就是两个随机变量之和的概率密度。进一步，如果 X_1 与 X_2 相互独立

$$f_Y(y)=\int_{-\infty}^{\infty} f_{X_1}(x_1)f_{X_2}(x_1-y)\mathrm{d}x_1=f_{X_1}(y)\otimes f_{X_2}(y) \qquad (1.5.13)$$

式中，$\otimes$表示卷积。这就是常见的卷积公式，即两个互相独立随机变量之和的概率密度等于两个随机变量概率密度的卷积。这个例子给出了两个随机变量之差的概率密度，用同样的方法也可求出两个随机变量之和、积、商的概率密度。

1.6 随机信号中常见分布律

本节在讨论一些简单的分布律之后，重点讨论高斯分布及电子信息领域常用的以高斯分布为基础变换的分布律。

1.6.1 一些简单的分布律

1)二项式分布

【定义 1.22】在 n 次独立试验中，若每次试验事件 A 出现的概率为 p，不出现的概率为 $1-p$，称事件 A 在 n 次独立试验中出现 m 次的概率 $P_n(m)$为二项式分布。即

$$P_n(m)=C_n^m p^m(1-p)^{n-m} \qquad (1.6.1)$$

其概率分布函数为

$$F_X(x)=\begin{cases}0 & x<0\\ \sum\limits_{m=0}^{\lfloor x\rfloor}P_n(m) & 0<x<n\\ 1 & x\geqslant n\end{cases} \qquad (1.6.2)$$

式中，$\lfloor x\rfloor$表示小于 x 的最大整数。式(1.6.2)也可以写为

$$F_X(x)=\sum_{m=0}^{n}C_n^m p^m(1-p)^{n-m}u(x-m) \qquad (1.6.3)$$

式中

$$C_n^m=\frac{n!}{m!(n-m)!}$$

图 1.2(a)示意了二项式分布的取值概率 $P_n(m)$，而二项式分布函数是阶梯形式的曲线。

在信号检测理论中，非参量检测时单次探测的秩值为某一值的概率服从二项式分布。

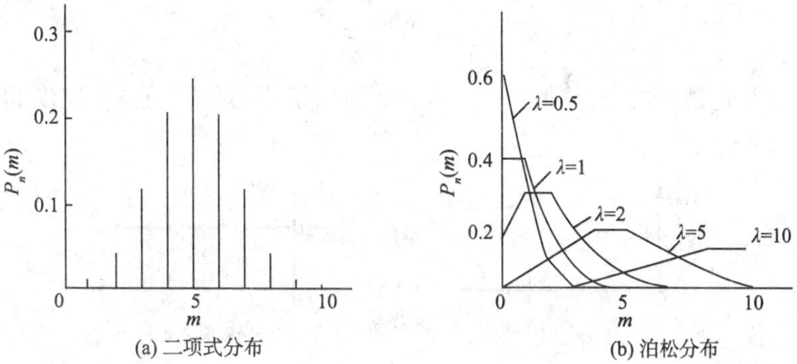

图 1.2　二项式分布与泊松分布

2)泊松分布

【定义 1.23】当事件 A 在每次试验中出现的概率 p 很小,试验次数 n 很大,且 $np=\lambda$(λ 为常数)时,称二项式分布的近似分布

$$P_n(m)=\frac{\lambda^m}{m!}e^{-\lambda} \tag{1.6.4}$$

为泊松分布。

若 λ 为整数,$P_n(m)$在 $m=\lambda$ 及 $m=\lambda-1$ 时达到最大值。以图 1.2(b)中 $\lambda=2$ 为例,当 $m=1$ 和 $m=2$ 时,$P_n(m)=0.27$。泊松分布是非对称的,但 λ 越大,非对称性越不明显。为了比较方便,图 1.2(b)给出了不同 λ 值的 $P_n(m)$随 m 变化的曲线。需要注意的是,由于泊松分布是离散随机变量的分布律,因此,只有当 m 为整数时才有意义。

3)均匀分布

【定义 1.24】如果随机变量 X 的概率密度为

$$f_X(x)=\begin{cases}\dfrac{1}{b-a}, & a\leqslant x\leqslant b\\ 0, & \text{其他}\end{cases} \tag{1.6.5}$$

则称 X 为在$[a,b]$区间内均匀分布的随机变量。其概率分布函数为

$$F_X(x)=\begin{cases}0, & x<a\\ \dfrac{x-a}{b-a}, & a\leqslant x<b\\ 1, & x\geqslant b\end{cases} \tag{1.6.6}$$

均匀分布的数学期望和方差分别为

$$m_X=\frac{a+b}{2} \tag{1.6.7}$$

$$\sigma_X^2 = \frac{(b-a)^2}{12} \tag{1.6.8}$$

均匀分布是常用的分布律之一。图 1.3 给出了均匀分布的概率密度和概率分布函数。

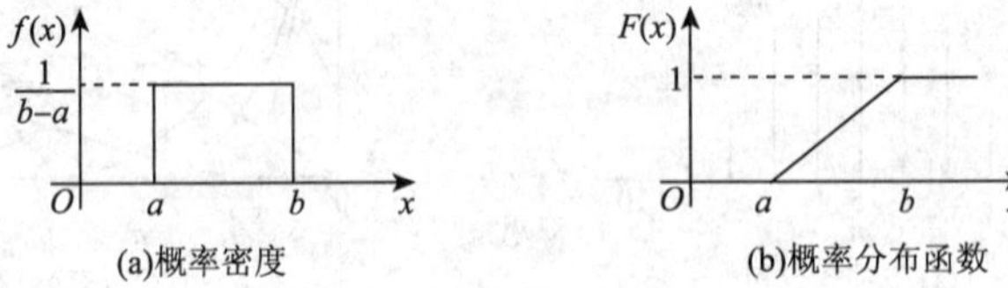

图 1.3 均匀分布随机变量

在 A/D 转换器中，A/D 转换器的字长有限，将模拟信号通过 A/D 转换数字信号时，会造成量化误差，这种误差可以由截尾量化引入，也可由舍入量化引入，分别称为截尾噪声和舍入噪声，统称为量化噪声，它们都是均匀分布的，且方差相同，不同的是分布的区间。若量化的最小单位是 ε，舍入噪声在$[-\varepsilon/2,\varepsilon/2]$内均匀分布，数学期望为零；而截尾噪声在$[-\varepsilon,0]$内均匀分布，因此数学期望为$-\varepsilon/2$。

在以上三个分布中，二项式分布和泊松分布是离散随机变量，均匀分布是连续随机变量。在通信与信号处理领域中经常用到的分布律还有高斯分布、瑞利分布、指数分布、莱斯分布和 χ^2 分布等。

1.6.2 高斯分布

高斯(Gauss)分布也称为正态分布，在通信与信号处理等领域中经常遇到，并且具有一些独特的性质。

1)一维高斯分布

一维高斯分布随机变量 X 的概率密度为

$$f_X(x) = \frac{1}{\sqrt{2\pi}\sigma_X}\exp\{-\frac{(x-m_X)^2}{2\sigma_X^2}\}, -\infty < x < \infty \tag{1.6.9}$$

式中，m_X，$\sigma_X(\sigma_X>0)$为常数，记为 $X\sim N(m_X,\sigma_X^2)$。m_X 为均值，σ_X^2 为方差。

从概率密度的表达式可以看出，高斯分布取决于均值 m_X 和方差 σ_X^2。对概率密度函数求一阶导数，可以得到

$$f'_X(x) = \frac{1}{\sqrt{2\pi}\sigma_X^3}(m_X - x)\exp\left\{-\frac{(x-m_X)^2}{2\sigma_X^2}\right\} \tag{1.6.10}$$

其为零的点(驻点)，只有 $x=m_X$ 这一个点。由于当 $x<m_X$ 时，$f'_X(x)>0$；而 $x>m_X$ 时，$f'_X(x)<0$。因此，当 $x=m_X$ 时，$f_X(x)$为极大值，并且也是最大值，最大值为$(\sqrt{2\pi}\sigma_X)^{-1}$。其二阶导数为

$$f''_X(x)=\frac{1}{\sqrt{2\pi}\sigma_X^3}\exp\left\{-\frac{(x-m_X)^2}{2\sigma_X^2}\right\}\left[\left(\frac{x-m_X}{\sigma_X}\right)^2-1\right] \quad (1.6.11)$$

二阶导数等于零的点有两个，分别为 $x=m_X+\sigma_X$ 和 $x=m_X-\sigma_X$。由于当 x 位于区间 $(-\infty,m_X-\sigma_X)$ 和 $(m_X+\sigma_X,\infty)$ 时，$f''_X(x)>0$，概率密度曲线是凹的；而当 x 位于区间 $(m_X-\sigma_X,m_X+\sigma_X)$ 时，$f''_X(x)<0$，概率密度函数曲线是凸的，所以二阶导数等于零的这两个点都是概率密度 $f_X(x)$ 的拐点，如图 1.4 所示。

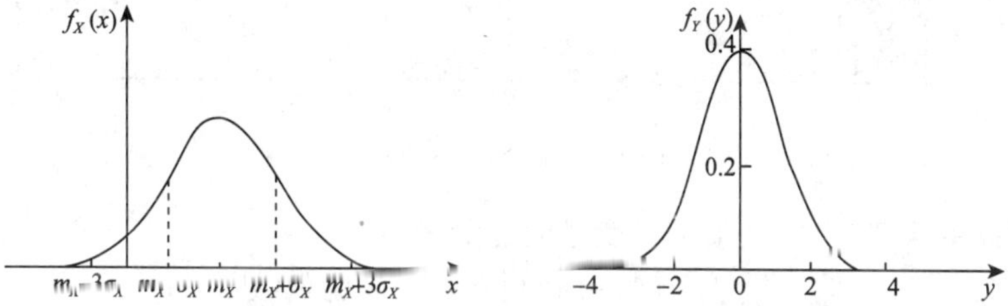

(a) 概率密度　(b) 标准化概率密度

图 1.4　高斯变量的概率密度

对高斯变量进行标准化处理后的随机变量称为标准化高斯变量。令 $Y=(X-m_X)/\sigma_X$，则 $m_Y=0$、$\sigma_Y=1$，称高斯随机变量 Y 服从标准正态分布。其概率密度为

$$f_Y(y)=\frac{1}{\sqrt{2\pi}}\exp\left\{-\frac{y^2}{2}\right\} \quad (1.6.12)$$

对概率密度函数 $f_X(x)$ 积分，其概率分布函数为

$$F_X(x)=\int_{-\infty}^{x}f_X(y)\mathrm{d}y=\int_{-\infty}^{x}\frac{1}{\sqrt{2\pi}\sigma_X}\exp\left\{-\frac{(y-m_X)^2}{2\sigma_X^2}\right\}\mathrm{d}y \quad (1.6.13)$$

作变量代换，令 $t=(y-m_X)/\sigma_X$，则 $\mathrm{d}y=\sigma_X\mathrm{d}t$，代入式(1.6.13)后有

$$F_X(x)=\frac{1}{\sqrt{2\pi}}\int_{-\infty}^{\frac{x-m_X}{\sigma_X}}\mathrm{e}^{-\frac{t^2}{2}}\mathrm{d}t=\Phi\left(\frac{x-m_X}{\sigma_X}\right) \quad (1.6.14)$$

式中，$\Phi(x)=\frac{1}{\sqrt{2\pi}}\int_{-\infty}^{x}\mathrm{e}^{-\frac{t^2}{2}}\mathrm{d}t$ 为概率积分函数，其函数值可以通过查表得到。

$\Phi(x)$ 有如下性质：

① $$\Phi(-x)=1-\Phi(x) \quad (1.6.15)$$

② $$F(m)=\Phi(0)=0.5 \quad (1.6.16)$$

③ $$P\{\alpha<X\leqslant\beta\}=F(\beta)-F(\alpha)=\Phi\left(\frac{\beta-m}{\sigma_X}\right)-\Phi\left(\frac{\alpha-m}{\sigma_X}\right) \quad (1.6.17)$$

上式是通过概率积分函数给出的随机变量在区间 (α,β) 的取值概率。图 1.5 给出了概率积分的性质。

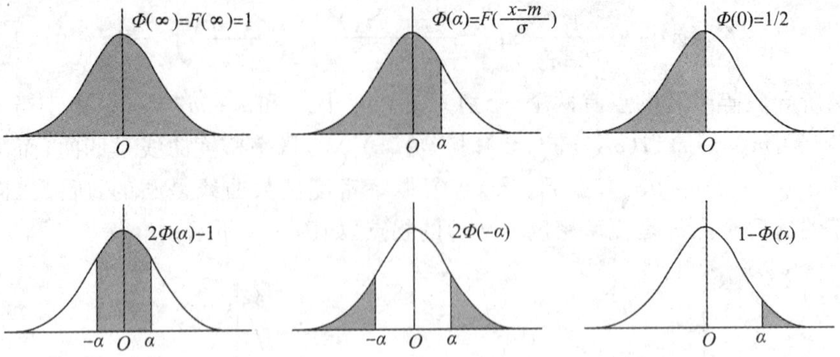

图 1.5　概率积分的性质

根据矩的定义，求得高斯随机变量的各阶矩为

$$m_n = \begin{cases} (n-1)!!\sigma_X^2 & n \text{ 为偶数} \\ 0 & n \text{ 为奇数} \end{cases} \tag{1.6.18}$$

这是一个比较重要的特性。例如，高斯噪声中信号参数估计的问题，利用高斯变量三阶累积量为零的特性，可以抑制噪声的影响。

通过分析可以发现，高斯随机变量之和仍服从高斯分布。这是因为根据中心极限定理，不论 n 个随机变量是否服从同分布，只要每个随机变量对和的贡献相同，或者任何一个随机变量都不占优，或者任何一个随机变量对和的影响都足够小，则它们的和的分布仍趋于高斯分布。

设有 n 个相互独立的高斯随机变量 $X_i\ (i=1,2,\cdots,n)$，其均值和方差分别为 m_{X_i} 和 $\sigma_{X_i}^2$，则这些随机变量之和 $Y=\sum X_i$ 也服从高斯分布，且均值和方差分别为

$$m_Y = \sum_{i=1}^{n} m_{X_i} \tag{1.6.19}$$

$$\sigma_Y^2 = \sum_{i=1}^{n} \sigma_{X_i}^2 \tag{1.6.20}$$

如果 X_i 不是相互独立的，则方差应该修正为

$$\sigma_Y^2 = \sum_{i=1}^{n} \sigma_{X_i}^2 + 2\sum_{i<j} r_{ij}\sigma_{X_i}\sigma_{X_j} \tag{1.6.21}$$

式中，r_{ij} 为 X_i 与 X_j 之间的相关系数。

【例 1.11】求两个数学期望和方差不同且互相独立的高斯变量 X_1 与 X_2 之差的概率密度。

解：设 $Y=X_1-X_2$，由式(1.5.13)，两个互相独立的随机变量之和的概率密度为

$$f_Y(y) = \int_{-\infty}^{\infty} f_{X_1}(x_1) f_{X_2}(x_1 - y)\mathrm{d}x_1$$

将 X_1 与 X_2 的概率密度代入上式

$$f_Y(y)=\frac{1}{2\pi\sigma_{X_1}\sigma_{X_2}}\int_{-\infty}^{\infty}\mathrm{e}^{-\frac{(x_1-m_{x_1})^2}{2\sigma_{x_1}^2}}\mathrm{e}^{-\frac{(x_1-y-m_{x_2})^2}{2\sigma_{x_2}^2}}\mathrm{d}x_1=\frac{1}{2\pi\sigma_{X_1}\sigma_{X_2}}\int_{-\infty}^{\infty}\mathrm{e}^{-Ax_1^2+2Bx_1-C}\mathrm{d}x_1$$

利用欧拉积分

$$f_Y(y)=\frac{1}{2\pi\sigma_{X_1}\sigma_{X_2}}\sqrt{\frac{\pi}{A}}\cdot\mathrm{e}^{-\frac{AC-B^2}{A}}=\frac{1}{\sqrt{2\pi(\sigma_{X_1}^2+\sigma_{X_2}^2)}}\mathrm{e}^{-\frac{[y-(m_{x_1}-m_{x_2})]^2}{2(\sigma_{x_1}^2+\sigma_{x_2}^2)}}$$

显然，Y 也是高斯变量，且数学期望和方差分别为

$$m_Y=m_{X_1}-m_{X_2}$$

$$\sigma_Y^2=\sigma_{X_1}^2+\sigma_{X_2}^2$$

2)二维高斯分布

两个非独立的高斯随机变量 X_1 与 X_2 的联合概率密度与它们的均值、方差和相关系数都有关，有

$$f_X(x_1,x_2)=\frac{1}{2\pi\sigma_{X_1}\sigma_{X_2}\sqrt{1-r_{x_1x_2}^2}}\exp\left\{-\frac{1}{2(1-r_{x_1x_2}^2)}\left[\frac{(x_1-m_{x_1})^2}{\sigma_{X_1}^2}-\frac{2r_{x_1x_2}(x_1-m_{x_1})(x_2-m_{x_2})}{\sigma_{X_1}\sigma_{X_2}}+\frac{(x_2-m_{x_2})^2}{\sigma_{X_2}^2}\right]\right\} \tag{1.6.22}$$

若 X_1 与 X_2 不相关，即 $r_{x_1x_2}$ 为零，则有

$$\begin{aligned}f_X(x_1,x_2)&=\frac{1}{2\pi\sigma_{X_1}\sigma_{X_2}}\exp\left\{-\frac{1}{2}\left[\frac{(x_1-m_{x_1})^2}{\sigma_{X_1}^2}+\frac{(x_2-m_{x_2})^2}{\sigma_{X_2}^2}\right]\right\}\\&=\frac{1}{\sqrt{2\pi}\sigma_{X_1}}\exp\left\{-\frac{1}{2}\frac{(x_1-m_{x_1})^2}{\sigma_{X_1}^2}\right\}\frac{1}{\sqrt{2\pi}\sigma_{X_2}}\exp\left\{-\frac{1}{2}\frac{(x_2-m_{x_2})^2}{\sigma_{X_2}^2}\right\}\\&=f_{X_1}(x_1)f_{X_2}(x_2)\end{aligned} \tag{1.6.23}$$

上式说明，不相关的高斯变量一定是相互独立的，即对于高斯随机变量而言，统计独立和不相关是等价的。

两个非独立的高斯随机变量 X_1 与 X_2 的联合特征函数为

$$\psi_X(\omega_1,\omega_2)=\exp\{\mathrm{j}(m_{X_1}\omega_1+m_{X_2}\omega_2)-\frac{1}{2}(\sigma_{X_1}^2\omega_1^2+2r_{x_1x_2}\sigma_{X_1}\sigma_{X_2}\omega_1\omega_2+\sigma_{X_2}^2\omega_2^2)\} \tag{1.6.24}$$

若 X_1 与 X_2 为零均值、相互独立的高斯随机变量，则联合特征函数为

$$\psi_X(\omega_1,\omega_2)=\exp\left\{-\frac{1}{2}(\sigma_{X_1}^2\omega_1^2+\sigma_{X_2}^2\omega_2^2)\right\} \tag{1.6.25}$$

3)高斯向量分布及性质

(1)高斯向量分布

设 n 维高斯随机向量为 $\boldsymbol{X}$，其均值和方差向量分别为 $\boldsymbol{m}$ 和 $\boldsymbol{\Omega}$，它们形如

$$\boldsymbol{X}=\begin{bmatrix}X_1\\X_2\\\vdots\\X_n\end{bmatrix}\qquad \boldsymbol{m}=\begin{bmatrix}m_1\\m_2\\\vdots\\m_n\end{bmatrix}\qquad \boldsymbol{\Omega}=\begin{bmatrix}\sigma_1^2\\\sigma_2^2\\\vdots\\\sigma_n^2\end{bmatrix}$$

其协方差矩阵为

$$\boldsymbol{C}=\begin{bmatrix}C_{11} & C_{12}\cdots C_{1n}\\C_{21} & C_{22}\cdots C_{2n}\\\vdots & \vdots\quad\ \vdots\\C_{n1} & C_{n2}\cdots C_{nn}\end{bmatrix}=\begin{bmatrix}\sigma_1^2 & C_{12}\cdots C_{1n}\\C_{21} & \sigma_2^2\cdots C_{2n}\\\vdots & \vdots\quad\ \vdots\\C_{n1} & C_{n2}\cdots\sigma_n^2\end{bmatrix}\tag{1.6.26}$$

式中，C_{ij} 为 X_1 与 X_2 之间的协方差，对角线为 n 个随机变量各自的方差。若这 n 个随机变量是方差均不为零的实随机变量，则协方差阵 $\boldsymbol{C}$ 是实对称的正定矩阵，方差均不为零的复随机变量的协方差矩阵是厄密特阵。

用矩阵表示的 n 维概率密度函数为

$$f_X(\boldsymbol{x})=\frac{1}{\sqrt{(2\pi)^n\left|\boldsymbol{C}\right|}}\exp\left\{-\frac{1}{2}(\boldsymbol{x}-\boldsymbol{m})^T\boldsymbol{C}^{-1}(\boldsymbol{x}-\boldsymbol{m})\right\}\tag{1.6.27}$$

式中，T 表示矩阵转置，$\boldsymbol{C}^{-1}$表示协方差阵的逆矩阵。相应的 n 维特征函数为

$$\psi_{\boldsymbol{X}}(\boldsymbol{\omega})=\exp\left\{\mathrm{j}\boldsymbol{m}^T\boldsymbol{\omega}-\frac{1}{2}\boldsymbol{\omega}^T\boldsymbol{C}\boldsymbol{\omega}\right\}\tag{1.6.28}$$

式中，$\boldsymbol{\omega}=(\omega_1,\omega_2,\cdots,\omega_n)^T$。

(2)高斯向量分布性质

①设 $\boldsymbol{X}=(X_1,X_2,\cdots,X_n)$服从 n 维高斯分布 $N(\boldsymbol{m_X},\boldsymbol{C_X})$，则

$$\begin{cases}\boldsymbol{m}=(m_{X_1},m_{X_2},\cdots,m_{X_n})=(E[X_1],E[X_2],\cdots,E[X_n])\\ \boldsymbol{C_X}=\begin{bmatrix}\mathrm{cov}[X_1,X_1] & \mathrm{cov}[X_1,X_2] & \cdots & \mathrm{cov}[X_1,X_n]\\\mathrm{cov}[X_2,X_1] & \mathrm{cov}[X_2,X_2] & \cdots & \mathrm{cov}[X_2,X_n]\\\vdots & \vdots & & \vdots\\\mathrm{cov}[X_n,X_1] & \mathrm{cov}[X_n,X_2] & \cdots & \mathrm{cov}[X_n,X_n]\end{bmatrix}\end{cases}$$

②设 $\boldsymbol{X}=(X_1,X_2,\cdots,X_n)$服从 n 维高斯分布 $N(\boldsymbol{m_X},\boldsymbol{C_X})$，则其任一子向量 $\boldsymbol{X}_m=(X_{k_1},X_{k_2},\cdots,X_{k_m})(m\leqslant n)$服从 m 维高斯分布 $N(\boldsymbol{m}_m,\boldsymbol{C}_m)$。其中，$\boldsymbol{m}_m=(m_{k_1},m_{k_2},\cdots,m_{k_m})$，$\boldsymbol{C}_m$ 为 $\boldsymbol{C_X}$ 中保留第 $k_1,k_2,\cdots,k_m$ 行和列的 m 阶方阵。特别地，$X_{k_i}\sim N(m_{k_i},\boldsymbol{C}_{k_i})$。

③设 $\boldsymbol{X}=(X_1,X_2,\cdots,X_n)$服从 n 维高斯分布 $N(\boldsymbol{m_X},\boldsymbol{C_X})$，则 $X_1,X_2,\cdots,X_n$ 相互独立的充要条件为它们两两不相关。

④设 $\boldsymbol{X}=(X_1,X_2,\cdots,X_n)$服从 n 维高斯分布 $N(\boldsymbol{m_X},\boldsymbol{C_X})$，则 $X_1,X_2,\cdots,X_n$ 相互独立的充要条件为其分量的任意非零线性组合 $Y=a_1X_1+a_2X_2+\cdots+a_nX_n$ 服从一维高斯分布 $N(\boldsymbol{mA}^T,\boldsymbol{ACA}^T)$。其中，$\boldsymbol{A}=(a_1,a_2,\cdots,a_n)$。

⑤设 $\boldsymbol{X}=(X_1,X_2,\cdots,X_n)$服从 n 维高斯分布 $N(\boldsymbol{m_X},\boldsymbol{C_X})$，而 $\boldsymbol{D}$ 为任一 $n\times m$ 维矩阵，则 $\boldsymbol{Y}=\boldsymbol{AD}$ 服从 m 维高斯分布 $N(\boldsymbol{m_X D},\boldsymbol{D^T C_X D})$。

【例 1.12】设四维随机向量 $\boldsymbol{X}=(X_1,X_2,X_3,X_4)\sim N(\boldsymbol{m}_X,\boldsymbol{C}_X)$，且

$$\boldsymbol{m}_X=(2,1,1,0),\boldsymbol{C}_X=\begin{bmatrix}6&3&2&1\\3&4&3&2\\2&3&4&3\\1&2&3&3\end{bmatrix}$$

求 $\boldsymbol{Y}=(X_1,X_2)$的分布及 $\boldsymbol{Y}=(2X_1,X_1+2X_2,X_3+X_4)$的分布。

解：$\boldsymbol{Y}=(X_1,X_2)$服从均值向量为 $\boldsymbol{m}_X=(2,1)$，协方差矩阵为 $\boldsymbol{C}_X=\begin{bmatrix}6&3\\3&4\end{bmatrix}$的二维高斯分布。

$$\boldsymbol{Y}=(2X_1,X_1+2X_2,X_3+X_4)=[X_1,X_2,X_3,X_4]\begin{bmatrix}2&1&0\\0&2&0\\0&0&1\\0&0&1\end{bmatrix}=\boldsymbol{XA}$$ 服从三维高斯分布 $N(\boldsymbol{m}_Y,\boldsymbol{C}_Y)$。其中

$$\boldsymbol{m}_Y=[2,1,1,0]\begin{bmatrix}2&1&0\\0&2&0\\0&0&1\\0&0&1\end{bmatrix}=[4,4,1]$$

$$\boldsymbol{C}_Y=\boldsymbol{A}^T\boldsymbol{C}_X\boldsymbol{A}=\begin{bmatrix}2&0&0&0\\1&2&0&0\\0&0&1&1\end{bmatrix}\begin{bmatrix}6&3&2&1\\3&4&3&2\\2&3&4&3\\1&2&3&3\end{bmatrix}\begin{bmatrix}2&1&0\\0&2&0\\0&0&1\\0&0&1\end{bmatrix}=\begin{bmatrix}24&24&6\\24&34&13\\6&13&13\end{bmatrix}$$

1.6.3　χ^2 分布

在信号的传输过程中，信号一般是窄带形式，这样不可避免地要用到包络检波。在小信号检波时，通常采用平方律检波，因此检波器输出是信号与噪声包络的平方。有时为了使信号检测的错误概率更小，还要对检波器的输出信号进行积累。

如果随机变量 X 是高斯分布，那么平方律检波器的输出 X^2 是什么分布呢？对检波器的输出信号 X^2 进行采样后积累的信号 $Y=\sum\limits_{i=1}^{n}X_i^2$ 又是什么分布呢？

现讨论 Y 为 χ^2 分布的规律。若 X_i 的数学期望为零，则 Y 为中心 χ^2 分布；若 X_i 的数学期望不为零，则 Y 为非中心 χ^2 分布。积累的次数 n 称为 χ^2 分布的自由度。

1)中心 χ^2 分布

如果 n 个互相独立的高斯变量 $X_1, X_2, \cdots, X_n$ 的数学期望都为零，方差均为 1，则它们的平方和

$$Y = \sum_{i=1}^{n} X_i^2 \tag{1.6.29}$$

的分布是具有 n 个自由度的 χ^2 分布。

由于每个高斯变量 X_i 都是标准化高斯变量，其概率密度

$$f_{X_i}(x_i) = \frac{1}{\sqrt{2\pi}} e^{-x_i/2}$$

如果令 $Y_i = X_i^2$，经函数变换后 Y_i 的分布为

$$f_{Y_i}(y_i) = \frac{1}{\sqrt{2\pi}} e^{-y_i/2}, y_i \geqslant 0 \tag{1.6.30}$$

利用傅里叶变换求 Y_i 的特征函数

$$\psi_{Y_i}(\omega) = \int_{-\infty}^{\infty} f_{Y_i}(y_i) e^{j\omega y_i} dy_i = (1 - 2j\omega)^{-1/2} \tag{1.6.31}$$

由于 X_i 之间互相独立，Y_i 之间也必然互相独立。根据特征函数的性质，互相独立的随机变量之间的特征函数等于各特征函数之积，所以 Y 的特征函数为

$$\psi_Y(\omega) = \frac{1}{(1 - 2j\omega)^{n/2}} \tag{1.6.32}$$

相应的概率密度可用傅里叶反变换求得

$$f_Y(y) = \frac{1}{2\pi}\int_{-\infty}^{\infty} \psi_Y(\omega) e^{-j\omega y} d\omega = \frac{1}{2^{n/2}\Gamma(n/2)} y^{\frac{n}{2}-1} e^{-\frac{y}{2}}, y \geqslant 0 \tag{1.6.33}$$

上式就是 χ^2 分布。式中，伽马函数为

$$\Gamma(x) = \int_0^{\infty} t^{x-1} e^{-t} dt \tag{1.6.34}$$

当 x 可表示为 n 或 $n+1/2$ 的形式时

$$\Gamma(n + \frac{1}{2}) = \frac{(2n-1)!!}{2^n}\sqrt{\pi} \tag{1.6.35}$$

$$\Gamma(n+1) = n! \tag{1.6.36}$$

由于不同的自由度 n，其概率密度曲线也不同，如图 1.6 所示。

当 $n=1$ 时，1 个自由度的 χ^2 分布为

$$f_Y(y) = \frac{1}{2^{n/2}\Gamma(n/2)} y^{-1/2} e^{-y/2} = \frac{1}{\sqrt{2\pi y}} e^{-y/2} \tag{1.6.37}$$

当 $n=2$ 时，2 个自由度的 χ^2 分布简化为指数分布

$$f_Y(y) = \frac{1}{2\Gamma(1)} e^{-y/2} = \frac{1}{2} e^{-y/2} \tag{1.6.38}$$

如果互相独立的高斯变量 X_i 的方差不是 1 而是 σ^2，则可做 $\varphi(Y)=\sigma^2 Y$ 的变换。变换后的分布为

$$f_Y(y)=\frac{1}{(2\sigma^2)^{n/2}\Gamma(n/2)}y^{\frac{n}{2}-1}\mathrm{e}^{-\frac{y}{2\sigma^2}},y\geqslant 0 \tag{1.6.39}$$

此时 Y 的数学期望和方差为

$$\begin{cases}m_Y=n\sigma^2\\ \sigma_Y^2=2n\sigma^4\end{cases} \tag{1.6.40}$$

χ^2 分布有一条重要的性质：两个互相独立的具有 χ^2 分布的随机变量之和仍为 χ^2 分布，若它们的自由度分别为 n_1 和 n_2，其和的自由度为 $n=n_1+n_2$。

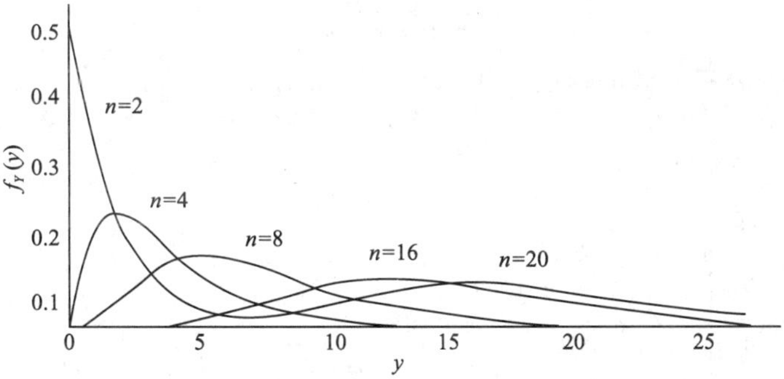

图 1.6　不同自由度的 χ^2 分布（$\sigma^2=1$）

2）非中心 χ^2 分布

如果互相独立的高斯变量 $X_i(i=1,2,\cdots,n)$ 的方差为 $\sigma_{X_i}^2=\sigma^2$，数学期望不是零而是 m_{X_i}，则 $Y=\sum\limits_{i=1}^{n}X_i^2$ 为 n 个自由度的非中心 χ^2 分布，也可将 X_i 视为数学期望仍为零的高斯变量与确定信号之和。

仍令 $Y_i=X_i^2$，经函数变换后 Y_i 的分布为

$$f_{Y_i}(y_i)=\frac{1}{2\sqrt{2\pi\sigma^2 y_i}}\left\{\exp\left[-\frac{(\sqrt{y_i}-m_{X_i})^2}{2\sigma^2}\right]+\exp\left[-\frac{(-\sqrt{y_i}-m_{X_i})^2}{2\sigma^2}\right]\right\},y_i\geqslant 0 \tag{1.6.41}$$

经过化简，得到

$$f_{Y_i}(y_i)=\frac{1}{\sqrt{2\pi\sigma^2 y_i}}\exp\left[-\frac{y_i+m_{X_i}^2}{2\sigma^2}\right]\mathrm{ch}\frac{m_{X_i}\sqrt{y_i}}{\sigma^2},y_i\geqslant 0 \tag{1.6.42}$$

Y_i 的特征函数为

$$\psi_{Y_i}(\omega)=\frac{1}{\sqrt{1-\mathrm{j}2\sigma^2\omega}}\exp\left[-\frac{m_{X_i}^2}{2\sigma^2}\right]\cdot\exp\left[\frac{m_{X_i}^2}{2\sigma^2}\cdot\frac{1}{1-\mathrm{j}2\sigma^2\omega}\right] \tag{1.6.43}$$

Y 的特征函数为

$$\psi_Y(\omega)=\prod_{i=1}^{n}\psi_{Y_i}(\omega)=\frac{1}{(1-\mathrm{j}2\sigma^2\omega)^{n/2}}\exp\left[-\frac{1}{2\sigma^2}\sum_{i=1}^{n}m_{X_i}^2\right]\cdot\exp\left[\frac{1}{2\sigma^2}\sum_{i=1}^{n}m_{X_i}^2\cdot\frac{1}{1-\mathrm{j}2\sigma^2\omega}\right] \tag{1.6.44}$$

通过傅里叶反变换,得 Y 的概率密度为

$$f_Y(y)=\frac{1}{2\sigma^2}\left(\frac{y}{\lambda}\right)^{\frac{n-2}{4}}\exp\left[-\frac{y+\lambda}{2\sigma^2}\right]I_{n/2-1}\left(\frac{\sqrt{\lambda y}}{\sigma^2}\right),y\geqslant 0 \tag{1.6.45}$$

式中,$\lambda=\sum\limits_{i=1}^{n}m_{X_i}^2$ 称为非中心分布参量,$I_{n/2-1}(x)$为第一类 $n/2-1$ 阶修正贝塞尔函数。

$$I_n(x)=\sum_{m=0}^{\infty}\frac{(x/2)^{n+2m}}{m\,!\,\Gamma(n+m+1)} \tag{1.6.46}$$

非中心 χ^2 分布的概率密度曲线,如图 1.7 所示。

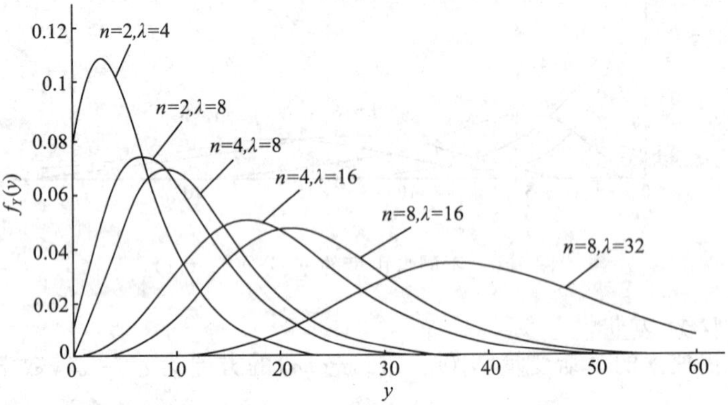

图 1.7　不同自由度的非中心 χ^2 分布($\sigma^2=1$)

非中心 χ^2 分布 Y 的数学期望与方差分别为

$$\begin{cases}m_Y=n\sigma^2+\lambda\\ \sigma_Y^2=2n\sigma^4+4\sigma^2\lambda\end{cases} \tag{1.6.47}$$

非中心 χ^2 分布有一条重要的性质:两个互相独立的非中心 χ^2 分布的随机变量之和仍为非中心 χ^2 分布,若它们的自由度分别为 n_1 和 n_2,非中心分布参数分别为 λ_1 和 λ_2,则其和的自由度为 $n=n_1+n_2$,参数为 $\lambda=\lambda_1+\lambda_2$。

1.6.4　瑞利分布

瑞利分布与 χ^2 分布密切联系,它是由 χ^2 分布进行开方变换而得到的。

对于两个自由度的 χ^2 分布,当 $Y=X_1^2+X_2^2$ 时,$X_i(i=1,2)$是数学期望为零、方差为 $\sigma_{X_i}^2=\sigma^2$ 且相互独立的高斯变量,Y 服从指数分布

$$f_Y(y) = \frac{1}{2\sigma^2} e^{-\frac{y}{2\sigma^2}}, y \geqslant 0 \tag{1.6.48}$$

令

$$R = \sqrt{Y} = \sqrt{X_1^2 + X_2^2} \tag{1.6.49}$$

通过函数变换，得 R 的概率密度为

$$f_R(r) = \frac{r}{\sigma^2} e^{-\frac{r^2}{2\sigma^2}}, r \geqslant 0 \tag{1.6.50}$$

R 就是瑞利分布，图 1.8 是当 $\sigma=1$ 时的瑞利概率密度曲线。

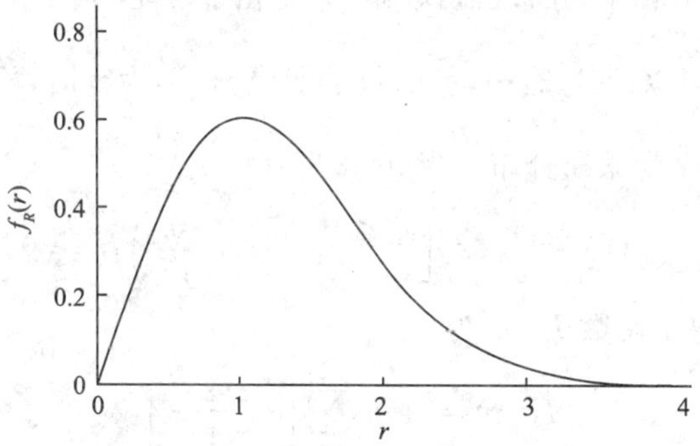

图 1.8 当 $\sigma=1$ 时，瑞利概率密度曲线

瑞利分布的各阶原点矩为

$$E[R^k] = (2\sigma^2)^{k/2}\Gamma(1+\frac{k}{2}) \tag{1.6.51}$$

式中，伽马函数由式(1.6.34)计算。当 $k=1$ 时，R 的数学期望为

$$m_R = E[R] = (2\sigma^2)^{1/2}\Gamma(1+\frac{1}{2}) = \sqrt{\frac{\pi}{2}}\sigma \tag{1.6.52}$$

可见，瑞利分布的数学期望与原高斯变量的均方差成正比。反过来说，当需要估计高斯变量的方差(功率)时，往往通过估计瑞利分布的数学期望来得到，因为估计数学期望一般比估计方差要容易得多。瑞利分布的方差可由二阶原点矩和一阶原点矩获得

$$\sigma_R^2 = E[R^2] - (E[R])^2 = \left(2 - \frac{\pi}{2}\right)\sigma^2 \tag{1.6.53}$$

对 n 个自由度的 χ^2 分布，若令 $R=\sqrt{Y}=\sqrt{\sum_{i=1}^{n} X_i^2}$，则 R 为广义瑞利分布

$$f_R(r) = \frac{r^{n-1}}{2^{(n-2)/2}\sigma^n\Gamma(n/2)} e^{-\frac{r^2}{2\sigma^2}}, r \geqslant 0 \tag{1.6.54}$$

当 $n=2$ 时，式(1.6.54)简化为式(1.6.50)。

广义瑞利分布的各阶原点矩为

$$E[R^k] = (2\sigma^2)^{k/2}\frac{\Gamma([n+k]/2)}{\Gamma(n/2)} \tag{1.6.55}$$

当 $n=2$ 时，式(1.6.55)简化为式(1.6.51)。数学期望和方差可以按上面的方法来求，这里给出数学期望

$$E[R] = (2\sigma^2)^{1/2}\frac{\Gamma(n/2+1/2)}{\Gamma(n/2)} \tag{1.6.56}$$

1.6.5　莱斯分布

莱斯分布与非中心 χ^2 分布密切联系，它是由非中心 χ^2 分布进行开方变换而得到的。当高斯变量 $X_i(i=1,2,\cdots,n)$ 的数学期望 m_i 不为零时，$Y=\sum_{i=1}^{n}X_i^2$ 是非中心 χ^2 分布，则称 $R=\sqrt{Y}$ 为莱斯分布。当 $n=2$ 时

$$f_R(r) = \frac{r}{\sigma^2}\exp\left[-\frac{r^2+\lambda}{2\sigma^2}\right]I_0\left(\frac{r\sqrt{\lambda}}{\sigma^2}\right), r \geqslant 0 \tag{1.6.57}$$

式中，零阶修正贝塞尔函数 $I_0(x)$ 为

$$I_0(x) = 1+\sum_{n=1}^{\infty}\left[\frac{(x/2)^n}{n!}\right]^2 \tag{1.6.58}$$

作为式(1.6.57)的推广，对于任意的 n

$$f_R(r) = \frac{r^{n/2}}{\sigma^2\lambda^{n-2}}\exp\left[-\frac{r^2+\lambda}{2\sigma^2}\right]I_{n/2-1}\left(\frac{r\sqrt{\lambda}}{\sigma^2}\right), r \geqslant 0 \tag{1.6.59}$$

式中，$I_{n/2-1}(x)$ 为 $n/2-1$ 阶修正贝塞尔函数，由式(1.6.47)计算。

特别地，当 $n=2$ 时，上式简化为式(1.6.57)；进一步地，当 $\lambda=0$ 时，式(1.6.59)即简化为式(1.6.50)。因此当 $\lambda=0$ 时，瑞利分布是莱斯分布的特例。

图 1.9 为 $\sigma=1$ 时不同 λ 的莱斯分布概率密度曲线。

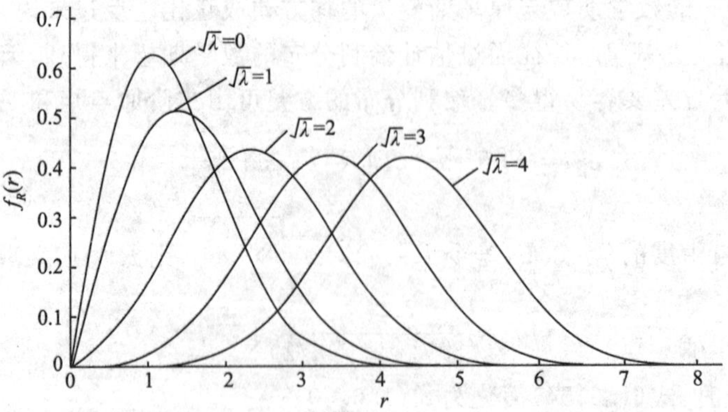

图 1.9　当 $\sigma=1$ 时，不同 λ 的莱斯分布概率密度曲线

一些基于高斯变量变换后的随机变量之间有着密切的关系，在一定的条件下，某个分布可转换为另外的分布，或者说某个分布是另一个分布在某种条件下的特例。表 1.2 给出了高斯分布和一些基于高斯变换后的随机变量之间的关系。

表 1.2 基于高斯变量变换的随机变量分布

	非中心 χ^2 分布	χ^2 分布	指数分布	莱斯分布	广义瑞利分布	瑞利分布
概率密度	式(1.6.45)	式(1.6.37)	式(1.6.48)	式(1.6.59)	式(1.6.54)	式(1.6.50)
数学期望	$n\sigma^2+\lambda$	$n\sigma^2$	$2\sigma^2$			$(\pi/2)^{1/2}\sigma$
方差	$2n\sigma^4+4\sigma^2$	$2n\sigma^4$	$4\sigma^4$			$(2-\pi/2)\sigma^2$
X_i 为高斯分布，互相独立，方差为 σ^2	$Y=\sum_{i=1}^{n}X_i^2$	$Y=\sum_{i=1}^{n}X_i^2$	$Y=\sum_{i=1}^{2}X_i^2$	$R=\sqrt{\sum_{i=1}^{n}X_i^2}$	$R=\sqrt{\sum_{i=1}^{n}X_i^2}$	$R=\sqrt{\sum_{i=1}^{2}X_i^2}$
	$E[X_i]\neq 0$	$E[X_i]=0$	$E[X_i]=0$	$E[X_i]\neq 0$	$E[X_i]=0$	$E[X_i]=0$
非中心 χ^2 分布		$E[X_i]=0$ $\lambda=0$	$E[X_i]=0$ $\lambda=0,n=2$	$R=Y^{1/2}$	$E[X_i]=0$ $\lambda=0$	$E[X_i]=0$ $\lambda=0,n=2$
χ^2 分布			$n=2$		$R=Y^{1/2}$	$R=Y^{1/2},n=2$
指数分布						$R=Y^{1/2}$
莱斯分布					$E[X_i]=0$	$E[X_i]=0,n=2$
广义瑞利分布						$n=2$

由表 1.2 可见，瑞利分布的概率密度由式(1.6.50)给出，它可由 $R=\sqrt{X_1^2+X_2^2}$ 变换而来。其中 X_1 和 X_2 是数学期望为零、方差为 σ^2 且互相独立的高斯变量。瑞利分布的数学期望为 $(\pi/2)^{1/2}\sigma$、方差为 $(2-\pi/2)\sigma^2$。此外，瑞利分布还可由两个自由度的 χ^2 分布做 $R=Y^{1/2}$ 的变换得到，或对指数分布做 $R=Y^{1/2}$ 的变换得到。

1.7 复随机变量

【定义 1.22】如果 X 和 Y 分别是实随机变量，称

$$Z = X + \mathrm{j}Y \tag{1.7.1}$$

为复随机变量。

复随机变量 Z 的数学期望为

$$m_Z = E[Z] = E[X] + \mathrm{j}E[Y] = m_X + \mathrm{j}m_Y \tag{1.7.2}$$

可见，一般情况下 m_Z 是复数。

复随机变量 Z 的方差为

$$\sigma_Z^2 = D[Z] = E[|Z - m_Z|^2] \tag{1.7.3}$$

将式(1.7.1)、式(1.7.2)代入式(1.7.3),得

$$\sigma_Z^2 = E[|(X - m_X) + \mathrm{j}(Y - m_Y)|^2] = D[X] + D[Y] \tag{1.7.4}$$

可见,复随机变量的方差是实部与虚部方差之和,且 σ_Z^2 为实数。

对于两个复随机变量

$$Z_1 = X_1 + \mathrm{j}Y_1$$
$$Z_2 = X_2 + \mathrm{j}Y_2$$

它们的相关矩为

$$R_{Z_1Z_2} = E[Z_1^* Z_2] \tag{1.7.5}$$

式中,“ * ”表示共轭,将 Z_1,Z_2 代入式(1.7.5),得

$$R_{Z_1Z_2} = E[(X_1 - \mathrm{j}Y_1)(X_2 + \mathrm{j}Y_2)] = R_{X_1X_2} + R_{Y_1Y_2} + \mathrm{j}(R_{X_1Y_2} - R_{Y_1X_2})$$

互协方差为

$$C_{Z_1Z_2} = E[(Z_1 - m_{Z_1})^* (Z_2 - m_{Z_2})] \tag{1.7.6}$$

可见,两个复随机变量涉及四个实随机变量,因此两个复随机变量互相独立的条件为

$$f_{X_1Y_1X_2Y_2}(x_1, x_2, y_1, y_2) = f_{X_1Y_1}(x_1, x_2) f_{X_2Y_2}(y_1, y_2) \tag{1.7.7}$$

而两个复随机变量互不相关的条件为

$$C_{Z_1Z_2} = E[(Z_1 - m_{Z_1})^* (Z_2 - m_{Z_2})] = 0 \tag{1.7.8}$$

或

$$R_{Z_1Z_2} = E[Z_1^* Z_2] = E[Z_1^*]E[Z_2] \tag{1.7.9}$$

可见,对复随机变量而言,不相关和统计独立仍然不是等价的。

若

$$R_{Z_1Z_2} = E[Z_1^* Z_2] = 0 \tag{1.7.10}$$

则称 Z_1,Z_2 互相正交。

习　题

1. 离散随机变量 X 由 0,1,2,3 四个样本组成,相当于四元通信中的四个电平,四个样本的取值概率顺序为 1/2,1/4,1/8 和 1/8。求随机变量的数学期望和方差。

2. 设连续随机变量 X 的概率分布函数为

$$F(x) = \begin{cases} 0 & x < 0 \\ 0.5 + A\sin\left[\frac{\pi}{2}(x - 1)\right] & 0 \leqslant x < 2 \\ 1 & x \geqslant 2 \end{cases}$$

求:(1)系数 A; (2)X 取值在(0.5,1)内的概率 $P(0.5<X<1)$。

3. 试确定下列各式是否为连续变量的概率分布函数，如果是概率分布函数，求其概率密度。

(1) $$F(x)=\begin{cases}1-e^{-\frac{x^2}{2}} & x\geqslant 0\\ 0 & x<0\end{cases}$$

(2) $$F(x)=\begin{cases}0 & x<0\\ Ax^2 & 0\leqslant x<1\\ 1 & x\geqslant 1\end{cases}$$

(3) $$F(x)=\frac{x}{a}[u(x)-u(x-a)],a>0$$

(4) $$F(x)=\frac{x}{a}u(x)-\frac{a-x}{a}u(x-a),a>0$$

4. 随机变量 X 在$[a,b]$上均匀分布，求它的数学期望和方差。

5. 设随机变量 X 的概率密度为 $f_X(x)=\begin{cases}1 & 0\leqslant x\leqslant 1\\ 0 & 其他\end{cases}$，求 $Y=6X+4$ 的概率密度。

6. 设随机变量 $X_1,X_2,\cdots,X_n$ 在$[a,b]$上均匀分布，且互相独立。若 C_i 为常数且 $Y=\sum\limits_{i=1}^{n}C_iX_i$，求

(1)$n=2$ 时，随机变量 Y 的概率密度；

(2)$n=3$ 时，随机变量 Y 的概率密度。

7. 设随机变量 X 的数学期望和方差分别是 m 和 σ^2，求随机变量 $Y=-3X-2$ 的数学期望、方差及 X 和 Y 的相关矩。

8. 随机变量 X 和 Y 分别在$[0,a]$和$[0,\frac{\pi}{2}]$上均匀分布，且互相独立。当$b<a$时，证明：$P(x<b\cos Y)=\frac{2b}{\pi a}$。

9. 已知二维随机向量(X_1,X_2)的联合概率密度为 $f_{X_1X_2}(x_1,x_2)$，随机向量(X_1,X_2)与随机变量(Y_1,Y_2)的关系由下式唯一确定

$$\begin{cases}X_1=a_1Y_1+b_1Y_2\\ X_2=c_1Y_1+d_1Y_2\end{cases},\begin{cases}Y_1=a_2X_1+b_2X_2\\ Y_2=c_2X_1+d_2X_2\end{cases}$$

证明：(Y_1,Y_2)的联合概率密度为

$$f_{Y_1Y_2}(y_1,y_2)=\frac{1}{|a_2d_2-b_2c_2|}f_{X_1X_2}(a_1y_1+b_1y_2,c_1y_1+d_1y_2)$$

式中，$a_2d_2-b_2c_2\neq 0$。

10. 随机变量 X,Y 的联合概率密度为

$$f_{XY}(x,y)=A\sin(x+y)\quad 0\leqslant x,y\leqslant\frac{\pi}{2}$$

求:(1)系数 A;(2)数学期望 m_X,m_Y;(3)方差 σ_X^2,σ_Y^2;(4)相关矩 R_{XY} 及相关系数 r_{XY}。

11. 已知随机变量 X 的概率密度 $f_X(x)=2\mathrm{e}^{-\alpha x}(x\geqslant 0)$,求随机变量 X 的特征函数。

12. 已知随机变量 X 服从柯西分布 $f_X(x)=\frac{1}{\pi}\frac{\alpha}{\alpha^2+x^2}$,求它的特征函数。

13. 求概率密度为 $f_X(x)=\frac{1}{2}\mathrm{e}^{-|x|}$ 的随机变量 X 的特征函数。

14. 已知互相独立随机变量 $X_1,X_2,\cdots,X_n$ 的特征函数,求 $X_1,X_2,\cdots,X_n$ 线性组合 $Y=\sum_{i=1}^{n}a_iX_i+b$ 的特征函数。其中,a_i 和 b 是常数。

15. 平面上的随机点(X_1,Y_1)和(X_2,Y_2)服从高斯分布,所有坐标的数学期望均为0,所有坐标的方差都等于10,同一坐标的相关矩相等,且 $E[X_1X_2]=E[Y_1Y_2]=2$,不同坐标不相关。求(X_1,X_2,Y_1,Y_2)的相关矩阵和概率密度。

16. 已知高斯随机变量 X 的数学期望为0,方差为1,求 $Y=aX^2(a>0)$的概率密度。

17. 已知 X_1,X_2,X_3 是数学期望为0,方差为1的高斯随机变量,用特征函数法求 $E[X_1X_2X_3]$。

18. 如果随机变量 X 服从区间$[0,1]$的均匀分布,随机变量 Y 的概率密度为

$$f_Y(y)=\begin{cases}y & 0\leqslant y\leqslant 1\\ 2-y & 1\leqslant y\leqslant 2\\ 0 & \text{其他}\end{cases}$$

X 与 Y 互相独立。求 X 与 Y 之差的概率密度。

19. 设随机变量 X 服从几何分布,即 $P(X=k)=pq^k,k=0,1,2,\cdots$。求 X 的特征函数、$E[X]$及 $D[X]$。其中 $0<p<1,q=1-p$ 是已知参数。

20. 已知参数为(p,b)的 Γ 分布概率密度函数为

$$f_X(x)=\begin{cases}\dfrac{b^p}{\Gamma(p)}x^{p-1}\mathrm{e}^{-bx}, & x>0\\ 0, & x\leqslant 0\end{cases}\qquad(b>0,p>0)$$

试求:(1)特征函数;(2)期望和方差;(3)证明对具有相同参数 b 的 Γ 分布,关于参数 p 具有可加性。

21. 设 X 是一随机变量,$F(x)$是其分布函数,且是严格单调的,求以下随机变量的特征函数。

(1)$Y=aF(X)+b$,($a\neq 0$,b 是常数);

(2)$Z=\ln F(X)$,并求 $E(Z^k)$(k 为自然数)。

22. 设 $X_1,X_2,\cdots,X_n$ 相互独立,且具有相同的几何分布,试求 $\sum_{k=1}^{n}X_k$ 的分布。

23. 试证函数 $f(t)=\dfrac{e^{jt}(1-e^{jnt})}{n(1-e^{jt})}$ 为一特征函数,并求它所对应的随机变量的分布。

24. 试证函数 $f(t)=\dfrac{1}{1+t^2}$ 为一特征函数,并求它所对应的随机变量的分布。

25. 设 $X_1,X_2,\cdots,X_n$ 相互独立同服从正态分布 $N(m,\sigma^2)$,试求 n 维随机向量 $(X_1,X_2,\cdots,X_n)$ 的分布,并求出其均值向量和协方差矩阵,再求 $Y=\dfrac{1}{n}\sum_{i=1}^{n}X_i$ 的概率密度函数。

26. 设 X,Y 相互独立,且分布具有参数为 (m,p) 及 (n,p) 的二项分布;分别服从参数为 (p_1,b),(p_2,b) 的 Γ 分布。求 $X+Y$ 的分布。

第2章　随机过程

【内容导读】 本章首先介绍了随机过程及其一维、二维、多维及联合分布函数，以及与其相应的概率密度函数等概念。其次，讨论了随机过程的均值函数、方差函数、相关函数和协方差函数等数字特征及随机过程的特征函数、复随机过程及其数字特征，以及矩阵随机过程。最后，介绍了二阶矩过程、正态过程、独立增量过程及维纳过程等常见随机过程的统计特性。

在概率论中，研究的对象是随机现象，从数量讲，都可以用一个有限维随机向量来描述。而在实际中，经常遇到的随机现象并不是都能用随机向量来描述和表达。例如，通信过程中的噪声电压就是随时间而变化的随机变量。这种随机变量就称为随机过程。也就是说，随机过程的试验结果与时间有关。

本章将讨论随机过程的基本概念、统计特性、数字特征及几种典型常用的随机过程。

2.1　随机过程定义与分类

2.1.1　随机过程定义

为了阐明随机过程的概念，先给出几个实例。

【例 2.1】用 $X(t)$ 表示每天 $t(0\leqslant t\leqslant 24)$ 时刻的气温。对于固定的 t，$X(t)$ 表示一个随机变量，当 $t\in T=[0,24]$ 取遍 T 中每个值时，得到一族随机变量 $\{X(t),t\in T\}$。

【例 2.2】电子网络中的一个电阻 R，由于内部微观粒子的随机运动，导致电阻两端电压 $X(t)$ 有一个随机起伏，$X(t)$ 在每一时刻 t 都是随机变量，称之为热噪声电压，它是一族依赖于时间 t 的随机变量 $\{X(t),t\in T\}$。

以上都是随机过程的实例，这里的一族随机变量有无限多个，且相互有关，记为

$\{X(t),t\in T\}$。其中，T 为一个无穷集合，称为参数集，t 一般表示时间，所以称 $X(t)$ 为随机过程。

【定义 2.1】设随机试验 E 的样本空间为 $S=\{s\}$，$T=\{t\}\subset R$ 是一个参数。若对每一个 $t\in T$，都有一个随机变量 $X_t=X(s,t)$ 与之对应，则随机变量族 $\{X(s,t),t\in T\}$ 为随机过程。简言之，随机过程是一族随时间 t 变化的随机变量。

由于 $X(s,t)$ 是 t,s 的二元函数，对固定的 $t\in T$，$X(t,s)$ 是一个随机变量，工程上称之为随机过程在 t 时刻的状态；而对于固定的 $s\in S$，它是 t 的一个普通函数，工程上称之为随机过程的一个样本函数或一个实现或一条轨迹。全体样本函数的集合称为样本空间 S。若同时固定 $s\in S,t\in T$，则它对应于一个实值，是随机过程在某个给定的试验中，在某个给定时刻的观测值。当 s 和 t 均变化时，这时才是随机过程完整的概念。

为了方便起见，把随机过程记为 $\{X(t),t\in T\}$ 或 $X(t)$。

【例 2.3】正弦型随机相位信号（简称正弦随相信号）

$$X(t)=A\cos(\omega_0 t+\Phi)$$

式中，A 和 ω_0 为常数，Φ 为 $(0,2\pi)$ 上均匀分布的随机变量。由于 $X(t)=A\cos(\omega_0 t+\Phi)$ 中初始相位 Φ 是一个连续型随机变量，在 $(0,2\pi)$ 上有无穷多个取值，其样本空间为

$$S_\varphi=\{\varphi_1,\varphi_2,\cdots,\varphi_n,\cdots\}$$

对于样本空间 S_φ 中的任意元素 $\varphi_i(i=1,2,\cdots)$，都有一个确定的时间函数

$$x_i(t,\varphi_i)=A\cos(\omega_0 t+\varphi_i)\qquad \varphi_i\in(0,2\pi)$$

与之对应，且 φ_i 不同，对应的函数 $x_i(t,\varphi_i)$ 也不同，所以正弦随相信号实际上是一族不同的时间函数，$x_i(t,\varphi_i)$ 通常称为随机过程的样本函数。图 2.1 画出了其中两个样本函数。

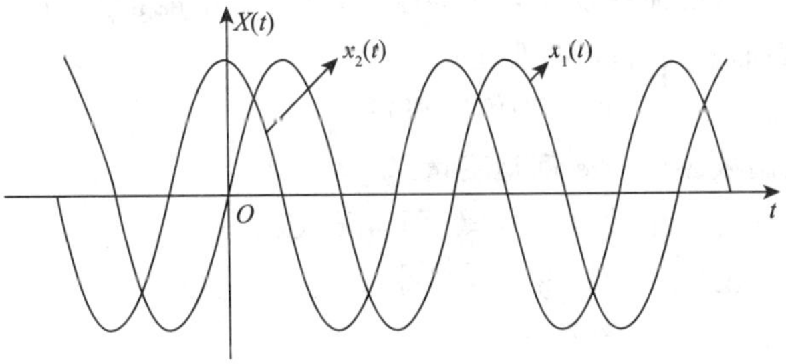

图 2.1　随机相位信号两个样本函数图形

由于 Φ 是一个随机变量，在观测信号 $X(t)$ 前，并不能预知 Φ 究竟取何值，因此，也不能预知 $X(t)$ 究竟取哪一个样本函数，只有观测以后才能确定，所以这是一个随机过程。

【例 2.4】设有 n 台性能完全相同的接收机，在相同的工作环境和测试条件下记录各台接收机的输出噪声电压波形（这也可以理解为对一台接收机在一段时间内持续地进行 n 次观测）。设 n 台接收机的波形，如图 2.2 所示。

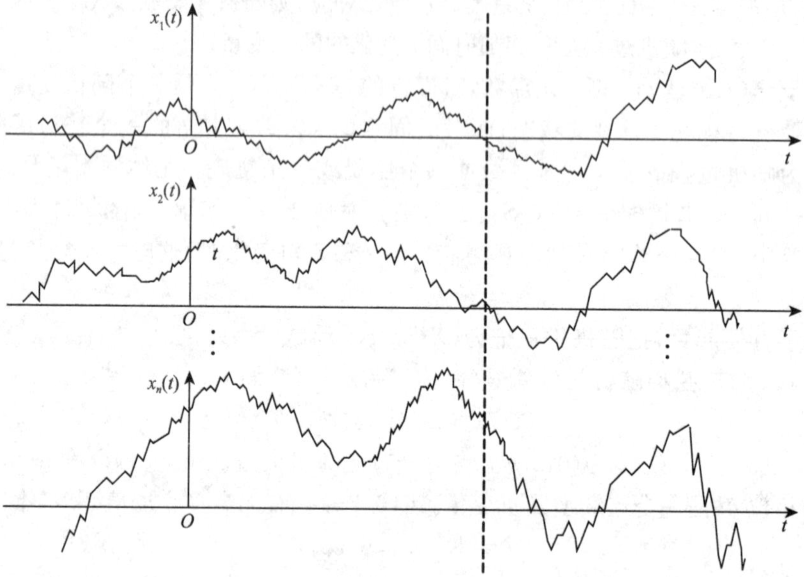

图 2.2 n 台接收机输出噪声波形

图 2.2 表明，在试验条件相同的情况下，每次所得波形都不同。如果将每一次观测的随机噪声电压波形看成是一次随机试验，则每次试验所得波形都是不相同的，而在某次观测中观测到的可能是波形 $x_1(t)$，也可能是 $x_2(t)$，也可能是 $x_3(t)$ 或者是 $x_n(t)$ 等，但究竟会观测到一条什么样的波形，事先是不能预知的，但肯定为所有可能波形中的一个，因而它是一个随机过程。

总之，可从以下四个方面来理解随机过程：

①一个时间函数族（t 和 s 都是变量）；

②一个确知的时间函数（t 是变量，而 s_i 固定）；

③一个随机变量（t_i 固定，而 s 是变量）；

④一个确定值（t_i 和 s_i 都固定）。

2.1.2 随机过程的分类

随机过程类型很多，分类的方法也有多种，这里给出三种方法。

1）按随机过程的时间和状态是连续还是离散的情况划分

（1）连续型随机过程，即时间和状态都是连续的情况。也就是说，$X(t)$ 对任意的

$t_i \in T$，$X(t_i)$都是连续型随机变量。例如，正弦随相信号和噪声电压就属此类型。

(2)离散型随机过程，即时间连续、状态离散情况。也就是说，$X(t)$对任意的 $t_i \in T$，$X(t_i)$都是离散型随机变量。例如，强限幅电路输出的随机过程，如图 2.3 所示。

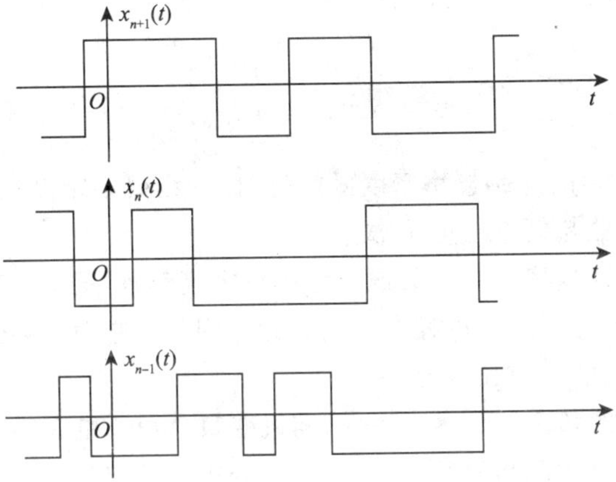

图 2.3　离散型随机过程的一族样本函数

(3)连续随机序列，即时间离散、状态连续的情况。也就是说，随机过程 $X(t)$的时间 t 只能取某些时刻，如 $t_i(i=1,2,\cdots,n)$，这时随机变量 $X(t_i)$是连续型随机变量。

(4)离散随机序列，即时间和状态都是离散的情况。随机过程 $X(t)$的时间 t 只能取某些时刻，如 $t_i(i=1,2,\cdots,n)$，这时随机变量 $X(t_i)$是离散型随机变量。例如，电话交换台在每一分钟接到的电话呼叫次数。

2)按样本函数的形式划分

(1)不确定的随机过程：随机过程的任意样本函数的值不能被预测。例如，接收机接收的噪声电压波形就属此类型。

(2)确定的随机过程：随机过程的任意样本函数的值能被预测。例如，正弦随相信号就是此类型。

3)按概率分布的特性划分

平稳随机过程、正态随机过程、Markov 过程、独立增量过程、独立随机过程和瑞利随机过程等。

2.2　随机过程的有限维分布族

由上述可知，随机过程可看成是一族随时间变化的随机变量。因而，可通过研究随机变量的统计特性来研究随机过程的统计特性。

1)一维分布函数与概率密度函数

设 $X(t)$ 表示一个随机过程,在任意给定的时刻 $t\in T$,其取值 $X(t)$ 是一个随机变量。随机过程 $X(t)$ 的一维概率分布函数或分布函数为

$$F_X(x,t)=P\{X(t)\leqslant x\} \tag{2.2.1}$$

如果存在

$$\frac{\partial F_X(x,t)}{\partial x}=f_X(x,t) \tag{2.2.2}$$

则称 $f_X(x,t)$ 为 $X(t)$ 的一维概率密度函数(简称一维概率密度)。

2)二维分布函数与概率密度函数

随机过程的一维概率分布函数或一维概率密度仅仅描述了随机过程在某个时刻的统计特性,而没有说明随机过程在不同时刻之间的内在联系,因此需要进一步引入二维分布函数。

对于任意给定的两个时刻 $t_1,t_2\in T$,随机变量 $X(t_1)$ 和 $X(t_2)$ 构成一个二维随机变量 $\{X(t_1),X(t_2)\}$,则随机过程 $X(t)$ 的二维分布函数定义为

$$F_X(x_1,x_2;t_1,t_2)=P\{X(t_1)\leqslant x_1,X(t_2)\leqslant x_2\} \tag{2.2.3}$$

如果存在

$$\frac{\partial^2 F_X(x_1,x_2;t_1,t_2)}{\partial x_1\partial x_2}=f_X(x_1,x_2;t_1,t_2) \tag{2.2.4}$$

则称 $f_X(x_1,x_2;t_1,t_2)$ 为 $X(t)$ 的二维概率密度。显然,随机过程的二维概率分布函数或二维概率密度仅仅描述了随机过程在两个时刻之间的统计特性。

【例 2.5】考虑在时间 $(0,t]$ 内电话机接收到的呼叫次数,若呼叫次数为偶数(0 也称偶数),则令 $X(t)=1$;若呼叫次数为奇数,则 $X(t)=-1$。设在互不相交的时间区间内接到的呼叫次数相互独立,又设在时间 $(t_0,t_0+t]$ 内呼叫次数为 k 的概率与 t_0 无关,并且为

$$P_k(t)=\frac{(\lambda t)^k}{k!}\mathrm{e}^{-\lambda t}\qquad (t\in T=(0,+\infty),\lambda>0,k=0,1,2,\cdots)$$

求随机过程 $X(t)$ 的一、二维概率密度。

解:(1)对于固定的 $t_1\in T$,$X(t_1)$ 为一维随机变量。

其在 $(0,t_1]$ 内呼叫次数为偶数的概率为

$$\begin{aligned}P\{X(t_1)=1\}&=P_0(t_1)+P_2(t_1)+\cdots+P_{2k}(t_1)+\cdots\\&=\mathrm{e}^{-\lambda t_1}\left(1+\frac{(\lambda t_1)^2}{2!}+\frac{(\lambda t_1)^4}{4!}+\cdots+\frac{(\lambda t_1)^{2k}}{(2k)!}+\cdots\right)\\&=\mathrm{e}^{-\lambda t_1}\cosh(\lambda t_1)\end{aligned}$$

其在 $(0,t_1]$ 内呼叫次数为奇数的概率为

$$
\begin{aligned}
P\{X(t_1)=-1\} &= P_1(t_1)+P_3(t_1)+\cdots \\
&= e^{-\lambda t_1}\left(\lambda t_1+\frac{(\lambda t_1)^3}{3!}+\frac{(\lambda t_1)^5}{5!}+\cdots\right) \\
&= e^{-\lambda t_1}\sinh(\lambda t_1)
\end{aligned}
$$

当 t_1 在 T 内变化时，随机过程 $X(t)$ 的一维概率函数族为

$X(t_1)$	1	-1
概率	$e^{-\lambda t_1}\cosh(\lambda t_1)$	$e^{-\lambda t_1}\sinh(\lambda t_1)$

(2)对于固定的 $t_1,t_2\in T$，$\{X(t_1),X(t_2)\}$ 为二维随机变量。

设 $t_2>t_1$，$\tau=t_2-t_1$，则

$$P\{X(t_1)=1,X(t_2)=1\}=P\{X(t_1)=1\}P\{X(t_2)=1\mid X(t_1)=1\}$$

式中，$P\{X(t_2)=1\mid X(t_1)=1\}$ 表示在 $(0,t_1]$ 内呼叫次数为偶数的条件下，其在 $(0,t_2]$ 内呼叫次数为偶数的概率，等于其在 $(0,t_1]$ 内呼叫次数为偶数的条件下，在 $(t_1,t_2]$ 内呼叫次数为偶数的概率，也等于其在 $(t_1,t_2]$ 内呼叫次数为偶数的概率或其在 $(0,\tau]$ 内呼叫次数为偶数的概率。因而，有

$$P\{X(t_1)=1,X(t_2)=1\}=e^{-\lambda t_1}\cosh(\lambda t_1)\cdot e^{-\lambda\tau}\cosh(\lambda\tau)$$

同理，有

$$P\{X(t_1)=1,X(t_2)=-1\}=e^{-\lambda t_1}\cosh(\lambda t_1)\cdot e^{-\lambda\tau}\sinh(\lambda\tau)$$

$$P\{X(t_1)=-1,X(t_2)=1\}=e^{-\lambda t_1}\sinh(\lambda t_1)\cdot e^{-\lambda\tau}\sinh(\lambda\tau)$$

$$P\{X(t_1)=-1,X(t_2)=-1\}=e^{-\lambda t_1}\sinh(\lambda t_1)\cdot e^{-\lambda\tau}\cosh(\lambda\tau)$$

当 t_1,t_2 在 T 内变化时，得随机过程 $X(t)$ 的二维概率函数族为

$X(t_1)$ \ $X(t_2)$	1	-1
1	$e^{-\lambda t_1}\cosh(\lambda t_1)\cdot e^{-\lambda\tau}\cosh(\lambda\tau)$	$e^{-\lambda t_1}\cosh(\lambda t_1)\cdot e^{-\lambda\tau}\sinh(\lambda\tau)$
-1	$e^{-\lambda t_1}\sinh(\lambda t_1)\cdot e^{-\lambda\tau}\sinh(\lambda\tau)$	$e^{-\lambda t_1}\sinh(\lambda t_1)\cdot e^{-\lambda\tau}\cosh(\lambda\tau)$

3)n 维分布函数与概率密度函数

为了描述随机过程在两个以上时刻之间的关系，需引入随机过程的 n 维概率分布。

对于任意给定的时刻 $t_1,t_2,\cdots,t_n\in T$，则 $X(t)$ 的 n 维分布函数定义为

$$F_X(x_1,x_2,\cdots,x_n;t_1,t_2,\cdots,t_n)=P\{X(t_1)\leqslant x_1,X(t_2)\leqslant x_2,\cdots,X(t_n)\leqslant x_n\} \tag{2.2.5}$$

如果存在

$$\frac{\partial^n F_X(x_1,x_2\cdots,x_n;t_1,t_2\cdots,t_n)}{\partial x_1\partial x_2\cdots\partial x_n}=f_X(x_1,x_2,\cdots,x_n;t_1,t_2,\cdots,t_n) \quad (2.2.6)$$

则称 $f_X(x_1,x_2,\cdots,x_n;t_1,t_2,\cdots,t_n)$ 为 $X(t)$ 的 n 维概率密度。显然，n 越大，对随机过程统计特性的描述就越充分，但问题的复杂性也随之增加。在一般实际问题中，掌握二维分布函数就已经足够了。

4)联合概率分布和联合概率密度

设两个随机过程 $X(t)$ 的 n 维与 $Y(t)$ 的 m 维概率密度分别为 $f_X(x_1,x_2,\cdots,x_n;t_1,t_2,\cdots,t_n)$ 和 $f_Y(y_1,y_2,\cdots,y_m;t_1',t_2',\cdots,t_m')$，则 $X(t)$ 与 $Y(t)$ 的 $n+m$ 维联合概率分布函数为

$$\begin{aligned}&F_{XY}(x_1,x_2,\cdots,x_n,y_1,y_2,\cdots,y_m;t_1,t_2,\cdots,t_n,t_1',t_2',\cdots,t_m')\\&=P\{X(t_1)\leqslant x_1,\cdots,X(t_n)\leqslant x_n;Y(t_1')\leqslant y_1,\cdots,Y(t_m')\leqslant y_m\}\end{aligned} \quad (2.2.7)$$

相应的 $X(t)$ 与 $Y(t)$ 的 $n+m$ 维联合概率密度为

$$\begin{aligned}&f_{XY}(x_1,x_2,\cdots,x_n,y_1,y_2,\cdots,y_m;t_1,t_2,\cdots,t_n,t_1',t_2',\cdots,t_m')\\&=\frac{\partial^{n+m}F_{XY}(x_1,x_2,\cdots,x_n,y_1,y_2,\cdots,y_m;t_1,t_2,\cdots,t_n,t_1',t_2',\cdots,t_m')}{\partial x_1\partial x_2\cdots\partial x_n\partial y_1\partial y_2\cdots\partial y_m}\end{aligned} \quad (2.2.8)$$

若有

$$\begin{aligned}&F_{XY}(x_1,x_2,\cdots,x_n,y_1,y_2,\cdots,y_m;t_1,t_2,\cdots,t_n,t_1',t_2',\cdots,t_m')\\&=F_X(x_1,x_2,\cdots,x_n;t_1,t_2,\cdots,t_n)F_Y(y_1,y_2,\cdots,y_n;t_1',t_2',\cdots,t_m')\end{aligned} \quad (2.2.9)$$

或

$$\begin{aligned}&f_{XY}(x_1,x_2,\cdots,x_n,y_1,y_2,\cdots,y_m;t_1,t_2,\cdots,t_n,t_1',t_2',\cdots,t_m')\\&=f_X(x_1,x_2,\cdots,x_n;t_1,t_2,\cdots,t_n)f_Y(y_1,y_2,\cdots,y_n;t_1',t_2',\cdots,t_m')\end{aligned} \quad (2.2.10)$$

则称随机过程 $X(t)$ 和 $Y(t)$ 是相互独立的。

若两个随机过程的 $n+m$ 维联合概率分布给定了，则这两个随机过程的全部统计特性也就确定了。

2.3　随机过程的数字特征

随机过程的数字特征有均值函数、方差函数、相关函数和协方差函数等。

1)均值函数与方差函数

实随机过程 $X(t)$ 的均值函数是一个依赖 t 的确定函数。其均值函数记为 $E[X(t)]$ 或 $m_X(t)$，定义为

$$m_X(t)=E[X(t)]=\begin{cases}\displaystyle\int_{-\infty}^{\infty}xf_X(x,t)\mathrm{d}x & X(t)\ \text{是连续的}\\ \displaystyle\sum_{i=1}x_iP\{X(t)=x_i\} & X(t)\ \text{是离散的}\end{cases} \quad (2.3.1)$$

式中，$f_X(x,t)$是 $X(t)$的一维概率密度。

随机过程 $X(t)$的方差函数也是一个依赖 t 的确定函数，记为 $D[X(t)]$或 $\sigma_X^2(t)$，即

$$\sigma_X^2(t)=D[X(t)]=\begin{cases}\displaystyle\int_{-\infty}^{\infty}[x-m_X(t)]^2 f_X(x,t)\mathrm{d}x & X(t)\text{ 是连续的}\\ \displaystyle\sum_{i=1}[x_i-m_X(t)]^2 P\{X(t)=x_i\} & X(t)\text{ 是离散的}\end{cases}\tag{2.3.2}$$

方差函数 $\sigma_X^2(t)$是描述随机过程的所有样本函数相对于均值函数 $m_X(t)$的偏离程度。若 $X(t)$表示接收机噪声电压，那么方差函数 $\sigma_X^2(t)$就表示消耗在单位电阻上的瞬时交流功率统计平均值。方差的开方定义为标准差，即

$$\sigma_X(t)=\sqrt{D[X(t)]}\tag{2.3.3}$$

随机过程 $X(t)$与随机变量 X 的数字特征对应比较，如表 2.1 所示。

表 2.1　随机过程 $X(t)$与随机变量 X 的均值与方差对应比较

$X(t)$、$Y(t)$为随机过程，$g(t)$为确定性函数		X,Y 为随机变量，C 为常数	
均值函数性质	$E[g(t)]=g(t)$	数学期望性质	$E[C]=C$
	$E[g(t)X(t)]=g(t)E[X(t)]$		$E[CX]=CE[X]$
	$E[X(t)+Y(t)]=E[X(t)]+E[Y(t)]$		$E[X+Y]=E[X]+E[Y]$
	$E[g(t)+X(t)]=g(t)+E[X(t)]$		$E[C+X]=C+E[X]$
	$X(t)$与 $Y(t)$相互独立，则 $E[X(t)\cdot Y(t)]=E[X(t)]\cdot E[Y(t)]$		X 与 Y 相互独立，则 $E[X\cdot Y]=E[X]\cdot E[Y]$
方差性质	$D[g(t)]=0$	方差性质	$D[C]=0$
	$D[g(t)X(t)]=g^2(t)D[X(t)]$		$D[CX]=C^2D[X]$
	$D[g(t)+X(t)]=D[X(t)]$		$D[C+X]=D[X]$
	$X(t)$与 $Y(t)$相互独立，则 $D[X(t)\pm Y(t)]=D[X(t)]+D[Y(t)]$		X 与 Y 相互独立，则 $D[X\pm Y]=D[X]+D[Y]$

【例 2.6】正弦型随机相位信号（简称正弦随相信号）

$$X(t)=A\cos(\omega_0 t+\Phi)$$

式中，A 和 ω_0 为常数，$t\in T$，Φ 为$(0,2\pi)$上均匀分布的随机变量。求 $X(t)$的均值函数与方差函数。

解：Φ 为$(0,2\pi)$上均匀分布的随机变量，其概率密度为

$$f_{\Phi}(\varphi)=\begin{cases}1/2\pi & 0\leqslant\varphi\leqslant 2\pi\\ 0 & \text{其他}\end{cases}$$

$$\begin{aligned}m_X(t)=E[X(t)]&=E[A\cos(\omega_0 t+\Phi)]\\&=\int_0^{2\pi}A\cos(\omega_0 t+\varphi)]f_{\Phi}(\varphi)\mathrm{d}\varphi\\&=\int_0^{2\pi}A\cos(\omega_0 t+\varphi)]\frac{1}{2\pi}\mathrm{d}\varphi\\&=0\end{aligned}$$

$$\begin{aligned}D[X(t)]&=E\{[X(t)-m_X(t)]^2\}=E[X^2(t)]\\&=\int_0^{2\pi}A^2\cos^2(\omega_0 t+\varphi)]\frac{1}{2\pi}\mathrm{d}\varphi\\&=\frac{A^2}{2\pi}\int_0^{2\pi}\frac{1+\cos(2\omega_0 t+2\varphi)}{2}]\frac{1}{2\pi}\mathrm{d}\varphi\\&=\frac{A^2}{2}\end{aligned}$$

2)自相关函数与自协方差函数

随机过程 $X(t)$在任意两个时刻 t_1,t_2 的自相关函数定义为

$$R_X(t_1,t_2)=E[X(t_1)X(t_2)]=\int_{-\infty}^{\infty}\int_{-\infty}^{\infty}x_1x_2f_X(x_1,x_2;t_1,t_2)\mathrm{d}x_1\mathrm{d}x_2 \quad (2.3.4)$$

显然,$R_X(t_1,t_2)$是实随机过程 $X(t)$在 t_1、t_2 时刻的两个状态 $X(t_1)$、$X(t_2)$的二阶矩函数。因此,自相关函数不仅表征了随机过程在两个时刻之间的线性关联程度,而且说明了随机过程起伏变化的快慢。

描述随机过程相关性的另一个矩函数是二阶混合中心矩,称为自协方差函数

$$\begin{aligned}C_X(t_1,t_2)&=E\{[X(t_1)-m_X(t_1)]\cdot[X(t_2)-m_X(t_2)]\}\\&=\int_{-\infty}^{\infty}\int_{-\infty}^{\infty}[x_1-m_X(t_1)]\cdot[x_2-m_X(t_2)]f_X(x_1,x_2;t_1,t_2)\mathrm{d}x_1\mathrm{d}x_2\end{aligned} \quad (2.3.5)$$

与 $R_X(t_1,t_2)$相比,$C_X(t_1,t_2)$不仅表征了随机过程在两个时刻之间的关联程度,而且说明了随机过程相对均值函数的幅度变化。两者之间存在如下关系,即

$$C_X(t_1,t_2)=R_X(t_1,t_2)-m_X(t_1)m_X(t_2) \quad (2.3.6)$$

若任意时刻随机过程的数学期望都等于零,则自相关函数和协方差函数完全相等。若取 $t_1=t_2=t$,则有

$$C_X(t_1,t_2)=E\{[X(t_1)-m_X(t_1)]^2\}=D[X(t)]=\sigma_X^2(t) \quad (2.3.7)$$

此时,自协方差函数就是方差。如果对于任意的 t_1,t_2,都有 $C_X(t_1,t_2)=0$,则随机过程的任意两个时刻间是不相关的。相关函数的性质,如表 2.2 所示。

表 2.2　相关函数的性质

$C_X(t_1,t_2)$性质名称	$C_X(t_1,t_2)$性质公式
对称性	$C_X(t_1,t_2)=C_X(t_2,t_1)$
非负定性	对 $t_1,t_2,\cdots,t_n\in T$ 和任意的实函数 $g(t),t\in T$,有 $\sum_{i=1}^{n}\sum_{j=1}^{n}C_X(t_i,t_j)g(t_i)g(t_j)\geqslant 0$
$X(t)$加普通函数	$g(t)$是普通函数,若 $Y(t)=X(t)+g(t)$,则 $C_Y(t_1,t_2)=C_X(t_1,t_2)$
$X(t)$乘普通函数	$g(t)$是普通函数,若 $Y(t)=X(t)g(t)$,则 $C_Y(t_1,t_2)=g(t_1)g(t_2)C_X(t_1,t_2)$
$X(t)+Y(t)$($X(t)$、$Y(t)$为相互独立的)	若 $Z(t)=X(t)+Y(t)$,则 $C_Z(t_1,t_2)=C_X(t_1,t_2)+C_Y(t_1,t_2)$
$C_X(t_1,t_2)$的绝对值不超过对应的方差的几何平均	$\lvert C_X(t_1,t_2)\rvert\leqslant\sqrt{D_X(t_1)D_X(t_2)}$

【例 2.7】设随机过程 $X(t)=Vg(t),t\in T$,其中 $g(t)$是普通函数,V 是随机变量,$E[V]=5,D[V]=6$,求 $X(t)$的均值函数、自协方差函数、方差函数和自相关函数。

解：

$$m_X(t)=E[X(t)]=E[Vg(t)]=g(t)E[V]=5g(t)$$

$$\begin{aligned}C_X(t_1,t_2)&=E[(Vg(t_1)-m_X(t_1))(Vg(t_2)-m_X(t_2))]\\&=E[(V-5g(t_1))(V-5g(t_2))]\\&=g(t_1)g(t_2)E[(V-5)^2]=6g(t_1)g(t_2)\end{aligned}$$

$$D_X(t)=C_X(t,t)=6g^2(t)$$

$$\begin{aligned}R_X(t_1,t_2)&=C_X(t_1,t_2)-m_X(t_1)m_X(t_2)\\&=6g(t_1)g(t_2)+25g(t_1)g(t_2)\\&=31g(t_1)g(t_2)\end{aligned}$$

【例 2.8】若随机过程 $X(t)$为

$$X(t)=At\qquad -\infty<t<\infty$$

式中,A 为在(0,1)上均匀分布的随机变量,求 $E[X(t)]$及 $R_X(t_1,t_2)$。

解:由于 X 与 A 之间有确定的时间函数关系 $x=at$,故二者的概率分布函数相等,即

$$F_X(at)=F_A(a)$$

$$\begin{aligned}E[X(t)]&=\int_{-\infty}^{\infty}xf_X(x,t)\mathrm{d}x=\int_{-\infty}^{\infty}x\mathrm{d}F_X(x,t)=\int_{-\infty}^{\infty}(at)\mathrm{d}F_X(at)\\&=\int_{-\infty}^{\infty}(at)\mathrm{d}F_A(a)=\int_{-\infty}^{\infty}(at)f_A(a)\mathrm{d}a=\int_0^1 at\,\mathrm{d}a=\frac{t}{2}\end{aligned}$$

考虑到

$$E[g(X)]=\int_{-\infty}^{\infty}g(x)f_X(x)\mathrm{d}x$$

故有

$$R_X(t_1,t_2)=\int_{-\infty}^{\infty}(at_2)(at_2)f_A(a)\mathrm{d}a=\int_0^1 a^2t_1t_2\mathrm{d}a=\frac{1}{3}t_1t_2$$

3)互相关函数与互协方差函数

为了描述两个随机过程之间的内在联系,需要引入互相关函数与互协方差函数。两个随机过程 $X(t)$和 $Y(t)$的互相关函数定义为

$$R_{XY}(t_1,t_2)=E[X(t_1)Y(t_2)]=\int_{-\infty}^{\infty}\int_{-\infty}^{\infty}xyf_{XY}(x,y;t_1,t_2)\mathrm{d}x\mathrm{d}y \quad (2.3.8)$$

式中,$f_{XY}(x,y;t_1,t_2)$为 $X(t)$和 $Y(t)$的联合概率密度。

互协方差函数为

$$\begin{aligned}C_{XY}(t_1,t_2)&=E\{[X(t_1)-m_X(t_1)]\cdot[Y(t_2)-m_Y(t_2)]\}\\&=\int_{-\infty}^{\infty}\int_{-\infty}^{\infty}[x-m_X(t_1)]\cdot[y-m_Y(t_2)]f_{XY}(x,y;t_1,t_2)\mathrm{d}x\mathrm{d}y\end{aligned} \quad (2.3.9)$$

且有

$$C_{XY}(t_1,t_2)=R_{XY}(t_1,t_2)-m_X(t_1)m_Y(t_2) \quad (2.3.10)$$

若对任意的 $t_1,t_2\in T$ 都有 $R_{XY}(t_1,t_2)=0$,称 $X(t)$和 $Y(t)$是正交过程,此时

$$C_{XY}(t_1,t_2)=-m_X(t_1)m_Y(t_2) \quad (2.3.11)$$

若对任意的 $t_1,t_2\in T$ 都有 $C_{XY}(t_1,t_2)=0$,称 $X(t)$和 $Y(t)$是互不相关的,并有

$$R_{XY}(t_1,t_2)=m_X(t_1)m_Y(t_2) \quad (2.3.12)$$

需要说明的是,如果随机过程 $X(t)$和 $Y(t)$相互独立,则它们一定是互不相关的,反之则不然,即两个随机过程互不相关一般不能推断它们是相互独立的,称

$$r_{XY}(t_1,t_2)=\frac{C_X(t_1,t_2)}{\sqrt{D_X(t_1)D_X(t_2)}} \quad (2.3.13)$$

为随机过程 $X(t)$和 $Y(t)$的标准互相关系数。

互相关函数有如下性质:

① $$C_{XY}(t_1,t_2)=C_{YX}(t_2,t_1) \quad (2.3.14)$$

②$X(t)$与 $Y(t)$为随机过程,$g_1(t)$与 $g_2(t)$是普通函数,若 $X_1(t)=X(t)+g_1(t)$,$Y_2(t)=Y(t)+g_2(t)$,则

$$C_{X_1Y_1}(t_1,t_2)=C_{XY}(t_1,t_2) \quad (2.3.15)$$

③$X(t)$与 $Y(t)$为随机过程,$g_1(t)$与 $g_2(t)$是普通函数,若 $X_1(t)=X(t)g_1(t)$,$Y_2(t)=Y(t)g_2(t)$,则

$$C_{X_1Y_1}(t_1,t_2)=g_1(t_1)g_2(t_2)C_{XY}(t_1,t_2) \quad (2.3.16)$$

④ $$|C_{XY}(t_1,t_2)|\leqslant\sqrt{D_X(t_1)D_Y(t_2)} \quad (2.3.17)$$

$$|r_{XY}(t_1,t_2)| \leqslant 1 \tag{2.3.18}$$

⑤若 $X(t)$ 与 $Y(t)$ 为互不相关的，$Z(t)=X(t)+Y(t)$，则

$$C_Z(t_1,t_2) = C_X(t_1,t_2) + C_Y(t_1,t_2) \tag{2.3.19}$$

【例 2.9】已知两个随机过程 $X(t)$ 与 $Y(t)$，设 $Z(t)=aX(t)+bY(t)$，其中 a,b 为常数，则

$$C_Z(t_1,t_2) = a^2C_X(t_1,t_2) + b^2C_Y(t_1,t_2) + abC_{XY}(t_1,t_2) + abC_{XY}(t_2,t_1)$$

证明：
$$\begin{aligned}C_Z(t_1,t_2) &= \mathrm{cov}(aX(t_1)+bY(t_1),aX(t_2)+bY(t_2))\\ &= \mathrm{cov}(aX(t_1)+bY(t_1),aX(t_2)) + \mathrm{cov}(aX(t_1)+bY(t_1),bY(t_2))\\ &= \mathrm{cov}(aX(t_1),aX(t_2)) + \mathrm{cov}(bY(t_1),aX(t_2)) +\\ &\quad \mathrm{cov}(aX(t_1),bY(t_2)) + \mathrm{cov}(bY(t_1),bY(t_2))\\ &= a^2\mathrm{cov}(X(t_1),X(t_2)) + ab\mathrm{cov}(Y(t_1),X(t_2)) +\\ &\quad ab\mathrm{cov}(X(t_1),Y(t_2)) + b^2\mathrm{cov}(Y(t_1),Y(t_2))\\ &= a^2C_X(t_1,t_2) + b^2C_Y(t_1,t_2) + abC_{XY}(t_1,t_2) + abC_{XY}(t_2,t_1)\end{aligned}$$

2.4　随机过程的特征函数

随机变量的概率密度和特征函数是一对傅里叶变换，且随机变量的各阶矩唯一地由特征函数所确定，所以可以利用特征函数来简化随机变量的概率密度和数字特征的运算。

随机过程的多维特征函数与多维概率分布一样，也能完整地描述随机过程的统计特性。同样，在求解随机过程的概率密度和矩函数时，利用特征函数也可明显地简化运算。

2.4.1　一维特征函数

随机过程 $X(t)$ 在任一特定时刻 t 的取值 $X(t)$ 是一个一维随机变量，$X(t)$ 的特征函数为

$$\psi_X(\omega;t) = E[\mathrm{e}^{\mathrm{j}\omega X(t)}] = \int_{-\infty}^{\infty}\mathrm{e}^{\mathrm{j}\omega x}f_X(x;t)\mathrm{d}x \tag{2.4.1}$$

式中，$x=x(t)$ 为 $X(t)$ 可能的取值。称式(2.4.1)为随机过程 $X(t)$ 的一维第一特征函数，显然，它是 ω 和 t 的函数。随机过程 $X(t)$ 的一维概率密度 $f_X(x;t)$ 与 $\psi_X(\omega;t)$ 是一对傅里叶变换，即

$$f_X(x;t) = \frac{1}{2\pi}\int_{-\infty}^{\infty}\psi_X(\omega;t)\mathrm{e}^{-\mathrm{j}\omega x}\mathrm{d}\omega \tag{2.4.2}$$

随机过程 $X(t)$ 的特征函数也可以由其 n 阶原点矩唯一决定，即

$$\frac{\partial^n \psi_X(\omega;t)}{\partial \omega^n} = \mathrm{j}^n \int_{-\infty}^{\infty} x^n \mathrm{e}^{-\mathrm{j}\omega x} f_X(x;t)\mathrm{d}x \tag{2.4.3}$$

同理，随机过程 $X(t)$ 的 n 阶原点矩可以由其特征函数唯一决定，即

$$E[X^n(t)] = \int_{-\infty}^{\infty} x^n f_X(x;t)\mathrm{d}x = (-\mathrm{j})^n \left.\frac{\partial^n \psi_X(\omega;t)}{\partial \omega^n}\right|_{\omega=0} \tag{2.4.4}$$

2.4.2　二维特征函数

随机过程 $X(t)$ 在任意两个时刻 t_1,t_2 的状态 $X(t_1)$、$X(t_2)$ 构成二维随机变量 $[X(t_1),X(t_2)]$，则 $X(t)$ 的特征函数为

$$\psi_X(\omega_1,\omega_2;t_1,t_2) = E[\mathrm{e}^{\mathrm{j}\omega_1 X(t_1)+\mathrm{j}\omega_2 X(t_2)}] = \int_{-\infty}^{\infty}\int_{-\infty}^{\infty} \mathrm{e}^{\mathrm{j}\omega_1 x_1+\mathrm{j}\omega_2 x_2} f_X(x_1,x_2;t_1,t_2)\mathrm{d}x_1\mathrm{d}x_2 \tag{2.4.5}$$

显然，它是 x_1,x_2 和 t_1,t_2 的函数，且 $x_1=x(t_1)$、$x_2=x(t_2)$ 分别为随机变量 $X(t_1)$、$X(t_2)$ 可能的取值；随机过程 $X(t)$ 的二维概率密度 $f_X(x_1,x_2;t_1,t_2)$ 与二维特征函数 $\psi_X(\omega_1,\omega_2;t_1,t_2)$ 构成二重傅里叶变换对，即有

$$f_X(x_1,x_2;t_1,t_2) = \frac{1}{(2\pi)^2}\int_{-\infty}^{\infty}\int_{-\infty}^{\infty} \psi_X(\omega_1,\omega_2;t_1,t_2)\mathrm{e}^{-\mathrm{j}(\omega_1 x_1+\omega_2 x_2)}\mathrm{d}\omega_1\mathrm{d}\omega_2 \tag{2.4.6}$$

将式(2.4.5)两边对变量 ω_1,ω_2 各求一次偏导数，得

$$\frac{\partial \psi_X(\omega_1,\omega_2;t_1,t_2)}{\partial \omega_1 \partial \omega_2} = \mathrm{j}^2\int_{-\infty}^{\infty}\int_{-\infty}^{\infty} x_1 x_2 \mathrm{e}^{\mathrm{j}(\omega_1 x_1+\omega_2 x_2)} f_X(x_1,x_2;t_1,t_2)\mathrm{d}x_1\mathrm{d}x_2 \tag{2.4.7}$$

故有

$$R_X(t_1,t_2) = \int_{-\infty}^{\infty}\int_{-\infty}^{\infty} x_1 x_2 f_X(x_1,x_2;t_1,t_2)\mathrm{d}x_1\mathrm{d}x_2 = -\left.\frac{\partial \psi_X(\omega_1,\omega_2;t_1,t_2)}{\partial \omega_1 \partial \omega_2}\right|_{\omega_1=\omega_2=0} \tag{2.4.8}$$

2.4.3　n 维特征函数

随机过程 $X(t)$ 的 n 维特征函数定义为

$$\begin{aligned}\psi_X(\omega_1,\cdots,\omega_n;t_1,\cdots,t_n) &= E[\mathrm{e}^{\mathrm{j}\omega_1 X(t_1)+\cdots+\mathrm{j}\omega_n X(t_n)}]\\ &= \int_{-\infty}^{\infty}\cdots\int_{-\infty}^{\infty} \mathrm{e}^{\mathrm{j}(\omega_1 x_1+\cdots+\omega_n x_n)} f_X(x_1,\cdots,x_n;t_1,\cdots,t_n)\mathrm{d}x_1\cdots\mathrm{d}x_n\end{aligned} \tag{2.4.9}$$

根据逆转公式，由随机过程 $X(t)$ 的 n 维特征函数可以求得 n 维概率密度，即

$$f_X(x_1,\cdots,x_n;t_1,\cdots,t_n) = \frac{1}{(2\pi)^n}\int_{-\infty}^{\infty}\cdots\int_{-\infty}^{\infty} \psi_X(\omega_1,\cdots,\omega_n;t_1,\cdots,t_n)\mathrm{e}^{-\mathrm{j}(\omega_1 x_1+\cdots+\omega_n x_n)}\mathrm{d}\omega_1\cdots\mathrm{d}\omega_n \tag{2.4.10}$$

2.5　复随机过程及其统计描述

在工程上经常用到解析信号与复信号，与确定信号中的复信号表示法相对应，需引入复随机过程的概念。

复随机过程 $Z(t)$定义为

$$Z(t) = X(t) + \mathrm{j}Y(t) \tag{2.5.1}$$

式中，$X(t)$和$Y(t)$皆为实随机过程。复随机过程$Z(t)$的均值函数、方差函数、自协方差函数和自相关函数分别为

$$m_Z(t) = E[Z(t)] = m_X(t) + \mathrm{j}m_Y(t) \tag{2.5.2}$$

$$\sigma_Z^2(t) = E[|Z(t) - m_Z(t)|^2] = \sigma_X^2(t) + \sigma_Y^2(t) \tag{2.5.3}$$

$$R_Z(t_1, t_2) = E[Z^*(t_1)Z(t_2)] \tag{2.5.4}$$

$$C_Z(t_1, t_2) = E\{[Z(t_1) - m_Z(t_1)]^*[Z(t_2) - m_Z(t_2)]\} \tag{2.5.5}$$

式中，“ * ”表示复共轭。当 $t_1 = t_2 = t$ 时，有

$$R_Z(t, t) = E[|Z(t)|^2] \tag{2.5.6}$$

$$C_Z(t, t) = E[|Z(t) - m_Z(t)|^2] = \sigma_Z^2(t) \tag{2.5.7}$$

【例 2.10】设复随机过程为

$$Z(t) = \sum_{n=1}^{N} A_n \mathrm{e}^{\mathrm{j}\omega_n t}$$

式中，$A_n(n=1,2,\cdots,N)$是相互独立的实正态随机变量，其均值为零、方差为 σ_n^2；ω_n 为非随机变量。求复随机过程 $Z(t)$的均值函数、相关函数和协方差函数。

解：因为 $A_n(n=1,2,\cdots,N)$是相互独立的实正态随机变量，其均值为零、方差为 σ_n^2，即

$E[A_n]=0, D[A_n]=\sigma_n^2, E[A_nA_m]=0(m\neq n)$，则

$$m_Z(t) = E[Z(t)] = E\left[\sum_{n=1}^{N} A_n \mathrm{e}^{\mathrm{j}\omega_n t}\right] = \sum_{n-1}^{N} E[A_n]\mathrm{e}^{\mathrm{j}\omega_n t} = 0$$

$$R(t_1, t_2) = E[Z^*(t_1)Z(t_2)] = E\left[\sum_{n=1}^{N} A_n \mathrm{e}^{-\mathrm{j}\omega_n t_1} \sum_{m=1}^{N} A_m \mathrm{e}^{\mathrm{j}\omega_m t_2}\right]$$

$$= \sum_{n=1}^{N}\sum_{m=1}^{N} E[A_nA_m]\mathrm{e}^{-\mathrm{j}(\omega_n t_1 - \omega_m t_2)} = \sum_{n=1}^{N} \sigma_n^2 \mathrm{e}^{\mathrm{j}\omega_n(t_2 - t_1)} = R_Z(\tau)$$

$$C_Z(t_1, t_2) = R_Z(t_1, t_2) - m_Z(t_1)m_Z(t_2) = R_Z(t_1, t_2) = \sum_{n=1}^{N} \sigma_n^2 \mathrm{e}^{\mathrm{j}\omega_n \tau} = R_Z(\tau)$$

2.6　矩阵随机过程

在线性代数中，实数集合、复数集合、多维实数和多维复数集合、函数空间等都是

线性空间。除此之外，矩阵也是一类较为常见的线性空间，本节介绍与矩阵有关的随机对象。

2.6.1 随机矩阵

所有$m\times n$阶矩阵的全体构成了一个线性空间。当随机对象的样本线性空间由$m\times n$阶矩阵组成时，则称之为随机矩阵。如果样本矩阵都是实数，则该随机矩阵为实随机矩阵；如果样本矩阵都是复数，则该随机矩阵为复随机矩阵。随机变量和随机向量都可以视为一种特殊的实随机矩阵。

1)随机矩阵也可以视为随机向量的一种变型

$m\times n$阶实随机矩阵是一个$m\times n$维实随机向量，只是这些向量是按照矩阵来摆放的。

若设

$$\boldsymbol{A}=\begin{bmatrix} a_{11} & a_{12} & \cdots & a_{1n} \\ a_{21} & a_{22} & \cdots & a_{2n} \\ \vdots & \vdots & & \vdots \\ a_{m1} & a_{m1} & \cdots & a_{mn} \end{bmatrix} \tag{2.6.1}$$

则$\boldsymbol{A}$可写成

$$\boldsymbol{A}'=(a_{11},a_{12},\cdots,a_{1n},a_{21},a_{22},\cdots,a_{2n},\cdots,a_{m1},a_{m2},\cdots,a_{mn}) \tag{2.6.2}$$

因此，$\boldsymbol{A}$与$\boldsymbol{A}'$是等价的。$m\times n$维随机向量$\boldsymbol{A}'$的分布函数与概率密度函数就是$m\times n$阶实随机矩阵$\boldsymbol{A}$的分布函数与概率密度函数，即

$$F_{A'}(\boldsymbol{a}')=F_A(\boldsymbol{a}) \tag{2.6.3}$$

$$f_{A'}(\boldsymbol{a}')=f_A(\boldsymbol{a}) \tag{2.6.4}$$

2)$m\times n$阶复随机矩阵可以分解为两个$m\times n$阶实随机矩阵

$$\begin{aligned}\boldsymbol{Z}&=\begin{bmatrix} z_{11} & z_{12} & \cdots & z_{1n} \\ z_{21} & z_{22} & \cdots & z_{2n} \\ \vdots & \vdots & & \vdots \\ z_{m1} & z_{m1} & \cdots & z_{mn} \end{bmatrix}=\begin{bmatrix} a_{11}+\mathrm{j}b_{11} & a_{12}+\mathrm{j}b_{12} & \cdots & a_{1n}+\mathrm{j}b_{1n} \\ a_{21}+\mathrm{j}b_{21} & a_{22}+\mathrm{j}b_{22} & \cdots & a_{2n}+\mathrm{j}b_{2n} \\ \vdots & \vdots & & \vdots \\ a_{m1}+\mathrm{j}b_{m1} & a_{m2}+\mathrm{j}b_{m2} & \cdots & a_{mn}+\mathrm{j}b_{mn} \end{bmatrix} \\ &=\begin{bmatrix} a_{11} & a_{12} & \cdots & a_{1n} \\ a_{21} & a_{22} & \cdots & a_{2n} \\ \vdots & \vdots & & \vdots \\ a_{m1} & a_{m1} & \cdots & a_{mn} \end{bmatrix}+\mathrm{j}\begin{bmatrix} b_{11} & b_{12} & \cdots & b_{1n} \\ b_{21} & b_{22} & \cdots & b_{2n} \\ \vdots & \vdots & & \vdots \\ b_{m1} & b_{m1} & \cdots & b_{mn} \end{bmatrix}=\boldsymbol{A}+\mathrm{j}\boldsymbol{B}\end{aligned} \tag{2.6.5}$$

式中

$$\boldsymbol{A}=\begin{bmatrix} a_{11} & a_{12} & \cdots & a_{1n} \\ a_{21} & a_{22} & \cdots & a_{2n} \\ \vdots & \vdots & & \vdots \\ a_{m1} & a_{m1} & \cdots & a_{mn} \end{bmatrix}, \quad \boldsymbol{B}=\begin{bmatrix} b_{11} & b_{12} & \cdots & b_{1n} \\ b_{21} & b_{22} & \cdots & b_{2n} \\ \vdots & \vdots & & \vdots \\ b_{m1} & b_{m1} & \cdots & b_{mn} \end{bmatrix}$$

在有 m 根发射天线和 n 根接收天线的多天线收发系统中，从第 i 根发射天线到第 k 根接收天线之间的信道模型可以建模为一个均值为 0、方差为 1、实部和虚部独立同分布的复正态随机变量

$$h_{ik}=h_{ik}^{(\mathrm{Re})}+\mathrm{j}h_{ik}^{(\mathrm{Im})} \tag{2.6.6}$$

式中，$E[h_{ik}]=0, D[h_{ik}]=1$，且 $(h_{ik}^{(\mathrm{Re})}, h_{ik}^{(\mathrm{Im})})$ 是一个二维正态随机向量。因此，在有 m 根发射天线和 n 根接收天线的多天线收发系统中，信道模型为一个复随机矩阵，即

$$\boldsymbol{H}=\begin{bmatrix} h_{11} & h_{12} & \cdots & h_{1m} \\ h_{21} & h_{22} & \cdots & h_{2m} \\ \vdots & \vdots & & \vdots \\ h_{n1} & h_{n2} & \cdots & h_{nm} \end{bmatrix} \tag{2.6.7}$$

如果不同的传输路径是相互独立的，则随机矩阵 $\boldsymbol{H}$ 中的 $m\times n$ 个矩阵元素可以建模为独立同分布的复随机变量。如果这些传输路径不是相互独立的，则随机矩阵 $\boldsymbol{H}$ 中的 $m\times n$ 个矩阵元素就不再相互独立。

2.6.2　矩阵随机过程

【定义 2.2】如果随机对象的样本线性空间由定义于时间指标集 T 上的一个矩阵函数组成，也即 $\{\boldsymbol{H}(t), t\in T\}\rightarrow \boldsymbol{H}(t)=[h_{ik}(t)]_{m\times n}$，则称该随机对象为连续时间矩阵随机过程。对于离散时间矩阵随机过程可表示为 $\{\boldsymbol{H}(n), n\in T\}$。

矩阵随机过程在任意给定时刻 $n\in T$ 或 $t\in T$ 都是一个随机矩阵。矩阵随机过程是实随机过程、复随机过程、向量随机过程概念的推广，实随机过程、复随机过程与向量随机过程可以视为矩阵随机过程的特例。

2.7　常见的随机过程

2.7.1　二阶矩过程

这是一类非常重要的随机过程，在工程中常用到的正态过程、宽平稳过程都是二阶矩过程。

【定义 2.3】设 $\{X(t), t\in T\}$ 是一个实随机过程，若对任意的 $t\in T$，均有 $E[|X(t)|^2]<+\infty$，则称该过程为二阶矩过程。二阶矩过程的数字特征一定存在，即

$$m_X(t)=E[X(t)]<+\infty \tag{2.7.1}$$

$$D_X(t)=E[(X(t)-m_X(t))^2]<+\infty \tag{2.7.2}$$

$$C_X(t_1,t_2)=E[(X(t_1)-m_X(t_1))(X(t_2)-m_X(t_2))]<+\infty \tag{2.7.3}$$

$$R_X(t_1,t_2)=E[X(t_1)X(t_2)]<+\infty \tag{2.7.4}$$

对复二阶矩过程$\{Z(t)=X(t)+\mathrm{j}Y(t),t\in T\}$，其相关函数具有如下性质：

①Hermite 性，即

$$R_Z^*(t_1,t_2)=R_Z(t_2,t_1)\quad t_1,t_2\in T \tag{2.7.5}$$

②非负定性，即对任意的正整数 n，任意的 $t_1,t_2,\cdots,t_n\in T$ 和任意的 n 个复数 $a_1,a_2,\cdots,a_n$，有

$$\sum_{i=1}^{n}\sum_{k=1}^{n}R_Z(t_i,t_k)a_i^*a_k\geqslant 0 \tag{2.7.6}$$

证明：
$$\begin{aligned}\sum_{i=1}^{n}\sum_{k=1}^{n}R_Z(t_i,t_k)a_i^*a_k &= \sum_{i=1}^{n}\sum_{k=1}^{n}E[Z^*(t_i)Z(t_k)]a_i^*a_k\\ &=E[\sum_{i=1}^{n}\sum_{k=1}^{n}Z^*(t_i)Z(t_k)a_i^*a_k]\\ &=E\Big[\Big(\sum_{i=1}^{n}Z(t_i)a_i\Big)^*\sum_{k=1}^{n}Z(t_k)a_k\Big]\\ &=E\Big[\Big|\sum_{k=1}^{n}Z(t_k)a_k\Big|^2\Big]\geqslant 0\end{aligned}$$

2.7.2 正态随机过程

概率论中的中心极限定理已经证明，大量独立的、均匀微小的随机变量之和都近似地服从正态（高斯）分布。在电子系统中，常见的电阻热噪声、电子管（或晶体管）的散弹噪声、大气和宇宙噪声以及云雨杂波和地物杂波都是或近似是正态随机过程。正态随机过程具有一些特性，便于数学分析，因而常用作噪声的理论模型，它是随机过程理论中的一个重要研究对象。下面仅对实正态随机过程进行讨论，其结果可以很方便地推广到复正态随机过程。

【定义 2.4】如果一个实随机过程 $X(t)$的任意 n 个时刻 $t_1,t_2,\cdots,t_n$ 状态的联合概率密度都可用 n 维正态分布概率密度

$$f_X(x_1,x_2,\cdots,x_n;t_1,t_2,\cdots,t_n)=\frac{1}{(2\pi)^{n/2}\,|\boldsymbol{C}|^{1/2}}\exp\Big[-\frac{(\boldsymbol{x}-\boldsymbol{m}_X)^T\boldsymbol{C}^{-1}(\boldsymbol{x}-\boldsymbol{m}_X)}{2}\Big] \tag{2.7.7}$$

表示。式中，$\boldsymbol{m}_X$ 是 $n\times1$ 维均值向量，$\boldsymbol{C}$ 是 $n\times n$ 阶协方差矩阵

$$
\boldsymbol{X} = \begin{bmatrix} x_1 \\ x_2 \\ \vdots \\ x_n \end{bmatrix}, \boldsymbol{m}_X = \begin{bmatrix} m_1 \\ m_2 \\ \vdots \\ m_n \end{bmatrix}, \boldsymbol{C} = \begin{bmatrix} C_{11} & C_{12} & \cdots & C_{1n} \\ C_{21} & C_{22} & \cdots & C_{2n} \\ \vdots & \vdots & & \vdots \\ C_{n1} & C_{n2} & \cdots & C_{nn} \end{bmatrix}
$$

$$
C_{ij} = C_X(t_i, t_j) = E[(X_i - m_X(t_i))(X_j - m_X(t_j))]
$$

则称 $X(t)$ 为正态随机过程(高斯随机过程),简称正态过程。

式(2.7.7)表明:正态随机过程的 n 维概率密度只取决于它的均值和协方差,因此它是二阶矩过程的一个重要子类。

【例 2.11】已知 A,B 相互独立同服从 $N(0,\sigma^2)$ 分布,ω 为一实常数,求 $X(t)=A\cos\omega t+B\sin\omega t, t\geqslant 0$ 的均值函数、协方差函数和有限维分布。

解:

$$
m_X(t) = E[X(t)] = 0 \qquad t \geqslant 0
$$

$$
\begin{aligned}
C_X(t_1,t_2) &= \mathrm{cov}[X(t_1), X(t_2)] \\
&= \mathrm{cov}[A\cos\omega t_1 + B\sin\omega t_1, A\cos\omega t_2 + B\sin\omega t_2] \\
&= \sigma^2 \cos(t_2 - t_1)\omega \qquad t_1, t_2 \geqslant 0
\end{aligned}
$$

对任意的 n 及 $t_1,t_2,\cdots,t_n\geqslant 0$,有

$$
\begin{bmatrix} X(t_1) \\ X(t_2) \\ \vdots \\ X(t_n) \end{bmatrix} = \begin{bmatrix} \cos\omega t_1 & \sin\omega t_1 \\ \cos\omega t_2 & \sin\omega t_2 \\ \vdots & \vdots \\ \cos\omega t_n & \sin\omega t_n \end{bmatrix} \begin{bmatrix} A \\ B \end{bmatrix}
$$

由于 A,B 为相互独立的正态随机变量,故 (A,B) 为服从 $N(\boldsymbol{0},\sigma^2\boldsymbol{I})$ 的二维正态随机变量,而 $(X(t_1),X(t_2),\cdots,X(t_n))$ 是二维正态随机变量 (A,B) 的线性变换,故服从 n 维正态分布 $N(\boldsymbol{0},\boldsymbol{D})$,其中

$$
\boldsymbol{D} = \boldsymbol{C}\sigma^2\boldsymbol{I}\boldsymbol{C}' = \sigma^2 \begin{bmatrix} \cos\omega t_1 & \sin\omega t_1 \\ \cos\omega t_2 & \sin\omega t_2 \\ \vdots & \vdots \\ \cos\omega t_n & \sin\omega t_n \end{bmatrix} \begin{bmatrix} \cos\omega t_1 & \cos\omega t_2 & \cdots & \cos\omega t_n \\ \sin\omega t_1 & \sin\omega t_2 & \cdots & \sin\omega t_n \end{bmatrix}
$$

$$
= \sigma^2 \begin{bmatrix} 1 & \cos\omega(t_1 - t_2) & \cdots & \cos\omega(t_1 - t_n) \\ \cos\omega(t_2 - t_1) & 1 & \cdots & \cos\omega(t_2 - t_n) \\ \vdots & \vdots & & \vdots \\ \cos\omega(t_1 - t_n) & \cos\omega(t_2 - t_n) & \cdots & 1 \end{bmatrix}
$$

因此 $\{X(t), t\geqslant 0\}$ 是一正态过程。

【例 2.12】已知随机变量 R,Θ 相互独立,R 服从 Rayleigh 分布,即其概率密度函数为

$$f_R(r)=\begin{cases}\dfrac{r}{\sigma^2}\exp(-\dfrac{r^2}{2\sigma^2}) & r\geqslant 0\\ 0 & r<0\end{cases}$$

Θ 服从区间$(0,2\pi)$上的均匀分布。对$-\infty<t<+\infty$,令 $X(t)=R\cos(\omega t+\Theta)$,其中 ω 是常数。求证$\{X(t),-\infty<t<+\infty\}$是一正态过程。

证明:因为

$$X(t)=R\cos(\omega t+\Theta)=R\cos\Theta\cos\omega t-R\sin\Theta\sin\omega t$$

令

$$\begin{cases}X=R\cos\Theta\\ Y=R\sin\Theta\end{cases}$$

则

$$X(t)=X\cos\omega t-Y\sin\omega t$$

且

$$\begin{cases}R=\sqrt{X^2+Y^2}\\ \Theta=\arctan\dfrac{Y}{X}\end{cases}$$

由于雅可比行列式

$$J=\left|\frac{\partial(R,\Theta)}{\partial(x,y)}\right|=\begin{vmatrix}\dfrac{x}{\sqrt{x^2+y^2}} & \dfrac{y}{\sqrt{x^2+y^2}}\\ \dfrac{-y}{x^2+y^2} & \dfrac{x}{x^2+y^2}\end{vmatrix}=\frac{1}{\sqrt{x^2+y^2}}$$

故随机向量(X,Y)的概率密度函数为

$$\begin{aligned}f_{(X,Y)}(x,y)&=f_{(R,\Theta)}(\sqrt{x^2+y^2},\arctan\frac{y}{x})\frac{1}{\sqrt{x^2+y^2}}\\&=f_R(\sqrt{x^2+y^2})f_\Theta(\arctan\frac{y}{x})\frac{1}{\sqrt{x^2+y^2}}\\&=\frac{1}{2\pi\sigma^2}\exp(-\frac{x^2+y^2}{2\sigma^2})\end{aligned}$$

可见,X,Y 服从二维正态分布 $N(\mathbf{0},\sigma^2\boldsymbol{I})$。

对任意的 $n\geqslant 1$ 及 $t_1,t_2,\cdots,t_n\in(-\infty,+\infty)$,有:

$$\begin{bmatrix}X(t_1)\\X(t_2)\\\vdots\\X(t_n)\end{bmatrix}=\begin{bmatrix}\cos\omega t_1 & -\sin\omega t_1\\\cos\omega t_2 & -\sin\omega t_2\\\vdots & \vdots\\\cos\omega t_n & -\sin\omega t_n\end{bmatrix}\begin{bmatrix}X\\Y\end{bmatrix}$$

由于(X,Y)为二维正态随机变量 $N(\mathbf{0},\sigma^2\boldsymbol{I})$,而$(X(t_1),X(t_2),\cdots,X(t_n))$是二维正态随机变量$(X,Y)$的线性变换,故服从 n 维正态分布,因此$\{X(t),-\infty<t<+\infty\}$

是一正态过程。

2.7.3 独立增量过程

1)正交增量过程

【定义 2.5】设$\{X(t),t\in T\}$是零均值的二阶矩复过程,若对任意的 $t_1<t_2\leqslant t_3<t_4\in T$,有

$$E\{[X(t_2)-X(t_1)][X(t_4)-X(t_3)]^*\}=0 \tag{2.7.8}$$

则称 $X(t)$为正交增量过程。

由定义知,正交增量过程的协方差函数可以由它的方差确定。事实上,不妨设 $T=[a,b]$为有限区间,且规定 $X(a)=0$,取 $t_1=a,t_2=t_3=s,t_4=b$,则当 $a<s<t<b$ 时,有

$$E[X(s)(X(t)-X(s))^*]=E[(X(s)-X(a))(X(t)-X(s))^*]\}=0$$

故

$$\begin{aligned}C_X(s,t)&=R_X(s,t)-m_X(s)m_X^*(t)=R_X(s,t)\\&=E[X(s)X^*(t)]=E[X(s)(X(t)-X(s)+X(s))^*]\\&=E[X(s)(X(t)-X(s))^*]+E[X(s)X^*(s)]\\&=\sigma_X^2(s)\end{aligned}$$

同理,当 $b>s>t>a$ 时,有

$$C_X(s,t)=R_X(s,t)=\sigma_X^2(s)$$

于是

$$C_X(s,t)=R_X(s,t)=\sigma_X^2(\min(s,t)) \tag{2.7.9}$$

2)独立增量过程

【定义 2.6】如果随机过程 $X(t)(t\in T)$,对应丁时间 t 的任意 $N(N>2)$个数值 $0\leqslant t_0\leqslant t_1\leqslant\cdots\leqslant t_N$,过程增量 $X(t_1)-X(t_0)$、$X(t_2)-X(t_1)$、…、$X(t_N)-X(t_{N-1})$是互为统计独立的随机变量,则称 $X(t)$为独立增量过程,又称为可加过程。规定 $X(t_0)=0$。

独立增量过程 $X(t)(t\in T)$有如下性质:

①独立增量过程的概率密度等于各增量的概率密度乘积

$$\begin{aligned}&f_X(x(t_N)-x(t_{N-1}),x(t_{N-1})-x(t_{N-2}),\cdots,x(t_2)-x(t_1),x(t_1)-x(t_0))\\&\quad=\prod_{n=1}^{N}f_X(x(t_n)-x(t_{n-1}))\end{aligned} \tag{2.7.10}$$

②独立增量过程必为不相关或正交增量过程,即

$$\mathrm{Cov}\{X(t_n)-X(t_{n-1}),X(t_m)-X(t_{m-1})\}=0 \tag{2.7.11}$$

或

$$E[(X(t_n)-X(t_{n-1}))(X(t_m)-X(t_{m-1}))]$$

$$= E[(X(t_n) - X(t_{n-1}))]E[(X(t_m) - X(t_{m-1}))] \tag{2.7.12}$$

③独立增量过程的有限维分布函数族由一维分布和增量的分布确定。

证明:由于随机过程的分布函数和特征函数一一对应,故只需证明独立分量过程的有限维特征函数由其一维特征函数和增量的特征函数确定。

取 $t_1 < t_2 < \cdots < t_n \in T$,随机向量 $\boldsymbol{X} = \{X(t_1), X(t_2), \cdots, X(t_n)\}$ 的特征函数

$$\begin{aligned}
\psi_X(\omega_1, \omega_2, \cdots, \omega_n) &= E[\exp(\mathrm{j}\sum_{i=1}^{n}\omega_i X(t_i))] \\
&= E\{\exp[\mathrm{j}(\sum_{i=1}^{n}\omega_i X(t_1) + \sum_{k=2}^{i}(X(t_k) - X(t_{k-1})))]\} \\
&= E\left\{\exp[\mathrm{j}(\sum_{i=1}^{n}\omega_i)X(t_1) + \sum_{k=2}^{n}\omega_i\sum_{k=2}^{i}(X(t_k) - X(t_{k-1}))]\right\} \\
&= E\left\{\exp[\mathrm{j}(\sum\omega_i)X(t_1) + \sum_{k=2}^{i}(\sum_{i=k}^{n}\omega_i)(X(t_k) - X(t_{k-1}))]\right\} \\
&= \psi_{X(t_1)}(\sum_{i=1}^{n}\omega_i)\prod_{k=2}^{n}\psi_{X(t_k)-X(t_{k-1})}(\sum_{i=k}^{n}\omega_i)
\end{aligned}$$

式中,$\psi_{X(t_1)}(\cdot)$是 $X(t_1)$的特征函数,$\psi_{X(t_k)-X(t_{k-1})}(\cdot)$是 $X(t_k) - X(t_{k-1})$的特征函数。

对于独立增量过程 $X(t)(t \in T)$,令 $t_1 > t_2 \in T$,则其协方差函数为

$$\begin{aligned}
C_X(t_1, t_2) &= \mathrm{cov}[X(t_1), X(t_2)] = \mathrm{cov}[X(t_1) - X(t_2) + X(t_2), X(t_2)] \\
&= \mathrm{cov}[X(t_1) - X(t_2), X(t_2)] + \mathrm{cov}[X(t_2), X(t_2)] \\
&= R_X(t_2, t_2)
\end{aligned}$$

对 $t_1 < t_2 \in T$,同样有

$$C_X(t_1, t_2) = R_X(t_1, t_1)$$

综上可得

$$\begin{aligned}
C_X(t_1, t_2) &= \begin{cases} R_X(t_2, t_2) = R_X(t_2) & t_1 \geqslant t_2 \\ R_X(t_1, t_1) = R_X(t_1) & t_1 \leqslant t_2 \end{cases} \\
&= \mathrm{cov}[X(\min(t_1, t_2)), X(\min(t_1, t_2))]
\end{aligned} \tag{2.7.13}$$

可见,独立增量过程的增量方差是两个时间过程方差的差。

对于独立增量过程 $X(t)(t \in T)$,其增量 $\Delta X = X(t_1) - X(t_2)$的方差函数为

$$\begin{aligned}
D[\Delta X] = D_{\Delta X}(t) &= \mathrm{cov}[\Delta X, \Delta X] = \mathrm{cov}[X(t_1) - X(t_2), X(t_1) - X(t_2)] \\
&= \mathrm{cov}[X(t_1) - X(t_2), X(t_1)] - \mathrm{cov}[X(t_1) - X(t_2), X(t_2)] \\
&= \mathrm{cov}[X(t_1), X(t_1)] - \mathrm{cov}[X(t_2), X(t_1)] \\
&= D_X(t_1) - D_X(t_2)
\end{aligned}$$

如果独立增量的增量方差只是时间差的函数,即 $D[\Delta X] = D(t_1 - t_2)$,则

$$D(t_1 - t_2) = D_X(t_1) - D_X(t_2) \tag{2.7.14}$$

令 $t_0 < t_2 < t_1$，利用

$$D(t_1 + t_2) = D_X(t_1 + t_2 + t_0) - D_X(t_0)$$

$$D(t_1) = D_X(t_1 + t_0) - D_X(t_0)$$

将上述两式相减，得

$$D(t_1 + t_2) = D_X(t_1) + D_X(t_2) \tag{2.7.15}$$

上式的解为时间的线性函数，即

$$D(t) = \sigma^2 t \tag{2.7.16}$$

式中，σ^2 为正实数，这里称为方差参数。可见，当独立增量过程的增量方差只是时间差的函数时，其增量方差是时间的线性函数。

2.7.4 维纳(Wiener)过程

1)维纳过程

维纳过程也称布朗运动，随机控制系统的扰动很多都是由维纳过程生成的。

布朗运动是由植物学家罗伯特·布朗于 1827 年首先发现的现象：浸入均匀液体中的微小粒子的扩散运动是极不规则的。1905 年物理学家爱因斯坦提出，布朗运动是由微小粒子与液体分子之间的碰撞引起的。1923 年维纳给出了布朗运动的数学分析。

布朗运动是由浸入均匀液体中的微小粒子受到液体分子不断的不规则碰撞引起的。这里只考虑整个运动空间为一维空间，设微小粒子在 t 时刻的位置为 $W(t)$，把粒子置入位置作为坐标原点，$W(0)=0$(为一个确定量)，$\{W(t), t\geqslant 0\}$ 为一个随机过程。通常，区间$[0,t]$远大于两次相继碰撞的时间间隔，$W(t)$是各次碰撞产生的微小位移总和，根据中心极限定理，它是一个高斯过程。假设液体中的分子分布是均匀的，则微小粒子由坐标原点 $W(0)=0$ 向不同方向移动的概率，以及移动远近的概率相同，因此可以认定 $E[W(t)]=0$，而且在非交叠的时间间隔中，微小粒子运动的统计特性是独立的，即 $W(t)$具有独立增量；在不同起点但相同间隔$[t_1, t_1+\tau]$和$[t_2, t_2+\tau]$中，$W(t)$的统计特性是相同的，即具有平稳增量，总之，$W(t)$是平稳独立增量过程。

【定义 2.7】$W(t)$是随机过程，如果满足：

①初始值：$W(0)=0$；

②$W(t)$是高斯随机过程，而 $W(t)\sim N(0,\sigma^2 t)$；

③$E[W(t)]=0$；

④$W(t)$具有平稳独立增量。

则称 $W(t)$是维纳过程或布朗运动；$\sigma^2=1$，则称为标准维纳运动；若 $\sigma^2\neq 1$，则可将其通过$\{W(t)/\sigma, t\geqslant 0\}$标准化。

标准布朗运动$\{W(t),t\geqslant 0\}$具有下述性质：

①(正态增量)$W(t_2)-W(t_1)\sim N(0,t_2-t_1)$，即$W(t_2)-W(t_1)$服从均值为0、方差为$t_2-t_1$的正态分布；

②(独立增量)$W(t_2)-W(t_1)\sim N(0,t_2-t_1)$，独立于过去的状态$W(t_0)$，$0\leqslant t_0\leqslant t_1$；

③(轨道连续)对$\forall s\in S$是t的连续函数。

注：(i)在性质中如加上$W(0)=0$，则其与定义2.7是等价的；(ii)一般地，若$W(0)=x$，称之为始于x的布朗运动，记为$\{W^x(t),t\geqslant 0\}$。

对几乎所有的样本点，$\{W(t),t\geqslant 0\}$，布朗运动有如下轨迹性质：

①$W(t)$为t的连续函数(轨道连续性)；

②对任意给定的小区间，$W(t)$都不是单调的(变化无趋势)；

③在任意点，$W(t)$是不可微的(任何点无导数)。

【例2.13】设$\{W(t),t\geqslant 0\}$为标准布朗运动，试计算$P\{W(2)\leqslant 0\}$，$P\{W(t)\leqslant 0,t=0,1,2\}$。

解：由于$W(2)\sim N(0,2)$，所以$P\{W(2)\leqslant 0\}=\frac{1}{2}$。

而

$$W(0)=0$$

所以

$$P\{W(t)\leqslant 0,t=0,1,2\}=P\{W(t)\leqslant 0,t=1,2\}=P\{W(1)\leqslant 0,W(2)\leqslant 0\}$$

而

$$W(2)=W(2)-W(1)+W(1)$$

所以

$$P\{W(1)\leqslant 0,W(2)\leqslant 0\}=P\{W(1)\leqslant 0,W(2)-W(1)\leqslant -W(1)\}$$

由标准布朗运动的定义知

$$W(1)\sim N(0,1),W(2)-W(1)\sim N(0,1)$$

且$W(1)$与$W(2)-W(1)$独立，记$f_b(x)$、$F_b(x)$为标准正态分布的密度函数和分布函数，则

$$\begin{aligned}
P\{W(1)\leqslant 0,&W(2)-W(1)\leqslant -W(1)\}\\
&=\int_{-\infty}^{0}\int_{-\infty}^{-x}f_b(x)f_b(y)\mathrm{d}x\mathrm{d}y\\
&=\int_{0}^{+\infty}F_b(x)f_b(-x)\mathrm{d}x\\
&=\int_{0}^{+\infty}F_b(x)\mathrm{d}F_b(x)\\
&=\int_{\frac{1}{2}}^{1}y\mathrm{d}y=\frac{3}{8}
\end{aligned}$$

2)维纳过程的统计特性

维纳过程或布朗运动 $W(t)$ 的均值函数、方差函数、协方差函数和概率密度分别为

$$E[W(t)] = 0 \tag{2.7.17}$$

$$D[W(t)] = D_W(t) = \sigma^2 t \tag{2.7.18}$$

$$C_W(t_1,t_2) = \sigma^2 \min(t_1,t_2) \tag{2.7.19}$$

$$f_W(t) = \frac{1}{\sqrt{2\pi\sigma^2 t}} \exp\left\{-\frac{1}{2}\frac{w^2}{\sigma^2 t}\right\} \tag{2.7.20}$$

可见,维纳过程或布朗运动 $W(t)$ 的方差函数不是常数,协方差函数不是时间差 $s-t$ 的函数,因此,维纳过程不是平稳随机过程,其概率密度函数是时间 t 的函数。

【例 2.14】维纳过程或布朗运动 $W(t)$ 的增量 $\mathrm{d}W(t)=W(t+\mathrm{d}t)-W(t)$,求其方差函数。

解:因为 $D(t_1-t_2)=D_W(t_1)-D_W(t_2)$,$D[W(t)]=D_W(t)=\sigma^2 t$,所以,有

$$\begin{aligned} D[\mathrm{d}W(t)] &= D[W(t+\mathrm{d}t)-W(t),W(t+\mathrm{d}t)-W(t)] \\ &= D[(t+\mathrm{d}t)]-D[(t)] \\ &= \sigma^2(t+\mathrm{d}t)-\sigma^2(t) \\ &= \sigma^2\mathrm{d}t \end{aligned}$$

【例 2.15】证明 Wiener 过程是正态过程。

证明:设 $\{W(t),t\geqslant 0\}$ 为参数 σ^2 的 Wiener 过程,对任意的 n,任取 $0\leqslant t_1<t_2<\cdots<t_n$,由于 $W(t_1),W(t_2)-W(t_1),\cdots,W(t_n)\quad W(t_{n-1})$ 相互独立,而且 $W(t_k)-W(t_{k-1})\sim N(0,\sigma^2(t_k-t_{k-1}))$,所以 $\{W(t_1),W(t_2)-W(t_1),\cdots,W(t_n)-W(t_{n-1})\}$ 是 n 维正态向量,而

$$\begin{bmatrix} W(t_1) \\ W(t_2) \\ \vdots \\ W(t_n) \end{bmatrix} = \begin{bmatrix} 1 & 0 & \vdots & 0 \\ 1 & 1 & \cdots & 0 \\ \vdots & \vdots & & \vdots \\ 1 & 1 & \cdots & 1 \end{bmatrix} \begin{bmatrix} W(t_1) \\ W(t_2)-W(t_1) \\ \vdots \\ W(t_n)-W(t_{n-1}) \end{bmatrix}$$

即 $\{W(t_1),W(t_2),\cdots,W(t_n)\}$ 是正态向量 $\{W(t_1),W(t_2)-W(t_1),\cdots,W(t_n)-W(t_{n-1})\}$ 的线性变换,所以 $\{W(t_1),W(t_2),\cdots,W(t_n)\}$ 是正态向量,故 $\{W(t),t\geqslant 0\}$ 是正态过程。

习　题

1. 两个半随机二进过程定义为

$$X(t) = A \text{ 或 } -A,(n-1)T < t < nT,n = 0,\pm 1,\pm 2,\cdots$$

式中，值 A 与 $-A$ 等概率出现，T 为一正常数，$n=0,\pm1,\pm2,\cdots$，试求：

(1)画出典型的样本函数图形；

(2)将此过程归类；

(3)该过程是否是确定性过程？

2. 设随机过程 $X(t)=Vt$，其中 V 是在$(0,1)$上均匀分布的随机变量，求随机过程 $X(t)$的均值函数和自相关函数。

3. 设随机过程 $X(t)=At+Bt^2$，式中 A,B 为两个互不相关的随机变量，且有 $E[A]=4,E[B]=7,D[A]=0.1,D[B]=2$。求随机过程 $X(t)$的均值函数、相关函数、协方差函数和方差函数。

4. 设 $X(i=1,2,\cdots)$是独立随机变量列，且有相同的两点分布 $\begin{pmatrix}-1 & 1\\ \frac{1}{2} & \frac{1}{2}\end{pmatrix}$，令 $Y(0)=0,Y(n)=\sum\limits_{i=1}^{n}X_i$，试求：

(1)随机过程$\{Y(n),n=1,2,\cdots\}$的一个样本函数；

(2)$P[Y(1)=k]$及 $P[Y(2)=k]$之值；

(3)$P[Y(n)=k]$；

(4)均值函数；

(5)协方差函数。

5. 随机过程 $X(t)$的数学期望 $E[X(t)]=t^2+4$，求随机过程 $Y(t)=tX(t)+t^2$ 的数学期望。

6. 设 $X(t)=A\cos\omega t-B\sin\omega t$，其中 A,B 是相互独立且有相同的 $N(0,\sigma^2)$分布的随机变量，ω 是常数，$t\in(-\infty,\infty)$，试求：

(1)$X(t)$的一个样本函数；

(2)$X(t)$的一维概率密度函数；

(3)均值函数和协方差函数。

7. 令 $X(n)$和 $Y(n)$为不相关的随机过程，试证：如果

$Z(n)=X(n)+Y(n)$，则 $m_Z=m_X+m_Y$ 及 $\sigma_Z^2=\sigma_X^2+\sigma_Y^2$。

8. 若正态随机过程 $X(t)$的自相关函数为

(1)$R_X(\tau)=6e^{-|\tau|/2}$

(2)$R_X(\tau)=6\dfrac{\sin\pi\tau}{\pi\tau}$

试确定随机变量 $X(t),X(t+1),X(t+2),X(t+3)$的协方差矩阵。

9. 设复随机过程为

$$Z(t)=V\mathrm{e}^{\mathrm{j}\omega_0 t}$$

式中，ω_0 为正常数，V 为实随机变量。求复随机过程 $Z(t)$ 的自相关函数。

10. 设复随机过程

$$Z(t)=\mathrm{e}^{\mathrm{j}(\omega_0 t+\Phi)}$$

式中，ω_0 为正常数，Φ 是在 $(0,2\pi)$ 上均匀分布的随机变量。试求 $E[Z^*(t)Z(t+\tau)]$ 和 $E[Z(t)Z(t+\tau)]$。

11. 设复随机过程

$$Z(t)=\sum_{i=1}^{n}A_i\mathrm{e}^{\mathrm{j}\omega_i t}$$

式中，$A_i(i=1,2,\cdots,n)$ 为 n 个相互独立的实随机变量，且 $A_i\sim N(0,\sigma_i^2)$，求 $\{Z(t),t=0\}$ 的均值函数和相关函数。

12. 设 $\{W(t),t\geqslant 0\}$ 是参数为 σ^2 的 Wiener 过程，求下列过程的均值函数和相关函数：

(1) $X(t)=W^2(t),t\geqslant 0$；　(2) $X(t)=tW\left(\frac{1}{t}\right),t>0$；

(3) $X(t)=c^{-1}W(c^2t),t\geqslant 0$；　(4) $X(t)=W(t)-tW(t),0\leqslant t\leqslant 1$。

第3章　随机分析与平稳随机过程

【内容导读】 本章从随机变量序列均方收敛定义出发,介绍了随机过程的均方连续、均方导数、均方积分的概念及其相关性质;给出了平稳随机过程的定义及其相关函数性质、平稳高斯过程及其性质;分析了平稳过程的遍历性及随机过程的微分方程。

在普通函数的微积分中,连续、导数和积分等概念都是建立在极限概念的基础上。对于随机过程的研究,也需要建立随机过程的连续性、导数和积分等概念,而且随机过程中的这些概念与普通函数中的这些概念是有差别的。而平稳随机过程是一类重要的随机过程,其性质需在随机分析基础上进行讨论。

3.1　随机变量序列的均方收敛

1)收敛性定义

【定义3.1】(均方收敛)对二阶矩随机序列$\{X_k\}$和二阶矩随机变量X,若

$$\lim_{k\to\infty}E\{|X_k-X|^2\}=0 \tag{3.1.1}$$

成立,则称$\{X_k\}$均方收敛于X,记作$X_k\xrightarrow{m\cdot s}X$。式(3.1.1)的极限常写为

$$\underset{k\to\infty}{\mathrm{l.i.m}}X_k=X \text{ 或 } X_k\xrightarrow{m\cdot s}X$$

(l.i.m是limit in mean的缩写)。

【定义3.2】(依概率1收敛)对二阶矩随机序列$\{X_k,k=0,1,\cdots\}$,若存在二阶矩随机变量X满足

$$P\{\lim_{k\to\infty}X_k=X\}=1 \tag{3.1.2}$$

则称二阶矩随机序列X_k依概率1收敛于随机变量X,记作$X_k\xrightarrow{a\cdot s}X$。

【定义 3.3】(依概率收敛)对二阶矩随机序列$\{X_k, k=0,1,\cdots\}$,若存在二阶矩随机变量 X 满足

$$\lim_{k\to\infty} P\{|X_k - X| \geqslant \varepsilon\} = 0 \tag{3.1.3}$$

则称二阶矩随机序列 X_k 依概率收敛于随机变量 X,记作 $X_k \xrightarrow{i \cdot p} X$ 或$\underset{n\to\infty}{\mathrm{l.i.p}} X_k = X$。

【定义 3.4】(依分布收敛)二阶矩随机序列$\{X_k, k=0,1,\cdots\}$,若存在二阶矩随机变量 X 满足

$$\lim_{k\to\infty} F_k(x) = F(x) \tag{3.1.4}$$

则称二阶矩随机序列 X_k 依分布收敛于随机变量 X,记作 $X_k \xrightarrow{F} X$。

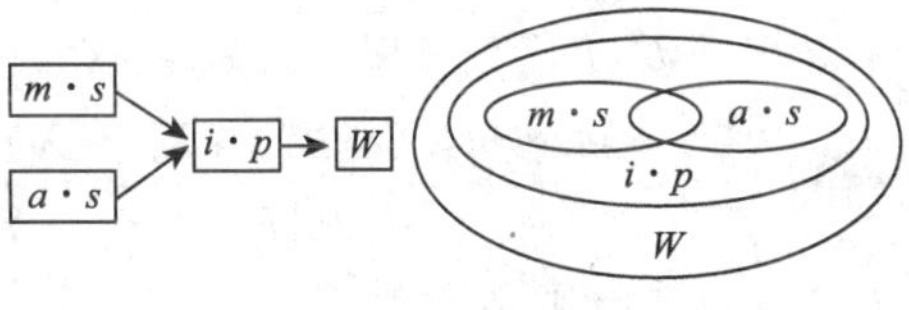

图 3.1　4 种收敛关系

对定义 3.1～定义 3.4 进行比较,如图 3.1 所示,有下列关系:

①若 $X_k \xrightarrow{m \cdot s} X$,则 $X_k \xrightarrow{F} X$;

②若 $X_k \xrightarrow{a \cdot s} X$,则 $X_k \xrightarrow{P} X$;

③若 $X_k \xrightarrow{p} X$,则 $X_k \xrightarrow{F} X$。

在这四种收敛定义中,均方收敛是最简单的收敛形式,它只涉及一个序列。后面讨论的随机序列或随机过程收敛性,都是指均方收敛。

2)均方收敛的判据

【定理 3.1】对二阶矩随机序列$\{X_k, k=0,1,\cdots\}$,如果满足

$$\lim_{n,m\to\infty} E[|X_n - X_m|^2] = 0 \tag{3.1.5}$$

则必须存在一个随机变量 X,使

$$\underset{k\to\infty}{\mathrm{l.i.m}} X_k = X \text{ 或 } X_k \xrightarrow{m \cdot s} X \tag{3.1.6}$$

【定理 3.2】设$\{X_k\}$为二阶矩随机序列,则$\{X_k\}$均方收敛于 X 的充要条件为

$$\lim_{n,m\to\infty} E[X_n X_m^*] < +\infty \tag{3.1.7}$$

3)均方收敛的性质

①取极限和求均值的符号可以交换位置。

$$\mathrm{l.i.m} E[X_k] = E[\mathrm{l.i.m} X_k] = E[X] \tag{3.1.8}$$

$$\mathrm{l.i.m} E[|X_k|^2] = E[|\mathrm{l.i.m} X_k|^2] = E[|X|^2] \tag{3.1.9}$$

$$\text{l.i.m}D[X_k] = D[\text{l.i.m}X_k] = D[X] \tag{3.1.10}$$

$$\text{l.i.m}D[e^{jtX_k}] = D[e^{jt\,\text{l.i.m}X_k}] = D[e^{jtX}] \tag{3.1.11}$$

②设$\{X_k\}$,$\{Y_k\}$,$\{Z_k\}$都是二阶矩随机序列,U 为二阶矩随机变量,$\{c_k\}$为常数序列,a,b,c 为常数。令$\underset{k\to\infty}{\text{l.i.m}}X_k=X$,$\underset{k\to\infty}{\text{l.i.m}}Y_k=Y$,$\underset{k\to\infty}{\text{l.i.m}}Z_k=Z$,$\underset{k\to\infty}{\text{l.i.m}}c_k=c$,则

a. $\underset{k\to\infty}{\text{l.i.m}}c_k = \lim\limits_{k\to\infty}c_k = c$

b. $\underset{k\to\infty}{\text{l.i.m}}U = U$

c. $\underset{k\to\infty}{\text{l.i.m}}(c_kU) = cU$

d. $\underset{k\to\infty}{\text{l.i.m}}(aX_k + bY_k) = aX + bY$

证明:因为当 $k\to\infty$时,有

$$\begin{aligned}E[|aX_k + bY_k - (aX + bY)|^2] &= E[|a(X_k - X) + b(Y_k - Y)|^2]\\ &\leqslant 2a^2E[|(X_k - X)|^2]\\ &\quad + 2b^2E[|(Y_k - Y)|^2] \to 0\end{aligned}$$

e. $\underset{k\to\infty}{\text{l.i.m}}E[X_k] = E[X] = E[\text{l.i.m}X_k]$

证明:由施瓦兹不等式,有

$$(E[|Y|])^2 = (E[|Y\cdot 1|])^2 \leqslant E[|Y|^2]\cdot 1$$

令 $Y=X_k-X$,代入上式,得

$$0 \leqslant |E[X_k] - E[X]|^2 = |E[X_k - X]|^2 \leqslant E[|X_k - X|^2] \to 0 \quad (当\ k\to\infty)$$

证毕。

f. $\underset{n\to\infty}{\text{l.i.m}}E[X_nY_m^*] = E[XY^*] = E[(\underset{n\to\infty}{\text{l.i.m}}X_n)(\underset{m\to\infty}{\text{l.i.m}}Y_m^*)]$

证明:由施瓦兹不等式,有

$$\begin{aligned}|E[X_nY_m^*] - E[XY^*]| &= |E[X_nY_m^* - XY^*]|\\ &= |E[(X_n - X)(Y_m^* - Y^*) + X_nY^* + XY_m^* - 2XY^*]|\\ &= |E[(X_n - X)(Y_m - Y)^*] + E[(X_n - X)Y^*]\\ &\quad + E[(Y_m^* - Y^*)X]|\\ &\leqslant |E[(X_n - X)(Y_m - Y)^*]| + |E[(X_n - X)Y^*]|\\ &\quad + |E[(Y_m - Y)^*X]|\\ &\leqslant \sqrt{E[|X_n - X|^2]E[|Y_m - Y|^2]}\\ &\quad + \sqrt{E[|X_n - X|^2]E[|Y|^2]}\\ &\quad + \sqrt{E[|Y_m - Y|^2]E[|X|^2]} \to 0 \quad (当\ n,m\to\infty)\end{aligned}$$

所以

$$\lim_{n,m\to\infty}E[X_n\overline{Y}_m] = E[X\overline{Y}]$$

特别有

$$\lim_{k\to\infty}E[|X_k|^2]=E[|X|^2]=E[|\underset{k\to\infty}{\text{l.i.m}}X_k|^2]$$

所以

$$\lim_{k\to\infty}E[X_k]=E[X]=E[\underset{k\to\infty}{\text{l.i.m}}X_k]$$

③设$\{X_k,k\geqslant1\}$是相互独立同分布的二阶矩随机序列,$E[X_k]=m_X$,$k=1,2,\cdots$,则

$$\underset{k\to\infty}{\text{l.i.m}}\frac{1}{k}\sum_{i=1}^{k}X_i=m_X \tag{3.1.12}$$

证明:由$\{X_k,k\geqslant1\}$相互独立且同分布,得

$$\underset{k\to\infty}{\text{l.i.m}}\left|\frac{1}{k}\sum_{i=1}^{k}X_i-m_X\right|=\lim_{k\to\infty}E\left|\frac{1}{k}\sum_{i=1}^{k}X_i-E[X_i]\right|^2=\lim_{k\to\infty}E\left(\left|\frac{1}{k}\sum_{i=1}^{k}X_i-E[X_i]\right|^2\right)$$

$$=\lim_{n\to\infty}\frac{1}{k^2}E\{(\sum_{i=1}^{k}X_i-E[X_i])^*\sum_{i=1}^{k}X_i-E[X_i]\}$$

$$=\lim_{k\to\infty}\frac{1}{k^2}E\sum_{i=1}^{k}\sum_{l=1}^{k}\text{cov}(X_i,X_l)$$

$$=\lim_{k\to\infty}\frac{1}{k^2}\sum_{i=1}^{k}D[X_l]=\lim_{k\to\infty}\frac{D[X_1]}{k}=0$$

以上讨论了具有二阶矩的随机序列均方极限的性质。

④设随机序列为$\{X_k,k\geqslant1\}$,其相关函数$R(m,n)=E[X_m^*X_n]$,对$\{a_k,k\geqslant1\}$为复数序列,则当级数$\sum_{k=1}^{\infty}\sum_{l=1}^{\infty}a_k^*a_lR_x(k,l)$存在时,$\left\{Y_n=\sum_{k=1}^{n}a_kX_k,n\geqslant1\right\}$均方收敛。

证明:

$$R_Y(m,n)=E[Y_m^*Y_n]=E\left[\sum_{k=1}^{m}\sum_{l=1}^{n}a_k^*a_lX_k^*X_l\right]$$

$$=\sum_{k=1}^{m}\sum_{l=1}^{n}a_k^*a_lE[X_k^*X_l]$$

$$=\sum_{k=1}^{m}\sum_{l=1}^{n}a_k^*a_lR_X(k,l)$$

$$\lim_{m,n\to\infty}R_Y(m,n)=\lim_{m,n\to\infty}E[Y_m^*Y_n]=\lim_{m,n\to\infty}\sum_{k=1}^{m}\sum_{l=1}^{n}a_k^*a_lR_X(k,l)$$

$$=\sum_{k=1}^{\infty}\sum_{l=1}^{\infty}a_k^*a_lR_X(k,l)$$

可见,当级数$\sum_{k=1}^{\infty}\sum_{l=1}^{\infty}a_k^*a_lR_x(k,l)$收敛时,$\{Y_n\}$均方收敛。

【例 3.1】设$\{X_k,k\geqslant1\}$是相互独立的随机变量序列,其分布律为

$$X_k\sim\begin{bmatrix}k & 0\\ \frac{1}{k^2} & 1-\frac{1}{k^2}\end{bmatrix}$$

讨论此序列的均方收敛情况。

解：由于

$$E[|X_m - X_n|^2] = E[X_m^2 - 2X_mX_n + X_n^2]$$
$$= 1 - 2\frac{1}{m}\frac{1}{n} + 1 = 2\left(1 - \frac{1}{mn}\right) \xrightarrow{m,n\to\infty} 2$$

可见，此序列不均方收敛。

3.2 随机过程的均方连续性

一般函数可导的前提条件是函数必须连续，同样，随机过程可导的前提也是随机过程必须连续。因此，在给出随机过程可导的定义前，先给出随机过程连续的定义。

【定义 3.5】若二阶矩过程$\{X(t), t\in T\}$满足

$$\lim_{\Delta t\to 0} E\{[X(t+\Delta t) - X(t)]^2\} = 0 \tag{3.2.1a}$$

或

$$\underset{\Delta t\to 0}{\mathrm{l.i.m}}[X(t+\Delta t) - X(t)] = 0 \tag{3.2.1b}$$

则称随机过程在任意 t 时刻均方意义下连续，简称随机过程 $X(t)$在 t 时刻均方连续（或简称 m·s 连续）。

【定理 3.3】（均方连续充要条件）若二阶矩过程$\{X(t), t\in T\}$在 t 处均方连续的充要条件为其相关函数 $R_X(t_1, t_2)$在(t,t)处连续。

证明：由$\{X(t), t\in T\}$在 T 上均方连续可知

$$\underset{\Delta t\to 0}{\mathrm{l.i.m}} X(t+\Delta t) = X(t)$$

因此

$$\lim_{\substack{t_1\to t\\ t_2\to t}} R_X(t_1, t_2) = \lim_{\substack{t_1\to t\\ t_2\to t}} E[X^*(t_1)X(t_2)] = E[X^*(t)X(t)] = R_X(t,t)$$

【定理 3.4】如果二阶矩过程$\{X(t), t\in T\}$的相关函数 $R_X(t_1, t_2)$在(t,t)处连续，则 $R_X(t_1, t_2)$在 $T\times T=\{(t_1, t_2)|t_1, t_2\in T\}$上连续。

证明：由$\{X(t), t\in T\}$在 T 上均方连续可知

$$\underset{\Delta t\to 0}{\mathrm{l.i.m}} X(t_1+\Delta t) = X(t_1)$$
$$\underset{\Delta t\to 0}{\mathrm{l.i.m}} X(t_2+\Delta t) = X(t_2)$$

又，$\lim\limits_{\Delta t\to 0} R_X(t_1+\Delta t, t_2+\Delta t) = \lim\limits_{\Delta t\to 0} E[X^*(t_1+\Delta t)X(t_2+\Delta t)] = E[X^*(t_1)X(t_2)] = R_X(t_1, t_2)$

【定理 3.5】若二阶矩过程 $X(t)$均方连续，则它的均值函数与方差函数必然是连续的，即

$$\lim_{\Delta t \to 0} E[X(t+\Delta t)] = E[X(t)] \tag{3.2.2}$$

$$\lim_{\Delta t \to 0} D[X(t+\Delta t)] = D[X(t)] \tag{3.2.3}$$

证明：先证式(3.2.2)。设随机变量 $Y = X(t+\Delta t) - X(t)$

因为

$$\sigma_Y^2 = E[Y^2] - E^2[Y]$$

故

$$E[Y^2] = \sigma_Y^2 + E^2[Y] \geqslant E^2[Y]$$

因为 $\sigma_Y^2 \geqslant 0$，从而有

$$E\{[X(t+\Delta t) - X(t)]^2\} \geqslant E^2[(X(t+\Delta t) - X(t)]$$

因为 $X(t)$ 连续，故不等式左边随着 Δt 一起趋于零，则其右端也必趋于零，于是

$$\lim_{\Delta t \to 0} E[(X(t+\Delta t) - X(t)] = 0$$

即

$$\lim_{\Delta t \to 0} E[X(t+\Delta t)] = E[X(t)]$$

证毕。

式(3.2.3)，读者可自行证明。

3.3 随机过程的均方导数

3.3.1 均方导数

【定义 3.6】若随机过程 $X(t)$ 满足

$$\lim_{\Delta t \to 0} E\left\{\left[\frac{X(t+\Delta t) - X(t)}{\Delta t} - X'(t)\right]^2\right\} = 0 \tag{3.3.1}$$

则称 $X(t)$ 在 t 时刻具有均方(m · s)导数 $X'(t)$，记为

$$X'(t) = \frac{\mathrm{d}X(t)}{\mathrm{d}t} = \underset{\Delta t \to 0}{\mathrm{l.i.m}} \frac{X(t+\Delta t) - X(t)}{\Delta t} \tag{3.3.2}$$

【定理 3.6】(均方可微充要条件)随机过程 $X(t)$ 在均方意义下有导数的充要条件是自相关函数 $R_X(t_1, t_2)$ 在 $t_1 = t_2 = t$ 时存在二阶偏导数，即 $\left.\frac{\partial^2 R(t_1, t_2)}{\partial t_1 \partial t_2}\right|_{t_1 = t_2}$。

证明：只需证明极限

$$\lim_{\Delta t \to 0} E\left[\left(\frac{X(t+\Delta t_1) - X(t)}{\Delta t_1} - \frac{X(t+\Delta t_2) - X(t)}{\Delta t_2}\right)^2\right] = 0 \tag{3.3.3}$$

成立即可。而

$$\lim_{\Delta t_1 \to 0} E\left[\left(\frac{X(t+\Delta t_1) - X(t)}{\Delta t_1} - X'(t)\right)^2\right]$$

$$= \lim_{\substack{\Delta t_1 \to 0 \\ \Delta t_2 \to 0}} \left\{ \frac{1}{\Delta t_1^2} [R_X(t+\Delta t_1, t+\Delta t_1) + R_X(t,t) - R_X(t+\Delta t_1, t) - R_X(t, t+\Delta t_1)] \right.$$

$$+ \frac{1}{\Delta t_2^2} [R_X(t+\Delta t_2, t+\Delta t_2) + R_X(t,t) - R_X(t+\Delta t_2, t) - R_X(t, t+\Delta t_2)]$$

$$\left. - \frac{2}{\Delta t_1 \Delta t_2} [R_X(t+\Delta t_1, t+\Delta t_2) + R_X(t,t) - R_X(t+\Delta t_1, t) - R_X(t, t+\Delta t_2)] \right\}$$

上式等号右端不包含任何随机变量，因此当 $\Delta t_1 \to 0$ 和 $\Delta t_2 \to 0$ 时，其极限可按一般方法来求。

若偏导数 $\frac{\partial R_X(t_1,t_2)}{\partial t_1}$、$\frac{\partial R_X(t_1,t_2)}{\partial t_2}$ 和 $\frac{\partial^2 R_X(t_1,t_2)}{\partial t_1 \partial t_2}$ 存在，则有

$$\lim_{\substack{\Delta t_1 \to 0 \\ \Delta t_2 \to 0}} E\left[\left(\frac{X(t+\Delta t_1) - X(t)}{\Delta t_1} - \frac{X(t+\Delta t_2) - X(t)}{\Delta t_2} \right)^2 \right]$$

$$= \left[\frac{\partial^2 R_X(t_1,t_2)}{\partial t_1 \partial t_1} + \frac{\partial^2 R_X(t_1,t_2)}{\partial t_2 \partial t_2} - 2\frac{\partial^2 R_X(t_1,t_2)}{\partial t_1 \partial t_2} \right]_{t_1=t_2=t} = 0$$

因此，随机过程在均方意义下有导数的充分条件是自相关函数 $R_X(t_1,t_2)$ 在 $t_1=t_2$ 时存在二阶偏导数，即 $\left.\frac{\partial^2 R(t_1,t_2)}{\partial t_1 \partial t_2}\right|_{t_1=t_2}$。

3.3.2 均方导数的性质

设 $Y(t)$ 为可微随机过程 $X(t)$ 的导数，即

$$Y(t) = X'(t) = \frac{\mathrm{d}X(t)}{\mathrm{d}t} \tag{3.3.4}$$

①若随机过程 $X(t)$ 在 $t \in T$ 处均方可微，则 $X(t)$ 在 $t \in T$ 处均方连续；反之，未必成立。

证：$\lim\limits_{\Delta t \to 0} E[|X(t+\Delta t) - X(t)|^2] = \lim\limits_{\Delta t \to 0} E\left(\left| \frac{X(t+\Delta t) - X(t)}{\Delta t} \right|^2 \right) (\Delta t)^2$

$$= E[|X'(t)|^2] \cdot 0 = 0$$

②若二阶矩过程 $X(t)$ 的均方导数为 $Y(t)$，则

$$E[Y(t)] = E[X'(t)] \tag{3.3.5}$$

证明：
$$m_Y(t) = E[Y(t)] = E[\underset{\Delta t \to 0}{\mathrm{l.i.m}} \frac{X(t+\Delta t) - X(t)}{\Delta t}]$$

$$= \lim_{\Delta t \to 0} \frac{E[X(t+\Delta t)] - E[X(t)]}{\Delta t}$$

$$= \lim_{\Delta t \to 0} \frac{m_X(t+\Delta t) - m_X(t)}{\Delta t} = \frac{\mathrm{d}m_X(t)}{\mathrm{d}t} = E[X'(t)]$$

证毕。

③二阶矩过程 $X(t)$ 与其均方导数 $Y(t)$ 的互相关函数等于 $X(t)$ 的自相关函数的一阶偏导数。

$$\frac{\partial R_X(t_1,t_2)}{\partial t_1}=\frac{\partial E[X^*(t_1)X(t_2)]}{\partial t_1}=R_{YX}(t_1,t_2) \tag{3.3.6}$$

$$\frac{\partial R_X(t_1,t_2)}{\partial t_2}=\frac{\partial E[X^*(t_1)X(t_2)]}{\partial t_2}=R_{XY}(t_1,t_2) \tag{3.3.7}$$

证明：
$$\begin{aligned}\frac{\partial R_X(t_1,t_2)}{\partial t_1}&=\frac{\partial E[X^*(t_1)X(t_2)]}{\partial t_1}=\lim_{\Delta t_1\to 0}E\left[\frac{X^*(t_1+\Delta t_1)-X^*(t_1)}{\Delta t_1}X(t_2)\right]\\&=E\left[\underset{\Delta t_1\to 0}{\mathrm{l.i.m}}\frac{X^*(t_1+\Delta t_1)-X^*(t_1)}{\Delta t_1}X(t_2)\right]\\&=E[Y^*(t_1)X(t_2)]=R_{YX}(t_1,t_2)\end{aligned}$$

$$\begin{aligned}\frac{\partial R_X(t_1,t_2)}{\partial t_2}&=\frac{\partial E[X^*(t_1)X(t_2)]}{\partial t_2}=\lim_{\Delta t_1\to 0}E[X^*(t_1)\frac{X(t_2+\Delta t_2)-X(t_2)}{\Delta t_2}]\\&=E[X^*(t_1)\underset{\Delta t_2\to 0}{\mathrm{l.i.m}}\frac{X(t_2+\Delta t_2)-X(t_2)}{\Delta t_2}]\\&=E[X^*(t_1)Y(t_2)]=R_{XY}(t_1,t_2)\end{aligned}$$

④二阶矩过程 $X(t)$ 的均方导数 $Y(t)$ 的自相关函数等于 $X(t)$ 的自相关函数的二阶偏导数，即

$$E[Y^*(t_1)Y(t_2)]=\frac{\partial^2 R_X(t_1,t_2)}{\partial t_1\partial t_2}=\frac{\partial^2 R_X(t_1,t_2)}{\partial t_2\partial t_1} \tag{3.3.8}$$

证明：如果随机过程 $X(t)$ 的均方导数 $Y(t)=X'(t)$ 存在，那么它的自相关函数为

$$\begin{aligned}E[Y^*(t_1)Y(t_2)]&=E[\underset{\Delta t_1\to 0}{\mathrm{l.i.m}}\frac{X^*(t_1+\Delta t_1)-X^*(t_1)}{\Delta t_1}Y(t_2)]\\&=\lim_{\Delta t_1\to 0}E\left[\frac{X^*(t_1+\Delta t_1)Y(t_2)-X^*(t_1)Y(t_2)}{\Delta t_1}\right]\\&=\lim_{\Delta t_1\to 0}\frac{E[X^*(t_1+\Delta t_1)Y(t_2)]-E[X^*(t_1)Y(t_2)]}{\Delta t_1}\\&=\lim_{\Delta t_1\to 0}\left[\frac{R_{XY}(t_1+\Delta t_1,t_2)-R_{XY}(t_1,t_2)}{\Delta t_1}\right]\\&=\frac{\partial R_{XY}(t_1,t_2)}{\partial t_1}=\frac{\partial^2 R_X(t_1,t_2)}{\partial t_1\partial t_2}\end{aligned}$$

所以

$$R_Y(t_1,t_2)=\frac{\partial R_{XY}(t_1,t_2)}{\partial t_1}=\frac{\partial^2 R_X(t_1,t_2)}{\partial t_1\partial t_2}$$

证毕。

⑤对正态随机过程 $\{X(t),t\in T\}$，若 $\{X(t),t\in T\}$ 的均方导数 $Y(t)=\dfrac{\mathrm{d}X(t)}{\mathrm{d}t}$ 存

在，则$\{Y(t),t\in T\}$是正态过程，且其任意有限维特征函数为

$$\psi_Y(\omega_1,\omega_2,\cdots,\omega_n;t_1,t_2,\cdots,t_n)=\exp\{\mathrm{j}\sum_{k=1}^{n}\omega_n m'_X(t_k)-\frac{1}{2}\sum_{k=1,l=1}^{n}\omega_k\omega_l C''_X(t_k,t_l)\}\tag{3.3.9}$$

证明：对任意$n\geqslant 1$，任取$t_1,t_2,\cdots,t_n\in T$，因为n维正态随机向量的线性变换仍是正态随机向量，故

$$\left(\frac{X(t_1+\Delta t)-X(t_1)}{\Delta t},\frac{X(t_2+\Delta t)-X(t_2)}{\Delta t},\cdots,\frac{X(t_n+\Delta t)-X(t_n)}{\Delta t}\right)$$

为正态随机向量。

又因为

$$\underset{\Delta t\to 0}{\mathrm{l.i.m}}\frac{X(t_k+\Delta t)-X(t_k)}{\Delta t}=X'(t_k),k=1,2,\cdots,n$$

故$\{X'(t_1),X'(t_2),\cdots,X'(t_n)\}$是$n$维正态随机向量，从而$\{X'(t),t\in T\}$是正态随机过程。

在$R_X(t_1,t_2)$广义二阶可微的条件下，正态过程$\{X'(t),t\in T\}$的有限维正态向量$(X'(t_1),X'(t_2),\cdots,X'(t_n))$的协方差矩阵$(C_{X'}(t_i,t_j))_{n\times m}=\left(\frac{\partial^2 C_{X'}(t_i,t_j)}{\partial t_i\partial t_j}\right)_{n\times m}$，故得证。

【例 3.2】设$\{X(t),t=(-\infty,+\infty)\}$是二次均方可微的实正态随机过程，且

$$m_X(t)=0,R_X(t_1,t_2)=R_X(t_2-t_1),t_2,t_1\in(-\infty,+\infty)$$

对$t=(-\infty,+\infty)$，试求三维随机向量$(X(t),X'(t),X''(t))$的协方差矩阵；并证明此随机过程服从正态分布。

解：(1)因为$E[X(t)]=E[X'(t)]=E[X''(t)]=0$，而

$$E[X(t)X'(t)]=\left.\frac{\partial R_X(t_2-t_1)}{\partial t_2}\right|_{t_2=t_1}=R'_X(0)$$

$$E[X(t)X'(t)]=E[X'(t)X(t)]=\left.\frac{\partial R_X(t_2-t_1)}{\partial t_1}\right|_{t_1=t_2}=-R'_X(0)$$

故

$$E[X(t)X'(t)]=0$$

同理，可得

$$E[X'(t)X''(t)]=\left.\frac{\partial^3 R_X(t_2-t_1)}{\partial t_1\partial t_2^2}\right|_{t_1=t_2}=0$$

而且

$$E[X(t)X''(t)]=\left.\frac{\partial^2 R_X(t_2-t_1)}{\partial t_2^2}\right|_{t_1=t_2}=R''_X(0)$$

$$E[X'(t)X'(t)] = \left.\frac{\partial^2 R_X(t_2 - t_1)}{\partial t_1 \partial t_2}\right|_{t_1=t_2} = -R''_X(0)$$

$$E[X''(t)X''(t)] = \left.\frac{\partial^4 R_X(t_2 - t_1)}{\partial t_1^2 \partial t_2^2}\right|_{t_1=t_2} = R_X^{(4)}(0)$$

故协方差矩阵为

$$\boldsymbol{C} = \begin{bmatrix} E[X(t)X(t)] & E[X(t)X'(t)] & E[X(t)X''(t)] \\ E[X'(t)X(t)] & E[X'(t)X'(t)] & E[X'(t)X''(t)] \\ E[X''(t)X(t)] & E[X''(t)X'(t)] & E[X''(t)X''(t)] \end{bmatrix}$$

$$= \begin{bmatrix} R_X(0) & 0 & R''_X(0) \\ 0 & -R''_X(0) & 0 \\ R''_X(0) & 0 & R_X^{(4)}(0) \end{bmatrix}$$

（2）对任意 $n \geqslant 1$，任取 $t, \Delta t_1, \Delta t_2 \in T$，$\left\{X(t), \dfrac{X(t+\Delta t_1) - X(t)}{\Delta t_1}, \dfrac{X(t+\Delta t_1+\Delta t_2) - X(t+\Delta t_2)}{\Delta t_1}\right\}$是四维随机向量$(X(t), X(t+\Delta t_1), X(t+\Delta t_2), X(t+\Delta t_1+\Delta t_2))$的线性变换，故服从三维正态分布，从而

$$\underset{\Delta t_1 \to 0}{\text{l.i.m}}\left(X(t), \frac{X(t+\Delta t_1) - X(t)}{\Delta t_1}, \frac{X(t+\Delta t_1+\Delta t_2) - X(t+\Delta t_2)}{\Delta t_1}\right)$$
$$= (X(t), X'(t), X'(t+\Delta t_2))$$

为三维正态随机向量。其线性变换的均方极限

$$\underset{\Delta t_2 \to \infty}{\text{l.i.m}}\left(X(t), X'(t), \frac{X'(t+\Delta t_2) - X'(t)}{\Delta t_2}\right) = (X(t), X'(t), X''(t))$$

为三维正态随机向量。

⑥均方导数在依概率 1 收敛下是唯一的，即 $Y_1(t) = X'(t)$，$Y_2(t) = X'(t)$，则 $Y_1(t) = Y_2(t)$。

⑦二阶矩过程 $X(t)$与 $Y(t)$均方可微，a，b 为任意常数，则 $aX(t)+bY(t)$也是均方可微的，即

$$[aX(t) + bY(t)]' = aX'(t) + bY'(t) \tag{3.3.10}$$

证明：$\left|\dfrac{[aX(t+\Delta t) + bY(t+\Delta t)] - [aX(t) + bY(t)]}{\Delta t} - [aX'(t) + bY'(t)]\right|$

$$\leqslant |a| \left|\frac{[X(t+\Delta t) - X(t)]}{\Delta t} - X'(t)\right| + |b| \left|\frac{[Y(t+\Delta t) - Y(t)]}{\Delta t} - Y'(t)\right| \xrightarrow{\Delta t \to 0} 0$$

⑧$g(t)$是定义在 T 的普通的可微函数，$X(t)$是均方可微二阶矩过程，则 $g(t)X(t)$也是均方可微过程，即

$$[g(t)X(t)]' = g'(t)X(t) + g(t)X'(t) \tag{3.3.11}$$

证明：$\left|\frac{[g(t+\Delta t)X(t+\Delta t)-g(t)X(t)]}{\Delta t}-[g'(t)X(t)+g(t)X'(t)]\right|$

$$\leqslant\left|\frac{[g(t+\Delta t)X(t+\Delta t)-g(t)X(t+\Delta t)]}{\Delta t}-g'(t)X(t)\right|$$

$$+\left|\frac{[g(t)X(t+\Delta t)-g(t)X(t)]}{\Delta t}-g(t)X'(t)\right|$$

$$\leqslant\left|\left[\frac{[g(t+\Delta t)-g(t)]}{\Delta t}-g'(t)\right]X(t+\Delta t)\right|+|g'(t)[X(t+\Delta t)-X(t)]|$$

$$+\left|g(t)\left[\frac{X(t+\Delta t)-X(t)}{\Delta t}-X'(t)\right]\right|$$

$$\leqslant\left|\frac{g(t+\Delta t)-g(t)}{\Delta t}-g'(t)\right||X(t+\Delta t)|+|g'(t)||[X(t+\Delta t)-X(t)]|$$

$$+|g(t)|\left|\frac{X(t+\Delta t)-X(t)}{\Delta t}-X'(t)\right|\xrightarrow{\Delta t\to 0}0$$

⑨均方可微二阶矩复过程 $X(t)$ 的 $X'(t)=0$，则 $X(t)$ 是一与 t 无关的常随机变量。

证明：设 $t_1\neq t_2\in T$，则

$$\begin{aligned}E[|X(t_1)-X(t_2)|^2]&=E[(X(t_1)-X(t_2))^*(X(t_1)-X(t_2))]\\&=[R_X(t_1,t_1)-R_X(t_1,t_2)]-[R_X(t_2,t_1)-R_X(t_2,t_2)]\end{aligned}$$

因为 $X(t)$ 是均方可微的，则 $R_X(t_1,t_1)$ 是二阶可微的，且 $\frac{\partial R_X(t_1,t_2)}{\partial t_1}$ 与 $\frac{\partial R_X(t_1,t_2)}{\partial t_2}$ 存在，由微分中值定理得

$$\begin{aligned}E[|X(t_1)-X(t_2)|^2]&=\left[\frac{\partial R_X(t_1,t_1+\theta_1(t_2-t_1))}{\partial t_2}\right.\\&\qquad\left.-\frac{\partial R_X(t_2,t_1+\theta_2(t_2-t_1))}{\partial t_2}\right](t_1-t_2)\\&=\{E[X^*(t_1)X'(t_1+\theta_1(t_2-t_1))]\\&\qquad-E[X^*(t_2)X'(t_1+\theta_2(t_2-t_1))]\}(t_2-t_1)\\&=0\ (0\leqslant\theta_1,\theta_2\leqslant 1)\end{aligned}$$

【例 3.3】均值函数为 $m_X(t)=\sin t$，相关函数为 $R_X(t_1,t_2)=\mathrm{e}^{-(t_2-t_1)^2}$ 的随机信号 $X(t)$ 输入微分电路，该电路输出随机信号 $Y(t)=X'(t)$，求 $Y(t)$ 的均值函数和相关函数。

解：根据均值函数的定义及随机过程导数运算的法则，得到 $Y(t)$ 的均值为

$$E[Y(t)]=E[X'(t)]=\frac{\mathrm{d}}{\mathrm{d}t}E[X(t)]=m_X'(t)=\cos t$$

相应的，$Y(t)$ 的相关函数为

$$R_Y(t_1,t_2)=R_{X'}(t_1,t_2)=\frac{\partial^2 R_X(t_1,t_2)}{\partial t_1\partial t_2}$$
$$=\frac{\partial^2}{\partial t_1\partial t_2}\left[\mathrm{e}^{-(t_2-t_1)^2}\right]$$
$$=\frac{\partial}{\partial t_2}\left[(t_2-t_1)\cdot 2\mathrm{e}^{-(t_2-t_1)^2}\right]$$
$$=2\mathrm{e}^{-(t_2-t_1)^2}\left[1-2(t_2-t_1)^2\right]$$

3.4　随机过程的均方积分

3.4.1　均方积分

【定义 3.7】对于随机过程 $X(t)$，把积分区间$[a,b]$分成 n 个小区间 $\Delta t_i(i=1,2,\cdots,n)$，令 $\Delta t=\max\limits_{i=1}^{n}\{\Delta t_i\}$，当 $n\to\infty$时，下列极限存在

$$\lim_{\max\limits_{i=1}^{n}\{\Delta t_i\}\to 0} E\left\{\left[Y-\sum_{i=1}^{n}X(t_i)\Delta t_i\right]^2\right\}=0 \tag{3.4.1a}$$

或

$$\underset{\max\limits_{i=1}^{n}\{\Delta t_i\}\to 0}{\mathrm{l.i.m}}\left[Y-\sum_{i=1}^{n}X(t_i)\Delta t_i\right]=0 \tag{3.4.1b}$$

或

$$Y=\underset{\max\{\Delta t_i\}\to 0}{\mathrm{l.i.m}}\sum_{i=1}^{n}X(t_i)\Delta t_i \tag{3.4.1c}$$

称 Y 为 $X(t)$在均方意义下的均方积分，记为

$$Y=\int_a^b X(t)\mathrm{d}t \tag{3.4.2}$$

【定义 3.8】设$\{X(t),t\in T\}$为二阶矩过程，$f(t,u)$对每一个 $u\in U$ 是 $t\in[a,b]$的 Riemann 可积函数，则二阶矩过程 $f(t,u)X(t)$在 $t\in[a,b]$上的均方积分为

$$Y(u)=\int_a^b f^*(t,u)X(t)\mathrm{d}t \tag{3.4.3}$$

【定理 3.7】设$\{X(t),t\in T\}$为二阶矩过程，$f(t,u)$对每一个 $u\in U$ 是 $t\in[a,b]$的 Riemann可积函数，若二阶矩过程 $f(t,u)X(t)$的相关函数 $f^*(t_1,u)f(t_2,u)R(t_1,t_2)$在$[a,b]\times[a,b]$上的二重积分

$$Y(u)=\int_a^b\int_a^b f^*(t_1,u)f(t_2,u)R_X(t_1,t_2)\mathrm{d}t_1\mathrm{d}t_2 \tag{3.4.4}$$

存在且有限，则称 $f(t,u)X(t)$ 在 $[a,b]$ 均方可积。

【定义 3.9】设 $\{X(t),t\in T\}$ 为二阶矩过程，$f(t,u)$ 对每一个 $u\in U$ 是 $t\in[a,b]$ 的 Riemann 可积函数，则二阶矩过程 $f(t,u)X(t)$ 在 $[a,+\infty]$ 上的广义均方积分定义为

$$Y(u)=\int_a^{+\infty}f(t,u)X(t)\mathrm{d}t=\underset{b\to\infty}{\mathrm{l.i.m}}\int_a^b f(t,u)X(t)\mathrm{d}t \tag{3.4.5}$$

【定理 3.8】广义均方积分 $\int_a^{+\infty}f(t,u)X(t)\mathrm{d}t$ 存在的充要条件为二阶矩过程 $f(t,u)X(t)$ 的相关函数 $f^*(t_1,u)f(t_2,u)R(t_1,t_2)$ 在 $[a,+\infty)\times[a,+\infty)$ 上的广义二重积分

$$\int_a^{+\infty}\int_a^{+\infty}f^*(t_1,u)f(t_2,u)R_X(t_1,t_2)\mathrm{d}t_1\mathrm{d}t_2 \tag{3.4.6}$$

存在且有限。

【定义 3.10】设二阶矩过程 $X(t)$ 在 $[a,b]$ 上均方连续，对任意 $t\in[a,b]$，则均方不定积分为

$$Y(t)=\int_a^t X(s)\mathrm{d}s \tag{3.4.7}$$

【定理 3.9】设二阶矩过程 $X(t)$ 在 $[a,b]$ 上均方连续，则其在 $[a,b]$ 上的均方不定积分 $Y(t)$ 在 $[a,b]$ 上均方可微，且有

$$Y'(t)=X(t) \tag{3.4.8}$$

$$m_Y(t)=\int_a^t m_X(\lambda)\mathrm{d}\lambda \tag{3.4.9}$$

$$R_Y(t_1,t_2)=\int_a^{t_1}\int_a^{t_2}R_X(u,v)\mathrm{d}u\mathrm{d}v \tag{3.4.10}$$

3.4.2 均方积分的性质

①设 $\{X(t),t\in T\}$ 为二阶矩过程，其相关函数为 $R_X(t_1,t_2)$，如果二重积分 $\int_a^b\int_a^b f^*(t_1,u)f(t_2,v)R_X(t_1,t_2)\mathrm{d}t_1\mathrm{d}t_2$ 存在，则均方积分 $Y(u)=\int_a^b f(t,u)X(t)\mathrm{d}t$ 的数字特征为

a. $$m_Y(u)=\int_a^b f(t,u)m_X(t)\mathrm{d}t \tag{3.4.11}$$

b. $$R_Y(u,v)=\int_a^b\int_a^b f^*(t_1,u)f(t_2,v)R_X(t_1,t_2)\mathrm{d}t_1\mathrm{d}t_2 \tag{3.4.12}$$

c. $$C_Y(u,v)=\int_a^b\int_a^b f^*(t_1,u)f(t_2,v)C_X(t_1,t_2)\mathrm{d}t_1\mathrm{d}t_2 \tag{3.4.13}$$

d. $$D_Y(u)=\int_a^b\int_a^b f^*(t_1,u)f(t_2,u)C_X(t_1,t_2)\mathrm{d}t_1\mathrm{d}t_2 \tag{3.4.14}$$

证明：

a. $m_Y(u) = E[Y(u)] = E\left[\int_a^b f(t,u)X(t)\mathrm{d}t\right]$

$$= \int_a^b f(t,u)E[X(t)]\mathrm{d}t = \int_a^b f(t,u)m_X(t)\mathrm{d}t$$

b. $R_Y(u,v) = E[Y^*(u)Y(v)] = E\left[\left(\int_a^b f(t_1,u)X(t_1)\mathrm{d}t_1\right)^* \int_a^b f(t_2,v)X(t_2)\mathrm{d}t_2\right]$

$$= \int_a^b\int_a^b f^*(t_1,u)f(t_2,v)E[X^*(t_1)X(t_2)]\mathrm{d}t_1\mathrm{d}t_2$$

$$= \int_a^b\int_a^b f^*(t_1,u)f(t_2,v)R_X(t_1,t_2)\mathrm{d}t_1\mathrm{d}t_2$$

c. $C_Y(u,v) = R_Y(u,v) - m_Y^*(u)m_Y(v)$

$$= \int_a^b\int_a^b f^*(t_1,u)f(t_2,v)R_X(t_1,t_2)\mathrm{d}t_1\mathrm{d}t_2$$

$$- \left(\int_a^b f(t_1,u)m_X(t_1)\mathrm{d}t_1\right)^* \int_a^b f(t_2,v)m_X(t_2)\mathrm{d}t_2$$

$$= \int_a^b\int_a^b f^*(t_1,u)f(t_2,v)[R_X(t_1,t_2) - m_X^*(u)m_X(v)]\mathrm{d}t_1\mathrm{d}t_2$$

$$= \int_a^b\int_a^b f^*(t_1,u)f(t_2,v)C_X(t_1,t_2)\mathrm{d}t_1\mathrm{d}t_2$$

d. $D_Y(u) = C_Y(u,u) = R_Y(u,u) - m_Y^*(u)m_Y(u)$

$$= \int_a^b\int_a^b f^*(t_1,u)f(t_2,u)[R_X(t_1,t_2) - m_X^*(u)m_X(u)]\mathrm{d}t_1\mathrm{d}t_2$$

$$= \int_a^b\int_a^b f^*(t_1,u)f(t_2,u)C_X(t_1,t_2)\mathrm{d}t_1\mathrm{d}t_2$$

②设$\{X(t),t\in T\}$为二阶矩过程,其均方积分 $Y(u)=\int_a^b f(t,u)X(t)\mathrm{d}t$,则其具有:

a. 唯 性

若 $Y_1(u)-\int_a^b f(t,u)X(t)\mathrm{d}t, Y_2(u)=\int_a^b f(t,u)X(t)\mathrm{d}t$,则 $Y_1(u)=Y_2(u)$

b. 线性性

若 $X(t),Y(t)$在$[a,b]$上均方可积,α,β是任意复常数,$f(t,u),g(t,u)$对每一个 $u\in U$ 是 $t\in[a,b]$的 Riemann 可积函数,则

$$\int_a^b \lfloor\alpha f(t,u)X(t)+\beta g(t,u)Y(t)]\mathrm{d}t = \alpha\int_a^h f(t,u)X(t)\mathrm{d}t + \beta\int_a^b g(t,u)Y(t)]\mathrm{d}t \tag{3.4.15}$$

c. 可加性

若 $a<c<b$ 且 $\int_a^c f(t,u)X(t)\mathrm{d}t$ 与 $\int_c^b f(t,u)X(t)\mathrm{d}t$ 存在,则

$$\int_a^b f(t,u)X(t)\mathrm{d}t = \int_a^c f(t,u)X(t)\mathrm{d}t + \int_c^b f(t,u)X(t)\mathrm{d}t \qquad (3.4.16)$$

③设二阶矩过程 $X(t)$在$[a,b]$上均方连续,则

a. $$\left|\int_a^b X(t)\mathrm{d}t\right| \leqslant \int_a^b |X(t)|\mathrm{d}t \qquad (3.4.17)$$

b. $$\left|\int_a^b X(t)\mathrm{d}t\right|^2 \leqslant (b-a)\int_a^b |X(t)|^2\mathrm{d}t \leqslant (b-a)^2 \max_{a\leqslant t\leqslant b} E[|X(t)|^2] \qquad (3.4.18)$$

证明:a. 由施瓦斯不等式得

$$E\left[\left|\int_a^b X(t)\mathrm{d}t\right|^2\right] = \int_a^b\int_a^b R_X(t_1,t_2)\mathrm{d}t_1\mathrm{d}t_2 \leqslant \int_a^b\int_a^b |R_X(t_1,t_2)|\mathrm{d}t_1\mathrm{d}t_2$$

$$= \int_a^b\int_a^b |E[X^*(t_1)X(t_2)]|\mathrm{d}t_1\mathrm{d}t_2 \leqslant \int_a^b\int_a^b \sqrt{E[|X(t_1)|^2]E[|X(t_2)|^2]}\mathrm{d}t_1\mathrm{d}t_2$$

$$= \left(\int_a^b \sqrt{E[|X(t)|^2]}\mathrm{d}t\right)^2 = E\left[\left(\int_a^b \|X(t)\|\mathrm{d}t\right)^2\right]$$

b. $$E\left[\left|\int_a^b X(t)\mathrm{d}t\right|^2\right] = \left(\int_a^b \sqrt{E[|X(t)|^2]}\mathrm{d}t\right)^2 \leqslant \int_a^b 1^2\mathrm{d}t\int_a^b E[|X(t)|^2]\mathrm{d}t$$

$$\leqslant (b-a)^2 \max_{a\leqslant t\leqslant b} E[|X(t)|^2]$$

如果不特别说明,本书中随机过程的积分都是均方意义下的积分。

④设二阶矩过程 $X(t)$在$[a,t]$上均方可微,且均方导数 $X'(t)$在$[a,t]$上均方连续,则

$$\int_a^t X'(t)\mathrm{d}t = X(t) - X(a) \qquad (3.4.19a)$$

特别地有

$$\int_a^b X'(t)\mathrm{d}t = X(b) - X(a) \qquad (3.4.19b)$$

⑤设二阶矩过程 $X(t)$在$[a,b]$上均方可微,且均方导数 $X'(t)$在$[a,b]$上均方连续,且 $f(t,u)$为$[a,b]\times[a,b]$上的二元连续可微函数,则

$$\int_a^b f(t,u)X'(t)\mathrm{d}t = [f(t,u)X(t)]_a^b - \int_a^b \frac{\partial f(t,u)}{\partial t}X(t)\mathrm{d}t \qquad (3.4.20)$$

⑥a. 若正态随机过程$\{X(t),t\in T\}$的均方积分 $Y(t)=\int_a^t X(\lambda)\mathrm{d}\lambda$ 存在,则$\{Y(t),t\in T\}$是正态过程。

b. 若正态随机过程$\{X(t),t\in T\}$的均方积分 $Y(t)=\int_a^t X(\lambda)\mathrm{d}\lambda$ 存在,则$(Y(t_1),Y(t_2),\cdots,Y(t_n))$的任意有限维特征函数为

$$\psi_Y(\omega_1,\omega_2,\cdots,\omega_n;t_1,t_2,\cdots,t_n) = \exp\left\{\mathrm{j}\sum_{k=1}^n \omega_k\int_a^{t_k} m_X(\lambda)\mathrm{d}\lambda - \frac{1}{2}\sum_{k=1,l=1}^n \omega_k\omega_l\int_a^{t_k}\int_a^{t_l} C_X(t_1,t_2)\mathrm{d}t_1\mathrm{d}t_2\right\} \qquad (3.4.21)$$

⑦随机过程$\{X(t),t\in T\}$，$\{X'(t),t\in T\}$，$f(t,u)$及$\frac{\partial f(t,u)}{\partial t}$，$\frac{\partial f(t,u)}{\partial u}$在$T\times T$上连续，

a. 若$Y(t)=\int_a^t f(t,u)X(u)\mathrm{d}u$的均方导数存在，则

$$Y'(t)=\int_a^t \frac{\partial f(t,u)}{\partial t}X(u)\mathrm{d}u+f(t,t)X(t) \tag{3.4.22}$$

b. 若$Y(t)=\int_a^t f(t,u)X'(u)\mathrm{d}u$存在，则

$$Y(t)=f(t,u)X(u)\big|_a^t-\int_a^t \frac{\partial f(t,u)}{\partial u}X(u)\mathrm{d}u \tag{3.4.23}$$

【例 3.4】设随机信号$X(t)=V\mathrm{e}^t\cos t$，其中V是均值为 5、方差为 1 的随机变量。设随机信号$Y(t)=\int_0^t X(\lambda)\mathrm{d}\lambda$。试求$Y(t)$的平均值与相关函数。

解：因为$E(V)=5$，$D(V)=1$，于是

$$E[V^2]=D(V)+E^2(V)=1+5^2=26$$

相应的，可求出$X(t)$的均值、相关函数分别为

$$m_X(t)=E[X(t)]=E[V\mathrm{e}^t\cos t]=\mathrm{e}^t\cos tE[V]=5\mathrm{e}^t\cos t$$

$$\begin{aligned}R_X(t_1,t_2)&=E[X(t_1)X(t_2)]\\&=E[V\mathrm{e}^{t_1}\cos t_1\cdot V\mathrm{e}^{t_2}\cos t_2]\\&=\mathrm{e}^{(t_1+t_2)}\cos t_1\cos t_2E[V^2]\\&=26\mathrm{e}^{(t_1+t_2)}\cos t_1\cos t_2\end{aligned}$$

另外，由随机过程积分的均值函数和相关函数运算法则，可求得$Y(t)$的均值函数、相关函数分别为

$$m_Y(t)=\int_0^t m_X(\lambda)\mathrm{d}\lambda=5\int_0^t \mathrm{e}\lambda\cos\lambda\mathrm{d}\lambda=\frac{5}{2}[\mathrm{e}^t(\sin t+\cos t)-1]$$

$$\begin{aligned}R_Y(t_1,t_2)&=\int_0^{t_1}\int_0^{t_2}R_X(\lambda,\lambda')\mathrm{d}\lambda\mathrm{d}\lambda'\\&=26\int_0^{t_1}\int_0^{t_2}\mathrm{e}^{(\lambda+\lambda')}\cos\lambda\cos\lambda'\mathrm{d}\lambda\mathrm{d}\lambda'\\&=\frac{13}{2}[\mathrm{e}^{t_1}(\sin t_1+\cos t_1)-1]\times[\mathrm{e}^{t_2}(\sin t_2+\cos t_2)-1]\end{aligned}$$

【例 3.5】设$\{X(t),t\in T\}$是实均方可微过程，求其导数过程$\{X'(t),t\in T\}$的协方差函数$C_{X'}(t_1,t_2)$。

解：由式(3.4.19)，得

$$m_X(t)-m_X(a)=\int_a^t m_{X'}(\lambda)\mathrm{d}\lambda$$

$$\frac{\mathrm{d}m_X(t)}{\mathrm{d}t} = m_{X'}(t)$$

所以

$$\begin{aligned} C_{X'}(t_1,t_2) &= E[X'(t_1)-m_{X'}(t_1)][X'(t_2)-m_{X'}(t_2)] \\ &= E[X'(t_1)X'(t_2)] - m_{X'}(t_1)m_{X'}(t_2) \\ &= R_{X'}(t_1,t_2) - m_{X'}(t_1)m_{X'}(t_2) \\ &= \frac{\partial^2}{\partial t_1 \partial t_2}[R_X(t_1,t_2) - m_X(t_1)m_X(t_2)] \\ &= \frac{\partial^2}{\partial t_1 \partial t_2} C_X(t_1,t_2) \end{aligned}$$

【例 3.6】设二阶矩过程$\{W(t),t\geqslant 0\}$为参数σ^2 的维纳过程,定义 $X(t)=\int_a^t W(t)\mathrm{d}t$,$t\geqslant 0$,求$\{X(t),t\geqslant 0\}$的均值函数和相关函数。

解:

$$m_X(t) = E[X(t)] = \int_a^t E[W(t)]\mathrm{d}t = 0$$

设 $t_1\leqslant t_2$

$$\begin{aligned} R_X(t_1,t_2) &= \int_0^{t_1}\int_0^{t_2} R_W(u,v)\mathrm{d}u\mathrm{d}v = \int_0^{t_1}\int_0^{t_2}\sigma^2\min(u,v)\mathrm{d}u\mathrm{d}v \\ &= \sigma^2\int_0^{t_1}\mathrm{d}u\int_0^{t_2}\min(u,v)\mathrm{d}v + \sigma^2\int_0^{t_1}\mathrm{d}u\int_u^{t_2}\min(u,v)\mathrm{d}v \\ &= \sigma^2\int_0^{t_1}\mathrm{d}u\int_0^{t_2}v\mathrm{d}v + \sigma^2\int_0^{t_1}\mathrm{d}u\int_u^{t_2}u\mathrm{d}v = \frac{\sigma^2 t_1}{6}(3t_2 - t_1) \end{aligned}$$

由 t_1,t_2 的对称性,得

$$R_X(t_1,t_2) = \begin{cases} \dfrac{\sigma^2 t_1^2}{6}(3t_2 - t_1) & 0\leqslant t_1\leqslant t_2 \\ \dfrac{\sigma^2 t_2^2}{6}(3t_1 - t_2) & 0\leqslant t_2 < t_1 \end{cases} \tag{3.4.24}$$

3.5 平稳随机过程及其各态历经性

3.5.1 平稳随机过程

1)严平稳随机过程

【定义 3.11】设随机过程为 $X(t)$,对于任意正整数 n 和任意实数 $t_1,t_2,\cdots,t_n$ 及 τ,若存在

$$f_X(x_1,x_2,\cdots,x_n;t_1,t_2,\cdots,t_n) = f_X(x_1,x_2,\cdots,x_n;t_1+\tau,t_2+\tau,\cdots,t_n+\tau) \tag{3.5.1}$$

则称 $X(t)$是严(格)平稳随机过程(或狭义平稳过程)。该定义说明,严平稳随机过程的 n 维概率密度不随时间的平移而改变,或者说,严平稳随机过程的统计特性与时间起点无关。

严格来讲,如果对任意的 $k \leqslant n$,随机过程 $X(t)$的 k 维概率密度都满足式(3.5.1),则称过程 $X(t)$是 n 阶平稳的。

根据定义,严平稳随机过程的 n 维概率密度具有不随时间平移而变化的特性,反映在它的一、二维概率密度及数字特征上。

严平稳随机过程具有如下性质:

①严平稳随机过程 $X(t)$的一维概率密度与时间无关,其数学期望和方差都是与时间无关的常数。

将式(3.5.1)用于一维时,即令 $n=1$ 和 $\tau=-t_1$,则有

$$f_X(x_1;t_1) = f_X(x_1;t_1+\tau) = f_X(x_1;0) = f_X(x_1) \tag{3.5.2}$$

即随机过程 $X(t)$的一维概率密度与时间无关。于是,可以得到 $X(t)$的数学期望和方差分别为

$$E[X(t)] = \int_{-\infty}^{\infty} x_1 f_X(x_1)\mathrm{d}x_1 = m_X \tag{3.5.3}$$

$$D[X(t)] = \int_{-\infty}^{\infty} (x_1 - m_X)^2 f_X(x_1)\mathrm{d}x_1 = \sigma_X^2 \tag{3.5.4}$$

②严平稳随机过程 $X(t)$的二维概率密度只与时间间隔 τ 有关,而与时间起点无关,其相关函数也仅与时间间隔 τ 有关。

将式(3.5.1)用于二维时,即令 $\tau=-t_1, t_2=0$,则有

$$\begin{aligned} f_X(x_1,x_2;t_1,t_2) &= f_X(x_1,x_2;t_1+\tau,t_2+\tau) \\ &= f_X(x_1,x_2;0,t_2-t_1) \\ &= f_X(x_1,x_2;0,\tau) = f_X(x_1,x_2;\tau) \end{aligned} \tag{3.5.5}$$

即随机过程 $X(t)$的二维概率密度与时间起点无关。于是,可以得到 $X(t)$的自相关函数为

$$R_X(t_1,t_2) = E[X(t_1)X(t_2)] = \int_{-\infty}^{\infty}\int_{-\infty}^{\infty} x_1 x_2 f_X(x_1,x_2;\tau)\mathrm{d}x_1\mathrm{d}x_2 = R_X(\tau) \tag{3.5.6}$$

同理,自协方差函数为

$$C_X(t_1,t_2) = R_X(t_1,t_2) - m_X^2 = C_X(\tau) \tag{3.5.7}$$

当 $t_1=t_2=t$ 及 $\tau=0$ 时

$$C_X(0) = R_X(0) - m_X^2 = \sigma_X^2 \tag{3.5.8}$$

另外,由于严平稳随机过程的一维概率密度与时间无关,因而其 n 阶矩函数与时间起点无关,这也是判断一个过程是否严平稳的充要条件。

注意,上述有关严平稳随机过程的一、二维概率密度及其数字特征是由其定义推导而来的。

2)宽(广义)平稳随机过程

由于严平稳随机过程需要 n 阶平稳(n 为任意阶),而在实际中,要确定一个对一切 n 都成立的随机过程概率密度函数族是十分困难的。因而在许多工程技术问题中,常常仅限于研究随机过程的一、二阶矩,也就是只在相关理论的范围内讨论平稳随机过程,于是有了宽(广义)平稳的概念。

【定义 3.12】如果随机过程 $X(t)$满足

$$\begin{cases} E[X(t)] = m_X \\ R_X(s,t) = R_X(\tau) \\ E[X^2(t)] < \infty \end{cases} \tag{3.5.9}$$

则称该随机过程 $X(t)$为广义平稳随机过程(或宽平稳随机过程)。需要指出的是,工程上所涉及的随机过程一般都满足式 $E[X^2(t)]<\infty$,因此,一般不考虑此条件。可见,宽平稳随机过程只涉及与一、二维概率密度有关的数字特征,因此,一个严平稳过程只要均方值有界,就是广义平稳的。反之,广义平稳随机过程不一定是严格平稳的。但就高斯过程,它的概率密度可由均值和自相关函数完全确定,所以,若均值函数和自相关函数不随时间平移而变化,则其概率密度也不随时间的平移而变化。于是,一个宽平稳的高斯过程也必定是严平稳的。

严格平稳与广义平稳的区别就在于:对于数学期望和相关函数的性质,前者是推导出来的,而后者是定义的。

如果一个随机过程不是广义平稳的,则称为非平稳随机过程。今后除特别指明外,平稳随机过程都是指宽平稳过程。

【例 3.7】证明由不相关的两个任意分布的随机变量 A,B 构成的随机过程

$$X(t) = A\cos\omega_0 t + B\sin\omega_0 t$$

是宽平稳而不一定是严平稳的。式中 ω_0 为常数,A、B 的数学期望为零,方差 σ^2 相同。

证明:由题意知:

$$E[A] = E[B] = 0, D[A] = D[B] = \sigma^2, E[AB] = E[A]E[B] = 0$$

首先,证明 $X(t)$是宽平稳的。

$$E[X(t)] = E[A\cos\omega_0 t + B\sin\omega_0 t] = E[A]\cos\omega_0 t + E[B]\sin\omega_0 t] = 0$$

$$\begin{aligned} R_X(t_1,t_2) &= E[X(t_1)X(t_2)] \\ &= E\{[A\cos\omega_0 t_1 + B\sin\omega_0 t_1][A\cos\omega_0 t_2 + B\sin\omega_0 t_2]\} \\ &= E[A^2]\cos\omega_0 t_1 \cos\omega_0 t_2 + E[AB]\cos\omega_0 t_1 \sin\omega_0 t_2 \\ &\quad + E[BA]\sin\omega_0 t_1 \cos\omega_0 t_2 + E[B^2]\sin\omega_0 t_1 \sin\omega_0 t_2 \end{aligned}$$

$$= \sigma^2(\cos\omega_0 t_1 \cos\omega_0 t_2 + \sin\omega_0 t_1 \sin\omega_0 t_2)$$
$$= \sigma^2 \cos\omega_0(t_1 - t_2)$$
$$= \sigma^2 \cos\omega_0(t_2 - t_1)$$

式中,令 $\tau = t_2 - t_1$,则有

$$R_X(t, t+\tau) = \sigma^2 \cos\omega_0 \tau = R_X(\tau)$$
$$E[X^2(t)] = R_X(0) = \sigma^2 < \infty$$

故 $X(t)$是宽平稳。

其次,证明 $X(t)$非严平稳。

$$\begin{aligned} E[X^3(t)] &= E[(A\cos\omega_0 t + B\sin\omega_0 t)^3] \\ &= E\{(A\cos\omega_0 t + B\sin\omega_0 t)[A^2\cos(\omega_0 t)^2 + 2AB\cos\omega_0 t\sin\omega_0 t + B^2\sin(\omega_0 t)^2 \\ &= E[A^3]\cos(\omega_0 t)^3 + 2E[A^2 B]\cos(\omega_0 t)^2\sin\omega_0 t + E[AB^2]\cos\omega_0 t\sin(\omega_0 t)^2 \\ &\quad + E[BA^2]\sin\omega_0 t\cos(\omega_0 t)^2 + 2E[AB^2]\cos\omega_0 t\sin(\omega_0 t)^2 + E[B^3]\sin(\omega_0 t)^3 \\ &= E[A^3]\cos(\omega_0 t)^3 + 3E[A^2 B]\cos(\omega_0 t)^2\sin\omega_0 t + 3E[AB^2]\cos\omega_0 t\sin(\omega_0 t)^2 \\ &\quad + E[B^3]\sin(\omega_0 t)^3 \\ &= E[A^3]\cos(\omega_0 t)^3 + E[B^3]\sin(\omega_0 t)^3 \end{aligned}$$

可见,$X(t)$的三阶矩与 t 有关,所以 $X(t)$非严平稳。

【例 3.8】设随机过程

$$X(t) = tY$$

式中,Y 是随机变量。试讨论 $X(t)$的平稳性。

解: $E[X(t)] = E[tY] = tE[Y] = tm_Y$

$$R_X(t_1, t_2) = E[X(t_1)X(t_2)] = E[t_1 Y t_2 Y] = t_1 t_2 E[Y^2]$$

可见,该随机过程的均值和自相关函数均与时间有关,所以不是平稳过程。

【例 3.9】设随机过程

$$X(t) = A\cos(\omega_0 t + \Phi)$$

式中,A,ω_0 为常数,Φ 是在$(0, 2\pi)$上均匀分布的随机变量。试证 $X(t)$宽平稳。

证明:由题意可知,随机变量 Φ 的概率密度为

$$f_\Phi(\varphi) = \begin{cases} \dfrac{1}{2\pi} & 0 < \varphi < 2\pi \\ 0 & \text{其他} \end{cases}$$

$$E[X(t)] = \int_0^{2\pi} A\cos(\omega_0 t + \varphi) \cdot \frac{1}{2\pi} \mathrm{d}\varphi = 0$$

$$\begin{aligned} R_X(t, t+\tau) &= E[A\cos(\omega_0 t + \varphi)A\cos(\omega_0 t + \omega_0\tau + \varphi)] \\ &= \frac{A^2}{2} E[\cos(\omega_0\tau) + \cos(2\omega_0 t + \omega_0\tau + 2\varphi)] \end{aligned}$$

$$= \frac{A^2}{2}\cos(\omega_0 \tau)$$

$$E[X^2(t)] = R_X(t,t) = \frac{A^2}{2}\cos(\omega_0 \cdot 0) = \frac{A^2}{2} < \infty$$

由此可见，$X(t)$的均值为 0，自相关函数仅与 τ 有关，均方值有限，故 $X(t)$是宽平稳过程。

3)平稳随机过程的自相关函数

相关函数是研究平稳随机过程的一个重要数字特征，它不仅提供了随机过程各随机变量(状态)间关联特性，而且是求随机过程的功率谱密度及从噪声中提取有用信息的工具。因此，需了解平稳随机过程相关函数的性质。

(1)平稳过程自相关函数的性质

设 $X(t)$为复平稳随机过程，则其相关函数有如下性质：

① $R_X(0) = E[|X(t)|^2]$　　(3.5.10)

该式表明，自相关函数在 $\tau=0$ 处的值等于平稳随机过程的均方值，它表示平稳随机过程的“平均功率”。

② $R_X^*(\tau) = R_X(-\tau), C_X^*(\tau) = C_X(-\tau)$　　(3.5.11)

证明：

$$R_X^*(\tau) = \{E[X^*(t)X(t+\tau)]\}^* = E[X^*(t+\tau)X(t)]$$

$$\overset{t+\tau=\mu}{=} E[X^*(\mu)X(\mu-\tau)] = R_X(-\tau)$$

同理可得

$$C_X^*(\tau) = C_X(-\tau)$$

证毕。

③ $R_X(0) \geqslant |R_X(\tau)|, C_X(0) = \sigma_X^2 \geqslant |C_X(\tau)|$　　(3.5.12)

该式表明，自相关函数在 $\tau=0$ 时具有最大值。注意，此时并不排除在 $\tau\neq 0$ 时，也有可能出现同样的最大值，如周期随机过程的情况。

证明：由于

$$|R_X(\tau)|^2 = |R_X(t,t+\tau)|^2 = |E[X^*(t)X(t+\tau)]|^2$$

$$\leqslant E[|X(t)|^2]E[|X(t+\tau)|^2]$$

$$= R_X(0)R_X(0) = R_X^2(0)$$

同理可得

$$C_X(0) = \sigma_X^2 \geqslant |C_X(\tau)|$$

证毕。

④周期平稳复随机过程 $X(t)$的自相关函数是周期函数，且与周期平稳随机过程的周期相同，即若平稳过程 $X(t)$满足 $X(t)=X(t+T)$，T 为周期，则

$$R_X(\tau+T)=R_X(\tau) \tag{3.5.13}$$

证明：周期平稳随机过程定义为 $X(t)=X(\tau+T)$，代入上式

$$R_X(\tau+T)=E[X^*(t)X(t+\tau+T)]=E[X^*(t)X(t+\tau)]=R_X(\tau)$$

证毕。

⑤非周期平稳随机过程 $X(t)$ 的自相关函数满足

$$\lim_{\tau\to\infty}R_X(\tau)=R_X(\infty)=m_X^2 \tag{3.5.14}$$

且

$$\sigma_X^2=R_X(0)-R_X(\infty) \tag{3.5.15}$$

证明：这一点可以从物理意义上解释。对于非周期平稳随机过程 $X(t)$，随着时间差 τ 的增加，势必会减小 $X(t)$ 与 $X(t+\tau)$ 的相关程度。由于自相关函数的对称性，当 $\tau\to\infty$ 时，二者不相关，则有

$$\lim_{\tau\to\infty}R_X(\tau)=\lim_{\tau\to\infty}E[X(t)X(t+\tau)]=\lim_{\tau\to\infty}E[X(t)]E[X(t+\tau)]=m_X^2$$

又因为

$$\sigma_X^2=R_X(0)-m_X^2$$

所以有

$$\sigma_X^2=R_X(0)-R_X(\infty)$$

证毕。

⑥$R_X(\tau)$ 具有非负定性，即对任意自然数 n，任意 $t_1,t_2,\cdots,t_n\in T$ 及任意常数 a_1，$a_2,\cdots,a_n$，有

$$\sum_{i=1}^{n}\sum_{k=1}^{n}a_i^*a_kR_X(t_k-t_i)\geqslant 0$$

证明：

$$\begin{aligned}\sum_{i=1}^{n}\sum_{k=1}^{n}a_i^*a_kR_X(t_k-t_i)&=\sum_{i=1}^{n}\sum_{k=1}^{n}a_i^*a_kE[X^*(t_i)X(t_k)]\\&=E\Big[\sum_{i=1}^{n}\sum_{k=1}^{n}a_i^*a_kX^*(t_i)X(t_k)\Big]\\&=E\Big\{\Big[\sum_{i=1}^{n}a_iX(t_i)\Big]^*\sum_{k=1}^{n}a_kX(t_k)\Big\}\\&=E\Big[\Big|\sum_{k=1}^{n}a_kX(t_k)\Big|^2\Big]\geqslant 0\end{aligned}$$

【例 3.10】非周期平稳随机过程 $X(t)$ 的自相关函数为

$$R_X(\tau)=16+\frac{9}{1+3\tau^2}$$

求数学期望及方差。

解：根据式(3.5.14)，由于

$$m_X^2 = R_X(\infty)$$

可求出随机过程 $X(t)$ 的数学期望

$$m_X = \sqrt{R_X(\infty)} = \sqrt{16} = \pm 4$$

注意这里无法确定数学期望的符号。再由式(2.5.15)，即

$$\sigma_X^2 = R_X(0) - R_X(\infty)$$

得到方差

$$\sigma_X^2 = R_X(0) - R_X(\infty) = 25 - 16 = 9$$

因此，随机过程 $X(t)$ 的数学期望为 ± 4，方差为 9。

(2)平稳随机过程的相关系数和相关时间

除了用自相关函数和自协方差函数来表征随机过程在两个不同时刻的状态之间的线性关联程度外，还经常引入相关系数 $r_X(\tau)$ 和相关时间 τ_0 的概念。

①相关系数

相关系数 $r_X(\tau)$ 定义为归一化自相关函数，即

$$r_X(\tau) = \frac{C_X(\tau)}{\sigma_X^2} = \frac{R_X(\tau) - m_X^2}{\sigma_X^2} \tag{3.5.16}$$

可见，$0 \leqslant |r_X(\tau)| \leqslant 1$ 且 $r_X(\tau) = r_X(-\tau)$。

②相关时间

相关时间 τ_0 是另一个表示相关程度的量，它是利用相关系数定义的。相关时间有两种定义方法。

【定义 3.13】在工程上，把满足关系式

$$|r_X(\tau_0)| \leqslant 0.05 \tag{3.5.17}$$

时的 τ 作为相关时间 τ_0。其物理意义为：若随机过程 $X(t)$ 的相关时间为 τ_0，则认为随机过程的时间间隔大于 τ_0 的两个时刻的取值是不相关的。

【定义 3.14】将 $r_X(\tau)$ 曲线在 $[0,\infty)$ 之间的面积等效成高为 $r_X(0)=1$、底为 τ_0 的矩形面积，如图 3.2 所示。即

$$\tau_0 = \int_0^{\infty} r_X(\tau)\mathrm{d}\tau \tag{3.5.18}$$

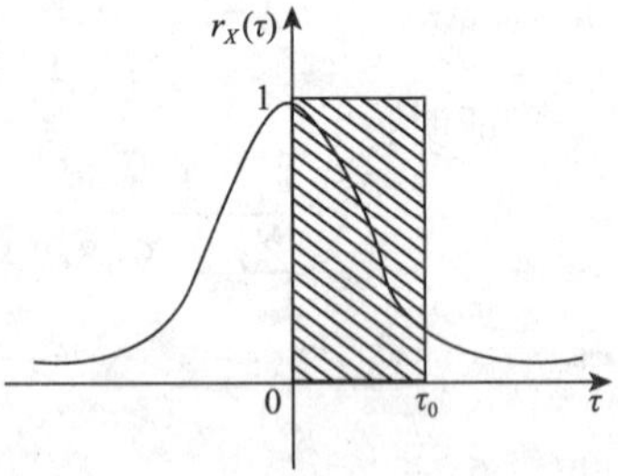

图 3.2　相关时间示意图

当用自相关函数表征随机过程的相关性大小时，不能用直接比较其值大小的方法来决定，因为自相关函数包括随机过程的数学期望和方差。协方差函数虽不包括数学期望，但仍然包含方差。相关系数是对数学期望和方差归一化的结果，不存在数学期望和方差的影响。因此，相关系数可直观地说明两个随机过程相关程度的强弱，

或随机过程随机起伏的快慢。通常当$|r_X(\tau)|=1$时，称随机过程强相关；$r_X(\tau)=0$，称随机过程在任意两个时刻不相关。

4)联合平稳过程的互相关函数及其性质

在实际中，常需要同时研究两个或两个以上平稳随机过程的统计特性。

【定义 3.15】如果两个平稳随机过程$X(t)$和$Y(t)$，对任意的$t,\tau\in T$，它们的互相关函数总有$R_{XY}(t,t+\tau)=R_{XY}(\tau)$，则称平稳随机过程$X(t)$和$Y(t)$为联合平稳随机过程或平稳相关的平稳随机过程。

平稳相关的平稳随机过程$X(t)$和$Y(t)$的互相关函数$R_{XY}(\tau)$有如下性质：

①一般情况下，互相关函数与互协方差函数非奇非偶，即

$$R_{XY}(\tau)=R_{YX}^*(-\tau),C_{XY}(\tau)=C_{YX}^*(-\tau) \tag{3.5.19}$$

证明：根据互相关函数定义，有

$$\begin{aligned}R_{XY}(\tau)&=E[X^*(t)Y(t+\tau)]=E[Y(t+\tau)X^*(t)]\\&=\{E[Y^*(t+\tau)X(t)]\}^*=R_{YX}^*(-\tau)\end{aligned}$$

证毕。

同理，可得

$$C_{XY}(\tau)=C_{YX}^*(-\tau)$$

②互相关函数和互协方差函数的幅度平方满足

$$|R_{XY}(\tau)|^2\leqslant R_X(0)R_Y(0) \tag{3.5.20}$$

$$|C_{XY}(\tau)|^2\leqslant C_X(0)C_Y(0)=\sigma_X^2\sigma_Y^2 \tag{3.5.21}$$

③互相关函数和互协方差函数的幅度满足

$$|R_{XY}(\tau)|\leqslant\frac{1}{2}[R_X(0)+R_Y(0)] \tag{3.5.22}$$

$$|C_{XY}(\tau)|\leqslant\frac{1}{2}[C_X(0)+C_Y(0)]=\frac{1}{2}[\sigma_X^2+\sigma_Y^2] \tag{3.5.23}$$

上述②与③均可通过不等式$E\{[Y(t+\tau)+\lambda X(t)]^2\}\geqslant0$($\lambda$为任意实数)展开求得。

④对任意的复常数a,b，$aX(t)+bY(t)$也是平稳随机过程，且

$$R_{aX(t)+bY(t)}(\tau)=|a|^2R_X(\tau)+a^*bR_{XY}(\tau)+ab^*R_{YX}(\tau)+|b|^2R_Y(\tau) \tag{3.5.24}$$

证明：

$$\begin{aligned}R_{aX(t)+bY(t)}(\tau)&-E\{[aX(t)+bY(t)]^*[aX(t+\tau)+bY(t+\tau)]\}\\&=E\{[aX(t)+bY(t)]^*,aX(t+\tau)]\\&\quad+E\{[aX(t)+bY(t)]^*,bY(t+\tau)]\}\\&=E\{[aX(t)]^*aX(t+\tau)\}+E\{[bY(t)]^*aX(t+\tau)\}\\&\quad+E\{[aX(t)]^*bY(t+\tau)]\}+E\{[bY(t)]^*bY(t+\tau)]\}\end{aligned}$$

$$= |a|^2E\{[X(t)]^*X(t+\tau)\} + ab^*E\{[Y(t)]^*X(t+\tau)\}$$
$$+ a^*bE\{[X(t)]^*Y(t+\tau)]\} + |b|^2E\{[Y(t)]^*Y(t+\tau)]\}$$
$$= |a|^2R_X(\tau) + a^*bR_{XY}(\tau) + ab^*R_{YX}(\tau) + |b|^2R_Y(\tau)$$

【例 3.11】设两个平稳随机过程 $X(t)=\cos(t+\Phi)$和 $Y(t)=\sin(t+\Phi)$，其中 Φ 是在$(0,2\pi)$上均匀分布的随机变量。试问这两个过程是否联合平稳？它们是否正交、不相关、统计独立？说明之。

解：因为平稳随机过程 $X(t)$和 $Y(t)$的互相关函数为

$$\begin{aligned}R_{XY}(t,t+\tau) &= E[X(t)Y(t+\tau)]\\ &= E[\cos(t+\Phi)\sin(t+\tau+\Phi)]\\ &= \frac{1}{2}E[\sin(2t+\tau+2\Phi)+\sin\tau]\\ &= \frac{1}{2}\sin\tau\\ &= R_{XY}(\tau)\end{aligned}$$

故这两个过程是联合平稳的。

由于 $R_{XY}(t,t+\tau)=\frac{1}{2}\sin\tau$，它仅在 $\tau=n\pi(n=0,\pm1,\pm2,\cdots)$时等于零，这时，$X(t)$、$Y(t)$的取值（随机变量）才是正交的。而对于其他 τ 值，都不能满足条件式(2.3.11)，故过程 $X(t)$和 $Y(t)$互不正交。

又因为 $X(t)$和 $Y(t)$的均值分别为

$$m_X(t) = E[X(t)] = E[\cos(t+\Phi)] = 0$$
$$m_Y(t+\tau) = E[Y(t+\tau+\Phi)] = 0$$

故得到互协方差函数

$$\begin{aligned}C_{XY}(t,t+\tau) &= R_{XY}(t,t+\tau) - m_X(t)m_Y(t+\tau)\\ &= R_{XY}(t,t+\tau)\\ &= R_{XY}(\tau)\end{aligned}$$

即

$$C_{XY}(\tau) = \frac{1}{2}\sin\tau$$

由于 $C_{XY}(t)$仅在 $\tau=n\pi(n=0,\pm1,\pm2,\cdots)$等于零，此时，过程 $X(t)$、$Y(t)$的状态（随机变量）才是不相关的；而在 $\tau\neq n\pi$ 时，$C_{XY}(t)\neq0$，故从整体来看，过程 $X(t)$和 $Y(t)$是相关的，因而，它们是统计不独立的。

3.5.2　平稳正态随机过程

【定义 3.16】如果正态随机过程 $X(t)$满足：

① $m_X(t_i) = m_{X_i}\ (i=1,2,\cdots,n)$　　(3.5.25)

② $R_X(t_i,t_k)=R_X(\tau_{k-i}),\tau_{k-i}=t_k-t_i(i,k=1,2,\cdots,n)$　　(3.5.26)

则称此正态过程为宽平稳正态随机过程。其 n 维概率密度为

$$f_X(x_1,x_2,\cdots,x_n;\tau_1,\tau_2,\cdots,\tau_{n-1})$$
$$=\frac{1}{(2\pi)^{n/2}R^{1/2}\sigma_X^n}\exp\left[-\frac{1}{2R\sigma_X^2}\sum_{i=1}^{n}\sum_{k=1}^{n}R_{ik}(x_i-m_X)(x_k-m_X)\right] \quad (3.5.27)$$

式中,R 是由相关系数 r_{ik} 构成的行列式,即

$$R=\begin{vmatrix} r_{11} & r_{12} & \cdots & r_{1n} \\ r_{21} & r_{22} & \cdots & r_{2n} \\ \vdots & \vdots & & \vdots \\ r_{n1} & r_{n2} & \cdots & r_{nn} \end{vmatrix}=\begin{vmatrix} 1 & r_{12} & \cdots & r_{1n} \\ r_{21} & 1 & \cdots & r_{2n} \\ \vdots & \vdots & & \vdots \\ r_{n1} & r_{n2} & \cdots & 1 \end{vmatrix}$$

R_{ik} 为行列式中元素 r_{ik} 的代数余子式。由式(3.5.27)可知,此时 $X(t)$ 的概率密度仅取决于时间差值 $\tau_1,\tau_2,\cdots,\tau_{n-1}$,而与计时起点无关,所以 $X(t)$ 也是严平稳的。也就是说,对于正态过程而言,宽平稳和严平稳是等价的。

与式(3.5.27)相应,得平稳正态过程 $X(t)$ 的 n 维特征函数为

$$\psi_X(\omega_1,\omega_2,\cdots,\omega_n;\tau_1,\tau_2,\cdots,\tau_{n-1})=\exp\left[\mathrm{j}m\sum_{i=1}^{n}\omega_i-\frac{1}{2}\sum_{i=1}^{n}\sum_{k=1}^{n}C_X(\tau_{k-i})\omega_i\omega_k\right] \quad (3.5.28)$$

式中,$C_X(\tau_{k-i})=r(\tau_{k-i})\sigma_X^2$ 为随机变量 X_k,X_i 的协方差函数。

在式(3.5.27)中,分别令 $n=1$ 和 $n=2$,可得到平稳正态过程的一维和二维概率密度,即

$$f_X(x)=\frac{1}{\sqrt{2\pi}\sigma_X}\cdot\exp\left[-\frac{(x-m_X)^2}{2\sigma_X^2}\right] \quad (3.5.29)$$

$$f_X(x_1,x_2;\tau)=\frac{1}{(2\pi)\sigma_X^2\sqrt{1-r_X^2(\tau)}}\cdot\exp\left[-\frac{(x_1-m_X)^2-2r_X(\tau)(x_1-m_X)(x_2-m_X)+(x_2-m_X)^2}{2\sigma_X^2(1-r_X^2(\tau))}\right] \quad (3.5.30)$$

同理,在式(3.5.28)中,分别令 $n=1$ 和 $n=2$,可得到平稳正态过程的一维和二维特征函数

$$\psi_X(\omega)=\exp(\mathrm{j}m_X\omega-\frac{1}{2}\sigma_X^2\omega^2) \quad (3.5.31)$$

$$\psi_X(\omega_1,\omega_2;\tau)=\exp\left\{\mathrm{j}m_X(\omega_1+\omega_2)-\frac{1}{2}\sigma_X^2[\omega_1^2+\omega_2^2+2r_X(\tau)\omega_1\omega_2]\right\} \quad (3.5.32)$$

正态随机过程具有许多重要性质，使它具有许多数学上的优点。下面介绍几个主要性质：

①正态随机过程完全由它的均值函数和协方差函数（相关函数）决定。

该性质可由定义得知。

②如果对正态随机过程在 n 个不同时刻 $t_1,t_2,\cdots,t_n$ 采样，所得随机变量 $X_1,X_2,\cdots,X_n$ 两两互不相关，即 $C_{ik}=C_X(t_i,t_k)=E[(X_i-m_i)(X_k-m_k)]=0(i\neq k,X_i=X(t_i))$ 时，则这些随机变量也是相互独立。

证明：此时，式(3.5.27)为

$$
\begin{aligned}
f_X(x_1,x_2,\cdots,x_n;t_1,t_2,\cdots t_n) &= \frac{1}{(2\pi)^{n/2}\sigma_1\sigma_2\cdots\sigma_n}\exp\left[-\frac{1}{2}\sum_{i=1}^{n}\frac{(x_i-m_i)^2}{\sigma_i^2}\right] \\
&= \prod_{i=1}^{n}\frac{1}{\sqrt{2\pi}\sigma_i}\exp\left[-\frac{(x_i-m_i)^2}{2\sigma_i^2}\right] \\
&= f_X(x_1;t_1)f_X(x_2;t_2)\cdots f_X(x_n;t_n) \qquad (3.5.33)
\end{aligned}
$$

可见，在 $C_{ik}=0(i\neq k)$ 的条件下，n 维正态概率密度等于 n 个一维正态概率密度的连乘积。所以，对于一个正态过程来说，不相关与独立是等价的。

证毕。

③正态随机过程 $X(t)$ 与确定信号 $s(t)$ 之和 $Y(t)=X(t)+s(t)$ 的概率密度仍然服从正态分布。

证明：由于 $s(t)$ 为确定信号，故其概率密度可表示为 $\delta[y-s(t)]$。利用分布律卷积公式，可得到 $Y(t)$ 的一维概率密度为

$$
f_Y(y;t)=\int_{-\infty}^{\infty}f_X(x;t)\delta[y-s(t)-x)\mathrm{d}x=f_X(y-s(t);t)
$$

式中，$f_X(x;t)$ 为正态随机过程 $X(t)$ 的一维概率密度，所以随机信号 $Y(t)$ 的一维概率密度也是正态的。

同理，随机信号 $Y(t)$ 的二维概率密度为

$$
f_Y(y_1,y_2;t_1,t_2)=f_X(y_1-s(t_1),y_2-s(t_2);t_1,t_2)
$$

依此类推，可得随机过程 $Y(t)$ 的 n 维概率密度为

$$
f_Y(y_1,y_2,\cdots,y_n;t_1,t_2,\cdots,t_n)=f_X(y_1-s(t_1),y_2-s(t_2),\cdots,y_n-s(t_n);t_1,t_2,\cdots,t_n)
$$

该式表明，若 $X(t)$ 为一正态过程，则随机信号 $Y(t)$ 也为正态过程。

证毕。

④若 $\boldsymbol{X}^{(k)}=[\boldsymbol{X}_1^{(k)},\boldsymbol{X}_2^{(k)},\cdots,\boldsymbol{X}_n^{(k)}]^T$ 为 n 维正态随机变量，且 $\boldsymbol{X}^{(k)}$ 均方收敛于 $\boldsymbol{X}=[X_1,X_2,\cdots,X_n]^T$，即对每个 i，有

$$
\lim_{k\to\infty}E[|X_i^{(k)}-X_i|^2]=0 \qquad (0\leqslant i\leqslant n) \qquad (3.5.34)
$$

则 $\boldsymbol{X}$ 为正态分布的随机向量。

证明：若 $\boldsymbol{X}^{(k)}$，$\boldsymbol{X}$ 的均值向量和协方差矩阵分别记为

$$E[\boldsymbol{X}^{(k)}] = \boldsymbol{m}^{(k)} = [m_1^{(k)} \quad m_2^{(k)} \quad \cdots \quad m_n^{(k)}]^T$$

$$E[\boldsymbol{X}] = \boldsymbol{m} = [m_1 \quad m_2 \quad \cdots \quad m_n]^T$$

$$E[(\boldsymbol{X}^{(k)} - \boldsymbol{m}^{(k)})(\boldsymbol{X}^{(k)} - \boldsymbol{m}^{(k)})^T] = \boldsymbol{C}^{(k)}$$

$$E[(\boldsymbol{X} - \boldsymbol{m})(\boldsymbol{X} - \boldsymbol{m})^T] = \boldsymbol{C}$$

因为 $\boldsymbol{X}^{(k)}$ 均方收敛于 $\boldsymbol{X}$，故

$$\begin{aligned} \lim_{k\to\infty} m_i^{(k)} &= \lim_{k\to\infty} E[X_i^{(k)}] = E[\underset{k\to\infty}{\mathrm{l.i.m}} X_i^{(k)}] \\ &= E[X_i] = m_i, \qquad 1 \leqslant i \leqslant n \end{aligned}$$

$$\lim_{k\to\infty} \sigma_{ij}^{(k)} = \sigma_{ij}, \qquad 1 \leqslant i,j \leqslant n$$

若以 $\psi_K(\omega_1,\omega_2,\cdots,\omega_n)$ 和 $\psi(\omega_1,\omega_2,\cdots,\omega_n)$ 分别代表 $\boldsymbol{X}^{(k)}$ 和 $\boldsymbol{X}$ 的 n 维特征函数，由于 $\boldsymbol{X}^{(k)}$ 为 n 维正态分布的随机变量，故

$$\psi_k(\omega_1,\omega_2,\cdots,\omega_n) = \exp\left[\mathrm{j}\boldsymbol{\omega}^T\boldsymbol{m}^{(k)} - \frac{1}{2}\boldsymbol{\omega}^T\boldsymbol{C}^{(k)}\boldsymbol{\omega}\right]$$

又由上述两极限表示式可得

$$\begin{aligned} \lim_{k\to\infty} \psi_k(\omega_1,\omega_2,\cdots,\omega_n) &= \exp\left[\mathrm{j}\boldsymbol{\omega}^T(\lim_{k\to\infty}\boldsymbol{m}^{(k)}) - \frac{1}{2}\boldsymbol{\omega}^T(\lim_{k\to\infty}\boldsymbol{C}^{(k)})\boldsymbol{\omega}\right] \\ &= \exp\left[\mathrm{j}\boldsymbol{\omega}^T\boldsymbol{m} - \frac{1}{2}\boldsymbol{\omega}^T\boldsymbol{C}\boldsymbol{\omega}\right] \end{aligned}$$

$\boldsymbol{X}^{(k)}$ 均方收敛于 $\boldsymbol{X}$，因此，$\psi_k(\omega_1,\omega_2,\cdots,\omega_n)$ 收敛于 $\psi(\omega_1,\omega_2,\cdots,\omega_n)$，即

$$\psi(\omega_1,\omega_2,\cdots,\omega_n) = \lim_{k\to\infty}\psi_k(\omega_1,\omega_2,\cdots,\omega_n) = \exp\left[\mathrm{j}\boldsymbol{\omega}^T\boldsymbol{m} - \frac{1}{2}\boldsymbol{\omega}^T\boldsymbol{C}\boldsymbol{\omega}\right]$$

所以，$\boldsymbol{X}$ 也是 n 维正态分布的随机矢量。

证毕。

【例 3.12】设有随机过程 $X(t) = A\cos\omega_0 t + B\sin\omega_0 t$。其中 A 与 B 是两个相互独立的正态随机变量，且有：$E(A) = E(B) = 0$、$E(A^2) = E(B^2) = \sigma^2$；而 ω_0 为常数。求此随机过程 $X(t)$ 的一、二维概率密度。

解：在任意时刻 t_i 对随机过程 $X(t)$ 进行采样，得到的 $X(t_i)$ 是个随机变量，因为它是正态随机变量 A 与 B 的线性组合，故 $X(t_i)$ 也是正态分布的。从而可知，$X(t)$ 是一正态过程。为了确定正态过程 $X(t)$ 的概率密度，只要求出 $X(t)$ 的均值函数和协方差函数即可。

$$E[X(t)] = E[A\cos\omega_0 t + B\sin\omega_0 t] = E[A]\cos\omega_0 t + E[B]\sin\omega_0 t = 0 = m_X$$

$$\begin{aligned} R_X(t,t+\tau) &= E[X(t)X(t+\tau)] \\ &= E\{(A\cos\omega_0 t + B\sin\omega_0 t)\cdot[A\cos\omega_0(t+\tau) + B\sin\omega_0(t+\tau)]\} \\ &= E[A^2]\cos\omega_0 t\cos\omega_0(t+\tau) + E[B^2]\sin\omega_0 t\sin\omega_0(t+\tau) \end{aligned}$$

$$+E[AB]\cos\omega_0 t\sin\omega_0(t+\tau)+E[AB]\sin\omega_0 t\cos\omega_0(t+\tau)$$

因为随机变量 A 与 B 统计独立，所以有

$$E[AB]=E[A]\cdot E[B]=0$$

这时

$$R_X(t,t+\tau)=E[A^2]\cos\omega_0 t\cos\omega_0(t+\tau)+E[B^2]\sin\omega_0 t\sin\omega_0(t+\tau)$$
$$=\sigma^2\cos\omega_0\tau=R_X(\tau)$$

这样，便可求得 $X(t)$ 的方差为

$$\sigma_X^2=R_X(0)-m_X^2=\sigma^2$$

由上面分析可知，正态过程 $X(t)$ 是平稳的，其均值为零、方差为 σ^2，它的一维概率密度函数与 t 无关，即

$$f_X(x)=\frac{1}{\sqrt{2\pi}\sigma}\mathrm{e}^{-x^2/2\sigma^2} \tag{3.5.35}$$

为了确定平稳正态过程 $X(t)$ 的二维概率密度，只需求出随机变量 $X(t_1)$ 与 $X(t_2)$ 的相关系数 $r_X(\tau)$，这里令 $t_1=t, t_2=t+\tau$，可容易求得

$$r_X(\tau)=\frac{C_X(\tau)}{\sigma_X^2}=\frac{R_X(\tau)-m_X^2}{\sigma_X^2}=\frac{R_X(\tau)}{\sigma^2}=\cos\omega_0\tau \tag{3.5.36}$$

参考式(3.5.27)，便可得随机过程 $X(t)$ 的二维概率密度函数，即

$$f_X(x_1,x_2;\tau)=\frac{1}{2\pi\sigma^2\sqrt{1-\cos^2\omega_0\tau}}\times\exp\left(-\frac{x_1^2-2x_1x_2\cos\omega_0\tau+x_2^2}{2\sigma^2(1-\cos^2\omega_0\tau)}\right) \tag{3.5.37}$$

3.5.3 平稳随机过程的各态历经性

以上讨论的随机过程，所涉及的是大量样本函数的集合。均值函数、方差函数、相关函数等，都是在特定时刻对大量的样本函数求统计平均而得到的数字特征，这很复杂，在工程上也难以实现。能否用一个样本函数(由一次随机试验得到)取时间均值(观察时间足够长)代替上述统计平均方法呢？辛钦证明：具备一定条件后，对平稳随机过程一个样本函数的时间平均，从概率意义上趋近此过程的统计平均。也就是说，由平稳随机过程的任何一个样本函数就能得到随机过程的全部样本函数的统计信息，即任何一个样本函数的特性都能充分代表整个随机过程的特性。具有这种特性的随机过程，称它具有遍历性。随机过程的遍历性，可以理解为随机过程的各个样本函数都同样经历了随机过程的各种可能状态。图 3.3 显示了具有遍历性质的随机过程的诸样本函数的集合。从图中可以粗略看到，随机过程 $X(t)$ 的每一个样本函数都围绕着同一个均值函数上下波动，而且每个样本函数的时间平均值都是相等的。在这些样本函数中任取一个，并把观察时间取为足够长，此样本函数的性质就能很好

地代表整个随机过程的性质。由这个样本函数所求得的时间平均值近似地(从概率意义上说)等于随机过程的数学期望,由该样本所求得的时间相关函数近似地(从概率意义上说)等于随机过程的相关函数。

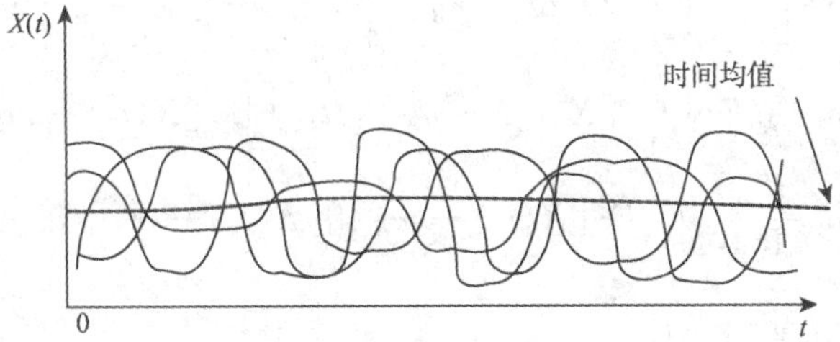

图 3.3　具有遍历性的随机过程 $X(t)$

1)遍历性过程

根据随机过程的定义可知,对于每一个固定的 $t\in T$,$X(t)$为一个随机变量,$E[X(t)]=m_X(t)$即为统计平均,对于样本空间的每一个样本,$X(t)$即为普通的时间函数,若在 T 上对 t 取平均,即得时间平均,并记为 $A[X(t)]$。

【定义 3.17】设$\{X(t),-\infty<t<\infty\}$是均方连续的平稳随机过程,则分别称

$$A[X(t)]=\lim_{T\to\infty}\frac{1}{2T}\int_{-T}^{T}X(t)\mathrm{d}t \tag{3.5.38}$$

$$A[X(t)X(t+\tau)]=\lim_{T\to\infty}\frac{1}{2T}\int_{-T}^{T}X(t)X(t+\tau)\mathrm{d}t \tag{3.5.39}$$

为随机过程 $X(t)$的时间均值和时间自相关函数。式中,$A[X(t)]$、$A[X(t)X(t+\tau)]$分别表示时间平均和时间自相关。

【定义 3.18】若随机过程 $X(t)$满足

$$A[X(t)]=E[X(t)]=m_X \tag{3.5.40}$$

则称 $X(t)$的均值函数具有遍历性。若

$$A[X(t)X(t+\tau)]=E[X(t)X(t+\tau)]=R_X(\tau) \tag{3.5.41}$$

则称 $X(t)$自相关函数具有遍历性。

【定义 3.19】若随机过程 $X(t)$的均值函数和自相关函数均具有各态历经性,且 $X(t)$是平稳过程,则称 $X(t)$为各态历经过程。

2)遍历性的条件

①随机过程必须是平稳的。实际上,此条件是必要的、而非充分的条件。即遍历过程一定是平稳随机过程,但平稳随机过程并不都具备遍历性。

②平稳随机过程 $X(t)$的均值函数具有遍历性的充要条件为

$$\lim_{T\to\infty}\frac{1}{2T}\int_{-2T}^{2T}\left(1-\frac{|\tau|}{2T}\right)C_X(\tau)\mathrm{d}\tau=0 \tag{3.5.42}$$

这就是关于$E[X(t)]$的遍历性定理。

证明：
$$D[A[X(t)]]=D\left[\underset{T\to\infty}{\mathrm{l.i.m}}\frac{1}{2T}\int_{-T}^{T}X(t)\mathrm{d}t\right]=\lim_{T\to\infty}D\left[\frac{1}{2T}\int_{-T}^{T}X(t)\mathrm{d}t\right]$$
$$=\lim_{T\to\infty}E\left[\left|\frac{1}{2T}\int_{-T}^{T}X(t)\mathrm{d}t-m_X\right|^2\right]=\lim_{T\to\infty}\frac{1}{4T^2}E\left[\left|\int_{-T}^{T}[X(t)-m_X]\mathrm{d}t\right|^2\right]$$
$$=\lim_{T\to\infty}\frac{1}{4T^2}E\left\{\left[\int_{-T}^{T}[X(t_1)-m_X]^*\mathrm{d}t_1\right]\left[\int_{-T}^{T}[X(t_2)-m_X]\mathrm{d}t_2\right]\right\}$$
$$=\lim_{T\to\infty}\frac{1}{4T^2}\int_{-T}^{T}\int_{-T}^{T}E\{[X(t_1)-m_X]^*[X(t_2)-m_X]\}\mathrm{d}t_1\mathrm{d}t_2$$
$$=\lim_{T\to\infty}\frac{1}{4T^2}\int_{-T}^{T}\int_{-T}^{T}C_X(t_2-t_1)\mathrm{d}t_1\mathrm{d}t_2\overset{\substack{v=t_2-t_1\\u=t_2+t_1}}{=}\lim_{T\to\infty}\frac{1}{8T^2}\iint\limits_{\substack{-2T\leqslant v-u\leqslant 2T\\-2T\leqslant v+u\leqslant 2T}}C_X(v)\mathrm{d}u\mathrm{d}v$$
$$=\lim_{T\to\infty}\frac{1}{8T^2}\left[\int_{-2T}^{0}\mathrm{d}v\int_{-2T-v}^{2T+v}C_X(v)\mathrm{d}u+\int_{0}^{2T}\mathrm{d}v\int_{-2T+v}^{2T-v}C_X(v)\mathrm{d}u\right]$$
$$=\lim_{T\to\infty}\frac{1}{2T}\left[\int_{-2T}^{0}\left(1+\frac{v}{2T}\right)C_X(v)\mathrm{d}v+\int_{0}^{2T}\left(1-\frac{v}{2T}\right)C_X(v)\mathrm{d}v\right]$$
$$=\lim_{T\to\infty}\frac{1}{2T}\left[\int_{-2T}^{2T}\left(1-\frac{|v|}{2T}\right)C_X(v)\mathrm{d}v\right]$$

③对均方连续平稳随机过程$X(t)$及任意的$\tau\in T$，若$Z(t)=X^*(t)X(t+\tau)$为均方连续平稳随机过程，则$X(t)$的自相关函数$R_X(\tau)$具有遍历性的充要条件为

$$\lim_{T\to\infty}\frac{1}{2T}\int_{-2T}^{2T}\left(1-\frac{|v|}{2T}\right)[R_Z(v)-R_X^2(\tau)]\mathrm{d}v=0 \tag{3.5.43}$$

式中，$R_Z(v)=E[X(t)X^*(t+\tau)X^*(t+v)X(t+\tau+v)]$。这就是关于$R_X(\tau)$的遍历性定理。

证明：$X(t)$的自相关函数$R_X(\tau)$是$Z(t)=X^*(t)X(t+\tau)$的均值函数，由均值函数具有遍历性的充要条件，得

$$\lim_{T\to\infty}\frac{1}{2T}\left[\int_{-2T}^{2T}\left(1-\frac{|v|}{2T}\right)C_X(v)\mathrm{d}v\right]$$
$$=\lim_{T\to\infty}\frac{1}{2T}\left[\int_{-2T}^{2T}\left(1-\frac{|v|}{2T}\right)[R_Z(v)-|m_z|^2]\mathrm{d}v\right]$$
$$=\lim_{T\to\infty}\frac{1}{2T}\int_{-2T}^{2T}\left(1-\frac{|v|}{2T}\right)[R_Z(v)-|R_X(\tau)|^2]\mathrm{d}v=0$$

④对于正态平稳随机过程，若均值为零，自相关函数$R_X(\tau)$连续，则可以证明此过程具有遍历性的一个充分条件为

$$\int_{0}^{\infty}|R_X(\tau)|\mathrm{d}\tau<\infty \tag{3.5.44}$$

虽然，今后我们所遇到的许多实际的随机过程都能满足上述这些条件。但是，要

想从理论上确切地证明一个实际过程是否满足这些条件，却并非易事。因此，我们常常凭经验把遍历性作为一种假设，然后，根据实验来检验此假设是否合理。

【例 3.13】随机过程 $X(t)=A\cos\omega t+B\sin\omega t, t\in(-\infty,+\infty)$，其中 ω 是常数，A,B 是相互独立的随机变量，且 $E[A]=E[B]=0, D[A]=D[B]=\sigma^2>0$，试讨论其各态历经性。

解：易知，$X(t)=A\cos\omega t+B\sin\omega t, t\in(-\infty,+\infty)$ 是均方连续平稳过程，$m_X=0$，$R_X(\tau)=\sigma^2\cos\omega\tau$，则

$$\lim_{T\to\infty}\frac{1}{2T}\int_{-2T}^{2T}\left(1-\frac{|\tau|}{2T}\right)C_X(\tau)\mathrm{d}\tau=\lim_{T\to\infty}\frac{1}{2T}\int_{-2T}^{2T}\left(1-\frac{|\tau|}{2T}\right)\sigma^2\cos\omega\tau\mathrm{d}\tau$$
$$=\lim_{T\to\infty}\frac{\sigma^2(1-\cos 2\omega T)}{4\omega^2T^2}=0$$

因此 $X(t)$ 的均值函数具有各态历经性。

3.6　随机过程的微分方程

3.6.1　常系数线性随机微分方程

【定义 3.20】设随机过程 $\{X(t),t\in T\}$ 具有 n 阶均方导数，$\{Y(t),t\in T\}$ 为均方连续的二阶矩过程，则 n 阶常系数线性随机微分方程为

$$a_n\frac{\mathrm{d}^nY(t)}{\mathrm{d}t^n}+a_{n-1}\frac{\mathrm{d}^{n-1}Y(t)}{\mathrm{d}t^{n-1}}+\cdots+a_1\frac{\mathrm{d}Y(t)}{\mathrm{d}t}+a_0Y(t)=X(t)\tag{3.6.1}$$

式中，$X(t)$ 为系统的输入，是随机过程；$Y(t)$ 为系统的输出，也是随机过程，式(3.6.1)也可以写成

$$L[Y(t)]=X(t)\tag{3.6.2}$$

式中

$$L=a_n\frac{\mathrm{d}^n}{\mathrm{d}t^n}+a_{n-1}\frac{\mathrm{d}^{n-1}}{\mathrm{d}t^{n-1}}+\cdots+a_1\frac{\mathrm{d}}{\mathrm{d}t}+a_0\tag{3.6.3}$$

系统的起始条件为

$$\begin{cases}Y(0)=Y'(0)=\cdots=Y^{(n-1)}(0)=0\\Y(t)=0,t<0\end{cases}\tag{3.6.4}$$

对随机微分方程的求解，就是在已知输入特性的情况下，确定输出的统计特性。

1)均值函数

对式(3.6.2)两边取数学期望

$$E\{L[Y(t)]\}=E[X(t)]$$

即

$$L[m_Y(t)] = m_X(t) \tag{3.6.5}$$

对式(3.5.4)两边取数学期望，可得

$$m_Y(0) = m'_Y(0) = \cdots = m_Y^{(n-1)}(0) = 0 \tag{3.6.6}$$

因此，输出的均值函数可以通过下列微分方程来求解。

$$\begin{cases} a_n \dfrac{\mathrm{d}^n m_Y(t)}{\mathrm{d}t^n} + a_{n-1} \dfrac{\mathrm{d}^{n-1} m_Y(t)}{\mathrm{d}t^{n-1}} + \cdots + a_1 \dfrac{\mathrm{d}m_Y(t)}{\mathrm{d}t} + a_0 m_Y(t) = m_X(t) \\ m_Y(0) = m'_Y(0) = \cdots = m_Y^{n-1}(0) = 0 \end{cases} \tag{3.6.7}$$

2)相关函数

在式(3.6.1)中令 $t=t_2$，两边同时乘以 $X(t_1)$后取数学期望，得

$$E\left\{a_n X(t_1) \frac{\mathrm{d}^n Y(t_2)}{\mathrm{d}t_2^n} + a_{n-1} X(t_1) \frac{\mathrm{d}^{n-1} Y(t_2)}{\mathrm{d}t_2^{n-1}} + \cdots + a_1 X(t_1) \frac{\mathrm{d}Y(t_2)}{\mathrm{d}t_2} + a_0 X(t_1) Y(t_2)\right\}$$
$$= E[X(t_1)X(t_2)]$$

整理得到

$$a_n \frac{\partial^n R_{XY}(t_1,t_2)}{\partial t_2^n} + a_{n-1} \frac{\partial^{n-1} R_{XY}(t_1,t_2)}{\partial t_2^{n-1}} + \cdots + a_1 \frac{\partial R_{XY}(t_1,t_2)}{\partial t_2} + a_0 R_{XY}(t_1,t_2) = R_X(t_1,t_2) \tag{3.6.8}$$

记为

$$L_{t_2}[R_{XY}(t_1,t_2)] = R_X(t_1,t_2) \tag{3.6.9}$$

同理可得

$$a_n \frac{\partial^n R_Y(t_1,t_2)}{\partial t_1^n} + a_{n-1} \frac{\partial^{n-1} R_Y(t_1,t_2)}{\partial t_1^{n-1}} + \cdots + a_1 \frac{\partial R_Y(t_1,t_2)}{\partial t_1} + a_0 R_Y(t_1,t_2) = R_{XY}(t_1,t_2) \tag{3.6.10}$$

记为

$$L_{t_1}[R_Y(t_1,t_2)] = R_{XY}(t_1,t_2) \tag{3.6.11}$$

为了确定式(3.6.10)的起始条件，在式(3.5.4)两端同时乘以 $X(t_1)$后取数学期望，得

$$R_{XY}(t_1,0) = \frac{\partial R_{XY}(t_1,0)}{\partial t_2} = \cdots = \frac{\partial^{n-1} R_{XY}(t_1,0)}{\partial t_2^{n-1}} = 0 \tag{3.6.12}$$

同理可得

$$R_Y(0,t_2) = \frac{\partial R_Y(0,t_2)}{\partial t_1} = \cdots = \frac{\partial^{n-1} R_Y(0,t_2)}{\partial t_1^{n-1}} = 0 \tag{3.6.13}$$

式(3.6.8)、式(3.6.9)和式(3.6.12)、式(3.6.13)确定的起始条件构成了求解 $R_Y(t_1,t_2)$和 $R_{XY}(t_1,t_2)$的微分方程。

【例 3.14】设有微分方程

$$\frac{\mathrm{d}Y(t)}{\mathrm{d}t}+aY(t)=X(t) \qquad a\text{ 为常数}$$

$$Y(0)=0$$

式中，输入 $X(t)$ 为平稳随机过程，且 $E[X(t)]=m_X$，$R_X(\tau)=m_X^2+m_X\delta(\tau)$，$m_X$ 为正的实常数。试求 $Y(t)$ 的均值、方差和自相关函数。

解：(1)由式(3.6.7)，可得

$$\frac{\mathrm{d}m_Y(t)}{\mathrm{d}t}+am_Y(t)=m_X$$

$$m_Y(0)=0$$

设 $m_Y(t)$ 的拉普拉斯变换为 $M_Y(s)$，则对均值微分方程的两边拉普拉斯变换得到

$$sM_Y(s)+aM_Y(s)=m_X/s$$

即

$$M_Y(s)=\frac{m_X}{s(s+a)}$$

对上式求拉普拉斯反变换，得到

$$m_Y(t)=\frac{m_X}{a}(1-\mathrm{e}^{-at}),t\geqslant 0$$

(2)由式(3.6.8)和式(3.6.12)可得

$$\begin{cases}\dfrac{\partial R_{XY}(t_1,t_2)}{\partial t_2}+aR_{XY}(t_1,t_2)=m_X^2+m_X\delta(t_2-t_1)\\ R_{XY}(t_1,0)=0\end{cases}$$

解上述微分方程，得到 $X(t)$ 和 $Y(t)$ 的互相关函数

$$R_{XY}(t_1,t_2)=\frac{m_X^2}{a}(1-\mathrm{e}^{-at_2})+m_X\mathrm{e}^{-a(t_2-t_1)} \qquad t_2>t_1$$

由式(3.6.10)和式(3.6.13)可得

$$\begin{cases}\dfrac{\partial R_Y(t_1,t_2)}{\partial t_2}+aR_Y(t_1,t_2)=R_{XY}(t_1,t_2)\\ R_{XY}(0,t_2)=0\end{cases}$$

解微分方程，得到 $Y(t)$ 的自相关函数

$$R_Y(t_1,t_2)=\frac{m_X^2}{a^2}(1-\mathrm{e}^{-at_1})(1-\mathrm{e}^{-at_2})+\frac{m_X}{2a}\mathrm{e}^{-a(t_2-t_1)}(1-\mathrm{e}^{-2at_1}) \qquad t_2>t_1$$

如果 $t_1>t_2$，只要将上式中的 t_1 和 t_2 的位置互换，就可以得到 $t_1>t_2$ 情况下的 $R_Y(t_1,t_2)$。

可以看出，虽然输入 $X(t)$ 是平稳过程，但 $R_Y(t_1,t_2)$ 不仅取决于时刻间隔 $\tau=t_2-t_1$，

还与时间 t_1、t_2 有关，因而在一般情况下，输出过程 $Y(t)$是非平稳的，这是由于系统的暂态历程所致。但若 $t_1\to\infty$，$t_2\to\infty$，则可得到 $R_Y(t_1,t_2)$和 $R_{XY}(t_1,t_2)$的稳态解

$$R_Y(\tau)=\frac{m_X}{2a}\mathrm{e}^{-a\tau},R_{XY}(\tau)=m_X\mathrm{e}^{-a\tau}$$

这时由于暂态历程已经结束，输出过程 $Y(t)$为一平稳过程。

若 $t_2=t_1\to\infty$，则求得输出过程 $Y(t)$的方差为

$$\sigma_Y^2=R_Y(0)=\frac{m_X}{2a}$$

3.6.2　变系数线性随机微分方程

【定义 3.21】设随机过程$\{X(t),t\in T\}$具有 n 阶均方导数，$\{Y(t),t\in T\}$为均方连续的二阶矩过程，则 n 阶变系数线性随机微分方程为

$$a_n(t)Y^{(n)}(t)+a_{n-1}(t)Y^{(n-1)}(t)+\cdots+a_1(t)Y'(t)+a_0(t)Y(t)=X(t) \tag{3.6.14}$$

式中，$a_k(t)(k=0,1,\cdots,n)$是普通复函数。n 阶变系数线性随机微分方程可以用来描述一个系统的输入与输出的关系。$X(t)$表示系统的输入，$Y(t)$表示系统的输出。

1)一阶变系数线性随机微分方程及其解

设随机过程$\{X(t),t\in T\}$为均方连续的二阶矩过程，$a(t)$为普通复函数，$\{Y(t),t\in T\}$具有 1 阶均方导数，则一阶变系数线性随机微分方程为

$$\begin{cases}Y'(t)+a(t)Y(t)=X(t),t\geqslant t_0\\ Y(t_0)=Y_0\end{cases} \tag{3.6.15}$$

其解为

$$Y(t)=Y_0\mathrm{e}^{-\int_{t_0}^{t}a(u)\mathrm{d}u}+\int_0^t\mathrm{e}^{-\int_{\lambda}^{t}a(u)\mathrm{d}u}X(\lambda)\mathrm{d}\lambda=0 \tag{3.6.16}$$

2)一阶线性随机微分方程解的均值函数与相关函数

对式(3.6.15)两边取数学期望，得 $m_Y(t)$的一阶变系数线性微分方程，即

$$\begin{cases}m'_Y(t)+a(t)m_Y(t)=m_X(t),t\geqslant t_0\\ m'_Y(t_0)=E[Y_0]\end{cases} \tag{3.6.17}$$

其解就是均值函数。

令式(3.6.15)中的 $t=t_2$，并且两边乘 $X^*(t_1)$后，取数学期望，得

$$\begin{cases}E[Y^*(t_1)Y'(t_2)]+a(t_2)E[Y^*(t_1)Y(t_2)]=E[Y^*(t_1)X(t_2)],t\geqslant t_0\\ E[Y^*(t_1)Y(t_0)]=E[Y^*(t_1)Y_0]\end{cases} \tag{3.6.18}$$

即

$$\begin{cases}\dfrac{\partial R_Y(t_1,t_2)}{\partial t_2}+a(t_2)R_Y(t_1,t_2)=R_{YX}(t_1,t_2),t\geqslant t_0\\ R_Y(t_1,t_0)=E[Y^*(t_1)Y_0]\end{cases}\tag{3.6.19}$$

式(3.6.15)中，令 $t=t_1$，两边取共轭后同乘 $X(t_2)$，再取数学期望，得

$$\begin{cases}E[Y^*(t_1)X(t_2)]+a(t_1)E[Y^*(t_1)X(t_2)]=E[Y^*(t_1)X(t_2)],t\geqslant t_0\\ E[Y^*(t_0)X(t_2)]=E[Y_0^*X(t_2)]\end{cases}\tag{3.6.20}$$

即

$$\begin{cases}\dfrac{\partial R_{YX}(t_1,t_2)}{\partial t_1}+a(t_1)R_{YX}(t_1,t_2)=R_X(t_1,t_2),t\geqslant t_0\\ R_{YX}(t_1,t_0)=E[Y_0^*Y(t_1)]\end{cases}\tag{3.6.21}$$

当 $X(t)$已知时，则 $R_X(t_1,t_2)$已知，因此可从式(3.6.21)中解出 $R_{YX}(t_1,t_2)$，再代入式(3.6.19)即可解得 $R_Y(t_1,t_2)$。

习　题

1. 设 $X_n(n=1,2,\cdots)$是独立同分布的随机变量序列，均值为 m，方差为 1，定义

$$Y_n=\frac{1}{n}\sum_{i=1}^{n}X_i\text{，证明}\lim_{n\to\infty}X_n=m\text{。}$$

2. 讨论下列随机过程的均方连续性、均方可导性和均方可积性。

(1) $X(t)=At+B$，其中 A,B 是相互独立的二阶矩随机变量，均值为 a,b，方差为 σ_1^2,σ_2^2；

(2) $X(t)=At^2+Bt+C$，其中 A,B,C 是相互独立的二阶矩随机变量，均值为 a,b,c，方差为 $\sigma_1^2,\sigma_2^2,\sigma_3^2$；

(3) $\{W(t),t\geqslant 0\}$是 Wiener 过程；

(4)试讨论上述各过程的均方可导性。当均方可导时，试求均方导数过程的均方函数和相关函数。

3. 设$\{X(t),-\infty<t<+\infty\}$是 n 阶均方可微的平稳过程，证明$\{X^{(n)}(t),-\infty<t<+\infty\}$是平稳过程，且 $R_{X^{(n)}}(\tau)=(-1)^nR_X^{(2n)}(\tau)$。

4. 求下列随机过程的均值函数和相关函数，从而判断其均方连续性和均方可微性。

(1) $X(t)=\cos(\omega t+\theta)$，其中 ω 是常数，θ 服从$[0,2\pi]$上的均匀分布；

(2) $X(t)=tW\left(\dfrac{1}{t}\right),t>0$，其中 $W(t)$是参数为 1 的 Wiener 过程；

(3)$X(t)=W^2(t),t\geqslant 0$,其中 $W(t)$是参数为 σ^2 的 Wiener 过程。

5. 均值函数为 $m_X(t)=5\sin t$、相关函数为 $R_X(t_1,t_2)=3\mathrm{e}^{-0.5(t_2-t_1)^2}$ 的随机过程 $X(t)$输入微分电路,该电路输出随机过程 $Y(t)=X'(t)$,试求:

(1)$Y(t)$的均值函数、相关函数;

(2)$X(t)$与 $Y(t)$的互相关函数。

6. 试求第 3 题中均方积分:

$$Y(t)=\frac{1}{t}\int_0^t X(u)\mathrm{d}u,\quad Z(t)=\frac{1}{L}\int_t^{t+L} X(u)\mathrm{d}u$$

的均值函数和相关函数。

7. 设随机过程 $X(t)=V\mathrm{e}^{3t}\cos 2t$,其中 V 是均值为 5、方差为 1 的随机变量,试求随机过程 $Y(t)=\int_0^t X(\lambda)\mathrm{d}\lambda$ 的均值函数、相关函数、协方差函数与方差函数。

8. 设$\{W(t),t\geqslant 0\}$是参数为 σ^2 的 Wiener 过程,求下列随机过程的均值函数和相关函数。

(1) $X(t)=\int_0^t W(\lambda)\mathrm{d}\lambda,t\geqslant 0$;

(2)$X(t)=\int_0^t \lambda W(\lambda)\mathrm{d}\lambda,t\geqslant 0$;

(3)$X(t)=\int_t^{t+1}[W(\lambda)-W(t)]\mathrm{d}\lambda,t\geqslant 0$。

9. 设$\{X(n)\}$是一均值为 0 的平稳时间序列,证明:

(1)$Z(n)=AX(n)+BX(n-m)$仍是一平稳时间序列;

(2)若数列$\{A_k\}$绝对收敛,即 $\sum\limits_{k=-\infty}^{\infty}|A_k|<+\infty$,则 $Z(n)=\sum\limits_{-\infty}^{\infty}A_kX(n-k)$仍是一个平稳随机序列;

(3)若$\{X(n)\}$是一白噪声,试求 $Z(n)=\sum\limits_{k=0}^{\infty}A_kX(n-k)$的相关函数。

10. 设$\{X(t),t\geqslant 0\}$是平稳过程,均值 $m_X=0$,相关函数为 $R_X(\tau)$,若

(1)$R_X(\tau)=\mathrm{e}^{-a|\tau|},a>0$

(2)$R_X(\tau)=\begin{cases}1-|\tau|, & |\tau|\leqslant 1\\ 0, & \text{其他}\end{cases}$,令 $Y(t)=\frac{1}{T}\int_0^t X(\lambda)\mathrm{d}\lambda$,$T$ 是固定的正数,分别计算$\{Y(t),t\geqslant 0\}$的相关函数。

11. 设$\{X(t),-\infty<t<+\infty\}$为零均值的正交增量过程,$E[|X(t+\tau)-X(t)|^2]=|\tau|$,试证 $Y(t)=X(t)-X(t-1)$是一平稳过程。

12. 设宽平稳过程$\{Y(t),t\in(-\infty,\infty)\}$的自相关函数为 $R_Y(\tau)=\mathrm{e}^{-|\tau|}$,对满足

随机微分方程 $X'(t)+X(t)=Y(t)$ 的宽平稳过程解 $\{X(t),t\in(-\infty,\infty)\}$。

(1)求 X 的均值函数、自相关函数；

(2)求 X 与 Y 的互相关函数。

13. 设平稳过程 $\{X(t),t\geqslant 0\}$ 的相关函数为 $R_X(\tau)=\frac{1}{\beta}\mathrm{e}^{-\beta|\tau|}-\frac{1}{\alpha}\mathrm{e}^{-\alpha|\tau|}$，这里 $\alpha\geqslant\beta>0$ 为常数。

(1)判断 X 是否为均方可导，说明理由；

(2)计算 $E\{X^*(t)X'(t+\tau)\}$ 和 $E\{X^{*\prime}(t)X'(t+\tau)\}$。

14. 设 $\{X(t),t\geqslant 0\}$ 是均方可导的实平稳的正态过程，相关函数为 $R(\tau)$，求其导数过程 $\{X'(t),t\geqslant 0\}$ 的一维、二维概率密度函数。

15. 设 $\{X(t),t\geqslant 0\}$ 是均值为 0 的平稳的正态过程，且二阶均方可导。求证：对任意 $t>0$，$X(t)$ 与 $X'(t)$ 相互独立，但 $X(t)$ 与 $X''(t)$ 不独立，并求 $R_{XX''}(t,t+\tau)$。

16. 设 X,Y 是两个平稳相关过程，且 $E[X(t)]=E[Y(t)]=0$，$R_X(\tau)=R_Y(\tau)$，$R_{XY}(\tau)=-R_{XY}(-\tau)$，试证 $Z(t)=X(t)\cos\omega_0 t+Y(t)\sin\omega_0 t$ 也是平稳过程。

17. 设 X 为平稳正态过程，$E[X(t)]=0$，$R(\tau)$ 是其相关函数，试证 $Y(t)=\mathrm{sgn}[X(t)]$ 是一平稳过程，且其标准(归一化)相关函数为

$$r_Y(\tau)=\frac{R_Y(\tau)}{R_Y(0)}=\frac{2}{\pi}\arcsin\frac{R(\tau)}{R(0)}$$

18. 设 $\{X(t),-\infty<t<+\infty\}$ 是均值为 0、相关函数为 $R_X(\tau)$ 的实正态平稳过程，证明 $X^2(t)$ 也是平稳过程，并求其均值及相关函数。

19. 二阶矩过程 $\{X(t),-\infty<t<+\infty\}$ 的均值函数为 $E[X(t)]=\alpha+\beta t$，相关函数为 $R(s,t)=\mathrm{e}^{-\lambda|t-s|}$，其中 $\alpha,\beta,\lambda>0$ 都是常数。证明 $Y(t)=X(t+1)-X(t)$ 是一平稳过程，并求其均值及相关函数。

20. 证明若正态随机过程 $\{X(t),t\in T\}$ 在 T 上是均方可微的，则其导数 $\{X'(t),t\subset T\}$ 也是正态过程。

21. 已知 $\{W(t),t\geqslant 0\}$ 为标准维纳过程，$Y(t)=\int_0^t W(\lambda)\mathrm{d}\lambda$，称 $\{Y(t),t\geqslant 0\}$ 为布朗运动的积分。求：

(1)$Y(t)$ 的均值和协方差；

(2)$(Y(t),Y(t_n))$ 的联合分布。

22. 已知 $\{W(t),t\geqslant 0\}$ 为标准维纳过程，令

$$Y(t)=tW\left(\frac{1}{t}\right),Y(0)=0,X(t)=\frac{1}{a}W(a^2t),a>0$$

试证：$\{Y(t),t\geqslant 0\}$，$\{X(t),t\geqslant 0\}$ 均为维纳过程。

23. 求一阶线性随机微分方程的解及解的均值函数、相关函数。

(1) $\begin{cases} Y'(t)=X(t), t\in[a,b] \\ Y(a)=Y_0 \end{cases} \quad (a>0)$

式中，$X(t)$是二阶均方连续过程，Y_0 是与 $X(t)$独立的均值为 m、方差为 σ^2 的随机变量。

(2) $\begin{cases} Y'(t)+aY(t)=X(t), t\geqslant 0 \\ Y(0)=0 \end{cases} \quad (a>0)$

式中，$X(t)$是均值函数为 $m_X(t)=\sin t$、相关函数为 $R_X(s,t)=\mathrm{e}^{-\lambda|t-s|}\ (\lambda>0)$的二阶均方连续过程。

24. 设随机信号 $X(t)=a\sin(\omega_0 t+\Phi)$，式中 a,ω_0 均为正的常数；Φ 为正态随机变量，其概率密度为

$$f_\Phi(\varphi)=\frac{1}{\sqrt{2\pi}}\mathrm{e}^{-\varphi^2/2}$$

试讨论 $X(t)$的平稳性。

25. 已知随机过程 $X(t)=A\cos\omega_0 t+B\sin\omega_0 t$，式中 ω_0 为常数，而 A 与 B 是具有不同概率密度、但有相同方差 σ^2，且均值为零的不相关的随机变量。证明 $X(t)$是宽平稳而不是严平稳的随机过程。

26. 随机过程 $X(t)$、$Y(t)$都是平稳过程，$X(t)=A(t)\cos t$，$Y(t)=B(t)\sin t$。其中 $A(t)$和 $B(t)$为相互独立、各自平稳的随机过程，且它们的均值均为 0，自相关函数相等。试证明这两个过程之和 $Z(t)=X(t)+Y(t)$是宽平稳的。

27. 设随机过程 $X(t)=A\sin t+B\cos t$，式中 A、B 均为零均值的随机变量。试证：$X(t)$的均值具有遍历性，而方差无遍历性。

28. 设 $X(t)$是雷达的发射信号，遇目标后返回接收机的微弱信号是 $aX(t-\tau_1)$，$a<<1$，τ_1 是信号返回时间，由于接收到的信号总是伴有噪声的，记噪声为 $N(t)$，故接收机接收到的全信号为

$$Y(t)=aX(t-\tau_1)+N(t)$$

(1)若信号 $X(t)$、$N(t)$各自平稳且联合平稳，求互相关函数 $R_{XY}(t_1,t_2)$。

(2)在(1)的条件下，假如 $N(t)$的均值为零，且与 $N(t)$是互相独立的，求 $R_{XY}(t_1,t_2)$(这是利用互相关函数从全信号中检测小信号的相关接收法)。

29. 求一阶线性随机微分方程

$$\begin{cases} X'(t)+aX(t)=0, t\geqslant 0 \\ X(0)=X_0 \end{cases} \quad (a>0)$$

的解及解的均值函数、相关函数及解的一维概率密度函数，其中 X_0 是均值为 0、方差

为 σ^2 的正态随机变量。

30. 已知两个随机过程

$$X(t) = A\cos t - B\sin t, Y(t) = B\cos t + A\sin t$$

式中 A,B 是均值为 0、方差为 5 的不相关的两个随机变量。试证过程 $X(t)$、$Y(t)$各自平稳、而且是联合平稳的;并求出它们的互相关系数。

第4章 随机过程的谱分析

【内容导读】 本章从普通时间函数的谱分析入手，引入了随机过程功率谱密度，讨论了随机过程自谱密度、互谱密度及其性质；通过介绍希尔伯特变换及其性质，定义了解析过程、窄带随机过程，讨论了它们的性质；利用功率谱密度定义了白噪声过程，讨论了它的特点。

平稳随机过程$\{X(t),t\in T\}$的相关函数$R_X(\tau)$是在时间域上描述过程的统计特性；为描述平稳随机过程在频域上的统计特性，需要进行谱分析。本章主要讨论平稳过程的谱密度及相关函数$R_X(\tau)$的谱分析。

4.1 平稳随机过程的功率谱密度

4.1.1 普通时间函数的谱分析

1)总能量与能谱密度

若普通时间函数$x(t)$绝对可积，即$\int_{-\infty}^{\infty}|x(t)|\mathrm{d}t<\infty$，则$x(t)$的傅里叶变换存在，或者说$x(t)$具有频谱

$$X(\omega)=\int_{-\infty}^{\infty}x(t)\mathrm{e}^{-\mathrm{j}\omega t}\mathrm{d}t \tag{4.1.1}$$

一般地，$X(\omega)$是复值函数，有

$$X(-\omega)=\int_{-\infty}^{\infty}x(t)\mathrm{e}^{\mathrm{j}\omega t}\mathrm{d}t=X^{*}(\omega)$$

对$X(\omega)$作傅里叶反变换，得

$$x(t)=\frac{1}{2\pi}\int_{-\infty}^{\infty}X(\omega)\mathrm{e}^{\mathrm{j}\omega t}\mathrm{d}\omega \tag{4.1.2}$$

利用式(4.1.1)和式(4.1.2)，得信号的总能量为

$$\int_{-\infty}^{\infty} x^2(t)\mathrm{d}t = \int_{-\infty}^{\infty} x(t)\frac{1}{2\pi}\int_{-\infty}^{\infty} X(\omega)\mathrm{e}^{\mathrm{j}\omega t}\mathrm{d}\omega\mathrm{d}t = \frac{1}{2\pi}\int_{-\infty}^{\infty} X(\omega)\left[\int_{-\infty}^{\infty} x(t)\mathrm{e}^{\mathrm{j}\omega t}\mathrm{d}t\right]\mathrm{d}\omega$$

$$= \frac{1}{2\pi}\int_{-\infty}^{\infty} X(\omega)X^*(\omega)\mathrm{d}\omega = \frac{1}{2\pi}\int_{-\infty}^{\infty} |X(\omega)|^2\mathrm{d}\omega \tag{4.1.3}$$

式(4.1.3)称为帕塞伐尔(Parseval)定理，$|X(\omega)|^2$ 称为能量谱密度。若把 $x(t)$ 看作是通过1Ω电阻上的电流或电压，则左边的积分表示消耗在1Ω电阻上的总能量。

2)平均功率及功率谱密度

实际问题中，大多数时间函数的总能量都是无限的，因为不能满足傅里叶变换条件，为此需考虑平均功率及功率密度。

作一截尾函数

$$x_T(t) = \begin{cases} x(t), & |t| \leqslant T \\ 0, & |t| > T \end{cases}$$

因 $x_T(t)$ 有限，故满足绝对可积条件，其傅里叶变换存在，于是

$$X_T(\omega) = \int_{-\infty}^{\infty} x_T(t)\mathrm{e}^{-\mathrm{j}\omega t}\mathrm{d}t = \int_{-T}^{T} x_T(t)\mathrm{e}^{-\mathrm{j}\omega t}\mathrm{d}t \tag{4.1.4}$$

对 $X_T(\omega)$ 作傅里叶反变换，得

$$x_T(t) = \frac{1}{2\pi}\int_{-\infty}^{\infty} X_T(\omega)\mathrm{e}^{\mathrm{j}\omega t}\mathrm{d}\omega \tag{4.1.5}$$

在区间[$-T,T$]上的平均功率为

$$P_T = \int_{-\infty}^{\infty} x_T^2(t)\mathrm{d}t = \frac{1}{2T}\int_{-T}^{T} x^2(t)\mathrm{d}t$$

$$= \frac{1}{2\pi}\int_{-\infty}^{\infty} \frac{1}{2T}|X_T(\omega)|^2\mathrm{d}\omega \tag{4.1.6}$$

故 $T\to\infty$ 时，得到总平均功率

$$P = \lim_{T\to\infty} P_T = \lim_{T\to\infty}\frac{1}{2\pi}\int_{-T}^{T} x^2(t)\mathrm{d}t$$

$$= \lim_{T\to\infty}\frac{1}{4\pi T}\int_{-\infty}^{\infty} |X_T(\omega)|^2\mathrm{d}\omega$$

$$= \frac{1}{2\pi}\int_{-\infty}^{\infty} G_X(\omega)\mathrm{d}\omega \tag{4.1.7}$$

式中

$$G_X(\omega) = \lim_{T\to\infty}\frac{1}{2T}|X_T(\omega)|^2 \tag{4.1.8}$$

为 $x(t)$ 的功率谱密度，简称谱函数；$G_X(\omega)\mathrm{d}\omega$ 为谱分布函数。

4.1.2 随机过程的功率谱密度

设随机过程$\{X(t),-\infty<t<\infty\}$是均方连续的，作截尾后，得

$$X_T(t)=\begin{cases}X(t), & |t|\leqslant T\\ 0, & |t|>T\end{cases} \tag{4.1.9}$$

因为$X_T(t)$均方可积，故存在傅里叶变换

$$X_T(\omega)=\int_{-\infty}^{\infty}X_T(t)\mathrm{e}^{-\mathrm{j}\omega t}\mathrm{d}t=\int_{-T}^{T}X_T(t)\mathrm{e}^{-\mathrm{j}\omega t}\mathrm{d}t \tag{4.1.10}$$

利用 Parseval 定理及傅里叶变换，得

$$\int_{-\infty}^{\infty}|X(t)|^2\mathrm{d}t=\int_{-T}^{T}|X(t)|^2\mathrm{d}t=\frac{1}{2\pi}\int_{-\infty}^{\infty}|X_T(\omega)|^2\mathrm{d}\omega$$

因为$X(t)$是随机过程，故上式两边都是随机变量，对时间区间$[-T,T]$取时间平均后，概率意义下的统计平均为

$$\begin{aligned}P=\lim_{T\to\infty}E\left[\frac{1}{2T}\int_{-T}^{T}|X(t)|^2\mathrm{d}t\right]&=\lim_{T\to\infty}\frac{1}{2\pi}\int_{-\infty}^{\infty}E\left[\frac{1}{2T}\int_{-T}^{T}|F_{X_T}(\omega)|^2\right]\mathrm{d}\omega\\&=\frac{1}{2\pi}\int_{-\infty}^{\infty}\lim_{T\to\infty}\frac{1}{2T}E[|F_{X_T}(\omega)|^2]\mathrm{d}\omega\end{aligned} \tag{4.1.11}$$

式(4.1.11)就是随机过程$X(t)$的平均功率和功率密度关系的表达式。

【定义 4.1】设$\{X(t),-\infty<t<\infty\}$为均方连续随机过程，称

$$P=\lim_{T\to\infty}E\left[\frac{1}{2T}\int_{-T}^{T}|X(t)|^2\mathrm{d}t\right] \tag{4.1.12}$$

为$X(t)$的总平均功率，称

$$G_X(\omega)=\lim_{T\to\infty}\frac{1}{2T}E[|X_T(\omega)|^2] \tag{4.1.13}$$

为$X(t)$的功率谱密度，简称谱密度。

当$X(t)$是均方连续平稳过程时，由于$E[|X(t)|^2]$是与t无关的常数，因此

$$\begin{aligned}P&=\lim_{T\to\infty}E\left[\frac{1}{2T}\int_{-T}^{T}|X(t)|^2\mathrm{d}t\right]\\&=\lim_{T\to\infty}\frac{1}{2T}\int_{-T}^{T}E[|X(t)|^2]\mathrm{d}t\\&=E[|X(t)|^2]=R_X(0)\end{aligned} \tag{4.1.14}$$

由式(4.1.13)和式(4.1.10)知，平稳随机过程的平均功率等于该过程的均方值，或等于它的谱密度在频率上的积分，即

$$R_X(0)=\frac{1}{2\pi}\int_{-\infty}^{\infty}G_X(\omega)\mathrm{d}\omega \tag{4.1.15}$$

式(4.1.14)是平稳过程 $X(t)$ 的平均功率的频谱展开式，$G_X(\omega)$ 描述了各种频率成分所具有的能量大小。

【例 4.1】设有随机过程 $X(t)=a\cos(\omega_0 t+\Theta)$，$a$，$\omega_0$ 为常数，在下列情况下，求 $X(t)$ 的平均功率。

(1)Θ 是在 $(0,2\pi)$ 上服从均匀分布的随机变量；

(2)Θ 是在 $\left(0,\frac{\pi}{2}\right)$ 上服从均匀分布的随机变量。

解：(1)随机过程 $X(t)$ 是平稳过程其相关函数 $R_X(\tau)=\frac{a^2}{2}\cos(\omega_0\tau)$。于是由式(4.1.13)得 $X(t)$ 的平均功率为

$$P=R_X(0)=\frac{a^2}{2}$$

(2)因为

$$E[X^2(t)]=E[a^2\cos^2(\omega_0 t+\Theta)]=E\left[\frac{a^2}{2}+\frac{a^2}{2}\cos^2(2\omega_0 t+2\Theta)\right]$$

$$-\frac{a^2}{2}+\frac{a^2}{2}\int_0^{2\pi}\cos(2\omega_0 t+2\Theta)\ \frac{2}{\pi}\mathrm{d}\theta=\frac{a^2}{2}-\frac{a^2}{\pi}\sin(2\omega_0 t)$$

故此时 $X(t)$ 为非平稳过程，由式(4.1.11)得 $X(t)$ 的总平均功率为

$$P=\lim_{T\to\infty}\frac{1}{2T}\int_{-T}^{T}E[X^2(t)]\mathrm{d}t=\lim_{T\to\infty}\frac{1}{2T}\int_{-T}^{T}\left[\frac{a^2}{2}-\frac{a^2}{\pi}\sin(2\omega_0 t)\right]\mathrm{d}t=\frac{a^2}{2}$$

对于平稳随机序列的谱分析，有类似结果。

【定义 4.2】设 $\{X_k,k=0,\pm1,\pm2,\cdots\}$ 是平稳随机序列，$E[X_k]=0$；若相关函数 $R_X(m)$ 满足 $\sum_{m=-\infty}^{\infty}|R_X(m)|<\infty$，则称

$$G_X(\omega)=\sum_{m=-\infty}^{\infty}R_X(m)\mathrm{e}^{-\mathrm{j}m\omega},-\pi\leqslant\omega\leqslant\pi \qquad (4.1.16)$$

为 $\{X_k,k=0,\pm1,\pm2,\cdots\}$ 的谱密度。平稳随机序列的相关函数与谱密度之间的关系为

$$R_X(m)=\frac{1}{2\pi}\int_{-\pi}^{\pi}G_X(\omega)\mathrm{e}^{\mathrm{j}m\omega}\mathrm{d}\omega,m=0,\pm1,\pm2,\cdots \qquad (4.1.17)$$

4.2　谱密度的性质

4.2.1　随机过程谱密度性质

1)谱密度性质

设 $\{X(t),-\infty<t<\infty\}$ 是均方连续平稳过程，$R_X(\tau)$ 为它的相关函数，$G_X(\omega)$ 为

它的功率谱密度，则$G_X(\omega)$具有下列性质：

①若$\int_{-\infty}^{\infty}|R_X(\tau)|d\tau<\infty$，则$G_X(\omega)$是$R_X(\tau)$的傅里叶变换，即

$$G_X(\omega)=\int_{-\infty}^{\infty}R_X(\tau)e^{-j\omega\tau}d\tau \tag{4.2.1}$$

证：将式(4.1.9)代入式(4.1.12)，得

$$\begin{aligned}G_X(\omega)&=\lim_{T\to\infty}\frac{1}{2T}E\left[\left|\int_{-T}^{T}X(t)e^{-j\omega t}dt\right|^2\right]\\&=\lim_{T\to\infty}\frac{1}{2T}E\left[\int_{-T}^{T}X(t_1)e^{-j\omega t_1}dt_1\left(\int_{-T}^{T}X(t_2)e^{-j\omega t_2}dt_2\right)^*\right]\\&=\lim_{T\to\infty}\frac{1}{2T}E\left[\int_{-T}^{T}\int_{-T}^{T}X(t_1)X^*(t_2)e^{-j\omega(t_1-t_2)}dt_1dt_2\right]\\&=\lim_{T\to\infty}\frac{1}{2T}\int_{-T}^{T}\int_{-T}^{T}E[X(t_1)X^*(t_2)]e^{-j\omega(t_1-t_2)}dt_1dt_2\\&=\lim_{T\to\infty}\frac{1}{2T}\int_{-T}^{T}\int_{-T}^{T}R_X(t_1-t_2)e^{-j\omega(t_1-t_2)}dt_1dt_2\end{aligned}$$

对于平稳随机过程，$R_X(t_1-t_2)=R_X(\tau)$，$\tau=t_1-t_2$，将积分变量t_1,t_2变换到τ,t，则

$$G_X(\omega)=\lim_{T\to\infty}\frac{1}{2T}E\left[\left|\int_{-T}^{T}X(t)e^{-j\omega t}dt\right|^2\right]=\lim_{T\to\infty}\int_{-2T}^{2T}\left(1-\frac{|\tau|}{2T}\right)R_X(\tau)e^{-j\omega\tau}d\tau$$

令

$$R_{X_T}(\tau)=\begin{cases}(1-\dfrac{|\tau|}{2T})R_X(\tau), & |\tau|\leqslant 2T\\ 0, & |\tau|>2T\end{cases}$$

显然，$\lim\limits_{T\to\infty}R_{X_T}(\tau)=R_X(\tau)$，故

$$\begin{aligned}G_X(\omega)&=\lim_{T\to\infty}\int_{-2T}^{2T}\left(1-\frac{|\tau|}{2T}\right)R_X(\tau)e^{-j\omega\tau}d\tau\\&=\lim_{T\to\infty}\int_{-\infty}^{\infty}R_{X_T}(\tau)e^{-j\omega\tau}d\tau=\int_{-\infty}^{\infty}\lim_{T\to\infty}R_{X_T}(\tau)e^{-j\omega\tau}dt\\&=\int_{-\infty}^{\infty}R_X(\tau)e^{-j\omega\tau}d\tau\end{aligned}$$

证毕。

对式(4.2.1)作傅里叶反变换，得

$$R_X(\tau)=\frac{1}{2\pi}\int_{-\infty}^{\infty}G_X(\omega)e^{j\omega\tau}d\omega \tag{4.2.2}$$

式(4.2.1)与式(4.2.2)说明，平稳过程的相关函数与谱密度之间构成一对傅里叶变换，在式(4.2.2)中，令$\tau=0$，得平均功率

$$R_X(0)=\frac{1}{2\pi}\int_{-\infty}^{\infty}G_X(\omega)d\omega \tag{4.2.3}$$

当 $X(t)$为实平稳过程时，则

$$\begin{cases} G_X(\omega) = 2\int_0^{\infty} R_X(\tau)\cos\omega\tau\,\mathrm{d}\tau \\ R_X(\tau) = \dfrac{1}{\pi}\int_0^{\infty} G_X(\omega)\cos\omega\tau\,\mathrm{d}\omega \end{cases} \tag{4.2.4}$$

②$G_X(\omega)$非负，满足

$$G_X(\omega) \geqslant 0 \tag{4.2.5}$$

根据式(4.1.12)功率谱密度的定义，其中的$|X_T(\omega)|^2$非负，故其数学期望值非负。

③$G_X(\omega)$是 ω 的实函数，满足

$$G_X^*(\omega) = G_X(\omega) \tag{4.2.6}$$

考虑到$|X_T(\omega)|^2$是实函数，故其数学期望必为实函数。

④$G_X(\omega)$是 ω 的偶函数，满足

$$G_X(\omega) = G_X(-\omega) \tag{4.2.7}$$

证明：对于实随机过程 $X(t)$截断函数的频谱有

$$X_T(\omega) = X_T^*(-\omega) \Rightarrow X_T^*(\omega) = X_T(-\omega) \tag{4.2.8}$$

代入式(4.1.12)，得

$$\begin{aligned} G_X(\omega) &= \lim_{T\to\infty}\frac{1}{2T}E[|X_T(\omega)|^2] = \lim_{T\to\infty}\frac{1}{2T}E[X_T^*(\omega)X_T(\omega)] \\ &= \lim_{T\to\infty}\frac{1}{2T}E[X_T(-\omega)X_T^*(-\omega)] = G_X(-\omega) \end{aligned} \tag{4.2.9}$$

⑤平稳随机过程的 $G_X(\omega)$可积，即满足

$$\int_{-\infty}^{\infty} G_X(\omega)\,\mathrm{d}\omega < \infty \tag{4.2.10}$$

证明：由式(4.1.14)和式(4.1.15)知，平稳过程的平均功率为

$$P = E[X^2(t)] = \frac{1}{2\pi}\int_{-\infty}^{+\infty} G_X(\omega)\,\mathrm{d}\omega \tag{4.2.11}$$

平稳过程的均方值有限，满足 $E[X^2(t)] < \infty$，得证。

2)物理功率谱

物理功率谱是常用的一类功率谱。在工程中，由于只在正的频率范围内进行测量，根据平稳过程的谱密度 $G_X(\omega)$是偶函数的性质，因而可将负的频率范围内的值折算到正频率范围内，得到所谓“单边功率谱”或物理功率谱。单边功率谱 $G_X^S(\omega)$定义为

$$G_X^S(\omega) = \begin{cases} 2\lim\limits_{T\to\infty}\dfrac{1}{2T}E\left[\left|\int_{-T}^{T} X(t)\mathrm{e}^{-\mathrm{j}\omega t}\,\mathrm{d}t\right|^2\right], & \omega \geqslant 0 \\ 0, & \omega < 0 \end{cases} \tag{4.2.12}$$

它与 $G_X(\omega)$有如下关系：

$$G_X^S(\omega)=\begin{cases}2G_X(\omega), & \omega\geqslant 0\\ 0, & \omega<0\end{cases} \tag{4.2.13}$$

相应地，$G_X(\omega)$可称为“双边谱”。它们的图形关系如图 4.1 所示。

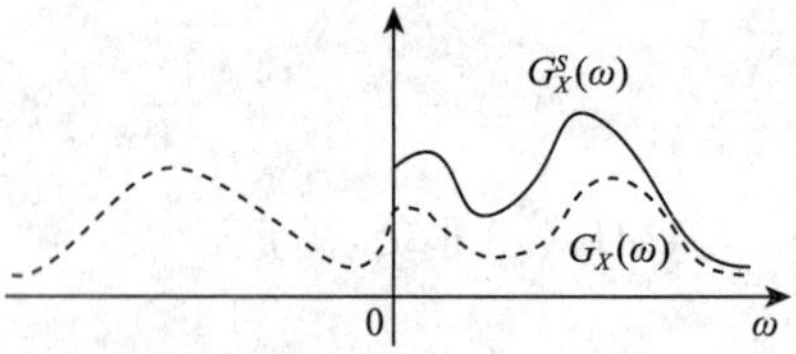

图 4.1　双边谱与单边谱

【例 4.2】已知平稳过程的相关函数为$R_X(\tau)=e^{-a|\tau|}\cos(\omega_0\tau)$，其中 $a>0$，ω_0 为常数，求谱密度 $G_X(\omega)$。

解：
$$\begin{aligned}G_X(\omega)&=2\int_0^{\infty}e^{-a\tau}\cos\omega_0\tau\cos\omega\tau\,d\tau\\&=\int_0^{\infty}e^{-a\tau}[\cos(\omega_0+\omega)\tau+\cos(\omega_0-\omega)\tau]d\tau\\&=\frac{a}{a^2+(\omega_0+\omega)^2}+\frac{a}{a^2+(\omega-\omega_0)^2}\end{aligned}$$

【例 4.3】已知平稳过程的谱密度 $G_X(\omega)=\dfrac{2Aa^3}{\pi^2(\omega^2+a^2)^2}$，求相关函数 $R_X(\tau)$及平均功率 P。

解：
$$\begin{aligned}R_X(\tau)&=\frac{Aa^3}{\pi^2}\int_{-\infty}^{\infty}\frac{e^{j\omega t}}{(\omega^2+a^2)^2}d\omega\\&=\frac{Aa^3}{\pi^2}2\pi j\left\{\frac{e^{j|\tau|Z}}{(Z^2+a^2)^2}\text{ 在 } Z=\pm ja \text{ 处的留数}\right\}\\&=\frac{A(1+a|\tau|)}{2\pi}e^{-a|\tau|}\end{aligned}$$

$$P=R_X(0)=\frac{A}{2\pi}$$

4.2.2　联合平稳随机过程的互功率谱

现将单个实随机过程功率谱的概念以及相应的分析方法推广到两个随机过程中去。

1)互功率谱密度

对两个平稳随机过程 $X(t)$和 $Y(t)$，它们的样本函数 $x_i(t)$和 $y_i(t)$的两个截断函数 $x_{Ti}(t)$和 $y_{Ti}(t)$分别定义为

$$x_{Ti}(t)=\begin{cases}x_i(t) & |t|<T\\ 0 & |t|\geqslant T\end{cases},\quad y_{Ti}(t)=\begin{cases}y_i(t) & |t|<T\\ 0 & |t|\geqslant T\end{cases} \tag{4.2.14}$$

因为截断函数 $x_{Ti}(t)$和 $y_{Ti}(t)$都满足绝对可积的条件，它们的傅里叶变换存在且分别记为 $X_{Ti}(\omega)$和 $Y_{Ti}(\omega)$，两个随机过程样本函数 $x_i(t)$和 $y_i(t)$的互平均功率为

$$P_i = \lim_{T\to\infty}\frac{1}{2T}\int_{-T}^{T} x_{Ti}(t)y_{Ti}(t)\mathrm{d}t = \frac{1}{2\pi}\int_{-\infty}^{\infty}\lim_{T\to\infty}\frac{1}{2T}X_{T_i}^*(\omega)Y_{Ti}(\omega)\mathrm{d}\omega \tag{4.2.15}$$

相对于所有试验结果的互平均功率是一个随机变量，因此，统计平均后的互平均功率是个确定值 P_{XY}，即

$$\begin{aligned} P_{XY} &= \lim_{T\to\infty}\frac{1}{2T}\int_{-T}^{T} E[X(t)Y(t)]\mathrm{d}t \\ &= \frac{1}{2\pi}\int_{-\infty}^{\infty}\lim_{T\to\infty}\frac{1}{2T}E[X_T^*(\omega)Y_T(\omega)]\mathrm{d}\omega \end{aligned} \tag{4.2.16}$$

仿照功率谱密度的定义，两个随机过程 $X(t)$和 $Y(t)$的互功率谱密度定义为

$$G_{XY}(\omega) = \lim_{T\to\infty}\frac{1}{2T}E[X_T^*(\omega)Y_T(\omega)] \tag{4.2.17}$$

则互平均功率为

$$P_{XY} = \frac{1}{2\pi}\int_{-\infty}^{\infty} G_{XY}(\omega)\mathrm{d}\omega \tag{4.2.18}$$

同理可得，$X(t)$与 $Y(t)$的另一个互功率谱密度为

$$G_{YX}(\omega) = \lim_{T\to\infty}\frac{1}{2T}E[Y_T^*(\omega)X_T(\omega)] \tag{4.2.19}$$

$X(t)$与 $Y(t)$的另一个互平均功率为

$$P_{YX} = \frac{1}{2\pi}\int_{-\infty}^{\infty} G_{YX}(\omega)\mathrm{d}\omega \tag{4.2.20}$$

比较可得两个互功率谱密度之间的关系为

$$G_{XY}(\omega) = G_{YX}^*(\omega) \tag{4.2.21}$$

注意：$G_{XY}(\omega)$和 $G_{YX}(\omega)$的定义是不完全相同的，不要混淆。互功率谱密度也可以简称为互功率谱或互谱密度。对于两个平稳随机过程 $X(t)$、$Y(t)$，其互功率谱密度 $G_{XY}(\omega)$与其互相关函数 $R_{XY}(\tau)$之间的关系为

$$\begin{cases} G_{XY}(\omega) = \displaystyle\int_{-\infty}^{\infty} R_{XY}(\tau)\mathrm{e}^{-\mathrm{j}\omega\tau}\mathrm{d}\tau \\ R_{XY}(\tau) = \displaystyle\frac{1}{2\pi}\int_{-\infty}^{\infty} G_{XY}(\omega)\mathrm{e}^{\mathrm{j}\omega\tau}\mathrm{d}\omega \end{cases} \tag{4.2.22}$$

2)互功率谱密度的性质

两个随机过程的互功率谱密度与单个随机过程的功率谱密度不同，它不再是频率 ω 的非负、实值偶函数。

①$G_{XY}(\omega)$非偶函数，满足

$$G_{XY}(\omega) = G_{YX}^*(\omega) = G_{YX}(-\omega) \tag{4.2.23}$$

②$G_{XY}(\omega)$的实部为 ω 的偶函数，即

$$\begin{cases}\mathrm{Re}[G_{XY}(\omega)]=\mathrm{Re}[G_{XY}(-\omega)]\\ \mathrm{Re}[G_{YX}(\omega)]=\mathrm{Re}[G_{YX}(-\omega)]\end{cases}\tag{4.2.24}$$

式中，Re[·]表示实部。

③$G_{XY}(\omega)$的虚部为ω的奇函数，即

$$\begin{cases}\mathrm{Im}[G_{XY}(\omega)]=-\mathrm{Im}[G_{XY}(-\omega)]\\ \mathrm{Im}[G_{YX}(\omega)]=-\mathrm{Im}[G_{YX}(-\omega)]\end{cases}\tag{4.2.25}$$

④若$X(t)$与$Y(t)$正交，则有

$$G_{XY}(\omega)=G_{YX}(\omega)=0\tag{4.2.26}$$

⑤若$X(t)$与$Y(t)$不相关，且分别具有常数均值m_X和m_Y，则

$$\begin{cases}R_{XY}(t,t+\tau)=m_Xm_Y\\ G_{XY}(\omega)=G_{YX}(\omega)=2\pi m_Xm_Y\delta\end{cases}\tag{4.2.27}$$

⑥$G_{XY}(\omega)$与$G_X(\omega)$和$G_Y(\omega)$满足下列关系式

$$|G_{XY}(\omega)|^2\leqslant|G_X(\omega)||G_Y(\omega)|\tag{4.2.28}$$

【例 4.4】设两个随机过程$X(t)$，$Y(t)$联合平稳，其互相关函数

$$R_{XY}(\tau)=\begin{cases}9\mathrm{e}^{-3\tau},\tau\geqslant 0\\ 0,\quad\tau<0\end{cases}$$

求互谱密度$G_{XY}(\omega)$和$G_{YX}(\omega)$。

解：由联合平稳过程互相关函数和互谱密度的傅里叶变换对关系，可得

$$G_{XY}(\omega)=\int_{-\infty}^{\infty}R_{XY}(\tau)\mathrm{e}^{-\mathrm{j}\omega\tau}\mathrm{d}\tau=\int_0^{\infty}9\mathrm{e}^{-3\tau}\mathrm{e}^{-\mathrm{j}\omega\tau}\mathrm{d}\tau=9\int_0^{\infty}\mathrm{e}^{-(3+\mathrm{j}\omega)\tau}\mathrm{d}\tau=\frac{9}{3+\mathrm{j}\omega}$$

可见，$G_{XY}(\omega)$是ω的复函数。根据互谱密度的性质①，可得

$$G_{YX}(\omega)=G_{XY}^*(\omega)=\frac{9}{3-\mathrm{j}\omega}$$

【例 4.5】已知平稳随机过程$X(t)$和$Y(t)$的互谱密度为

$$G_{XY}(\omega)=\begin{cases}(a+\mathrm{j}b\omega)/\omega_0,|\omega|<\omega_0\\ 0,\quad|\omega|\geqslant\omega_0\end{cases}$$

其中a,b,ω_0为实数。求互相关函数$R_{XY}(\tau)$。

解：由式(4.2.22)得

$$\begin{aligned}R_{XY}(\tau)&=\frac{1}{2\pi}\int_{-\infty}^{\infty}G_{XY}(\omega)\mathrm{e}^{\mathrm{j}\omega\tau}\mathrm{d}\omega\\&=\frac{1}{2\pi}\int_{-\omega_0}^{\omega_0}\frac{a+\mathrm{j}b\omega}{\omega_0}\mathrm{e}^{\mathrm{j}\omega\tau}\mathrm{d}\omega\\&=\frac{1}{\pi\omega_0\tau^2}[(a\omega_0\tau-b)\sin\omega_0\tau+b\omega_0\tau\cos\omega_0\tau]\end{aligned}$$

4.2.3　平稳复随机过程的功率谱

若复随机过程 $Z(t)$是平稳的，则仿照实随机过程的功率谱密度的定义，将复随机过程的功率谱密度定义为

$$G_Z(\omega) = \int_{-\infty}^{\infty} R_Z(\tau)\mathrm{e}^{-\mathrm{j}\omega\tau}\mathrm{d}\tau \tag{4.2.29}$$

由傅里叶反变换可得

$$R_Z(\tau) = \int_{-\infty}^{\infty} G_Z(\omega)\mathrm{e}^{\mathrm{j}\omega\tau}\mathrm{d}\omega \tag{4.2.30}$$

若复随机过程 $Z_i(t)$和 $Z_k(t)$联合平稳，则它们的互功率谱密度为

$$G_{Z_iZ_k}(\omega) = \frac{1}{2\pi}\int_{-\infty}^{\infty} R_{Z_iZ_k}(\tau)\mathrm{e}^{-\mathrm{j}\omega\tau}\mathrm{d}\tau \tag{4.2.31}$$

由傅里叶反变换，可得

$$R_{Z_iZ_k}(\tau) = \frac{1}{2\pi}\int_{-\infty}^{\infty} G_{Z_iZ_k}(\omega)\mathrm{e}^{\mathrm{j}\omega\tau}\mathrm{d}\omega \tag{4.2.32}$$

常见的平稳过程的相关函数 $R_X(\tau)$及相应的谱密度 $G_X(\omega)$，如表 4.1 所示。

表 4.1　平稳过程的相关函数及相应的谱密度

<table>
<tr><th>$R_X(\tau)$</th><th>$G_X(\omega)$</th></tr>
<tr><td>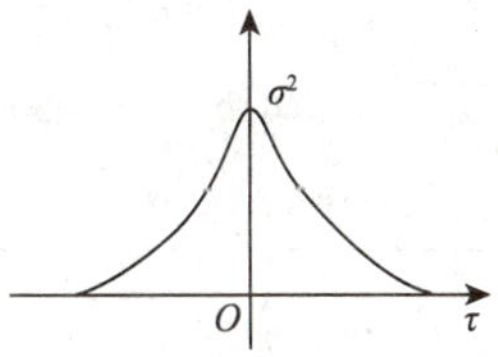

$R_X(\tau)=\sigma^2\mathrm{e}^{-a|\tau|}$</td><td>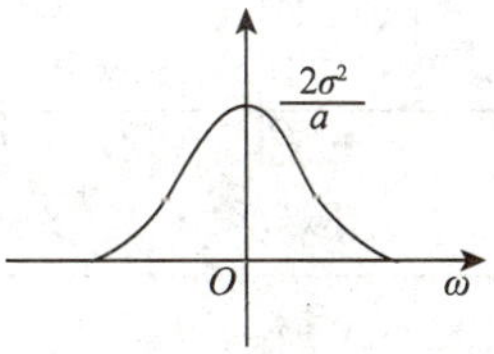

$G_X(\omega)=\dfrac{2\sigma^2 a}{a^2+\omega^2}$</td></tr>
<tr><td>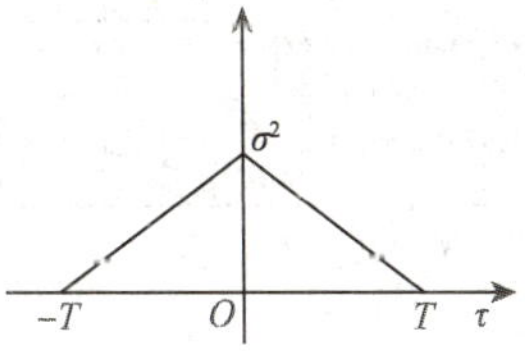

$R_X(\tau)=\begin{cases}\sigma^2\left(1-\dfrac{|\tau|}{T}\right), & |\tau|\leqslant T\\ 0, & |\tau|>T\end{cases}$</td><td>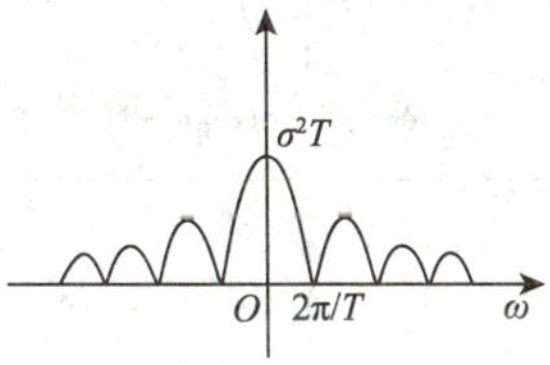

$G_X(\omega)=\dfrac{4\sigma^2\sin^2(\omega T/2)}{T\omega^2}$</td></tr>
</table>

续表

$R_X(\tau)$	$G_X(\omega)$
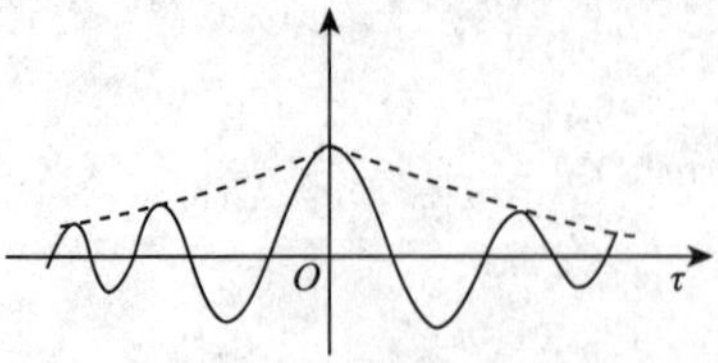 $R_X(\tau)=e^{-a\|\tau\|}\cos\omega_0\tau$	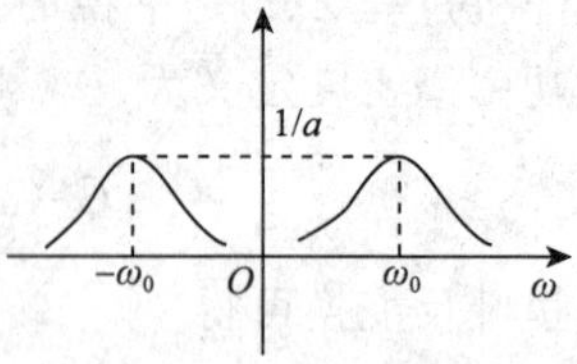 $G_X(\omega)=\frac{a}{a^2+(\omega+\omega_0)^2}+\frac{a}{a^2+(\omega-\omega_0)^2}$
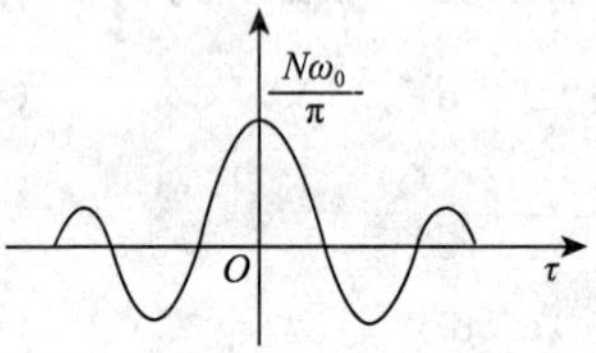 $R_X(\tau)=N\frac{\sin\omega_0\tau}{\pi\tau}$	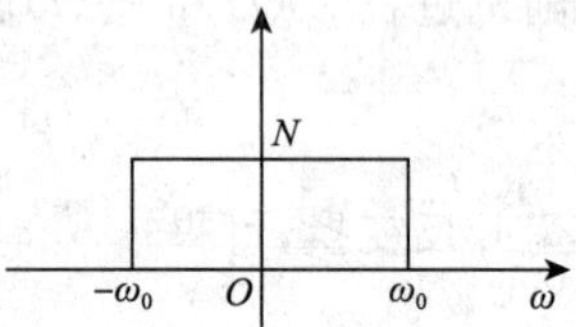 $G_X(\omega)=\begin{cases}N & \|\omega\|\leqslant\omega_0\\ 0 & \|\omega\|>\omega_0\end{cases}$
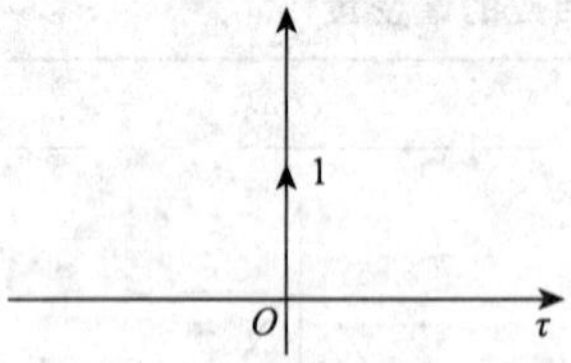 $R_X(\tau)=1$	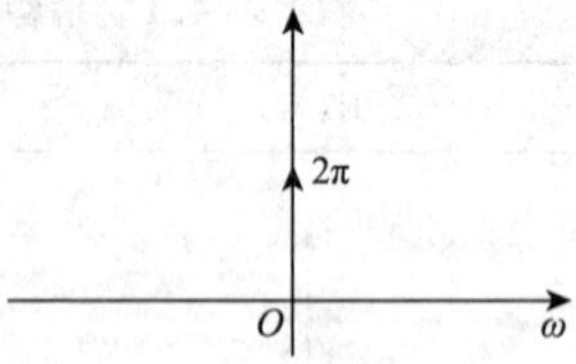 $G_X(\omega)=2\pi\delta(\omega)$
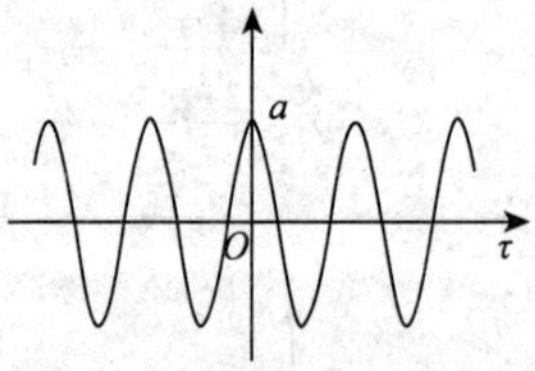 $R_X(\tau)=a\cos\omega_0\tau$	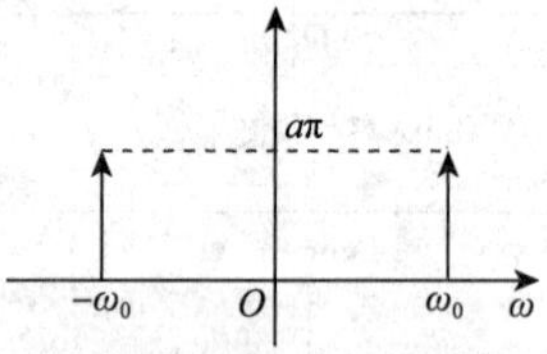 $G_X(\omega)=a\pi[\delta(\omega+\omega_0)+\delta(\omega-\omega_0)]$
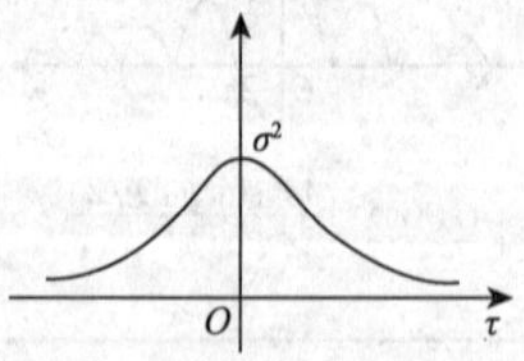 $R_X(\tau)=\sigma^2e^{-\sigma\tau^2}$	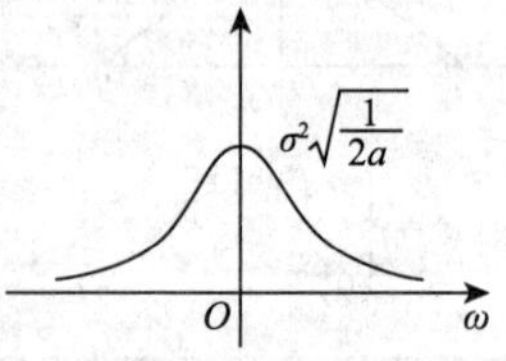 $G_X(\omega)=\sigma^2\sqrt{\frac{1}{2a}}e^{-\frac{\omega^2}{4a}}$

4.3 窄带随机过程及其功率谱密度

4.3.1 希尔伯特变换及其性质

1)希尔伯特变换

【定义 4.3】设 $x(t)$为任意的实信号,称

$$\hat{x}(t) = \frac{1}{\pi}\int_{-\infty}^{+\infty} \frac{x(\tau)}{t-\tau}\mathrm{d}\tau \tag{4.3.1}$$

为 $x(t)$的希尔伯特变换,也可记为 $H[x(t)]$。

用 $\tau=t+\tau'$代入式(4.3.1)进行变量置换,得

$$\hat{x}(t) = -\frac{1}{\pi}\int_{-\infty}^{+\infty} \frac{x(t+\tau)}{\tau}\mathrm{d}\tau = \frac{1}{\pi}\int_{-\infty}^{+\infty} \frac{x(t-\tau)}{\tau}\mathrm{d}\tau \tag{4.3.2}$$

(1)希尔伯特变换的冲激响应及传递函数

希尔伯特变换的冲激响应为

$$h_H(t) = \frac{1}{\pi t} \tag{4.3.3}$$

其传递函数为

$$H(\omega) = -\mathrm{j}\,\mathrm{sgn}(\omega) = \begin{cases} -\mathrm{j} & \omega \geqslant 0 \\ +\mathrm{j} & \omega < 0 \end{cases} \tag{4.3.4}$$

(2)希尔伯特反变换

$$\begin{aligned} x(t) = H^{-1}[\hat{x}(t)] &= -\frac{1}{\pi}\int_{-\infty}^{+\infty} \frac{\hat{x}(t-\tau)}{\tau}\mathrm{d}\tau = \frac{1}{\pi}\int_{-\infty}^{+\infty} \frac{\hat{x}(t+\tau)}{\tau}\mathrm{d}\tau \\ &= -\frac{1}{\pi t} \otimes \hat{x}(t) = h_1(t) \otimes \hat{x}(t) \end{aligned} \tag{4.3.5}$$

式中,$\otimes$表示卷积,且

$$h_1(t) = -\frac{1}{\pi t} \tag{4.3.6}$$

为希尔伯特逆变换的冲激响应。

(3)希尔伯特变换是一个正交滤波器

因为

$$\hat{x}(t) = x(t) \otimes \frac{1}{\pi t} \tag{4.3.7}$$

故可将 $x(t)$的希尔伯特变换视为将 $x(t)$通过一个具有冲激响应为 $h(t)=1/\pi t$ 的线性滤波器,即

$$H(\omega)=\begin{cases}-\mathrm{j}, & \omega\geqslant 0\\ +\mathrm{j}, & \omega<0\end{cases}\tag{4.3.8}$$

即

$$|H(\omega)|=1$$

$$\varphi(\omega)=\begin{cases}-\dfrac{\pi}{2} & \omega\geqslant 0\\ +\dfrac{\pi}{2} & \omega<0\end{cases}\tag{4.3.9}$$

该滤波器的幅频特性,如图 4.2 所示。

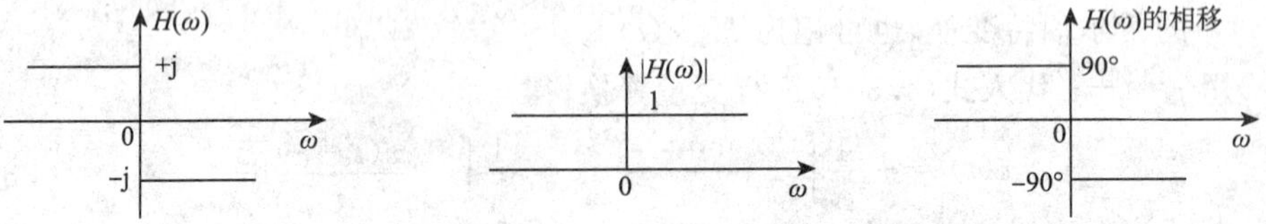

图 4.2　希尔伯特变换器的传输函数

该图表明,所有的正频分量移相为$-90°$,而所有的负频分量移相为$+90°$。因此,希尔伯特变换是一个正交滤波器。

2)希尔伯特变换的性质

①$H[\hat{x}(t)]=-x(t)$　　(4.3.10)

②$H[\cos(\omega_0 t+\varphi)]=\sin(\omega_0 t+\varphi)$　　(4.3.11)

$H[\sin(\omega_0 t+\varphi)]=-\cos(\omega_0 t+\varphi)$　　(4.3.12)

③设 $a(t)$为低频信号,其傅里叶变换为

$$A(\omega)=0,\ |\omega|>\Delta\omega/2\tag{4.3.13}$$

则当 $\omega_0>\Delta\omega/2$ 时,有

$$H[a(t)\cos\omega_0 t]=a(t)\sin\omega_0 t\tag{4.3.14}$$

$$H[a(t)\sin\omega_0 t]=-a(t)\cos\omega_0 t\tag{4.3.15}$$

④设 $A(t)$和 $\varphi(t)$为低频信号,则

$$H[A(t)\cos(\omega_0 t+\varphi(t))]=A(t)\sin(\omega_0 t+\varphi(t))\tag{4.3.16}$$

$$H[A(t)\sin(\omega_0 t+\varphi(t))]=-A(t)\cos(\omega_0 t+\varphi(t))\tag{4.3.17}$$

⑤设 $y(t)=v(t)\otimes x(t)$,则

$$\hat{y}(t)=\hat{v}(t)\otimes x(t)=v(t)\otimes\hat{x}(t)\tag{4.3.18}$$

⑥若实平稳随机过程为 $X(t)$与它的希尔伯特变换为$\hat{X}(t)$,则

$$R_{\hat{X}}(\tau)=R_X(\tau)\tag{4.3.19}$$

$$R_{\hat{X}X}(\tau)=-\hat{R}_X(\tau),R_{X\hat{X}}(\tau)=\hat{R}_X(\tau)\tag{4.3.20}$$

$$R_{\hat{X}X}(-\tau) = -R_{\hat{X}X}(\tau), R_{\hat{X}X}(-\tau) = -R_{\hat{X}X}(\tau) \tag{4.3.21}$$

$$R_{\hat{X}}(0) = R_X(0), R_{X\hat{X}}(0) = -R_{X\hat{X}}(0) = 0 \tag{4.3.22}$$

$$A[X(t)] = A[\hat{X}(t)] \tag{4.3.23}$$

$$A[\hat{X}(t)\ \hat{X}(t+\tau)] = A[X(t)X(t+\tau)] \tag{4.3.24}$$

式中，$A[\cdot]$表示时间均值。

⑦偶函数的希尔伯特变换为奇函数，奇函数的希尔伯特变换为偶函数。

⑧实平稳随机过程 $X(t)$与其希尔伯特变换$\hat{X}(t)$具有相同的相关函数和功率谱。

$$G_{\hat{X}}(\omega) = G_X(\omega) \tag{4.3.25}$$

⑨$$G_{X\hat{X}}(\omega) = \begin{cases} -\mathrm{j}G_X(\omega) & \omega \geqslant 0 \\ +\mathrm{j}G_X(\omega) & \omega < 0 \end{cases} \tag{4.3.26}$$

4.3.2　解析过程

【定义 4.4】对任一实随机过程 $X(t)$，其希尔伯特变换为$\hat{X}(t)$，则称

$$\widetilde{X}(t) = X(t) + \mathrm{j}\hat{X}(t) \tag{4.3.27}$$

为 $X(t)$的解析过程，即 $\widetilde{X}(t)$是 $X(t)$的解析过程。

解析过程 $\widetilde{X}(t)$有如下性质：

①若 $X(t)$为实平稳随机过程，则 $\widetilde{X}(t)$也为实平稳随机过程。

②$$G_{\widetilde{X}}(\omega) = \begin{cases} 4G_X(\omega) & \omega \geqslant 0 \\ 0 & \omega < 0 \end{cases} \tag{4.3.28}$$

性质②表明，解析过程的功率谱密度只存在于正频率轴，即它具有单边功率谱密度，其强度等于原实随机过程功率谱密度强度的 4 倍，如图 4.3 所示。

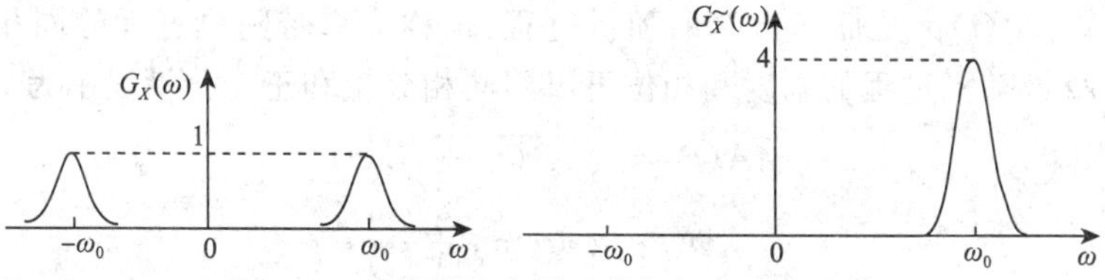

图 4.3　窄带随机信号及其复过程的功率谱

③$$R_{\widetilde{X}}(\tau) = 2[R_X(\tau) + \mathrm{j}R_{X\hat{X}}(\tau)] = 2[R_X(\tau) + \mathrm{j}\hat{R}_X(\tau)] \tag{4.3.29}$$

4.3.3　窄带随机过程及其功率谱密度

信号的频谱一般是可以分布在整个频率轴上的，即$-\infty<\omega<\infty$。但是在实际应用中，人们关心的是这样一些信号，即它们频谱的主要成分集中于频率的某个范围之内，而在此范围之外的信号频率分量很小，可以忽略不计。对于随机过程也有类似

的情况。

1)窄带随机过程

【定义 4.5】如果一个随机过程的功率谱密度，只分布在高频载波 ω_0 附近一个窄频范围 $\Delta\omega$ 内，在此范围之外全为 0，且满足 $\omega_0 \gg \Delta\omega$ 时，则称之为窄带随机过程。这里 ω_0 可选在频带中心附近或最大功率谱密度点对应的频率附近。一个典型的窄带随机过程的功率谱密度图，如图 4.4 所示。

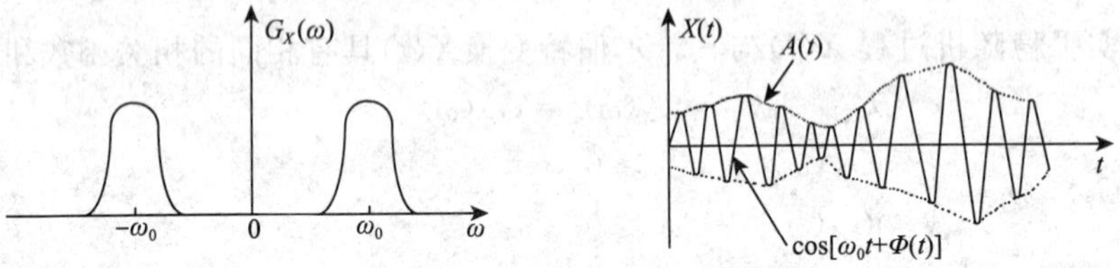

图 4.4　典型的窄带随机过程的功率谱密度图

由图 4.4 可知，可以把这个随机过程表示成具有角频率 ω_0 以及慢变幅度与慢变相位的正弦振荡，即

$$X(t) = A(t)\cos[\omega_0 t + \Phi(t)] \tag{4.3.30}$$

式中，$A(t)$是随机过程的慢变幅度(即包络)，$\Phi(t)$是随机过程的慢变相位，它们都是随机过程，称式(4.3.30)为准正弦振荡，也即窄带随机过程的数学模型。式(4.3.30)可以展开为

$$X(t) = A_c(t)\cos\omega_0 t - A_s(t)\sin\omega_0 t \tag{4.3.31}$$

式中

$$\begin{cases} A_c(t) = A(t)\cos\Phi(t) \\ A_s(t) = A(t)\sin\Phi(t) \end{cases} \tag{4.3.32}$$

式中，$A_c(t)$，$A_s(t)$都是低通慢变的随机过程，也称为窄带随机过程的同相分量和正交分量。窄带随机过程的幅度和相位可以用同相分量和正交分量表示为

$$A(t) = \sqrt{A_c^2(t) + A_s^2(t)} \tag{4.3.33}$$

$$\Phi(t) = \arctan\frac{A_s(t)}{A_c(t)} \tag{4.3.34}$$

2)窄带随机过程的相关函数与功率谱密度

窄带随机过程 $X(t)$的功率谱密度 $G_X(\omega)$与相关函数间的关系为

$$G_X(\omega) = \int_{-\infty}^{\infty} R_X(\tau)\mathrm{e}^{-\mathrm{j}\omega\tau}\mathrm{d}\tau, \omega_1 = \omega_0 - \Delta\omega \leqslant \omega \leqslant \omega_0 + \Delta\omega = \omega_2 \tag{4.3.35}$$

$$R_X(\tau) = \frac{1}{2\pi}\int_{\omega_1}^{\omega_2} G_X(\omega)\mathrm{e}^{\mathrm{j}\omega\tau}\mathrm{d}\omega \tag{4.3.36}$$

零均值窄带随机过程的相关函数与功率谱密度有如下性质：

①$A_c(t)$和$A_s(t)$是各自单独平稳且联合平稳随机过程。

② $$E[A_c(t)]=0, E[A_s(t)]=0 \tag{4.3.37}$$

③ $$E[A_c^2(t)]=E[A_s^2(t)]=E[X^2(t)] \tag{4.3.38}$$

④ $$R_{A_c}(\tau)=\frac{1}{\pi}\int_0^{\infty}G_X(\omega)\cos[(\omega-\omega_0)\tau]\mathrm{d}\omega \tag{4.3.39}$$

⑤ $$R_{A_c}(\tau)=R_{A_s}(\tau) \tag{4.3.40}$$

⑥ $$R_{A_cA_s}(\tau)=\frac{1}{\pi}\int_0^{\infty}G_X(\omega)\sin[(\omega-\omega_0)\tau]\mathrm{d}\omega \tag{4.3.41}$$

⑦ $$R_{A_cA_s}(\tau)=-R_{A_sA_c}(\tau), R_{A_cA_s}(\tau)=-R_{A_cA_s}(-\tau) \tag{4.3.42}$$

⑧ $$R_{A_cA_s}(0)=R_{A_sA_c}(0)=E[A_c(t)A_s(t)]=0 \tag{4.3.43}$$

⑨ $$\begin{aligned}G_{A_c}(\omega)&=\frac{1}{2}[G_X(\omega-\omega_0)+G_X(\omega+\omega_0)]\\&\quad+\frac{1}{2}[-\operatorname{sgn}(\omega-\omega_0)G_X(\omega-\omega_0)+\operatorname{sgn}(\omega+\omega_0)G_X(\omega+\omega_0)]\\&=\begin{cases}G_X(\omega-\omega_0)+G_X(\omega+\omega_0)] & |\omega|<\Delta\omega/2\\0 & \text{其他}\end{cases}\end{aligned} \tag{4.3.44}$$

$G_{A_c}(\omega)$与$G_{A_s}(\omega)$的各个分量,如图 4.5 所示。

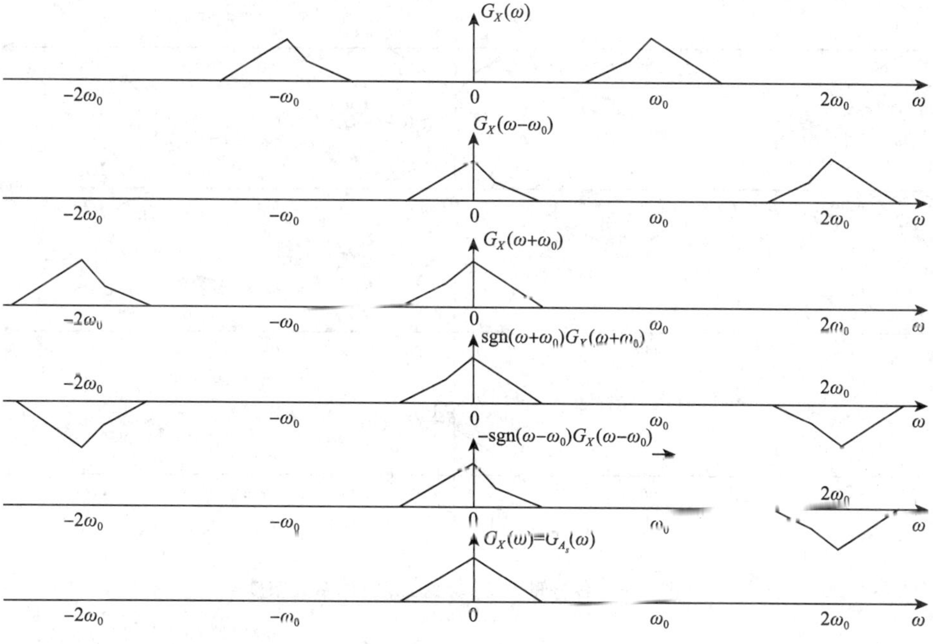

图 4.5　$G_{A_c}(\omega)$与$G_{A_s}(\omega)$的各个分量

⑩ $$G_{A_c}(\omega)=G_{A_s}(\omega) \tag{4.3.45}$$

⑪ $$G_{A_cA_s}(\omega)=-\mathrm{j}\{-\frac{1}{2}[G_X(\omega-\omega_0)-G_X(\omega+\omega_0)]$$

$$+\frac{1}{2}[\mathrm{sgn}(\omega-\omega_0)G_X(\omega-\omega_0)+\mathrm{sgn}(\omega+\omega_0)G_X(\omega+\omega_0)]\}$$

$$=\begin{cases}\mathrm{j}[G_X(\omega-\omega_0)-G_X(\omega+\omega_0)] & |\omega|<\Delta\omega/2 \\ 0 & \text{其他}\end{cases} \tag{4.3.46}$$

$G_X(\omega)$、$G_X(\omega-\omega_c)$与$-G_X(\omega+\omega_c)$、$-\mathrm{sgn}(\omega-\omega_c)G_X(\omega-\omega_c)$、$-\mathrm{sgn}(\omega+\omega_c)G_X(\omega+\omega_c)$及$G_{A_cA_s}(\omega)/\mathrm{j}$的功率谱密度，如图 4.6 所示。

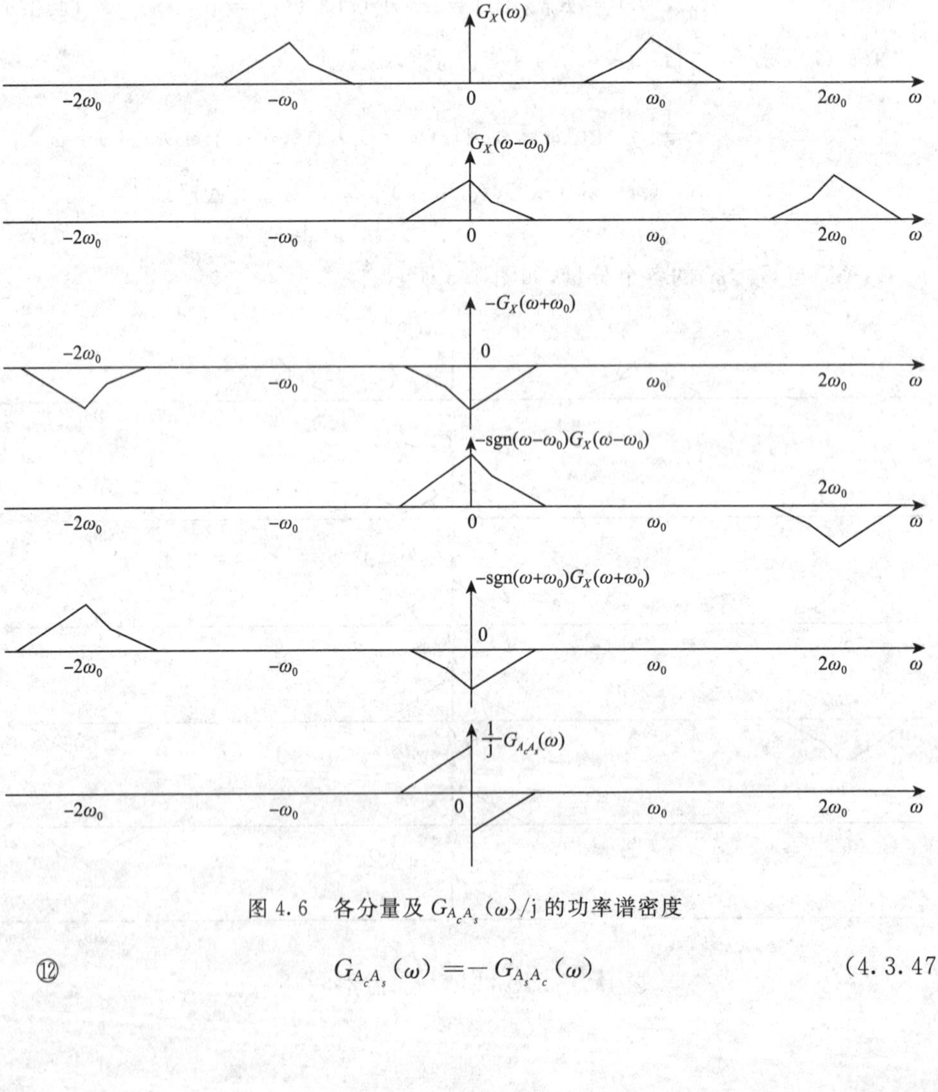

图 4.6 各分量及 $G_{A_cA_s}(\omega)/\mathrm{j}$ 的功率谱密度

⑫ $$G_{A_cA_s}(\omega)=-G_{A_sA_c}(\omega) \tag{4.3.47}$$

【例 4.6】已知如图 4.7 所示的窄带平稳过程的谱密度 $G_X(\omega)$。求该过程的均方值及相关函数。

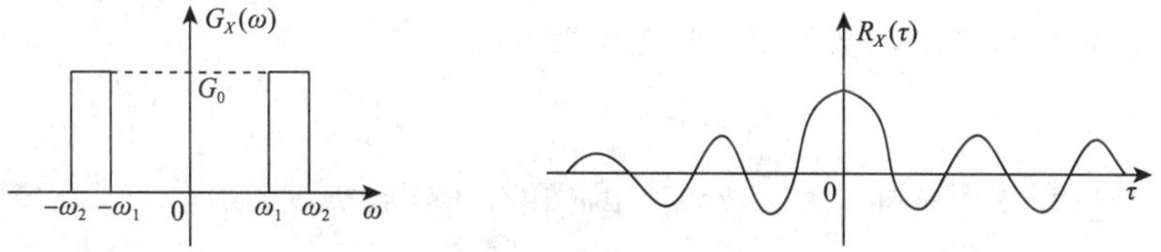

图 4.7　$G_X(\omega)$与 $R_X(\tau)$的图形

解:均方值为

$$E[X^2(t)] = R_X(0) = \frac{1}{2\pi}\int_{-\infty}^{\infty} G_X(\omega)\mathrm{d}\omega = \frac{1}{\pi}\int_{\omega_1}^{\omega_2} G_0\mathrm{d}\omega = \frac{1}{\pi}G_0(\omega_2 - \omega_1)$$

由 $G_X(\omega)$的偶对称性,得相关函数为

$$\begin{aligned} R_X(\tau) &= \frac{1}{\pi}\int_0^{\infty} G_X(\omega)\cos\omega\tau\mathrm{d}\omega = \frac{1}{\pi}\int_{\omega_1}^{\omega_2} G_0\cos\omega\tau\mathrm{d}\omega \\ &= \frac{G_0}{\pi\tau}[\sin\omega_2\tau - \sin\omega_1\tau] \\ &= \frac{2G_0}{\pi\tau}\cos\left(\frac{\omega_1+\omega_2}{2}\right)\tau\sin\left(\frac{\omega_2-\omega_1}{2}\right)\tau \end{aligned}$$

4.4　白噪声过程及其功率谱密度

如果一个随机过程的谱密度在整个频率轴上的值不变,则称该频谱为白噪声频谱。

1)白噪声过程

【定义 4.6】设$\{X(t), -\infty<t<\infty\}$为实平稳随机过程,若它的均值为零,且谱密度在整个频率范围内为非零的常数,即

$$G_X(\omega) = G_0(-\infty < \omega < \infty) \tag{4.4.1}$$

则称 $X(t)$为白噪声过程。

由于白噪声过程有类似于白光的性质,其能量谱在各种频率上均匀分布,故有“白”噪声之称。又由于它的主要统计特性不随时间推移而改变,故它是平稳过程。但是它的相关函数在通常意义下的傅里叶反变换不存在,所以,为了对白噪声过程进行频谱分析,先对 δ 函数的傅里叶变换进行讨论。

具有下列性质的函数称为 δ 函数

(1)$\delta(x)=\begin{cases}0, x\neq 0\\ \infty, x=0\end{cases}$;(2) $\int_{-\infty}^{\infty}\delta(x)\mathrm{d}x=1$

δ 函数有一个非常重要的运算性质，即对任何连续函数 $f(x)$，有

$$\int_{-\infty}^{\infty} f(x)\delta(x-t)\mathrm{d}x = f(t) \tag{4.4.2}$$

由式(4.4.2)知，δ 函数的傅里叶变换为

$$\int_{-\infty}^{\infty} \delta(x)\mathrm{e}^{-\mathrm{j}\omega\tau}\mathrm{d}\tau = \mathrm{e}^{-\mathrm{j}\omega\tau}\Big|_{\tau=0} = 1 \tag{4.4.3}$$

因此，由傅里叶反变换可得 δ 函数的傅里叶积分表达式为

$$\delta(\tau) = \frac{1}{2\pi}\int_{-\infty}^{\infty} 1 \cdot \mathrm{e}^{\mathrm{j}\omega\tau}\mathrm{d}\omega \tag{4.4.4}$$

或

$$\int_{-\infty}^{\infty} 1 \cdot \mathrm{e}^{\mathrm{j}\omega\tau}\mathrm{d}\omega = 2\pi\delta(\tau) \tag{4.4.5}$$

式(4.4.4)与式(4.4.5)说明，$\delta(\tau)$ 函数与 1 构成一对傅里叶变换。同理，由式(4.4.2)可得

$$\frac{1}{2\pi}\int_{-\infty}^{\infty} \delta(\omega)\mathrm{e}^{\mathrm{j}\omega\tau}\mathrm{d}\omega = \frac{1}{2\pi}$$

或

$$\frac{1}{2\pi}\int_{-\infty}^{\infty} 2\pi\delta(\omega)\mathrm{e}^{\mathrm{j}\omega\tau}\mathrm{d}\omega = 1 \tag{4.4.6}$$

相应地有

$$\int_{-\infty}^{\infty} 1 \cdot \mathrm{e}^{-\mathrm{j}\omega\tau}\mathrm{d}\tau = 2\pi\delta(\omega) \tag{4.4.7}$$

式(4.4.6)与式(4.4.7)说明，1 与 $2\pi\delta(\omega)$ 构成一对傅里叶变换，换言之，若相关函数 $R_X(\tau)=1$ 时，则它的谱密度为 $G_X(\tau)=2\pi\delta(\tau)$。

【例 4.7】白噪声过程的谱密度为

$$G_X(\omega) = G_0(\text{常数}), \ -\infty < \omega < \infty$$

求它的相关函数 $R_X(\tau)$。

解：由式(4.3.36)，得

$$R_X(\tau) = \frac{1}{2\pi}\int_{-\infty}^{\infty} G_X(\omega)\mathrm{e}^{\mathrm{j}\omega\tau}\mathrm{d}\omega = \frac{G_0}{2\pi}\int_{-\infty}^{\infty} \mathrm{e}^{\mathrm{j}\omega\tau}\mathrm{d}\omega = G_0\delta(\tau)$$

由本例看出，白噪声过程也可以定义为均值为零、相关函数为 $G_0\delta(\tau)$ 的平稳过程。这表明，在任何两个时刻 t_1 和 t_2，$X(t_1)$ 与 $X(t_2)$ 不相关，即白噪声随时间变化的起伏极快，而过程的功率谱极宽，对不同输入频率的信号都能产生干扰。$R_X(\tau)$ 与 $G_X(\omega)$ 的图形，如图 4.8 所示。

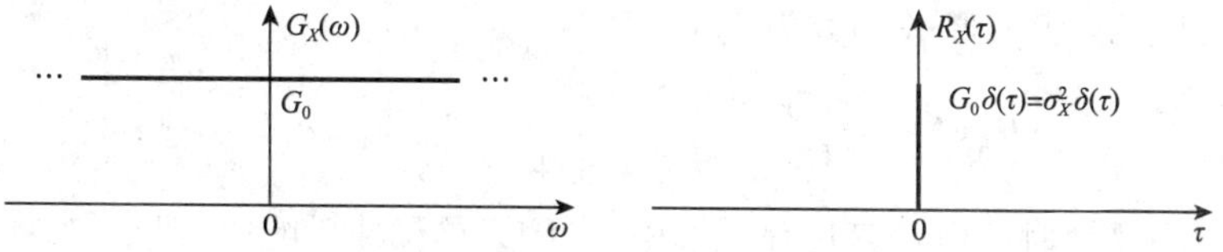

图 4.8　$R_X(\tau)$与$G_X(\omega)$的图形

【例 4.8】已知相关函数$R_X(\tau)=a\cos\omega_0\tau$，其中$a,\omega_0$为常数，求谱密度$G_X(\omega)$。

解：由(4.3.35)式得

$$
\begin{aligned}
G_X(\omega) &= \int_{-\infty}^{\infty} R_X(\tau)\mathrm{e}^{-\mathrm{j}\omega\tau}\,\mathrm{d}\tau = \int_{-\infty}^{\infty} a\cos\omega_0\tau\,\mathrm{e}^{-\mathrm{j}\omega\tau}\,\mathrm{d}\tau \\
&= \frac{a}{2}\int_{-\infty}^{\infty}[\mathrm{e}^{\mathrm{j}\omega_0\tau}+\mathrm{e}^{-\mathrm{j}\omega_0\tau}]\mathrm{e}^{-\mathrm{j}\omega\tau}\,\mathrm{d}\tau \\
&= \frac{a}{2}\Big[\int_{-\infty}^{\infty}\mathrm{e}^{-\mathrm{j}(\omega-\omega_0)\tau}\,\mathrm{d}\tau+\int_{-\infty}^{\infty}\mathrm{e}^{-\mathrm{j}(\omega+\omega_0)\tau}\,\mathrm{d}\tau\Big] \\
&= a\pi[\delta(\omega-\omega_0)+\delta(\omega+\omega_0)]
\end{aligned}
$$

【例 4.9】设随机过程$Y(t)$是由一个各态历经的白噪声过程$X(t)$延迟时间T后产生的，若$X(t)$和$Y(t)$的谱密度为G_0，求互相关函数$R_{XY}(\tau)$和$R_{YX}(\tau)$及互谱密度$G_{XY}(\omega)$和$G_{YX}(\omega)$。

解：因为$R_{XY}(\tau)=E[X^*(t)Y(t-\tau)]=R_{YX}(-\tau)$，其中$Y(t+T)=X(t)$，故

$$Y(t)=X(t-T),Y(t-\tau)=X(t-\tau-T)$$

于是

$$
\begin{aligned}
R_{XY}(\tau) = E[X^*(t)Y(t-\tau-T)] &= R_{YX}(-\tau) \\
E[X^*(t)X(t-\tau-T)] &= R_X(\tau+T)
\end{aligned}
$$

所以

$$R_{XY}(\tau)=R_X(\tau+T)=G_0\delta(\tau+T)=R_{YX}(-\tau)$$

$$G_{XY}(\omega)=\int_{-\infty}^{\infty}R_{XY}(\tau)\mathrm{e}^{-\mathrm{j}\omega\tau}\,\mathrm{d}\tau=\int_{-\infty}^{\infty}G_0\delta(\tau+T)\mathrm{e}^{-\mathrm{j}\omega\tau}\,\mathrm{d}\tau=G_0\mathrm{e}^{\mathrm{j}\omega T}$$

$$G_{YX}(\omega)=\int_{-\infty}^{\infty}R_{YX}(\tau)\mathrm{e}^{-\mathrm{j}\omega\tau}\,\mathrm{d}\tau=\int_{-\infty}^{\infty}G_0\delta(-\tau+T)\mathrm{e}^{-\mathrm{j}\omega\tau}\,\mathrm{d}\tau=G_0\mathrm{e}^{-\mathrm{j}\omega T}$$

因为$X(t)$和$Y(t)$都是白噪声过程，它们的互相关函数除在$\tau=T$处有值外，其余各点为零，所以$R_{XY}(T)=R_X(0)=R_{YX}(T)$，它们的图形如图 4.9 所示。

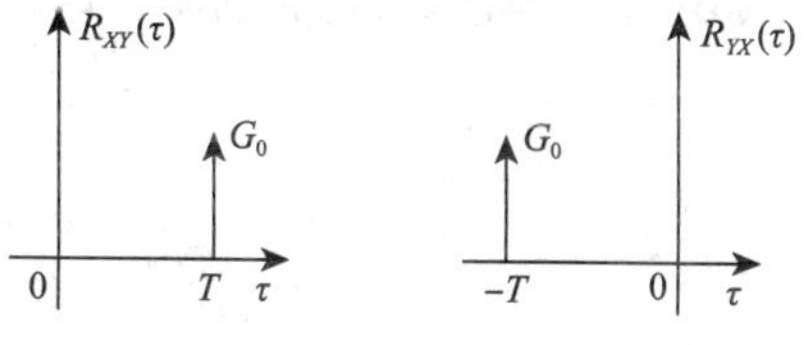

图 4.9　$R_{XY}(\tau)$，$R_{YX}(\tau)$的图形

2）离散时间白噪声过程

【定义 4.7】设$\{X(k),k\in Z\}$为实值平稳离

散时间随机过程，其自相关函数为

$$R_X(k)=\begin{cases}\sigma_X^2 & k=0\\ 0 & k=\pm 1,\pm 2,\cdots\end{cases}=\sigma_X^2\delta(k) \tag{4.4.8}$$

则称 $X(k)$ 为离散时间白噪声过程。式中，$\delta(k)$ 为单位冲激响应，即

$$\delta(k)=\begin{cases}1 & k=0\\ 0 & k\neq 0\end{cases} \tag{4.4.9}$$

离散时间白噪声过程 $X(k)$ 的功率谱为

$$G_X(\omega)=\sigma_X^2,-\infty<\omega<\infty \tag{4.4.10}$$

$R_X(k)$ 与 $G_X(\omega)$ 的图形，如图 4.10 所示。

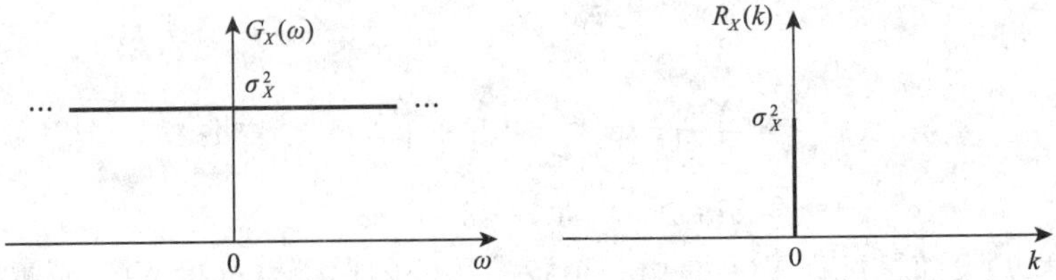

图 4.10　谱密度与自相关函数

3)带限白噪声和有色噪声

【定义 4.8】设 $\{X(t),-\infty<t<\infty\}$ 为实平稳过程，若它的均值为零，且谱密度在给定的频率范围内为非零常数，即

$$G_X(\omega)=\begin{cases}G_0 & |\omega|\leqslant\Omega\\ 0 & |\omega|>\Omega\end{cases} \tag{4.4.11}$$

则称 $X(t)$ 为带限白噪声过程。该过程的自相关函数为

$$R_X(\tau)=\frac{G_0}{\pi}\frac{\sin\Omega\tau}{\tau} \tag{4.4.12}$$

不是白噪声的任何噪声都是有色噪声。

【例 4.10】设平稳有色噪声过程为 $X(t)$，它的自相关函数为

$$R_X(\tau)=\mathrm{e}^{-\alpha|\tau|}\cos\beta\tau$$

式中，α,β 为常数，求其功率谱密度。

解：
$$G_X(\omega)=\int_{-\infty}^{\infty}\frac{1}{2}\mathrm{e}^{-\alpha|\tau|}(\mathrm{e}^{\mathrm{j}\beta\tau}+\mathrm{e}^{-\mathrm{j}\beta\tau})\mathrm{e}^{-\mathrm{j}\omega\tau}\mathrm{d}\tau$$
$$=\frac{1}{2}\int_{-\infty}^{0}\mathrm{e}^{\alpha\tau+\mathrm{j}\beta\tau-\mathrm{j}\omega\tau}\mathrm{d}\tau+\frac{1}{2}\int_{0}^{\infty}\mathrm{e}^{-\alpha\tau+\mathrm{j}\beta\tau-\mathrm{j}\omega\tau}\mathrm{d}\tau+\frac{1}{2}\int_{-\infty}^{0}\mathrm{e}^{\alpha\tau-\mathrm{j}\beta\tau-\mathrm{j}\omega\tau}\mathrm{d}\tau+\frac{1}{2}\int_{0}^{\infty}\mathrm{e}^{-\alpha\tau-\mathrm{j}\beta\tau-\mathrm{j}\omega\tau}\mathrm{d}\tau$$
$$=\frac{\alpha}{\alpha^2+(\omega-\beta)^2}+\frac{\alpha}{\alpha^2+(\omega+\beta)^2}$$

$R_X(\tau)$ 与 $G_X(\omega)$ 的图形，如图 4.11 所示。

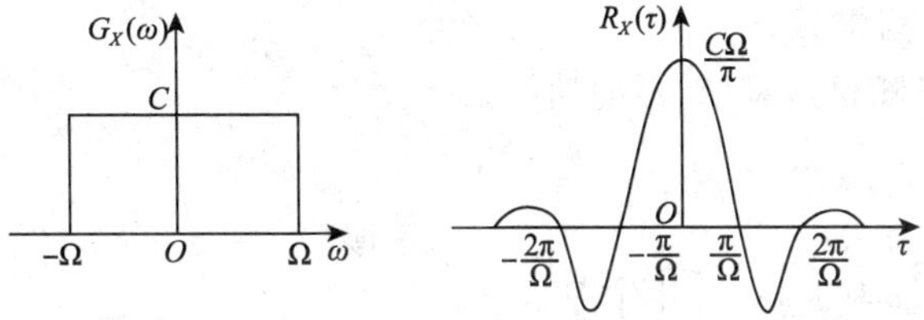

图 4.11　$R_X(\tau)$与 $G_X(\omega)$的图形

习　题

1. 以下有理函数是否为功率谱密度的正确表达式？为什么？

(1)$\frac{\omega^2}{\omega^6+3\omega^2+3}$；　(2)$\exp[-(\omega-1)^2]$；

(3)$\frac{\omega^2}{\omega^4-1}-\delta(\omega)$；　(4)$\frac{\omega^4}{1+\omega^2+j\omega^6}$；

(5)$\frac{\omega^2+4}{\omega^4-4\omega^2+3}$；　(6)$\frac{e^{-j\omega^2}}{\omega^2+2}$

2. 对第 1 题中的正确功率谱密度表达式，计算出自相关函数和均方值。

3. 求正弦随相信号 $X(t)=\cos(\omega_0 t+\Phi)$的功率谱密度。式中，$\omega_0$ 为常数，Φ 为$(0,2\pi)$上均匀分布的随机变量。

4. 求 $Y(t)=X(t)\cos(\omega_0 t+\Phi)$的自相关函数及功率谱密度。式中，$X(t)$为平稳随机过程，$\Phi$ 为$(0,2\pi)$上均匀分布的随机变量，ω_0 为常数，$X(t)$与 Φ 互相独立。

5. 已知平稳随机过程 $X(t)$的自相关函数为 $R_X(\tau)=e^{-\alpha|\tau|}$，求 $X(t)$的功率谱密度 $G_X(\omega)$，并作图。

6. 已知平稳随机过程 $X(t)$的自相关函数为 $R_X(\tau)=4e^{-|\tau|}\cos\omega_0\tau+\cos 3\omega_0\tau$，求 $X(t)$的功率谱密度 $G_X(\omega)$，并作图。

7. 已知平稳随机过程 $X(t)$的自相关函数为

$$R_X(\tau)=\begin{cases}1-\frac{|\tau|}{T}, & -T\leqslant\tau\leqslant T\\0, & \text{其他}\end{cases}$$

求 $X(t)$的功率谱密度 $G_X(\omega)$，并作图。

8. 设 $X(t)$为平稳随机过程，试用 $X(t)$的功率谱表示 $Y(t)$的功率谱密度

$$Y(t)=A+BX(t)$$

式中，A 和 B 为实常数。

9. 求自相关函数为 $R_X(\tau)=p\cos^4(\omega_0\tau)$的随机过程的功率谱密度，并求其平均

功率。式中 p,ω_0 为常数。

10. 已知平稳随机过程 $X(t)$ 的功率谱密度为

$$G_X(\omega)=\begin{cases}1, & |\omega|\leqslant\omega_0\\0, & \text{其他}\end{cases}$$

求 $X(t)$ 的自相关函数 $R_X(\tau)$，并作图。

11. 已知平稳随机过程 $X(t)$ 的功率谱密度为

$$G_X(\omega)=\begin{cases}8\delta(\omega)+20\times\left(1-\dfrac{|\omega|}{10}\right), & |\omega|\leqslant\omega_0\\0, & \text{其他}\end{cases}$$

求 $X(t)$ 的自相关函数 $R_X(\tau)$。

12. 设平稳随机过程是实过程，求证该过程的自相关函数与功率谱密度都是偶函数。

13. 如下图所示，若系统的输入过程 $X(t)$ 为平稳过程，系统的输出为平稳随机过程 $Y(t)=X(t)+X(t-\tau)$，证明 $Y(t)$ 的功率谱密度为 $G_Y(\omega)=2G_X(\omega)(1+\cos\omega\tau)$。

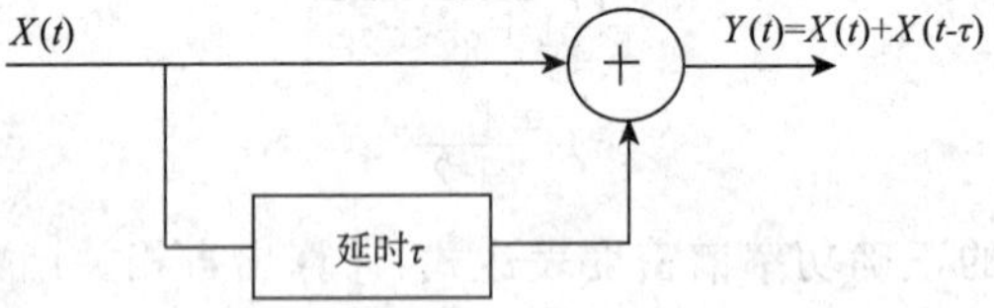

14. 已知平稳随机过程

$$X(t)=\sum_{i=1}^{N}a_iY_i(t)$$

式中，a_i 是一组常实数，而随机过程 $Y_i(t)$ 皆为平稳过程且相互正交。证明：

$$G_X(\omega)=\sum_{i=1}^{N}a_i^2G_{Yi}(\omega)$$

15. 设平稳随机过程 $X(t)=a\cos(\theta t+\Phi)$，式中，$a$ 为常数，Φ 是在 $(0,2\pi)$ 上均匀分布的随机变量；θ 也是随机变量，且 $f_\theta(\omega)=f_\theta(-\omega)$，$\Phi$ 与 θ 相互独立。求证 $X(t)$ 的功率谱密度为 $G_X(\omega)=a^2\pi f_\theta(\omega)$。

16. 随机过程为

$$W(t)=AX(t)+BY(t)$$

式中，A 和 B 为实常数，$X(t)$ 和 $Y(t)$ 是宽联合平稳过程。

(1)求 $W(t)$ 的功率谱密度 $G_W(\omega)$；

(2)如果 $X(t)$ 和 $Y(t)$ 不相关，求 $G_W(\omega)$；

(3)求互谱密度 $G_{XW}(\omega)$ 和 $G_{YW}(\omega)$。

17. 设随机过程 $X(t)$ 和 $Y(t)$ 联合平稳，求证

$$\mathrm{Re}[G_{XY}(\omega)]=\mathrm{Re}[G_{YX}(\omega)];\mathrm{Im}[G_{XY}(\omega)]=-\mathrm{Im}[G_{YX}(\omega)]$$

18. 设 $X(t)$ 和 $Y(t)$ 是两个不相关的平稳随机过程，均值 m_X，m_Y 都不为零，定义 $Z(t)=X(t)+Y(t)$，求互谱密度 $G_{XY}(\omega)$ 及 $G_{XZ}(\omega)$。

19. 已知平稳随机过程 $X(t)$ 和 $Y(t)$ 相互独立，功率谱密度分别为

$$G_X(\omega)=\frac{16}{\omega^2+16},G_Y(\omega)=\frac{\omega^2}{\omega^2+16}$$

令新的随机过程

$$\begin{cases}Z(t)=X(t)+Y(t)\\V(t)=X(t)-Y(t)\end{cases}$$

(1)证明 $X(t)$ 和 $Y(t)$ 联合平稳；(2)求 $Z(t)$ 的功率谱密度 $G_Z(\omega)$；(3)求 $X(t)$ 和 $Y(t)$ 的互谱密度 $G_{XY}(\omega)$；(4)求 $X(t)$ 和 $Z(t)$ 的互相关函数 $R_{XZ}(\tau)$；(5)求 $V(t)$ 和 $Z(t)$ 的自相关函数 $R_{VZ}(\tau)$。

20. 已知可微平稳随机过程 $X(t)$ 的功率谱密度为

$$G_X(\omega)=\frac{1}{\omega^2+1}$$

(1)证明过程 $X(t)$ 和导数 $Y(t)=X'(t)$ 联合平稳；(2)求互相关函数 $R_{XY}(\tau)$ 和互谱密度 $G_{XY}(\omega)$。

21. 已知可微平稳过程 $X(t)$ 的自相关函数为 $R_X(\tau)=2\exp(-\tau^2)$，其导数为 $Y(t)=X'(t)$。求互谱密度 $G_{XY}(\omega)$ 和功率谱密度 $G_Y(\omega)$。

22. 已知随机过程 $W(t)=X(t)\cos\omega_0 t+Y(t)\sin\omega_0 t$，式中随机过程 $X(t)$，$Y(t)$ 联合平稳，ω_0 为常数。(1)讨论 $X(t)$，$Y(t)$ 及其均值和自相关函数在什么条件下，才能使随机过程 $W(t)$ 宽平稳；(2)利用(1)的结论，用功率谱密度 $G_X(\omega)$，$G_Y(\omega)$，$G_{XY}(\omega)$ 表示 $W(t)$ 的功率谱密度 $G_W(\omega)$；(3)若 $X(t)$，$Y(t)$ 互不相关，求 $W(t)$ 的功率谱密度 $G_W(\omega)$。

23. 已知平稳随机过程 $X(t)$，$Y(t)$ 互不相关，它们的均值 m_X，m_Y 皆不为零。令新的随机过程 $Z(t)=X(t)+Y(t)$，求互谱密度 $G_{XY}(\omega)$ 和 $G_{XZ}(\omega)$。

24. 已知可微平稳随机过程 $X(t)$ 的功率谱密度为

$$G_X(\omega)=\frac{4\alpha^2\beta}{(\alpha^2+\omega^2)^2}$$

式中 α，β 皆为正实常数，求随机过程 $X(t)$ 及其导数 $Y(t)=X'(t)$ 的互谱密度 $G_{XY}(\omega)$。

25. 已知随机过程 $X(t)$，$Y(t)$ 为

$$\begin{cases}X(t)=a\cos(\omega_0 t+\Theta)\\Y(t)=A(t)\cos(\omega_0 t+\Theta)\end{cases}$$

式中 a，ω_0 为实正常数，$A(t)$ 是具有恒定均值 m_A 的随机过程，Θ 为与 $A(t)$ 独立的随机变量。

(1)运用互谱密度的定义式

$$G_{XY}(\omega) = \lim_{T\to\infty} \frac{1}{2T} E[X_T^*(\omega) Y_T(\omega)]$$

证明:无论随机变量 θ 的概率密度形式如何,总有

$$G_{XY}(\omega) = \frac{\pi a m_A}{2} [\delta(\omega-\omega_0) + \delta(\omega+\omega_0)]$$

(2)证明:$X(t)$,$Y(t)$的互相关函数为

$$R_{XY}(t,t+\tau) = \frac{am_A}{2}\{\cos\omega_0\tau + E[\cos(2\theta)]\cos(2\omega_0 t+\omega_0\tau) - E[\sin(2\theta)]\sin(2\omega_0 t+\omega_0\tau)\}$$

(3)求互相关函数 $R_{XY}(t,t+\tau)$的时间平均 $A[R_{XY}(t,t+\tau)]$。

26. 设一个线性系统的微分方程为

$$\frac{\mathrm{d}y(t)}{\mathrm{d}t} + by(t) = ax(t)$$

式中 a,b 为常数,$x(t)$,$y(t)$分别为输入平稳过程 $X(t)$和输出平稳过程$Y(t)$的样本函数,且输入过程均值为零,初始条件为零,$R_X(\tau)=\sigma^2 \mathrm{e}^{-\beta|\tau|}$,求输出的谱密度 $G_Y(\omega)$和相关函数 $R_Y(\tau)$。

27. 设一个线性系统输入平稳过程 $X(t)$,其相关函数为 $R_X(\tau)=\beta \mathrm{e}^{-\alpha|\tau|}$。若输入与输出过程的样本函数满足微分方程

$$\frac{\mathrm{d}y(t)}{\mathrm{d}t} + by(t) = \frac{\mathrm{d}x(t)}{\mathrm{d}t} + ax(t)$$

式中 a,b 为常数。求输出过程 $Y(t)$的谱密度 $G_Y(\omega)$和相关函数 $R_Y(\tau)$。

28. 设有如下图所示的电路系统,输入零均值的平稳过程 $X(t)$,且相关函数为 $R_X(\tau)=\sigma^2 \mathrm{e}^{-\beta|\tau|}$。求 $Y_1(t)$,$Y_2(t)$的谱密度及两者的互谱密度。

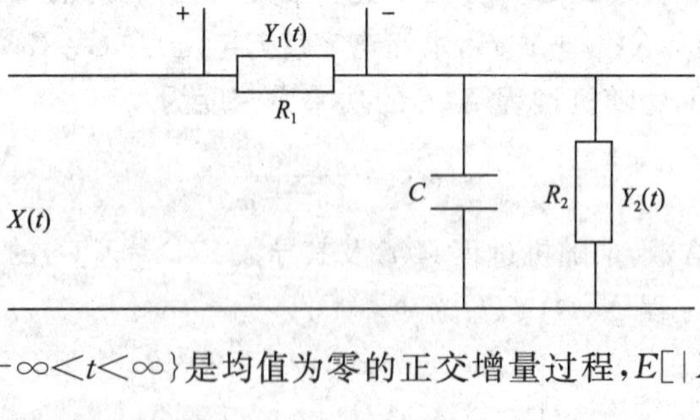

29. 设$\{X(t),-\infty<t<\infty\}$是均值为零的正交增量过程,$E[|X(t_2)-X(t_1)|^2]=|t_2-t_1|$,若

$$Y(t) = X(t) - X(t-1)$$

(1)证明$\{Y(t),-\infty<t<\infty\}$是平稳过程;

(2)求$\{Y(t)\}$的功率谱密度。

第 5 章　泊松过程

【内容导读】　本章给出了泊松过程的定义及统计特性分析；定义了时间间隔与等待时间，对其分布特点进行了分析；讨论了非齐次泊松过程与复合齐次泊松过程。

在日常生活及工程技术领域中，常常需要考虑这样一类问题，即研究在一定时间间隔$[0,t]$内某随机事件出现次数的统计规律。例如：在公用事业中，在某个固定的时间间隔$[0,t]$内，到某商店去的顾客数，通过某交叉路口的电车、汽车数，某船舶甲板“上浪”次数，某电话总机接到的呼唤次数；在电子技术中的散粒噪声和脉冲噪声，数字通讯中已编码信号的误码个数等。所有这些问题，我们通常都可用泊松过程来模拟，进而解决之。

泊松过程是一类较为简单的时间连续、状态离散的随机过程，在物理学、地质学、生物学、医学、天文学、服务系统和可靠性理论等领域中都有广泛的应用。

5.1　泊松过程的概念

【定义 5.1】设随机过程$\{X(t),t\in[t_0,\infty)(t_0\geqslant 0)\}$，其状态只取非负整数值，若满足下列三个条件：

①$P\{X(t_0)=0\}=1$；

②$X(t)$为均匀独立增量过程；

③对任意时刻$t_1,t_2\in[t_0,\infty)$，且$t_1<t_2$，相应的随机变量的增量$X(t_2)-X(t_1)$服从数学期望为$\lambda(t_2-t_1)$的泊松分布，即对于$k=0,1,2,\cdots$，有

$$P_k(t_1,t_2)=P\{X(t_1,t_2)=k\}=\frac{[\lambda(t_2-t_1)]^k}{k!}e^{-\lambda(t_2-t_1)} \tag{5.1.1}$$

式中，$X(t_1,t_2)=X(t_2)-X(t_1)$，则称$X(t)$为泊松(Poisson)过程(均匀情况)。

5.2 泊松过程的统计特性

对于给定的时刻 t_1 和 t_2，且 $t_1<t_2$，式(5.1.1)可改写成

$$P_k(t_1,t_2)=P\{X(t_2)-X(t_1)=k\}=\frac{[\lambda(t_2-t_1)]^k}{k!}e^{-\lambda(t_2-t_1)} \tag{5.1.2}$$

下面，先来讨论服从泊松分布的随机变量$[X(t_1)-X(t_2)]$及$[X(t_3)-X(t_4)]$的数学期望、方差和相关函数等统计量及时间间隔与等待时间的分布等问题。

5.2.1 泊松过程的统计特性

1)数学期望

令 $t_2-t_1=t, t_2=0$，因此，均值函数

$$E[X(t)]=E[X(t)-X(0)]=\sum_{k=0}^{\infty}kP_k(0,t)=\sum_{k=0}^{\infty}k\frac{(\lambda t)^k}{k!}e^{-\lambda t}$$

$$=e^{-\lambda t}\lambda t\sum_{k=0}^{\infty}\frac{(\lambda t)^{k-1}}{(k-1)!}=\lambda t e^{-\lambda t}e^{\lambda t}=\lambda t \tag{5.2.1}$$

2)均方值和方差函数

$$E[X^2(t)]=E\{[X(t)-X(0)]^2\}$$

$$=\sum_{k=0}^{\infty}k^2\frac{(\lambda t)^k}{k!}e^{-\lambda t}=\sum_{k=0}^{\infty}(k^2-k+k)\frac{(\lambda t)^k}{k!}e^{-\lambda t}$$

$$=\sum_{k=0}^{\infty}k(k-1)\frac{(\lambda t)^k}{k!}e^{-\lambda t}+\sum_{k=0}^{\infty}k\frac{(\lambda t)^k}{k!}e^{-\lambda t}$$

$$=\lambda^2t^2+\lambda t \tag{5.2.2}$$

$$D[X(t)]=E[X^2(t)]-E^2[X(t)]=\lambda t \tag{5.2.3}$$

3)相关函数与协方差函数

设 $t_2>t_1$，把$[0,t_2)$区间分成两个不交叠的区间$[0,t_1)$和$[t_1,t_2)$，有

$$R_X(t_1,t_2)=E[X(t_1)X(t_2)]$$

$$=E\{[X(t_1)-X(0)][X(t_2)-X(t_1)+X(t_1)]\} \tag{5.2.4}$$

根据定义可以得到 $X(0)=0$，区间$[0,t_1)$与区间$[t_1,t_2)$上事件出现的次数是互相独立的，所以式(5.2.4)成立。又由于

$$E[X(t_2)-X(t_1)]=\sum_{k=0}^{\infty}kP_k(t_1,t_2)=\sum_{k=0}^{\infty}k\frac{[\lambda(t_2-t_1)]^k}{k!}e^{-\lambda(t_2-t_1)}=\lambda(t_2-t_1) \tag{5.2.5}$$

将式(5.2.5)与式(5.2.1)及式(5.2.2)代入式(5.2.4)，得

$$R_X(t_1,t_2)=\lambda^2 t_1(t_2-t_1)+\lambda^2 t_1^2+\lambda t_1=\lambda^2 t_1 t_2+\lambda t_1 \quad (t_2>t_1) \tag{5.2.6}$$

同理

$$R_X(t_1,t_2)=\lambda^2 t_1 t_2+\lambda t_2 \quad (t_1>t_2) \tag{5.2.7}$$

当 $t_1=t_2$ 时

$$R_X(t_1,t_2)=E[X^2(t)]=\lambda^2 t^2+\lambda t \tag{5.2.8}$$

一般地，泊松过程的协方差函数可表示为

$$C_X(t_1,t_2)=\lambda\min(t_1,t_2) \tag{5.2.9}$$

【例 5.1】通过某十字路口的车流是一泊松过程。设 1 分钟内没有车辆通过的概率为 0.2，求 2 分钟内有多于一辆车通过的概率。

解：以 $X(t)$ 表示在区间 $[0,t)$ 内通过的车辆数，设 $\{X(t),t>0\}$ 是泊松过程，则

$$P(X(t)=k)=\frac{(\lambda t)^k}{k!},k=0,1,2,\cdots$$

故

$$P(X(1)=0)=e^{-\lambda}=0.2\Rightarrow\lambda=-\ln 0.2$$

$$P(X(2)>1)=1-P(X(2)\leqslant 1)=1-P(X(2)=0)-P(X(2)=1)$$
$$=1-e^{-2\lambda}-2\lambda e^{-2\lambda}=1-(0.2)^2+2\ln 0.2\cdot(0.2)^2=0.83$$

4）特征函数

$$\Phi_X(\omega)=E[e^{j\omega X(t)}]=\exp\{\lambda t(e^{j\omega}-1)\} \tag{5.2.10}$$

5.2.2 时间间隔与等待时间的分布

下面对泊松过程与时间特征有关的分布进行描述。

设 $\{X(t),t\geqslant 0\}$ 是泊松过程，令 $X(t)$ 表示 t 时刻事件 A 发生（如顾客出现）的次数，T_1 表示第 1 个事件出现的时间，$T_n(n\geqslant 1)$ 表示第 $n-1$ 个事件出现与第 n 个事件出现的时间间隔；W_n 为第 n 个事件出现的时刻或第 n 个事件的等待时间，称 $\{T_n,n=1,2,\cdots\}$ 为到达时间间隔或点间间距序列；W_n 与 T_n 都是随机变量，它们之间的关系为

$$W_n=\sum_{i=1}^{n}T_i,n\geqslant 1 \tag{5.2.11}$$

它们之间的直观意义，如图 5.1 所示。

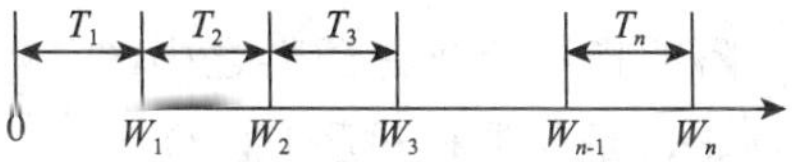

图 5.1 时间间隔与等待时间

通常，利用泊松过程中事件 A 发生的对应时间间隔关系，可以研究各次事件之间的时间间隔分布。

【定理 5.1】设$\{X(t),t\geqslant 0\}$是参数为λ的泊松分布，$\{T_n,n\geqslant 1\}$是对应的时间间隔序列，则随机变量$T_n(n=1,2,\cdots)$是独立同分布的均值为$1/\lambda$的指数分布。

证明：事件$\{T_1>t\}$发生等价于泊松过程在区间$[0,t)$内没有事件发生，因而

$$P\{T_1>t\}=P\{X(t)=0\}=\mathrm{e}^{-\lambda t}$$

即

$$P\{T_1\leqslant t\}=1-P\{T_1>t\}=1-\mathrm{e}^{-\lambda t},t\geqslant 0$$

所以，T_1是服从均值为$1/\lambda$的指数分布，利用泊松过程的独立平稳增量性质，对T_2有

$$\begin{aligned}P\{T_2>t\mid T_1=s\}&=P\{\text{在}(s,s+t]\text{内没有事件发生}\mid T_1=s\}\\&=P\{\text{在}(s,s+t]\text{内没有事件发生}\}\\&=P\{X(t+s)-X(s)=0\}\\&=P\{X(t)-X(0)=0\}=\mathrm{e}^{-\lambda t}\end{aligned}$$

即

$$P\{T_2\leqslant t\}=1-P\{T_2>t\}=1-\mathrm{e}^{-\lambda t}$$

故T_2也是服从均值为$1/\lambda$的指数分布。对于任意$n\geqslant 1$和$t,s_1,s_2,\cdots,s_{n-1}\geqslant 0$，有

$$\begin{aligned}&P\{T_n>t\mid T_1=s_1,\cdots,T_{n-1}=s_{n-1}\}\\&=P\{X(t+s_1+\cdots+s_{n-1})-X(s_1+s_2+\cdots+s_{n-1})=0\}\\&=P\{X(t)-X(0)=0\}=\mathrm{e}^{-\lambda t}\end{aligned}$$

即

$$P\{T_n\leqslant t\}=1-\mathrm{e}^{-\lambda t}$$

所以对任一$\{T_n,n\geqslant 1\}$，其分布是均值为$1/\lambda$的指数分布。

定理 5.1 表明，对于任意$n=1,2,\cdots$，事件A相继到达的时间间隔T_n的分布为

$$P\{T_n\leqslant t\}=\begin{cases}1-\mathrm{e}^{-\lambda t},t\geqslant 0\\0, \quad t<0\end{cases}$$

其概率密度为

$$f_{T_n}(t)=\begin{cases}\lambda\mathrm{e}^{-\lambda t},t\geqslant 0\\0, \quad t<0\end{cases}$$

注意，定理 5.1 所述事实与直观是完全符合的，事实上，泊松过程具有独立增量，所以从任何时刻起过程独立于先前已发生的一切(有平稳增量)。由于指数分布的无记忆性特征，因此时间间隔的指数分布是预料之中的。

【定理 5.2】设$\{W_n,n\geqslant 1\}$是与泊松过程$\{X(t),t\geqslant 0\}$对应的一个等待时间序列，则W_n服从参数为n与λ的Γ分布，其概率密度为

$$f_{W_n}(t)=\begin{cases}\lambda\mathrm{e}^{-\lambda t}\dfrac{(\lambda t)^{n-1}}{(n-1)!},t\geqslant 0\\0, \quad t<0\end{cases}\tag{5.2.12}$$

证明：因为事件$\{W_n \leqslant t\}$等价于事件$\{X(t) \geqslant n\}$，因此

$$P\{W_n \leqslant t\} = P\{X(t) \geqslant n\} = \sum_{k=n}^{\infty} e^{-\lambda t} \frac{(\lambda t)^k}{k!}$$

对上式求导，得 W_n 的概率密度为

$$f_{W_n}(t) = -\sum_{k=n}^{\infty} \lambda e^{-\lambda t} \frac{(\lambda t)^k}{k!} + \sum_{k=n}^{\infty} \lambda e^{-\lambda t} \frac{(\lambda t)^{k-1}}{(k-1)!} = \lambda e^{-\lambda t} \frac{(\lambda t)^{n-1}}{(n-1)!}$$

式(5.2.12)又称为爱尔兰分布，它是 n 个相互独立且服从指数分布的随机变量之和的概率密度。

【例 5.2】某个中子计数器对到达计数器的粒子只是每隔一个记录一次，假设粒子以每分钟 4 个 Poisson 过程的速度到达，令 T 是两个相继被记录粒子之间的时间间隔(以分钟为单位)。试求：(1)T 的概率密度；(2)$P\{T \geqslant 1\}$。

解：设 $T_1, T_2, \cdots, T_n$ 为被记录粒子之间的时间间隔，则它们是相互独立同分布的，只要求出 T_1 的分布，即为 T 的分布。由于$\{T_1 > t\}$等价于在时间$[0,t)$内至多到达一个粒子，故有

$$\begin{aligned} P\{T_1 > t\} = P\{X(t) \leqslant 1\} &= P\{X(t) = 0\} + P\{X(t) = 1\} \\ &= e^{-4t} + 4te^{-4t} = (1+4t)e^{-4t} \end{aligned}$$

$$F_T(t) = P\{T_1 \leqslant t\} = \begin{cases} 1-(1+4t)e^{-4t}, & t \geqslant 0 \\ 0, & t < 0 \end{cases}$$

$$f_T(t) = F'_T(t) = \begin{cases} 16te^{-4t}, & t \geqslant 0 \\ 0, & t < 0 \end{cases}$$

$$P\{T \geqslant 1\} = 1 - F_T(1) = 5e^{-4}$$

【例 5.3】有红、绿、蓝三种颜色的汽车，分别以强度为 $\lambda_R, \lambda_G, \lambda_B$ 的 Poisson 流到达某哨卡，设它们是相互独立的。把汽车合并成单个输出过程(假设汽车没有长度，没有延时)。

(1)求两辆汽车之间的时间间隔的概率密度；

(2)求在 t_0 时刻观察到一辆红色汽车，下一辆汽车将是(a)红的、(b)蓝的、(c)非红的概率；

(3)求在 t_0 时刻观察到一辆红色汽车，下三辆汽车是红的，然后又是一辆非红色汽车将到达的概率。

解：(1)由于独立的 Poisson 过程之和仍是 Poisson 过程，且其强度为 $\lambda_C = \lambda_R + \lambda_G + \lambda_B$。设 T_C 为两辆汽车到达的时间间隔，则其概率密度为

$$f_{T_C}(t) = \begin{cases} \lambda_C e^{-\lambda_C t}, & t \geqslant 0 \\ 0, & t < 0 \end{cases}$$

(2)设 T_R, T_G, T_B 分别为两辆红色、绿色、蓝色汽车到达的时间间隔，T_X 为红色

与非红色汽车到达的时间间隔。由(1)知,T_X的概率密度为

$$f_{T_X}(t)=\begin{cases}(\lambda_B+\lambda_G)e^{-(\lambda_B+\lambda_G)t}, & t\geqslant 0\\ 0, & t<0\end{cases}$$

由于 T_X与 T_R 相互独立,故下一辆是红色汽车的概率为

$$P\{\text{下一辆是红色汽车}\}=P\{T_R<T_X\}=\int_0^{\infty}\lambda_R e^{-\lambda_R t_R}\,dt_R\int_{t_R}^{\infty}\lambda_X e^{-\lambda_X t_X}\,dt_X$$

$$=\frac{\lambda_R}{\lambda_R+\lambda_X}=\frac{\lambda_R}{\lambda_R+\lambda_G+\lambda_B}$$

令 T_Y 是从 t_0 算起的非蓝色汽车的到达时刻,则同理可得

$$P\{\text{下一辆是蓝色汽车}\}=P\{T_B<T_Y\}=\frac{\lambda_B}{\lambda_R+\lambda_G+\lambda_B}$$

$$P\{\text{下一辆是非红色汽车}\}=1-\frac{\lambda_R}{\lambda_R+\lambda_G+\lambda_B}=\frac{\lambda_G+\lambda_B}{\lambda_R+\lambda_G+\lambda_B}$$

(3)来到的是三辆红色汽车然后是一辆非红色汽车同时发生的概率为

$$p=\left(\frac{\lambda_R}{\lambda_R+\lambda_G+\lambda_B}\right)^3\frac{\lambda_G+\lambda_B}{\lambda_R+\lambda_G+\lambda_B}$$

【定理 5.3】设$\{X(t),t\geqslant 0\}$是泊松过程,已知在$[0,t]$内事件 A 发生(如顾客出现)n 次,则这 n 次到达时间 $W_1<W_2<\cdots<W_n$与相应于 n 个$[0,t]$上均匀分布的独立随机变量的顺序统计量有相同的分布。

证明:令 $0\leqslant t_1<\cdots<t_{n+1}=t$,且取 Δt_i 充分小使得 $t_i+\Delta t_i<t_{i+1}$ $(i=1,2,\cdots,n)$,则在给定 $X(t)=n$ 的条件下,有

$$P\{t_1\leqslant W_1\leqslant t_1+\Delta t_1,\cdots,t_n\leqslant W_n\leqslant t_n+\Delta t_n\mid X(t)=n\}$$

$$=\frac{P\{[t_i,t_i+\Delta t_i]\text{ 内有一顾客到达},i=1,\cdots,n,[0,t]\text{ 内无别的顾客到达}\}}{P\{X(t)=n\}}$$

$$=\frac{\lambda\Delta t_1 e^{-\lambda\Delta t_1}\cdots\lambda\Delta t_n e^{-\lambda\Delta t_n}e^{-\lambda(t-\Delta t_1-\cdots-\Delta t_n)}}{e^{-\lambda t}\dfrac{(\lambda t)^n}{n!}}=\frac{n!}{t^n}\Delta t_1\Delta t_2\cdots\Delta t_n$$

因此

$$\frac{P\{t_i\leqslant W_i\leqslant t_i+\Delta t_i,i=1,\cdots,n\mid X(t)=n\}}{\Delta t_1\cdots\Delta t_n}=\frac{n!}{t^n}$$

令 $\Delta t_i\to 0$,得 $W_1,\cdots,W_n$ 在已知 $X(t)=n$ 的条件下的条件概率密度为

$$f(t_1,\cdots,t_n)=\begin{cases}\dfrac{n!}{t^n}, & 0<t_1<t_2<\cdots<t_n<t\\ 0, & \text{其他}\end{cases}$$

证毕。

【例 5.4】设在$[0,t]$内事件 A 发生 n 次,且 $0<s<t$,对于 $0<k<n$,求 $P\{X(s)=$

$k|X(t)=n\}$.

解：利用条件概率及泊松分布，得

$$P\{X(s)=k\mid X(t)=n\}=\frac{P\{X(s)=k,X(t)=n\}}{P\{X(t)=n\}}$$
$$=\frac{P\{X(s)=k,X(t)-X(s)=n-k\}}{P\{X(t)=n\}}$$
$$=\frac{\mathrm{e}^{-\lambda s}\dfrac{(\lambda s)^k}{k!}\mathrm{e}^{-\lambda(t-s)}\dfrac{[\lambda(t-s)]^{n-k}}{(n-k)!}}{\mathrm{e}^{-\lambda t}\dfrac{(\lambda t)^n}{n!}}$$
$$=C_n^k\left(\frac{s}{t}\right)^k\left(1-\frac{s}{t}\right)^{n-k}$$

这是一个参数为 n 和$\frac{s}{t}$的二项分布。

【例 5.5】设在$[0,t]$内事件 A 已经发生 n 次，求第 $k(k<n)$次事件 A 发生的时间 W_k 的条件概率密度。

解：先求条件概率 $P\{s<W_s\leqslant s+\Delta s|X(t)=n\}$，再对 s 求导。

当 Δs 充分小时，有

$$P\{s<W_k\leqslant s+\Delta s\mid X(t)=n\}$$
$$=P\{s<W_k\leqslant s+\Delta s,X(t)=n\}/P\{X(t)=n\}$$
$$=P\{s<W_k\leqslant s+\Delta s,X(t)-X(s+\Delta s)=n-k\}\mathrm{e}^{\lambda t}(\lambda t)^{-n}n!$$
$$=P\{s<W_k\leqslant s+\Delta s\}P\{X(t)-X(s+\Delta s)=n-k\}\mathrm{e}^{\lambda t}(\lambda t)^{-n}n!$$

将上式两边除以 Δs，并令 $\Delta s\to 0$ 取极限，得

$$f_{W_k|X(t)}(s\mid n)=\lim_{\Delta s\to 0}\frac{P\{s<W_k\leqslant s+\Delta s\mid X(t)=n\}}{\Delta s}$$
$$=f_{W_k}(s)P\{X(t)-X(s)=n-k\}\mathrm{e}^{\lambda t}(\lambda t)^{-n}n!$$
$$=\frac{n!}{(k-1)!(n-k)!}\frac{s^{k-1}}{t^k}\left(1-\frac{s}{t}\right)^{n-k}$$

式中，W_k 的概率密度 $f_{W_k}(s)$由定理 5.2 给出。由上式结果可知，条件概率密度 $f_{W_k|X(t)}(s|n)$是一个 Bata 分布。

在实际问题中，有时将事件分为不同类型。例如，事件按强度为 λ 的泊松过程到达。$X_i(t)$表示在$[0,t]$内到达的第 i 类顾客数，$i=1,2$。假定时刻 s 到达的顾客与其他到达的顾客是独立的，时刻 s 到达的顾客是第 1 类的概率为 $P(s)$，是第 2 类的概率为 $1-P(s)$。

【定理 5.4】$X_1(t)$和 $X_2(t)$是相互独立的随机变量，分别服从均值为 λtp 和 $\lambda t(1-p)$的泊松分布，其中

$$p=\frac{1}{t}\int_0^t P(s)\mathrm{d}s$$

证明：$X_i(t)$表示在$[0,t]$内到达的任一顾客，$i=1,2$。他(她)在时刻 s 到达，是第1类的概率为 $P(s)$。由定理 5.3，$P(s)$服从$[0,t]$上的均匀分布，这样，把条件加在到达时间 s 上，有

$$p=P\{一个到达顾客是第1类的\}=\frac{1}{t}\int_0^t P(s)\mathrm{d}s$$

而且由条件可知，与其他顾客到达是相互独立的。因此，$P\{X_1(t)=n,X_2(t)=m|X(t)=n+m\}$正好是 $n+m$ 次伯努利(Bernoulli)试验中，第1类顾客出现 n 次的概率，故取值为$\binom{n+m}{n}p^n(1-p)^m$

所以，有

$$\begin{aligned}
&P\{X_1(t)=n,X_2(t)=m\}\\
&\quad=P\{X_1(t)=n,X_2(t)=m\mid X(t)=n+m\}\cdot P\{X(t)=n+m\}\\
&\quad=\binom{n+m}{n}p^n(1-p)^m\cdot \mathrm{e}^{-\lambda t}\,\frac{(\lambda t)^{n+m}}{(n+m)!}\\
&\quad=\mathrm{e}^{-\lambda tp}\,\frac{(\lambda tp)^n}{n!}\mathrm{e}^{-\lambda t(1-p)}\,\frac{[\lambda t(1-p)]^m}{m!}
\end{aligned}$$

【例 5.6】设某仪器受到震动会引起损伤，若震动是按照强度为 λ 的 Poisson 过程$\{X(t),t\geqslant 0\}$发生，第 k 次震动引起的损伤为 D_k。$D_1,D_2,\cdots$是独立同分布的随机变量列，且和$\{X(t),t\geqslant 0\}$相互独立。又假设仪器受到震动引起的损伤随时间按指数减小，即如果震动的初始损伤为 D，则震动之后经过时间 t 减小为 $D\mathrm{e}^{-\alpha t}(\alpha>0)$。假设损伤是可叠加的，即在时刻 t 的损伤可表示为 $D(t)=\sum\limits_{k=1}^{X(t)}D_k\mathrm{e}^{-\alpha(t-\tau_k)}$，其中 τ_k 为仪器受到第 k 次震动的时刻，求 $E[D(t)]$。

解：由全期望公式得

$$E[D(t)]=E\Big[\sum_{k=1}^{X(t)}D_k\mathrm{e}^{-\alpha(t-\tau_k)}\Big]=E\Big\{E\Big[\sum_{k=1}^{X(t)}D_k\mathrm{e}^{-\alpha(t-\tau_k)}\mid X(t)\Big]\Big\}$$

而

$$\begin{aligned}
E\Big[\sum_{k=1}^{X(t)}D_k\mathrm{e}^{-\alpha(t-\tau_k)}\mid X(t)=n\Big]&=E\Big[\sum_{k=1}^{n}D_k\mathrm{e}^{-\alpha(t-\tau_k)}\mid X(t)=n\Big]\\
&=E(D_1)\mathrm{e}^{-\alpha t}E\Big[\sum_{k=1}^{n}\mathrm{e}^{\alpha\tau_k}\mid X(t)=n\Big]
\end{aligned}$$

由定理 5.3，得

$$E\Big[\sum_{k=1}^{n}\mathrm{e}^{\alpha\tau_k}\mid X(t)=n\Big]=E\Big[\sum_{k=1}^{n}\mathrm{e}^{\alpha U_{(k)}}\Big]=nE[\mathrm{e}^{\alpha U_{(1)}}]$$

$$= n\frac{1}{t}\int_0^t e^{\alpha x}\,dx = \frac{n}{\alpha t}(e^{\alpha t} - 1)$$

所以

$$E[D(t) \mid X(t)] = \frac{X(t)}{\alpha t}(1 - e^{-\alpha t})E(D_1)$$

故

$$E[D(t)] = \frac{\lambda E(D_1)}{\alpha}(1 - e^{-\alpha t})$$

5.3　非齐次泊松过程

本节将推广泊松过程,允许时刻 t 的来到强度(或是速率)是 t 的函数。

【定义 5.2】称计数过程$\{X(t), t\geqslant 0\}$为具有跳跃强度函数 $\lambda(t)$ 的非齐次泊松过程,若它满足下列条件:

①$X(0)=0$;

②$X(t)$是独立增量过程;

③$P\{X(t+\Delta t)-X(t)\geqslant 2\}=o(\Delta t)$;

④$P\{X(t+\Delta t)-X(t)=1\}=\lambda(t)\Delta t+o(\Delta t)$。

注意:非齐次 Poisson 过程不再有平稳增量,也就是说概率 $P\{X(t+\Delta t)-X(t)=k\}$ 不但依赖于 Δt,也与 t 有关。这反映在不同的时刻 t 有不同的强度 $\lambda(t)$。在 $\lambda(t)$ 有界时(如 $\lambda(t)\leqslant\lambda, t\geqslant 0$),可以将非齐次 Poisson 过程看作强度为 λ 的 Poisson 过程中的一个随机样本。具体地说,设在强度为 λ 的 Poisson 过程中有第 1 类事件到达,它在时刻 t 的概率 $P(t)=\dfrac{\lambda(t)}{\lambda}$,而且与其他事件到达相互独立,那么第 1 类事件在$[0,t]$到达的数目 $X_1(t)$ 显然满足定义 5.2 中的条件(1)~条件(3),而且由

$$\begin{aligned}&P\{X_1(t+\Delta t)-X_1(t)=1\}\\&=P\{X(t+\Delta t)-X(t)=1\}\cdot P\{\text{是第 1 类的} \mid X(t+\Delta t)-X(t)=1\}\\&=\lambda\Delta t\frac{\lambda(t)}{\lambda}+o(\Delta t)\end{aligned}$$

可知 $X_1(t)$ 也满足条件(4),所以 $X_1(t)$ 作为 Poisson 过程的一个随机样本,是非齐次 Poisson 过程。

显然,非齐次泊松过程的均值函数为

$$m_X(t) = \int_0^t \lambda(s)\,ds \tag{5.3.1}$$

对于非齐次泊松过程,其概率密度分布由定理 5.5 给出。

【定理 5.5】设$\{X(t),t\geqslant 0\}$是具有均值函数 $m_X(t)=\int_0^t\lambda(s)\mathrm{d}s$ 的非齐次泊松过程,则有

$$P\{X(t+\Delta t)-X(t)=n\}=\frac{[m_X(t+\Delta t)-m_X(t)]^n}{n!}\exp\{-[m_X(t+\Delta t)-m_X(t))]\},n\geqslant 0 \tag{5.3.2}$$

或

$$P\{X(t)=n\}=\frac{[m_X(t)]^n}{n!}\exp\{-m_X(t)\},(n\geqslant 0) \tag{5.3.3}$$

该定理证明省略。

【例 5.7】设$\{X(t),t\geqslant 0\}$是具有跳跃强度$\lambda(t)=\frac{1}{2}(1+\cos\omega t)$的非齐次泊松过程($\omega\neq 0$),求$E[X(t)]$和$D[X(t)]$。

解:由式(5.3.1)得

$$E[X(t)]=m_X(t)=\int_0^t\frac{1}{2}[1+\cos\omega s\mathrm{d}s]=\frac{1}{2}[t+\frac{1}{\omega}\sin\omega t]$$

由式(5.3.1)知

$$D[X(t)]=m_X(t)=\frac{1}{2}[t+\frac{1}{\omega}\sin\omega t]$$

5.4 复合泊松过程

【定义 5.3】设$\{X(t),t\geqslant 0\}$是强度为λ的泊松过程,$\{Y_k,k=1,2,\cdots\}$是一列独立同分布的随机变量,且与$\{X(t),t\geqslant 0\}$独立,令

$$Y(t)=\sum_{k=1}^{X(t)}Y_k,t\geqslant 0$$

则称$\{Y(t),t\geqslant 0\}$为复合泊松过程。

【定理 5.6】 设 $Y(t)=\sum_{k=1}^{X(t)}Y_k,t\geqslant 0$ 是复合泊松过程,则

(1)$\{Y(t),t\geqslant 0\}$是独立增量过程;

(2)$Y(t)$的特征函数 $\psi_{Y(t)}(\omega)=\exp\{\lambda t[\psi_{Y_1}(\omega)-1]\}$,其中 $\psi_{Y_1}(\omega)$是随机变量 Y_1 的特征函数,λ 是事件的到达率;

(3)若 $E[Y_1^2]<\infty$,则 $E[Y(t)]=\lambda tE[Y_1]$,$D[Y(t)]=\lambda tE[Y_1^2]$。

证明:(1)令 $0\leqslant t_0<t_1<\cdots<t_m$,则

$$Y(t_k)-Y(t_{k-1})=\sum_{i=X(t_{k-1})+1}^{X(t_k)}Y_i,k=1,2,\cdots,m$$

由条件,不难验证 $Y(t)$具有独立增量性。

(2)因为

$$
\begin{aligned}
\psi_{Y(t)}(\omega) = E[\mathrm{e}^{\mathrm{j}\omega Y(t)}] &= \sum_{n=0}^{\infty} E[\mathrm{e}^{\mathrm{j}\omega Y(t)} \mid X(t)=n] P\{X(t)=n\} \\
&= \sum_{n=0}^{\infty} E[\mathrm{e}^{\mathrm{j}\omega \sum_{k=1}^{n} y_k} \mid X(t)=n] \mathrm{e}^{-\lambda t} \frac{(\lambda t)^n}{n!} \\
&= \sum_{n=0}^{\infty} E[\exp\{\mathrm{j}\omega \sum_{k=1}^{n} Y_k\}] \mathrm{e}^{-\lambda t} \frac{(\lambda t)^n}{n!} \\
&= \sum_{n=0}^{\infty} [\psi_Y(\omega)]^n \mathrm{e}^{-\lambda t} \frac{(\lambda t)^n}{n!} = \exp\{\lambda t[\psi_Y(\omega)-1]\}
\end{aligned}
$$

(3)由条件期望的性质 $E[Y(t)]=E\{E[Y(t)|X(t)]\}$,由假设知

$$
\begin{aligned}
E[Y(t) \mid X(t)=n] &= E[\sum_{i=1}^{X(t)} Y_i \mid X(t)=n] \\
&= E[\sum_{i=1}^{n} Y_i \mid X(t)=n] = E[\sum_{i=1}^{n} Y_i] = nE[Y_1]
\end{aligned}
$$

所以

$$
E[Y(t)] = E\{E[Y(t) \mid X(t)]\} = E[X(t)]E(Y_1) = \lambda t E[Y_1]
$$

类似地

$$
\begin{aligned}
D[Y(t) \mid X(t)] &= X(t)D[Y_1] \\
D[Y(t)] &= E\{X(t)D[Y_1]\} + D\{X(t)E[Y_1]\} \\
&= \lambda t D[Y_1] + \lambda t[E(Y_1)]^2 = \lambda t[E(Y_1)]^2
\end{aligned}
$$

上述结果也可以利用特征函数与矩的关系得到。

【例 5.8】设保险公司接到的索赔次数服从强度为 $\lambda=5$ 次/月的泊松过程,每次理赔数均服从[2000,10000](单位:元)上的均匀分布,则一年中保险公司平均赔付总额是多少?

解:一年中保险公司赔付总额为

$$
Y(t) = \sum_{k=1}^{X(t)} Y_k, t \geqslant 0
$$

其中,$\{X(t), t\geqslant 0\}$为参数 $\lambda=5$ 的泊松过程,$\{Y_k, k=1,2,\cdots\}$为相互独立的[2000,10000]上均匀分布随机序列,则

$$
E[Y(t)] = E[X(t)]E(Y_1) = \lambda t E[Y_1]
$$

故一年平均理赔总额为

$$
E[Y(12)] = 5 \times 12 \times 6000 = 360000(\text{元})
$$

习　题

1. 设电话总机在$(0,t]$内接到电话呼叫次数$X(t)$是具有强度(每分钟)为λ的泊松过程,求

(1)两分钟内接到3次呼叫的概率;

(2)“第二分钟内收到第三次呼叫”的概率。

2. 设$\{X(t),t\geqslant 0\}$是参数为λ的泊松过程,假定T是相邻事件的时间间隔,证明

$$P\{T > t_1 + t_2 \mid T > t_1\} = P\{T > t_2\}$$

即假定预先知道最近一次到达发生在将来t_1秒的概率等于在将来t_2秒出现下一次事件的无条件概率(这一性质称为“无泊松过程记忆性”)。

3. 设$\{X(t),t\geqslant 0\}$是参数为λ的泊松过程,证明:

(1)$E[W_n]=\dfrac{n}{\lambda}$,即泊松过程第$n$次到达时间的数学期望恰好是到达率的倒数的$n$倍;

(2)$D[W_n]=\dfrac{n}{\lambda^2}$,即泊松过程第$n$次到达时间的方差恰好是到达率平方的倒数的$n$倍。

4. $\{X(t),t\geqslant 0\}$为强度λ的Poisson过程,$\{T_n,n=1,2,\cdots\}$是其到达时间间隔序列,证明$T_n,n=1,2,\cdots$是相互独立同分布的随机过程,且都服从参数为λ的指数分布。

5. 设到达某商店的顾客组成强度为λ的Poisson过程,每个顾客购买商品的概率为p,且与其他顾客是否购买商品无关。

(1)若$\{Y(t),t\geqslant 0\}$是购买商品的顾客流,证明$\{Y(t),t\geqslant 0\}$是强度为λp的Poisson过程;

(2)进一步设$\{Z(t),t\geqslant 0\}$是不购买商品的顾客流,试证明$\{Y(t),t\geqslant 0\}$与$\{Z(t),t\geqslant 0\}$是强度分别为λp和$\lambda(1-p)$的相互独立的Poisson过程。

6. 设$\{X_1(t),t\geqslant 0\}$和$\{X_2(t),t\geqslant 0\}$分别是强度为λ_1和λ_2的独立Poisson过程。试证明:

(1)$\{X_1(t)+X_2(t),t\geqslant 0\}$是强度为$\lambda_1+\lambda_2$的Poisson流;

(2)在$\{X_1(t),t\geqslant 0\}$的任一到达时间间隔内,$\{x_2(t),t\geqslant 0\}$恰有k个事件发生的概率为

$$p_k = \frac{\lambda_1}{\lambda_1+\lambda_2}\cdot\left(\frac{\lambda_2}{\lambda_1+\lambda_2}\right)^k, k = 0,1,2,\cdots$$

(3)令$Y(t)=X_1(t)-X_2(t),t\geqslant 0$,求$\{Y(t),t\geqslant 0\}$的均值函数与相关函数;

(4)若(3)中$\{Y(t),t\geqslant 0\}$是强度λ为Poisson过程,T是服从参数γ为指数分

布的随机变量，且与$\{Y(t)\}$独立，求$[0,T]$内事件数的分布律。

7. 设$\{X(t),t\geqslant 0\}$是 Poisson 过程，W_n 和 T_n 分别是$\{X(t),t\geqslant 0\}$的第 n 个事件的到达时间和点间间距。试证明：

(1)$E[W_n]=nE[T_n]$，$n=1,2,\cdots$；

(2)$D[W_n]=nD[T_n]$，$n=1,2,\cdots$。

8. 设$\{X(t),t\geqslant 0\}$和$\{Y(t),t\geqslant 0\}$分别是具有参数 λ_1 和 λ_2 的相互独立的泊松过程。令 W 和 W'是 $X(t)$的两个相继泊松事件出现的时间，且 $W<W'$。对于 $W<t<W'$，有 $X(t)=X(W)$和 $X(W')=X(W)+1$，定义 $N=Y(W')-Y(W)$，求 N 的概率密度分布。

9. 设脉冲到达计数器的规律是到达率为 λ 的泊松过程，记录每个脉冲的概率为 P，记录不同脉冲的概率是相互独立的。令 $X(t)$表示已被记录的脉冲数。

(1)求 $P\{X(t)=k\}$，$k=0,1,2,\cdots$；

(2)$X(t)$是否为泊松过程。

10. 设移民到某地区定居的户数是一泊松过程，平均每周有两户定居，即 $\lambda=2$。如果每户的人口数是随机变量，一户四人的概率为$\frac{1}{8}$，一户三人的概率为$\frac{1}{4}$，一户两人的概率为$\frac{1}{4}$，一户一人的概率为$\frac{3}{8}$，并且每户的人口数是相互独立的，求在五周内移民到该地区人口的数学期望与方差。

11. 随机电报信号 $X(t)$(其样本函数如下图所示)满足下述条件：

(1)在任何时刻 t，$X(t)$只能取 0 或 1 两个状态。而且，取值为 0 的概率为 1/2，取值为 1 的概率也是 1/2，即

$$P\{X(t)=0\}=1/2,P\{X(t)=1\}=1/2$$

(2)每个状态的持续时间是随机的，若在间隔$(0,t)$内波形变化的次数 K 服从泊松分布，即

$$P\{K=k\}=P_k(0,t)=\frac{(\lambda t)^k}{k!}\mathrm{e}^{-\lambda t}$$

式中，λ 为单位时间内波形的平均变化次数；

(3)$X(t)$取任何值与随机变量 K 互为统计独立，试求随机电报信号 $X(t)$的均值函数、自相关函数、自协方差函数与功率谱密度。

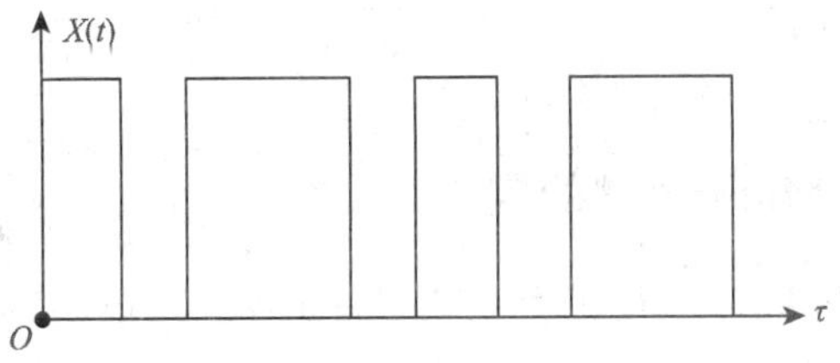

第6章　Markov 链

【内容导读】 本章主要涉及离散时间 Markov 链及连续时间 Markov 链。对离散时间 Markov 链，在介绍离散时间 Markov 链概念的基础上，引出了转移概率及其矩阵，以及转移概率所遵守的切普曼—柯尔莫哥洛夫方程(C-K 方程)，定义了初始分布与绝对分布，详细阐述了互通、闭集、吸收态、周期态、常返态与非常返态、遍历态等基本概念，给出了状态分解定理，讨论了转移概率的极限与平稳分布、遍历态与平稳分布间的关系；对连续时间 Markov 链，详尽讨论了连续时间 Markov 链的转移概率、初始分布与绝对分布、状态停留时间、状态微分方程等，对连续时间 Markov 链的特例—生灭过程进行了讨论与分析。

马尔可夫(Markov)过程是具有以下特性的随机过程：当随机过程在时刻 t_k 所处的状态为已知的条件下，过程在时刻 t(这里 $t>t_k$)处的状态，只与随机过程在 t_k 时刻的状态有关，而与随机过程在 t_k 时刻以前所处的状态无关。这种特性称为无后效性或马尔可夫性。

马尔可夫过程按照其状态和时间参数是连续还是离散，可分为：(1)时间离散、状态离散的 Markov 过程，常被称作为 Markov 链；(2)时间离散、状态连续的 Markov 过程，常被称作为 Markov 序列；(3)时间和状态都连续的 Markov 过程，一般称为 Markov 过程。

6.1　离散时间 Markov 链

6.1.1　离散时间 Markov 链的定义

设 Markov 过程$\{X_k, k\in T\}$的参数集 $T=\{0,1,2,\cdots\}$是离散时间的集合，其可

能取值集合构成的状态空间 $I=\{i_1,i_2,\cdots\}$ 是离散状态集。

【定义 6.1】设随机过程 $\{X_k,k\in T\}$，对于任意的 $k\in T$ 和任意的状态集 $\{i_0,i_1,i_2,\cdots,i_{k+1}\}$，能在可列各时刻发生状态转移。在这种情况下，若过程在 m 时刻的状态 i_m，在 $m+n$ 时刻变成任一状态 i_{m+n} 的概率只与该过程在 m 时刻的状态有关，而与 m 时刻以前所处的状态无关，即

$$\begin{aligned} &P\{X_{m+n}=i_{m+n}\mid X_m=i_m,X_{m-1}=i_{m-1},\cdots,X_1=i_1\} \\ &\quad =P\{X_{m+n}=i_{m+n}\mid X_m=i_m\} \end{aligned} \tag{6.1.1}$$

则称此随机过程为离散时间 Markov 链。

6.1.2　离散时间 Markov 链的转移概率及其矩阵

【定义 6.2】以 $p_{ij}(m,m+n)$ 来表示 Markov 链在 m 时刻出现 $X_m=i$ 的条件下，在 $m+n$ 时刻出现 $X_{m+n}=j$ 的条件概率，称

$$p_{ij}(m,m+n)=P\{X_{m+n}=j\mid X_m=i\} \tag{6.1.2}$$

$$(i,j=1,2,\cdots,n;m,n\text{ 都是正整数})$$

为随机过程 X_k 由 m 时刻的状态 i 转移到 $m+n$ 时刻的状态 j 的转移概率。

该式表明，$p_{ij}(m,m+n)$ 不仅与 i,j 和 n，而且与 m 有关。如果 $p_{ij}(m,m+n)$ 与 m 无关，则称这种 Markov 链是齐次的。这里只讨论齐次 Markov 链，并且习惯上常把“齐次”两字省去。

1）一步转移概率

当转移概率 $p_{ij}(m,m+n)$ 中的 n 为 1 时，可以用 p_{ij} 来表示 Markov 链由状态 i 经过一次转移到达状态 j 的转移概率，称

$$p_{ij}(1)=p_{ij}(m,m+1)=P\{X_{m+1}=j\mid X_m=i\}=p_{ij} \tag{6.1.3}$$

为一步转移概率。所有的一步转移概率 p_{ij} 所构成矩阵

$$\boldsymbol{P}=\begin{bmatrix} p_{11} & p_{12} & \cdots & p_{1N} \\ p_{21} & p_{22} & \cdots & p_{2N} \\ \vdots & \vdots & & \vdots \\ p_{N1} & p_{N2} & \cdots & p_{NN} \end{bmatrix} \tag{6.1.4}$$

称之为 Markov 链的一步转移概率矩阵，简称转移概率矩阵。这个矩阵具有以下两个性质：

$$0\leqslant p_{ij}\leqslant 1 \tag{6.1.5}$$

$$\sum_{j=1}^{N}p_{ij}=1 \tag{6.1.6}$$

称任一具有这两个性质的矩阵为随机矩阵。可见，这是一个每行元素和为 1 的非负元素矩阵。

2)n 步(即高阶)转移概率及其矩阵

Markov 链的 n 步转移概率 $p_{ij}(n)$ 定义为

$$p_{ij}(n)=p_{ij}(m,m+n)=P\{X_{m+n}=j\mid X_m=i\} \tag{6.1.7}$$

该式表明,Markov 链在时刻 t_m 时,X_m 的状态为 i 的条件下,经过 $n(\geqslant 1)$ 步转移到达状态 j 的概率。对应的 n 步转移概率矩阵 $\boldsymbol{P}(n)$ 为

$$\boldsymbol{P}(n)=\begin{bmatrix} p_{11}(n) & p_{12}(n) & \cdots & p_{1N}(n)\\ p_{21}(n) & p_{22}(n) & \cdots & p_{2N}(n)\\ \vdots & \vdots & & \vdots\\ p_{N1}(n) & p_{N2}(n) & \cdots & p_{NN}(n)\end{bmatrix} \tag{6.1.8}$$

它也是随机矩阵。显然,具有如下性质:

$$0\leqslant p_{ij}(n)\leqslant 1 \tag{6.1.9}$$

$$\sum_{j=1}^{N}p_{ij}(n)=1 \tag{6.1.10}$$

当 $n=1$ 时,$p_{ij}(n)$就是一步转移概率

$$p_{ij}(n)\big|_{n=1}=p_{ij}(1)=p_{ij}=p_{ij}(m,m+1)$$

通常还规定

$$p_{ij}(0)=p_{ij}(m,m)=\delta_{ij}=\begin{cases}1 & i=j\\ 0 & i\neq j\end{cases} \tag{6.1.11}$$

3)切普曼—柯尔莫哥洛夫方程(简称 C-K 方程)

对于 $n(n=k+l)$ 步转移概率,切普曼—柯尔莫哥洛夫方程的离散形式为

$$p_{ij}(n)=p_{ij}(l+k)=\sum_{r\in I}p_{ir}(l)p_{rj}(k) \tag{6.1.12}$$

此式表明,Markov 链从状态 i 经过 n 步转移到达状态 j 这一过程,可以等效成先由状态 i 经过 $l(n>l>0)$步转移到达某状态 $r(r=1,2,\cdots,n)$,再由状态 r 经过 $k(l+k=n)$步转移到达状态 j。下面给出切普曼—柯尔莫哥洛夫方程的证明。

证明:

$$\begin{aligned}p_{ij}(n)&=p_{ij}(k+l)=P\{X_{m+l+k}=j\mid X_m=i\}\\&=\frac{P\{X_{m+l+k}=j,X_m=i\}}{P\{X_m=i\}}\\&=\sum_r\frac{P\{X_m=i,X_{m+l+k}=j,X_{m+l}=r\}}{P\{X_m=i,X_{m+l}=r\}}\cdot\frac{P\{X_m=i,X_{m+l}=r\}}{P\{X_m=i\}}\\&=\sum_r P\{X_{m+l+k}=j\mid X_m=i,X_{m+l}=r\}P\{X_{m+l}=r\mid X_m=i\}\end{aligned}$$

利用无后效应与齐次性,$\sum\limits_r$ 号中的第一个因子等于

$$P(X_{m+l+k}=j\mid X_{m+l}=r)=p_{rj}(k)$$

第二个因子等于 $p_{ir}(l)$，因此

$$p_{ij}(l+k)=\sum_r p_{ir}(l)p_{rj}(k)$$

证毕。

式(6.1.12)的矩阵形式为

$$\boldsymbol{P}(n)=\boldsymbol{P}(l+k)=\boldsymbol{P}(l)\cdot\boldsymbol{P}(k) \tag{6.1.13}$$

当 $n=2$ 时有

$$\boldsymbol{P}(2)=\boldsymbol{P}(1)\cdot\boldsymbol{P}(1)=[\boldsymbol{P}(1)]^2=\boldsymbol{P}^2 \tag{6.1.14}$$

当 $n=3$ 时有

$$\boldsymbol{P}(3)=\boldsymbol{P}(1)\cdot\boldsymbol{P}(2)=\boldsymbol{P}(1)\cdot\boldsymbol{P}(1)\cdot\boldsymbol{P}(1)=[\boldsymbol{P}(1)]^3=\boldsymbol{P}^3 \tag{6.1.15}$$

当 n 为任意整数时有

$$\boldsymbol{P}(n)=[\boldsymbol{P}(1)]^n=\boldsymbol{P}^n \tag{6.1.16}$$

此外，可直接由式(6.1.12)，令 $l=1$，得到一个有用公式

$$p_{ij}(k+1)=\sum_{r\in I}p_{ir}p_{rj}(k)=\sum_{r\in I}p_{ir}(k)p_{rj} \tag{6.1.17}$$

式中，p_{ir}，p_{rj} 皆为一步转移概率。

由以上可见，一步转移概率构成的转移概率矩阵 $\boldsymbol{P}$ 完全决定了 Markov 链状态转移过程的概率法则。也就是说，在已知 $X_m=i$ 条件下，$X_{m+n}=j$ 的条件概率可由一步转移概率矩阵求出。

6.1.3 离散时间 Markov 链的初始分布与绝对分布

【定义 6.3】如果 Markov 链 $\{X_k,k\in T\}$ 在初始时刻 $k=0$ 时 X_0 的状态为 i，则称

$$p_i=P(X_0=i) \tag{6.1.18}$$

为 Markov 链的初始概率，称 $\{p_i,i\in I\}$ 为 Markov 链的初始分布。显然，有

$$p_i\geqslant 0;\ \sum_i p_i=1 \tag{6.1.19}$$

【定义 6.4】如果 Markov 链 $\{X_k,k\in T\}$ 在任意时刻 k 时 X_k 的状态为 i，则称

$$p_i(k)=P(X_k=i) \tag{6.1.20}$$

为 Markov 链的绝对概率，称 $\{p_i(k),k>0\}$ 为 Markov 链的绝对分布。

【定理 6.1】设 Markov 链为 $\{X_k,k\in T\}$，对任意的 $j\in I,k\geqslant 1$，绝对概率 $p_j(k)$ 有性质：

(1) $p_j(k)=\sum_{i\in I}p_ip_{ij}(k)$ (6.1.21)

(2) $p_j(k)=\sum_{i\in I}p_i(k-1)p_{ij}$ (6.1.22)

证明：(1) $p_j(k)=P\{X_k=j\}=\sum_{i\in I}P\{X_0=i,X_k=j\}$

$$= \sum_{i\in I} P\{X_k = j \mid X_0 = i\} P\{X_0 = i\} = \sum_{i\in I} p_i p_{ij}(k)$$

$$(2)\ p_j(k) = P\{X_k = j\} = \sum_{i\in I} P\{X_k = j, X_{k-1} = i\}$$

$$= \sum_{i\in I} P\{X_k = j \mid X_{k-1} = i\} P\{X_{k-1} = i\} = \sum_{i\in I} p_i(k-1) p_{ij}$$

【定理 6.2】设 Markov 链为$\{X_k, k\in T\}$，对任意的 $i_1, i_2, \cdots, i_k \in I, k\geqslant 1$，有

$$P\{X_1 = i_1, \cdots, X_k = i_k\} = \sum_{i\in I} p_i p_{ii_1} \cdots p_{i_{k-1}i_k} \tag{6.1.23}$$

证明：由全概率公式及 Markov 性，有

$$\begin{aligned} P\{X_1 = i_1, \cdots, X_k = i_k\} &= P\{\bigcup_{i\in I} X_0 = i, X_1 = i_1, \cdots, X_k = i_k\} \\ &= \sum_{i\in I} P\{X_0 = i, X_1 = i_1, \cdots, X_k = i_k\} \\ &= \sum_{i\in I} P\{X_0 = i\} P\{X_1 = i_1 \mid X_0 = i\} \cdots \\ &\quad \cdot P\{X_k = i_k \mid X_0 = i, \cdots, X_{k-1} = i_{k-1}\} \\ &= \sum_{i\in I} P\{X_0 = i\} P\{X_1 = i_1 \mid X_0 = i\} \cdots P\{X_k = i_k \mid X_{k-1} = i_{k-1}\} \\ &= \sum_{i\in I} p_i p_{ii_1} \cdots p_{i_{k-1}i_k} \end{aligned}$$

证毕。

定理 6.1 表明，绝对概率 $p_j(k)$ 也类似于 k 步转移概率的性质。定理 6.2 则进一步说明，Markov 链的有限维分布完全由它的初始概率和一步转移概率所决定。因此，只要知道初始概率和一步转移概率，就可以描述 Markov 链的统计特性。

Markov 链在研究质点的随机运动、自控运动、通信技术、经济管理、天气预报等领域中有着广泛的应用。

【例 6.1】(无限制随机游动)设质点在数轴上移动，每次移动一格，向右移动的概率为 p，向左移动的概率为 $1-p$，这种运动称为无限制随机游动。以 X_k 表示 k 时刻质点所处的位置，则$\{X_k, k\in T\}$是一个齐次 Markov 链，试写出它的一步和 k 步转移概率。

解：显然，$\{X_k, k\in T\}$的状态空间 $I=\{0, \pm 1, \pm 2, \cdots\}$，其一步转移概率矩阵为

$$\boldsymbol{P} = \begin{bmatrix} \cdots & \cdots & \cdots & \cdots & \cdots & \cdots \\ \cdots & 1-p & 0 & p & 0 & \cdots \\ \cdots & 0 & 1-p & 0 & p & \cdots \\ \cdots & \cdots & \cdots & \cdots & \cdots & \cdots \end{bmatrix}$$

设在第 n 步转移概率中向右移了 x 步，向左移了 y 步，且经过 n 步转移概率从 i 进入 j，则

$$\begin{cases} x+y=n \\ x-y=j-i \end{cases}$$

从而

$$x=\frac{n+(j-i)}{2}, y=\frac{n-(j-i)}{2}$$

由于 x,y 都只能取整数，所以 $n\pm(j-i)$ 必须是偶数。设在 n 步中哪 x 步向右，哪 y 步向左是任意的，选取的方法有 C_n^x 种。于是

$$p_{ij}(n)=\begin{cases} C_n^x p^x(1-p)^x, n+(j-i) \text{ 为偶数} \\ 0, n+(j-i) \text{ 为奇数} \end{cases}$$

【例 6.2】(天气预报问题)设昨日、今日都下雨，明日有雨的概率为 0.8；昨日无雨，今日有雨，明日有雨的概率为 0.5；昨日有雨，今日无雨，明日有雨的概率为 0.6；昨日、今日均无雨，明日有雨的概率为 0.3。若星期一、星期二均下雨，求星期四下雨的概率。

解：设昨日、今日连续两天有雨的状态记为 0(RR)；昨日无雨、今日有雨的状态为 1(NR)；昨日有雨、今日无雨的状态为 2(RN)；昨日、今日无雨的状态为 3(NN)。于是，天气预报模型可看做一个四状态的 Markov 链，其转移概率为

$$p_{00}=P\{R_{今}R_{明}|R_{昨}R_{今}\}=P\{\text{连续三天有雨}\}=P\{R_{明}|R_{昨}R_{今}\}=0.8$$

$$p_{01}=P\{N_{今}R_{明}|R_{昨}R_{今}\}=0(\text{不可能事件})$$

$$p_{02}=P\{R_{今}N_{明}|R_{昨}R_{今}\}=P\{N_{明}|R_{昨}R_{今}\}=1-0.8=0.2$$

$$p_{03}=P\{N_{今}N_{明}|R_{昨}R_{今}\}=0(\text{不可能事件})$$

式中，R 代表有雨，N 代表无雨。类似地可得到所有状态的一步转移概率为

$$\boldsymbol{P}=\begin{Bmatrix} p_{00} & p_{01} & p_{02} & p_{03} \\ p_{10} & p_{11} & p_{12} & p_{13} \\ p_{20} & p_{21} & p_{22} & p_{23} \\ p_{30} & p_{31} & p_{32} & p_{33} \end{Bmatrix}=\begin{Bmatrix} 0.8 & 0 & 0.2 & 0 \\ 0.5 & 0 & 0.5 & 0 \\ 0 & 0.6 & 0 & 0.4 \\ 0 & 0.3 & 0 & 0.7 \end{Bmatrix}$$

其两步转移概率为

$$\boldsymbol{P}(2)=\boldsymbol{PP}=\begin{Bmatrix} 0.8 & 0 & 0.2 & 0 \\ 0.5 & 0 & 0.5 & 0 \\ 0 & 0.6 & 0 & 0.4 \\ 0 & 0.3 & 0 & 0.7 \end{Bmatrix}\begin{Bmatrix} 0.8 & 0 & 0.2 & 0 \\ 0.5 & 0 & 0.5 & 0 \\ 0 & 0.6 & 0 & 0.4 \\ 0 & 0.3 & 0 & 0.7 \end{Bmatrix}$$

$$=\begin{Bmatrix} 0.64 & 0.12 & 0.16 & 0.08 \\ 0.40 & 0.30 & 0.10 & 0.20 \\ 0.30 & 0.12 & 0.30 & 0.28 \\ 0.15 & 0.21 & 0.15 & 0.49 \end{Bmatrix}$$

由于星期四下雨意味着过程所处的状态为 0 或 1,因此星期一、星期二连续下雨,星期四下雨的概率为

$$p = p_{00}(2) + p_{01}(2) = 0.64 + 0.12 = 0.76$$

【例 6.3】设质点在线段[1,4]上作随机游动,假设它只能在时刻 $k \in T$ 发生移动,且只能停留在 1,2,3,4 上。当质点转移到 2,3 点时,它以 1/3 的概率向左或向右移动一格,或停留在原处。当质点移动到点 1 时,它以概率 1 停留在原处。当质点移动到点 4 时,它以概率 1 移动到点 3。若以 X_k 表示质点在时刻 k 所处的位置,则 $\{X_k, k \in T\}$ 是一个齐次 Markov 链,写出一步转移矩阵。

解:其转移概率矩阵为

$$\boldsymbol{P} = \begin{Bmatrix} 1 & 0 & 0 & 0 \\ \frac{1}{3} & \frac{1}{3} & \frac{1}{3} & 0 \\ 0 & \frac{1}{3} & \frac{1}{3} & \frac{1}{3} \\ 0 & 0 & 1 & 0 \end{Bmatrix}$$

各状态之间的转移关系及相应的转移概率,如图 6.1 所示。

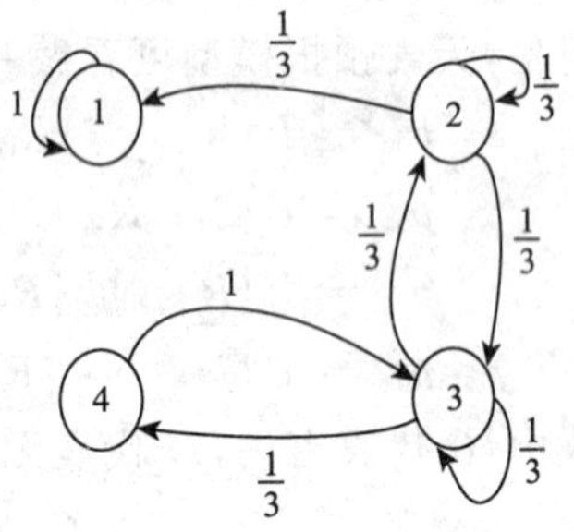

图 6.1 各状态之间的转移关系

例中的点 1 称为吸收壁,即质点一旦达到这种状态就被吸收住了,不再移动;点 4 称为反射壁,即质点一旦达到这种状态,必然被反射出去。

【例 6.4】设 $\{X_k, k \geqslant 0\}$ 为 Markov 链,具有三个状态 0,1,2,已知其一步转移矩阵为

$$\boldsymbol{P} = \begin{Bmatrix} 1/4 & 3/4 & 0 \\ 1/4 & 1/4 & 1/2 \\ 0 & 1/4 & 3/4 \end{Bmatrix} \begin{matrix} 0 \\ 1 \\ 2 \end{matrix}$$
$$\begin{matrix} 0 & \quad 1 & \quad 2 \end{matrix}$$

初始分布 $\boldsymbol{P}(0) = (1/3, 1/3, 1/3)$,试求:

(1) $P\{X_0 = 0, X_2 = 1\}$;

(2) $P\{X_2 = 1\}$。

$$\text{解}: \boldsymbol{P}(2) = \boldsymbol{P}^2 = \begin{Bmatrix} 1/4 & 3/4 & 0 \\ 1/4 & 1/4 & 1/2 \\ 0 & 1/4 & 3/4 \end{Bmatrix}^2 = \begin{Bmatrix} 1/4 & 3/8 & 3/8 \\ 1/8 & 3/8 & 1/2 \\ 1/16 & 1/4 & 11/16 \end{Bmatrix}$$

$$P\{X_0 = 0, X_2 = 1\} = P\{X_0 = 0\} P\{X_2 = 1 \mid X_0 = 0\} = P_0(0) P_{01}(2) = \frac{1}{3} \cdot \frac{3}{8} = \frac{1}{8}$$

$$P\{X_2=1\}=P_1(2)=P_0(0)P_{01}(2)+P_1(0)P_{11}(2)+P_2(0)P_{12}(2)$$
$$=\frac{1}{3}\cdot\frac{3}{8}+\frac{1}{3}\cdot\frac{3}{8}+\frac{1}{3}\cdot\frac{1}{4}=\frac{1}{3}$$

6.2　离散时间 Markov 链的状态分类

6.2.1　基本概念

1)互通

【定义 6.5】如果存在 $n>0$ 使 $p_{ij}(n)>0$，称自状态 i 可达状态 j，记为 $i\to j$；如果 $i\to j$ 且 $j\to i$，称状态 i 与 j 互通，记为 $i\leftrightarrow j$。约定 $p_{ii}(0)=1, i\in I$，于是有 $i\to i$。若两个状态 i 和 j 不是互通的，则对所有 $n\geqslant 0$，有 $p_{ij}(n)=0$ 或 $p_{ji}(n)=0$ 或两者都成立。

【定理 6.3】可达关系与互通关系都具有传递性，即

(1)自反性：$i\leftrightarrow i$；

(2)对称性：$i\leftrightarrow j$，则 $j\leftrightarrow i$；

(3)传递性：如果 $i\leftrightarrow j, j\leftrightarrow k$，则 $i\leftrightarrow k$。

证明：(1)与(2)是显然的，现证明(3)。由 $i\to j$，即存在 $l\geqslant 1$，使 $p_{ij}(l)>0$；由 $j\to k$，即存在 $m\geqslant 1$，使 $p_{jk}(m)>0$。

由 C-K 方程，存在非负整数 $l+m$，使

$$p_{ik}(l+m)=\sum_r p_{ir}(l)p_{rk}(m)\geqslant p_{ij}(l)p_{jk}(m)>0$$

所以，$i\to k$。同理可证 $k\to i$。所以存在 $h\geqslant 0$，使得 $p_{ki}(h)>0$。

将可达关系的证明，正向用一次，反向用一次，就可得出互通关系的传递性。

2)闭集

【定义 6.6】状态空间 I 的子集 C 称为(随机)闭集，如对任意 $i\in C$ 及 $n\notin C$ 都有 $p_{in}=0$。闭集 C 称为不可约的，如 C 的状态互通。Markov 链 $\{X_k\}$ 称为不可约的，如其状态空间不可约。

闭集的意思是指自 C 的内部不能到达 C 的外部。这意味着一旦质点进入闭集 C 中，它将永远留在 C 中运动。

【定理 6.4】C 是闭集的充要条件为：对任意 $i\in C$ 及 $n\notin C$ 都有 $p_{in}(k)=0, k\geqslant 1$。

证明：只需证必要性。用归纳法，设 C 为闭集，由定义当 $k=1$ 时结论成立。设 $k=m$ 时，$p_{in}(m)=0, i\in C, n\notin C$，则

$$p_{in}(m+1)=\sum_{j\in C}p_{ij}(m)p_{jn}+\sum_{j\notin C}p_{ij}(m)p_{jn}$$
$$=\sum_{j\in C}p_{ij}(m)0+\sum_{j\notin C}0p_{jn}=0$$

在 Markov 链中，视状态空间 I 为一个闭集，因此，I 是最大闭集；如果 I 中存在吸收状态，则吸收状态构成的单点集是最小闭集。显然，最小闭集不一定是唯一的。一个闭集若无真闭子集，则称其为不可约的；若 I 为不可约的，则称此 Markov 链为不可约的。

3）吸收

【定义 6.7】由状态 i 构成的单点集 $C=\{i\}$ 为闭集，则称 i 为吸收状态。

【例 6.5】设 Markov 链 $\{X_k\}$ 的状态空间 $I=\{1,2,3,4,5\}$，转移矩阵为

$$\boldsymbol{P}=\begin{pmatrix} 1/2 & 0 & 0 & 1/2 & 0 \\ 1/2 & 0 & 1/2 & 0 & 0 \\ 0 & 0 & 1 & 0 & 0 \\ 1 & 0 & 0 & 0 & 0 \\ 0 & 1 & 0 & 0 & 0 \end{pmatrix}$$

试判断吸收状态及可约性。

解：根据转移矩阵得状态图，如图 6.2 所示。

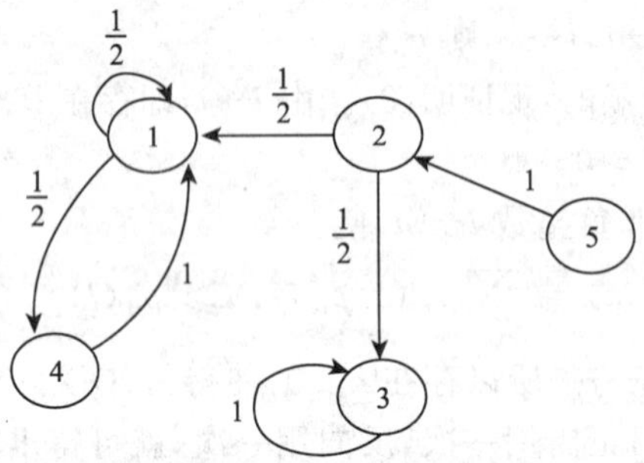

图 6.2　状态图

由图 6.2 知，3 是吸收的，故 $\{3\}$ 为闭集；$\{1,4\}$、$\{1,4,3\}$、$\{1,2,3,4\}$ 都是闭集，其中 $\{3\}$ 及 $\{1,4\}$ 是不可约的，又因 I 含有闭子集，故 $\{X_k\}$ 不是不可约链。

4）周期态

【定义 6.8】Markov 链的状态空间为 I，对任意的 $i\in I$，则称最大公约数

$$d=d(i)=GCD\{k\geqslant 1,P_{ii}(k)>0\} \tag{6.2.1}$$

为状态 i 的周期。如 $d>1$，就称 i 为周期态；如 $d=1$ 就称 i 为非周期态。如 i 有周期 d，则对一切非零的 $k\neq 0(\mathrm{mod}(d))$ 都有 $p_{ii}(k)=0$。但这并不是说对任意的 kd 有 $p_{ii}(kd)>0$。这里 GCD 表示最大公约数。周期性的概念，揭示了状态返回自身的周期规律。例如，过程从状态 i 出发，若只有当 $k=2,4,6\cdots$ 时，过程有可能返回状态 i，那么 $2,4,6\cdots$ 的最大公约数 2 是状态 i 的周期。若 i 是周期为 $d(i)$ 的状态，则当且仅当 $k\in\{0,d(i),2d(i),3d(i),\cdots\}$ 时，才存在 $p_{ii}(k)>0$，或者说，对任意 $k\notin\{0,d(i),$

$2d(i),\cdots\}$，则 $p_{ii}(k)=0$。

【定理 6.5】如果状态 i 的周期为 $d=d(i)$，则存在正整数 M，对于一切 $k\geqslant M$，有 $p_{ii}(kd(i))>0$。

证明：按数论理论知：若正整数 $k_1,k_2,\cdots,k_n$ 的最大约数为 d，则存在正整数 M，对于一切 $k\geqslant M$，都能找到非负整数 α_i，使

$$kd=\sum_{i=1}^{n}\alpha_i k_i$$

对状态 i，令 $k_1,k_2,\cdots,k_n$ 是使 $p_{ii}(k_1),p_{ii}(k_2),\cdots,p_{ii}(k_n)>0$ 的正整数，由周期定义知，$d(i)$ 是它的最大公约数，则对任意 $k\geqslant M$

$$p_{ii}(kd)=p_{ii}(\sum_{j=1}^{n}\alpha_j k_j)\geqslant p_{ii}(\alpha_1k_1)p_{ii}(\alpha_2k_2)\cdots p_{ii}(\alpha_nk_n)=\prod_{j=1}^{n}[p_{ii}(k_j)]^{\alpha_j}>0$$

【例 6.6】（无限制随机游动）考虑在直线上作随机游动的质点，如果某一时刻质点位于 i，则下一步质点以概率 p 向右移动一格到 $i+1$，而以概率 $1-p$ 向左移动一格至 $i-1$，若以 X_k 表示 k 时刻质点的位置，则 $\{X_k,k=0,1,2,\cdots\}$ 是一个齐次 Markov 链，其状态空间是 $I=\{0,\pm1,\pm2,\cdots\}$，一步转移概率为

$$P_{ij}=\begin{cases}p & j=i+1\\ 1-p & j=i-1 \quad i\in I,0<p<1\\ 0 & \text{其他 } j\end{cases}$$

求其 k 步转移概率 $P_{ij}(k)$ 及状态 i 的周期。

解：k 次转移中向右的次数减去向左的次数应等于 $j-i$，于是

$$P_{ij}(k)=\begin{cases}C_k^{(k+j-i)/2}p^{(k+j-i)/2}(1-p)^{(k-j+i)/2} & k+j-i\text{ 为偶数}\\ 0 & k+j-i\text{ 为奇数}\end{cases}$$

特别有

$$P_{ij}(k)=\begin{cases}C_k^{k/2}p^{k/2}(1-p)^{k/2} & k\text{ 为偶数}\\ 0 & k\text{ 为奇数}\end{cases},i\in I$$

对于每一个 $i\in I$，$d(i)=2$，所以状态空间 I 中的状态 i 都是周期态，周期是 2。

【例 6.7】Markov 链的一步状态转移矩阵为

$$\boldsymbol{P}=\begin{pmatrix}0&1&0&0\\0&0&1&0\\0&0&0&1\\1/2&0&1/2&0\end{pmatrix}$$

试求状态 1 的周期。

解：状态转移，如图 6.3 所示。

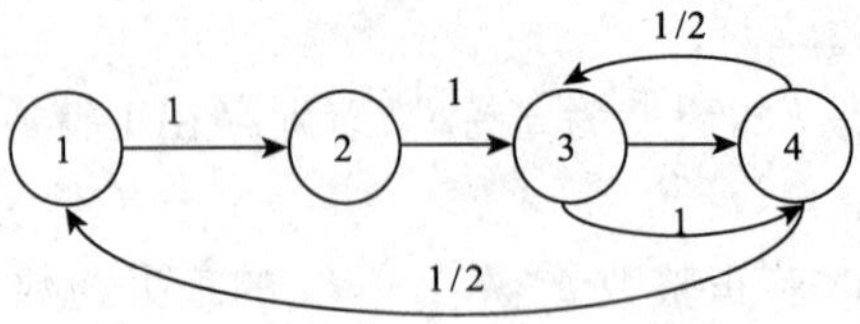

图 6.3 状态图

直接计算可得：

$$p_{11}(1)=p_{11}(2)=p_{11}(3)=p_{11}(5)=p_{11}(2k+1)=0$$

而

$$p_{11}(4)=1/2, p_{11}(6)=1/4, p_{11}(8)=3/8,\cdots$$

而$\{4,6,8,\cdots\}$的最大公约数为 2，所以 $d(1)=2$。

【定理 6.6】若 $i\leftrightarrow j$，则 $d(i)=d(j)$。

证明：由 $i\leftrightarrow j$，存在 m,n 使得 $p_{ji}(m)>0$ 和 $p_{ij}(n)>0$，由 C-K 方程，得

$$p_{jj}(n+m)\geqslant p_{ji}(m)p_{ij}(n)>0$$

设有 $k>0$ 使得 $p_{ii}(k)>0$，同样由 C-K 方程，得

$$p_{jj}(m+k+n)\geqslant p_{ji}(m)p_{ii}(k)p_{ij}(n)>0$$

由定义知，$d(j)$必同时整除 $m+n$ 和 $m+k+n$，所以，$d(j)$必整除 k。而 $d(i)$是能整除使得 $p_{ii}(m)>0$ 的所有 k 的数中最大的数，因而 $d(j)$必可整除 $d(i)$。同样，$d(i)$必可整除 $d(j)$，因此，$d(i)=d(j)$。

5)常返性与非常返性

【定义 6.9】用

$$f_{ij}(k)=P\{X_{k+m}=j, X_{k+m-1}\neq j,\cdots, X_{m+1}\neq j, X_{m+n}=j \mid X_m=i\} \quad (6.2.2)$$

表示由 i 出发，经 k 步首次到达 j 的概率，也称为首中概率。用

$$f_{ij}=\sum_{k=1}^{\infty} f_{ij}(k) \quad (6.2.3)$$

表示由 i 出发，经有限步终于到达 j 的概率，简称迟早到达概率。

当 $i\neq j$ 时，$f_{ij}(0)=0$，此外，由 C-K 方程，有

$$p_{ij}(k)=\sum_{l=1}^{k} f_{ij}(l)p_{jj}(k-l)=\sum_{l=0}^{k} f_{ij}(k-l)p_{jj}(l) \quad (6.2.4)$$

这时因为

$$\begin{aligned}p_{ij}(k)&=P(X_k=j\mid X_0=i)\\&=\sum_{l=1}^{k} P(X_v\neq j, 1\leqslant v\leqslant l-1, X_l=j, X_k=j \mid X_0=i)\\&=\sum_{l=1}^{k} P(X_k=j \mid X_0=i, X_v\neq j, 1\leqslant v\leqslant l-1, X_l=j)\end{aligned}$$

$$\cdot P(X_v \neq j, 1 \leqslant v \leqslant l-1, X_l = j \mid X_0 = i)$$

$$= \sum_{l=0}^{k} p_{jj}(k-l) f_{ij}(l)$$

C-K 方程及式(6.2.4)是 Markov 链的关键性公式，它们可以把 $p_{ii}(k)$分解成较低步的转移概率之和的形式。

显然，有

$$0 \leqslant f_{ij}(k) \leqslant f_{ij} \leqslant 1 \tag{6.2.5}$$

特别地，当 $i=j$ 时，f_{ii}表示从状态 i 出发，迟早返回 i 的概率。

【定义 6.10】如果 $f_{ii}=1$，称状态 i 为常返的；如果 $f_{ii}<1$，称状态 i 为非常返的或瞬过的。

可见，若 i 是瞬过态，则由 i 出发将以正概率 $1-f_{ii}$永远不再返回到 i；若 i 是常返时，则不会出此现象。对常返态 i，由定义知$\{f_{ij}(k), k \geqslant 1\}$构成一概率分布。此分布的期望值为

$$m_i = \sum_{k=1}^{\infty} k f_{ii}(k) \tag{6.2.6}$$

表示由 i 出发再返回到 i 的平均返回时间。

【定义 6.11】如 $m_i<\infty$，则称常返态 i 为正常返的；如 $m_i=\infty$，则称常返态 i 为零常返的。非周期的正常返态称为遍历状态。

【定理 6.7】若状态 i 是常返状态，且平均常返时为 m_i，则

$$\lim_{k\to\infty} p_{ii}(k) = \frac{1}{m_i} \tag{6.2.7}$$

因此，若$\lim\limits_{k\to\infty} p_{ii}(k)=0$，则状态 i 是零常返状态；若$\lim\limits_{k\to\infty} p_{ii}(k)<\infty$，则状态 i 是正常返状态。

证明：定义级数为

$$p_i(t) = \sum_{m=0}^{\infty} \mathrm{e}^{mt} p_{ii}(m), F_i(t) = \sum_{m=1}^{\infty} \mathrm{e}^{mt} f_{ii}(m), t < 0$$

由于 $t<0$ 及任意的 m，有 $0 \leqslant p_{ii}(m), f_{ii}(m) \leqslant 1$，与上述定义的级数绝对收敛。此外，有

$$p_{ii}(m) = \sum_{l=1}^{m} f_{ii}(l) p_{ii}(m-l)$$

于是，有

$$p_i(t) = p_{ii}(0) + \sum_{m=1}^{\infty} \mathrm{e}^{mt} p_{ii}(m) = 1 + \sum_{m=1}^{\infty} \mathrm{e}^{mt} \sum_{l-1}^{m} f_{ii}(l) p_{ii}(m-l)$$

$$= 1 + p_i(t) \sum_{l=1}^{\infty} \mathrm{e}^{lt} f_{ii}(l) = 1 + p_i(t) F_i(t)$$

所以

$$p_i(t) = \frac{1}{1 - F_i(t)}$$

两边同乘 $1-e^t$，得

$$(1 - e^t)p_i(t) = \frac{1 - e^t}{1 - F_i(t)}$$

对$(1-e^t)p_i(t)$求极限，得

$$\lim_{t\to 0^-}(1 - e^t)p_i(t) = \lim_{t\to 0^-}\frac{\sum_{m=0}^{\infty} e^{mt}p_{ii}(m)}{\sum_{m=0}^{\infty} e^{mt}} = \lim_{t\to 0^-}\lim_{l\to\infty}\frac{\sum_{m=0}^{l} e^{mt}p_{ii}(m)}{\sum_{m=0}^{l} e^{mt}}$$

$$= \lim_{l\to\infty}\frac{\sum_{m=0}^{l} p_{ii}(m)}{l} = \lim_{l\to\infty} p_{ii}(l)$$

对$\frac{1-e^t}{1-F_i(t)}$求极限，得

$$\lim_{t\to 0^-}\frac{1 - e^t}{1 - F_i(t)} = \lim_{t\to 0^-}\frac{-e^t}{-\sum_{m=0}^{\infty} me^{mt}f_{ii}(m)} = \frac{1}{\sum_{m=0}^{\infty} mf_{ii}(m)} = \frac{1}{m_i}$$

证毕。

【定理 6.8】若状态 i 是常返的，则从状态 i 出发，Markov 链将以概率 1 无穷次返回状态状态 i；若状态 i 是瞬过的，则从状态 i 出发，Markov 链无穷次返回状态 i 的概率为 0，也即 Markov 链只能有限次返回状态 i。

证明：设 $q_{ii}(k)$表示从状态 i 出发，有 k 次返回状态 i 的概率，则 $q_{ii}=\lim_{k\to\infty}q_{ii}(k)$表示从状态 i 出发无穷次返回状态 i 的概率。又定义 $q_{ii}(1)=f_{ii}$，且

$$q_{ii}(k+1) = \sum_{m=1}^{\infty} f_{ii}(m)q_{ii}(k) = q_{ii}(m)f_{ii}$$

所以

$$q_{ii}(k) = (f_{ii})^k$$

因此

$$q_{ii} = \lim_{k\to\infty}(f_{ii})^k = \begin{cases} 1, f_{ii} = 1 \\ 0, f_{ii} < 1 \end{cases}$$

证毕。

【定理 6.9】状态 i 常返的充要条件为

$$\sum_{k=1}^{\infty} p_{ii}(k) = +\infty \tag{6.2.8}$$

状态 i 是非常返或瞬过的充要条件为

$$\sum_{k=1}^{\infty} p_{ii}(k) = \frac{1}{1-f_{ii}} < +\infty \tag{6.2.9}$$

证明:这里对瞬过的情况进行证明。N 表示随机过程 X_k 从状态 i 出发返回状态 i 的次数,是随机变量,在 $X_0=i$ 的条件下,有

$$P\{N=n \mid X_0=i\} = f_{ii}^n, n=1,2,\cdots$$

$$E[N \mid X_0=i] = \sum_{n=1}^{\infty} nP\{N=n \mid X_0=i\} = \sum_{n=1}^{\infty} nf_{ii}^n = \frac{f_{ii}}{(1-f_{ii})^2} < +\infty$$

定义随机变量序列

$$I_k = \begin{cases} 1, X_k = i \\ 0, X_k \neq i \end{cases}$$

则

$$N = \sum_{k=1}^{\infty} I_k$$

利用 $E[I_k \mid X_0=i]=1 \cdot P\{X_k=i \mid X_0=i\}+0 \cdot P\{X_k \neq i \mid X_0=i\}$,得

$$\begin{aligned}
\sum_{k=1}^{\infty} p_{ii}(k) &= \sum_{k=1}^{\infty} P\{X_k = i \mid X_0 = i\} \\
&= \sum_{k=1}^{\infty} E[I_k \mid X_0 = i\}] = E[\sum_{k=1}^{\infty} I_k \mid X_0 = i] \\
&= E[N \mid X_0 = i] < +\infty
\end{aligned}$$

反之,若 $\sum_{k=1}^{\infty} p_{ii}(k) < +\infty$,则状态 i 必是瞬过的;否则,若状态 i 是常返的,则从状态 i 出发,最终回到状态 i 的概率为 1.由 Markov 链以后的状态只与当前状态有关的性质可知,过程 X_k 不断以概率 1 返回状态 i,因此返回的次数为无穷大。也就是 $E[N \mid X_0=i]=\infty$,这与 $\sum_{k=0}^{\infty} p_{ii}(k)$ 收敛相矛盾。证毕。

常返性与非常返性有如下性质:

①设 $i \leftrightarrow j$,若状态 i 是常返的,则状态 j 是常返的。

证明:因为 $i \leftrightarrow j$,存在设 m,k 使 $p_{ji}(m)>0, p_{ij}(k)>0$。于是对任意的 $l>0$,有

$$p_{jj}(m+l+k) \geqslant p_{ji}(m)p_{ii}(l)p_{ij}(k)$$

所以,有

$$\sum_{l=1}^{\infty} p_{jj}(m+l+k) \geqslant \sum_{l=1}^{\infty} p_{ji}(m)p_{ii}(l)p_{ij}(k) = p_{ji}(m)p_{ij}(k)\sum_{l=1}^{\infty} p_{ii}(l) = \infty$$

因此

$$\sum_{l=1}^{\infty} p_{ii}(l) = \infty$$

所以,状态 j 是常返的。该性质表明,常返与瞬过是等价类的,即同一个等价类中的状态,要么全是常返的,要么全是瞬过的。

②若状态 j 是非常返的,则对任意 $i \in I$,均有

$$\lim_{k \to \infty} p_{ij}(k) = 0 \tag{6.2.10}$$

证明:因为

$$p_{ij}(k) = \sum_{l=1}^{k} f_{ij}(l) p_{jj}(k-l) \leqslant \sum_{l=1}^{k'} f_{ij}(l) p_{jj}(k-l) + \sum_{l=k'+1}^{n} f_{ij}(l)$$

对于 $k' < k, k \to \infty$,有

$$\lim_{k \to \infty} p_{ij}(k) \leqslant \sum_{l=k'+1}^{\infty} f_{ij}(l)$$

这是收敛的余项,故当 $k' \to \infty$ 时,有 $\lim\limits_{k \to \infty} p_{ij}(k) = 0$。

该性质表明,从任何一个状态出发,到达一个瞬过状态的概率,随着步数的增大而趋于零。

③设状态 i 常返且有周期 $d(i)$,则

$$\lim_{k \to \infty} p_{ii}(kd(i)) = \frac{d(i)}{m_i} \tag{6.2.11}$$

式中,m_i 为状态 i 的平均返回时间。当 $m_i \to \infty$ 时,$\dfrac{d(i)}{m_i} = 0$。

④如果 $i \to j$,则

a. i 与 j 同为常返或非常返,如为常返,则它们同为正常返或零常返;

b. i 与 j 有相同的周期。

证明:a. 由于 $i \to j$,由可达定义知,存在 $l \geqslant 1$ 和 $k \geqslant 1$,使得

$$p_{ij}(l) = \alpha > 0, p_{ji}(k) = \beta > 0$$

由 C-K 方程,总有

$$p_{ii}(l+m+k) \geqslant p_{ij}(l) p_{jj}(m) p_{ji}(k) = \alpha\beta p_{jj}(m) \tag{6.2.12}$$

$$p_{jj}(l+m+k) \geqslant p_{ji}(k) p_{jj}(m) p_{ij}(l) = \alpha\beta p_{ii}(m) \tag{6.2.13}$$

分别将式(6.2.12)和式(6.2.13)的两边从 $1 \to \infty$ 求和,得

$$\sum_{m=1}^{\infty} p_{ii}(l+m+k) \geqslant \sum_{m=1}^{\infty} \alpha\beta p_{jj}(m) = \alpha\beta \sum_{m=1}^{\infty} p_{jj}(m)$$

$$\sum_{m=1}^{\infty} p_{jj}(l+m+k) \geqslant \sum_{m=1}^{\infty} \alpha\beta p_{ii}(m) = \alpha\beta \sum_{m=1}^{\infty} p_{ii}(m)$$

可见,$\sum\limits_{k=1}^{\infty} p_{ii}(k)$ 与 $\sum\limits_{k=1}^{\infty} p_{jj}(k)$ 相互控制,所以它们同为无穷或同为有限。即状态 i

与 j 同为常返或同为非常返。又对式(6.2.12)与式(6.2.13)两边同时取极限,则有

$$\lim_{m\to\infty} p_{ii}(l+m+k) \geqslant \alpha\beta \lim_{m\to\infty} p_{jj}(m)$$

$$\lim_{m\to\infty} p_{jj}(l+m+k) \geqslant \alpha\beta \lim_{m\to\infty} p_{ii}(m)$$

因此,$\lim\limits_{k\to\infty} p_{ii}(k)$与$\lim\limits_{k\to\infty} p_{jj}(k)$同为零或同为正,即状态 i 与 j 同为常返或非常返。

b. 令

$$p_{ij}(l) = \alpha > 0, p_{ji}(k) = \beta > 0$$

设状态 i 的周期为 $d(i)$,状态 j 的周期为 $d(j)$。由式(6.2.12)知,对任一使 $p_{jj}(m)>0$ 的 m,必有 $p_{ii}(l+m+k)>0$,从而 $d(i)$可除尽 $l+m+k$,但

$$p_{ii}(l+k) \geqslant p_{ij}(l)p_{ji}(k) = \alpha\beta > 0$$

所以 $d(i)$ 也能除尽 $l+k$。可见,$d(i)$ 可除尽 m,这说明 $d(i)\leqslant d(j)$。利用式(6.2.13),类似可证 $d(i)\geqslant d(j)$。因而 $d(i)=d(j)$。

⑤所有常返状态构成闭集。

证明:若状态 i 常返且 $i\to j$,则必有 $j\to i$,即 $i\leftrightarrow j$。因为若 $j\not\to i$,则该链从状态 i 转移到状态 j 后再也不能返回到状态 i,这与状态 i 为常返态相矛盾。由常返态是等价类性质知,状态 j 也为常返态。以上表明,一个链从常返状态只能到达常返态,不能到达瞬过态,即所有常返状态构成一个闭集。

⑥在只有常返态的不可约链中,所有状态都是互通的。

⑦不可约有限齐次 Markov 链的所有状态都是正常返态。

【例 6.8】设 Markov 链的状态空间为 $I=\{1,2,3,4\}$,其一步转移概率矩阵为

$$\boldsymbol{P} = \begin{bmatrix} 1/2 & 1/2 & 0 & 0 \\ 1/2 & 1/2 & 0 & 0 \\ 1/4 & 1/4 & 1/4 & 1/4 \\ 0 & 0 & 0 & 1 \end{bmatrix}$$

讨论各状态的常返性。

解:n 步转移概率矩阵为

$$\boldsymbol{P}(n) = \boldsymbol{P}^n = \begin{bmatrix} 1/2 & 1/2 & 0 & 0 \\ 1/2 & 1/2 & 0 & 0 \\ \sum\limits_{k=1}^{n} \dfrac{1}{4^k} & \sum\limits_{k=1}^{n} \dfrac{1}{4^k} & \dfrac{1}{4^n} & \sum\limits_{k=1}^{n} \dfrac{1}{4^k} \\ 0 & 0 & 0 & 1 \end{bmatrix}$$

由 $p_{11}(n)=1/2, p_{22}(n)=1/2, p_{33}(n)=1/4^n, p_{44}(n)=1$,得

$$\sum_{n=1}^{\infty} p_{11}(n) = +\infty, \sum_{n=1}^{\infty} p_{22}(n) = +\infty, \sum_{n=1}^{\infty} p_{33}(n) = +\infty, \sum_{n=1}^{\infty} p_{44}(n) < +\infty$$

因此，状态 1,2,4 都是常返态，状态 3 是非常返态。当 $n\to\infty$ 时，$\lim\limits_{n\to\infty}p_{11}(n)\neq 0$，$\lim\limits_{n\to\infty}p_{22}(n)\neq 0$，$\lim\limits_{n\to\infty}p_{44}(n)\neq 0$。所以状态 1,2,4 都是正常返态。

6.2.2 离散时间 Markov 链状态空间的分解

【定理 6.10】(状态空间分解定理)任一 Markov 链的状态 I，可唯一地分解为有限个或可列个互不相交的子集

$$I=N\cup C_1\cup C_2\cup\cdots\cup C_l\cup\cdots$$

使得

①每一 C_l 是由常返态组成的不可约闭集。

②C_l 中的状态同类，或全是正常返态，或全是零常返态。

③每个 C_l 中状态若同为周期的，则它们有相同的周期且 $f_{jk}=1,j,k\in C_l$；或同时不为周期的。

④N 由全体非常返状态组成。自 C_l 中的状态不能到达 N 中的状态。

称 C_l 为基本常返闭集。需要指出的是：分解定理中的集 N 不一定是闭集，但如 I 为有限集，N 一定是闭集。因此，如最初质点是自某一非常返状态出发，则它可能就一直在 N 中运动，也可能在某一时刻离开 N 转移到某一基本常返闭集 C_l 中。一旦质点进入 C_l 后，它将永远在 C_l 中运动。

【例 6.9】设 Markov 链 $\{X_k,k\geqslant 0\}$ 的空间状态 $I=\{1,2,\cdots,6\}$，转移概率矩阵为

$$\boldsymbol{P}=\begin{bmatrix}0&0&1&0&0&0\\0&0&0&0&0&1\\0&0&0&0&1&0\\1/3&1/3&0&1/3&0&0\\1&0&0&0&0&0\\1&1/2&0&0&0&1/2\end{bmatrix}$$

试分解 Markov 链并求各状态的周期。

解：状态传递，如图 6.4 所示。

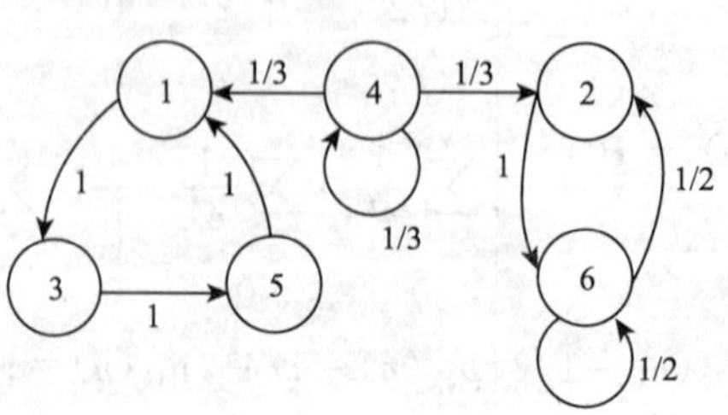

图 6.4 状态图

对状态 1,有

$$f_{11}(1)=0, f_{11}(2)=0, f_{11}(3)=1, f_{11}(k)=0(k\geqslant 4)$$

故 $f_{11}=1$,状态 1 为常返态。$m_1=\sum\limits_{k=1}^{\infty}kf_{11}(k)=3$,由状态 1 生成的基本常返闭集为

$$C_1=\{\bar{1}\}=\{1\}\cup\{n:1\to n\}=\{1,3,5\}$$

类似地,状态 6 也是正常返态,$m_6=3/2$,由状态 6 生成的基本闭集 $C_2=\{\bar{6}\}=\{2,6\}$。$D=\{4\}$是非常返集,从而状态空间

$$I=\{4\}\cup\{1,3,5\}\cup\{2,6\}$$

由 $f_{11}(3)>0$,故状态 1 周期为 3,从而 C_1 中状态周期均为 3。又因 $f_{66}(1)>0$,故状态 6 是非周期的,即 C_2 中状态是遍历的。同样,因 $f_{44}(1)>0$,故状态 4 也是非周期的。

【例 6.10】设 Markov 链的状态空间 $I=\{0,1,2,3\}$,其转移概率

$$P-\begin{bmatrix}1/2 & 1/2 & 0 & 0\\ 1/2 & 1/2 & 0 & 0\\ 1/4 & 1/4 & 1/4 & 1/4\\ 0 & 0 & 0 & 1\end{bmatrix}$$

求状态空间的分解。

解:状态传递,如图 6.5 所示。

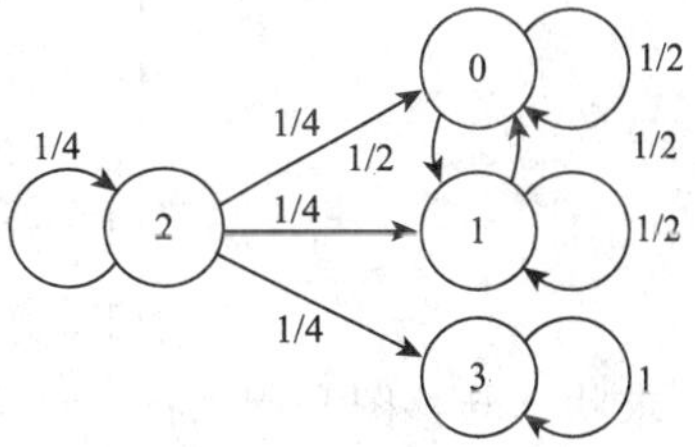

图 6.5 状态图

由状态 3 不可能到达任何其他状态,所以是常返态。状态 2 可到达 0,1,3 三个状态,但从 0,1,3 三个状态都不能到达状态 2,但 0 与 1 两个状态相通,构成一个常返态闭集。又因 $\sum\limits_{k=1}^{\infty}p_{22}(k)=\dfrac{1}{3}$,所以状态 2 为非常返态。于是状态空间分解为 $I=\{2\}+\{0,1\}+\{3\}$。

【例 6.11】设 Markov 链状态空间 $I-\{0,1,\cdots,8\}$,转移概率矩阵为

$$P=\begin{bmatrix}* & 0 & 0 & 0 & 0 & 0 & 0 & 0 & 0\\ 0 & 0 & * & 0 & 0 & 0 & 0 & 0 & 0\\ 0 & * & 0 & 0 & 0 & 0 & 0 & 0 & 0\\ 0 & 0 & 0 & 0 & * & * & 0 & 0 & 0\\ 0 & 0 & 0 & 0 & * & * & 0 & 0 & 0\\ 0 & 0 & 0 & * & 0 & 0 & 0 & 0 & 0\\ * & * & 0 & 0 & * & 0 & * & 0 & 0\\ 0 & 0 & 0 & 0 & 0 & 0 & * & * & *\\ 0 & 0 & 0 & 0 & 0 & 0 & * & 0 & 0\end{bmatrix}$$

式中，* 表示正概率，求状态的分类。

解：状态传递，如图 6.6 所示。

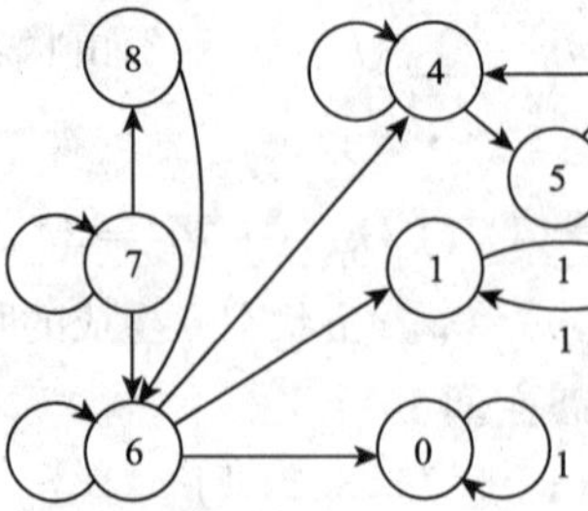

图 6.6 状态图

因 $p_{00}=1$，故状态 0 为吸收态，构成闭集。又$\{1,2\}$构成一个闭集，$\{3,4,5\}$也构成一个闭集，而集$\{6,7,8\}$为非常返集。

【例 6.12】Markov 链的状态空间 $I=\{0,1,\cdots,7\}$，其转移概率矩阵为

$$\boldsymbol{P}=\begin{bmatrix} 0 & 1/4 & 1/2 & 1/4 & 0 & 0 & 0 & 0 \\ 0 & 0 & 0 & 0 & 1/2 & 1/2 & 0 & 0 \\ 0 & 0 & 0 & 0 & 1/3 & 2/3 & 0 & 0 \\ 0 & 0 & 0 & 0 & 0 & 1 & 0 & 0 \\ 0 & 0 & 0 & 0 & 0 & 0 & 1 & 0 \\ 0 & 0 & 0 & 0 & 0 & 0 & 1/2 & 1/2 \\ 1 & 0 & 0 & 0 & 0 & 0 & 0 & 0 \\ 1 & 0 & 0 & 0 & 0 & 0 & 0 & 0 \end{bmatrix}$$

求状态转移图和周期。

解：状态传递，如图 6.7 所示。

由图可知，八个状态可分为四个子集

$$C_1=\{0\},C_2=\{1,2,3\}$$

$$C_3=\{4,5\},C_4=\{6,7\}$$

它们是互不相交的子集，$I=C_1\cup C_2\cup C_3\cup C_4$，有确定性的周期转移

$$C_1\to C_2\to C_3\to C_4\to C_1$$

故该 Markov 链的周期是 $d=4$。

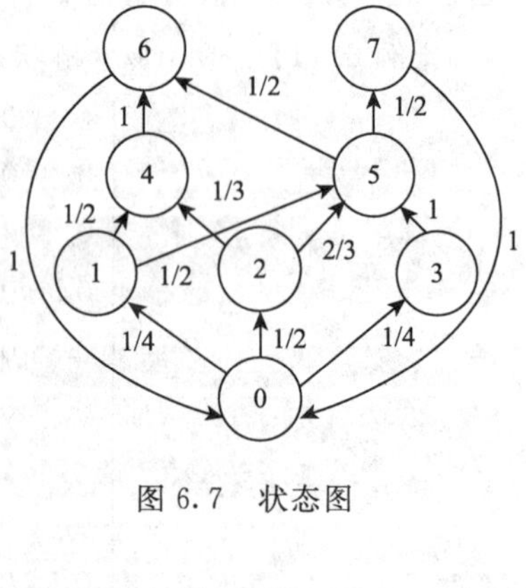

图 6.7 状态图

【例 6.13】设质点在包括原点的正半轴上作随机游动。除原点外，在任何一点上都以概率 p 右移一个状态，以概率 $q=1-p$ 左移一个状态；在原

点处以概率 p 右移一个状态，以概率 q 留在原点处，判别：

(1)该随机游动是否不可约齐次 Markov 链；

(2)该 Markov 链是否常返链。

解：由质点运动规则知，该过程是一个齐次 Markov 链，状态空间 $I=\{0,1,2,\cdots\}$。其一步转移概率矩阵为

$$
\boldsymbol{P}=\begin{bmatrix} q & p & & & \\ q & 0 & p & & \\ & q & 0 & p & \\ & & \ddots & \ddots & \ddots \end{bmatrix}
$$

(1)由于状态空间的所有状态都是相通的，因此所有状态都是常返态，构成一个闭集，依定义知，是一个不可约的齐次 Markov 链。

(2)利用定义知，方程组为

$$
\begin{cases} Z_1 = pZ_2 \\ Z_i = qZ_{i-1} + pZ_{i+1}, i = 2,3,\cdots \end{cases}
$$

利用 $p+q=1$，可改写为

$$
\begin{cases} Z_2 - Z_1 = \dfrac{q}{p}Z_1 \\ Z_{i+1} - Z_i = \dfrac{q}{p}(Z_i - Z_{i+1}), i = 2,3,\cdots \end{cases}
$$

不断迭代可得

$$
Z_{i+1} - Z_i = \left(\frac{q}{p}\right)^i Z_1, i = 1,2,3,\cdots
$$

对 i 从 1 到 $k-1$ 求和，得

$$
Z_k - Z_1 = \left[\left(\frac{q}{p}\right)^{k-1} + \left(\frac{q}{p}\right)^{k-2} + \cdots + \left(\frac{q}{p}\right)\right]Z_1, k = 2,3,\cdots
$$

即

$$
Z_k = \frac{1-(q/p)^k}{1-(q/p)}Z_1, k = 1,2,\cdots
$$

此式说明：如果 $q/p<1$，则 Z_i 是有界的，即方程组有非零有界解。依定理知，此 Markov 链是非常返态的。如果 $q/p=1$ 或 $q/p>1$，则 Z_i 是无界的，即 Markov 链是常返态的。

【定理 6.11】周期为 d 的不可约 Markov 链，其状态空间 I 可唯一地分解为 d 个互不相交的子集之和，即

$$
I = \bigcup_{r=0}^{d-1} G_r, G_r \cap G_s = \phi, r \neq s \tag{6.2.14}
$$

且使得自 G_r 中任一状态出发，经一步转移必进入 G_{r+1} 中(其中 $G_d = G_0$)。

证明：任意取定一状态 i，对每一个 $r=0,1,\cdots,d-1$，定义集合

$$G_r = \{j: 对某个\ k \geqslant 0, p_{ij}(kd+r) > 0\} \tag{6.2.15}$$

因 I 不可约,故 $\bigcup_{r=0}^{d-1} G_r = I$,如图 6.8 所示。

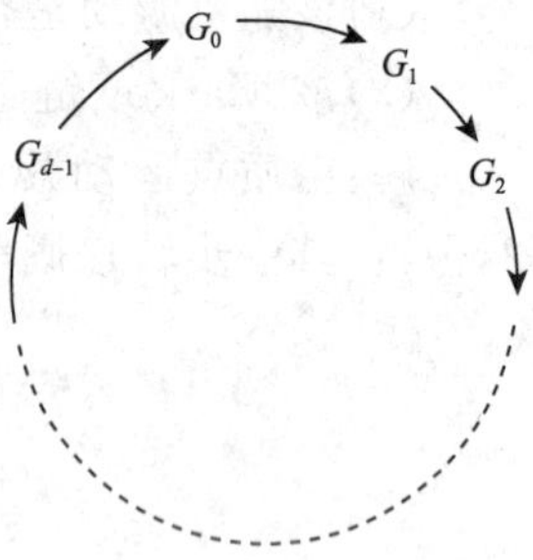

图 6.8　I 为不可约集

其次,如存在 $j \in G_r \cap G_s$,式(6.2.15)必存在 k 及 m 使 $p_{ij}(kd+r)>0, p_{ij}(md+s)>0$,又因 $j \leftrightarrow i$,故必存在 l,使 $p_{ji}(l)>0$,于是

$$p_{ii}(kd+r+l) \geqslant p_{ij}(kd+r)p_{ji}(l) > 0$$

$$p_{ii}(md+s+l) \geqslant p_{ij}(md+s)p_{ji}(l) > 0$$

由此可见,$r+l$ 及 $s+l$ 都能被 d 除尽,从而其差 $(r+l)-(s+l)=r-s$ 也能被 d 除尽。但 $0 \leqslant r, s \leqslant d-1$,故只能 $r-s=0$,因而 $G_r=G_s$。这说明当 $r \neq s$ 时,$G_r \cap G_s = \phi$。

现证,对任一 $j \in G_r$,有 $\sum\limits_{n \in C_{r+1}} p_{jn} = 1$,实际上

$$1 = \sum_{n \in C} p_{jn} = \sum_{n \in G_{r+1}} p_{jn} + \sum_{n \notin G_{r+1}} p_{jn} = \sum_{n \in G_{r+1}} p_{jn}$$

最后一个等式是因设 $p_{in}(kd+r)>0$,故当 $n \notin G_{r+1}$ 时,由

$$0 = p_{in}(kd+r+1) \geqslant p_{ij}(kd+r)p_{jn}$$

知

$$p_{jn} = 0$$

最后证明分解的唯一性,这只需证 $\{G_r\}$ 与最初 i 的选择无关,亦即如对某固定的 i,状态 j 与 n 同属于某 G_r,则对另外选定的 i',状态 j 与 n 同属于某 $G_{r'}$(r 与 r' 可以不同)。实际上,设对 i 分解为 $G_0, G_1, \cdots, G_{d-1}$,对 i' 分解为 $G_0', G_1', \cdots, G_{d-1}'$,又假定 $j, n \in G_r, i' \in G_s$,则

当 $r \geqslant s$,自 i' 出发,只能在 $r-s, r-s+d, r-s+2d, \cdots$ 步上到达 j 或 n,故 j 与 n 都属于 G_{r-s}'。

当 $r<s$,自 i' 出发,只能在 $d-(s-r)=r-s+d, r-s+2d, \cdots$ 步上到达 j 或 n,故 j 与 n 都属于 G_{r-s+d}'。

证毕。

【例 6.14】设不可分 Markov 链的状态空间为 $I=\{1,2,3,4,5,6\}$,转移矩阵为

$$\boldsymbol{P} = \begin{Bmatrix} 0 & 0 & 1/2 & 0 & 1/2 & 0 \\ 1/3 & 0 & 0 & 1/3 & 0 & 1/3 \\ 0 & 1 & 0 & 0 & 0 & 0 \\ 0 & 0 & 1 & 0 & 0 & 0 \\ 0 & 1 & 0 & 0 & 0 & 0 \\ 0 & 0 & 1/4 & 0 & 3/4 & 0 \end{Bmatrix}$$

确定各状态周期并将其分解为唯一互不相交的子集之和。

解：由转移矩阵可得状态转移图，如图 6.9 所示。易见各状态的周期 $d=3$。固定状态 $i=1$，令

$$G_0 = \{j: 对某\ k \geqslant 0, 有\ p_{1,j}(3k) > 0\} = \{1,4,6\}$$
$$G_1 = \{j: 对某\ k \geqslant 0, 有\ p_{1,j}(3k+1) > 0\} = \{3,5\}$$
$$G_2 = \{j: 对某\ k \geqslant 0, 有\ p_{1,j}(3k+2) > 0\} = \{2\}$$

故

$$I = G_0 \cup G_1 \cup G_2 = \{1,4,6\} \cup \{3,5\} \cup \{2\}$$

此链在 I 中的运动，如图 6.10 所示。

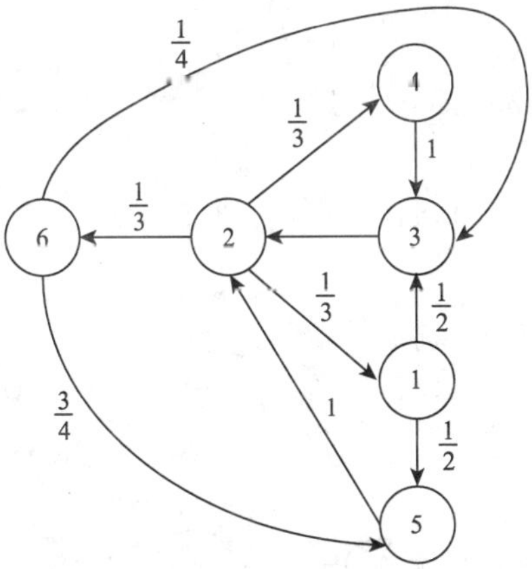

图 6.9　状态图

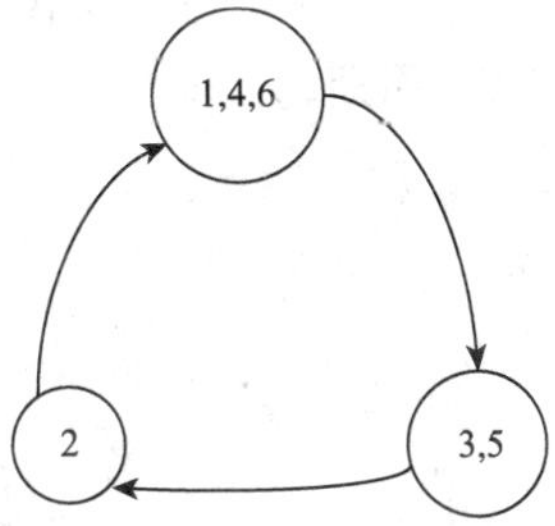

图 6.10　链在 I 中的运动

【定理 6.12】设 $\{X_k, k\geqslant 0\}$ 是周期为 d 的不可约 Markov 链，则在定理 6.11 的结论下有：

(1) 如只在时刻 $0, d, 2d, \cdots$ 上考虑 $\{X_k\}$，即得一新 Markov 链，具转移矩阵 $\boldsymbol{P}(d)=(p_{ij}(d))$，对此新链，每一 G_r 是不可约闭集，且 G_r 中的状态是非周期的。

(2) 如原 Markov 链 $\{X_k\}$ 常返，则 $\{X_{kd}\}$ 也是常返。

证明：(1) 由定理 6.11 知，G_r 对 $\{X_{kd}\}$ 是闭集。其次，对 $\forall j, n \in G_r$，因 $\{X_k\}$ 不可约，故存在 N 使 $p_{jk}(N)>0$。由定理 6.11 知，N 只能是 kd 形，换言之，对 $\{X_{kd}\}$ 状态 $j \to n$，同理 $n \to j$，故 $j \leftrightarrow n$，即 G_r 不可分。由定理 6.5 知，存在 M，对一切 $k \geqslant M$，有 $p_{jj}(kd)>0$，可见，对 $\{X_{kd}\}$ 状态 j 的周期为 1。

(2) 设 $\{X_k\}$ 常返，任取 $j\in G_r$，由周期的定义知，当 $k \neq 0(\bmod(d))$ 时 $p_{jj}(k)=0$，因而 $f_{jj}(k)=0$，故

$$1 = \sum_{k=1}^{\infty} f_{jj}(k) = \sum_{k=1}^{\infty} f_{jj}(kd)$$

即 j 对 $\{X_{kd}\}$ 也是常返的。

【例 6.15】设 $\{X_k\}$ 为例 6.5 中的 Markov 链，已知 $d=3$，则 $\{X_{3k}, k\geqslant 0\}$ 的转移矩阵为

$$\boldsymbol{P}=\begin{Bmatrix} \frac{1}{3} & 0 & 0 & \frac{1}{3} & 0 & \frac{1}{3} \\ 0 & 1 & 0 & 0 & 0 & 0 \\ 0 & 0 & \frac{7}{12} & 0 & \frac{5}{12} & 0 \\ \frac{1}{3} & 0 & 0 & \frac{1}{3} & 0 & \frac{1}{3} \\ 0 & 0 & \frac{7}{12} & 0 & \frac{5}{12} & 0 \\ \frac{1}{3} & 0 & 0 & \frac{1}{3} & 0 & \frac{1}{3} \end{Bmatrix}$$

求各互不相交的不可约闭集。

解：由子链 X_{3k} 的状态转移图 6.11 知，$G_0=\{1,4,6\}$，$G_1=\{3,5\}$，$G_2=\{2\}$ 各形成不可约闭集，周期为 1。

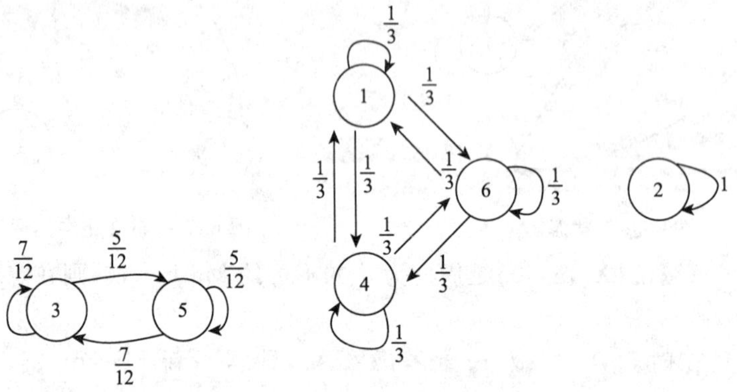

图 6.11 互不相交的不可约闭集

6.3 离散时间 Markov 链转移概率 $p_{ij}(k)$ 的极限与平稳分布

对 $p_{ij}(k)$ 的极限性质，讨论：(1) $\lim\limits_{k\to\infty} p_{ij}(k)$ 是否存在？(2) $\lim\limits_{k\to\infty} p_{ij}(k)$ 是否与 i 有关？这与 Markov 链的所谓平稳分布有密切联系。

6.3.1 $p_{ij}(k)$ 的极限

【定理 6.13】如 j 非常返或零常返，则

$$\lim_{k\to\infty} p_{ij}(k) = 0, \forall i \in I \tag{6.3.1}$$

证明：由式(6.2.4)知，对 $K<k$，有

$$p_{ij}(k) = \sum_{l=1}^{n} f_{ij}(l) p_{jj}(k-l) \leqslant \sum_{k=1}^{K} f_{ij}(l) p_{jj}(k-l) + \sum_{l=K+1}^{n} f_{ij}(l)$$

固定 K，先令 $k\to\infty$，由式(6.2.4)知，上式右方第一项因 $p_{jj}(k)\to 0$ 而趋于 0。再令 $K\to\infty$，第二项因 $\sum_{l=1}^{\infty} f_{ij}(l) \leqslant 1$ 而趋于 0，故

$$\lim_{k\to\infty} p_{ij}(k) = 0$$

定理 6.13 有如下推论：

【推论 1】有限状态的 Markov 链，不可能全是非常返状态，也不可能含有零状态。从而不可约的有限 Markov 链必为正常返的。

【推论 2】如 Markov 链有一个零常返态，则必有无限多个零常返状态。

【定理 6.14】如 j 正常返，周期 $d(j)$，则对任意 i 及 $0\leqslant r\leqslant d-1$，有

$$\lim_{k\to\infty} p_{ij}(kd(j)+r) = f_{ij}(r)\frac{d(j)}{m_j} \tag{6.3.2}$$

式中

$$f_{ij}(r) = \sum f_{ij}(md(j)+r), 0\leqslant r\leqslant d-1 \tag{6.3.3}$$

证明：因为 $p_{jj}(k)=0, k\neq 0(\mathrm{mod}(d(j)))$。故

$$\begin{aligned} p_{ij}(kd(j)+r) &= \sum_{l=0}^{kd(j)+r} f_{ij}(l) p_{jj}(kd(j)+r-l) \\ &= \sum_{m=0}^{k} f_{ij}(md(j)+r) p_{jj}((k-m)d(j)) \end{aligned}$$

于是，对 $1\leqslant K<k$ 有

$$\sum_{m=0}^{K} f_{ij}(md(j)+r) p_{jj}((k-m)d(j)) \leqslant p_{ij}(kd(j)+r)$$

$$\leqslant \sum_{m=0}^{K} f_{ij}(md(j)+r) p_{jj}((k-m)d(j)) + \sum_{m=K+1}^{\infty} f_{ij}(md(j)+r)$$

当先固定 K 时，然后令 $m\to\infty$，再令 $K\to\infty$，得

$$f_{ij}(r)\frac{d(j)}{m_j} \leqslant \lim_{k\to\infty} p_{ij}(kd(j)+r) \leqslant f_{ij}(r)\frac{d(j)}{m_j}$$

证毕。

【推论】设不可约、正常返、周期 d 的 Markov 链，其状态空间为 I，则对一切 i，$j\in I$，有

$$\lim_{k\to\infty} p_{ij}(kd) = \begin{cases} \dfrac{d}{m_j}, \text{如 } i \text{ 与 } j \text{ 同属于子集 } G_s \\ 0, \text{其他} \end{cases} \tag{6.3.4}$$

式中，$I=\bigcup_{s=0}^{d-1} G_s$ 由定理 6.11 中所给出。

特别地，如 $d=1$，则对一切 i,j 有

$$\lim_{k\to\infty} p_{ij}(k) = \frac{1}{m_j} \tag{6.3.5}$$

证明：在式(6.3.2)中，取 $r=0$，得

$$\lim_{k\to\infty} p_{ij}(kd) = f_{ij}(0)\frac{d}{m_j}$$

式中，$f_{ij}(0)=\sum_{m=0}^{\infty} f_{ij}(md)$。如 i 与 j 不在同一个 G_s 中，由定理 6.11 可知，$p_{ij}(kd)=0$，则 $f_{ij}(kd)=0$，进而 $f_{ij}(0)=0$。如 i 与 j 属于 G_s，则 $p_{ij}(k)=0$(从而 $f_{ij}(k)=0$)，$k \neq 0(\mathrm{mod}\ (\mathrm{d}(\mathrm{j})))$，故

$$f_{ij}(0) = \sum_{m=0}^{\infty} f_{ij}(md) = \sum_{m=0}^{\infty} f_{ij}(m) = f_{ij} = 1$$

式(6.3.3)中的概率 $f_{ij}(r)$ 似与 j 有关，实际上 $f_{ij}(r)$ 只依赖于 j 所在的子集 G_s，即对 $\forall j,n\in G_s$，都有 $f_{ij}(r)=f_{in}(r)$。

又因 $\sum_{l=1}^{k} p_{jj}(l)$ 表示自 j 出发，在 k 步之内返回到 j 的平均次数，故 $\frac{1}{k}\sum_{l=1}^{k} p_{jj}(l)$ 表示每单位时间内再回到 j 的平均次数，而 $\frac{1}{m_j}$ 也表示自 j 出发每单位时间内再回到 j 的平均次数，所以应有

$$\frac{1}{k}\sum_{l=1}^{k} p_{jj}(l) \approx \frac{1}{m_j}$$

如果质点由 i 出发，则要考虑自 i 出发能否到达 j 的情况，即要考虑 f_{ij} 的大小。于是有定理 6.15。

【定理 6.15】对任意状态 i,j，有

$$\lim_{k\to\infty} \frac{1}{k}\sum_{l=1}^{k} p_{jj}(l) = \begin{cases} 0, \text{如 } j \text{ 非常返或零常返}, \\ \dfrac{f_{ij}}{m_j}, \text{如 } j \text{ 正常返} \end{cases}$$

证明：如 j 为非常返或零常返，由定理 6.13 知，$\lim_{k\to\infty} p_{ij}(k)=0$，所以

$$\lim_{k\to\infty} \frac{1}{k}\sum_{l=1}^{k} p_{jj}(l) = 0$$

如 j 正常返、有周期 d，并假设有 d 个数列 $\{\alpha_{kd+s}\}$，$s=0,1,2,\cdots,d-1$，如对每一 s，

存在$\lim\limits_{k\to\infty}\alpha_{kd+s}=\beta_s$，则必有

$$\lim_{k\to\infty}\frac{1}{k}\sum_{l=1}^{k}\alpha_l=\frac{1}{d}\sum_{s=0}^{d-1}\beta_s$$

在上式中，令 $\alpha_{kd+s}=p_{ij}(kd+s)$，由定理 6.14 知，$\beta_s=f_{ij}(s)\dfrac{d}{m_j}$。于是，得

$$\lim_{k\to\infty}\frac{1}{k}\sum_{l=1}^{k}p_{ij}(l)=\frac{1}{d}\sum_{s=0}^{d-1}f_{ij}(s)\frac{d}{m_j}=\frac{1}{m_j}\sum_{s=0}^{d-1}f_{ij}(s)=\frac{f_{ij}}{m_j}$$

【推论】如 $\{X_k\}$ 不可约、常返，则对任意 i,j，有

$$\lim_{k\to\infty}\frac{1}{k}\sum_{l=1}^{k}p_{ij}(l)=\frac{1}{m_j}\tag{6.3.6}$$

当 $m_j\to\infty$ 时，则$\dfrac{1}{m_j}=0$。

定理 6.15 及推论指出，当 j 正常返时，尽管$\lim\limits_{k\to\infty}p_{ij}(k)$不一定存在，但其平均值的极限存在，特别是当链不可约时，其极限与 i 无关。在 Markov 链理论中，m_j 是一个重要的量，定理 6.14 与定理 6.15 的推论及定义都给出了 m_j 的计算公式，下面通过平稳分布给出另外一种计算 m_j 的方法。

6.3.2　离散时间 Markov 链状态的遍历性与平稳分布

1)状态的遍历性

【定义 6.12】在 Markov 链中，若状态 i 是非周期的正常返状态，则称状态 i 是遍历的。

显然，一个非周期的不可约 Markov 链，如果有一个状态是正常返的，则它的所有状态都是遍历的。

【定理 6.16】若状态 i 是遍历的，则

$$\lim_{k\to\infty}p_{ii}(k)=\frac{1}{m_i}>0\tag{6.3.7}$$

若状态 i 是周期为 $d(i)$ 的正常返状态，则

$$\lim_{k\to\infty}p_{ii}(k)=\frac{d(i)}{m_i}\tag{6.3.8}$$

2)平稳分布

设 $\{X_k,k\geqslant 0\}$ 是齐次 Markov 链，状态空间为 I，转移概率为 p_{ij}。

【定义 6.13】若齐次 Markov 链 $\{X_k,k\geqslant 0\}$ 的概率分布 $\{\pi_j,j\in I\}$ 满足

$$\begin{cases}\pi_j=\sum\limits_{i\in I}\pi_i p_{ij}\\ \sum\limits_{j\in I}\pi_j=1,\pi_j\geqslant 0\end{cases}\tag{6.3.9}$$

称该 Markov 链的概率分布为平稳分布。

由定义知，若初始概率分布 $\{p_j, j \in I\}$ 是平稳分布，则由定理 6.1，有

$$p_j(1) = P(X_1 = j) = \sum_{i \in I} p_i p_{ij} = p_j$$

$$p_j(2) = P(X_2 = j) = \sum_{i \in I} p_i(1) p_{ij} = p_j$$

根据归纳法可得

$$p_j(k) = P(X_k = j) = \sum_{i \in I} p_i(k-1) p_{ij} = \sum_{i \in I} p_i p_{ij} = p_j$$

综合上述有

$$p_j = p_j(1) = \cdots = p_j(k)$$

这说明，若初始概率分布是平稳分布，则对一切正整数 k，绝对概率 $p_j(k)$ 等于初始概率 p_j，故它们同样是平稳分布。值得注意的是，对平稳分布 $\{\pi_j, j \in I\}$，有

$$\pi_j = \sum_{i \in I} \pi_i p_{ij}(k) \tag{6.3.10}$$

事实上，因为

$$\pi_j = \sum_{i \in I} \pi_i p_{ij} = \sum_{i \in I} \left(\sum_{n \in I} \pi_n p_{ni}\right) p_{ij} = \sum_{n \in I} \pi_n \left(\sum_{i \in I} p_{ni} p_{ij}\right) = \sum_{n \in I} \pi_n p_{ij}(2)$$

如此类推可得式(6.3.10)。

【定理 6.17】不可约非周期 Markov 链是正常返的充要条件是存在平稳分布，且此平稳分布就是极限分布 $\left\{\frac{1}{m_j}, j \in I\right\}$。

证明：先证充分性。设 $\{\pi_j, j \in I\}$ 是平稳分布，于是由式(6.3.10)，有

$$\pi_j = \sum_{i \in I} \pi_i p_{ij}(k)$$

由于 $\sum_{j \in I} \pi_j = 1$ 和 $\pi_j \geqslant 0$，得

$$\pi_j = \lim_{k \to \infty} \sum_{i \in I} \pi_i p_{ij}(k) = \sum_{i \in I} \pi_i (\lim_{n \to \infty} p_{ij}(k)) = \sum_{i \in I} \pi_i \left(\frac{1}{m_j}\right) = \frac{1}{m_j}$$

因为 $\sum_{i \in I} \pi_i = 1$，故至少存在一个 $\pi_n > 0$，即 $\frac{1}{m_n} > 0$，于是

$$\lim_{k \to \infty} p_{in}(k) = \frac{1}{m_n} > 0$$

因 n 为正常返态，故该 Markov 链是正常返的。

再证必要性。设 Markov 链是正常返的，于是

$$\lim_{k \to \infty} p_{in}(k) = \frac{1}{m_n} > 0$$

由 C-K 方程，对任意正数 N，有

$$p_{ij}(k+m)=\sum_{n\in I}p_{in}(m)p_{nj}(k)\geqslant\sum_{n=0}^{N}p_{in}(m)p_{nj}(k)$$

令 $m\to\infty$ 取极限，得

$$\frac{1}{m_j}\geqslant\sum_{n=0}^{N}\left(\frac{1}{m_n}\right)p_{nj}(k)$$

再令 $N\to\infty$ 取极限，得

$$\frac{1}{m_j}\geqslant\sum_{n=0}^{N}\left(\frac{1}{m_n}\right)p_{nj}(k)=\sum_{n\in I}\left(\frac{1}{m_n}\right)p_{nj}(k) \tag{6.3.11}$$

下面要进一步证明等号成立，由

$$1=\sum_{n\in I}p_{in}(k)\geqslant\sum_{n=0}^{N}p_{in}(k)$$

先令 $k\to\infty$，再令 $N\to\infty$ 取极限，得

$$1\geqslant\sum_{n\in I}\left(\frac{1}{m_n}\right)$$

将式(6.3.11)对 j 求和，并假定对某个 j，式(6.3.11)严格成立，则

$$1\geqslant\sum_{j\in I}\frac{1}{m_j}>\sum_{j\in I}\left(\sum_{n\in I}\frac{1}{m_n}p_{nj}(k)\right)=\sum_{n\in I}\left(\frac{1}{m_n}\sum_{j\in I}p_{nj}(k)\right)=\sum_{n\in I}\frac{1}{m_n}$$

于是有自相矛盾的结果：

$$\sum_{j\in I}\frac{1}{m_j}>\sum_{n\in I}\frac{1}{m_n}$$

故有

$$\frac{1}{m_j}=\sum_{n\in I}\frac{1}{m_n}p_{nj}(k) \tag{6.3.12}$$

再令 $k\to\infty$ 取极限，得

$$\frac{1}{m_j}=\sum_{n\subset I}\frac{1}{m_n}(\lim_{k\to\infty}p_{nj}(k))=\frac{1}{m_j}\sum_{n\in I}\frac{1}{m_n}$$

故有

$$\sum_{n\in I}\frac{1}{m_n}=1$$

由式(6.3.12)知，$\left\{\frac{1}{m_j},j\in I\right\}$ 是平稳分布，证毕。

【推论 1】有限状态的不可约非周期 Markov 链必存在平稳分布。

【推论 2】若不可约 Markov 链的所有状态是非常返或零常返的，则不存在平稳分布。

证明：用反证法。假设 $\{\pi_j,j\in I\}$ 是平稳分布，则由式(6.3.10)，有

$$\pi_j=\sum_{i\in I}\pi_i p_{ij}(k)$$

但是，根据定理 6.13，有

$$\lim_{k\to\infty} p_{ij}(k) = 0$$

显然 $\sum_{j\in I}\pi_j = 0$，与平稳分布 $\sum_{j\in I}\pi_j = 1$ 矛盾，证毕。

【推论 3】若 $\{\pi_j, j\in I\}$ 是不可约非周期 Markov 链的平稳分布，则

$$\lim_{k\to\infty} p_j(k) = \frac{1}{m_j} = \pi_j \tag{6.3.13}$$

证明：根据 $p_j(k) = \sum_{i\in I} p_i p_{ij}(k)$ 及 $\lim_{k\to\infty} p_{ij}(k) = \frac{1}{m_j}$，有

$$\lim_{k\to\infty} p_j(k) = \lim_{k\to\infty}\sum_{i\in I} p_i p_{ij}(k) = \frac{1}{m_j}\sum_{i\in I} p_i = \frac{1}{m_j}$$

由定理 6.17 知，$\frac{1}{m_j} = \pi_j$，证毕。

【例 6.16】设 Markov 链的转移概率矩阵为

$$\boldsymbol{P} = \begin{Bmatrix} 0.7 & 0.2 & 0.1 \\ 0.2 & 0.8 & 0.0 \\ 0.1 & 0.1 & 0.8 \end{Bmatrix}$$

求 Markov 链的平稳分布及各状态的平均返回时间。

解：因 Markov 链是不可约的非周期有限状态，所以平稳分布存在，由式(6.3.9)得方程组

$$\begin{cases} \pi_1 = 0.7\pi_1 + 0.2\pi_2 + 0.1\pi_3 \\ \pi_2 = 0.2\pi_1 + 0.8\pi_2 + 0.0\pi_3 \\ \pi_3 = 0.1\pi_1 + 0.1\pi_2 + 0.8\pi_3 \\ \pi_1 + \pi_2 + \pi_3 = 1 \end{cases}$$

解上述方程组得平稳分布为

$$\pi_1 = 0.333, \pi_2 = 0.333, \pi_3 = 0.333$$

由定理 6.17，得各状态的平均返回时间分别为

$$m_1 = \frac{1}{\pi_1} = 3, m_2 = \frac{1}{\pi_2} = 3, m_3 = \frac{1}{\pi_3} = 3$$

【例 6.17】设 Markov 链具有状态空间 $I = \{0, 1\cdots\}$，转移概率为 $p_{ii+1} = p_i$，$p_{ii} = r_i$，$p_{ii-1} = q_i(i \geqslant 0)$，其中 $p_i, q_i > 0$，$p_i + r_i + q_i = 1$，称这种 Markov 链为生灭链，它是不可约的。记

$$a_0 = 1, a_j = \frac{p_0 p_1 \cdots p_{j-1}}{q_0 q_1 \cdots q_j}, j \geqslant 1$$

试证此 Markov 链存在平稳分布的充要条件为 $\sum_{j=0}^{\infty} a_j < \infty$。

证明：由式(6.3.9)，有

$$\begin{cases}\pi_0 = \pi_0 r_0 + \pi_1 q_1 \\ \pi_j = \pi_{j-1} p_{j-1} + \pi_j r_j + \pi_{j+1} r_{j+1}, j \geqslant 1 \\ p_j + r_j + q_j = 1\end{cases}$$

于是有递推关系

$$\begin{cases}q_1\pi_1 - p_0\pi_0 = 0 \\ q_{j+1}\pi_{j+1} - p_j\pi_j = q_j\pi_j - p_{j-1}\pi_{j-1}\end{cases}$$

解之得

$$\pi_j = \frac{p_{j-1}\pi_{j-1}}{q_j}, j \geqslant 0$$

所以

$$\pi_j = \frac{p_{j-1}\pi_{j-1}}{q_j} = \cdots \frac{p_0 p_{j-1}}{q_0 \cdots q_j}\pi_0 = a_j\pi_0$$

对 j 求和得

$$1 = \sum_{j=0}^{\infty}\pi_j = \pi_0\sum_{j=0}^{\infty}a_j$$

由此可知：平稳分布存在的充要条件是 $\sum\limits_{j=0}^{\infty}a_j < \infty$，此时

$$\pi_0 = \frac{1}{\sum\limits_{j=0}^{\infty}a_j}, \pi_j = \frac{a_j}{\sum\limits_{j=0}^{\infty}a_j}, j \geqslant 1$$

6.4　连续时间 Markov 链

这里讨论时间连续、状态离散的 Markov 过程。

6.4.1　连续时间 Markov 链

1)连续时间的 Markov 链与状态转移概率

设非负整数值的连续时间随机过程为 $\{X(t), t \geqslant 0\}$。

【定义 6.14】设随机过程 $\{X(t), t \geqslant 0\}$ 的时间连续、状态离散的状态空间为 $I = \{i_k, k \geqslant 0\}$，若对任意 $0 \leqslant t_1 < t_2 < \cdots < t_{k+1}$ 及 $i_1, i_2, \cdots, i_{k+1} \in I$，有

$$\begin{aligned}&P\{X(t_{k+1}) = i_{k+1} \mid X(t_1) = i_1, X(t_2) = i_2, \cdots, X(t_k) = i_k\} \\ &= P\{X(t_{k+1}) = i_{k+1} \mid X(t_k) = i_k\}\end{aligned} \tag{6.4.1}$$

则称 $\{X(t), t \geqslant 0\}$ 为连续时间 Markov 链。

由定义知，连续时间 Markov 链是具有 Markov 性的随机过程，即过程在已知现

在时刻 t_k 及一切过去时刻所处状态的条件下，将来时刻 t_{k+1} 的状态只依赖于现在的状态而与过去无关。

如果 Markov 链在 s 时刻处于状态 i，经过时间 t 后转移到状态 j 的转移概率为

$$P\{X(s+t)=j\,|\,X(s)=i\}=p_{ij}(s,t) \tag{6.4.2}$$

【定义 6.15】若式(6.4.2)的转移概率与 s 无关，则称连续时间 Markov 链具有平稳的或齐次的转移概率，此时转移概率简记为

$$p_{ij}(s,t)=p_{ij}(t) \tag{6.4.3}$$

其转移概率矩阵简记为 $\boldsymbol{P}(t)=(p_{ij}(t)),(i,j\in I,t\geqslant 0)$。

以下的讨论均假定连续时间 Markov 链具有齐次转移概率，简称为齐次 Markov 过程。

齐次 Markov 过程的转移概率具有如下性质：

① $p_{ij}(t)\geqslant 0$　　(6.4.4)

② $\sum\limits_{j\in I}p_{ij}(t)=1$　　(6.4.5)

③ $p_{ij}(t+s)=\sum\limits_{n\in I}p_{in}(t)p_{nj}(s)$　　(6.4.6)

其中性质③即为连续时间齐次 Markov 链的切普曼—柯尔莫哥洛夫方程(简称 C-K 方程)。

证明：性质①与②由概率定义及 $p_{ij}(t)$的定义易知，下面只证性质③。由全概率公式及 Markov 性，得

$$\begin{aligned}
p_{ij}(t+s)&=P\{X(t+s)=j\,|\,X(0)=i\}\\
&=\sum_{n\in I}P\{X(t+s)=j,X(t)=n\,|\,X(0)=i\}\\
&=\sum_{n\in I}P\{X(t)=n\,|\,X(0)=i\}P\{X(t+s)=j\,|\,X(t)=n\}\\
&=\sum_{n\in I}P\{X(t)=n\,|\,X(0)=i\}P\{X(s)=j\,|\,X(0)=n\}\\
&=\sum_{n\in I}p_{in}(t)p_{nj}(s)
\end{aligned}$$

证毕。

对于转移概率 $p_{ij}(t)$，一般还假定它满足

$$\lim_{t\to 0}p_{ij}(t)=\begin{cases}1,i=j\\0,i\neq j\end{cases} \tag{6.4.7}$$

称式(6.4.7)为正则性条件。正则性条件说明，过程刚进入某状态不可能立即又跳跃到另一状态。这正好说明一个物理系统要在有限时间内发生无限多次跳跃，从而消耗无穷多的能量是不可能的。后面的讨论均假定齐次 Markov 过程满足正则性条件。

2)初始分布与绝对分布

【定义 6.16】对于任一 $t\geqslant 0$,记

$$p_j(t)=P\{X(t)=j\} \tag{6.4.8}$$

$$p_j=p_j(0)=P\{X(0)=j\},j\in I \tag{6.4.9}$$

分别称$\{p_j(t),j\in I\}$和$\{p_j,j\in I\}$为齐次 Markov 过程的绝对概率分布和初始概率分布。

齐次 Markov 过程的绝对概率及有限维概率分布具有如下性质:

① $p_j(t)\geqslant 0$ (6.4.10)

② $\sum\limits_{j\in I}p_j(t)=1$ (6.4.11)

③ $p_j(t)=\sum\limits_{i\in I}p_ip_{ij}(t)$ (6.4.12)

④ $p_j(t+\tau)=\sum\limits_{i\in I}p_i(t)p_{ij}(\tau)$ (6.4.13)

⑤ $P\{X(t_1)=i_1,\cdots,X(t_k)=i_k\}$

$$=\sum_{i\in I}p_ip_{ii_1}(t_1)p_{i_1i_2}(t_2-t_1)\cdots p_{i_{k-1}i_k}(t_k-t_{k-1}) \tag{6.4.14}$$

3)状态停留时间

连续时间 Markov 链具有时间上的一阶记忆性,其体现在 Markov 链在某一状态具有一定的停留时间。

【定理 6.18】对于连续时间 Markov 链$\{X(t),t\geqslant 0\}$,$X(t)$停留在某一给定状态的时间是一个指数型随机变量。

证明:设 τ_i 为过程在转移到另一状态之前停留在状态 i 的时间,$P\{\tau_i>t\}$为停留时间超过 t 秒的概率。设过程已在 s 个单位时间内未离开状态 i(即未发生转移),则继续停留 t 个单位时间的概率为

$$P\{\tau_i>s+t|\tau_i>s\}=P\{\tau_i>t+s\mid X(s')=i,0\leqslant s'\leqslant s\} \tag{6.4.15}$$

根据 Markov 性,可将该过程视作从 s 时刻由 i 状态重新开始的一个过程,该过程与 $s'<s$ 的状态无关。因此,有

$$P\{\tau_i>s+t|\tau_i>s\}=P\{\tau_i>t\} \tag{6.4.16}$$

可见,只有随机变量 τ_i 服从指数分布,才具有无记忆性。即

$$P\{\tau_i>t\}=\mathrm{e}^{-v_it} \tag{6.4.17}$$

式中,$1/v_i$ 为过程在状态 i 的平均停留时间。一般来说,状态不同,平均停留时间不同。

【定义 6.17】当 $v_i=\infty$时,称状态 i 为瞬时状态;若 $v_i=0$,称状态 i 为吸收状态。

在瞬时状态,过程一旦进入此状态立即就离开;在吸收状态,过程一旦进入此状态就永远不再离开了。实际上,一个连续时间 Markov 链是按照离散时间 Markov

链从一个状态转移到另一个状态的,但在转移下一个状态之前,它在各个状态停留的时间服从指数分布。此外,在状态 i 过程停留的时间与下一个到达的状态必须是相互独立的随机变量。因为若下一个到达的状态依赖于 τ_i,那么过程处于状态 i 已有多久的信息与下一个状态的预报有关,这就与 Markov 性的假定相矛盾。

【例 6.18】试证明泊松过程 $\{X(t),t\geqslant 0\}$ 为连续时间齐次 Markov 链。

证明:先证泊松过程具有 Markov 性,再证齐次性。由泊松过程的定义知,它是独立增量过程,且 $X(0)=0$。对任意 $0<t_1<t_2<\cdots<t_k<t_{k+1}$,有

$$\begin{aligned}&P\{X(t_{k+1})=i_{k+1}\,|\,X(t_1)=i_1,\cdots,X(t_k)=i_k\}\\&\quad=P\{X(t_{k+1})-X(t_k)=i_{k+1}-i_k\,|\,X(t_1)-X(0)=i_1,\\&\quad X(t_2)-X(t_1)=i_2-i_1,\cdots,X(t_k)-X(t_{k-1})=i_k-i_{k-1}\}\\&\quad=P\{X(t_{k+1})-X(t_k)=i_{k+1}-i_k\}\end{aligned}$$

又因为

$$\begin{aligned}P\{X(t_{k+1})=i_{k+1}\,|\,X(t_k)=i_k\}&=P\{X(t_{k+1})-X(t_k)=i_{k+1}-i_k\,|\,X(t_k)-X(0)=i_k\}\\&=P\{X(t_{k+1})-X(t_k)=i_{k+1}-i_k\}\end{aligned}$$

所以

$$P\{X(t_{k+1})=i_{k+1}\,|\,X(t_1)=i_1,\cdots,X(t_k)=i_k\}=P\{X(t_{k+1})=i_{k+1}\,|\,X(t_k)=i_k\}$$

即泊松过程是一个连续时间 Markov 链。

对于齐次性的证明,当 $j\geqslant i$ 时,由泊松过程的定义,得

$$P\{X(s+t)=j\,|\,X(s)=i\}=P\{X(s+t)-X(s)=j-i\}=\mathrm{e}^{-\lambda t}\,\frac{(\lambda t)^{j-i}}{(j-i)!}$$

当 $j<i$ 时,由于过程的增量只取非负整数值,故 $p_{ij}(s,t)=0$。

所以

$$p_{ij}(s,t)=p_{ij}(t)=\begin{cases}\mathrm{e}^{-\lambda t}\,\dfrac{(\lambda t)^{j-i}}{(j-i)!}, & j\geqslant i\\0, & j<i\end{cases}$$

即转移概率只与 t 有关,泊松过程具有齐次性。

6.4.2 连续时间 Markov 链状态微分方程

对于连续齐次 Markov 链,转移概率 $p_{ij}(t)$ 的求解一般较为复杂。现讨论 $p_{ij}(t)$ 的可微性及 $p_{ij}(t)$ 所满足的状态微分方程。

【定理 6.19】设齐次 Markov 过程满足的正则性条件为式(6.4.7),则对于任意固定的 $i,j\in I$,$p_{ij}(t)$ 是 t 的一致连续函数。

证明:设 $\tau>0$,由齐次 Markov 过程的性质,得

$$p_{ij}(t+\tau)-p_{ij}(t)=\sum_{r\in I}p_{ir}(\tau)p_{rj}(t)-p_{ij}(t)=p_{ii}(\tau)p_{ij}(t)-p_{ij}(t)+\sum_{r\neq i}p_{ir}(\tau)p_{rj}(t)$$
$$=-[1-p_{ii}(\tau)]p_{ij}(t)+\sum_{r\neq i}p_{ir}(\tau)p_{rj}(t)$$

故有

$$p_{ij}(t+\tau)-p_{ij}(t)\geqslant-[1-p_{ii}(\tau)]p_{ij}(t)\geqslant-[1-p_{ii}(\tau)]$$
$$p_{ij}(t+\tau)-p_{ij}(t)\leqslant\sum_{r\neq i}p_{ir}(\tau)p_{rj}(t)\leqslant\sum_{r\neq i}p_{ir}(\tau)=1-p_{ii}(\tau)$$

因此

$$|p_{ij}(t+\tau)-p_{ij}(t)|\leqslant 1-p_{ii}(\tau)$$

对于 $\tau<0$，同样有

$$p_{ij}(t)-p_{ij}(t+\tau)=\sum_{r\in I}p_{ir}(-\tau)p_{rj}(t+\tau)-p_{ij}(t+\tau)$$
$$=p_{ii}(-\tau)p_{ij}(t+\tau)-p_{ij}(t+\tau)+\sum_{r\neq i}p_{ir}(-\tau)p_{rj}(t+\tau)$$
$$=-[1-p_{ii}(-\tau)]p_{ij}(t+\tau)+\sum_{r\neq i}p_{ir}(-\tau)p_{rj}(t+\tau)$$

故有

$$p_{ij}(t)-p_{ij}(t+\tau)\geqslant-[1-p_{ii}(-\tau)]p_{ij}(t+\tau)\geqslant-[1-p_{ii}(-\tau)]$$
$$p_{ij}(t)-p_{ij}(t+\tau)\leqslant\sum_{r\neq i}p_{ir}(-\tau)p_{rj}(t+\tau)\leqslant\sum_{r\neq i}p_{ir}(-\tau)=1-p_{ii}(-\tau)$$

因此

$$|p_{ij}(t)-p_{ij}(t+\tau)|\leqslant 1-p_{ii}(-\tau)$$

综上所述，一般有

$$|p_{ij}(t)-p_{ij}(t+\tau)|\leqslant 1-p_{ii}(|\tau|)$$

由正则性条件知

$$\lim_{\tau\to 0}|p_{ij}(t+\tau)-p_{ij}(t)|=0$$

即 $p_{ij}(t)$ 关于 t 是一致连续的，证毕。

【定理 6.20】设 $p_{ij}(t)$ 是齐次 Markov 过程的转移概率，则下列极限存在

(1) $\lim\limits_{\tau\to 0}\dfrac{1-p_{ii}(\tau)}{\tau}=v_i=q_{ii}$，但可能为 $+\infty$　(6.4.18)

(2) $\lim\limits_{\tau\to 0}\dfrac{p_{ij}(\tau)}{\tau}=q_{ij}<\infty, i\neq j$　(6.4.19)

称 q_{ij} 为齐次 Markov 过程从状态 i 到状态 j 的转移概率或跳跃强度。定理中极限的概率意义为：在长为 τ 的时间区间内，过程从状态 i 转移到另一其他状态的转移概率为 $1-p_{ii}(\tau)$，等于 $q_{ii}\tau$ 加上一个比 τ 高阶的无穷小量；而从状态 i 转移到状态 j 的概率 $p_{ij}(\tau)$，等于 $q_{ij}\tau$ 加上一个比 τ 高阶的无穷小量。

【定理 6.21】设 $q_{ii}<\infty$,则对任意 $t>0$ 及 $j\in I$,$p'_{ij}(t)$存在且连续,而且满足

$$(1)\ p'_{ij}(s+t)=\sum_{l\in I}p'_{il}(t)p_{lj}(s),\quad t,s>0 \tag{6.4.20}$$

$$(2)\ \sum_{l\in I}p'_{il}(t)=0 \tag{6.4.21}$$

$$(3)\ \sum_{l\in I}|p'_{il}(t)|<2q_{ii} \tag{6.4.22}$$

【定理 6.22】 对齐次 Markov 过程,有

$$q_{ii}=\sum_{j\neq i}q_{ij}<\infty$$

证明:由齐次 Markov 过程转移概率的性质,有

$$\sum_{j\in I}p_{ij}(\tau)=1,\text{即 }1-p_{ii}(\tau)=\sum_{j\neq i}p_{ij}(\tau)$$

由于求和是在有限集中进行,故有

$$\lim_{\tau\to 0}\frac{1-p_{ii}(\tau)}{\tau}=\lim_{\tau\to 0}\sum_{j\neq i}\frac{p_{ij}(\tau)}{\tau}=\sum_{j\neq i}q_{ij}$$

即

$$q_{ii}=\sum_{j\neq i}q_{ij} \tag{6.4.23}$$

证毕。

对于状态空间无限的齐次 Markov 过程,一般只有

$$q_{ii}\geqslant\sum_{j\neq i}q_{ij}$$

若连续时间齐次 Markov 链具有有限状态空间 $I=\{0,1,\cdots,k\}$,则其转移密度可构成矩阵

$$\boldsymbol{Q}=\begin{Bmatrix}-q_{00} & q_{01} & \cdots & q_{0k}\\ q_{10} & -q_{11} & \cdots & q_{1k}\\ \vdots & \vdots & & \vdots\\ q_{k0} & q_{k1} & \cdots & -q_{kk}\end{Bmatrix} \tag{6.4.24}$$

称为连续时间 Markov 链的密度矩阵。由式(6.4.23)知,$\boldsymbol{Q}$ 矩阵的每一行元素之和为 0,对角元素为负或 0,其余 $i\neq j$ 时 $q_{ij}\geqslant 0$。

利用 $\boldsymbol{Q}$ 矩阵可以推出任意时间间隔 t 的转移概率所满足的方程组,从而可以求解转移概率。

【定理 6.23】(柯尔莫哥洛夫向后方程)对于 q_{in},假设 $\sum_{n\neq i}q_{in}=q_{ii}$,则对一切 i,j 及 $t\geqslant 0$,有

$$p'_{ij}(t)=\sum_{n\neq i}q_{in}p_{nj}(t)-q_{ii}p_{ij}(t) \tag{6.4.25}$$

证明：若式(6.4.25)成立，对 $\tau>0$，有

$$\lim_{\tau\to 0}\frac{p_{ij}(t+\tau)-p_{ij}(t)}{\tau}=\lim_{\tau\to 0}\left[-\frac{1-p_{ii}(\tau)}{\tau}p_{ij}(t)+\sum_{n\neq i}\frac{p_{in}(\tau)}{\tau}p_{nj}(t)\right]$$

现估计

$$\left|\frac{p_{ij}(t+\tau)-p_{ij}(t)}{\tau}+\frac{1-p_{ii}(\tau)}{\tau}p_{ij}(t)-\sum_{n\neq i,n\leqslant N}\frac{p_{in}(\tau)}{\tau}p_{nj}(t)\right|$$
$$=\left|\sum_{n\neq i,n>N}\frac{p_{in}(\tau)}{\tau}p_{nj}(t)\right|<\left|\sum_{n\neq i,n>N}\frac{p_{in}(\tau)}{\tau}\right|$$
$$=\frac{1-p_{ii}(\tau)}{\tau}-\sum_{n\neq i,n\leqslant N}\frac{p_{in}(\tau)}{\tau}$$

式中，N 为任意整数，当 $\tau\to 0$ 时，由定理 6.19 与定理 6.20，得

$$\left|p'_{ij}(t)+q_{ii}p_{ij}(t)-\sum_{n\neq i,n\leqslant N}q_{in}p_{nj}(t)\right|\leqslant q_{ii}-\sum_{n\neq i,n\leqslant N}q_{in}$$

当 $N\to\infty$ 时，由式(6.4.23)得知，式(6.4.25)成立。

【定理 6.24】(柯尔莫哥洛夫向前方程)在正则条件下，

$$\lim_{\tau\to 0}\frac{p_{nj}(\tau)}{\tau}=q_{nj}$$

对 n 一致成立，则有

$$p'_{ij}(t)=\sum_{n\neq j}p_{in}(t)q_{nj}-p_{ij}(t)q_{jj} \tag{6.4.26}$$

利用方程组(6.4.25)或方程组(6.4.26)及初始条件

$$\begin{cases}p_{ij}(0)=1\\ p_{ij}(0)=0,i\neq j\end{cases}$$

可以解得 $p_{ij}(t)$。柯尔莫哥洛夫向后和向前方程虽然形式不同，但它们所求得的解 $p_{ij}(t)$ 是相同的。在实际应用中，当固定最后所处状态 j，研究 $p_{ij}(t)$ 时($i=0,1,\cdots$)，采用向后方程(6.2.25)较方便；当固定状态 i，研究 $p_{ij}(t)$ 时($j=0,1,\cdots$)，则采用向前方程较方便。

向后方程和向前方程可以写成矩阵形式

$$\boldsymbol{P}'(t)=\boldsymbol{Q}\boldsymbol{P}(t) \tag{6.4.27}$$
$$\boldsymbol{P}'(t)=\boldsymbol{P}(t)\boldsymbol{Q} \tag{6.4.28}$$

式中，$\boldsymbol{Q}$ 矩阵为

$$\boldsymbol{Q}-\begin{bmatrix}-q_{00} & q_{01} & q_{02} & \cdots\\ q_{10} & -q_{11} & q_{12} & \cdots\\ q_{20} & q_{21} & -q_{22} & \cdots\\ \cdots & \cdots & \cdots & \cdots\end{bmatrix}$$

矩阵 $\boldsymbol{P}'(t)$ 的元素为矩阵 $\boldsymbol{P}(t)$ 的元素的倒数，而

$$\boldsymbol{P}(t)=\begin{bmatrix} p_{00}(t) & p_{01}(t) & p_{02}(t) & \cdots \\ p_{10}(t) & p_{11}(t) & p_{12}(t) & \cdots \\ p_{20}(t) & p_{21}(t) & p_{22}(t) & \cdots \\ \cdots & \cdots & \cdots & \cdots \end{bmatrix}$$

这样,连续时间 Markov 链的转移概率的求解问题就是矩阵微分方程的求解问题,其转移概率由其转移速率矩阵决定。

特别,若 $\boldsymbol{Q}$ 是一个有限维矩阵,则式(6.4.27)和式(6.4.28)的解为

$$\boldsymbol{P}(t)=\mathrm{e}^{Qt}=\sum_{j=0}^{\infty}\frac{(Qt)^j}{j\,!} \tag{6.4.29}$$

【定理 6.25】齐次 Markov 过程在 t 时刻处于状态 $j\in I$ 的绝对概率 $p_j(t)$满足的方程为

$$p_j'(t)=-p_j(t)q_{jj}+\sum_{n\neq j}p_n(t)q_{nj} \tag{6.4.30}$$

证明:将向前方程(6.4.26)两边乘以 p_i 求和得

$$\sum_{i\in I}p_i p_{ij}'(t)=\sum_{i\in I}(-p_i p_{ij}(t)q_{jj})+\sum_{i\in I}\sum_{n\neq j}p_i p_{in}(t)q_{nj}$$

故

$$p_j'(t)=-p_j(t)q_{jj}+\sum_{n\neq j}p_n p_{nj}$$

证毕。

与离散时间 Markov 链类似,讨论转移概率 $p_{ij}(t)$在 $t\to\infty$时的极限分布与平稳分布的有关性质。

【定义 6.18】设 $p_{ij}(t)$为连续时间 Markov 链的转移概率,若存在时刻 s 和 t,使得

$$p_{ij}(s)>0,p_{ji}(t)>0$$

则称状态 i 与 j 是互通的。若所有状态都是互通的,则称此 Markov 链为不可约的。

关于状态的常返性与非常返性等概念与离散时间 Markov 链类似,在此不一一重复。

下面我们不加证明地给出转移概率 $p_{ij}(t)$在 $t\to\infty$时的性质及其平稳分布的关系。

【定理 6.26】设连续时间 Markov 链是不可约的,则

(1)若它是正常返的,则极限$\lim\limits_{t\to\infty}p_{ij}(t)$存在且等于 $\pi_j(\pi_j>0),j\in I$。这里 π_j 是方程组

$$\begin{cases}\pi_j q_{jj}=\sum\limits_{n\neq j}\pi_n q_{nj}\\ \sum\limits_{j\in I}\pi_j=1\end{cases} \tag{6.4.31}$$

的唯一非负解。此时,称$\{\pi_j,j\in I\}$是该过程的平稳分布,并且有

$$\lim_{t\to\infty}p_j(t)=\pi_j \tag{6.4.32}$$

(2)若它是零常返的或非常返的，则

$$\lim_{t\to\infty} p_{ij}(t) = \lim_{t\to\infty} p_j(t) = 0 \quad i,j \in I \tag{6.4.33}$$

在实际应用中，有些问题可以用柯尔莫哥洛夫方程直接求解，有些问题虽不能直接求解，但可以用方程(6.4.31)求解。

【例 6.19】设两个状态的连续时间 Markov 链，在转移到状态 1 之前，链在状态 0 停留的时间是参数为 λ 的指数变量，而在回到状态 0 之前它停留在状态 1 的时间是参数为 μ 的指数变量。显然，该链是一个齐次 Markov 过程，其状态转移概率为

$$\begin{cases} p_{01}(\tau) = \lambda\tau + o(\tau) \\ p_{10}(\tau) = \mu\tau + o(\tau) \end{cases}$$

求转移概率 $P_{ij}(t)(i,j=0,1)$。

解：
$$q_{00} = \lim_{\tau\to 0}\frac{1-p_{00}(\tau)}{\tau} = \lim_{\tau\to 0}\frac{p_{01}(\tau)}{\tau} = \frac{\mathrm{d}}{\mathrm{d}\tau}p_{01}(\tau)\Big|_{\tau=0} = \lambda = q_{01}$$

$$q_{11} = \lim_{\tau\to 0}\frac{1-p_{11}(\tau)}{\tau} = \lim_{\tau\to 0}\frac{p_{10}(\tau)}{\tau} = \frac{\mathrm{d}}{\mathrm{d}\tau}p_{10}(\tau)\Big|_{h=0} = \mu = q_{10}$$

由柯尔莫哥洛夫向前方程及 $p_{01}(t)=1-p_{00}(t)$，得

$$p'_{00}(t) = \mu p_{01}(t) - \lambda p_{00}(t) = -(\lambda+\mu)p_{00}(t) + \mu$$

因此

$$\mathrm{e}^{(\lambda+\mu)t}[p'_{00}(t) + (\lambda+\mu)p_{00}(t)] = \mu\,\mathrm{e}^{(\lambda+\mu)t}$$

或

$$\frac{\mathrm{d}}{\mathrm{d}t}[\mathrm{e}^{(\lambda+\mu)t}p_{00}(t)] = \mu\,\mathrm{e}^{(\lambda+\mu)t}$$

于是

$$\mathrm{c}^{(\lambda+\mu)t}p_{00}(t) = \frac{\mu}{\lambda+\mu}\mathrm{e}^{(\lambda+\mu)t} + c$$

由于 $p_{00}(0)=1$，可得 $c=\dfrac{\lambda}{\lambda+\mu}$，则

$$p_{00}(t) = \frac{\mu}{\lambda+\mu} + \frac{\lambda}{\lambda+\mu}\mathrm{e}^{-(\lambda+\mu)t}$$

若记 $\lambda_0=\dfrac{\lambda}{\lambda+\mu}$，$\mu_0=\dfrac{\mu}{\lambda+\mu}$，则

$$p_{00}(t) = \mu_0 + \lambda_0\mathrm{e}^{-(\lambda+\mu)t}$$

类似地由向前方程

$$p'_{01}(t) = \lambda p_{00}(t) - \mu p_{01}(t)$$

可得

$$p_{01}(t) = \lambda_0[1-\mathrm{e}^{-(\lambda+\mu)t}]$$

由对称性知

$$p_{11}(t) = \lambda_0 + \mu_0 e^{-(\lambda+\mu)t}$$
$$p_{10}(t) = \mu_0[1 - e^{-(\lambda+\mu)t}]$$

因此

$$\lim_{t\to\infty} p_{00}(t) = \mu_0 = \lim_{t\to\infty} p_{10}(t)$$
$$\lim_{t\to\infty} p_{11}(t) = \lambda_0 = \lim_{t\to\infty} p_{01}(t)$$

可见，当 $t\to\infty$ 时，$p_{ij}(t)$ 的极限存在且与 i 无关。由定理 6.26 知，平稳分布为

$$\pi_0 = \mu_0, \pi_1 = \lambda_0$$

若初始分布为平稳分布，即

$$P\{X(0) = 0\} = p_0 = \mu_0, P\{X(0) = 1\} = p_1 = \lambda_0$$

则过程在时刻 t 的绝对概率分布为

$$\begin{aligned} p_0(t) &= p_0 p_{00}(t) + p_1 p_{10}(t) \\ &= \mu_0[\lambda_0 e^{-(\lambda+\mu)t} + \mu_0] + \lambda_0\mu_0[1 - e^{-(\lambda+\mu)t}] = \mu_0 \\ p_1(t) &= p_0 p_{01}(t) + \lambda_0 p_{11}(t) \\ &= \lambda_0\mu_0[1 - e^{-(\lambda+\mu)t}] + \lambda_0[\lambda_0 + \mu_0 e^{-(\lambda+\mu)t}] = \lambda_0 \end{aligned}$$

6.4.3 生灭过程——连续时间 Markov 链实例

连续时间 Markov 链的一类重要特殊情形是生灭过程，它的特征是在很短的时间内，系统的状态只能从 i 转移到状态 $i-1$ 或 $i+1$ 或保持不变。

【定义 6.19】设齐次 Markov 过程 $\{X(t), t\geqslant 0\}$ 的状态空间为 $I=\{0,1,2,\cdots\}$，转移概率为 $p_{ij}(t)$，如果

$$\begin{cases} p_{i,i+1}(\tau) = \lambda_i\tau + o(\tau), \lambda_i > 0 \\ p_{i,i-1}(\tau) = \mu_i\tau + o(\tau), \mu_i > 0, \mu_0 = 0 \\ p_{ii}(\tau) = 1 - (\lambda_i + \mu_i)\tau + o(\tau) \\ p_{ij}(\tau) = o(\tau), |i-j| \geqslant 2 \end{cases}$$

则称 $\{X(t), t\geqslant 0\}$ 为生灭过程。λ_i 为出生率，μ_i 为死亡率。

若 $\lambda_i = i\lambda, \mu_i = i\mu$（$\lambda, \mu$ 是正常数），则称 $\{X_i, t\geqslant 0\}$ 为线性生灭过程。

若 $\mu_i\equiv 0$，则称 $\{X(t), t\geqslant 0\}$ 为纯生过程；若 $\lambda_i\equiv 0$，则 $\{X(t), t\geqslant 0\}$ 为纯灭过程。

生灭过程可做如下概率解释：若以 $X(t)$ 表示一个生物群体在 t 时刻的大小，则在很短的时间 τ 内（不计高阶无穷小），群体变化有三种可能，状态由 i 变到 $i+1$，即增加一个个体，其概率为 $\lambda_i\tau$；状态由 i 变到 $i-1$，即减少一个个体，其概率为 $\mu_i\tau$；群体大小不增不减，其概率为 $1-(\lambda_i+\mu_i)\tau$。

由定理 6.20，得

$$q_{ii}=-\frac{\mathrm{d}}{\mathrm{d}\tau}p_{ii}(\tau)\Big|_{\tau=0}=\lambda_i+\mu_i,i\geqslant 0$$

$$q_{ij}=\frac{\mathrm{d}}{\mathrm{d}\tau}p_{ij}(\tau)\Big|_{\tau=0}=\begin{cases}\lambda_i,j=i+1,i\geqslant 0\\ \mu_i,j=i-1,i\geqslant 1\\ 0,\ |j-i|\geqslant 2,i\in I\end{cases}$$

故柯尔莫哥洛夫向前方程为

$$p'_{ij}(t)=\lambda_{j-1}p_{i,j-1}(t)-(\lambda_j+\mu_j)p_{ij}(t)+\mu_{j+1}p_{i,j+1}(t),i,j\in I$$

柯尔莫哥洛夫向前方程为

$$p'_{ij}(t)=\mu_i p_{i-1,j}(t)-(\lambda_i+\mu_i)p_{ij}(t)+\lambda_i p_{i+1,j}(t),i,j\in I$$

对平稳分布，有

$$\begin{cases}\lambda_0\pi_0=\mu_1\pi_1\\ (\lambda_j+\mu_j)\pi_j=\lambda_{j-1}\pi_{j-1}+\lambda_{j+1}\pi_{j+1},j\geqslant 1\end{cases}$$

逐步递推得

$$\pi_1=\frac{\lambda_0}{\mu_1}\pi_0,\pi_2=\frac{\lambda_1}{\mu_2}\pi_1=\frac{\lambda_0\lambda_1}{\mu_1\mu_2}\pi_0,\cdots$$

$$\pi_j=\frac{\lambda_{j-1}}{\mu_j}\pi_{j-1}=\frac{\lambda_0\lambda_1\cdots\lambda_{j-1}}{\mu_1\mu_2\cdots\mu_j}\pi_0,\cdots$$

再利用$\sum_{j=1}^{\infty}\pi_j=1$，得平稳分布

$$\pi_0=\left(1+\sum_{j=1}^{\infty}\frac{\lambda_0\lambda_1\cdots\lambda_{j-1}}{\mu_1\mu_2\cdots\mu_j}\right)^{-1}$$

$$\pi_j=\frac{\lambda_0\lambda_1\cdots\lambda_{j-1}}{\mu_1\mu_2\cdots\mu_i}\left(1+\sum_{j=1}^{\infty}\frac{\lambda_0\lambda_1\cdots\lambda_{j-1}}{\mu_1\mu_2\cdots\mu_j}\right)^{-1},j\geqslant 1 \tag{6.4.34}$$

式(6.4.34)也指出平稳分布存在的充要条件是

$$\sum_{j=1}^{\infty}\frac{\lambda_0\lambda_1\cdots\lambda_{j-1}}{\mu_1\mu_2\cdots\mu_j}<\infty$$

习　题

1. 设质点在区间[0,4]的整数点作随机游动，到达 0 点或 4 点后以概率 1 停留在原处，在其他整数点分别以概率$\frac{1}{3}$向左、右移动一格或停留在原处。求质点随机游动的一步和两步转移概率矩阵。

2. 独立地重复抛掷一枚硬币，每次抛掷出现正面的概率为 p。对于 $k\geqslant 2$，令$X_k=$ 0,1,2 或 3，这些值分别对应于第 $k-1$ 次和第 k 次抛掷的结果为(正，正)，(正，反)，

(反,正)或(反,反)。求 Markov 链$\{X_n, n=0,1,2,\cdots\}$的一步和两步转移概率矩阵。

3. 设$\{X_k, k\geqslant 0\}$为 Markov 链,试证:

(1)$P\{X_{k+1}=i_{k+1}, X_{k+2}=i_{k+2}, \cdots, X_{k+m}=i_{k+m} \mid X_0=i_0, X_1=i_1, \cdots, X_k=i_k\}=P\{X_{k+1}=i_{k+1}, X_{k+2}=i_{k+2}, \cdots, X_{k+m}=i_{k+m} \mid X_k=i_k\}$;

(2)$P\{X_0=i_0, \cdots, X_k=i_k, X_{k+2}=i_{k+2}, \cdots, X_{k+m}=i_{k+m} \mid X_{k+1}=i_{k+1}\}=P\{X_0=i_0, \cdots, X_k=i_k \mid X_{k+1}=i_{k+1}\}P\{X_{k+2}=i_{k+2}, \cdots, X_{k+m}=i_{k+m} \mid X_{k+1}=i_{k+1}\}$。

4. 设$\{X_k, k\geqslant 1\}$为有限齐次 Markov 链,其初始分布和转移概率矩阵为

$$p_i = P\{X_0 = i\} = \frac{1}{4}, i = 1,2,3,4$$

$$\boldsymbol{P} = \begin{pmatrix} \frac{1}{8} & \frac{3}{8} & \frac{1}{4} & \frac{1}{4} \\ \frac{1}{4} & \frac{1}{4} & \frac{1}{4} & \frac{1}{4} \\ \frac{1}{8} & \frac{1}{4} & \frac{1}{4} & \frac{3}{8} \\ \frac{3}{8} & \frac{1}{8} & \frac{1}{8} & \frac{3}{8} \end{pmatrix}$$

试证$\boldsymbol{P}\{X_2=4 \mid X_0=1, 1<X_1<4\} \neq \boldsymbol{P}\{X_2=4 \mid 1<X_1<4\}$。

5. 设$\{X(t), t\in T\}$为随机过程,且$X_1=X(t_1), X_2=X(t_2), \cdots, X_k=X(t_k), \cdots$为独立同分布随机变量序列,令

$$Y_0 = 0, Y_1 = Y(t_1) = X_1, Y_k + cY_{k-1} = X_k, k \geqslant 2$$

试证$\{Y_k, k\geqslant 0\}$是 Markov 链。

6. 已知随机游动的转移概率矩阵为

$$\boldsymbol{P} = \begin{pmatrix} 0.4 & 0.6 & 0 \\ 0 & 0.4 & 0.6 \\ 0.4 & 0 & 0.6 \end{pmatrix}$$

求三步转移概率矩阵$\boldsymbol{P}(3)$及当初始分布为

$$P\{X_0 = 1\} = P\{X_0 = 2\} = 0, P\{X_0 = 3\} = 1$$

时,经三步转移后处于状态 3 的概率。

7. 某商品 6 年共 24 个季度销售记录如下表所示(状态 1—畅销,状态 2—滞销),以频率估计概率。求(1)销售状态的初始分布;(2)3 步转移概率矩阵及 3 步转移后的销售状态分布。

季度	1	2	3	4	5	6	7	8	9	10	11	12
销售状态	1	1	2	1	2	2	1	1	1	2	1	2

续表

季度	13	14	15	16	17	18	19	20	21	22	23	24
销售状态	1	1	2	2	1	1	2	1	2	1	1	1

8. 讨论下列转移概率的 Markov 链的状态分类。

$$(1)\boldsymbol{P}=\begin{pmatrix} 0.3 & 0.3 & 0.4 & 0 & 0 \\ 0.6 & 0.4 & 0 & 0 & 0 \\ 0 & 1 & 0 & 0 & 0 \\ 0 & 0 & 0 & 0.3 & 0.7 \\ 0 & 0 & 0 & 1 & 0 \end{pmatrix}$$

$$(2)\boldsymbol{P}=\begin{pmatrix} 0 & 0 & 1 & 0 \\ 1 & 0 & 0 & 0 \\ 0.5 & 0.5 & 0 & 0 \\ 0.5 & 0.3 & 0.2 & 0 \end{pmatrix}$$

$$(3)\boldsymbol{P}=\begin{pmatrix} 1 & 0 & \cdots & \cdots & \cdots & \cdots & \cdots & 0 \\ q & r & p & 0 & \cdots & \cdots & \cdots & 0 \\ 0 & q & r & p & 0 & \cdots & \cdots & 0 \\ \cdots & \cdots & \cdots & \cdots & \cdots & \cdots & \cdots & \cdots \\ 0 & \cdots & \cdots & \cdots & 0 & q & r & p \\ 0 & \cdots & \cdots & \cdots & \cdots & \cdots & 0 & 1 \end{pmatrix}$$

其中，$q+r+p=1, I=\{0,1,\cdots,b\}$。

9. 设 Markov 链的转移概率矩阵为

$$(1)\begin{pmatrix} \frac{2}{3} & \frac{1}{3} \\ \frac{1}{3} & \frac{2}{3} \end{pmatrix};(2)\begin{pmatrix} p_1 & q_1 & 0 \\ 0 & p_2 & q_2 \\ q_3 & 0 & p_3 \end{pmatrix}$$

计算 $f_{11}(k), f_{12}(k), k=1,2,3$。

10. 设 Markov 链的状态空间 $I=\{1,2,\cdots,7\}$，转移概率矩阵为

$$\boldsymbol{P}=\begin{pmatrix} 0.3 & 0.3 & 0.1 & 0 & 0.1 & 0.1 & 0.1 \\ 0.2 & 0.2 & 0.2 & 0.2 & 0.1 & 0.1 & 0 \\ 0 & 0 & 0.5 & 0.5 & 0 & 0 & 0 \\ 0 & 0 & 0.6 & 0 & 0.4 & 0 & 0 \\ 0 & 0 & 0.3 & 0.4 & 0.3 & 0 & 0 \\ 0 & 0 & 0 & 0 & 0 & 0.4 & 0.6 \\ 0 & 0 & 0 & 0 & 0 & 0.6 & 0.4 \end{pmatrix}$$

求状态的分类及各常返闭集的平稳分布。

11. 设 Markov 链的转移概率矩阵为

$$P=\begin{pmatrix} 0 & 1 & 0 & \cdots & \cdots & \cdots \\ p & 0 & q & 0 & \cdots & \cdots \\ 0 & p & 0 & q & 0 & \cdots \\ \cdots & \cdots & \cdots & \cdots & \cdots & \cdots \end{pmatrix}$$

求它的平稳分布。

12. 艾伦菲斯特(Erenfest)链。设甲、乙两个容器共有 $2M$ 个球，每隔单位时间从这 $2M$ 个球中任取一球放入另一容器中，记 X_m 为在时刻 m 甲容器中球的个数，则 $\{X_m, m\geqslant 0\}$ 是齐次 Markov 链，称为艾伦菲斯特链。求该链的平稳分布。

13. 将 2 个红球 4 个白球任意地分别放入甲、乙两个盒子中，每个盒子放 3 个，现从每个盒子中任取一球，交换后放回盒中(甲盒内取出的球放入乙盒中，乙盒内取出的球放入甲盒中)，以 X_k 表示经过 k 次交换后甲盒中的红球数，则 $\{X_k, k\geqslant 0\}$ 为一次 Markov 链，试求：

(1)一步转移概率矩阵；

(2)证明 $\{X_k, k\geqslant 0\}$ 是遍历链；

(3)求 $\lim\limits_{k\to\infty} p_{ij}(k)$，$j=0,1,2$。

14. 设河流每天的 BOD(生物耗氧量)浓度为齐次 Markov 链，状态空间 $I=\{1,2,3,4\}$ 是按 BOD 浓度为极低、低、中、高分别表示的，其一步转移概率矩阵(以一天为单位)为

$$P=\begin{pmatrix} 0.4 & 0.4 & 0.2 & 0 \\ 0.3 & 0.2 & 0.3 & 0.2 \\ 0.1 & 0.3 & 0.5 & 0.1 \\ 0 & 0.3 & 0.3 & 0.4 \end{pmatrix}$$

若 BOD 浓度为高，则称河流处于污染状态。

(1)证明该链是遍历链；

(2)求该链的平稳分布；

(3)河流再次到达污染的平均时间 m_4。

15. 天气预报问题。如果明日是否有雨仅与今日的天气(是否有雨)有关，而与过去的天气无关。并设今日有雨且明日有雨的概率为 0.7，今日无雨而明日有雨的概率为 0.4。另外，假定把“有雨”称作“1”状态天气，而把“无雨”称作“2”状态天气，则本问题属于一个两状态的 Markov 链。试求：今日有雨而后日(第二日)无雨，今日有雨而第三日也有雨，今日无雨而第四日也无雨的概率各是多少？

16. 设连续时间 Markov 链 $\{X(t),t\geqslant 0\}$ 具有转移概率

$$p_{ij}(\tau)=\begin{cases}\lambda_i\tau+o(\tau), & j=i+1\\ 1-\lambda_i\tau+o(\tau), & j=i\\ 0, & j=i-1\\ o(\tau), & |j-i|\geqslant 2\end{cases}$$

其中 λ_i 是正数，$X(t)$ 表示一个生物群体在时刻 t 的成员总数。求柯尔莫哥洛夫方程，转移概率 $p_{ij}(t)$。（提示：利用以下结果，若 $g'(t)+kg(t)=h(t)$，k 为实数，$h(t)$ 为连续函数，$a\leqslant t\leqslant b$，则 $g(t)=\int_a^t \mathrm{e}^{-k(t-s)}h(s)\mathrm{d}s+g(a)\mathrm{e}^{-k(t-a)}$ 。）

17. 一质点在 1,2,3 点上作随机游动。若在时刻 t 质点位于这三点之一，则在 $[t,t+\tau)$ 内，它以概率 $\frac{1}{2}\tau+o(\tau)$ 分别转移到其他两点之一。试求质点随机游动的柯尔莫哥洛夫方程，转移概率 $p_{ij}(t)$ 及平稳分布。

18. 设某车间有 M 台车床，由于各种原因各车床总是时而工作，时而停止。假设在时刻 t 时，一台正在工作的车床，在时刻 $t+\tau$ 停止工作的概率为 $\mu\tau+o(\tau)$；而在时刻 t 不工作的车床，在时刻 $t+\tau$ 时工作的概率为 $\lambda\tau+o(\tau)$，且各机床工作情况是相互独立的。$X(t)$ 表示时刻 t 正在工作的车床数。

(1) 说明 $X(t)$ 是一个齐次 Markov 过程；

(2) 求 $X(t)$ 的平稳分布；

(3) 若 $M=10,\lambda=60,\mu=30$，系统处于平稳状态时有一半以上车床在工作的概率。

19. 一条电路共 m 个焊工用电，每个焊工均是间断用电，设 $X(t)$ 表示在 t 时正在用电的焊工数。假设一焊工在 t 时用电，而在 $(t,t+\tau)$ 内停止用电的概率为 $\mu\tau+o(\tau)$；若一焊工在 t 时没有用电，而在 $(t,t+\tau)$ 内用电的概率为 $\lambda\tau+o(\tau)$；每个焊工的工作情况是相互独立的。试求：

(1) 该过程的状态空间和 $\boldsymbol{Q}$ 矩阵；

(2) 设 $X(0)=0$，求绝对概率 $p_j(t)$ 满足的微分方程；

(3) 当 $t\to\infty$ 时，求极限分布 p_j。

20. 设具有 k 个通道的电话交换机，如果所有 k 条线都被占用，则一次呼叫来到时就被丢失了，呼叫电话规律服从比率为 λ 的泊松过程。呼叫的长短是具有平均值为 $\frac{1}{\mu}$ 的独立指数分布的随机变量。试求在系统达到平稳时一次呼叫来到时被丢失的概率。

第7章 随机过程通过控制系统分析

【内容导读】 本章从离散时间随机系统模型出发，分析了渐近稳定系统的条件。讨论了平稳随机序列、白噪声过程通过随机系统时输出的均值函数、自相关函数及输入输出间互相关函数及平稳随机过程通过连续时间系统时输出的统计特性。给出了新息的概念及有理谱密度的谱分解定理与谱表示方法。

很多控制系统，尽管被控对象是确定性的，但输入量是随机的。本章讨论随机过程通过离散时间与连续时间系统的时频特性。

7.1 随机过程通过离散时间控制系统的时频特性

7.1.1 离散时间控制系统的脉冲响应

设离散时间控制系统，如图7.1所示，$X(k)$表示输入为离散时间随机过程，$Y(k)$表示输出为离散时间随机过程，被控对象是确定性的，$h(k)$表示系统脉冲响应函数。

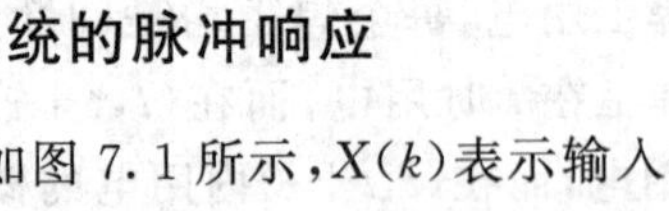

图7.1 系统模型

设该系统是渐近稳定的，即脉冲响应函数满足

$$\lim_{k\to\infty}|h(k)|=0 \tag{7.1.1}$$

在输入序列$\{X(k)\}$作用下，系统输出$Y(k)$为卷积形式，即

$$\begin{aligned}Y(k)&=h(k)X(0)+h(k-1)X(1)+\cdots+h(0)X(k)\\&=\sum_{l=0}^{k}h(l)X(k-l)\end{aligned} \tag{7.1.2}$$

假设 $l>k$ 时，有

$$X(k-l)=0 \tag{7.1.3}$$

则 $Y(k)$ 也可表示为

$$Y(k)=\sum_{l=0}^{\infty}h(l)X(k-l)=\sum_{l=-\infty}^{k}h(k-l)X(l) \tag{7.1.4}$$

如果系统是渐近稳定的，脉冲响应函数为 $h(k)$，当系统输入 $X(k)$ 为二阶矩过程时，则系统输出 $Y(k)$ 在均方意义上存在，且为二阶矩过程。这是因为对给定 $h(k)$ 和 $X(k)$，只要式(7.1.5)成立即可。

$$\underset{\substack{n\to-\infty\\ m\to\infty}}{\text{l.i.m}}E\Big[\sum_{l=n}^{m}h(l)X(k-l)\Big]=0 \tag{7.1.5}$$

因为系统是渐近稳定的，并且系统输入 $X(k)$ 是二阶过程，即有

$$\lim_{l\to\infty}|h(l)|=0 \tag{7.1.6}$$

$$E[X(k-n)X(k-l)]\leqslant C(\text{常数})<\infty \tag{7.1.7}$$

所以

$$\begin{aligned}
\underset{\substack{n\to-\infty\\ m\to\infty}}{\text{l.i.m}}E\Big[\sum_{l=n}^{m}h(l)X(k-l)\Big]&=\lim_{\substack{n\to-\infty\\ m\to\infty}}E\Big\{\Big[\sum_{l=n}^{m}h(l)X(k-l)\Big]^2\Big\}\\
&=\lim_{\substack{n\to-\infty\\ m\to\infty}}E\Big\{\sum_{l_1=n}^{m}h(l_1)X(k-l_1)\sum_{l_2=n}^{m}h(l_2)X(k-l_2)\Big\}\\
&=\lim_{\substack{n\to-\infty\\ m\to\infty}}\sum_{l_1=n}^{m}\sum_{l_2=n}^{m}h(l_1)h(l_2)E[X(k-l_1)X(k-l_2)]\\
&<C\lim_{\substack{n\to-\infty\\ m\to\infty}}\sum_{l_1=n}^{m}\sum_{l_2=n}^{m}h(l_1)h(l_2)\to 0
\end{aligned}$$

可见，$Y(k)$ 均方收敛。显然，$Y(k)$ 均方收敛就是 $Y(k)$ 自相关函数收敛，因此，$Y(k)$ 是二阶过程。

7.1.2　系统输出的时频特性

设脉冲响应函数为 $h(k)$ 的渐近稳定系统，系统输入 $X(k)$ 为二阶矩过程，其均值函数为 $m_X(k)$、自相关函数为 $R_X(k_1,k_2)$，系统输出 $Y(k)$ 存在且为二阶矩过程，现计算 $Y(k)$ 的均值函数 $m_Y(k)$、自相关函数 $R_Y(k_1,k_2)$ 以及 $X(k)$ 和 $Y(k)$ 的互相关函数 $R_{XY}(k_1,k_2)$。

1）系统输出的均值函数与平均功率

输出的均值函数为

$$m_Y(k)=E[Y(k)]=\sum_{l=0}^{\infty}h(l)E[X(k-l)]=\sum_{l=0}^{\infty}h(l)m_X(k-l) \tag{7.1.8}$$

即

$$m_Y(k) = h(k) \otimes m_X(k) \tag{7.1.9}$$

输出随机序列的均方值或平均功率为

$$\begin{aligned}E[Y^2(k)] &= E\Big[\sum_{l_1=0}^{\infty}h(l_1)X(k-l_1)\sum_{l_2=0}^{\infty}h(l_2)X(k-l_2)\Big] \\ &= \sum_{l_1=0}^{\infty}\sum_{l_2=0}^{\infty}h(l_1)h(l_2)E[X(k-l_1)X(k-l_2)] \\ &= \sum_{l_1=0}^{\infty}\sum_{l_2=0}^{\infty}h(l_1)h(l_2)R_X(k-l_1,k-l_2) \\ &= R_X(k,k)\otimes h(k)\otimes h(k)\end{aligned} \tag{7.1.10}$$

2)系统输出的自相关函数

$$\begin{aligned}R_Y(k_1,k_2) &= E[Y(k_1)Y(k_2)] \\ &= E\Big[\sum_{l_1=0}^{\infty}h(l_1)X(k_1-l_1)\sum_{l_2=0}^{\infty}h(l_2)X(k_2-l_2)\Big] \\ &= \sum_{l_1=0}^{\infty}\sum_{l_2=0}^{\infty}h(l_1)h(l_2)E[X(k_1-l_1)X(k_2-l_2)] \\ &= \sum_{l_1=0}^{\infty}\sum_{l_2=0}^{\infty}h(l_1)h(l_2)R_X(k_1-l_1,k_2-l_2) \\ &= R_X(k_1,k_2)\otimes h(k_1)\otimes h(k_2)\end{aligned} \tag{7.1.11}$$

3)系统输入与输出的互相关函数

$$\begin{aligned}R_{XY}(k_1,k_2) &= E[X(k_1)Y(k_2)] = E\Big[X(k_1)\sum_{l=0}^{\infty}h(l)X(k_2-l)\Big] \\ &= \sum_{l=0}^{\infty}h(l)E[X(k_1)X(k_2-l)] \\ &= \sum_{l=0}^{\infty}h(l)R_X(k_1,k_2-l) \\ &= R_X(k_1,k_2)\otimes h(k_2)\end{aligned} \tag{7.1.12}$$

4)平稳随机序列输入的情况下,系统输出的时频统计特性

(1)时域统计特性

如果输入 $X(k)$为双侧平稳随机序列时,则有

$$m_X(k) = m_X,R_X(k_1,k_2) = R_X(k_2-k_1) \overset{k_2-k_1=n}{=} R_X(n)$$

于是

$$m_Y = m_X\sum_{l=0}^{\infty}h(l) \tag{7.1.13}$$

$$\begin{aligned}
R_{XY}(k_1,k_2) &= E[X(k_1)Y(k_2)] \\
&= E\Big[X(k_1)\sum_{l=0}^{\infty}h(l)X(k_2-l)\Big] \\
&= \sum_{l=0}^{\infty}h(l)E[X(k_1)X(k_2-l)] \\
&= \sum_{l=0}^{\infty}h(l)R_X(k_1,k_2-l) \\
&= \sum_{l=0}^{\infty}h(l)R_X(k_2-k_1-l) \\
&\overset{k_2-k_1=n}{=} \sum_{l=0}^{\infty}h(l)R_X(n-l) \\
&= h(n)\otimes R_X(n) \triangleq R_{XY}(n)
\end{aligned} \tag{7.1.14}$$

同理,得

$$R_{YX}(k_1,k_2) = h(-n)\otimes R_X(n) \triangleq R_{YX}(n) \tag{7.1.15}$$

$$\begin{aligned}
R_Y(k_1,k_2) &= \sum_{l_1=0}^{\infty}\sum_{l_2=0}^{\infty}h(l_1)h(l_2)R_X(k_1-l_1,k_2-l_2) \\
&\overset{k_2-k_1=n}{=} \sum_{l_1=0}^{\infty}\sum_{l_2=0}^{\infty}h(l_1)h(l_2)R_X(n-l_2+l_1) \\
&= h(-n)\otimes h(n)\otimes R_X(n) \\
&= h(-n)\otimes R_{XY}(n) = R_Y(n)
\end{aligned} \tag{7.1.16}$$

可见,输出的均值函数为常数,输出的自相关函数只是序号间隔 n 的函数。因此,输出是平稳随机序列。显然,输出输入也是联合宽平稳的。

【例 7.1】设有一个离散时间系统的差分方程为

$$Y(k)+aY(k-1) = X(k)+bX(k-1)$$

式中,$Y(k)$是系统输出;系统输入 $X(k)$是离散时间高斯 $N(0,1)$白噪声;系数$|a|<1$,$|b|<1$。

解:将噪声项 $X(k)$作为系统的平稳输入时,系统输出 $Y(k)$是平稳过程。

首先,确定系统的脉冲响应函数 $h(k)$。由题意可得系统的脉冲传递函数 $H(z)$为

$$H(z) = \frac{z+b}{z+a} = 1+(b-a)\frac{z}{z+a}z^{-1}$$

对上式进行 z 的反变换,得到系统的脉冲过渡函数

$$h(k) = \delta(k)+(b-a)(-a)^{k-1}$$

即

$$h(k)=\begin{cases}1 & (k=0)\\(b-a)(-a)^{k-1} & (k\neq 0)\end{cases}$$

其次，利用式(7.1.16)，即

$$R_Y(n)=\sum_{l_1=0}^{\infty}\sum_{l_2=0}^{\infty}h(l_1)h(l_2)R_X(n-l_2+l_1)$$

确定 $R_Y(n)$。因为给定输入 $X(k)$是离散时间高斯 $N(0,1)$白噪声，所以有

$$R_X(n-l_2+l_1)=\begin{cases}1 & (l_2=l_1+n)\\0 & (l_2\neq l_1+n)\end{cases}$$

所以，得

$$\begin{aligned}R_Y(0)&=\sum_{l_1=0}^{\infty}\sum_{l_2=0}^{\infty}h(l_1)h(l_2)R_X(l_1-l_2)=\sum_{l=0}^{\infty}h(l)h(l)\\&=h(0)h(0)+\sum_{l=1}^{\infty}h(l)h(l)=1+(b-a)^2\sum_{l=1}^{\infty}(-a)^{2(l-1)}\\&=\frac{1-2ab+c^2}{1-a^2}\quad(n=0)\end{aligned}$$

$$\begin{aligned}R_Y(n)&=\sum_{l=0}^{\infty}h(n+l)h(l)=h(n)h(0)+\sum_{l=1}^{\infty}h(n+l)h(l)\\&=(b-a)(-a)^{n-1}+(b-a)^2\sum_{l=1}^{\infty}(-a)^{n+l-1}(-a)^{l-1}\\&=\left(-\frac{b}{a}\right)\frac{1-ab}{1-a^2}(-a)^n\quad(n\neq 0)\end{aligned}$$

总之，有

$$R_Y(n)=\begin{cases}\dfrac{1-2ab+c^2}{1-a^2} & (n=0)\\\left(1-\dfrac{b}{a}\right)\dfrac{1-ab}{1-a^2}(-a)^n & (n\neq 0)\end{cases}$$

最后，得

$$R_Y(n)=\sum_{l=0}^{\infty}h(l)R_X(n+l)$$

确定 $R_{XY}(n)$，同样有

$$R_X(n+l)=\begin{cases}1 & (n+l=0)\\0 & (n+l\neq 0)\end{cases}$$

$$h(l)=0\quad(l<0)$$

所以，得

$$R_{XY}(n)=\begin{cases}1 & (n=0)\\ 0 & (n>0)\\ (b-a)(-a)^{|n|-1} & (n<0)\end{cases}$$

上式表明，对 $X(k)$ 和 $Y(k+n)$ 来说，只有当 $n\geqslant 0$ 时，它们是不相关的；$n<0$ 时，它们是相关的。

(2)频域特性

根据前面的分析可知，若离散系统的输入随机序列是宽平稳的，则系统的输出也是宽平稳的。这时，可以采用离散傅里叶变换或者 Z 变换来分析系统的输出统计特性。

利用系统传输函数，式(7.1.13)可用 $h(k)$ 的 Z 变换来表示，即

$$m_Y=m_X\sum_{l=0}^{\infty}h(l)=m_X\Big[\sum_{l=0}^{\infty}h(l)z^{-l}\Big]_{z=1}=m_X\big[H(z)\big]_{z=1}=m_XH(1)\quad(7.1.17)$$

式中，$H(1)$ 是 $h(n)$ 的 Z 变换在 $z=1$ 时的值。

对式(7.1.16)、式(7.1.14)和式(7.1.15)分别作傅里叶变换，得

$$\begin{aligned}G_Y(\omega)&=\sum_{n=-\infty}^{\infty}R_Y(n)e^{-j\omega n}=\sum_{n=-\infty}^{\infty}\Big[\sum_{l_1=0}^{\infty}\sum_{l_2=0}^{\infty}h(l_1)h(l_2)R_X(n-l_2+l_1)\Big]e^{-j\omega n}\\&=\sum_{l_1=0}^{\infty}h(l_1)e^{-j\omega l_1}\sum_{l_2=0}^{\infty}h(l_2)e^{j\omega l_2}\sum_{n=-\infty}^{\infty}R_X(n+l_1-l_2)e^{-j\omega(n+l_1-l_2)}\\&=H(\omega)H(-\omega)G_X(\omega)\\&\overset{H^*(\omega)=H(-\omega)}{=}|H(\omega)|^2G_X(\omega)\end{aligned}\quad(7.1.18)$$

$$\begin{aligned}G_{XY}(\omega)&=\sum_{n=-\infty}^{\infty}R_{XY}(n)e^{-j\omega n}\\&=\sum_{l_1=0}^{\infty}h(l_1)e^{-j\omega l_1}\sum_{n=-\infty}^{\infty}R_X(n-l_1)e^{-j\omega(n-l_1)}=H(\omega)G_X(\omega)\end{aligned}\quad(7.1.19)$$

同理，有

$$G_{YX}(\omega)=H(-\omega)G_X(\omega)\quad(7.1.20)$$

$$G_Y(\omega)=|H(\omega)|^2G_X(\omega)=H(-\omega)G_{XY}(\omega)=H(\omega)G_{YX}(\omega)\quad(7.1.21)$$

式中，$H(\omega)=\sum\limits_{n=0}^{\infty}h(n)e^{-j\omega n}$，$G_X(\omega)=\sum\limits_{n=-\infty}^{\infty}R_X(n)e^{-jn\omega}$。$G_{XY}(\omega)$、$G_{YX}(\omega)$ 和 $G_Y(\omega)$ 分别是输入输出互谱密度和功率谱密度。于是，输出自相关函数可表示为

$$R_Y(n)=\frac{1}{2\pi}\int_{-\infty}^{\infty}|H(\omega)|^2G_X(\omega)e^{j\omega n}d\omega\quad(7.1.22)$$

7.1.3 系统输入是白噪声

当系统输入 $X(k)$ 是白噪声时，其谱密度为常数，为简便起见，令 $G_X(\omega)=1$，则式

(7.1.19)变为

$$G_{XY}(\omega) = H(\omega) \tag{7.1.23}$$

这表明，当系统输入 $X(k)$ 是白噪声时，通过量测互谱密度 $G_{XY}(\omega)$，就可得到系统的脉冲传递函数 $H(\omega)$。

当系统输入 $X(k)$ 是白噪声时，其自相关函数为 $R_X(n)=\delta(n)$，则式(7.1.14)只有在 $l=n$ 时才有值，并等于

$$R_{XY}(n) = h(n) \tag{7.1.24}$$

这表明，当系统输入 $X(k)$ 是白噪声时，通过量测互相关函数 $G_{XY}(\omega)$，就可确定系统的脉冲响应函数 $h(n)$。

7.1.4　新息

设脉冲响应函数为 $h(k)$ 的渐近稳定系统，当系统输入 $X(k)$ 为离散时间高斯 $N(0,1)$ 白噪声时，则系统输出 $Y(k)$ 为

$$Y(k) = \sum_{l=-\infty}^{k} h(k-l)X(l) \tag{7.1.25}$$

当式(7.1.25)为可逆时，则存在一个函数 g，满足

$$X(k) = \sum_{m=-\infty}^{k} g(k-m)Y(m) \tag{7.1.26}$$

式(7.1.25)和式(7.1.26)表明，输出序列 $\{Y(k)\}$ 的信息相当于输入序列 $\{X(k)\}$ 的信息，两个序列包含着相同的信息。

由式(7.1.25)和式(7.1.26)，得到

$$\begin{aligned} Y(k+1) &= \sum_{l=-\infty}^{k+1} h(k+1-l)X(l) \\ &= \sum_{l=-\infty}^{k} h(k+1-l)\sum_{m=-\infty}^{l} g(k-m)Y(m) + h(0)X(k+1) \end{aligned} \tag{7.1.27}$$

式(7.1.27)表明，$Y(k+1)$ 的第一项是时刻 k 的 $Y(k)$、$Y(k-1)$、… 的线性组合，视为已知。因此，第一项是已知信息；第二项是由 $X(k+1)$ 提供的，为时刻 k 之后的量，是未知的。因此，第二项是未知信息，称为新息。所以，$Y(k+1)$ 由已知信息和新息组成，式(7.1.27)也称为过程的新息表示。新息表示在研究预测和随机控制问题时是十分重要的。

7.1.5　离散时间过程的谱分解

当频率响应函数为 $H(\omega)$ 的渐近稳定系统加入谱密度为 $G_X(\omega)$ 的二阶平稳过程 $X(k)$ 时，则输出 $Y(k)$ 也是平稳过程，且谱密度 $G_Y(\omega)$ 表示为

$$G_Y(\omega) = H(\omega)H(-\omega)G_X(\omega) = |H(\omega)|^2 G_X(\omega) \qquad (7.1.28)$$

当 $X(k)$ 为白噪声且 $G_X(\omega)=1$ 时，有

$$G_Y(\omega) = H(\omega)H(-\omega) = |H(\omega)|^2 \qquad (7.1.29)$$

式(7.1.29)表明，若已知频率响应函数 $H(\omega)$，就可求出系统输出的谱密度 $G_Y(\omega)$。相反，如果已知 $G_Y(\omega)$，能否把它分解为式(7.1.29)的形式，这就是谱分解问题。一般来说，对任意谱密度进行谱分解是困难的，甚至是不可能的。但是，对有理谱密度进行谱分解是容易的，很多实际问题属于这种情况。

本节讨论有理谱密度的谱分解定理和谱表示问题。

1)有理谱密度过程

【定义 7.1】若谱密度 $G(\omega)$ 是 $e^{j\omega}$(或 $\cos\omega$)的有理函数，即 $G(\omega)$ 是 ω 的实函数，则称 $G(\omega)$ 为有理谱密度。具有有理谱密度的随机过程称为有理谱密度过程。

2)谱分解定理

【定理 7.1】对有理谱(密度)过程 $X(k)$，其谱密度 $G_X(\omega)$ 的分子为偶数 m 阶，分母为偶数 n 阶，$m\leqslant n$，则必然存在一个有理函数 $H(\omega)$，其全部极点都在单位圆内，且全部零点都在单位圆内或单位圆上，并满足

$$G_X(\omega) = H(\omega)H(-\omega) = |H(\omega)|^2 \qquad (7.1.30)$$

证明：(1)首先证式(7.1.30)成立。

已知 $G_X(\omega)$ 是 $e^{j\omega}$ 的有理函数，即是 ω 的实函数。设($e^{j\omega}-\alpha_k$)是 $G_X(\omega)$ 分子中的一个因子，其中 α_k 为复数，表示为

$$\alpha_k = \alpha_{k_1} + j\alpha_{k_2} \qquad (7.1.31)$$

为保证 $G_X(\omega)$ 是 ω 的实函数，必存在其共轭因子($e^{-j\omega}-\alpha_k^*$)，这是因为有

$$(e^{j\omega}-\alpha_k)(e^{-j\omega}-\alpha_k^*) = (\cos\omega-\alpha_{k_1})^2 + (\sin\omega-\alpha_{k_2})^2 \qquad (7.1.32)$$

由于分子、分母阶数 m,n 均为偶数，所以对 $G_X(\omega)$ 的分子、分母都可分解为

$$\begin{aligned} G_X(\omega) &= \frac{G_0\prod\limits_{k=1}^{\frac{m}{2}}(e^{j\omega}-\alpha_k)}{\prod\limits_{l=1}^{\frac{n}{2}}(e^{j\omega}-\beta_l)} \cdot \frac{G_0\prod\limits_{k=1}^{\frac{m}{2}}(e^{-j\omega}-\alpha_k^*)}{\prod\limits_{l=1}^{\frac{n}{2}}(e^{-j\omega}-\beta_l^*)} \\ &= H(\omega)H(-\omega) = |H(\omega)|^2 \end{aligned} \qquad (7.1.33)$$

式中，G_0 为常系数；$\beta_l\left(l=1,2,\cdots,\dfrac{n}{2}\right)$是 $G_X(\omega)$ 分母的极点，一般是复数；$H(\omega)$ 和 $H(-\omega)$ 分别为

$$H(\omega) = \frac{G_0\prod\limits_{k=1}^{\frac{m}{2}}(e^{j\omega}-\alpha_k)}{\prod\limits_{l=1}^{\frac{n}{2}}(e^{j\omega}-\beta_l)} \qquad (7.1.34)$$

$$H(-\omega)=\frac{G_0\prod\limits_{k=1}^{\frac{m}{2}}(e^{-j\omega}-\alpha_k^*)}{\prod\limits_{l=1}^{\frac{n}{2}}(e^{-j\omega}-\beta_l^*)} \tag{7.1.35}$$

当然，$H(\omega)$的多项式形式也可写为

$$H(\omega)=\frac{A(\omega)}{B(\omega)}=\frac{\sum\limits_{k=0}^{\frac{m}{2}}a_k e^{j\omega(\frac{m}{2}-k)}}{\sum\limits_{l=0}^{\frac{m}{2}}b_l e^{j\omega(\frac{n}{2}-l)}} \tag{7.1.36}$$

式中，$A(\omega)$和$B(\omega)$分别为分子和分母多项式；$a_k(k=1,2,\cdots,m/2)$和$b_l(l=1,2,\cdots,n/2)$分别为分子和分母多项式系数。式(7.1.30)得证。

(2)稳定性证明

为使系统稳定，要求系统脉冲传递函数$H(\omega)$的所有零点都在单位圆内或单位圆上，即零点的模值小于或等于1，而所有极点都在单位圆内，即极点的模值小于1。谱密度$G_X(\omega)$是可积函数，因此，单位圆上不可能有极点。

只要证明，当零点或极点的模值大于1时，都能变换为小于1，就能使系统稳定。

设谱密度$G_X(\omega)$的分子中有模大于1的零点α'_k，则必然存在共轭零点$\alpha_k'^*$。作如下运算

$$\begin{aligned}(e^{j\omega}-\alpha'_k)(e^{-j\omega}-\alpha_k'^*)&=\alpha'_k\alpha_k'^*\left(e^{j\omega}-\frac{1}{\alpha_k'^*}\right)\left(e^{-j\omega}-\frac{1}{\alpha'_k}\right)\\&=\frac{1}{\alpha_k'^*\alpha'_k}(e^{j\omega}-\alpha_k)(e^{-j\omega}-\alpha_k'^*)\end{aligned} \tag{7.1.37}$$

式中，$\alpha_k=\frac{1}{\alpha_k'^*}$，$\alpha_k^*=\frac{1}{\alpha'_k}$。当$\alpha'_k$和$\alpha_k'^*$的模大于1时，$\alpha_k$和$\alpha_k^*$的模必然小于1。把所有模值大于1的其他零点和极点都做式(7.1.37)的变换，就满足系统稳定性要求了。

【例7.2】试对有理谱密度

$$G(\omega)=\frac{1.16+0.8\cos\omega}{1.09+0.6\cos\omega}$$

进行谱分解。

解：令$A(\omega)=1.16+0.8\cos\omega$，$B(\omega)=1.09+0.6\cos\omega$则

$$A(\omega)=1.16+0.8\cos\omega=1+0.8\cdot\frac{1}{2}(e^{j\omega}+e^{-j\omega})+0.16=(e^{j\omega}+0.4)(e^{-j\omega}+0.4)$$

$$B(\omega)=1.09+0.6\cos\omega=(e^{j\omega}+0.3)(e^{-j\omega}+0.3)$$

于是

$$H(\omega)=\frac{e^{j\omega}+0.4}{e^{j\omega}+0.3}$$

$$H(-\omega)=\frac{\mathrm{e}^{-\mathrm{j}\omega}+0.4}{\mathrm{e}^{-\mathrm{j}\omega}+0.3}$$

需要说明，谱分解不是唯一的。

3)谱分解定理的逆定理

谱分解定理的逆定理是谱表示定理。

【定理 7.2】给定有理谱密度 $G_X(\omega)$，那么必然存在一个渐近稳定系统，只要给该系统加入离散时间白噪声，就能使系统的输出成为谱密度为 $G_X(\omega)$ 的平稳过程。

证明：根据谱分解定理，对给定有理谱密度 $G_X(\omega)$，必然可分解为稳定的有理函数 $H(\omega)$ 和 $H(-\omega)$ 的乘积。把有理函数 $H(\omega)$ 作为系统的频率响应函数，并在该系统上加入离散时间白噪声，那么由谱分解定理可知，系统的输出就是谱密度为 $G_X(\omega)$ 的平稳过程。

这个定理说明，通过把离散时间白噪声加到一个渐近稳定的系统上，改变系统的频率响应函数，就能得到有理谱密度。

【例 7.3】设离散时间线性状态方程为

$$X(k+1)=0.8X(k)-1.2e(k)$$

$$Y(k)=X(k)+e(k)$$

式中，$e(k)$ 是高斯白噪声，服从 $N(0,1)$ 分布，求 $G_Y(\omega)$。

解：系统的输入量是 $e(k)$，输出量分别是 $Y(k)$、中间过程 $X(k)$。对离散时间线性状态方程作 z 变换，得

$$X(z)=\frac{-1.2}{z-0.8}e(z)$$

$$Y(z)=X(z)+e(z)$$

由此可得，$Y(k)$ 的脉冲传递函数为

$$H(z)=\frac{Y(k)}{e(z)}=\frac{z-2}{z-0.8}$$

因此

$$H(\omega)=\frac{\mathrm{e}^{\mathrm{j}\omega}-2}{\mathrm{e}^{\mathrm{j}\omega}-0.8}$$

$$H(-\omega)=\frac{\mathrm{e}^{-\mathrm{j}\omega}-2}{\mathrm{e}^{-\mathrm{j}\omega}-0.8}$$

系统输入 $e(k)\sim N(0,1)$，故其谱密度为

$$G_e(\omega)=1$$

所以，有

$$G_Y(\omega)=H(\omega)H(-\omega)G_e(\omega)=H(\omega)H(-\omega)=\frac{\mathrm{e}^{\mathrm{j}\omega}-2}{\mathrm{e}^{\mathrm{j}\omega}-0.8}\cdot\frac{\mathrm{e}^{-\mathrm{j}\omega}-2}{\mathrm{e}^{-\mathrm{j}\omega}-0.8}$$

$G_Y(\omega)$也可表示为

$$G_Y(\omega)=\frac{2(e^{j\omega}-0.5)}{(e^{j\omega}-0.8)}\cdot\frac{2(e^{-j\omega}-0.5)}{(e^{-j\omega}-0.8)}$$

这说明，谱分解不是唯一的。

7.2 随机过程通过连续时间控制系统的时频特性

设 $h(t)$为渐近稳定系统的脉冲响应函数。根据线性系统理论，在系统输入 $X(t)$作用下，系统输出为

$$\begin{aligned}Y(t)&=\int_{-\infty}^{t}h(t-\tau)X(\tau)\mathrm{d}\tau\\&=\int_{0}^{\infty}h(\tau)X(t-\tau)\mathrm{d}\tau\end{aligned}\tag{7.2.1}$$

对脉冲过渡函数为 $h(t)$的渐近稳定系统，当系统输入 $X(t)$是均值函数为 $m_X(t)$、自相关函数为 $R_X(t_1,t_2)$的二阶随机过程时，则系统输出 $Y(t)$存在，且为二阶过程。

7.2.1 系统输出的时频特性

当脉冲响应函数为 $h(t)$的渐近稳定系统，且系统输入 $X(t)$的均值函数为 $m_X(t)$、自相关函数为 $R_X(t_1,t_2)$，则系统输出 $Y(t)$为二阶过程，其均值函数记为 $m_Y(t)$，自相关函数记为 $R_Y(t_1,t_2)$，以及 $X(t)$和 $Y(t)$的互相关函数记为 $R_{XY}(t_1,t_2)$。

$Y(t)$的均值函数为

$$\begin{aligned}m_Y(t)&=E[\int_{0}^{\infty}h(\tau)x(t-\tau)\mathrm{d}\tau]\\&=\int_{0}^{\infty}h(\tau)m_X(t-\tau)\mathrm{d}\tau=h(t)\otimes m_X(t)\end{aligned}\tag{7.2.2}$$

$Y(t)$的自相关函数为

$$\begin{aligned}R_Y(t_1,t_2)&=E[Y(t_1)Y(t_2)]\\&=E\left[\int_{0}^{\infty}h(\tau_1)X(t_1-\tau_1)\mathrm{d}\tau_1\int_{0}^{\infty}h(\tau_2)x(t_2-\tau_2)\mathrm{d}\tau_2\right]\\&=\int_{0}^{\infty}\int_{0}^{\infty}h(\tau_1)h(\tau_2)R_X(t_1-\tau_1,t_2-\tau_2)\mathrm{d}\tau_1\mathrm{d}\tau_2\\&=R_X(t_1,t_2)\otimes h(t_1)\otimes h(t_2)\end{aligned}\tag{7.2.3}$$

$X(t)$和 $Y(t)$的互相关函数为

$$\begin{aligned}R_{XY}(t_1,t_2)&=E[X(t_1)Y(t_2)]\\&=E[X(t_1)\int_{0}^{\infty}h(\tau)X(t_2-\tau)\mathrm{d}\tau]\end{aligned}$$

$$= \int_0^{\infty} h(\tau) R_X(t_1, t_2 - \tau) \mathrm{d}\tau$$

$$= R_X(t_1, t_2) \otimes h(t_2) \tag{7.2.4}$$

同理,得

$$R_{YX}(t_1, t_2) = R_X(t_1, t_2) \otimes h(t_1) \tag{7.2.5}$$

1)输入为平稳过程情况下,系统输出的时域统计特性

这种情况是指,系统输入 $X(t)$ 不仅是二阶过程,而且是平稳过程,即给定系统输入 $X(t)$ 的均值函数和自相关函数分别为

$$m_X(t) = m_X = C \tag{7.2.6}$$

$$R_X(t_1, t_2) = R_X(t_2 - t_1) \overset{t_2 - t_1 = \tau}{=} R_X(\tau) \tag{7.2.7}$$

$$m_Y(t) = m_X \int_0^{\infty} h(\tau) \mathrm{d}\tau = m_Y\ (\text{常数}) \tag{7.2.8}$$

$$R_Y(t_1, t_2) = \int_0^{\infty} \int_0^{\infty} h(\tau_1) h(\tau_2) R_X(\tau - \tau_2 + \tau_1) \mathrm{d}\tau_1 \mathrm{d}\tau_2 = R_Y(\tau) \tag{7.2.9}$$

$$R_{XY}(t_1, t_2) = \int_0^{\infty} h(\lambda) R_X(t_2 - t_1 + \lambda) \mathrm{d}\lambda$$

$$\overset{t_2 - t_1 = \tau}{=} \int_0^{\infty} h(\lambda) R_X(\tau + \lambda) \mathrm{d}\lambda = R_{XY}(\tau) \tag{7.2.10}$$

可见,当系统输入 $X(t)$ 是平稳过程时,系统输出 $Y(t)$ 的均值函数也为常数,自相关函数也只是时间差的函数,因此,$Y(t)$ 也是平稳过程。同样,$X(t)$ 和 $Y(t)$ 是联合平稳的。

2)输入为平稳过程情况下,系统输出频域特性

给定系统输入 $X(t)$ 的均值 m_X 和自相关函数 $R_X(\tau)$,按平稳过程相关函数与谱密度的关系,也就给定了系统输入 $X(t)$ 的谱密度

$$G_X(\omega) = \int_{-\infty}^{\infty} R_X(\tau) \mathrm{e}^{-\mathrm{j}\omega\tau} \mathrm{d}\tau \tag{7.2.11}$$

当给定系统脉冲响应函数 $h(t)$ 时,有

$$H(\omega) = \int_0^{\infty} h(t) \mathrm{e}^{-\mathrm{j}\omega t} \mathrm{d}t \tag{7.2.12}$$

$$H(-\omega) = \int_0^{\infty} h(t) \mathrm{e}^{\mathrm{j}\omega t} \mathrm{d}t \tag{7.2.13}$$

为求出 m_Y,令 $\omega = 0$,则

$$H(0) = \int_0^{\infty} h(t) \mathrm{d}t \tag{7.2.14}$$

由式(7.2.2),得

$$m_Y = m_X H(0) \tag{7.2.15}$$

式中

$$H(0) = H(\omega)\mid_{\omega=0} \tag{7.2.16}$$

求 $G_Y(\omega)$；

$$\begin{aligned} G_Y(\omega) &= \int_{-\infty}^{\infty} R_Y(\tau)\mathrm{e}^{-\mathrm{j}\omega\tau}\mathrm{d}\tau \\ &= \int_0^{\infty} h(\tau_1)\mathrm{e}^{-\mathrm{j}\omega\tau_1}\mathrm{d}\tau_1 \int_0^{\infty} h(\tau_2)\mathrm{e}^{\mathrm{j}\omega\tau_2}\mathrm{d}\tau_2 \int_{-\infty}^{\infty} R_X(\tau+\tau_1-\tau_2)\mathrm{e}^{-\mathrm{j}\omega(\tau+\tau_1-\tau_2)}\mathrm{d}\tau \\ &= H(\omega)H(-\omega)G_X(\omega) \end{aligned} \tag{7.2.17}$$

最后，求 $G_{XY}(\omega)$。

$$\begin{aligned} G_{XY}(\omega) &= \int_{-\infty}^{\infty} R_{XY}(\tau)\mathrm{e}^{-\mathrm{j}\omega\tau}\mathrm{d}\tau \\ &= \int_0^{\infty} h(\tau_1)\mathrm{e}^{\mathrm{j}\omega\tau_1}\mathrm{d}\tau_1 \int_{-\infty}^{\infty} R_X(\tau_1+\tau_2)\mathrm{e}^{-\mathrm{j}\omega(\tau+\tau_2)}\mathrm{d}\tau_2 \\ &= H(-\omega)G_X(\omega) \end{aligned} \tag{7.2.18}$$

7.2.2 系统输入为高斯白噪声

设脉冲响应函数为 $h(t)$ 的渐近稳定因果系统，但系统输入 $X(t)$ 为高斯 $N(0, R_1(t)\delta(t))$ 白噪声。高斯白噪声不是二阶矩过程，但在这一特定情况下，输出仍有意义。

已知高斯白噪声与维纳过程 $W(t)$ 的关系为

$$\mathrm{d}W(t) = X(t)\mathrm{d}t \tag{7.2.19}$$

式中，$\mathrm{d}W(t)$ 是增量维纳过程，它是高斯 $N(0, R_1(t)\mathrm{d}t)$ 过程，也是二阶矩过程。把式(7.2.19)代入式(7.2.1)，得到系统输出为

$$Y(t) = \int_{-\infty}^{t} h(t-\tau)\mathrm{d}W(\tau) \tag{7.2.20}$$

利用维纳过程特性和系统输出表示式(7.2.20)，可求出 $m_Y(t)$，$R_Y(t_1, t_2)$ 和 $G_Y(\omega)$ 等。对式(7.2.20)取均值，容易得到

$$m_Y(t) = 0 \tag{7.2.21}$$

$$\begin{aligned} R_Y(t_1, t_2) &= E[Y(t_1)Y(t_2)] \\ &= \int_{-\infty}^{t_1}\int_{-\infty}^{t_2} h(t_1-\tau_1)h(t_2-\tau_2)E[\mathrm{d}W(\tau_1)\mathrm{d}W(\tau_2)] \\ &= \int_{-\infty}^{t_2} h(t_1-\tau_2)h(t_2-\tau_2)R_1\mathrm{d}\tau_2 \\ &\overset{\substack{t_2-\tau_2=\lambda \\ t_2-t_1=\tau}}{=} \int_0^{\infty} h(\tau+\lambda)h(\lambda)R_1\mathrm{d}\lambda \\ &= R_Y(\tau) \end{aligned} \tag{7.2.22}$$

上式表明，当系统输入为高斯白噪声时，系统输出 $Y(t)$ 仍为二阶平稳过程。$Y(t)$ 的谱密度为

$$\begin{aligned}G_Y(\omega) &= \int_{-\infty}^{\infty} R_Y(\tau)\mathrm{e}^{-\mathrm{j}\omega\tau}\,\mathrm{d}\tau \\ &= \int_{-\infty}^{\infty}\int_{0}^{\infty} h(\tau+\lambda)h(\lambda)R_1\,\mathrm{d}\lambda\,\mathrm{e}^{-\mathrm{j}\omega\tau}\,\mathrm{d}\tau \\ &= \int_{0}^{\infty} h(\lambda)\mathrm{e}^{-\mathrm{j}\omega\lambda}\,\mathrm{d}\lambda\int_{-\infty}^{\infty} h(\tau+\lambda)\mathrm{e}^{-\mathrm{j}\omega(\tau+\lambda)}\,\mathrm{d}\tau R_1 \\ &= H(\omega)H(-\omega)R_1\end{aligned} \tag{7.2.23}$$

【例 7.4】设渐近稳定系统的脉冲响应函数为

$$h(t) = \sqrt{2}\mathrm{e}^{-t}\cos 2t + \frac{\sqrt{2}(\sqrt{5}-1)}{2}\mathrm{e}^{-t}\sin 2t$$

系统输入和系统输出的关系式为

$$Y(t) = \int_{-\infty}^{t} h(t-\tau)\,\mathrm{d}W(\tau)$$

式中，$\mathrm{d}W(t)$ 为增量维纳过程。试写出系统输出 $Y(t)$ 的表达式。

解：

$$\begin{aligned}Y(t) = &\sqrt{2}\int_{-\infty}^{t} \mathrm{e}^{-(t-\tau)}\cos 2(t-\tau)\,\mathrm{d}W(\tau) \\ &+ \frac{\sqrt{2}(\sqrt{5}-1)}{2}\int_{-\infty}^{t} \mathrm{e}^{-(t-\tau)}\sin 2(t-\tau)\,\mathrm{d}W(\tau)\end{aligned}$$

7.2.3　连续时间过程的谱分解

1) 连续时间过程的谱分解定理

【定理 7.3】设有理谱密度 $G(\omega)$ 的分子为偶数 m 阶，分母为偶数 n 阶，$m \leqslant n$，则必然存在一个有理函数 $H(\omega)$，它的全部极点都在左半平面，全部零点都在左半平面或虚轴上，并满足

$$G(\omega) = H(\omega)H(-\omega) \tag{7.2.24}$$

证明：通过分析 $G(\omega)$ 的分子零点、分母极点的特点来证明定理。

(1) α_k 为实零点

为保证 $G(\omega)$ 为实函数，$G(\omega)$ 分子中若有一因子 $(\mathrm{j}\omega+\alpha_k)$，必有另一因子 $(-\mathrm{j}\omega+\alpha_k)$，这时有

$$(\mathrm{j}\omega+\alpha_k)(-\mathrm{j}\omega+\alpha_k) = \omega^2+\alpha_k^2$$

确实得到实函数 $G(\omega)$。

(2) α_k 是虚轴上的零点

同样，若有因子 $(\mathrm{j}\omega+\mathrm{j}\alpha_k)$，必有另一个因子 $(-\mathrm{j}\omega+\mathrm{j}\alpha_k)$，这时有

$$(j\omega+j\alpha_k)(-j\omega+j\alpha_k)=\omega^2-\alpha_k^2$$

能保证 $G(\omega)$ 为实函数。

(3)α_k 为复根

同样,若有因子$(j\omega+\alpha_k)$,必有另外三个因子$(-j\omega+\alpha_k)$,$(j\omega+\alpha_k^*)$和$(-j\omega+\alpha_k^*)$。令

$$\alpha_k=\alpha_{k_1}+j\alpha_{k_2}$$

则有

$$\begin{aligned}(j\omega+\alpha_k)(-j\omega+\alpha_k)(j\omega+\alpha_k^*)(-j\omega+\alpha_k^*)&=(\omega^2+\alpha_k^2)(\omega^2+\alpha_k^{*2})\\&=\omega^4+2(\alpha_{k_1}^2-\alpha_{k_2}^2)\omega^2+(\alpha_{k_1}^2+\alpha_{k_2}^2)^2\end{aligned}$$

确实能保证 $G(\omega)$ 为实函数。

综上所述,由于 $G(\omega)$ 分子的阶数必须是偶数,所以可把 $G(\omega)$ 零点因子$(j\omega+\alpha_k)$和$(j\omega+\alpha_k^*)$放在一起,称为 $B(\omega)$;而把$(-j\omega+\alpha_k)$和$(-j\omega+\alpha_k^*)$放在一起,称为 $B(-\omega)$。对 $G(\omega)$ 的分母也作类似处理,把分母分为 $A(\omega)$ 和 $A(-\omega)$ 两部分。但由于 $G(\omega)$ 是可积函数,因此,在虚轴上不能有极点。

通过上述分析,可把 $G(\omega)$ 写为

$$G(\omega)=\frac{B(\omega)}{A(\omega)}\cdot\frac{B(-\omega)}{A(-\omega)}=H(\omega)H(-\omega)$$

式中

$$H(\omega)=\frac{B(\omega)}{A(\omega)}$$

$$H(-\omega)=\frac{B(-\omega)}{A(-\omega)}$$

显然,$H(\omega)$ 的零点都在左半平面或虚轴上,极点都在左半平面,若把 $H(\omega)$ 作为系统的传递函数,它是稳定的。

2)谱分解定理的逆定理

谱分解定理的逆定理是谱表示定理。

【定理 7.4】对有理谱密度函数为 $G(\omega)$,则必然存在一个渐近稳定的系统,它的频率响应函数为 $H(\omega)$,对应的脉冲响应函数为 $h(t)$,使得

$$Y(t)=\int_{-\infty}^{t}h(t-\tau)dW(\tau)\tag{7.2.25}$$

式中,$Y(t)$ 的谱密度为 $G(\omega)$;$dW(\tau)$ 为增量维纳过程。

证明:令 $dW(l)$ 为 $N(0,dt)$,则有

$$G(\omega)=H(\omega)H(-\omega)$$

把由 $G(\omega)$ 谱分解得到的 $H(\omega)$ 作为系统传递函数,它对应 $h(t)$,必满足式(7.2.25)。

【例 7.5】某平稳随机过程有自相关函数

$$R_Y(\tau) = e^{-|\tau|}\cos 2\tau$$

试求

$$Y(t) = \int_{-\infty}^{t} h(t-\tau)\mathrm{d}W(\tau)$$

的过程的表示式，其中 $\mathrm{d}W(l)$ 为增量维纳过程，其均值为零，增量方差为 $\mathrm{d}l$。

解：先利用给定的 $R_Y(\tau)$ 计算出系统输出 $Y(t)$ 的谱密度 $G(\omega)$，进而推算系统的频率响应函数 $H(\omega)$ 和脉冲响应函数 $h(t)$，最后写出 $Y(t)$ 的谱密度表示式。

$G(\omega)$ 是 $R_Y(\tau)$ 的傅里叶变换，得

$$\begin{aligned}
G_Y(s) &= \int_{-\infty}^{\infty} R_Y(\tau)e^{-s\tau}\mathrm{d}\tau \\
&= \int_{-\infty}^{\infty} e^{-|\tau|}\cos 2\tau e^{-s\tau}\mathrm{d}\tau \\
&= \int_{-\infty}^{0} e^{\tau}\cos 2\tau e^{-s\tau}\mathrm{d}\tau + \int_{0}^{\infty} e^{-\tau}\cos 2\tau e^{-s\tau}\mathrm{d}\tau \\
&= \frac{-s+1}{(-s+1)^2+2^2} + \frac{s+1}{(s+1)^2+2^2} \\
&= \frac{\sqrt{2}(s+\sqrt{5})}{-s^2+2s+5} \cdot \frac{\sqrt{2}(-s+\sqrt{5})}{s^2-2s+5} \\
&= H(s)H(-s)
\end{aligned}$$

$$H(s) = \frac{\sqrt{2}(s+\sqrt{5})}{s^2+2s+5}$$

习　题

1. 已知线性系统的单位冲激响应

$$h(t) = [5\delta(t)+3][U(t)-U(t-1)]$$

输入随机信号 $X(t)=4\sin(2\pi t+\Phi)$，$(-\infty<t<\infty)$，其中 Φ 是在 $(0,2\pi)$ 上均匀分布的随机变量。试写出输出表达式，并求输出的均值和方差。

2. 输入随机信号 $X(t)$ 的自相关函数 $R_X(\tau)-a^2+be^{-|\tau|}$，式中 a,b 为正常数，试求单位冲激响应为 $h(t)=e^{-\beta t}U(t)$ 的系统输出均值函数 $(a>0)$。

3. 设线性系统的单位冲激响应 $h(t)=te^{-3t}U(t)$，其输入是功率谱密度为 $6\mathrm{V}^2/\mathrm{Hz}$ 的白噪声与 2 V 直流分量之和，试求输出的均值、方差和均方值。

4. 设线性系统的单位冲激响应 $h(t)=5e^{-3t}U(t)$，其输入是自相关函数 $R_X(\tau)=2e^{-4|\tau|}$ 的随机信号，试求输出的自相关函数 $R_Y(\tau)$、互相关函数 $R_{XY}(\tau)$ 和 $R_{YX}(\tau)$ 分别在 $\tau=0$、$\tau=0.5$、$\tau=1$ 时的值。

5. 设有限时间积分器的单位冲激响应 $h(t)=\frac{1}{T}[U(t)-U(t-T)]$，其输入平稳随机信号的自相关函数为

$$R_X(\tau)=\begin{cases}A^2\left(1-\frac{|\tau|}{T}\right), & |\tau|\leqslant T\\ 0, & |\tau|>T\end{cases}$$

试求输出的总平均功率和自相关函数。

6. 设有一零均值的平稳随机信号 $X(t)$ 加到单位冲激响应为 $h(t)=\alpha e^{-\alpha t}[U(t)-U(t-T)]$ 的系统的输入端，证明系统输出功率谱密度为

$$G_Y(\omega)=\frac{\alpha^2}{\alpha^2+\omega^2}(1-2e^{-\alpha T}\cos\omega T+e^{-2\alpha T})G_X(\omega)$$

7. 设线性系统的频率响应函数为 $H(\omega)$，其输入随机信号 $X(t)$ 是宽平稳的，输出为 $Y(t)$，试证：$G_Y(\omega)G_X(\omega)=G_{XY}(\omega)G_{YX}(\omega)$。

8. 如右图所示，$X(t)$ 是输入随机过程，$G_X(\omega)=\frac{G_0}{2}$，$Z(t)$ 是输出随机过程，试求：

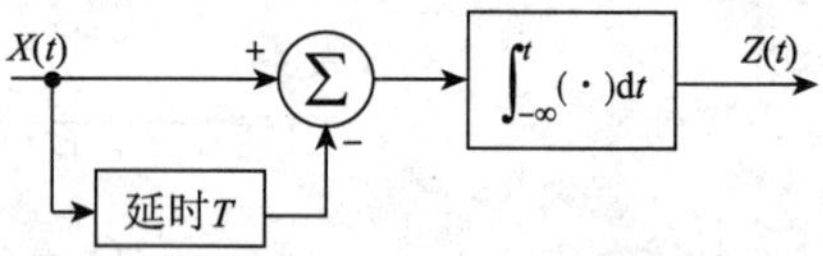

(1)系统的传输函数 $H(\omega)$；

(2)输出过程 $Z(t)$ 的均方值。

(提示：积分 $\int_0^{\infty}\frac{\sin^2 ax}{x^2}dx=|a|\frac{\pi}{2}$)

9. 设平稳过程的自相关函数为

$$R_X(\tau)=\begin{cases}1-\frac{|\tau|}{T}, & |\tau|\leqslant T\\ 0, & |\tau|>T\end{cases}$$

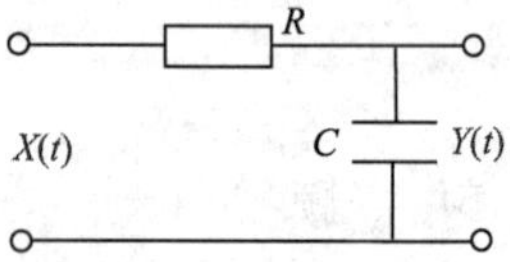

$X(t)$ 通过如右图所示的积分电路。求 $Z(t)=X(t)\pm Y(t)$ 的功率谱密度。

10. 设有线性时间系统，其单位脉冲响应为 $\{h(k)\}$，其中

$$h(k)=\begin{cases}0, & k<0\\ e^{-\alpha k}, & k\geqslant 0 \quad \alpha>0\end{cases}$$

系统的输入信号 $X(k)$ 为一平稳随机过程序列，其均值为零，且相关函数为

$$R_X(m)=\begin{cases}\frac{G_0}{2}, & m=0\\ 0, & m\neq 0\end{cases}$$

求输出序列 $Y(k)$ 的均值和自相关函数。

11. 设 $X(k)$ 是一个均值为零、方差为 σ_X^2 的白噪声，$Y(k)$ 是单位脉冲响应为 $h(k)$ 的线性时不变离散系统的输出，试证：

(1)$E[X(k)Y(k)]=h(k)\sigma_X^2$

(2) $\sigma_Y^2 = \sigma_X^2 \sum_{k=0}^{+\infty} h^2(k)$

12. 设离散线性的单位脉冲响应 $h(k)=ka^{-k}U(k)$，$a>1$，该系统输入的自相关函数为 $R_X(m)=\sigma_X^2\delta(m)$的白噪声，试求系统输出 $Y(k)$的自相关函数和功率谱密度。

13. 平稳过程$\{Y(t),t\in T\}$满足方程

$$Y(t) + aY(t-1) = e(t) + be(t-1) \quad (|a|<1)$$

式中，$\{e(t),t\in T\}$是自相关函数为 $R_e(\tau)=\mathrm{e}^{-a|\tau|}$ 的平稳过程。试确定 $e(t)$的谱密度 $G_e(\omega)$，$Y(t)$的谱密度 $G_Y(\omega)$，以及 $e(t)$和 $Y(t)$之间的互谱密度 $G_{eY}(\omega)$。

14. 一平稳离散时间随机过程有谱密度

$$G(\omega) = \frac{2+2\cos\omega}{5+4\cos\omega}$$

试进行谱分解，并且在输入为白噪声的条件下，确定使输出谱密度为 $G(\omega)$的稳定系统的频率响应函数。

15. 试证明由

$$X(t+1) = 0.8X(t) - 1.2e(t)$$
$$Y(t) = X(t) + e(t)$$

和

$$X(t+1) = 0.8X(t) + 0.6e(t)$$
$$Z(t) = X(t) + 2e(t)$$

表示的随机过程 $Y(t)$和 $Z(t)$具有相同的谱密度，已知 $e(t)$是独立高斯 $N(0,1)$随机变量序列。

16. 试对连续时间随机过程 $Y(t)$的谱密度

$$G_Y(\omega) = \frac{\omega^2+1}{\omega^4+8\omega^2+4}$$

进行谱分解。设 $G_Y(\omega)$是在输入谱密度 $G_X(\omega)=1$ 的条件下求得的，试确定系统的传递函数 $G(s)$和脉冲响应函数 $h(t)$。

17. 设平稳随机过程的自相关函数为 $R(\tau)=\mathrm{e}^{-|\tau|}\cos 2\tau$，试求

$$Y(t) = \int_{-\infty}^{t} h(t-s)\mathrm{d}v(s)$$

的表达式。已知$\{v(t),t\in T\}$是均值为零和增量方差为 $\mathrm{d}t$ 的正交增量过程。

18. 随机过程$\{X(t),t\in T\}$和$\{Y(t),t\in T\}$是平稳的和高斯的，它们的谱密度为

$$G_X(\omega) = \frac{1}{\omega^2+1}$$

$$G_Y(\omega) = \frac{1}{\omega^2+4}$$

$$G_{XY}(\omega) = \frac{1}{\omega^2 + j\omega + 2}$$

试给出向量过程$\begin{bmatrix} X(t) \\ Y(t) \end{bmatrix}$的过程表示，并确定把 $X(t)$作为输入和把 $Y(t)$作为输出的动力学系统的传递函数 $G(s)$。

19. 设具有实系数的 n 阶多项式 $A(s)$的全部零点都在左半平面上，试证明多项式

$$\widetilde{A}(s) = \frac{1}{2}[A(s) - (-1)^n A(-s)]$$

的全部零点都在虚轴上。

20. 设两个平稳随机过程的谱密度为

$$G_X(\omega) = G_1(j\omega)G_1(-j\omega)$$

$$G_Y(\omega) = G_2(j\omega)G_2(-j\omega)$$

$$G_{XY}(\omega) = G_1(j\omega)G_2(-j\omega)$$

式中

$$G_1(s) = \frac{\omega^2}{s^2 + 2\zeta\omega s + \omega^2}$$

$$G_2(s) = \frac{\omega s}{s^2 + 2\zeta\omega s + \omega^2}$$

试确定 $E[X^2]$，$E[Y^2]$，$E[XY]$。

第 8 章　ARMA 模型及其辨识与预测

【内容导读】 本章根据自回归(AR)模型特点，定义了延迟算子，给出了用延迟算子表示自回归(AR)模型、滑动平均(MR)模型及自回归滑动平均(ARMA)模型，分析了它们的自相关函数及谱特点，以及偏相关函数；讨论了 AR、MA、ARMA 模型定阶方法及准则；对基于最小二乘法的模型参数辨识一次完成算法及递推算法进行了详细描述；最后，讨论了 ARMA 模型的最优预测方法。

时间序列是指按时间先后顺序排列的随机序列，或者说是定义在概率空间$(S, \mathbb{S}, P)$上的一串有序随机变量集合$\{X(k), k=0, \pm 1, \cdots\}$或$\{X_k, k=0, \pm 1, \cdots\}$，简记为$\{X(k)\}$或 X_k；它的每一样本(现实)序列，是指按时间先后顺序对 X_k 所反映的具体随机现象或系统进行观测或试验所得到的一串动态数据$\{x(k), k=0, \pm 1, \cdots\}$或$x_k$。所谓时间序列分析，就是根据有序随机变量或观测所得到的有序数据之间相互依赖所包含的信息，用概率统计方法定量地建立一个合适的数学模型，并根据这个模型对相应序列所反映的过程或系统作出预报或进行控制。

本章主要以平稳时间序列为讨论对象，着重介绍一类具体的，在自然科学、工程技术、社会、经济学的建模分析中起着非常重要作用的平稳过程序列模型——自回归滑动平均模型(ARMA 模型)。

8.1　ARMA 模型

8.1.1　自回归(AR)模型

【定义 8.1】设$\{Y(k)\}$为零均值的实平稳时间序列，若满足 M 阶的差分方程

$$Y(k)+a_1Y(k-1)+a_2Y(k-2)+\cdots+a_MY(k-M)=e(k) \qquad (8.1.1)$$

称该方程为时间序列$\{Y(k)\}$的自回归模型，简记为AR(M)，它是一个动态模型。称满足AR(M)模型的随机序列为AR(M)序列；称$\{a_m, m=1,2,\cdots,M\}$为自回归系数集。从白噪声序列$\{e(k)\}$所满足的条件看出，$\{e(k)\}$之间互不相关，且$e(k)$与以前的观测值也不相关，称$\{e(k)\}$为新息序列，它在时间序列分析的预报理论中有重要应用。

【定义 8.2】设q为一个算子，对时间序列$\{Y(k)\}$，若有

$$qY(k)=Y(k-1) \qquad (8.1.2a)$$

$$q^2Y(k)=q(qY(k))=q(Y(k-1))=Y(k-2) \qquad (8.1.2b)$$

$$\vdots$$

$$q^mY(k)=Y(k-m)(m=1,2,3,\cdots) \qquad (8.1.2c)$$

则q为一步延迟算子，q^m为m步延迟算子。

于是式(8.1.1)可以写成

$$A(q)Y(k)=e(k) \qquad (8.1.3)$$

式中

$$A(q)=1+a_1q+\cdots+a_Mq^M \qquad (8.1.4)$$

对于式(8.1.3)的AR(M)模型，若满足条件$A(q)=0$的根全在单位圆外，即所有根的模值都大于1，则称此条件为AR(M)模型的平稳性条件。当模型式(8.1.3)满足平稳性条件时，$A^{-1}(q)$存在且一般是q的幂级数，于是式(8.1.1)可写成

$$Y(k)=A^{-1}(q)e(k) \qquad (8.1.5)$$

称为逆转形式。模型式(8.1.3)可以看作是把相关的$\{Y(k)\}$变为一个互不相关序列$\{e(k)\}$的系统。

8.1.2　滑动平均模型

【定义 8.3】设$\{Y(k)\}$为零均值的实平稳时间序列，若满足N阶差分方程

$$Y(k)=e(k)+b_1e(k-1)+\cdots+b_Ne(k-N) \qquad (8.1.6)$$

则称该方程为时间序列$\{Y(k)\}$的滑动平均模型，记为MA(N)。称$\{b_n, n=1,2,\cdots,N\}$为滑动平均系数集；称满足MA(N)模型的随机序列为MA(N)序列。用延迟算子表示，式(8.1.6)式可以写成

$$Y(k)=B(q)e(k) \qquad (8.1.7)$$

式中

$$B(q)=1+b_1q+\cdots+b_Nq^N \qquad (8.1.8)$$

对于式(8.1.7)的MA(N)模型，若满足条件$B(q)=0$的根全在单位圆外，即所有根的模值大于1，则称此条件为MA(N)模型的可逆性条件，当模型式(8.1.7)满足

可逆性条件时，$B^{-1}(q)$存在，此时式(8.1.7)可以写成

$$e(k)=B^{-1}(q)Y(k) \tag{8.1.9}$$

它称为式(8.1.7)的逆转形式。模型式(8.1.7)中的 $Y(k)$可以看作是白噪声序列$\{e(k)\}$输入线性系统的输出。

8.1.3 自回归滑动平均模型

【定义 8.4】设$\{Y(k)\}$是零均值的实平稳时间序列，若满足差分方程

$$Y(k)+a_1Y(k-1)+\cdots+a_MY(k-M)=e(k)+b_1e(k-1)+\cdots+b_Ne(k-N) \tag{8.1.10}$$

或

$$A(q)Y(k)=B(q)e(k) \tag{8.1.11}$$

称该方程为 M 阶自回归 N 阶滑动平均混合模型，简记为 ARMA(M,N)。式中$A(q)$与 $B(q)$无公共因子，$A(q)$满足平稳性条件，$B(q)$满足可逆性条件；称满足 ARMA(M,N)模型的随机序列为 ARMA(M,N)序列。

显然，当 $N=0$ 时，ARMA$(M,0)$就是 AR(M)；当 $M=0$ 时，ARMA$(0,N)$就是 MA(N)。

如平稳过程的时域分析与频域分析有对应关系一样，这里介绍 ARMA(M,N)序列与具有有理谱密度的平稳序列之间存在的对应关系，并指出一个平稳序列在什么条件下是 ARMA(M,N)序列。

8.2 ARMA 的自相关函数及其谱

先对 AR(M)，MA(N)与 ARMA(M,N)序列作相关分析，讨论其自相关函数和偏相关函数所具有的特性及谱特性。

8.2.1 MA(M)序列的自相关函数及其谱

MA(M)的自相关函数为

$$\begin{aligned}R_Y(l)&=E[Y(k)Y(k+l)]\\&=E\{[e(k)+b_1e(k-1)+\cdots+b_Ne(k-N)][e(k+l)\\&\quad+b_1e(k+l-1)+\cdots+b_Ne(k+l-N)]\}\\&=E[e(k)e(k+l)]+\sum_{j=1}^{N}b_jE[e(k)e(k+l-j)]+\\&\quad\sum_{i=1}^{N}b_iE[e(k-i)e(k+l)]+\sum_{i=1}^{N}\sum_{j=1}^{N}b_ib_jE[e(k-i)e(k+l-j)]\end{aligned}$$

利用

$$E[e(m)e(n)]=\begin{cases}\sigma_e^2, & m=n\\ 0, & m\neq n\end{cases}$$

显然上式第二项对一切 l 都为零,其余各项依赖于 l。

(1)当 $l=0$ 时,有

$$R_Y(0)=E[e^2(k)]+\sum_{i=1}^{N}b_i^2E[e^2(k-i)]=\sigma_e^2+\sum_{i=1}^{N}b_i^2\sigma_e^2$$

(2)当 $1\leqslant l\leqslant N$ 时,有

$$R_Y(l)=b_lE[e^2(k+l)]+\sum_{i=l+1}^{N}b_ib_{i+l}E[e^2(k-i)]=b_l\sigma_e^2+\sum_{i=l+1}^{N}b_ib_{i+l}\sigma_e^2$$

(3)当 $l>N$ 时,右边四项都为 0,此时 $R_X(l)=0$。

用 $R_Y(0)$ 除以 $R_Y(l)$ 得标准化自相关函数 $r_Y(l)=R_Y(l)/R_Y(0)$,简称它为自相关函数。

综上可得 MA(N)序列的自相关函数 $R_Y(l)$ 和标准化(归一化)自相关函数 $r_Y(l)$ 为

$$R_Y(l)=\begin{cases}\sigma_a^2(1+b_1^2+\cdots+b_N^2), & l=0\\ \sigma_a^2(b_l+b_{l+1}b_1+\cdots+b_Nb_{N+l}), & 1\leqslant l\leqslant N\\ 0, & l>N\end{cases} \tag{8.2.1}$$

$$r_Y(l)=\begin{cases}1, & l=0\\ \dfrac{b_l+b_{l+1}b_1+\cdots+b_Nb_{N+l}}{1+b_1^2+\cdots+b_N^2}, & 1\leqslant l\leqslant N\\ 0, & l>N\end{cases} \tag{8.2.2}$$

从式(8.2.2)可知,MA(N)序列的标准化自相关函数 $r_Y(l)$ 在 $l>N$ 时全为零,这种性质称为 N 步截尾法。它表明 MA(N)序列只有 N 步相关性,即当 $|n-m|>N$ 时,$Y(m)$ 与 $Y(n)$ 不相关,这是 MA(N)模型具有的本质特性,截尾处的 l 值就是模型的阶数。

【定理 8.1】对于 MA(N)过程,$B(q)=1+b_1q+\cdots+b_Nq^N$,则其谱密度为

$$G_Y(\omega)=2\sigma_e^2\mid 1+b_1\mathrm{e}^{-\mathrm{j}\omega}+b_2\mathrm{e}^{-\mathrm{j}2\omega}+\cdots+\mathrm{b}_N\mathrm{e}^{-\mathrm{j}M\omega}\mid^2,0\leqslant\omega\leqslant\pi \tag{8.2.3}$$

【定理 8.2】设零均值平稳时间序列$\{Y(k)\}$具有谱密度 $G_Y(\omega)>0$,则$\{Y(k)\}$是 MA(N)序列的充要条件是它的自相关函数 N 步截尾。

【例 8.1】已知 MA(2)模型 $Y(k)=e(k)+0.5e(k-1)-0.4e(k-2)$,试验证模型满足可逆性条件,并求自相关函数。

解:因为 $B(q)=1+0.5q-0.4q^2$,故令其为零,得 $1+0.5q-0.4q^2=0$,解得 $q_1=1.07$,$q_2=-2.325$ 由于 $|q_1|>1$,$|q_2|>1$,所以模型满足可逆性条件。

将 $b_1=0.5,b_2=-0.4$ 代入式(8.2.2)，得自相关函数

$$r_Y(0)=1,r_Y(1)=\frac{0.5+(-0.4)\times 0.5}{1+(0.5)^2+(-0.4)^2}=0.2127$$

$$r_Y(2)=\frac{-0.4}{1+(0.5)^2+(-0.4)^2}=-0.2837,r_Y(l)=0,l>2$$

8.2.2　AR(M)序列的自相关函数及其谱

为求 AR(M)序列的自相关函数，用 $Y(k-l)$同乘式(8.1.1)，两边并取数学期望，同时考虑 $E[Y(k-l)e(k)]=0$，得

$$E[Y(k)Y(k-l)]+a_1E[Y(k-1)Y(k-l)]+\cdots+a_ME[Y(k-M)Y(k-l)],l>0$$

继而，得自相关函数

$$R_Y(l)+a_1R_Y(l-1)+\cdots+a_MR_Y(l-M)=0,l>0 \tag{8.2.4}$$

除以 $R_Y(0)$，得标准自相关函数

$$r_X(l)+a_1r_X(l-1)+\cdots+a_Mr_X(l-M)=0 \tag{8.2.5}$$

即

$$A(q)r_X(l)=0,l>0 \tag{8.2.6}$$

该式为 $r_X(l)$所满足的差分方程。

在式(8.2.6)中，令 $l=1,2,\cdots,M$，得

$$\begin{cases}r_X(1)=-a_1-a_2r_X(1)-\cdots-a_Mr_X(M-1)\\ r_X(2)=-a_1r_X(1)-a_2-a_3r_X(1)-\cdots-a_Mr_X(M-2)\\ \vdots\\ r_X(M)=-a_1r_X(M-1)-a_2r_X(M-2)-\cdots-a_M\end{cases} \tag{8.2.7}$$

写成矩阵式为

$$\begin{Bmatrix}r_X(1)\\ r_X(2)\\ \vdots\\ r_X(M)\end{Bmatrix}=\begin{Bmatrix}1 & r_X(1) & r_X(2) & \cdots & r_X(M-1)\\ r_X(1) & 1 & r_X(1) & \cdots & r_X(M-2)\\ \vdots & \vdots & \vdots & & \vdots\\ r_X(M-1) & & r_X(M-2) & \cdots & 1\end{Bmatrix}\begin{Bmatrix}-a_1\\ -a_2\\ \vdots\\ -a_M\end{Bmatrix} \tag{8.2.8}$$

式(8.2.8)称为尤利 沃克(Yule Walker)方程。

又因

$$\begin{aligned}\sigma_e^2&=E[e^2(k)]=E[Y(k)+a_1Y(k-1)+\cdots+a_MY(k-M)]^2\\ &=R_Y(0)+2\sum_{m=1}^{M}a_mR_Y(m)+\sum_{m_1=1}^{M}\sum_{m_2=1}^{M}a_{m_1}a_{m_2}R_Y(m_2-m_1)\\ &=R_Y(0)+2\sum_{m=1}^{M}a_mR_Y(m)+\sum_{m_2=1}^{M}a_{m_2}\Big[\sum_{m_1=1}^{M}a_{m_1}R_Y(m_2-m_1)\Big]\end{aligned}$$

$$= R_Y(0) + 2\sum_{m=1}^{M} a_m R_Y(m) - \sum_{m_2=1}^{M} a_{m_2} R_Y(m_2)$$

$$= R_Y(0) + \sum_{m=1}^{p} a_m R_Y(m) \tag{8.2.9}$$

参数 σ_a^2 由式(8.2.10)给出

$$\sigma_a^2 = r_X(0) + \sum_{m=1}^{M} a_m R_Y(m) \tag{8.2.10}$$

【定理 8.3】对于 AR(M)过程，$A(q)=1+a_1q+\cdots+a_Mq^M$，则其谱密度为

$$G(\omega) = \frac{2\sigma_e^2}{|1+a_1\mathrm{e}^{-\mathrm{j}\omega}+a_1\mathrm{e}^{-\mathrm{j}2\omega}+\cdots+a_M\mathrm{e}^{-\mathrm{j}M\omega}|^2}, 0 \leqslant \omega \leqslant \pi \tag{8.2.11}$$

【定理 8.4】AR(M)序列$\{X(k)\}$的自相关函数满足式(8.2.8)，白噪声序列$\{e(k)\}$的方差满足式(8.2.10)。

定理指出了 AR(M)序列的自相关函数所满足的方程，暂时未讨论它的解法，需要指出的是，根据线性差分方程理论可证，AR(M)序列的自相关函数不能在某步之后截尾，而是随 l 增大逐渐衰减，但受负指数函数控制，这种特性称为拖尾性。下面用例题说明这种拖尾性。

【例 8.2】AR(2)模型为

$$Y(k) - 0.1Y(k-1) - 0.2Y(k-2) = e(k)$$

验证它满足平稳性条件，并求自相关函数。

解：由 $A(q)=1-0.1q-0.2q^2=0$，解得 $q_1=2, q_2=-2.5$。由于 $|q_1|>1, |q_2|>1$，所以模型满足平稳性条件。

由式(8.2.7)，得

$$r_Y(1) = \frac{-a_1}{1+a_2}, r_Y(l) = -a_1 r_Y(l-1) - a_2 r_Y(l-2), l \geqslant 2$$

代入 $a_1=-0.1, a_2=-0.2$，得

$$r_Y(1) = 0.125, r_Y(2) = 0.213, r_Y(3) = 0.046, r_Y(4) = 0.047$$
$$r_Y(5) = 0.014, r_Y(6) = 0.011, r_Y(7) = 0.004, r_Y(8) = 0.003$$
$$r_Y(9) = 0.001, \cdots$$

从例中的数值看出，$r_Y(l)$ 具有拖尾性。

8.2.3 ARMA(M,N)序列的自相关函数及其谱

1) ARMA(M,N)的 Green 函数

【定义 8.5】若$\{Y(k)\}$可表示为

$$Y(k) = \sum_{l=0}^{\infty} G_l e(k-l) \tag{8.2.12}$$

称该式为$\{Y(k)\}$的传递形式；称加权系数 $G_l(l=0,1,2,\cdots)$为 Green 函数，规定 $G_0=1$。

令

$$G(q)=\sum_{l=0}^{\infty}G_l q^l \tag{8.2.13}$$

则

$$Y(k)=G(q)e(k) \tag{8.2.14}$$

由于$\{Y(k)\}$只由 k 及 k 以前时刻的 $e(k)$ 通过 $G(q)$ 的作用而生成，故这是一个物理上可实现的系统。

由于 ARMA(M,N)序列满足系统平稳性条件，故相应的传递形式一定存在，且 $l>0$ 时，有

$$E[Y(k)e(k+l)]=0 \tag{8.2.15}$$

当$\{Y(k)\}$是 ARMA(M,N)模型时，即

$$A(q)Y(k)=B(q)e(k)$$

时，若 $B(q)$满足可逆条件，则

$$e(k)=B^{-1}(q)A(q)Y(k) \tag{8.2.16}$$

写成级数形式为

$$e(k)=I(q)Y(k)=\sum_{l=0}^{\infty}I_l q^l Y(k)=Y(k)+\sum_{l=1}^{\infty}I_l Y(k-l),I_0=-1 \tag{8.2.17}$$

式中

$$I(q)=1+\sum_{l=1}^{\infty}I_l q^l=B^{-1}(q)A(q) \tag{8.2.18}$$

式中，I_l 称为逆函数。由式(8.2.14)和式(8.2.15)，知

$$A(q)G(q)=B(q) \tag{8.2.19}$$

将式(8.2.19)两边展开成多项式形式，即

$$\left(\sum_{i=0}^{\infty}G'_i q^i\right)\left(\sum_{i=0}^{\infty}G_i q^i\right)=\sum_{i=0}^{\infty}b'_i q^i \tag{8.2.20}$$

比较系数，得 G_i 的递推式为

$$G_i=b'_i+\sum_{l=1}^{i}a'_l G_{k-l},G_0=1$$

式中

$$a'_l=\begin{cases}a_l, & 1\leqslant l\leqslant M\\ 0, & l>M\end{cases};\quad b'_l=\begin{cases}b_l, & 1\leqslant l\leqslant N\\ 0, & l>N\end{cases} \tag{8.2.21}$$

2)ARMA(M,N)序列的自相关函数

将式(8.1.12)两边乘 $Y(k-l)$ 再取均值，得

$$E[Y(k)Y(k-l)]+a_1E[Y(k-1)Y(k-l)]+\cdots+a_ME[Y(k-M)Y(k-l)]$$
$$=E[e(k)Y(k-l)]+b_1E[e(k-1)Y(k-l)]+\cdots+b_NE[e(k-N)Y(k-l)]$$

即

$$R_Y(l)+a_1R_Y(l-1)+\cdots+a_MR_Y(l-M)=R_{eY}(l)+b_1R_{eY}(l-1)+\cdots+b_NR_{eY}(l-N) \tag{8.2.22}$$

即

$$A(q)R_Y(l)=B(q)R_{eY}(l) \tag{8.2.23}$$

式中

$$R_{eY}(l)=E[e(k+l)Y(k)]=E\Big[\sum_{l'=0}^{\infty}G_{l'}e(k-l')e(k+l)\Big]$$
$$=\sum_{l'=0}^{\infty}G_{l'}E[e(k-l')e(k+l)]=\begin{cases}G_{-l}\sigma_e^2, & l\leqslant 0\\ 0, & l>0\end{cases} \tag{8.2.24}$$

将式(8.2.24)代入式(8.2.23)并除以 $R_Y(0)=\sigma_Y^2$，得标准化自相关函数形式，同时考虑 $r_Y(l)=r_Y(-l)$，可得

当 $l=0$ 时，有

$$\sigma_Y^2[1+a_1r_Y(1)+\cdots+a_Mr_Y(M)]=(1+b_1G_1+\cdots+b_NG_N)\sigma_e^2 \tag{8.2.25a}$$

当 $l=1$ 时，有

$$\sigma_Y^2[r_Y(1)+a_1r_Y(0)+a_2r_Y(1)+\cdots+a_Mr_Y(M-1)]=(b_1+b_2G_1+\cdots+b_NG_{N-1})\sigma_e^2 \tag{8.2.25b}$$

当 $l=N$ 时，有

$$\sigma_Y^2[r_Y(N)+a_1r_Y(N-1)+\cdots+a_Mr_Y(M-N)]=b_N\sigma_e^2 \tag{8.2.25c}$$

当 $l>N$ 时，有

$$r_Y(l)+a_1r_Y(l-1)+\cdots+a_Mr_Y(M-N)=0 \tag{8.2.25d}$$

若令式(8.2.25d)中的 $l=N+1,\cdots,M+N$，可得

$$\begin{Bmatrix} r_Y(N) & r_Y(N-1) & \cdots & r_Y(N-M+1)\\ r_Y(N+1) & r_Y(N) & \cdots & r_Y(N-M+2)\\ \vdots & \vdots & & \vdots\\ r_Y(N+M-1) & r_Y(N+M-2) & \cdots & r_Y(N)\end{Bmatrix}\begin{Bmatrix}-a_1\\-a_2\\ \vdots\\ -a_M\end{Bmatrix}=\begin{Bmatrix}r_Y(N+1)\\ r_Y(N+2)\\ \vdots\\ r_Y(N+M)\end{Bmatrix} \tag{8.2.26}$$

解此方程组，可得 ARMA(M,N)模型的自回归系数 $a_1,a_2,\cdots,a_M$。

3) ARMA(M,N)序列的谱密度

【定理 8.5】对于 ARMA(M,N)过程，$A(q)=1+a_1q+\cdots+a_Mq^M$ 与 $B(q)=1+b_1q+\cdots+b_Nq^N$，则其谱密度为

$$G(\omega)=2\sigma_e^2\frac{|B(e^{-j\omega})|^2}{|A(e^{-j\omega})|^2},0\leqslant\omega\leqslant\pi \tag{8.2.27}$$

式中，$A(\omega)=1+a_1\omega+\cdots+a_M\omega^M$ 与 $B(\omega)=1+b_1\omega+\cdots+b_N\omega^N$ 无公共因式，$A(\omega)$满足平稳性条件，$B(\omega)$满足可逆性条件。

【定理 8.6】具有正谱密度的零均值平稳时间序列$\{Y(k)\}$为 ARMA(M,N)序列的充要条件为其自相关函数满足式(8.2.25)。

比较式(8.2.6)与式(8.2.25)知，ARMA(M,N)序列与 AR(M)序列的自相关函数满足相同的差分方程 $A(q)r_X(l)=0(l>N)$。因此，与 AR(M)序列类似，ARMA(M,N)序列的自相关函数也是拖尾的，且受负指数函数控制。

【例 8.3】求 ARMA(1,1)模型 $Y(k)+a_1Y(k-1)=e(k)+b_1e(k-1)$的自相关函数。

解：设 $e(k)$的方差为 σ_e^2，$|a_1|<1$，则

$$Y(k)=G(q)e(k)=\frac{1+b_1q}{1+a_1q}e(k)$$

故

$$\begin{aligned}G_0+G_1q+G_2q^2+\cdots&=(1+b_1q)(1-a_1q+a_1^2q^2-\cdots)\\&=[1+(b_1-a_1)q+(a_1^2-a_1b_1)q^2+\cdots]\end{aligned}$$

比较系数，得

$$G_0=1,G_1=b_1-a_1,G_2=a_1^2-a_1b_1,\cdots$$

由式(8.2.25)，得

$$\begin{cases}\sigma_Y^2(1+a_1r_Y(1))=(1+b_1G_1)\sigma_e^2=[1+b_1(b_1-a_1)]\sigma_e^2,l=0\\\sigma_Y^2(r_Y(1)+a_1)=b_1\sigma_e^2,l=1\\r_Y(l)=-a_1r_Y(l-1),l=2,3,\cdots\end{cases}$$

解得
$$\sigma_Y^2=\frac{1+b_1^2-2a_1b_1}{1-a_1^2}\sigma_e^2,r_Y(1)=\frac{(b_1-a_1)(1-a_1b_1)}{1+b_1^2-2a_1b_1}$$

故

$$r_Y(l)=(-a_1)^{l-1}\frac{(b_1-a_1)(1-a_1b_1)}{1+b_1^2-2a_1b_1},l=1,2,\cdots$$

【例 8.4】求 ARMA(2,1)模型 $Y(k)+a_1Y(k-1)+a_2Y(k-2)=e(k)+b_1e(k-1)$的自相关函数。

解：由 ARMA(2,1)模型，得

$$(1+a_1q+a_2q^2)Y(k)=(1+b_1q)e(k)$$

设模型满足平稳性，可逆条件，且 $e(k)$ 的方差为 σ_e^2，于是

$$G(q)=\frac{1+b_1q}{1+a_1q+a_2q^2}=1+(a_1-b_1)q+[a_1(a_1-b_1)+a_2]q^2+\cdots$$

得格林函数

$$G_0=1,G_1=b_1-a_1,G_2=a_1(a_1-b_1)-a_2,\cdots$$

由式(8.2.24)，有

$$\begin{cases}\sigma_Y^2(1+a_1r_Y(1)+a_2r_Y(2))=(1+b_1G_1)\sigma_e^2\\ \qquad\qquad=(1+b_1^2-a_1b_1)]\sigma_e^2,l=0\\ \sigma_Y^2(r_Y(1)+a_1+a_2r_Y(1))=b_1\sigma_e^2,l=1\\ r_Y(l)+a_1r_Y(l-1)+a_2r_Y(l-2)=0,l=2,3,\cdots\end{cases}$$

将 $r_Y(2)=-a_1r_Y(1)-a_2$ 代入第一式得

$$\sigma_Y^2[1-a_2^2+a_1(1-a_2)r_Y(1)]=(1+b_1^2-a_1b_1)\sigma_e^2$$

将上式与第二式联立解得

$$r_Y(1)=\frac{b_1-a_1-a_1b_1^2-a_1^2b_1-a_2^2b_1}{1+a_2+b_1^2+a_2b_1^2-2a_1b_1}$$

$$\sigma_Y^2=\sigma_e^2\left[\frac{b_1(1+a_2+b_1^2+a_2b_1^2-2a_1b_1)}{a_1a_2+b_1+a_2b_1-3a_1^2b_1-a_1^2a_2b_1-a_2^3b_1}\right]$$

$r_Y(2),r_Y(3),\cdots$ 可按递推法或解齐次差分方程求得。

8.2.4　ARMA(*M*,*N*)、*MA*(*N*)、*AR*(*M*)模型比较

表 8.1　模型结构比较

模型 \ 统计特性		功率谱密度 $G_Y(\omega)$	自相关函数 $R_Y(m)$
ARMA	$\sum_{m=0}^{M}a_mY(k-m)=\sum_{n=0}^{N}b_ne(k-n)$ $a_0=1\quad M\geqslant N$	$2\sigma_e^2\frac{\left\|\sum_{n=0}^{N}b_n\mathrm{e}^{-\mathrm{j}\omega n}\right\|^2}{\left\|\sum_{m=0}^{M}a_i\mathrm{e}^{-\mathrm{j}\omega m}\right\|^2}$	$\sum_{m=0}^{M}a_mR_{Ye}(m)=\sum_{n=0}^{N}b_nR_e(n)$ $\sum_{n=0}^{N}a_nR_Y(n)=\sum_{i=0}^{r}b_iR_{Ye}(i)$
MA	$Y(k)=\sum_{n=0}^{N}b_ne(k-n)$	$2\sigma_e^2\left\|\sum_{n=0}^{N}b_n\mathrm{e}^{-\mathrm{j}\omega n}\right\|^2$	$R_Y(m)=\sigma_e^2\sum_{n=0}^{N}b_nb_{m+n}$ $b_i=0,i>r$
AR	$\sum_{m=0}^{M}a_mY(k-m)=e(k)a_0=1$	$2\sigma_e^2\left\|1+\sum_{m=1}^{M}a_m\mathrm{e}^{-\mathrm{j}\omega m}\right\|^{-2}$	$R_Y(m)$ 满足 Yule-Walker 方程

表 8.2　模型特性比较

类别		AR(M)	MA(N)	ARMA(M,N)
模型方程		$A(q)X(k)=e(k)$	$Y(k)=B(q)e(k)$	$A(q)Y(k)=B(q)e(k)$
平衡性条件		$\|q\|>1$ 时,$A(q)\neq 0$	无条件平稳	$\|q\|>1$ 时,$A(q)\neq 0$
可逆性条件		无条件可逆	$\|q\|>1$ 时,$B(q)\neq 0$	$\|q\|>1$ 时,$B(q)\neq 0$
传递形式		$Y(k)=A^{-1}(q)e(k)$	$Y(k)=B(q)e(k)$	$Y(k)=A^{-1}(q)B(q)e(k)$
逆转形式		$e(k)=A(q)Y(k)$	$e(k)=B^{-1}(q)Y(k)$	$e(k)=B^{-1}(q)A(q)Y(k)$
几种函数	Green 函数	拖尾	截尾	拖尾
	逆函数	截尾	拖尾	拖尾
	自相关函数	拖尾	截尾	拖尾
	互相关函数	截尾	拖尾	拖尾

8.3　ARMA 的偏相关函数及其谱

8.3.1　偏相关系数与 Yule-Walker 方程

1)问题的引入

【定义 8.6】设$\{Y(k)\}$为零均值平稳时间序列,如果已知 $Y(k-1),Y(k-2),\cdots,Y(k-L)$($L$ 可能取很大的正整数),则称

$$\hat{Y}(k)=a_{L1}Y(k-1)+a_{L2}Y(k-2)+\cdots+a_{LL}Y(k-l) \tag{8.3.1}$$

为 $Y(k)$的预测值。要对 $Y(k)$作出最优预报,就要确定 $a_{L1},a_{L2},\cdots,a_{LL}$。也就是要对 $Y(k)$的最小方差进行估计,即要求确定 $a_{L1},a_{L2},\cdots,a_{LL}$,使

$$J=E\{Y(k)-\sum_{l=1}^{L}[a_{Ll}Y(k-l)]^2\} \tag{8.3.2}$$

达到最小值 $J_{\min}$。

2)偏相关系数

为了理解参数 $a_{L1},a_{L2},\cdots,a_{LL}$ 的意义,引入偏相关系数的定义。

【定义 8.7】在给定随机变量 Z 的条件下,随机变量 X 与 Y 的联合条件密度函数为 $f(x,y|z)$,则称

$$\begin{aligned} r_{XY} &= \frac{E\{[X-E(X)][Y-E(Y)]\}}{\sqrt{D(X)D(Y)}} \\ &= \int_{-\infty}^{\infty}\int_{-\infty}^{\infty}\frac{[x-E(X)][y-E(Y)]f(x,y\mid z)}{\sqrt{D(X)D(Y)}}\mathrm{d}x\mathrm{d}y \end{aligned} \tag{8.3.3}$$

为 X 与 Y 的偏相关函数。

【定义 8.8】在零均值平稳时间序列中，给定 $Y(k),\cdots,Y(k-l+1)$，则称

$$r_{k,k-l}=\frac{E[Y(k)Y(k-l)]}{\sigma_Y^2}=\frac{E[Y(k)Y(k-l)]}{\sqrt{E[Y^2(k)]E[Y^2(k-l)]}} \tag{8.3.4}$$

为 $Y(k)$ 与 $Y(k-l)$ 之间的偏相关函数。式中，E 表示关于条件密度函数 $f(y(k),y(k-l)\mid y(k-1),y(k-2),\cdots,y(k-l+1))$ 的条件期望。

3) Yule-Walker 方程

将式(8.3.2)展开得

$$\begin{aligned}J&=E[Y(k)-\sum_{l=1}^{L}a_{Ll}Y(k-l)]^2\\&=E[Y^2(k)]-2\sum_{l=1}^{L}a_{Ll}E[Y(k)Y(k-l)]+\sum_{l_1=1}^{L}\sum_{l_2=1}^{L}a_{Ll_2}a_{Ll_1}E[Y(k-l_2)Y(k-l_1)]\\&=R_X(0)-2\sum_{l=1}^{L}a_{Ll}R_X(l)+\sum_{l_1=1}^{L}\sum_{l_2=1}^{L}a_{Ll_2}a_{Ll_1}R_Y(l_2-l_1)\end{aligned} \tag{8.3.5}$$

$$\frac{\partial J}{\partial a_{Ll_2}}=-R_Y(l_2)+\sum_{l_1=1}^{L}a_{Ll_1}R_Y(l_2-l_1)=0,l_2=0,1,\cdots,L \tag{8.3.6}$$

或

$$\begin{cases}R_Y(1)=a_{L1}R_Y(0)+a_{L2}R_Y(1)+\cdots+a_{LL}R_Y(L-1)\\R_Y(2)=a_{L1}R_Y(1)+a_{L2}R_Y(0)+\cdots+a_{LL}R_Y(L-2)\\\quad\vdots\qquad\qquad\qquad\qquad\qquad\qquad\vdots\\R_Y(L)=a_{L1}R_Y(L-1)+a_{L2}R_Y(L-2)+\cdots+a_{LL}R_Y(0)\end{cases} \tag{8.3.7}$$

或

$$\begin{bmatrix}1&R_Y(1)&\cdots&R_Y(L-1)\\R_Y(1)&1&\cdots&R_Y(L-2)\\\vdots&\vdots&&\vdots\\R_Y(L-1)&R_Y(L-2)&\cdots&1\end{bmatrix}\begin{bmatrix}a_{L1}\\a_{L2}\\\vdots\\a_{LL}\end{bmatrix}=\begin{bmatrix}R_Y(1)\\R_Y(2)\\\vdots\\R_Y(L)\end{bmatrix} \tag{8.3.8}$$

方程组(8.3.7)或方程组(8.3.8)为 Yule-Walker 方程。若已知自相关函数值，由该方程组可求出偏相关系数。

a_{Ll} 的 Durbin-Levinson 递推公式为

$$\begin{cases}a_{11}=R_Y(1)\\a_{L+1,L+1}=\left(R_Y(L+1)-\sum_{l=1}^{L}R_Y(L+1-l)a_{Ll}\right)\left(1-\sum_{l=1}^{L}R_Y(l)a_{Ll}\right)^{-1}\\a_{L+1,l}=a_{L,l}-a_{L+1,L+1}a_{L,L+1-l},l=1,2,\cdots,L\end{cases} \tag{8.3.9}$$

递推的顺序为 a_{11}；a_{22}，a_{21}；a_{31}，a_{32}，a_{33}，…。

8.3.2　ARMA(M,N)的偏相关系数

1)AR(M)偏相关函数

根据 AR(M)模型的定义,式(8.3.2)可写为

$$J = E\Big[\Big(\sum_{l=1}^{M} a_l Y(k-l) + e(k) - \sum_{l=1}^{L} a_{Ll} Y(k-l)\Big)^2\Big]$$

$$= E\Big[\Big(e(k) + \sum_{l=1}^{M}(a_l - a_{Ll})Y(k-l) - \sum_{l=M+1}^{L} a_{Ll} Y(k-l)\Big)^2\Big]$$

$$= E\big[e^2(k)\big] + 2E\Big[e(k)\Big(\sum_{l=1}^{M}(a_l - a_{Ll})Y(k-l) - \sum_{l=M+1}^{L} a_{Ll} Y(k-l)\Big)\Big]$$

$$+ E\Big[\Big(\sum_{l=1}^{M}(a_l - a_{Ll})Y(k-l) - \sum_{l=M+1}^{L} a_{Ll} Y(k-l)\Big)^2\Big]$$

因为 $E[Y(k-l)e(k)]=0, l>0$,故

$$J = \sigma_e^2 + E\Big[\Big(\sum_{l=1}^{M}(a_l - a_{Ll})Y(k-l) - \sum_{l=M+1}^{L} a_{Ll} Y(k-l)\Big)^2\Big] \tag{8.3.10}$$

显然,要使 $J=J_{\min}$,应取

$$a_{Ll} = \begin{cases} a_l, 1 \leqslant l \leqslant M \\ 0, M < l \leqslant L \end{cases} \tag{8.3.11}$$

这说明,AR(M)序列有 $a_{Ll}=a_l(l=1,\cdots,M)$,且由式(8.3.4)知,$a_{MM}=a_M$ 即为偏相关函数。当 $l>M$ 时,有 $a_{ll}=0$。换句话说,AR(M)序列的偏相关函数为:$a_{11},a_{22},\cdots,a_{MM},0,\cdots,0$。即偏相关函数在 l 步截尾,其截尾的 l 值就是模型的阶数,这是 AR(M)序列具有的本质特性。需要注意的是,对于自相关函数,只有 MA(N)序列是截尾的,AR(M)和 ARMA(M,N)序列则是拖尾的。

2)ARMA(M,N)序列和 MA(N)序列的偏相关函数

为了进一步区分 AR(M)序列和 ARMA(M,N)序列,需讨论其偏相关函数特性。对于 ARMA(M,N)模型,$A(q)Y(k)=B(q)e(k)$,由式(8.2.6)的逆转形式为

$$e(k) = I(q)X(k) = \sum_{l=0}^{\infty} I_l q^l X(k), I_0 = 1$$

说明有限阶的 ARMA(M,N)序列或 MA(N)序列可以转化为无限阶的 AR(M)序列。因此,它们的偏相关函数将是拖尾的。

【例 8.5】求 ARMA 模型 $Y(k)-0.5Y(k)=e(k)-0.3e(k-1)$的偏相关系数。

解:该模型是 ARMA(1,1)模型,例 8.3 已推出自相关函数为

$$r_Y(l) = (-a_1)^{l-1}\frac{(b_1-a_1)(1-a_1b_1)}{1+b_1^2-2a_1b_1}, l=1,2,\cdots$$

式中,$a_1=-0.5, b_1=-0.3$。代入上式得

$$r_X(l) = 0.215(0.5)^{l-1}, l \geqslant 1$$

由式(8.3.9)，得

$$a_{11} = r_X(1) = 0.215$$

在式(8.3.9)中，令 $l=1$，得

$$a_{22} = (r_X(2) - r_X(1)a_{11})(1 - r_X(1)a_{11})^{-1} = 0.113$$

$$a_{21} = a_{11} - a_{22}a_{11} = 0.191$$

在式(8.3.9)中，令 $l=2$，并代入 $r_X(2)=0.108, r_X(3)=0.054$ 得

$$a_{31} = a_{21} - a_{33}a_{22} = 0.19$$

$$a_{32} = a_{22} - a_{33}a_{21} = 0.111$$

再令 $l=3$，求 $a_{44}, a_{41}, a_{42}, a_{43}, \cdots$，依次递推可求出各个偏相关函数值。

8.3.3　样本自相关函数和样本偏相关函数

1)样本自相关函数

【定义 8.9】设有零均值平稳时间序列$\{Y(k)\}$的一段样本观测值 $y(1), y(2), \cdots, y(N_S)$，则样本自相关函数为

$$\hat{R}_Y(l) = \hat{R}_Y(-l) = \frac{1}{N_S}\sum_{i=1}^{N_S-l} y(i)y(i+l), l = 0,1,\cdots,N_S-1 \quad (8.3.12)$$

式中，$\hat{R}_Y(l)$是 $R_Y(l)$的有偏估计，但不一定是非负定的。

2)样本标准化自相关函数

【定义 8.10】设有零均值平稳时间序列$\{Y(k)\}$的一段样本观测值 $y(1), y(2), \cdots, y(N_S)$，样本标准化自相关函数为

$$\hat{r}_Y(l) = \frac{\hat{R}_Y(l)}{\hat{R}_Y(0)}, l = 0,1,\cdots,N-1 \quad (8.3.13)$$

式中，$\hat{r}_Y(l)$是 $r_Y(l)$的有偏估计，但$\{\hat{r}_Y(l)\}$为非负定的。事实上，设当 $k>N_S$ 或 $k\leqslant 0$ 时，$y_k=y(k)=0$，对于任意的 m 个实数 $\lambda_1, \lambda_2, \cdots, \lambda_m$，有

$$\begin{aligned}\sum_{m_1=1}^{m}\sum_{m_2=1}^{m}\lambda_{m_1}\lambda_{m_2}\hat{R}_Y(m_2-m_1) &= \frac{1}{N_S}\sum_{m_1=1}^{m}\sum_{m_2=1}^{m}\lambda_{m_1}\lambda_{m_2}\sum_{k=1}^{N_S-|m_2-m_1|} y(k)y(k+|m_2-m_1|) \\ &= \frac{1}{N_S}\sum_{m_1=1}^{m}\sum_{m_2=1}^{m}\lambda_{m_1}\lambda_{m_2}\sum_{k=-\infty}^{\infty} y(k)y(k+|m_2-m_1|) \\ &= \frac{1}{N_S}\sum_{m_1=1}^{m}\sum_{m_2=1}^{m}\lambda_{m_1}\lambda_{m_2}\sum_{k=-\infty}^{\infty} y(k)y(k+m_2-m_1) \\ &= \frac{1}{N_S}\sum_{m_1=1}^{m}\sum_{m_2=1}^{m}\lambda_{m_1}\lambda_{m_2}\sum_{k=-\infty}^{\infty} y(k+m_1)y(k+m_2)\end{aligned}$$

$$= \frac{1}{N_S}\sum_{k=-\infty}^{\infty}(\sum_{l=1}^{m}y(k)y(k+l))^2 \geqslant 0$$

实际问题中，N_S 一般取得较大时，式(8.3.13)为渐近无偏的。由于式(8.3.12)的估计误差随 l 增大而增大，一般取 $l<N_S/4$(常取 $l<N_S/10$ 左右)。由式(8.3.13)计算得 $\hat{r}_Y(l)$后，即得 $\hat{a}_{ll}$的值。

【例 8.6】求 AR(2)模型 $Y(k)-0.1Y(k-1)-0.4Y(k-2)=e(k)$的相关(系数)函数，并讨论其稳定性。

解：因为 $A(q)=1-0.1q-0.4q^2=0$ 的根 $q_1\approx1.5, q_2\approx-1.75$，所以 $|q_1|>1$，$|q_2|>1$，模型满足平稳性条件。由

$$r(1)=\frac{a_1}{1-a_2}, r(k)=a_1r(k-1)+a_2r(k-2), k\geqslant 2$$

得 $r(1)=\frac{0.1}{1-0.4}\approx0.1667, r(2)\approx0.6167, r(3)\approx0.1268,\cdots$

【例 8.7】求 ARMA(1,1)模型的相关(系数)函数。

解：ARMA(1,1)模型是 $Y(k)-a_1Y(k-1)=e(k)+b_1e(k-1)$。设 $e(k)$的方差为 σ_e^2，$|u_1|<1$，则有

$$Y(k)=G(q)e(k)=\frac{1-b_1q}{1-a_1q}e(k)$$

比较恒等式

$$\begin{aligned}G_0+G_1q+G_2q^2+\cdots &= (1-b_1q)(1+a_1q+a_1^2q^2+\cdots)\\ &= 1+(a_1-b_1)q+(a_1^2-a_1b_1)q^2+\cdots\end{aligned}$$

故

$$G_0=1, G_1=a_1-b_1, G_2=a_1^2-a_1b_1$$

代入公式得

$$\begin{cases}\sigma_e^2(1-a_1r(1))=(1-b_1G_1)\sigma_e^2=[1-b_1(a_1-b_1)]\sigma_e^2, k=0\\ \sigma_e^2(a_1-r(1))=b_1\sigma_e^2, k=1\\ r(k)=a_1r(k-1), k>1\end{cases}$$

解得

$$\sigma_e^2=\frac{1+b_1^2-2a_1b_1}{1-a_1^2}, r(1)=\frac{(a_1-b_1)(1-a_1b_1)}{1+b_1^2-2a_1b_1}, r(k)=a_1^{k-1}\frac{(a_1+b_1)(1+a_1b_1)}{1+b_1^2+2a_1b_1}, k\geqslant 1$$

【例 8.8】证明 ARMA(M,N)过程$\{X_k, k=0,+1,\cdots\}$的协方差函数满足差分方程

$$r(k)-a_1r(k-1)-\cdots-a_Mr(k-M)=\sigma^2\sum_{k<j<N}b_ja_{j-k}, 0\leqslant k<\max(M,N+1)$$

$$r(k)-a_1r(k-1)-\cdots-a_Mr(k-M)=0, k>\max(M,N+1)$$

其中，$\{\psi_j\}$ 由 $\psi(Z)=\sum_{j=0}^{\infty}\psi_jZ_j=\frac{\theta(Z)}{\psi(Z)}$，$|Z|\leqslant1$ 确定。

证明：将方程 $Y(k)-a_1Y(k-1)-\cdots-a_MY(k-M)=e(k)+b_1e(k-1)+\cdots+b_Me(k-M)$两边同乘以 $X(k-l)$，再取均值。因为 $Y(k-n)=\sum_{j=0}^{\infty}\psi_je(k-n-j)$，得

$$r(k)-a_1r(k-1)-\cdots-a_Mr(k-M)=$$

$$E\Big[(e(k)+b_1e(k-1)+\cdots+b_Ne(k-N))\Big(\sum_{j=0}^{\infty}\psi_je(k-l-j)\Big)\Big]$$

当 $0\leqslant k\leqslant\max(M,N+1)$时，上式变为

$$r(k)-a_1r(k-1)-\cdots-a_Mr(k-M)=\sigma^2\sum_{k<j<q}^{\infty}b_j\psi_{j-k}$$

当 $k\geqslant\max(M,N+1)$时，上式变为

$$r(k)-a_1r(k-1)-\cdots-a_Mr(k-M)=0$$

【例 8.9】设有 AR(2)模型 $Y(k)+0.5Y(k-1)-0.4Y(k-2)=e(k)$，求偏相关(系数)函数。

解：由例 8.6 知：$r(1)=a_1/(1-a_2)$，$r(k)=a_1r(k-1)+a_2r(k-2)$，而 $r(0)=R_Y(0)/R_Y(0)=1$

$$a_1=-0.5,a_2=0.4$$

故

$$a_{11}=r(1)=0.833$$

$$a_{22}=(r(2)-r(1)a_{11})(1-r(1)a_{11})^{-1}=0.4,a_{kk}=0,k\geqslant 2$$

【例 8.10】求 MA(1)过程的偏相关(系数)函数 a_{kk}，$k\geqslant1$。

解：由 MA(N)过程的协方差函数公式和相关(系数)函数公式，得

$$R(0)=(1+b^2)\sigma^2,R(1)=b\sigma^2,R(k)=0,k\geqslant 2$$

$$r(0)=1,r(1)=\frac{b}{1+b^2},r(k)=0,k\geqslant 2$$

由平衡序列的最小方差线性预报得到公式

$$\begin{bmatrix} r(0) & r(1) & r(2) & \cdots & r(M-1)\\ r(1) & r(0) & r(1) & \cdots & r(M-2)\\ \vdots & \vdots & \vdots & & \vdots\\ r(M-1) & r(M-2) & r(M-3) & \cdots & r(0)\end{bmatrix}\begin{bmatrix} a_{M1}\\ a_{M2}\\ \vdots\\ a_{MM}\end{bmatrix}=\begin{bmatrix} r(1)\\ r(2)\\ \vdots\\ r(M)\end{bmatrix}$$

利用公式，有方程组

$$\begin{bmatrix} 1 & r(1) & & & \\ r(1) & 1 & r(1) & & \\ & r(1) & 1 & \ddots & \\ & & \ddots & \ddots & r(1)\\ & & & r(1) & 1\end{bmatrix}\begin{bmatrix} a_{k1}\\ a_{k2}\\ \vdots\\ a_{kk}\end{bmatrix}=\begin{bmatrix} r(1)\\ 0\\ \vdots\\ \\ 0\end{bmatrix}$$

其中 $r(1)=\dfrac{b}{1+b^2}$，方程组等价于

$$\begin{bmatrix} 1+b^2 & b & & & \\ b & 1+b^2 & b & & \\ & b & 1+b^2 & \ddots & \\ & & b & \ddots & b \\ & & & b & 1+b^2 \end{bmatrix}\begin{bmatrix} a_{k1} \\ a_{k2} \\ \vdots \\ a_{kk} \end{bmatrix}=\begin{bmatrix} b \\ 0 \\ \vdots \\ \\ 0 \end{bmatrix}$$

经过一系列的求解过程(包括行列式展开，解特征方程、差分方程)，最后解得

$$a_{11}=r(1)=\frac{b}{1+b^2},a_{kk}=\frac{(1-b^2)(-1)^{k+1}b^k}{1-b^{2(k+1)}},k\geqslant 2$$

8.4 模型定阶

模型阶数的推断需利用样本自相关函数和样本偏相关函数。对于三种模型，若时间序列$\{Y(k)\}$的样本自相关函数 $\hat{r}_Y(l)$在 N 步截尾，则序列判断为 MA(N)序列；若时间序列$\{Y(k)\}$的样本偏相关函数 $\hat{a}_{LL}$ 在 M 步截尾，则序列判断为 AR(M)序列；若时间序列$\{Y(k)\}$的 $\hat{r}_Y(l)$和 $\hat{a}_{LL}$ 都不截尾，而是拖尾，则序列判断为 ARMA(M,N)序列，但不能确定阶数 M,N，需要从低阶到高阶逐步增加阶数，并通过检定。

由于 $\hat{r}_Y(l)$和 $\hat{a}_{LL}$ 都是随机变量，即使理论值 $r_Y(l)$和 a_{LL} 有截尾性，$\hat{r}_Y(l)$和 $\hat{a}_{LL}$ 的取值也不能有严格的截尾，而只能在某步之后在零值附近摆动，因此用 $\hat{r}_Y(l)$和 $\hat{a}_{LL}$ 的取值来判断 $r_Y(l)$和 a_{LL} 的截尾性，只能从统计角度分析。

1)MA(N)的 $\hat{r}_Y(l)$渐近分布

【定理 8.7】设$\{Y(k)\}$是零均值平稳正态 MA(N)序列，则对于充分大的 N_S，$r_Y(l)$分布渐近于正态分布 $N\left(0,\dfrac{1}{N_S}(1+2\sum\limits_{i=1}^{N}r_Y^2(i))\right)$。

由正态分布的性质知，有

$$P\left\{\mid\hat{r}_Y(l)\mid\leqslant\frac{1}{\sqrt{N_S}}\left(1+2\sum_{i=1}^{N}\hat{r}_Y^2(i)\right)^{\frac{1}{2}}\right\}\approx 68.3\%$$

或

$$P\left\{\mid\hat{r}_Y(l)\mid\leqslant\frac{2}{\sqrt{N_S}}\left(1+2\sum_{i=1}^{N}\hat{r}_Y^2(i)\right)^{\frac{1}{2}}\right\}\approx 95.5\%$$

实际应用中，因为 N 一般不会很大，而 N_S 很大，此时常取

$$\frac{1}{N_S}\left(1+2\sum_{i=1}^{N}\hat{r}_Y^2(i)\right)\approx\frac{1}{N_S}$$

即认为 $\hat{r}_X(l)$ 的分布渐近于正态分布 $N(0,(1/\sqrt{N_S})^2)$，于是有

$$P\left\{|\hat{r}_Y(l)|\leqslant\frac{1}{\sqrt{N_S}}\right\}\approx 68.3\%$$

或

$$P\left\{|\hat{r}_Y(l)|\leqslant\frac{2}{\sqrt{N_S}}\right\}\approx 95.5\%$$

利用这一结果判断 $\hat{r}_Y(l)$ 的截尾性：首先计算 $\hat{r}_Y(1),\hat{r}_Y(2),\cdots,\hat{r}_Y(L)$（取 $L\approx N_S/10$），因为 N 值未知，故令 N 取值从小到大，分别检验 $\hat{r}_Y(N+1),\hat{r}_Y(N+2),\cdots,\hat{r}_Y(N+M)$ 满足

$$|\hat{r}_Y(l)|\leqslant\frac{1}{\sqrt{N_S}}\text{ 或 }|\hat{r}_Y(l)|\leqslant\frac{2}{\sqrt{N_S}}$$

的比例是否占总个数 L 的 68.3%或 95.5%。第一个满足上述条件的 N 就是 $\hat{r}_Y(l)$ 的截尾处，即 MA(N)模型的阶数。

2）AR(M)的 $\hat{a}_{ll}$ 渐近分布

【定理 8.8】设 $\{Y(k)\}$ 是零均值的平稳正态 AR(M)序列，则对于充分大的 N_S，$\hat{a}_{ll}$ 的分布也渐近于正态分布 $N(0,(1/\sqrt{N_S})^2)$。当 N_S 足够大时，有

$$P\left\{|\hat{r}_Y(l)|\leqslant\frac{1}{\sqrt{N_S}}\right\}\approx 68.3\%$$

或

$$P\left\{|\hat{r}_Y(l)|\leqslant\frac{2}{\sqrt{N_S}}\right\}\approx 95.5\%$$

可类似于 $\hat{r}_Y(l)$ 的截尾性判断的步骤对 $\hat{r}_{ll}$ 的截尾性进行判断。

3）ARMA(M,N)的阶数

若 $\{\hat{r}_Y(l)\}$ 和 $\{\hat{a}_{ll}\}$ 均不截尾，但收敛于零的速度较快，则 $\{Y(k)\}$ 可能是 ARMA(M,N)序列。此时阶数 M 和 N 较难于确定，一般采用由低阶到高阶，如取 $(M,N)=(1,1),(1,2),(2,1),\cdots$ 逐个试探，直到检验认为模型合适为止。

4）AIC 准则

利用样本自相关函数和样本偏相关函数是否截尾来确定模型的类别与阶数是粗糙的判断方法，而且不能为 ARMA 定阶。H. Akaike 于 1973 年给出了模型定阶的 AIC 准则，AIC 准则定义为

$$\mathrm{AIC}(k)=\ln\hat{\sigma}_e^2+2k/N_S,k=0,1,\cdots,L \tag{8.4.1}$$

式中，k 为模型参数的总数，$\hat{\sigma}_e^2=\hat{R}_Y(0)+\sum_{l=1}^{k}\hat{a}_l\hat{R}_Y(l)$，$N_S$ 为样本大小，L 为预先给定的最高阶数。

若

$$\mathrm{AIC}(M) = \min_{0 \leqslant k \leqslant L} \mathrm{AIC}(k) \tag{8.4.2}$$

则确定 AR 模型的阶数为 M。

同理,对于 ARMA 序列的 AIC 准则定义为

$$\mathrm{AIC}(n,m) = \ln \hat{\sigma}_e^2 + 2(n+m+1)/N_S \tag{8.4.3}$$

若

$$\mathrm{AIC}(M,N) = \min_{0 \leqslant n,m \leqslant L} \mathrm{AIC}(n,m) \tag{8.4.5}$$

则确定 ARMA 模型的阶数为(M,N)。其中 $\hat{\sigma}_e^2$ 是相应的 ARMA 序列的 σ_e^2 的极大似然估计值。

8.5　模型参数辨识

8.5.1　辨识原理

辨识的目的是根据系统的测量数据,在某种准则下,估计出模型的未知参数,其基本原理如图 8.1 所示。

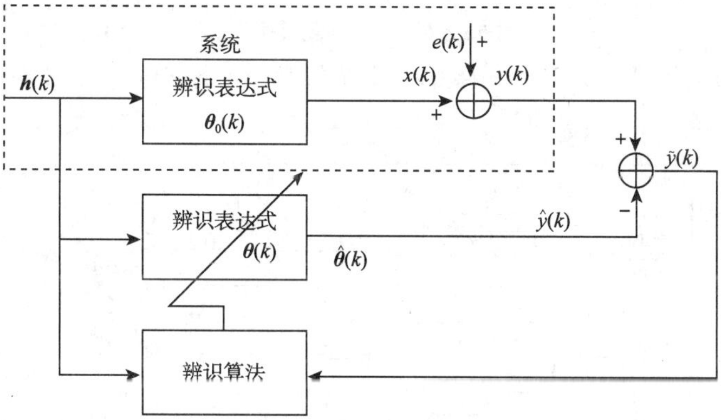

图 8.1　辨识原理

为了获得模型参数 $\boldsymbol{\theta}$ 的估计值,采用逐步逼近法,在 k 时刻根据前一时刻的估计参数计算出模型该时刻的输出,即系统的预报值

$$\hat{y}(k) = \boldsymbol{h}(k)\hat{\boldsymbol{\theta}}(k-1) \tag{8.5.1}$$

预报误差或新息为

$$\tilde{y}(k) = y(k) - \hat{y}(k) \tag{8.5.2}$$

系统的输出为

$$y(k) = \boldsymbol{h}(k)\boldsymbol{\theta}_0(k-1) + e(k) \tag{8.5.3}$$

式中,输入 $\boldsymbol{h}(k)$是可测的,然后,将预报误差 $\tilde{y}(k)$反馈到辨识算法中,在某种准则下计算出 k 时刻的模型参数$\hat{\boldsymbol{\theta}}(k)$,并更新模型参数。这样依次迭代下去,直到准则函数达到最小值。此时模型输出 $\hat{y}(k)$就是在该准则下最优的逼近系统的输出 $y(k)$,从而获得了所需模型。

对于多输出系统,则辨识问题的表达式为

$$\boldsymbol{Y}(k) = \boldsymbol{H}(k)\boldsymbol{\theta} + \boldsymbol{e}(k) \tag{8.5.4}$$

式中,输出向量为

$$\boldsymbol{Y}(k) = [y_1(k), y_2(k), \cdots, y_m(k)]^T \tag{8.5.5}$$

噪声向量为

$$\boldsymbol{e}(k) = [e_1(k), e_2(k), \cdots, e_m(k)]^T \tag{8.5.6}$$

参数向量为

$$\boldsymbol{\theta} = [\theta_1, \theta_2, \cdots, \theta_N]^T \tag{8.5.7}$$

输入数据阵为

$$\boldsymbol{H}(k) = \begin{bmatrix} h_{11}(k) & h_{12}(k) & \cdots & h_{1N}(k) \\ h_{21}(k) & h_{22}(k) & \cdots & h_{2N}(k) \\ \vdots & \vdots & & \vdots \\ h_{m1}(k) & h_{m2}(k) & \cdots & h_{mN}(k) \end{bmatrix} \tag{8.5.8}$$

该多输出系统的辨识问题与单输出系统的辨识问题相同。其辨识原理如图 8.2 所示。

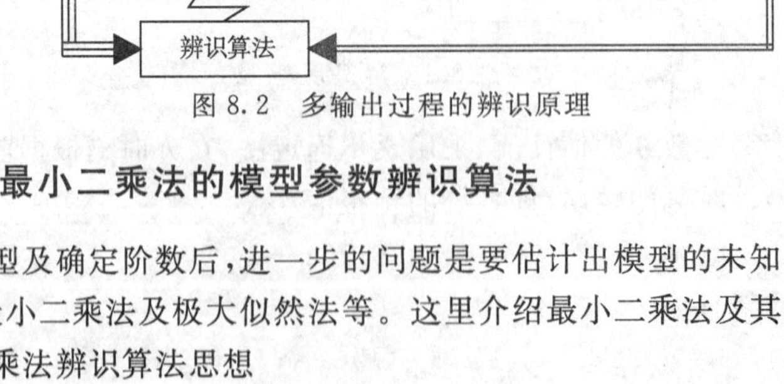

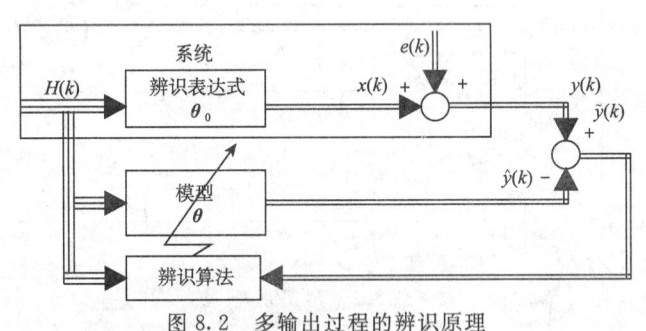

图 8.2　多输出过程的辨识原理

8.5.2　基于最小二乘法的模型参数辨识算法

当选定模型及确定阶数后,进一步的问题是要估计出模型的未知参数,参数估计方法有矩法、最小二乘法及极大似然法等。这里介绍最小二乘法及其推广。

1)最小二乘法辨识算法思想

(1)AR(M)模型参数的最小二乘辨识算法

AR(M)测量模型为

$$y(k)+a_1y(k-1)+a_2y(k-2)+\cdots+a_My(k-M)=e(k) \quad (8.5.9)$$

式中，$y(k)$为系统输出的第 k 次测量值，$y(k-1)$为系统输出的第 $k-1$ 次测量值，依次类推；$e(k)$为零均值的随机噪声。

系统结构，如图 8.3 所示。

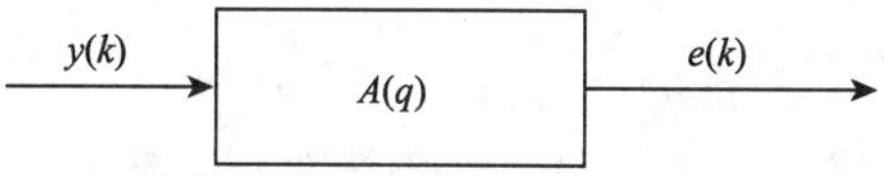

图 8.3　AR 模型结构

将式(8.5.9)改写为

$$y(k)=-a_1y(k-1)-a_2y(k-2)-\cdots-a_My(k-M)+e(k) \quad (8.5.10)$$

在 M 已知的条件下，系统输入输出的最小二乘格式为

$$y(k)=\boldsymbol{h}^T(k)\boldsymbol{\theta}+e(k) \quad (8.5.11)$$

式中，$\boldsymbol{h}(k)$为样本集合，$\boldsymbol{\theta}$ 为被辨识的参数集合，即

$$\begin{cases}\boldsymbol{h}(k)=[-y(k-1),-y(k-2),\cdots,-y(k-M)]\\ \boldsymbol{\theta}-[u_1,u_2,\cdots,u_M]^T\end{cases} \quad (8.5.12)$$

定义准则函数

$$J(\boldsymbol{\theta})=\sum_{k=1}^{\infty}[e(k)]^2=\sum_{k=1}^{\infty}[y(k)-\boldsymbol{h}^T(k)\boldsymbol{\theta}]^2 \quad (8.5.13)$$

使 $J(\boldsymbol{\theta})=\min$ 的 $\boldsymbol{\theta}$ 估计值 $\hat{\boldsymbol{\theta}}_{LS}$ 称作参数 $\boldsymbol{\theta}$ 的最小二乘估计值。其含义为，未知参数 $\boldsymbol{\theta}$ 的最可能取值是在实际测量值与计算值之累次误差的平方和达到最小值处，所得的这种模型输出能最好地接近实际系统的输出。

(2)MA(N)模型参数的最小二乘辨识算法

在 MA(N)测量模型

$$y(k)=b_1e(k-1)+b_2e(k-2)+\cdots+b_Ne(k-N)+e(k) \quad (8.5.14)$$

中，$y(k)$为系统输出的第 k 次测量值，$e(k)$为零均值的随机噪声。

系统结构如图 8.4 所示。

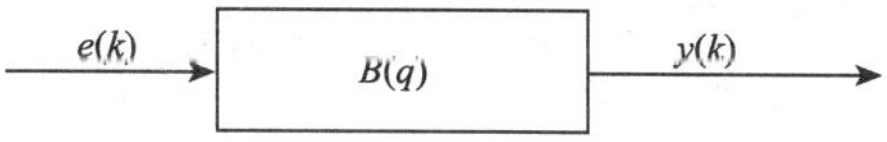

图 8.4　MA 模型结构

在 N 已知的条件下，系统输入输出的最小二乘格式(8.5.11)中

$$\begin{cases}\boldsymbol{h}(k)=[e(k-1),e(k-2),\cdots,e(k-N)]\\ \boldsymbol{\theta}=[b_1,b_2,\cdots,b_N]^T\end{cases} \quad (8.5.15)$$

准则函数仍定义为式(8.5.12)。但是数据向量 $\boldsymbol{h}(k)$ 中,包含不可测量的噪声量 $e(k-1),e(k-2),\cdots,e(k-N)$,它们可用相应的估计值代替。即

$$\boldsymbol{h}(k)=[\hat{e}(k-1),\hat{e}(k-2),\cdots,\hat{e}(k-N)] \tag{8.5.16}$$

式中,$e(k)=0,k\leqslant 0$;当 $k>0$ 时

$$\hat{e}(k)=y(k)-\boldsymbol{h}^T(k)\hat{\boldsymbol{\theta}}(k-1) \tag{8.5.17}$$

或

$$\hat{e}(k)=y(k)-\boldsymbol{h}^T(k)\hat{\boldsymbol{\theta}}(k) \tag{8.5.18}$$

(3)ARMA(M,N)模型参数的最小二乘法辨识算法

由 ARMA(M,N)测量模型为

$$y(k)=-a_1y(k-1)-\cdots-a_My(k-M)+b_1e(k-1)+\cdots+b_Ne(k-N)+e(k) \tag{8.5.19}$$

系统结构如图 8.5 所示。

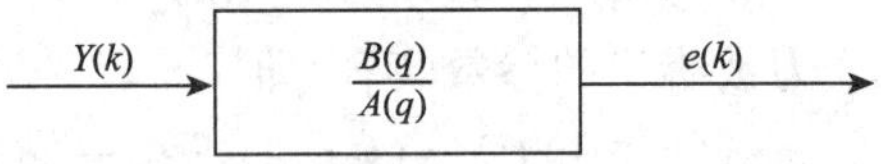

图 8.5　MA 模型结构

在 M,N 已知的条件下,令

$$\boldsymbol{\theta}=[a_1,a_2,\cdots,a_M,b_1,b_2,\cdots,b_N]^T \tag{8.5.20}$$

$$\boldsymbol{h}(k)=[-y(k-1),-y(k-2),\cdots,-y(k-M),e(k-1),e(k-2),\cdots,e(k-N)] \tag{8.5.21}$$

则系统输入输出的最小二乘格式仍为式(8.5.11)。只是数据向量 $\boldsymbol{h}(k)$ 中,包含着不可测量的噪声量 $e(k-1),e(k-2),\cdots,e(k-N)$,它们可用相应的估计值代替。即

$$\boldsymbol{h}(k)=[-y(k-1),-y(k-2),\cdots,-y(k-M),\hat{e}(k-1),\hat{e}(k-2),\cdots,\hat{e}(k-N)] \tag{8.5.22}$$

式中,$e(k)=0,k\leqslant 0$;当 $k>0$ 时,其估计公式为式(8.5.17)或式(8.5.18)。

当系统模型式(8.5.19)的阶次 M 和 N 已经设定,且一般有 $M\geqslant N$。对于 $k=1,2,\cdots,K$,方程(8.5.11)构成一个线性方程组,可写成

$$\boldsymbol{y}(K)=\boldsymbol{H}(K)\boldsymbol{\theta}+\boldsymbol{e}(K) \tag{8.5.23}$$

式中

$$\boldsymbol{y}(K)=\begin{bmatrix}y(1)\\y(2)\\\vdots\\y(K)\end{bmatrix},\boldsymbol{e}(K)=\begin{bmatrix}e(1)\\e(2)\\\vdots\\e(K)\end{bmatrix}$$

$$\boldsymbol{H}(K)=\begin{bmatrix} -y(0) & \cdots & -y(1-M) & e(0) & \cdots & e(1-N) \\ -y(1) & \cdots & -y(2-M) & e(1) & \cdots & e(2-N) \\ \vdots & & \vdots & \vdots & & \vdots \\ -y(K-1) & \cdots & -y(K-M) & e(K-1) & \cdots & e(K-N) \end{bmatrix} \tag{8.5.24}$$

另外，设模型式(8.5.10)中的噪声 $e(k)$ 完全可以用一阶和二阶统计矩阵描述，即设它的均值矩阵和协方差矩阵分别为

$$E\{\boldsymbol{e}(K)\}=[E\{e(1)\},E\{e(2)\},\cdots,E\{e(K)\}]^T=0 \tag{8.5.25}$$

$$\begin{aligned}\mathrm{cov}\{\boldsymbol{e}(K)\}=E\{\boldsymbol{e}(K)\boldsymbol{e}^T(K)\}&=\begin{bmatrix} E\{e^2(1)\} & E\{e(1)e(2)\} & \cdots & E\{e(1)e(K)\} \\ E\{e(2)e(1)\} & E\{e^2(2)\} & \cdots & E\{e(2)e(K)\} \\ \vdots & \vdots & & \vdots \\ E\{e(K)e(1)\} & E\{e(K)e(2)\} & \cdots & E\{e^2(K)\} \end{bmatrix} \\ &=\sum\nolimits_e \end{aligned} \tag{8.5.26}$$

为了评价最小二乘估计的性质，还必须进一步假设噪声 $e(k)$ 是不相关的，而且是同分布的随机变量。简单情况下，可假设 $\{e(k)\}$ 为白噪声序列，即

$$\begin{cases} E\{\boldsymbol{e}(K)\}=0 \\ \mathrm{cov}\{\boldsymbol{e}(K)\}=\sigma_e^2\boldsymbol{I} \end{cases} \tag{8.5.27}$$

式中，σ_e^2 为噪声 $e(k)$ 的方差；$\boldsymbol{I}$ 为单位矩阵。有时，还要假设噪声 $e(k)$ 服从正态分布。

当式(8.5.22)中 $\hat{e}(k-1),\hat{e}(k-2),\cdots,\hat{e}(k-N)$ 被估计出来后，这时式(8.5.24)可写成

$$\boldsymbol{H}(K)=\begin{bmatrix} -y(0) & \cdots & -y(1-M) & \hat{e}(0) & \cdots & \hat{e}(1-N) \\ -y(1) & \cdots & -y(2-M) & \hat{e}(1) & \cdots & \hat{e}(2-N) \\ \vdots & & \vdots & \vdots & & \vdots \\ -y(K-1) & \cdots & -y(K-M) & \hat{e}(K-1) & \cdots & \hat{e}(K-N) \end{bmatrix} \tag{8.5.28}$$

最后，如何选择数据长度也是要考虑的问题。显然，联立方程组(8.5.23)具有 K 个方程，包含 $M+N$ 个未知数。如果 $K<M+N$，方程的个数少于未知数个数，模型参数 $\boldsymbol{\theta}$ 不能唯一确定，这种情况一般可以不去考虑它。如果 $K=M+N$，则只有当 $\boldsymbol{e}(K)=0$ 时，$\boldsymbol{\theta}$ 才有唯一的确定解。当 $\boldsymbol{e}(K)\neq 0$ 时，只有取 $K>M+N$，才有可能确定一个“最优”的模型参数 $\boldsymbol{\theta}$，而且为了保证辨识的精度，K 必须充分大。

2)最小二乘问题的一次完成算法

考虑模型

$$y(k)=\boldsymbol{h}^T(k)\boldsymbol{\theta}+e(k) \tag{8.5.29}$$

的辨识问题，式中，$y(k)$ 和 $\boldsymbol{h}(k)$ 都是可观测数据，$\boldsymbol{\theta}$ 是待估计参数，取准则函数

$$J(\boldsymbol{\theta})=\sum_{k=1}^{K}[e(k)]^{2}=\sum_{k=1}^{K}[y(k)-\boldsymbol{h}^{T}(k)\boldsymbol{\theta}]^{2}=[y(K)-\boldsymbol{H}(K)\boldsymbol{\theta}]^{T}[y(K)-\boldsymbol{H}(K)\boldsymbol{\theta}] \tag{8.5.30}$$

极小化 $J(\boldsymbol{\theta})$，求得参数 $\boldsymbol{\theta}$ 的估计值，将使模型的输出最好地预报系统的输出。

设 $\hat{\boldsymbol{\theta}}_{LS}$ 使得 $J(\boldsymbol{\theta})|_{\hat{\theta}_{LS}}=\min$，则有

$$\frac{\partial J(\boldsymbol{\theta})}{\partial\boldsymbol{\theta}}\Big|_{\hat{\theta}_{LS}}=\frac{\partial}{\partial\boldsymbol{\theta}}[y(K)-\boldsymbol{H}(K)\boldsymbol{\theta}]^{T}[y(K)-\boldsymbol{H}(K)\boldsymbol{\theta}]=0 \tag{8.5.31}$$

展开上式，得正则方程

$$(\boldsymbol{H}^{T}(K)\boldsymbol{H}(K))\hat{\boldsymbol{\theta}}_{LS}=\boldsymbol{H}^{T}(K)\boldsymbol{y}(K) \tag{8.5.32}$$

当 $\boldsymbol{H}^{T}(K)\boldsymbol{H}(K)$ 是正则矩阵时，有

$$\hat{\boldsymbol{\theta}}_{LS}=[\boldsymbol{H}^{T}(K)\boldsymbol{H}(K)]^{-1}\boldsymbol{H}^{T}(K)\boldsymbol{y}(K) \tag{8.5.33}$$

且

$$\frac{\partial^{2}J(\boldsymbol{\theta})}{\partial\boldsymbol{\theta}^{2}}\Big|_{\hat{\boldsymbol{\theta}}_{LS}}=2\boldsymbol{H}^{T}(K)\boldsymbol{H}(K)>0 \tag{8.5.34}$$

所以满足式(8.5.33)的 $\hat{\boldsymbol{\theta}}_{LS}$ 使 $J(\boldsymbol{\theta})|_{\hat{\boldsymbol{\theta}}_{LS}}=\min$，并且是唯一的。

通过极小化式(8.5.30)计算 $\hat{\boldsymbol{\theta}}_{LS}$ 的方法称作最小二乘法，对应的 $\hat{\boldsymbol{\theta}}_{LS}$ 称为最小二乘估计值。

3)加权最小二乘问题的解

研究加权最小二乘 WLS(weighted least squares)问题时，将模型式(8.5.29)的准则函数定义为

$$\begin{aligned}J(\boldsymbol{\theta})&=\sum_{k=1}^{K}\boldsymbol{\Lambda}(k)[\boldsymbol{e}(K)]^{2}=\sum_{k=1}^{K}\boldsymbol{\Lambda}(k)[y(k)-\boldsymbol{h}^{T}(k)\boldsymbol{\theta}]^{2}\\&=[y(K)-\boldsymbol{H}(K)\boldsymbol{\theta}]^{T}\boldsymbol{\Lambda}(K)[y(K)-\boldsymbol{H}(K)\boldsymbol{\theta}]\end{aligned} \tag{8.5.35}$$

式中，$\boldsymbol{\Lambda}(k)$ 称为加权因子，对所有的 k，$\boldsymbol{\Lambda}(k)$ 都必须是正数；$\boldsymbol{H}(K)\boldsymbol{\theta}$ 代表模型的输出，或者说是系统输出的预报值；$J(\boldsymbol{\theta})$ 可以被视作用来衡量模型输出与实际系统输出的接近情况；加权矩阵 $\boldsymbol{\Lambda}(K)$ 一般是正定矩阵，它与加权因子的关系是

$$\boldsymbol{\Lambda}(K)=\operatorname{diag}[\Lambda(1),\Lambda(2),\cdots,\Lambda(K)] \tag{8.5.36}$$

引入加权因子的目的是为了便于考虑观测数据的可信度。如果现在时刻的数据比过去时刻的数据可靠，那么现在时刻的加权值就要大于过去时刻的加权值。如可选 $\boldsymbol{\Lambda}(k)=\mu^{K-k}$，$0<\mu<1$。当 $k=1$ 时，$\boldsymbol{\Lambda}(1)=\mu^{K-1}\ll1$；当 $k=K$ 时，$\boldsymbol{\Lambda}(K)=1$，这就体现了对不同时刻的数据给予了不同程度的信任。$\boldsymbol{\Lambda}(k)$ 的选择，取决于主观因素，并无一般规律可循。在实际应用中，如果对象是线性时不变系统，或者数据的可信度还难以确定，则可以简单地选择 $\boldsymbol{\Lambda}(k)=1$，$\forall k$。若在一定条件下，根据噪声的方差对 $\boldsymbol{\Lambda}(k)$ 进行最佳选择，得到的估计值称作 Markov 估计。对式(8.5.35)中的 $J(\boldsymbol{\theta})$ 极小

化得参数 $\boldsymbol{\theta}$ 的估计值 $\hat{\boldsymbol{\theta}}_{WLS}$。即

$$\frac{\partial J(\boldsymbol{\theta})}{\partial \boldsymbol{\theta}}\Big|_{\hat{\boldsymbol{\theta}}_{WLS}} = \frac{\partial}{\partial \boldsymbol{\theta}}[y(K) - \boldsymbol{H}(K)\boldsymbol{\theta}]^T \boldsymbol{\Lambda}(K)[y(K) - \boldsymbol{H}(K)\boldsymbol{\theta}] = 0 \tag{8.5.37}$$

则得正则方程为

$$[\boldsymbol{H}^T(K)\boldsymbol{\Lambda}(K)\boldsymbol{H}(K)]\hat{\boldsymbol{\theta}}_{WLS} = \boldsymbol{H}^T(K)\boldsymbol{\Lambda}(K)\boldsymbol{y}(K) \tag{8.5.38}$$

当 $\boldsymbol{H}^T(K)\boldsymbol{\Lambda}(K)\boldsymbol{H}(K)H_K^T\boldsymbol{\Lambda}_K\boldsymbol{H}_K$ 是正则矩阵时，有

$$\hat{\boldsymbol{\theta}}_{WLS} = [\boldsymbol{H}^T(K)\boldsymbol{\Lambda}(K)\boldsymbol{H}(K)]^{-1}\boldsymbol{H}^T(K)\boldsymbol{\Lambda}(K)\boldsymbol{y}(K) \tag{8.5.39}$$

且

$$\frac{\partial^2 J(\boldsymbol{\theta})}{\partial \boldsymbol{\theta}^2}\Big|_{\hat{\boldsymbol{\theta}}_{WLS}} = 2\boldsymbol{H}^T(K)\boldsymbol{\Lambda}(K)\boldsymbol{H}(K) > 0 \tag{8.5.40}$$

所以满足式(8.5.39)的 $\hat{\boldsymbol{\theta}}_{WLS}$ 使 $J(\boldsymbol{\theta})|_{\hat{\boldsymbol{\theta}}_{WLS}} = \min$，并且是唯一的。极小化式(8.5.35)得到 $\hat{\boldsymbol{\theta}}_{WLS}$ 的方法称作加权最小二乘法，对应的 $\hat{\boldsymbol{\theta}}_{WLS}$ 称为加权最小二乘估计值。如果加权矩阵取单位矩阵 $\boldsymbol{\Lambda}_K = \boldsymbol{I}$，式(8.5.35)退化为式(8.5.30)。可见，最小二乘法是加权最小二乘法的一种特例。

当获得一批数据后，利用式(8.5.33)或式(8.5.39)可一次求得相应参数估计值的方法就称作一次完成算法或“整批”算法。当矩阵维数增加时，该方法中矩阵求逆运算的计算量会急剧增加，给计算机的运算速度和存储量带来负担。另外，一次完成算法要求 $\boldsymbol{H}^T(K)\boldsymbol{\Lambda}(K)\boldsymbol{H}(K)$ 必须是正则矩阵(可逆矩阵)，其充分必要条件是系统的输入信号必须是 $2n$ 阶持续激励信号。这就意味着辨识所用的输入信号不能随意选择，否则可能造成不能辨识。目前常用的信号可以是随机序列(如白噪声)、伪随机序列(如 M 序列或逆 M 序列)、离散序列(通常指对含有 n 种频率，各频率不能满足整数倍关系的正弦组合信号进行采样处理获得的离散序列)。

值得注意的是，如果噪声序列是零均值的，而且输入输出数据向量和噪声是相互独立的，则最小二乘估计或加权最小二乘估计是无偏差估计；否则是有偏估计。

4) 最小二乘法的模型参数估计递推算法

所谓参数递推估计，就是当被辨识系统在运行时，每获得一次新的观测数据后，就在前次估计结果的基础上，利用新引入的观测数据对前次估计的结果，进行递推修正，得到新的参数估计值。这样，随着新观测数据的逐次引入，一次接着一次地进行参数估计，直到参数估计值达到满意的精确程度为止。递推最小二乘算法(RLS，Recursive Least Squares)的基本思想可以概括成

$$\text{新的估计值 } \hat{\boldsymbol{\theta}}(k) = \text{老的估计值 } \hat{\boldsymbol{\theta}}(k-1) + \text{修正项} \tag{8.5.41}$$

为了推导该算法，首先将式(8.5.39)的最小二乘一次完成算法写成

$$\hat{\boldsymbol{\theta}}_{WLS} = [\boldsymbol{H}^T(K)\boldsymbol{\Lambda}(K)\boldsymbol{H}(K)]^{-1}\boldsymbol{H}^T(K)\boldsymbol{\Lambda}(K)\boldsymbol{y}(K) = \boldsymbol{P}(K)\boldsymbol{H}^T(K)\boldsymbol{\Lambda}(K)\boldsymbol{z}(K)$$

$$= \left[\sum_{i=1}^{K}\boldsymbol{\Lambda}(i)\boldsymbol{h}(i)\boldsymbol{h}^{T}(i)\right]^{-1}\left[\sum_{i=1}^{K}\boldsymbol{\Lambda}(i)\boldsymbol{h}(i)z(i)\right] \tag{8.5.42}$$

令

$$\begin{cases}\boldsymbol{P}^{-1}(k) = \boldsymbol{H}^{T}(k)\boldsymbol{\Lambda}(k)\boldsymbol{H}^{T}(k) = \sum_{i=1}^{k}\boldsymbol{\Lambda}(i)\boldsymbol{h}(i)\boldsymbol{h}^{T}(i) \\ \boldsymbol{P}^{-1}(k-1) = \boldsymbol{H}^{T}(k-1)\boldsymbol{\Lambda}(k-1)\boldsymbol{H}^{T}(k-1) = \sum_{i=1}^{k-1}\boldsymbol{\Lambda}(i)\boldsymbol{h}(i)\boldsymbol{h}^{T}(i)\end{cases} \tag{8.5.43}$$

式中

$$\boldsymbol{H}(k) = \begin{bmatrix}\boldsymbol{h}^{T}(1) \\ \boldsymbol{h}^{T}(2) \\ \vdots \\ \boldsymbol{h}^{T}(k)\end{bmatrix}, \boldsymbol{\Lambda}(k) = \begin{bmatrix}\Lambda(1) & & & 0 \\ & \Lambda(2) & & \\ & & \ddots & \\ 0 & & & \Lambda(k)\end{bmatrix} \tag{8.5.44}$$

$$\boldsymbol{H}(k-1) = \begin{bmatrix}\boldsymbol{h}^{T}(1) \\ \boldsymbol{h}^{T}(2) \\ \vdots \\ \boldsymbol{h}^{T}(k-1)\end{bmatrix}, \boldsymbol{\Lambda}(k-1) = \begin{bmatrix}\Lambda(1) & & & 0 \\ & \Lambda(2) & & \\ & & \ddots & \\ 0 & & & \Lambda(k-1)\end{bmatrix} \tag{8.5.45}$$

式中，$\boldsymbol{h}(i)$是一个列向量，也就是$\boldsymbol{H}(K)$第i行向量的转置；$\boldsymbol{P}(k)$是一个方阵，它的维数取决于未知参数的个数，而与观测次数无关，如果未知参数的个数是n，则$\boldsymbol{P}(k)$的维数为$n\times n$。

由式(8.5.43)得

$$\begin{aligned}\boldsymbol{P}^{-1}(k) &= \sum_{i=1}^{k-1}\boldsymbol{\Lambda}(i)\boldsymbol{h}(i)\boldsymbol{h}^{T}(i) + \boldsymbol{\Lambda}(k)\boldsymbol{h}(k)\boldsymbol{h}^{T}(k) \\ &= \boldsymbol{P}^{-1}(k-1) + \boldsymbol{\Lambda}(k)\boldsymbol{h}(k)\boldsymbol{h}^{T}(k)\end{aligned} \tag{8.5.46}$$

设

$$\boldsymbol{y}(k-1) = [y(1), y(2), \cdots, y(k-1)]^{T} \tag{8.5.47}$$

则

$$\begin{aligned}\hat{\boldsymbol{\theta}}(k-1) &= (\boldsymbol{H}^{T}(k-1)\boldsymbol{\Lambda}(k-1)\boldsymbol{H}(k-1))^{-1}\boldsymbol{H}^{T}(k-1)\boldsymbol{\Lambda}(k-1)\boldsymbol{y}(k-1) \\ &= \boldsymbol{P}(k-1)\left[\sum_{i=1}^{k-1}\boldsymbol{\Lambda}(i)\boldsymbol{h}(i)\boldsymbol{y}(i)\right]\end{aligned} \tag{8.5.48}$$

于是有

$$\boldsymbol{P}^{-1}(k-1)\hat{\boldsymbol{\theta}}(k-1) = \sum_{i=1}^{k-1}\boldsymbol{\Lambda}(i)\boldsymbol{h}(i)\boldsymbol{y}(i) \tag{8.5.49}$$

令

$$\boldsymbol{y}(k) = [y(1), y(2), \cdots, y(k)]^{T} \tag{8.5.50}$$

利用式(8.5.46)和式(8.5.49),可得

$$\begin{aligned}\hat{\boldsymbol{\theta}}(k) &= [\boldsymbol{H}^T(k)\boldsymbol{\Lambda}(k)\boldsymbol{H}(k)]^{-1}\boldsymbol{H}^T(k)\boldsymbol{\Lambda}(k)\boldsymbol{y}(k) = \boldsymbol{P}(k)\left[\sum_{i=1}^{k}\boldsymbol{\Lambda}(i)\boldsymbol{h}(i)\boldsymbol{y}(i)\right] \\ &= \boldsymbol{P}(k)[\boldsymbol{P}^{-1}(k-1)\hat{\boldsymbol{\theta}}(k-1) + \boldsymbol{\Lambda}(k)\boldsymbol{h}(k)\boldsymbol{y}(k)] \\ &= \boldsymbol{P}(k)\{[\boldsymbol{P}^{-1}(k) - \boldsymbol{\Lambda}(k)\boldsymbol{h}(k)\boldsymbol{h}^T(k)]\hat{\boldsymbol{\theta}}(k-1) + \boldsymbol{\Lambda}(k)\boldsymbol{h}(k)\boldsymbol{y}(k)\} \\ &= \hat{\boldsymbol{\theta}}(k-1) + \boldsymbol{P}(k)\boldsymbol{h}(k)\boldsymbol{\Lambda}(k)[\boldsymbol{y}(k) - \boldsymbol{h}^T(k)\hat{\boldsymbol{\theta}}(k-1)]\end{aligned} \tag{8.5.51}$$

引进增益矩阵,$\boldsymbol{G}(k)$定义为

$$\boldsymbol{G}(k) = \boldsymbol{P}(k)\boldsymbol{h}(k)\boldsymbol{\Lambda}(k) \tag{8.5.52}$$

则式(8.5.51)写成

$$\hat{\boldsymbol{\theta}}(k) = \hat{\boldsymbol{\theta}}(k-1) + \boldsymbol{G}(k)[y(k) - \boldsymbol{h}^T(k)\hat{\boldsymbol{\theta}}(k-1)] \tag{8.5.53}$$

进一步把式(8.5.46)写成

$$\boldsymbol{P}(k) = [\boldsymbol{P}^{-1}(k-1) + \boldsymbol{\Lambda}(k)\boldsymbol{h}(k)\boldsymbol{h}^T(k)]^{-1} \tag{8.5.54}$$

利用矩阵反演公式,得

$$\begin{aligned}\boldsymbol{P}(k) &= \boldsymbol{P}(k-1) - \boldsymbol{P}(k-1)\boldsymbol{h}(k)\boldsymbol{h}^T(k)\boldsymbol{P}(k-1)\left[\boldsymbol{h}^T(k)\boldsymbol{P}(k-1)\boldsymbol{h}(k) + \frac{1}{\boldsymbol{\Lambda}(k)}\right]^{-1} \\ &= \left[\boldsymbol{I} - \frac{\boldsymbol{P}(k-1)\boldsymbol{h}(k)\boldsymbol{h}^T(k)}{\boldsymbol{h}^T(k)\boldsymbol{P}(k-1)\boldsymbol{h}(k) + \boldsymbol{\Lambda}^{-1}(k)}\right]\boldsymbol{P}(k-1)\end{aligned} \tag{8.5.55}$$

将式(8.5.55)代入式(8.5.52),整理后得

$$\boldsymbol{G}(k) = \boldsymbol{P}(k-1)\boldsymbol{h}(k)\left[\boldsymbol{h}^T(k)\boldsymbol{P}(k-1)\boldsymbol{h}(k) + \frac{1}{\boldsymbol{\Lambda}(k)}\right]^{-1} \tag{8.5.56}$$

综合式(8.5.53)、式(8.5.55)和式(8.5.56),得加权最小二乘参数估计递推算法(RWLS,Recursive Weighted Least Squares)为

$$\begin{cases}\hat{\boldsymbol{\theta}}(k) = \hat{\boldsymbol{\theta}}(k-1) + \boldsymbol{G}(k)[y(k) - \boldsymbol{h}^T(k)\hat{\boldsymbol{\theta}}(k-1)] \\ \boldsymbol{G}(k) = \boldsymbol{P}(k-1)\boldsymbol{h}(k)\left[\boldsymbol{h}^T(k)\boldsymbol{P}(k-1)\boldsymbol{h}(k) + \dfrac{1}{\boldsymbol{\Lambda}(k)}\right]^{-1} \\ \boldsymbol{P}(k) = [\boldsymbol{I} - \boldsymbol{G}(k)\boldsymbol{h}^T(k)]\boldsymbol{P}(k-1)\end{cases} \tag{8.5.57}$$

式中,当$\boldsymbol{\Lambda}(k)=1, \forall k$时,加权最小二乘参数估计递推算法就简化为最小二乘参数估计递推算法(RLS)。加权参数$\dfrac{1}{\boldsymbol{\Lambda}}=1$,意味着所有采样数据都是等同加权的,如果$\dfrac{1}{\boldsymbol{\Lambda}}=1$,则表示对新近获得的数据给予充分大的加权因子,从而削弱过去的观测数据的作用。式(8.5.57)表明,k时刻的参数估计值$\hat{\boldsymbol{\theta}}(k)$等于$k-1$时刻的参数估计值$\hat{\boldsymbol{\theta}}(k-1)$加上修正项,修正项正比于$k$时刻的新息$\tilde{y}(k)=y(k)-\boldsymbol{h}^T(k)\hat{\boldsymbol{\theta}}(k-1)$,其增益矩阵$\boldsymbol{G}(k)$是时变矩阵,$\boldsymbol{P}(k)$是对称矩阵,为了保证$\boldsymbol{P}(k)$对称性,有时把式(8.5.46)的第三式改写为

$$P(k)=P(k-1)-\frac{[P(k-1)h(k)][P(k-1)h(k)]^T}{h^T(k)P(k-1)h(k)+\frac{1}{\Lambda(k)}}$$

$$-P(k-1)-G(k)G^T(k)\left[h^T(k)P(k-1)h(k)+\frac{1}{\Lambda(k)}\right] \tag{8.5.58}$$

这样,在计算过程中即使有舍入误差,也能保持 $P(k)$ 矩阵始终是对称的。

在最小二乘参数估计的递推公式(8.5.57)或式(8.5.58)中,根据前次观测数据得到的 $P(k-1)$ 及新的观测数据,可以计算出 $G(k)$,从而由 $\hat{\theta}(k-1)$ 递推算出 $\hat{\theta}(k)$,下一次的递推计算所需的 $P(k)$ 也可根据 $P(k-1)$ 和 $G(k)$ 等计算出来。在每次递推运算过程中,信息变换,如图 8.6 所示。

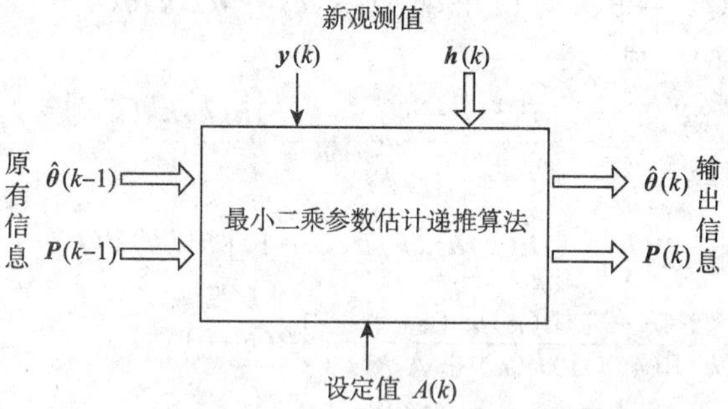

图 8.6　参数递推估计过程中信息的流程

图 8.6 表明,递推计算需要事先选择初始参数 $\hat{\theta}(0)$ 和 $P(0)$,它们的取值有两种选择方式。一种方法是根据一批数据利用一次完成算法,预先求得

$$\begin{cases}P(K_0)=[H^T(K_0)\Lambda(K_0)H(K_0)]^{-1}\\ \hat{\theta}(K_0)=P(0)H^T(K_0)\Lambda(K_0)y(K_0)\end{cases} \tag{8.5.59}$$

置 $P(0)=P(K_0)$,$\hat{\theta}(0)=\hat{\theta}(K_0)$,式中,$K_0$ 为数据长度,为了减少计算量,K_0 不宜取太大;另一种方法是直接取

$$\begin{cases}P(0)=\alpha^2 I,\alpha\text{ 为充分大的实数}\\ \hat{\theta}(K_0)=\varepsilon,\varepsilon\text{ 为充分小的实向量}\end{cases} \tag{8.5.60}$$

因为

$$\begin{cases}P^{-1}(k)=\sum_{i=1}^{k}\Lambda(i)h(i)h^T(i)\\ P^{-1}(k)\hat{\theta}(k)=\sum_{i=1}^{k}\Lambda(i)h(i)y(i)\end{cases} \tag{8.5.61}$$

根据式(8.5.42),有

$$
\begin{aligned}
\hat{\boldsymbol{\theta}}(k) &= \Big[\sum_{i=1}^{k}\boldsymbol{\Lambda}(i)\boldsymbol{h}(i)\boldsymbol{h}^T(i)\Big]^{-1}\Big[\sum_{i=1}^{k}\boldsymbol{\Lambda}(i)\boldsymbol{h}(i)\boldsymbol{y}(i)\Big] \\
&= \Big[\boldsymbol{P}^{-1}(0)+\sum_{i=1}^{k}\boldsymbol{\Lambda}(i)\boldsymbol{h}(i)\boldsymbol{h}^T(i)\Big]^{-1}\times\Big[\boldsymbol{P}^{-1}(0)\hat{\boldsymbol{\theta}}(0)+\sum_{i=1}^{k}\boldsymbol{\Lambda}(i)\boldsymbol{h}(i)\boldsymbol{y}(i)\Big]
\end{aligned}
\tag{8.5.62}
$$

另外，可用式(8.5.63)作为递推算法的停机标准

$$
\max_{\forall i}\left|\frac{\hat{\boldsymbol{\theta}}_i(k)-\hat{\boldsymbol{\theta}}_i(k-1)}{\hat{\boldsymbol{\theta}}_i(k-1)}\right|<\varepsilon,\varepsilon\text{ 是适当小的数}
\tag{8.5.63}
$$

它意味着当所有的参数估计值变化不大时，即可停机。

8.6　模型的检验

由样本序列$\{y_k=y(k),k=1,2,\cdots,N\}$，经过模型的识别、阶数的确定和参数估计，可以初步建立$\{Y_k=Y(k)\}$的模型。这样建立的模型一般还需要进行统计检验，只有经检验确认模型基本上能反映$\{Y_k=Y(k)\}$的统计特性时，用它进行预测才能获得良好的效果。在模型检验方法中，自相关函数检验法的基本思想是，如果模型是正确的，则模型的估计值与实际观测值所产生的残差序列 $\tilde{y}(k)=y(k)-\hat{y}(k)(k=1,2,\cdots,N)$应是随机干扰产生的误差，即$\{\tilde{y}(k)\}$应是白噪声序列。否则，模型不正确。

设 $y(1),y(2),\cdots,y(N)$为观测序列。不妨设初步选定为 ARMA(M,N)模型

$$
e(k)=Y(k)+a_1Y(k-1)+\cdots+a_MY(k-M)-b_1e(k-1)-\cdots-b_Ne(k-N)
$$

代入参数估计值和观测值，得

$$
e(l)=y(l)+\hat{a}_1y(l-1)+\cdots+\hat{a}_My(l-M)-\hat{b}_1e(l-1)-\cdots-\hat{b}_Ne(l-N)
\tag{8.6.1}
$$

式中，$l=1,2,\cdots,N$。

若 $l=0$ 作为开始时刻，则上式中对于 $l\leqslant M,l\leqslant N$ 的下标为零或负的项，其取值规定为零，由式(8.6.1)，得

$$
\begin{aligned}
e(1) &= y(1) \\
e(2) &= y(2)+\hat{a}_1y(1)-\hat{b}_1e(1)=y(2)+(\hat{a}_1-\hat{b}_1)y(1) \\
e(3) &= y(3)+\hat{a}_1y(2)-\hat{b}_1e(2) \\
&= y(3)+(\hat{a}_1-\hat{b}_1)y(2)+[(\hat{a}_2-\hat{b}_2)+\hat{b}_1(\hat{a}_1-\hat{b}_1)]y(1) \\
&\ \vdots \\
e(N) &= y(N)+\hat{a}_1y(N-1)-\hat{b}_1e(N-1)
\end{aligned}
$$

由 $e(1),e(2),\cdots,e(N)$计算序列的自相关函数和标准化自相关函数估计值，记为

$$\hat{R}_e(l)=\frac{1}{N}\sum_{k=1}^{N-l}e(k)e(k+l),l=0,1,\cdots,L \tag{8.6.2}$$

式中,L 取 $N/10$ 左右。

$$\hat{r}_e(l)=\frac{\hat{R}_e(l)}{\hat{R}_e(0)},l=1,2,\cdots,L \tag{8.6.3}$$

可以证明,对于充分大的 N,L 维随机向量$(\sqrt{N}\hat{r}_e(1),\sqrt{N}\hat{r}_e(2),\cdots,\sqrt{N}\hat{r}_e(L))$近似为 L 个独立标准正态分布 $N(0,1)$变量组成的随机向量。于是,统计量

$$Q_L=N\sum_{i=1}^{L}\hat{r}_e^2(i) \tag{8.6.4}$$

近似服从自由度为 L 的 χ^2 分布。由假设检验理论知,对于给定的显著性水平 α,应有

$$P\{Q_L>\chi^2_{1-\alpha}(L)\}=\alpha \tag{8.6.5}$$

当对观察值样本计算统计量 $Q_L>\chi^2_{1-\alpha}(L)$时,则在水平 α 上否定原假设,即所选择的估计模型不合适,应重新选择较合适的模型;否则,就认为估计模型选择合适。

8.7 ARMA 模型的最优预测

【定义 8.10】在 ARMA 模型中,用测量值(观测值)$[y(k),y(k-1),\cdots,y(k_0)]$来预测 $y(k+p)$的值,称为 p 步预测,表示为 $\tilde{y}(k+p|k)$,是其 p 步真值与 p 步预测值之差,即

$$\tilde{y}(k+p\mid k)=y(k+p)-\hat{y}(k+p\mid k) \tag{8.7.1}$$

准则函数定义为

$$J=E\{\tilde{y}^2(k+p\mid k)\} \tag{8.7.2}$$

预测的目标是寻求一种预测 $\tilde{y}(k+p|k)$,使预测误差的方差式(8.7.2)为最小。

1)$M=N$ 时的 p 步预测

设 ARMA 观测模型为

$$A(q)y(k)=B(q)e(k) \tag{8.7.3}$$

式中

$$\begin{cases}A(q)=1+a_1q+\cdots+a_Mq^M\\B(q)=1+b_1q+\cdots+b_Nq^N\end{cases} \tag{8.7.4}$$

式中,$y(k)$是系统输出,它既是测量值又是被测值,$e(k)$是独立同分布的高斯$N(0,1)$随机序列;$A(q)$,$B(q)$是多项式,它们的零点都在单位圆外,并取多项式的阶数$M=N$;系数 $a_1,a_2,\cdots,a_M$ 与 $b_1,b_2,\cdots,b_M$ 为已知量。由式(8.7.3)求出的 p 步预测

$\hat{y}(k+p|k)$，就是要使准则函数式(8.7.2)达到最小。

为了进行预测，把式(8.7.3)改写为

$$y(k)=\frac{B(q)}{A(q)}e(k) \tag{8.7.4}$$

这时

$$y(k+p)=\frac{B(q)}{A(q)}q^{p}e(k) \tag{8.7.5}$$

令

$$B(q)=A(q)F(q)+q^{p}G(q) \tag{8.7.6}$$

式中

$$F(q)=1+f_1q^1+f_2q^2+\cdots+f_{p-1}q^{(p-1)} \tag{8.7.7}$$

$$G(q)=g_0+g_1q^1+g_2q^2+\cdots+g_{M-1}q^{(M-1)} \tag{8.7.8}$$

多项式 $F(q)$是 $A(q)$除 $B(q)$的商，对 p 步预测，一定要取为 $p-1$ 阶，以保证把式(8.7.6)右边分为独立的两部分；而多项式 $q^pG(q)$是余式；当 $F(q)$取 $p-1$ 时，$G(q)$必为 $M-1$ 阶，$F(q^{-1})$必取 $p-1$ 阶。

$F(q)$和 $G(q)$可用比较系数法确定如下：

将式(8.7.6)展开，得

$$\begin{aligned}1+b_1q^1+\cdots+b_Mq^M=&(1+a_1q^1+\cdots+a_Mq^M)(1+f_1q^1+\cdots+f_{p-1}q^{(p-1)})\\&+q^p(g_0+g_1q^1+\cdots+g_{M-1}q^{(M-1)})\end{aligned} \tag{8.7.9}$$

比较式(8.7.9)两边系数，使两边 q^1 的各次幂的系数相等，可列出 $M+p-1$ 个方程式。

$$\begin{array}{ll}
q^1: & b_1=a_1+f_1\\
q^2: & b_2=a_2+a_1f_1+f_2\\
\vdots & \vdots\\
q^{(p-1)}: & b_{p-1}=a_{p-1}+a_{p-2}f_1+a_{p-3}f_2+\cdots+a_1f_{p-2}+f_{p-1}\\
q^p: & b_p=a_p+a_{p-1}f_1+a_{p-2}f_2+\cdots+a_1f_{p-1}+g_0\\
q^{(p+1)}: & b_{p+1}=a_{p+1}+a_pf_1+a_{p-1}f_2+\cdots+a_2f_{p-1}+g_1\\
\vdots & \vdots\\
q^M: & b_M=a_M+a_{M-1}f_1+a_{M-2}f_2+\cdots+a_{M-p+1}f_{p-1}+g_{M-p}\\
q^{(M+1)}: & 0=a_Mf_1+a_{M-1}f_2+\cdots+a_{M-p+2}f_{p-1}+g_{M-p+1}\\
\vdots & \vdots\\
q^{(M+p-1)}: & 0=a_Mf_{p-1}+g_{M-1}
\end{array} \tag{8.7.10}$$

由方程组(8.7.10)，可解出 $f_1,f_2,\cdots,f_{p-1},g_0,g_1,\cdots,g_{M-1}$ 共 $M+p-1$ 个系数。之后，把式(8.7.6)代入式(8.7.5)，得

$$y(k+p)=F(q)e(k+p)+\frac{G(q)}{A(q)}e(k) \tag{8.7.11}$$

再把式(8.7.4)代入式(8.7.11),得

$$y(k+p)=F(q)e(k+p)+\frac{G(q)}{B(q)}y(k) \tag{8.7.12}$$

又由于

$$F(q)e(k+p)=e(k+p)+f_1e(k+p-1)+f_2e(k+p-2)+\cdots+f_{p-1}e(k+1) \tag{8.7.13}$$

是 $y(k+p)$ 的新息,与 $y(k)$ 是独立的,故式(8.7.12)右边已将 $y(k+p)$ 分成了独立的两部分。

把式(8.7.12)代入准则函数式(8.7.2),得

$$\begin{aligned}J&=E\{[y(k+p)-\hat{y}(k+p|k)]^2\}\\&=E\{[F(q)e(k+p)+\frac{G(q)}{B(q)}y(k)-\hat{y}(k+p|k)]^2\}\\&=E\{[F(q)e(k+p)]^2\}+[\frac{G(q)}{B(q)}y(k)-\hat{y}(k+p|k)]^2\end{aligned} \tag{8.7.14}$$

当式(8.7.14)中的第二项取零时,即

$$\begin{aligned}\hat{y}(k+p|k)&=\frac{G(q)}{B(q)}y(k)\\&=-b_1\hat{y}(k+p-1|k-1)-b_2\hat{y}(k+p-2|k-2)-\cdots\\&\quad-b_M\hat{y}(k+p-M|k-M)+g_0y(k)+g_1y(k-1)+\cdots\\&\quad+g_{M-1}y(k-M+1)\end{aligned} \tag{8.7.15}$$

这时

$$J_{\min}=E\{[F(q)e(k+1)]^2\}=(1+f_1^2+f_2^2+\cdots+f_{p-1}^2) \tag{8.7.16}$$

把式(8.7.16)代入式(8.7.11),得到 p 步预测误差为

$$\begin{aligned}\tilde{y}(k+p|k)&=F(q)e(k+p)\\&=[e(k+p)+f_1e(k+p-1)+f_2e(k+p-2)+\cdots+f_{p-1}e(k+1)]\end{aligned} \tag{8.7.17}$$

式(8.7.15)、式(8.7.16)和式(8.7.17)是预测结果。p 步预测是一个递推式,p 步预测误差由噪声序列组成,准则函数由噪声序列方差组成。

【例 8.12】已知 3 阶多项式

$$A(q)=1+1.2q^1+0.11q^2-0.168q^3$$

$$B(q)=1-0.7q^1-0.14q^2+0.12q^3$$

给定 $p=2$,试按式(8.7.10)确定 $F(q)$ 和 $G(q)$。

解:由给定条件 $M=3$,$p=2$,则有

$$F(q)=1+f_1q$$

$$q^{p}G(q)=q^{2}(g_{0}+g_{1}q^{1}+g_{2}q^{2})$$

列出比较系数方程

$$\begin{cases}-0.7=1.2+f_{1}\\-0.14=0.11+1.2f_{1}+g_{0}\\0.12=0.168+0.11f_{1}+g_{1}\\0=-0.168f_{1}+g_{2}\end{cases}$$

解得各系数分别为 $f_{1}=-1.9,g_{0}=2.03,g_{1}=0.497,g_{2}=-0.3192$。

2)$M\neq N$ 时的 p 步预测

当 $A(q)$和 $B(q)$阶数不等时，设 $A(q)$为 M 阶多项式，$B(q)$为 N 阶多项式，进行 p 步预测，$F(q)$仍为 $p-1$ 阶多项式，则 $G(q)$的阶数按如下选择：

(1)当 $M+p-1<N$ 时，$G(q)$为 $N-p$ 阶；

(2)当 $M+p-1\geqslant N$ 时，$G(q)$为 $N-1$ 阶。

【例 8.13】ARMA 观测模型为

$$y(k)-2.6y(k-1)+2.85y(k-2)-1.4y(k-3)+0.25y(k-4)=e(k)-0.7e(k-1)$$

式中，$y(k)$，$e(k)$为离散时间高斯 $N(0,1)$白噪声。试确定 $y(k)$的一步最优预测 $\hat{y}(k+1|k)$，使　步预测误差的方差最小。

解：把该模型改写为

$$A(q)y(k)=B(q)e(k)$$

式中

$$A(q)=1-2.6q^{1}+2.85q^{2}-1.4q^{3}+0.25q^{4}$$
$$B(q)=1-0.7q$$

可见，$M=4,N=1,p=1,M+p-1>N$。

因此

$$F(q)=1$$
$$G(q)=g_{0}+g_{1}q^{1}+g_{2}q^{2}+g_{3}q^{3}$$

所以，有

$$1-0.7q^{1}=1-2.6q^{1}+2.85q^{2}-1.4q^{3}+0.25q^{4}+q^{1}(g_{0}+g_{1}q^{1}+g_{2}q^{2}+g_{3}q^{3})$$

利用比较系数法列出方程组

$$\begin{cases}-0.7=-2.6+g_{0}\\0=2.85+g_{1}\\0=-1.4+g_{2}\\0=0.25+g_{3}\end{cases}$$

容易求出系数 $g_{0}=1.9,g_{2}=1.4,g_{3}=-0.25$，多项式 $G(q)$为

$$G(q)=1.9-2.85q^{1}+1.4q^{2}-0.25q^{3}$$

综合上述,可得

$$\hat{y}(k+1\mid k)=\frac{1-2.6q^1+2.85q^2-1.4q^3+0.25q^4}{1-0.7q^1}y(k)$$
$$=0.7\hat{y}(k\mid k-1)+1.9y(k)-2.85y(k-1)$$
$$+1.4y(k-2)-0.25y(k-3)$$
$$J=1$$
$$\hat{y}(k+1\mid k)=e(k+1)$$

习 题

1. 用延迟算子表示下列模型:

(1)$Y(k)+a_1Y(k-1)+a_2Y(k-2)=e(k)$;

(2)$Y(k)-\frac{1}{6}Y(k-1)-\frac{1}{6}Y(k-2)=e(k)$;

(3)$Y(k)+aY(k)=e(k)+be(k-1)$;

(4)$Y(k)=e(k)+b_1e(k-1)+b_2e(k-2)$。

2. 判别下列过程的特性:

(1)MA(N)过程

$Y(k)=e(k)+b_1e(k-1)+\cdots+b_Ne(k-N),\{e(k)\}\sim N(0,\sigma^2)$;

(2)AR(M)过程

$Y(k)+a_1Y(k-1)+\cdots+a_MY(k-M)=e(k),\{e(k)\}\sim N(0,\sigma^2)$。

3. 确定下列 ARMA(M,N)过程的特性:

(1)$Y(k)=e(k)-e(k-1)+0.24e(k-2)$;

(2)$Y(k)-0.1Y(k-1)-0.2Y(k-2)=e(k)$;

(3)$Y(k)+0.2Y(k-1)-0.48Y(k-2)=e(k)-0.4e(k-1)+0.04e(k-2)$;

(4)$Y(k)-0.1Y(k-1)-0.2Y(k-2)=e(k)+2e(k-1)+e(k-2)$。

4. 设$\{Y(k)\}$是 AR(2)或 ARMA(2,N)模型,其中 $A(q)=1+a_1q+a_2q^2$,求$\{Y(k)\}$的平稳域。

5. 已知 MA(2)过程 $Y(k)=e(k)-e(k-1)+0.24e(k-2)$,求相关(系数)函数。

6. 已知 MA(2)模型 $Y(k)=e(k)+0.5e(k-1)-0.3e(k-2)$,求相关(系数)函数,并讨论可逆性。

7. 设 AR(1):$Y(k)+a_1Y(k-1)=e(k)$;AR(2):$Y(k)+a_1Y(k-1)+a_2Y(k-2)=e(k)$。求 AR(1)和 AR(2)过程的相关(系数)函数。

8. 求 ARMA(1,1)模型的相关(系数)函数。

9. 证明 ARMA(M,N)过程$\{Y(k),k=0,\pm1,\cdots\}$的协方差函数满足差分方程

$$r_Y(k)+a_1r_Y(k-1)+\cdots+a_Mr_Y(k-M)=\sigma^2\sum_{k<j<q}b_j\varphi_{j-k},0\leqslant k<\max(M,N+1)$$

$$r_Y(k)+a_1r_Y(k-1)+\cdots+a_Mr_Y(k-M)=0,k>\max(M,N+1)$$

式中，φ_j 由 $\varphi(Z)=\sum_{j=0}^{\infty}\varphi_jZ_j=\dfrac{B(Z)}{A(Z)}$ 确定，$|Z|\leqslant1$。

10. 证明 ARMA(M,N) 过程 $A(q)Y(k)=B(q)e(k)$ 的协方差函数 $r_Y(k)$ 满足 $r_Y(k)=\sigma^2\sum_{j=0}^{\infty}\varphi_j\varphi_{j+|k|}$。$\{\varphi_j\}$ 由 $\varphi(Z)=\sum_{j=0}^{\infty}\varphi_jZ_j=\dfrac{B(Z)}{A(Z)}$ 确定，$|Z|\leqslant1$。

11. 设有均值为零的 $AR(1)$过程

$$Y(k)=0.9Y(k-1)+e(k),\{e(k)\}\sim N(0,\sigma^2)$$

求偏相关(系数)函数。

12. 设有 AR(2)模型

$$Y(k)+0.5Y(k-1)-0.4Y(k-2)=e(k)$$

求偏相关(系数)函数。

13. 设有 MA(1)过程

$Y(k)=e(k)+be(k-1),|b|<1,\{e(k)\}\sim N(0,\sigma^2)$，求偏相关系数。

14. 求 AR(2)模型 $Y(k)+a_1Y(k-1)+a_2Y(k-2)=e(k)$相应的 Green 函数。

15. 试求

(1)MA(1)模型 $Y(k)=e(k)+b_1e(k-1)$；

(2)ARMA(1,1)模型 $Y(k)+a_1Y(k-1)=e(k)+b_1e(k-1)$

相应的逆函数与逆转形式。

16. 试求

(1)MA(2)模型 $Y(k)=e(k)+0.5e(k-1)-0.3e(k-2)$；

(2)AR(2)模型 $Y(k)-0.75Y(k-1)+0.5Y(k-2)=e(k)$

的自相关函数。

17. 试求 AR(2)序列 $Y(k)+a_1Y(k-1)+a_2Y(k-2)=e(k)$的最优均方预报值。

18. 试求 ARMA(2,1)模型 $Y(k)-Y(k-1)+0.24Y(k-2)=e(k)-0.8e(k-1)$的递推预报公式。

19. 设随机序列$\{Y(k),k=0,\pm1,\cdots\}$满足差分方程

$$Y(k)-2.2Y(k-1)+1.4Y(k-2)-0.2Y(k-3)=e(k)$$

证明$\{Y(k)\}$是 ARMA(1,2)序列。

20. 已知二阶 AR 模型为

$$Y(k)+a_1Y(k-1)+a_2Y(k-2)=e(k)$$

式中，$e(k)$是零均值、σ_e^2 方程的白噪声，试求使 $Y(k)$平稳的条件和 $R_Y(m)$。

21. 设有二阶自回归模型

$$Y(k)+a_1Y(k-1)+a_2Y(k-2)=e(k)$$

式中，$e(k)$是方差为 σ_e^2 的白噪声，并且 $a_1\pm\sqrt{a_1^2+4a_2}<2$。

(1)证明 $Y(k)$的功率谱密度为

$$G_Y(\omega)=G_Y'(e^{j\omega})=\sigma_e^2[1+a_1^2+a_2^2-2a_1(1-a_2)\cos\omega-2a_2\cos 2\omega];$$

(2)求 $Y(k)$的自相关函数；

(3)写出 Yule-walker 方程。

22. 设 $G_e'(z)=\sigma_e^2$，试计算二阶滑动平均(MA)模型

$$Y(k)=e(k)+b_1e(k-1)+b_2e(k-2)$$

的自相关函数和功率谱密度。

23. 设 ARMA 量测模型为

$$y(k)-1.5y(k-1)+0.5y(k-2)=2[e(k)-1.2e(k-1)+0.6e(k-2)]$$

式中，$\{e(k)\}$是独立同分布高斯 $N(0,1)$随机变量序列。试确定使均方误差为最小的 p 步预测。

24. 设 ARMA 量测模型为

$$y(k)+ay(k-1)=e(k)+be(k-1)$$

式中，$|a|<1$；$|b|<1$；$\{e(k)\}$是独立同分布高斯 $N(0,1)$随机变量序列。试确定使均方误差为最小的 p 步预测。

25. 随机过程$\{y(k),k=0,\pm1,\cdots\}$的表示式为

$$y(k)+0.7y(k-1)=e(k)+2e(k-1)$$

式中，$\{e(k),k=0,\pm1,\cdots\}$是独立同分布高斯 $N(0,1)$随机变量序列。试确定最优一步预测和预测误差的方差，这个最优预测是均方预测误差为最小的预测。

提示：需考虑系统结构是否稳定。

26. 设随机过程为$\{y(k),k=k_0,k_0+1,\cdots\}$，且

$$y(k)=\sum_{l=k_0}^{k}g(k,l)e(l)$$

式中，$\{e(k),k=k_0,k_0+1,\cdots\}$是独立同分布高斯 $N(0,1)$随机变量序列。如果 $g(k,k)\neq0$，则 $y(k)$总有逆，设其逆表示为

$$e(k)=\sum_{l=k_0}^{k}h(k,l)y(l)$$

试确定使均方预测误差为最小的过程 $y(k)$的 p 步预测 $\hat{y}(k+p|k)$。

27. 试用最小二乘法求下列二次函数的参数估计值。

$$E[y(k)]=ak^2+bk+c$$

其中观测序列为

k	1	2	3	4	5	6	7	8	9	10
$y(k)$	8.6	4.6	1.6	0.4	0.05	0.1	0.8	1.6	3.8	8.0

28. 设线性定常连续系统传递函数为

$$H(S)=\frac{B(s)}{A(s)}=\frac{b_0+b_1s+\cdots+b_{n-1}s^{n-1}}{1+a_1s+\cdots+a_ns^n}$$

现用频率为 $\omega_1,\omega_2,\cdots,\omega_N$ 的正弦信号测试该系统的频率特性 $H(\mathrm{j}\omega_i)$，$i=1,2,\cdots,N$，其测量结果为 $\hat{H}(\mathrm{j}\omega_i)$，$i=1,2,\cdots,N$，如取准则函数为

$$J=\sum_{i=1}^{N}e^*(i)\cdot e(i)$$

式中，$e(i)=[A(\mathrm{j}\omega_i)\cdot\hat{H}(\mathrm{j}\omega_i)-B(\mathrm{j}\omega_i)]$，符号“$*$”表示复共轭。试证明：

(1) J 可以表示成 $J=[(\boldsymbol{Y}-\boldsymbol{\psi\theta})^*(\boldsymbol{Y}-\boldsymbol{\psi\theta})]$，其中

$$\boldsymbol{\theta}=[a_1,\cdots,a_n;b_0,b_1,\cdots,b_{n-1}]^T$$

$$\boldsymbol{\psi}-\begin{bmatrix}-\mathrm{j}\omega_1\hat{H}(\mathrm{j}\omega_1),\cdots,(-\mathrm{j}\omega_1)^n\hat{H}(\mathrm{j}\omega_1),1,\mathrm{j}\omega_1,\cdots,(\mathrm{j}\omega_1)^{n-1}\\ \vdots\\ -\mathrm{j}\omega_N\hat{H}(\mathrm{j}\omega_N),\cdots,(-\mathrm{j}\omega_N)^n\hat{H}(\mathrm{j}\omega_N),1,\mathrm{j}\omega_N,\cdots,(\mathrm{j}\omega_N)^{n-1}\end{bmatrix}$$

$$\boldsymbol{Y}=\begin{bmatrix}\hat{H}(\mathrm{j}\omega_1)\\ \hat{H}(\mathrm{j}\omega_N)\end{bmatrix}$$

(2) 极小化 J 的估计 $\hat{\boldsymbol{\theta}}=[\mathrm{Re}(\boldsymbol{\psi}^*\boldsymbol{\psi})]^{-1}\cdot\mathrm{Re}[\boldsymbol{\psi}^*\boldsymbol{Y}]$，其中 Re 表示实部。(注：这种方法称为 Lcvy 算法)

第 9 章　CARMA 模型及其辨识与预测

【内容导读】 本章首先在定义受控自回归滑动平均(CARMA)模型后,讨论了 CARMA 模型参数的最小二乘法辨识、最大似然法辨识及 Bayes 概率模型辨识原理与方法;分析了 CARMA 模型的最小差方最优控制及次最优控制原理与方法。

本书第 8 章讨论了 ARMA 模型的相关问题,该模型只考虑了随机系统的环境存在噪声(随机扰动),也就是随机系统只受到噪声的作用,或者说随机系统受到环境噪声的污染。如果 ARMA 模型除受环境噪声的污染,还受控制策略控制,这时 ARMA 模型就是受控自回归滑动平均模型(CARMA)。本章讨论 CARMA 模型及其辨识与预测问题。

9.1　受控自回归滑动平均模型

9.1.1　CARMA 模型

受控自回归滑动平均模型(CARMA, Controlled Autoregressive Moving Average process)的高阶差分方程为

$$\begin{aligned} Y(k)+a_1Y(k-1)+\cdots+a_MY(k-M) &= e(k)+b_1e(k-1)+\cdots+b_Ne(k-N) \\ &\quad +c_0X(k-d)+c_1X(k-d-1)+\cdots+c_LX(k-d-L) \end{aligned} \tag{9.1.1}$$

或

$$\begin{aligned} A(q)Y(k) &= B(q)e(k)+C(q)X(k-d) \\ &= B(q)e(k)+C(q)q^dX(d) \end{aligned} \tag{9.1.2}$$

式中

$$A(q)=1+a_1q^1+a_2q^2+\cdots+a_Mq^M \tag{9.1.3a}$$

$$B(q)=1+b_1q^1+b_2q^2+\cdots+b_Nq^N \tag{9.1.3b}$$

$$C(q)=c_0+c_1q^1+c_2q^2+\cdots+c_Lq^L \tag{9.1.3c}$$

$Y(k)$表示系统输出；$X(k)$表示系统输入，它是控制量；d 表示延迟步数；$e(k)$表示噪声；$A(q)$和 $B(q)$分别为 M 阶和 N 阶首 1 多项式；$C(q)$不为首 1 的 L 阶多项式。$A(q)$、$B(q)$、$C(q)$都是已知的。该模型记为 CARMA(M,N,L)。其原理如图 9.1 所示。

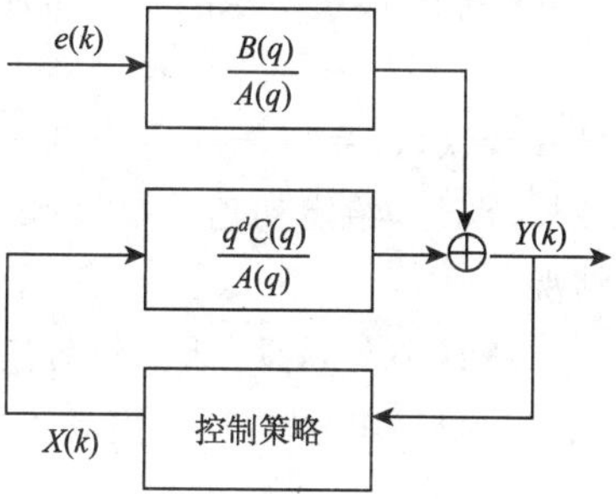

图 9.1　CARMA 框图

在 CARMA(M,N,L)模型中，噪声 $e(k)$是独立同分布高斯 $N(0,1)$白噪声，与 $Y(k)$相互独立的，$Y(k)$也是高斯的。即

$$E[e(k)]=0 \tag{9.1.4}$$

$$E[e(k)Y(l)]=0 \tag{9.1.5}$$

在 CARMA(M,N,L)模型中，有下列 4 种特例。

①当 $C(q)=0$ 时，式(9.1.2)变为

$$A(q)Y(k)=B(q)e(k) \tag{9.1.6}$$

为自回归滑动平均模型 ARMA(M,N)=CARMA$(M,N,0)$。

②当 $C(q)=0$ 且 $B(q)=1$ 时，式(9.1.2)变为

$$A(q)Y(k)=e(k) \tag{9.1.7}$$

为自回归模型 AR(M)=CARMA$(M,0,0)$。

③当 $C(q)=0$ 和 $A(q)=1$ 时，式(9.1.2)变为

$$Y(k)=B(q)e(k) \tag{9.1.8}$$

为滑动平均模型 MA(N)=CARMA$(0,N,0)$。

④当 $e(k)=0$ 时，式(9.1.2)变为

$$A(q)Y(k)=C(q)X(k-d)=C(q)q^dX(d) \tag{9.1.9}$$

称为脉冲传递函数。

9.1.2　CARMA 模型的稳定性与平稳性

(1)系统的稳定性

式(9.1.2)中多项式 $A(q)$、$B(q)$、$C(q)$的全部零点都在单位圆外时，即它们特征方程的特征根模值大于 1 时，随机系统才可能稳定。

(2)系统的平稳性

当系统的输出 $Y(k)$的均值函数和自相关函数分别为

$$E[Y(k)] = 常数 \tag{9.1.10}$$

$$R_Y(k,k+l) = E[Y(k)Y(k+l)] = R_Y(l) \tag{9.1.11}$$

时，$Y(k)$是平稳过程。

【例 9.1】设平稳随机测量序列$\{y(k)\}$的自回归方程为

$$y(k) + ay(k-1) = e(k)$$

已知$\{e(k), k=\cdots,-2,-1,0,1,2,\cdots\}$是独立同分布高斯 $N(0,1)$随机变量序列，系数$|a|<1$。给定初值 $y(k_0)$，试求自协方差函数 $C_Y(k_1,k_2)$，并考虑初值 $k_0\to\infty$的情况。

解：$C_Y(k_1,k_2)=E[(y(k_1)-E[y(k_1)])(y(k_2)-E[y(k_2)])]$

式中，$y(k_1)$由 $y(k_1)+ay(k_1-1)=e(k_1)$递推得

$$y(k_1) = (-a)^{k_1-k_0}y(k_0) + \sum_{l=1}^{k_1-k_0}(-a)^{k_1-k_0-l}e(k_0+l)$$

因此，有

$$E[y(k_1)] = (-a)^{k_1-k_0}E[y(k_0)] = (-a)^{k_1-k_0}y(k_0)$$

$$y(k_1) - E[y(k_1)] = \sum_{l=1}^{k_1-k_0}(-a)^{k_1-k_0-l}e(k_0+l)$$

同理，有

$$y(k_2) - E[y(k_2)] = \sum_{l=1}^{k_2-k_0}(-a)^{k_2-k_0-l}e(k_0+l)$$

设 $k_1\geqslant k_2$，得到

$$C_Y(k_1,k_2) = \sum_{l_1=1}^{k_1-k_0}\sum_{l_2=1}^{k_2-k_0}(-a)^{k_1+k_2-2k_0-l_1-l_2}E[e(k_0+l_1)e(k_0+l_2)]$$

注意到

$$E[e(k_0+l_1)e(k_0+l_2)] = \begin{cases}1 & (l_1=l_2)\\ 0 & (l_1\neq l_2)\end{cases}$$

得到

$$\begin{aligned}C_Y(k_1,k_2) &= (-a)^{k_1+k_2-2k_0}\sum_{l=1}^{k_2-k_0}(-a)^{-2l}\\ &= \frac{(-a)^{k_1-k_2}}{1-a^2} - \frac{(-a)^{k_1+k_2-2k_0}}{1-a^2}\end{aligned}$$

当 $k_0\to\infty$时，并有$|-a|<1$，得到稳态解

$$C_Y(k_1,k_2) = \frac{(-a)^{k_1-k_2}}{1-a^2}$$

9.2 CARMA 模型参数辨识

9.2.1 基于最小二乘法的 CARMA 模型参数辨识算法

1)增广最小二乘递推算法

对于随机系统的参数估计,考虑单输入单输出系统(SISO,Single Input Single Output),并且在式(9.1.2)中令 $d=0$,式(9.1.3)中令 $c_0=0$,如图 9.2 所示。

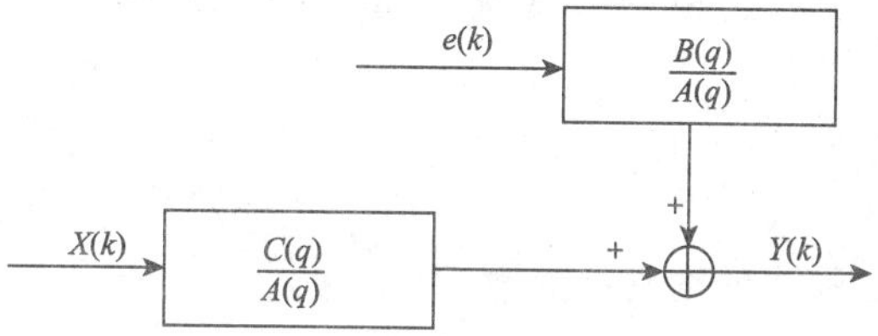

图 9.2 SISO 系统

图中,$X(k)$是输入,$Y(k)$是输出,$e(k)$是白噪声,$C(q)/A(q)$是系统模型,$B(q)/A(q)$是噪声模型。SISO 系统模型可写为

$$A(q)Y(k)=B(q)e(k)+C(q)X(k) \tag{9.2.1}$$

且

$$\begin{cases}A(q)=1+a_1q^1+a_2q^2+\cdots+a_Mq^M\\B(q)=1+b_1q^1+b_2q^2+\cdots+b_Nq^N\\C(q)=c_1q^1+c_2q^2+\cdots+c_Lq^L\end{cases} \tag{9.2.2}$$

当选定模型及确定阶数后,可采用最小二乘法进行参数辨识。

与式(9.2.1)对应的测量模型写为

$$y(k)+a_1y(k-1)+a_2y(k-2)+\cdots+a_My(k-M)=$$
$$e(k)+b_1e(k-1)+\cdots+b_Ne(k-N)+c_1x(k-1)+\cdots+c_Lx(k-L) \tag{9.2.3}$$

式中,$y(k)$为系统输出的第 k 次测量值,$y(k-1)$为系统输出的第 $k-1$ 次测量值,依次类推;$e(k)$为零均值的随机噪声。将式(9.2.3)改写为

$$y(k)=-a_1y(k-1)-a_2y(k-2)-\cdots-a_My(k-M)$$
$$+e(k)+b_1e(k-1)+\cdots+b_Ne(k-N)+c_1x(k-1)+\cdots+c_Lx(k-L) \tag{9.2.4}$$

在 M,N,L 已知的条件下,可得系统输入输出的最小二乘格式为

$$y(k)=\boldsymbol{h}^{\mathrm{T}}(k)\boldsymbol{\theta}+e(k) \tag{9.2.5}$$

式中，$\boldsymbol{h}(k)$为样本集合，$\boldsymbol{\theta}$为被辨识的参数集合。

$$\boldsymbol{h}(k)=[-y(k-1),-y(k-2),\cdots,-y(k-M),e(k-1),\\ e(k-2),\cdots,e(k-N),x(k-1),x(k-2),\cdots,x(k-L)]^T \tag{9.2.6a}$$

$$\boldsymbol{\theta}=[a_1,a_2,\cdots,a_M,b_1,b_2,\cdots,b_N,c_1,c_2,\cdots,c_L]^T \tag{9.2.6b}$$

式中，数据向量$\boldsymbol{h}(k)$中包含着不可测量的噪声量$e(k-1),e(k-2),\cdots,e(k-N)$，它们可用相应的估计值代替。即$\hat{e}(k)=0,k\leqslant 0$；当$k>0$时

$$\hat{e}(k)=y(k)-\boldsymbol{h}^T(k)\hat{\boldsymbol{\theta}}(k-1) \tag{9.2.7}$$

或

$$\hat{e}(k)=y(k)-\boldsymbol{h}^T(k)\hat{\boldsymbol{\theta}}(k) \tag{9.2.8}$$

此时，式中

$$\boldsymbol{h}(k)=[-y(k-1),-y(k-2),\cdots,-y(k-M),\hat{e}(k-1),\\ \hat{e}(k-2),\cdots,\hat{e}(k-N),x(k-1),x(k-2),\cdots,x(k-L)]^T \tag{9.2.9}$$

定义增广最小二乘法的准则函数为

$$J(\boldsymbol{\theta})=\sum_{k=1}^{\infty}[e(k)]^2=\sum_{k=1}^{\infty}[y(k)-\boldsymbol{h}^T(k)\boldsymbol{\theta}]^2 \tag{9.2.10}$$

使$J(\boldsymbol{\theta})=\min$的$\boldsymbol{\theta}$估计值$\hat{\boldsymbol{\theta}}_{LS}$称作参数$\boldsymbol{\theta}$的增广最小二乘估计值。其含义为，未知参数$\boldsymbol{\theta}$的最可能取值是在实际测量值与计算值之累次误差的平方和达到最小值处，所得的这种模型输出能最好地接近实际系统的输出。该增广最小二乘法的递推算法(RELS，Recursive Extended Least Squares)为

$$\begin{cases}\hat{\boldsymbol{\theta}}(k)=\hat{\boldsymbol{\theta}}(k-1)+\boldsymbol{G}(k)[y(k)-\boldsymbol{h}^T(k)\hat{\boldsymbol{\theta}}(k-1)]\\ \boldsymbol{G}(k)=\boldsymbol{P}(k-1)\boldsymbol{h}(k)\left[\boldsymbol{h}^T(k)\boldsymbol{P}(k-1)\boldsymbol{h}(k)+\dfrac{1}{\boldsymbol{\Lambda}(k)}\right]^{-1}\\ \boldsymbol{P}(k)=[\boldsymbol{I}-\boldsymbol{G}(k)\boldsymbol{h}^T(k)]\boldsymbol{P}(k-1)\end{cases} \tag{9.2.11}$$

当$\dfrac{1}{\boldsymbol{\Lambda}}=1$时，即所有采样数据都是等同加权时，该增广递推最小二乘算法为

$$\begin{cases}\hat{\boldsymbol{\theta}}(k)=\hat{\boldsymbol{\theta}}(k-1)+\boldsymbol{G}(k)[y(k)-\boldsymbol{h}^T(k)\hat{\boldsymbol{\theta}}(k-1)]\\ \boldsymbol{G}(k)=\boldsymbol{P}(k-1)\boldsymbol{h}(k)[\boldsymbol{h}^T(k)\boldsymbol{P}(k-1)\boldsymbol{h}(k)+1]^{-1}\\ \boldsymbol{P}(k)=[\boldsymbol{I}-\boldsymbol{G}(k)\boldsymbol{h}^T(k)]\boldsymbol{P}(k-1)\end{cases} \tag{9.2.12}$$

与式(8.5.57)相比，式(9.2.11)扩充了最小二乘法的参数向量$\boldsymbol{\theta}$和数据向量$\boldsymbol{h}(k)$的维数，将噪声模型考虑进去，是一种增广最小二乘法。

2)广义最小二乘递推算法

设SISO系统的测量模型为

$$A(q)y(k)=C(q)x(k)+\frac{1}{D(q)}e(k) \tag{9.2.13}$$

式中，$x(k)$和$y(k)$表示系统的输入和输出；$e(k)$是均值为零的不相关的随机噪声；且

$$\begin{cases}A(q)=1+a_1q^1+a_2q^2+\cdots+a_Mq^M\\C(q)=c_1q^1+c_2q^2+\cdots+c_Lq^L\\D(q)=1+d_1q^1+d_2q^2+\cdots+d_Pq^P\end{cases}\tag{9.2.14}$$

若假定模型阶次 M,L 和 P 已经确定，则这类问题的辨识可用广义最小二乘法(RGLS，Recursive Generalized Least Squares)获取参数的无偏一致估计。令

$$\begin{cases}y_g(k)=D(q)y(k)\\x_g(k)=D(q)x(k)\end{cases}\tag{9.2.15}$$

这时，式(9.2.13)可写为

$$A(q)y_g(k)=C(q)x_g(k)+e(k)\tag{9.2.16}$$

模型式(9.2.16)的最小二乘格式为

$$y_g(k)=\boldsymbol{h}_g^T(k)\boldsymbol{\theta}+e(k)\tag{9.2.17}$$

式中

$$\begin{cases}\boldsymbol{\theta}=[a_1,a_2,\cdots,a_M,c_1,c_2,\cdots,c_L]^T\\\boldsymbol{h}_g(k)=[-y_g(k-1),\cdots,-y_g(k-M),-x_g(k-1),\cdots,-x_g(k-L)]^T\end{cases}\tag{9.2.18}$$

由于 $e(k)$ 是白噪声，所以利用最小二乘法即可获得参数 $\boldsymbol{\theta}$ 的无偏估计。但是数据向量 $\boldsymbol{h}_g(k)$ 中的变量均需按式(9.2.15)计算，然而噪声模型 $D(q)$ 并不知道。为此，需要用迭代的方法来估计 $D(q)$。令

$$v(k)=\frac{1}{D(q)}e(k)\tag{9.2.19}$$

$$\begin{cases}\boldsymbol{\theta}_v(k)=[d_1,d_2,\cdots,d_P]^T\\\boldsymbol{h}_v(k)=[-v(k-1),\cdots,-v(k-P)]^T\end{cases}\tag{9.2.20}$$

噪声模型式(9.2.19)的最小二乘格式为

$$v(k)=\boldsymbol{h}_v^T(k)\boldsymbol{\theta}_v+e(k)\tag{9.2.21}$$

由于式(9.2.21)的噪声已是白噪声，所以再次利用最小二乘法可获得噪声模型参数 $\boldsymbol{\theta}_v$ 的无偏估计。但是数据向量 $\boldsymbol{h}_v(k)$ 包含的不可测噪声量 $v(k-1),\cdots,v(k-P)$ 需用相应的估计值代替，令

$$\boldsymbol{h}_v(k)=[-\hat{v}(k-1),\cdots,-\hat{v}(k-P)]^T\tag{9.2.22}$$

式中，$k\leqslant0$，$\hat{v}(k)=0$，当 $k>0$ 时，按式(9.2.23)

$$\hat{v}(k)=y(k)-\boldsymbol{h}^T(k)\hat{\boldsymbol{\theta}}\tag{9.2.23}$$

计算，式中

$$\boldsymbol{h}(k)=[-y(k-1),\cdots,-y(k-M),x(k-1),\cdots,x(k-L)]^T\tag{9.2.24}$$

综上分析，加权广义最小二乘递推算法为

$$\begin{cases}\hat{\boldsymbol{\theta}}(k)=\hat{\boldsymbol{\theta}}(k-1)+\boldsymbol{G}_g(k)[y_g(k)-\boldsymbol{h}_g^T(k)\hat{\boldsymbol{\theta}}(k-1)]\\ \boldsymbol{G}_g(k)=\boldsymbol{P}_g(k-1)\boldsymbol{h}_g(k)\left[\boldsymbol{h}_g^T(k)\boldsymbol{P}_g(k-1)\boldsymbol{h}_g(k)+\dfrac{1}{\boldsymbol{\Lambda}(k)}\right]^{-1}\\ \boldsymbol{P}_g(k)=[\boldsymbol{I}-\boldsymbol{G}_g(k)\boldsymbol{h}_g^T(k)]\boldsymbol{P}_g(k-1)\\ \hat{\boldsymbol{\theta}}_v(k)=\hat{\boldsymbol{\theta}}_v(k-1)+\boldsymbol{G}_v(k)[\hat{v}(k)-\boldsymbol{h}_v^T(k)\hat{\boldsymbol{\theta}}_v(k-1)]\\ \boldsymbol{G}_v(k)=\boldsymbol{P}_v(k-1)\boldsymbol{h}_v(k)\left[\boldsymbol{h}_v^T(k)\boldsymbol{P}_v(k-1)\boldsymbol{h}_v(k)+\dfrac{1}{\boldsymbol{\Lambda}(k)}\right]^{-1}\\ \boldsymbol{P}_v(k)=[\boldsymbol{I}-\boldsymbol{G}_v(k)\boldsymbol{h}_v^T(k)]\boldsymbol{P}_v(k-1)\end{cases}\tag{9.2.25}$$

当所有采样数据都是等同加权，即 $\boldsymbol{\Lambda}(k)=1$ 时，加权广义最小二乘参数估计递推算法就简化成广义最小二乘参数估计递推算法(RGLS)。

以上分析表明，在广义最小二乘法中，先对数据进行一次滤波预处理，再利用普通最小二乘法对滤波后的数据进行辨识。在预滤波处理中，滤波模型对辨识结果有较大的影响。滤波模型可以是预先选定的固定模型，也可以是动态变化模型。由于实际问题的复杂性，要选择一个较好的固定模型用于数据的白色化处理一般是比较困难的；而动态模型，在整个迭代过程中不断靠偏差信息来修正滤波模型，这种修正经过几次迭代后，便可对数据进行较好的白色化处理，但是，当过程的输出信噪比较大或模型参数比较多时，这种数据白色化处理的可靠性就会下降。此时，准则函数可能会出现多个局部收敛点，辨识结果可能使性能准则函数收敛于局部极小点而不是全局极小点，会导致辨识结果往往也会是有偏的。通常，在广义最小二乘辨识中，采用动态模型。

9.2.2　基于最大似然法的 CARMA 模型参数辨识算法

前面讨论的最小二乘算法，不仅计算简单，而且参数估计量具有许多优良的统计性质，对噪声特性的先验知识要求也不高。而极大似然辨识方法需要构造一个以测量数据和未知参数有关的似然函数，通过极大化这个函数获得模型参数。其前提是输出量的条件概率密度为已知，但计算工作量较大。然而，极大似然参数估计方法可以对有色噪声系统模型进行辨识，在动态系统辨识中有着广泛的应用。它与最小二乘法以及预报误差方法存在着一定的联系。

本节首先介绍极大似然参数辨识原理；其次，讨论动态系统模型参数的极大似然估计，其中包括系统动态模型及噪声模型的分类与特点、极大似然估计与最小二乘估计的关系、协方差阵未知时的极大似然参数估计；最后，讨论递推极大似然参数估计，其中包括极大似然递推算法的原理及方法等。

1)极大似然参数辨识原理

设 y 是一个随机变量，在参数 $\boldsymbol{\theta}$ 给定条件下 y 的概率密度为 $f(y|\boldsymbol{\theta})$，y 的 N_S 个

观测值构成一个随机序列$\{y(k)\}$。如果把这 N_S 个观测值记作

$$\boldsymbol{y}(N_S)=[y(1),y(2),\cdots,y(N_S)]^T \tag{9.2.26}$$

则 y_{N_S} 的联合概率密度为 $f(\boldsymbol{y}(N_S)|\boldsymbol{\theta})$,那么 $\boldsymbol{\theta}$ 的极大似然估计就是 $f(\boldsymbol{y}(N_S)|\theta)|_{\hat{\boldsymbol{\theta}}_{ML}}=\max$ 的参数估计值,即有

$$\left[\frac{\partial f(\boldsymbol{y}(N_S)\mid\boldsymbol{\theta})}{\partial\boldsymbol{\theta}}\right]^T_{\hat{\boldsymbol{\theta}}_{ML}}=0 \tag{9.2.27}$$

或

$$\left[\frac{\partial\ln f(\boldsymbol{y}(N_S)\mid\boldsymbol{\theta})}{\partial\boldsymbol{\theta}}\right]^T_{\hat{\boldsymbol{\theta}}_{ML}}=0 \tag{9.2.28}$$

式(9.2.27)或式(9.2.28)表明,对一组确定的数据 $\boldsymbol{y}(k)$,$f(\boldsymbol{y}(k)|\boldsymbol{\theta})$只是参数 $\boldsymbol{\theta}$ 的函数,已不再是概率密度了。这时的 $f(\boldsymbol{y}(k)|\boldsymbol{\theta})$称作 $\boldsymbol{\theta}$ 的函数,有时记作 $L(\boldsymbol{y}(N_S)|\boldsymbol{\theta})$。可见,概率密度函数和似然函数物理含义不同,但它们的数学表达式相同,即 $L(\boldsymbol{y}(N_S)|\boldsymbol{\theta})=f(\boldsymbol{y}(N_S)|\boldsymbol{\theta})$。因此极大似然原理又可写成

$$\left[\frac{\partial L(\boldsymbol{y}(N_S)\mid\boldsymbol{\theta})}{\partial\boldsymbol{\theta}}\right]^T_{\hat{\boldsymbol{\theta}}_{ML}}=0 \tag{9.2.29}$$

或

$$\left[\frac{\partial\ln L(\boldsymbol{y}(N_S)\mid\boldsymbol{\theta})}{\partial\boldsymbol{\theta}}\right]^T_{\hat{\boldsymbol{\theta}}_{ML}}=0 \tag{9.2.30}$$

式中,称 $\ln L(\boldsymbol{y}(N_S)|\boldsymbol{\theta})$为对数似然函数;称 $\hat{\boldsymbol{\theta}}_{ML}$ 为极大似然参数估计值,它使得似然函数或对数似然函数达到最大值。式(9.2.28)或式(9.2.29)就是极大似然函数原理的数学表示。它们的物理意义是:对一组确定的随机序列 $\boldsymbol{y}(N_S)$,设法找到参数估计值 $\hat{\boldsymbol{\theta}}_{ML}$,使得随机变量 $\boldsymbol{y}$ 在 $\hat{\boldsymbol{\theta}}_{ML}$ 条件下的概率密度最大可能地逼近随机变量 y 在 $\boldsymbol{\theta}_0$(真值)条件下的概率密度,即应有

$$f(\boldsymbol{y}(N_S)\mid\hat{\boldsymbol{\theta}}_{ML})\xrightarrow{\max}f(\boldsymbol{y}(N_S)\mid\hat{\boldsymbol{\theta}}_0) \tag{9.2.31}$$

式(9.2.31)表明,当 $f(\boldsymbol{y}|\boldsymbol{\theta})$取极大值时,对应的估值 $\hat{\boldsymbol{\theta}}_{ML}$ 才和真值 $\boldsymbol{\theta}_0$ 误差最小。

设 $y(1),y(2),\cdots,y(N_S)$是一组在独立观测条件下获得的一组互相独立的随机样本,那么随机变量 y 在参数 $\boldsymbol{\theta}$ 条件下的似然函数为

$$L(\boldsymbol{y}(N_S)\mid\boldsymbol{\theta})=f(y(1)\mid\boldsymbol{\theta})f(y(2)\mid\boldsymbol{\theta})\cdots f(y(N_S)\mid\boldsymbol{\theta})=\prod_{k=1}^{N_S}f(\boldsymbol{y}(k)\mid\boldsymbol{\theta}) \tag{9.2.32}$$

对应的对数似然函数为

$$l(\boldsymbol{y}(N_S)\mid\boldsymbol{\theta})=\ln L(\boldsymbol{y}(N_S)\mid\boldsymbol{\theta})=\sum_{k=1}^{N_S}\ln f(\boldsymbol{y}(k)\mid\boldsymbol{\theta}) \tag{9.2.33}$$

平均对数似然函数为

$$\bar{l}(\boldsymbol{y}(N_S)\mid\boldsymbol{\theta})=\frac{1}{N_S}\sum_{k=1}^{N_S}\ln f(\boldsymbol{y}(k)\mid\boldsymbol{\theta})\xrightarrow{N_S\to\infty}E\{\ln f(\boldsymbol{y}\mid\boldsymbol{\theta})\}\tag{9.2.34}$$

同理,随机变量 y 在参数 $\boldsymbol{\theta}_0$ 条件下的平均对数似然函数为

$$\bar{l}(\boldsymbol{y}(N_S)\mid\boldsymbol{\theta}_0)\xrightarrow{N_S\to\infty}E\{\ln f(\boldsymbol{y}\mid\boldsymbol{\theta}_0)\}\tag{9.2.35}$$

这时,Kullback-Leibler 信息测度为

$$\boldsymbol{I}(\boldsymbol{\theta}_0,\boldsymbol{\theta})=E\{\ln f(\boldsymbol{y}\mid\boldsymbol{\theta}_0)\}-E\{\ln f(\boldsymbol{y}\mid\boldsymbol{\theta})\}=E\left(\ln\frac{f(\boldsymbol{y}\mid\boldsymbol{\theta}_0)}{f(\boldsymbol{y}\mid\boldsymbol{\theta})}\right)\tag{9.2.36}$$

若令

$$x=\frac{f(\boldsymbol{y}\mid\boldsymbol{\theta})}{f(\boldsymbol{y}\mid\boldsymbol{\theta}_0)}\tag{9.2.37}$$

由于 $x>0,\ln x\leqslant x-1$,得

$$\ln\frac{f(\boldsymbol{y}\mid\boldsymbol{\theta})}{f(\boldsymbol{y}\mid\boldsymbol{\theta}_0)}\leqslant\frac{f(\boldsymbol{y}\mid\boldsymbol{\theta})}{f(\boldsymbol{y}\mid\boldsymbol{\theta}_0)}-1\tag{9.2.38}$$

因 $f(\boldsymbol{y}|\boldsymbol{\theta}_0)>0$,故上述不等式两边同乘以 $f(\boldsymbol{y}|\boldsymbol{\theta}_0)>0$ 后,对 y 积分,有

$$\int_{-\infty}^{\infty}f(\boldsymbol{y}\mid\boldsymbol{\theta}_0)\ln\frac{f(\boldsymbol{y}\mid\boldsymbol{\theta})}{f(\boldsymbol{y}\mid\boldsymbol{\theta}_0)}\mathrm{d}y\leqslant\int_{-\infty}^{\infty}f(\boldsymbol{y}\mid\boldsymbol{\theta})\mathrm{d}y-\int_{-\infty}^{\infty}f(\boldsymbol{y}\mid\boldsymbol{\theta}_0)\mathrm{d}y\tag{9.2.39}$$

考虑到全概率为 1,上式写成

$$E\{\ln\frac{f(\boldsymbol{y}\mid\boldsymbol{\theta})}{f(\boldsymbol{y}\mid\boldsymbol{\theta}_0)}\}\leqslant 0\tag{9.2.40}$$

因此,有

$$\boldsymbol{I}(\boldsymbol{\theta}_0,\boldsymbol{\theta})\geqslant 0\tag{9.2.41}$$

式(9.2.31)要求 $f(\boldsymbol{y}|\boldsymbol{\theta})$ 取极大值,这就意味着 $\boldsymbol{I}(\boldsymbol{\theta}_0,\boldsymbol{\theta})$ 必须取极小值,而极小化 $\boldsymbol{I}(\boldsymbol{\theta}_0,\boldsymbol{\theta})$ 等价于极大化 $E\{\ln f(\boldsymbol{y}|\boldsymbol{\theta})\}$,由于 $E\{\ln f(\boldsymbol{y}|\boldsymbol{\theta})\}$ 与 $L(\boldsymbol{y}(N_S)|\boldsymbol{\theta})$ 之间存在单调的函数关系,所以极大化 $L(\boldsymbol{y}(k)|\boldsymbol{\theta})$ 或 $\ln L(\boldsymbol{y}(k)|\boldsymbol{\theta})$ 与极大化 $E\{\ln f(y|\boldsymbol{\theta})\}$ 是等效的。因此,式(9.2.27)或式(9.2.28)体现了极大似然原理的内在实质,它们是极大似然辨识的重要依据。

【例 9.2】设一个独立同分布的随机过程为 $\{Y(t),t\in(-\infty,+\infty)\}$,在参数 $\hat{\theta}$ 条件下随机变量 y 的概率密度为 $f(y|\theta)=\theta^2 y\mathrm{e}^{-\theta y},\theta>0$,试求参数 $\hat{\theta}$ 的极大似然估计。

解:设 $\boldsymbol{y}(N_S)=[y(1),y(2),\cdots,y(N_S)]^T$ 表示随机变量 y 的 N_S 个观测值的向量,那么随机变量 y 在参数 θ 条件下的似然函数为

$$L(\boldsymbol{y}(N_S)\mid\theta)=\prod_{n=1}^{N_S}f(y(n)\mid\theta)=\theta^{2L}\prod_{n=1}^{N_S}y(n)\exp[-\theta\sum_{n=1}^{N_S}y(n)]$$

对应的对数似然函数为

$$l(\boldsymbol{y}(N_S)\mid\theta)=\ln L(\boldsymbol{y}(N_S)\mid\theta)=2N_S\ln\theta+\sum_{n=1}^{N_S}\ln y(n)-\theta\sum_{n=1}^{N_S}y(n)$$

根据式(9.2.28),则有

$$\left[\frac{\partial l(\boldsymbol{y}(N_S)\mid\theta)}{\partial\theta}\right]_{\hat{\theta}_{ML}}=2L\frac{1}{\hat{\theta}_{ML}}-\sum_{n=1}^{N_S}y(n)=0$$

从而可得

$$\hat{\theta}_{ML}=2L\Big/\sum_{n=1}^{N_S}y(n)$$

又由于

$$\frac{\partial^2\ln l(\boldsymbol{y}(N_S)\mid\theta)}{\partial\theta^2}\Big|_{\hat{\theta}_{ML}}=-\frac{2N_S}{\hat{\theta}_{ML}^2}<0$$

所以 $\hat{\theta}_{ML}$ 使似然函数达到了最大值。因此,$\hat{\theta}_{ML}$ 是参数 θ 的极大似然估计值。

2)协方差阵已知时的 CARMA 模型参数极大似然估计

(1)CARMA 系统模型

设 CARMA 测量模型为

$$\begin{cases}A(q)y(k)=C(q)x(k)+v(k)\\v(k)=B(q)e(k)\end{cases}\tag{9.2.42}$$

式中,$e(k)$是均值为零、方差为 σ_e^2,服从正态分布的不相关随机噪声;$x(k)$和 $y(k)$分别表示系统的输入、输出变量;且

$$\begin{cases}A(q)=1+a_1q^1+\cdots+a_nq^n\\B(q)=1+b_1q^1+b_2q^2+\cdots+b_nq^n\\C(q)=c_1q^1+c_2q^2+\cdots+c_nq^n\end{cases}\tag{9.2.43}$$

同时,设系统稳定,即 $A(q)$和 $B(q)$的所有零点都位于单位圆外且 $A(q)$,$B(q)$和 $C(q)$没有公共因子,这意味过程是渐近稳定的。

(2)噪声模型及其分类

噪声模型,如图 9.3 所示。

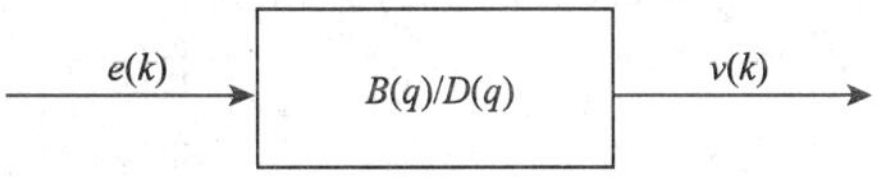

图 9.3　噪声模型

从图 9.3 可直接写出噪声模型的脉冲传递函数,即

$$H(q)=\frac{B(q)}{D(q)}\tag{9.2.44}$$

$e(k)$是白噪声,噪声模型式(9.2.44)直接决定 $v(k)$的噪声特点。在式(9.2.44)中,如果$D(q)$或 $B(q)$简化为 1,则噪声模型的结构和特征也随之改变。根据其结构,噪声模型可分为以下 3 种类型:

①自回归模型,简称 AR 模型,其模型结构为

$$D(q)v(k)=e(k)\tag{9.2.45}$$

②滑动平均模型,简称 MA 模型,其模型结构为

$$v(k)=B(q)e(k) \tag{9.2.46}$$

③自回归滑动平均模型,简称 ARMA 模型,其模型结构为

$$D(q)v(k)=B(q)e(k) \tag{9.2.47}$$

(3)极大似然估计与最小二乘估计的关系

将模型式(9.2.42)写成

$$\boldsymbol{y}(N_S)=\boldsymbol{H}(N_S)\boldsymbol{\theta}+\boldsymbol{v}(N_S) \tag{9.2.48}$$

式中

$$\begin{cases}\boldsymbol{y}(N_S)=[y(1),y(2),\cdots,y(N_S)]^T\\ \boldsymbol{v}(N_S)=[v(1),v(2),\cdots,v(N_S)]^T\\ \boldsymbol{\theta}=[a_1,a_2,\cdots,a_M,c_1,c_2,\cdots,c_M]^T\\ \boldsymbol{H}(N_S)=\begin{bmatrix}-y(0) & \cdots & -y(1-M) & x(0) & \cdots & x(1-M)\\ -y(1) & \cdots & -y(2-M) & x(1) & \cdots & x(2-M)\\ \vdots & & \vdots & \vdots & & \vdots\\ -y(N_S-1) & \cdots & -y(N_S-M) & x(N_S-M) & \cdots & x(N_S-M)\end{bmatrix}\end{cases} \tag{9.2.49}$$

因为

$$v(k)=e(k)+b_1e(k-1)+\cdots+b_Me(k-M) \tag{9.2.50}$$

则有

$$\begin{cases}E\{v(k)v(k-j)\}=\sum_{l=0}^{M}b_lb_{l-j}\sigma_e^2\\ b_0=1;b_l=0(l<0\quad or\quad l>M)\end{cases} \tag{9.2.51}$$

噪声 $v(k)$ 的协方差阵为

$$\boldsymbol{C}_{vv}=E\{\boldsymbol{v}(N_S)\boldsymbol{v}^T(N_S)\}=\begin{bmatrix}E\{v(1)v(1)\} & E\{v(1)v(2)\} & \cdots & E\{v(1)v(N_S)\}\\ E\{v(2)v(1)\} & E\{v(2)v(2)\} & \cdots & E\{v(2)v(N_S)\}\\ \vdots & \vdots & & \vdots\\ E\{v(N_S)v(1)\} & E\{v(N_S)v(2)\} & \cdots & E\{v(N_S)v(N_S)\}\end{bmatrix} \tag{9.2.52}$$

由于噪声 $e(k)$ 服从正态分布,系统的输出测量 y_k 也服从正态分布,即

$$\boldsymbol{y}(N_S)\sim N(\boldsymbol{H}(N_S)\boldsymbol{\theta},\boldsymbol{C}_{vv}) \tag{9.2.53}$$

正态分布的随机变量 y_k 在参数 θ 条件下的概率密度函数

$$f(\boldsymbol{y}(N_S)\mid\boldsymbol{\theta})=(2\pi)^{-\frac{N_S}{2}}(\det\boldsymbol{C}_{vv})^{-\frac{1}{2}}\cdot\exp\left[-\frac{1}{2}(\boldsymbol{y}(N_S)-\boldsymbol{H}(N_S)\boldsymbol{\theta})^{\mathrm{T}}\boldsymbol{C}_{vv}^{-1}(\boldsymbol{y}(N_S)-\boldsymbol{H}(N_S)\boldsymbol{\theta})\right] \tag{9.2.54}$$

据此，对数似然函数可以写为

$$l(\boldsymbol{y}(N_S) \mid \boldsymbol{\theta}) = \ln L(\boldsymbol{y}(N_S) \mid \boldsymbol{\theta}) = \ln f(\boldsymbol{y}(N_S) \mid \boldsymbol{\theta})$$
$$= -\frac{N_S}{2}\ln 2\pi - \frac{1}{2}\ln\det \boldsymbol{C}_{vv} - \frac{1}{2}(\boldsymbol{y}(N_S) - \boldsymbol{H}(N_S)\boldsymbol{\theta})^T \boldsymbol{C}_{vv}^{-1}(\boldsymbol{y}(N_S) - \boldsymbol{H}(N_S)\boldsymbol{\theta}) \tag{9.2.55}$$

根据极大似然原理，将式(9.2.55)对 $\boldsymbol{\theta}$ 求导并令其等于零，可得

$$\hat{\boldsymbol{\theta}}_{ML} = (\boldsymbol{H}^T(N_S)\boldsymbol{C}_{vv}^{-1}\boldsymbol{H}(N_S))^{-1}\boldsymbol{H}^T(N_S)\boldsymbol{C}_{vv}^{-1}\boldsymbol{y}(N_S) \tag{9.2.56}$$

易验证对数似然函数的二阶导数小于零，即

$$\frac{\partial^2 l(\boldsymbol{y}(N_S) \mid \boldsymbol{\theta})}{\partial \boldsymbol{\theta}^2}\bigg|_{\hat{\boldsymbol{\theta}}_{ML}} < 0 \tag{9.2.57}$$

式中，$\hat{\boldsymbol{\theta}}_{ML}$ 使对数似然函数 $l(\boldsymbol{y}(k)|\boldsymbol{\theta})$ 取最大值，是 $\boldsymbol{\theta}$ 的极大似然估计。如果噪声 $v(k)$ 的协方差矩阵 $\boldsymbol{C}_{vv}$ 已知，令 $\boldsymbol{C}_{vv} = \sigma_e^2\boldsymbol{I}$，$\boldsymbol{I}$ 为单位矩阵，$v(k)$ 是均值为零、方差为 σ_v^2 的不相关随机噪声，那么由式(9.2.56)可直接写成

$$\hat{\boldsymbol{\theta}}_{ML} = (\boldsymbol{H}^T(N_S)\boldsymbol{H}(N_S))^{-1}\boldsymbol{H}^T(N_S)\boldsymbol{y}(N_S) \tag{9.2.58}$$

这时参数 θ 的极大似然估计等价于最小二乘估计，但前提是数据长度 N_S 应充分大。否则，噪声方差会使辨识的精度受到影响。这一点可以通过比较极大似然和最小二乘两种方法的噪声方差估计 $\hat{\sigma}_e^2$ 加以证明。

3)协方差阵未知时的 CARMA 模型参数极大似然参数估计

在式(9.2.42)所示的动态系统中，$e(k)$ 是服从正态分布的白噪声；$v(k)$ 是 $e(k)$，$e(k-1)$，…，$e(k-M)$ 的线性组合，是有色噪声，且 $v(k)$ 的协方差阵 $\boldsymbol{C}_{vv}$ 未知。令

$$\boldsymbol{\theta} = [a_1, a_2, \cdots, a_M, b_1, b_2, \cdots, b_M, c_1, c_2, \cdots, c_M]^T \tag{9.2.59}$$

在独立观测的前提下，当获得 M 组输入输出数据 $\{x(k)\}$ 和 $\{y(k)\}$ 后，在给定的参数 $\boldsymbol{\theta}$ 和输入 $x(1)$，$x(2)$，…，$x(N_S-1)$ 的条件下，$y(1)$，$y(2)$，…，$y(N_S)$ 的联合概率密度为

$$f(y(1), y(2), \cdots, y(N_S) \mid x(1), x(2), \cdots, x(N_S-1), \boldsymbol{\theta}) =$$
$$f(y(N_S) \mid y(1), y(2), \cdots, y(N_S-1), x(1), x(2), \cdots, x(N_S-1), \boldsymbol{\theta})$$
$$\times f(y(N_S-1) \mid y(1), y(2), \cdots, y(N_S-2), x(1), x(2), \cdots, x(N_S-1), \boldsymbol{\theta})$$
$$\times \cdots \times f(y(1) \mid y(0), x(0), \boldsymbol{\theta})$$
$$= \prod_{n=1}^{N_S} f(y(n) \mid y(1), y(2), \cdots, y(n-1), x(1), x(2), \cdots, x(n-1), \boldsymbol{\theta}) \tag{9.2.60}$$

根据模型式(9.2.42)，有

$$y(k) = -\sum_{m=1}^{M} a_m y(k-m) + \sum_{m=1}^{M} c_m x(k-m) + e(k) + \sum_{m=1}^{M} b_m e(k-m) \tag{9.2.61}$$

将式(9.2.61)代入到式(9.2.60)，得

$$f(y(1),y(2),\cdots,y(N_S)\mid x(1),x(2),\cdots,x(N_S-1),\boldsymbol{\theta})=$$
$$\prod_{n=1}^{N_S} f([-\sum_{m=1}^{M}a_m y(n-m)+\sum_{m=1}^{M}c_m x(n-m)+e(n)+\sum_{m=1}^{M}b_m e(n-m)]\mid$$
$$y(1),y(2),\cdots,y(n-1),x(1),x(2),\cdots,x(n-1),\boldsymbol{\theta}) \qquad (9.2.62)$$

当观测到 k 时刻，$k-1$ 时刻以前的 $y(\cdot)$，$x(\cdot)$，$e(\cdot)$ 都已确定，且 $e(k)$ 与 $k-1$时刻以前的 $y(\cdot)$，$x(k)$，$\boldsymbol{\theta}$ 不相关时，式(9.2.62)可写为

$$f(y(1),y(2),\cdots,y(N_S)\mid x(1),x(2),\cdots,x(N_S-1),\boldsymbol{\theta})=$$
$$\prod_{n=1}^{N_S} f(e(n))+c=c+(2\pi)^{-\frac{N_S}{2}}(\sigma_e^2)^{-\frac{N_S}{2}}\exp\left[-\frac{1}{2\sigma_e^2}\sum_{n=1}^{N_S}e^2(n)\right] \qquad (9.2.63)$$

式中，c 为可由 $k-1$ 时刻以前的确定量求出的常数。如果将 $\boldsymbol{y}(N_S)$ 和 $\boldsymbol{x}(N_S-1)$ 写成

$$\begin{cases}\boldsymbol{y}(N_S)=[y(k),y(1),y(2),\cdots,y(N_S)]^T\\ \boldsymbol{x}(N_S-1)=[x(1),x(2),\cdots,x(N_S-1)]^T\end{cases} \qquad (9.2.64)$$

那么，观测值 $\boldsymbol{y}(N_S)$在 $\boldsymbol{\theta}$ 和 $\boldsymbol{x}(N_S-1)$条件下的对数似然函数为

$$\begin{aligned} l(\boldsymbol{y}(N_S)\mid \boldsymbol{x}(N_S-1),\boldsymbol{\theta}) &= \ln L(\boldsymbol{y}(N_S)\mid \boldsymbol{x}(N_S-1),\boldsymbol{\theta})\\ &=\ln f(\boldsymbol{y}(N_S)\mid \boldsymbol{x}(N_S-1),\boldsymbol{\theta})\\ &=c-\frac{N_S}{2}\ln 2\pi-\frac{N_S}{2}\ln\sigma_e^2-\frac{1}{2\sigma_e^2}\sum_{n=1}^{N_S}e^2(n) \end{aligned} \qquad (9.2.65)$$

式中，$e(n)$满足下列关系

$$e(n)=y(n)+\sum_{m=1}^{M}a_m y(n-m)-\sum_{m=1}^{M}c_m x(n-m)-\sum_{m=1}^{M}b_m e(n-m) \qquad (9.2.66)$$

根据极大似然估计定理，噪声方差 σ_e^2 的极大似然估计 $\hat{\sigma}_e^2$ 使得

$$l(\boldsymbol{y}(N_S)\mid \boldsymbol{x}(N_S-1),\boldsymbol{\theta})\mid_{\hat{\sigma}_v^2}=\max$$

即有

$$l(\boldsymbol{y}(N_S)\mid \boldsymbol{x}(N_S-1),\boldsymbol{\theta})=c-\frac{N_S}{2}\ln\frac{1}{N_S}\sum_{n=1}^{N_S}e^2(n)-\frac{N_S}{2}=c_1-\frac{N_S}{2}\ln\frac{1}{N_S}\sum_{n=1}^{N_S}e^2(n)$$
$$(9.2.67)$$

式中，$c_1=c-N_S/2$。从极大似然原理知，参数 $\boldsymbol{\theta}$ 的极大似然估计 $\hat{\boldsymbol{\theta}}_{\mathrm{ML}}$必须使得 $l(\boldsymbol{y}(N_S)\mid\boldsymbol{x}(N_S-1),\boldsymbol{\theta})|_{\hat{\boldsymbol{\theta}}_{ML}}=\max$，这等价于

$$V(\hat{\boldsymbol{\theta}}_{\mathrm{ML}})=\frac{1}{N_S}\sum_{k=1}^{N_S}e^2(n)\bigg|_{\hat{\boldsymbol{\theta}}_{\mathrm{ML}}}=\min \qquad (9.2.68)$$

式中，$e(n)$满足式(9.2.61)的约束条件。

综上所述，当噪声 $v(n)$的协方差阵 $\boldsymbol{C}_{vv}$ 未知时，模型式(9.2.42)的极大似然估计为：在式(9.2.61)的约束条件下，求参数 $\boldsymbol{\theta}$ 的极大似然估计 $\hat{\boldsymbol{\theta}}_{\mathrm{ML}}$必须使得 $V(\hat{\boldsymbol{\theta}}_{\mathrm{ML}})=\min$。

同时，噪声方差 σ_e^2 的估计值为

$$\sigma_e^2 = \min V(\boldsymbol{\theta}) = V(\hat{\boldsymbol{\theta}}_{\mathrm{ML}}) \tag{9.2.69}$$

显然，$V(\boldsymbol{\theta})$是参数 a_i，b_i 和 c_i 的函数，它关于 a_i，c_i 是线性的，而关于 b_i 却是非线性的。因此 $V(\boldsymbol{\theta})$的极小化问题不好求解，只能用迭代的方法求解。下面介绍两种求 $V(\boldsymbol{\theta})$极小值的最优化迭代算法。

(1)Lagrangian 乘子法

Lagrangian 乘子法是一种基于极大似然思路的迭代算法。为了使式(9.2.65)达到最大，目标函数定义为

$$V(\boldsymbol{\theta}) = \frac{1}{N_S}\sum_{n=1}^{N_S} e^2(n) \tag{9.2.70}$$

目标函数极小化的约束条件为

$$e(n) + \sum_{m=1}^{M} b_m e(n-m) - y(n) - \sum_{m=1}^{M} a_m y(n-m) + \sum_{m=1}^{M} c_m x(n-m) = 0 \tag{9.2.71}$$

引入 Lagrangian 乘子 $\lambda(n)$，$n=k+1,k+2,\cdots,k+N_S$，构造如下 Lagrangian 函数

$$\begin{aligned}\Im(\boldsymbol{\theta}) &= \frac{1}{N_S}\sum_{n=1}^{N_S} e^2(n) + \frac{1}{N_S}\sum_{n=1}^{N_S}\lambda(n)[e(n) + \sum_{m=1}^{m} b_m e(n-m) \\ &\quad + \sum_{m=1}^{M} c_m x(n-m) - y(m) - \sum_{m=1}^{M} a_m y(n-m)] \\ &= F(e,\lambda,a_m,b_m,c_m)\end{aligned} \tag{9.2.72}$$

把目标函数 $V(\boldsymbol{\theta})$的极小化问题转化成 Lagrangian 函数$\Im(\boldsymbol{\theta})$的极小化问题。即变成 Lagrangian 函数$\Im(\boldsymbol{\theta})$分别对 e，λ，$\boldsymbol{\theta}$($\boldsymbol{\theta}=[a_m,b_m,c_m]^T$)求极小值的问题。

首先取

$$\begin{cases}\dfrac{\partial \Im(\boldsymbol{\theta})}{\partial e(j)}\Big|_{\hat{\boldsymbol{\theta}}_{\mathrm{ML}}} = \dfrac{2}{N_S}\hat{e}(j) + \dfrac{1}{N_S}[\lambda(j) + \sum\limits_{m=1}^{M} b_m \lambda(j+m)] = 0 \\ j = k+1,k+2,\cdots,k+N_S\end{cases} \tag{9.2.73}$$

并令

$$\lambda(j) = 0, j = N_S+1, N_S+2,\cdots,N_S+k \tag{9.2.74}$$

得方程组

$$\begin{cases}\lambda(j) + \sum\limits_{m=1}^{M}\hat{b}_m\lambda(j+m) + 2\hat{e}(j) = 0, j = k+1,k+2,\cdots,N_S \\ \lambda(j) = 0, j = N_S+1,N_S+2,\cdots,N_S+k\end{cases} \tag{9.2.75}$$

其次，Lagrangian 函数$\Im(\boldsymbol{\theta})$对 $\lambda(n)$求导，并令其为零，得

$$\hat{e}(n)=-\sum_{m=1}^{M}\hat{b}_m\hat{e}(n-m)+y(n)+\sum_{m=1}^{M}\hat{a}_m y(n-m)-\sum_{m=1}^{M}\hat{c}_m x(n-m) \tag{9.2.76}$$

再次，由式(9.2.75)和式(9.2.76)，求得 $\hat{e}(n)$ 和 $\lambda(n)$，求出参数估计 $\hat{\boldsymbol{\theta}}_{\mathrm{ML}}$ 值必须使 Lagrangian 函数 $\mathfrak{J}(\boldsymbol{\theta})$ 取极小值。由于 $\lambda(n)$ 和 $\hat{e}(n)$ 与 $\boldsymbol{\theta}$ 有关，对 $\boldsymbol{\theta}$ 不能以线性的形式进行估计，因此必须对

$$\begin{cases}\left.\dfrac{\partial\,\mathfrak{J}(\boldsymbol{\theta})}{\partial a_j}\right|_{\hat{\boldsymbol{\theta}}_{ML}}=-\dfrac{1}{N_S}\sum\limits_{n=k+1}^{N_S}\lambda(n)y(n-j)\\ \left.\dfrac{\partial\,\mathfrak{J}(\boldsymbol{\theta})}{\partial b_j}\right|_{\hat{\boldsymbol{\theta}}_{ML}}=-\dfrac{1}{N_S}\sum\limits_{n=k+1}^{N_S}\lambda(n)\hat{e}(n-j)\\ \left.\dfrac{\partial\,\mathfrak{J}(\boldsymbol{\theta})}{\partial c_j}\right|_{\hat{\boldsymbol{\theta}}_{ML}}=-\dfrac{1}{N_S}\sum\limits_{n=k+1}^{N_S}\lambda(n)x(n-j)\\ j=1,2,\cdots,k\end{cases} \tag{9.2.77}$$

进行搜索可求得 $\hat{\boldsymbol{\theta}}_{\mathrm{ML}}$，使 $\mathfrak{J}(\hat{\boldsymbol{\theta}}_{\mathrm{ML}})=\min$，搜索方法可采用 DFP(Davidon, Fletches, Powell)变尺度法，具体过程可参考有关文献。

(2)Newton-Raphson 法

以式(9.2.70)和式(9.2.71)分别为目标函数和约束条件，按 Newton-Raphson 法分析对约束条件式(9.2.71)的极小化问题。设 $\hat{\boldsymbol{\theta}}_N$ 是利用第 N 批以前的输入输出数据 $\{x(n)\}$、$\{y(n)\}$ $(n=(N-1)N_S+1,(N-1)N_S+2,\cdots,NN_S)$ 求得极大似然估计值，使得

$$J_N(\boldsymbol{\theta})=V_N(\boldsymbol{\theta})=\frac{1}{N_S}\sum_{n=(N-1)N_S+1}^{NN_S}e^2(n)=\min \tag{9.2.78}$$

当又获得一批新的输入输出数据 $\{x(n)\}$、$\{y(n)\}$ $(n=NN_S+1,NN_S+2,\cdots,(N+1)N_S)$，使

$$J_{N+1}(\boldsymbol{\theta})=\frac{1}{N_S}\sum_{n=NN_S+1}^{(N+1)N_S}e^2(n) \tag{9.2.79}$$

达到极小值。

根据 Newton-Raphson 原理，$\hat{\boldsymbol{\theta}}_{N+1}$ 与 $\hat{\boldsymbol{\theta}}_N$ 满足下列递推关系

$$\hat{\boldsymbol{\theta}}_{N+1}=\hat{\boldsymbol{\theta}}_N-\boldsymbol{S}^{-1}\big|_{\hat{\boldsymbol{\theta}}_N}\cdot\left[\frac{\partial J_{N+1}(\boldsymbol{\theta})}{\partial\boldsymbol{\theta}}\right]_{\hat{\boldsymbol{\theta}}_N}^T \tag{9.2.80}$$

式中，$\boldsymbol{S}$ 为 Hessian 矩阵，且为

$$\boldsymbol{S}=\frac{\partial^2 J_{N+1}(\boldsymbol{\theta})}{\partial\boldsymbol{\theta}^2} \tag{9.2.81}$$

如果式(9.2.79)的递推形式为

$$J_{N+1}(\boldsymbol{\theta},n)=J_{N+1}(\boldsymbol{\theta},n-1)+\frac{1}{2}e^2(n) \tag{9.2.82}$$

对 $\boldsymbol{\theta}$ 求导，得

$$\begin{aligned}\frac{\partial J_{N+1}(\boldsymbol{\theta},n)}{\partial\boldsymbol{\theta}}&=\frac{\partial J_{N+1}(\boldsymbol{\theta},n-1)}{\partial\boldsymbol{\theta}}+e(n)\frac{\partial e(n)}{\partial\boldsymbol{\theta}}\\&=\frac{\partial J_{N+1}(\boldsymbol{\theta},n-2)}{\partial\boldsymbol{\theta}}+\sum_{n=(N+1)N_S-1}^{(N+1)N_S}e(n)\frac{\partial e(n)}{\partial\boldsymbol{\theta}}\\&=\cdots=\sum_{n=NN_S+1}^{(N+1)N_S}v(n)\frac{\partial e(n)}{\partial\boldsymbol{\theta}}\end{aligned} \tag{9.2.83}$$

及

$$\frac{\partial^2 J_{N+1}(\boldsymbol{\theta},n)}{\partial\boldsymbol{\theta}^2}=\frac{\partial^2 J_{N+1}(\boldsymbol{\theta},n-1)}{\partial\boldsymbol{\theta}^2}+\left[\frac{\partial e(n)}{\partial\boldsymbol{\theta}}\right]^T\left[\frac{\partial e(n)}{\partial\boldsymbol{\theta}}\right]+e(n)\frac{\partial^2 e(n)}{\partial\boldsymbol{\theta}^2} \tag{9.2.84}$$

忽略二阶导数项 $e(n)\dfrac{\partial^2 e(n)}{\partial\boldsymbol{\theta}^2}$，则

$$\frac{\partial^2 J_{N+1}(\boldsymbol{\theta},n)}{\partial\boldsymbol{\theta}^2}\approx\frac{\partial^2 J_{N+1}(\boldsymbol{\theta},n-1)}{\partial\boldsymbol{\theta}^2}+\left[\frac{\partial e(n)}{\partial\boldsymbol{\theta}}\right]^T\left[\frac{\partial e(n)}{\partial\boldsymbol{\theta}}\right] \tag{9.2.85}$$

因此

$$\begin{cases}\boldsymbol{S}\big|_{\hat{\boldsymbol{\theta}}_N}\approx\displaystyle\sum_{n=NN_S+1}^{(N+1)N_S}\left[\frac{\partial e(n)}{\partial\boldsymbol{\theta}}\right]^T\left[\frac{\partial e(n)}{\partial\boldsymbol{\theta}}\right]\Bigg|_{\hat{\boldsymbol{\theta}}_N}\\ \left[\dfrac{\partial J_{N+1}(\boldsymbol{\theta})}{\partial\boldsymbol{\theta}}\right]^T_{\hat{\boldsymbol{\theta}}_N}=\displaystyle\sum_{n=NN_S+1}^{(N+1)N_S}e(n)\left[\frac{\partial e(n)}{\partial\boldsymbol{\theta}}\right]^T\Bigg|_{\hat{\boldsymbol{\theta}}_N}\end{cases} \tag{9.2.86}$$

4)极大似然参数估计的递推算法

实际上，Newton-Raphson 法是一种可用于在线辨识的批处理递推算法。每批处理数据需要 N 次观测数据，然后根据 N 次观测数据进行一次递推。本节将讨论一种算法，即每观测一次数据就递推计算一次参数估计值。本质上说，它只是一种近似的极大似然法。

设 CARMA 观测模型为

$$A(q)y(k)=C(q)x(k)+B(q)e(k) \tag{9.2.87}$$

式中，$x(k)$和 $y(k)$是系统的输入、输出量；$e(k)$是均值为零、方差为 σ_e^2 的不相关随机噪声序列，且

$$\begin{cases}A(q)=1+a_1q^1+a_2q^2+\cdots+a_Mq^M\\B(q)=1+b_1q^1+b_2q^2+\cdots+b_Nq^N\\C(q)=c_1q^1+c_2q^2+\cdots+c_Lq^L\end{cases} \tag{9.2.88}$$

令

$$\boldsymbol{\theta}=[a_1,a_2,\cdots,a_M,b_1,b_2,\cdots,b_N,c_1,c_2,\cdots,c_L]^T \tag{9.2.89}$$

则模型式(9.2.87)的参数极大似然问题就是求参数 $\boldsymbol{\theta}$,使得

$$J(\boldsymbol{\theta})\big|_{\hat{\boldsymbol{\theta}}_{ML}}=\frac{1}{2}\sum_{n=1}^{N_S}e^2(n)\Big|_{\hat{\boldsymbol{\theta}}_{ML}}=\min \tag{9.2.90}$$

式中,$\hat{\boldsymbol{\theta}}_{ML}$ 为参数 $\boldsymbol{\theta}$ 的极大似然估计值;$e(n)$满足下列关系

$$e(n)=[B(q)]^{-1}[A(q)y(n)-C(q)x(n)] \tag{9.2.91}$$

将 $e(n)$在 $\hat{\boldsymbol{\theta}}_{ML}$ 点上泰勒展开后的近似表达式为

$$e(n)\approx e(n)\big|_{\hat{\boldsymbol{\theta}}_{ML}}+\frac{\partial e(n)}{\partial\boldsymbol{\theta}}\Big|_{\hat{\boldsymbol{\theta}}_{ML}}(\boldsymbol{\theta}-\hat{\boldsymbol{\theta}}_{ML}) \tag{9.2.92}$$

并设

$$\boldsymbol{h}_g(n)\triangleq-\left[\frac{\partial e(n)}{\partial\boldsymbol{\theta}}\right]^T\Big|_{\hat{\boldsymbol{\theta}}_{ML}}=$$

$$-\left[\frac{\partial e(n)}{\partial a_1},\cdots,\frac{\partial e(n)}{\partial a_M},\frac{\partial e(n)}{\partial b_1},\cdots,\frac{\partial e(n)}{\partial b_N},\frac{\partial e(n)}{\partial c_1},\cdots,\frac{\partial e(n)}{\partial c_L}\right]^T\Bigg|_{\hat{\theta}_{ML}} \tag{9.2.93}$$

式中

$$\begin{cases}\dfrac{\partial e(n)}{\partial a_j}\Big|_{\hat{\boldsymbol{\theta}}_{ML}}=[\hat{B}(q)]^{-1}q^jy(n)=q^jy_g(n)\\ \dfrac{\partial e(n)}{\partial b_j}\Big|_{\hat{\boldsymbol{\theta}}_{ML}}=-[\hat{B}(q)]^{-1}q^je(n)=-q^j\hat{e}_g(n)\\ \dfrac{\partial e(n)}{\partial c_j}\Big|_{\hat{\boldsymbol{\theta}}_{ML}}=-[\hat{B}(q)]^{-1}q^jx(n)=-q^jx_g(n)\end{cases} \tag{9.2.94}$$

式中,$x_g(n)$、$y_g(n)$和$\hat{e}_g(n)$分别表示 $y(n)$、$x(n)$及 $e(n)$的滤波值,且

$$\begin{cases}x_g(n)=[\hat{B}(q)]^{-1}x(n)\\ y_g(n)=[\hat{B}(q)]^{-1}y(n)\\ \hat{e}_g(n)=[\hat{B}(q)]^{-1}\hat{e}(n)\end{cases} \tag{9.2.95}$$

或

$$\begin{cases}x_g(n)=x(n)-\hat{b}_1x_g(n-1)-\cdots-\hat{b}_Nx_g(n-N)\\ y_g(n)=y(n)-\hat{b}_1y_g(n-1)-\cdots-\hat{b}_Ny_g(n-N)\\ \hat{e}_g(n)=\hat{e}(n)-\hat{b}_1\hat{e}_g(n-1)-\cdots-\hat{b}_N\hat{e}_g(n-N)\end{cases} \tag{9.2.96}$$

那么,将向量 $\boldsymbol{h}_g(n)$记为

$$\begin{aligned}\boldsymbol{h}_g(n)=[&-y_g(n-1),\cdots,-y_g(n-M),x_g(n-1),\cdots,\\ &x_g(n-L),\hat{e}_g(n-N),\cdots,\hat{e}_g(n-N)]^T\end{aligned} \tag{9.2.97}$$

为了得到极大似然估计的递推形式,先将 $J(\boldsymbol{\theta})$写成递推的形式

$$J(\boldsymbol{\theta},n)\approx J(\boldsymbol{\theta},n-1)+\frac{1}{2}e^2(n) \tag{9.2.98}$$

设 $\hat{\boldsymbol{\theta}}(n-1)$是模型式(9.2.87)在 $k-1$ 时刻的极大似然估计值。若将 $J(\boldsymbol{\theta},n-1)$在 $\hat{\boldsymbol{\theta}}(\boldsymbol{n}-1)$点上进行泰勒级数展开,并忽略在该点上 $J(\boldsymbol{\theta},n-1)$对 $\boldsymbol{\theta}$ 的一阶导数,则

$$J(\boldsymbol{\theta},n) \approx \frac{1}{2}[\boldsymbol{\theta}-\hat{\boldsymbol{\theta}}(n-1)]^T\boldsymbol{P}^{-1}(n-1)[\boldsymbol{\theta}-\hat{\boldsymbol{\theta}}(n-1)]+\frac{1}{2}\eta(n)+\frac{1}{2}e^2(n) \tag{9.2.99}$$

式中,$\eta(n)$是 $J(\boldsymbol{\theta},n-1)$进行泰勒级数展开时的残差项;同时

$$\boldsymbol{P}^{-1}(n-1)=\left.\frac{\partial^2 J(\boldsymbol{\theta},n-1)}{\partial\boldsymbol{\theta}^2}\right|_{\hat{\boldsymbol{\theta}}(n-1)} \tag{9.2.100}$$

是正定对称阵,令

$$J^*(\boldsymbol{\theta},k)=2J(\boldsymbol{\theta},k) \tag{9.2.101}$$

并结合到式(9.2.92)和式(9.2.93),则

$$\begin{aligned}J^*(\boldsymbol{\theta},n) &\approx [\boldsymbol{\theta}-\hat{\boldsymbol{\theta}}(n-1)]^T\boldsymbol{P}^{-1}(n-1)[\boldsymbol{\theta}-\hat{\boldsymbol{\theta}}(n-1)]+\eta(n)\\&\quad+\left\{e(n)\big|_{\hat{\boldsymbol{\theta}}(n-1)}+\left.\frac{\partial e(n)}{\partial\boldsymbol{\theta}}\right|_{\hat{\boldsymbol{\theta}}(n-1)}[\boldsymbol{\theta}-\hat{\boldsymbol{\theta}}(n-1)]\right\}^2\\&=[\boldsymbol{\theta}-\hat{\boldsymbol{\theta}}(n-1)]^T[\boldsymbol{P}^{-1}(n-1)+\boldsymbol{h}_g(n)\boldsymbol{h}_g^T(n)][\boldsymbol{\theta}-\hat{\boldsymbol{\theta}}(n-1)]\\&\quad-2e(n)\big|_{\hat{\boldsymbol{\theta}}(n-1)}\boldsymbol{h}_g^T(n)[\boldsymbol{\theta}-\hat{\boldsymbol{\theta}}(n-1)]+e^3(n)\big|_{\hat{\boldsymbol{\theta}}(n-1)}+\eta(n)\end{aligned} \tag{9.2.102}$$

为了将式(9.2.102)配成二次型,设 $\tilde{\boldsymbol{\theta}}(n-1)=\boldsymbol{\theta}-\hat{\boldsymbol{\theta}}(n-1)$,则

$$J^*(\boldsymbol{\theta},n)\approx[\tilde{\boldsymbol{\theta}}(n-1)-\boldsymbol{r}(n)]^T\boldsymbol{P}^{-1}(n)[\tilde{\boldsymbol{\theta}}(n-1)-\boldsymbol{r}(n)]+\eta^*(n) \tag{9.2.103}$$

式中

$$\begin{cases}\boldsymbol{P}^{-1}(n)=\boldsymbol{P}^{-1}(n-1)+\boldsymbol{h}_g(n)\boldsymbol{h}_g^T(n)\\\boldsymbol{r}(n)=\boldsymbol{P}(n)\boldsymbol{h}_g(n)e(n)\big|_{\hat{\boldsymbol{\theta}}(n-1)}\triangleq\boldsymbol{G}(n)\hat{\boldsymbol{r}}(n)\\\eta^*(n)=\boldsymbol{r}^T(n)\boldsymbol{P}^{-1}(n)\boldsymbol{r}(n)+e^2(n)\big|_{\hat{\boldsymbol{\theta}}(n-1)}+\eta(n)\end{cases} \tag{9.2.104}$$

显然,$\eta^*(n)$大于零,故由式(9.2.103)可知,若 n 时刻的参数估计值 $\hat{\boldsymbol{\theta}}(n)$使得

$$\tilde{\boldsymbol{\theta}}(n-1)\big|_{\boldsymbol{\theta}=\hat{\boldsymbol{\theta}}(n)}-\boldsymbol{r}(n)=\boldsymbol{G}(n)\hat{\boldsymbol{r}}(n) \tag{9.2.105}$$

则 $J^*(\boldsymbol{\theta},n)$可得最小值。利用矩阵反演公式

$$(\boldsymbol{A}+\boldsymbol{BC})^{-1}=\boldsymbol{A}^{-1}-\boldsymbol{A}^{-1}\boldsymbol{B}(\boldsymbol{I}+\boldsymbol{CA}^{-1}\boldsymbol{B})^{-1}\boldsymbol{CA}^{-1} \tag{9.2.106}$$

则由式(9.2.104)的第一式,可导出

$$\boldsymbol{P}(n)=\boldsymbol{P}(n-1)-\frac{\boldsymbol{P}(n-1)\boldsymbol{h}_g(n)\boldsymbol{h}_g^T(n)\boldsymbol{P}(n-1)}{1+\boldsymbol{h}_g^T(n)\boldsymbol{P}(n-1)\boldsymbol{h}_g(n)} \tag{9.2.107}$$

另外,类似于最小二乘法的推导,可获得增益矩阵的递推公式为

$$\boldsymbol{G}(n)=\boldsymbol{P}(n-1)\boldsymbol{h}_g(n)[1+\boldsymbol{h}_g^T(n)\boldsymbol{P}(n-1)\boldsymbol{h}_g(n)]^{-1} \tag{9.2.108}$$

于是,递推极大似然参数估计(RML)算法描述为

$$\begin{cases}\hat{\boldsymbol{\theta}}(k)=\hat{\boldsymbol{\theta}}(k-1)+\boldsymbol{G}(k)\hat{e}(k)\\ \boldsymbol{G}(k)=\boldsymbol{P}(k-1)\boldsymbol{h}_g(k)[\boldsymbol{h}_g^T(k)\boldsymbol{P}(k-1)\boldsymbol{h}_g(k)+\boldsymbol{I}]^{-1}\\ \boldsymbol{P}(k)=[\boldsymbol{I}-\boldsymbol{G}(k)\boldsymbol{h}_g^T(k)]\boldsymbol{P}(k-1)\\ \hat{e}(k)=y(k)-\boldsymbol{h}^T(k)\hat{\boldsymbol{\theta}}(k-1)\\ \boldsymbol{h}(k)=[-y(k-1),\cdots,-y(k-M),x(k-1),\cdots,x(k-L),\\ \qquad \hat{e}(k-1),\cdots,\hat{e}(k-N)]^T\\ \boldsymbol{h}_g(k)=[-y_g(k-1),\cdots,-y_g(k-M),x_g(k-1),\cdots,x_g(k-L),\\ \qquad \hat{e}_g(k-1),\cdots,\hat{e}_g(k-N)]^T\\ x_g(k)=x(k)-\hat{b}_1(k)x_g(k-1)-\cdots-\hat{b}_N(k)x_g(k-N)\\ y_g(k)=y(k)-\hat{b}_1(k)y_g(k-1)-\cdots-\hat{b}_N(k)y_g(k-N)\\ \hat{e}_g(k)=\hat{e}(k)-\hat{b}_1(k)\hat{e}_g(k-1)-\cdots-\hat{b}_N(k)\hat{e}_g(k-N)\end{cases} \tag{9.2.109}$$

式(9.2.109)表明，极大似然参数估计递推算法类似于增广最小二乘法，所不同的只是向量 $\boldsymbol{h}_g(k)$ 的构造不一样。

9.2.3　基于 Bayes 概率的 CARMA 模型参数辨识算法

在介绍了最小二乘辨识、极大似然辨识之后，本节介绍 Bayes 辨识方法。

1)Bayes 基本原理

按 Bayes 辨识方法是把所要估计的参数看作随机变量，然后通过观测与该参数有关联的其他变量，来推断这个参数。

设 $\boldsymbol{\theta}$ 是描述某一动态系统模型的参数，如果系统的输出变量 $y(k)$ 在参数 $\boldsymbol{\theta}$ 及其历史记录 $\boldsymbol{D}(k-1)$ 条件下的概率密度 $f(y(k)|\boldsymbol{\theta},\boldsymbol{D}(k-1))$ 已知，其中 $\boldsymbol{D}(k-1)$ 表示 $k-1$ 时刻以前的输入输出数据集合，那么根据 Bayes 原理，参数 $\boldsymbol{\theta}$ 的估计问题可视为参数 $\boldsymbol{\theta}$ 当作具有某种先验概率密度 $f(\boldsymbol{\theta},\boldsymbol{D}(k-1))$ 的随机变量，如果输入 $x(k)$ 是确定的变量，则参数 θ 的后验概率密度为

$$\begin{aligned}f(\boldsymbol{\theta}|\boldsymbol{D}(k))&=f(\boldsymbol{\theta}|x(k),y(k),\boldsymbol{D}(k-1))\\&=f(\boldsymbol{\theta}|y(k),\boldsymbol{D}(k-1))\\&=\frac{f(y(k)|\boldsymbol{\theta},\boldsymbol{D}(k-1))f(\boldsymbol{\theta}|\boldsymbol{D}(k-1))}{\int_{-\infty}^{\infty}f(y(k)|\boldsymbol{\theta},\boldsymbol{D}(k-1))f(\boldsymbol{\theta}|\boldsymbol{D}(k-1))\mathrm{d}\boldsymbol{\theta}}\end{aligned} \tag{9.2.110}$$

式中，分母与参数 $\boldsymbol{\theta}$ 无关，参数 $\boldsymbol{\theta}$ 的先验概率密度 $f(\boldsymbol{\theta}|\boldsymbol{D}(k-1))$ 及数据的条件概率密度 $f(y(k)|\boldsymbol{\theta},\boldsymbol{D}(k-1))$ 已知；$\boldsymbol{D}(k)$ 表示 k 时刻以前的输入输出数据集合，它与 $\boldsymbol{D}(k-1)$ 的关系为

$$\boldsymbol{D}(k)=\{x(k),y(k),\boldsymbol{D}(k-1)\} \tag{9.2.111}$$

而 $x(k)$ 和 $y(k)$ 为系统 k 时刻的输入输出数据。由式(9.2.110)可以求得参数 $\boldsymbol{\theta}$ 的后

验概率密度，求得参数 $\boldsymbol{\theta}$ 的后验概率密度后，就可利用它进一步求得参数 $\boldsymbol{\theta}$ 的估计值。常用的方法有两种：一种方法是极大后验参数估计方法，另一种方法是条件期望参数估计方法，这两种方法统称为贝叶斯方法。

(1)极大后验参数估计方法

极大后验参数估计方法将后验概率密度 $f(\boldsymbol{\theta}|\boldsymbol{D}(k))$ 达到极大值作为估计准则。在该准则下求得的参数估计值称作极大后验估计，记作 $\hat{\boldsymbol{\theta}}_{MP}$。显然，极大后验估计满足方程

$$\left.\frac{\partial f(\boldsymbol{\theta}|\boldsymbol{D}(k))}{\partial\boldsymbol{\theta}}\right|_{\hat{\boldsymbol{\theta}}_{MP}}=0 \tag{9.2.112}$$

或

$$\left.\frac{\partial\log f(\boldsymbol{\theta}|\boldsymbol{D}(k))}{\partial\boldsymbol{\theta}}\right|_{\hat{\boldsymbol{\theta}}_{MP}}=0 \tag{9.2.113}$$

该式表明，在数据 $\boldsymbol{D}(k)$ 条件下，模型参数 $\boldsymbol{\theta}$ 落在 $\hat{\boldsymbol{\theta}}_{MP}$ 邻域内的概率比落在其他邻域的概率要大。或者说，$\hat{\boldsymbol{\theta}}_{MP}$ 是 $\boldsymbol{\theta}$ 最可能的聚集区域。

如果把式(9.2.110)代入式(9.2.113)，则式(9.2.113)可写为

$$\left.\frac{\partial\log f(y(k)|\boldsymbol{\theta},\boldsymbol{D}(k-1))}{\partial\boldsymbol{\theta}}\right|_{\hat{\boldsymbol{\theta}}_{MP}}+\left.\frac{\partial\log f(\boldsymbol{\theta}|\boldsymbol{D}(k-1))}{\partial\boldsymbol{\theta}}\right|_{\hat{\boldsymbol{\theta}}_{MP}}=0 \tag{9.2.114}$$

当 $y(k)$ 是在独立观测条件下的输出样本时，若让式(9.2.114)左边的第一项为零，则对应的估计值就是极大似然估计。可见，与极大似然估计相比，极大后验估计考虑了参数 $\boldsymbol{\theta}$ 的先验概率知识。通常情况下，如果参数 $\boldsymbol{\theta}$ 的先验概率密度 $f(\boldsymbol{\theta}|\boldsymbol{D}(k-1))$ 已知，则极大后验估计将优于极大似然枯计。也就是说，极大后验估计的精度将高于极大似然估计。

如果参数 $\boldsymbol{\theta}$ 是均匀分布的，则参数 $\boldsymbol{\theta}$ 的先验概率分布为协方差阵趋于无限大的正态分布，即参数 $\boldsymbol{\theta}$ 的先验概率密度可写为

$$f(\boldsymbol{\theta}|\boldsymbol{D}(k-1))=\frac{(2\pi)^{\frac{-M}{2}}}{\sqrt{\det\boldsymbol{P}_{\theta}}}\exp\{-\frac{1}{2}(\boldsymbol{\theta}-\bar{\boldsymbol{\theta}})^{T}\boldsymbol{P}_{\theta}^{-1}(\boldsymbol{\theta}-\bar{\boldsymbol{\theta}})\} \tag{9.2.115}$$

式中，M 表示多元参数 $\boldsymbol{\theta}$ 的维数，$M=\dim\boldsymbol{\theta}$；$\bar{\boldsymbol{\theta}}$ 和 $\boldsymbol{P}_{\theta}$ 分别表示参数 $\boldsymbol{\theta}$ 的均值和协方差阵，且 $\boldsymbol{P}_{\theta}^{-1}\to 0$。那么，式(9.2.114)左边第二项为

$$\left.\frac{\partial\log f(\boldsymbol{\theta}|\boldsymbol{D}(k-1))}{\partial\boldsymbol{\theta}}\right|_{\hat{\boldsymbol{\theta}}_{MP}}=-\boldsymbol{P}_{\theta}^{-1}(\hat{\boldsymbol{\theta}}_{MP}-\bar{\theta})\to 0 \tag{9.2.116}$$

可见，这时极大后验估计就退化成极大似然估计。

显然，极大后验估计与极大似然估计有着密切的联系，但极大似然估计立足于直接极大化数据的条件概率密度；而极大后验估计则是基于极大化参数 $\boldsymbol{\theta}$ 的后验概率密度，且考虑了参数 $\boldsymbol{\theta}$ 的先验概率知识。

(2)条件期望参数估计方法

条件期望参数估计方法直接以参数 $\boldsymbol{\theta}$ 的条件数学期望作为参估计值，即

$$\hat{\boldsymbol{\theta}}(k)=E\{\boldsymbol{\theta}|\boldsymbol{D}(k)\}=\int_{-\infty}^{\infty}\boldsymbol{\theta}f(\boldsymbol{\theta}|\boldsymbol{D}(k))\mathrm{d}\boldsymbol{\theta} \tag{9.2.117}$$

式中,参数估计值 $\hat{\boldsymbol{\theta}}(k)$ 等价于极小化参数估计误差方差的结果。因此,条件期望估计也可称作最小方差估计,即 $\hat{\boldsymbol{\theta}}(k)$ 使

$$E\{[\boldsymbol{\theta}-\breve{\boldsymbol{\theta}}(k)]^T[\boldsymbol{\theta}-\breve{\boldsymbol{\theta}}(k)]\,|\,\boldsymbol{D}(k)\}\,|_{\breve{\boldsymbol{\theta}}(k)=\hat{\boldsymbol{\theta}}(k)}$$

$$=\int_{-\infty}^{\infty}\{[\boldsymbol{\theta}-\breve{\boldsymbol{\theta}}(k)]^T[\boldsymbol{\theta}-\breve{\boldsymbol{\theta}}(k)]f(\boldsymbol{\theta}|\boldsymbol{D}(k))\mathrm{d}\boldsymbol{\theta}\Big|_{\breve{\boldsymbol{\theta}}(k)=\hat{\boldsymbol{\theta}}(k)}=\min \tag{9.2.118}$$

式中,$\breve{\boldsymbol{\theta}}(k)$ 表示参数 $\boldsymbol{\theta}$ 的某种估计量。当 $\breve{\boldsymbol{\theta}}(k)=\hat{\boldsymbol{\theta}}(k)$ 时,式(9.2.123)成立的条件为

$$\frac{\partial\int_{-\infty}^{\infty}[\boldsymbol{\theta}-\breve{\boldsymbol{\theta}}(k)]^T[\boldsymbol{\theta}-\breve{\boldsymbol{\theta}}(k)]f(\boldsymbol{\theta}|\boldsymbol{D}(k))\mathrm{d}\boldsymbol{\theta}}{\partial\boldsymbol{\theta}(k)}\Bigg|_{\breve{\boldsymbol{\theta}}(k)=\hat{\boldsymbol{\theta}}(k)}=0 \tag{9.2.119}$$

求导后,得

$$\int_{-\infty}^{\infty}[\boldsymbol{\theta}-\hat{\boldsymbol{\theta}}(k)]f(\boldsymbol{\theta}|\boldsymbol{D}(k))\mathrm{d}\boldsymbol{\theta}=0 \tag{9.2.120}$$

即

$$\int_{-\infty}^{\infty}\hat{\boldsymbol{\theta}}(k)f(\boldsymbol{\theta}|\boldsymbol{D}(k))\mathrm{d}\boldsymbol{\theta}=\int_{-\infty}^{\infty}\boldsymbol{\theta}f(\boldsymbol{\theta}|\boldsymbol{D}(k))\mathrm{d}\boldsymbol{\theta} \tag{9.2.121}$$

又因 $\int_{-\infty}^{\infty}f(\boldsymbol{\theta}|\boldsymbol{D}(k))\mathrm{d}\boldsymbol{\theta}=1$,故

$$\hat{\boldsymbol{\theta}}(k)=\int_{-\infty}^{\infty}\boldsymbol{\theta}f(\boldsymbol{\theta}|\boldsymbol{D}(k))\mathrm{d}\boldsymbol{\theta}=E\{\boldsymbol{\theta}|\boldsymbol{D}(k)\} \tag{9.2.122}$$

可见,式(9.2.117)和式(9.2.118)的定义是等价的。

同时,式(9.2.117)中的参数估计值 $\hat{\boldsymbol{\theta}}(k)$ 又将使参数估计误差的协方差阵取极小值,即

$$E\{[\boldsymbol{\theta}-\breve{\boldsymbol{\theta}}(k)][\boldsymbol{\theta}-\breve{\boldsymbol{\theta}}(k)]^T\,|\,\boldsymbol{D}(k)\}\,|_{\breve{\boldsymbol{\theta}}(k)=\hat{\boldsymbol{\theta}}(k)}$$

$$=\int_{-\infty}^{\infty}\{[\boldsymbol{\theta}-\breve{\boldsymbol{\theta}}(k)][\boldsymbol{\theta}-\breve{\boldsymbol{\theta}}(k)]^Tf(\boldsymbol{\theta}|\boldsymbol{D}(k))\mathrm{d}\boldsymbol{\theta}\Big|_{\breve{\boldsymbol{\theta}}(k)=\hat{\boldsymbol{\theta}}(k)} \tag{9.2.123}$$

达到最小值的条件为

$$\frac{\partial\int_{-\infty}^{\infty}[\boldsymbol{\theta}-\breve{\boldsymbol{\theta}}(k)][\boldsymbol{\theta}-\breve{\boldsymbol{\theta}}(k)]^Tf(\boldsymbol{\theta}|\boldsymbol{D}(k))\mathrm{d}\boldsymbol{\theta}}{\partial\breve{\boldsymbol{\theta}}(k)}\Bigg|_{\breve{\boldsymbol{\theta}}(k)=\hat{\boldsymbol{\theta}}(k)}=0 \tag{9.2.124}$$

式中

$$\frac{\partial[\boldsymbol{\theta}-\breve{\boldsymbol{\theta}}(k)][\boldsymbol{\theta}-\breve{\boldsymbol{\theta}}(k)]^T}{\partial\breve{\boldsymbol{\theta}}(k)}=\left[\frac{\partial[\boldsymbol{\theta}-\breve{\boldsymbol{\theta}}(k)][\boldsymbol{\theta}-\breve{\boldsymbol{\theta}}(k)]^T}{\partial\breve{\boldsymbol{\theta}}_1(k)},\cdots,\frac{\partial[\boldsymbol{\theta}-\breve{\boldsymbol{\theta}}(k)][\boldsymbol{\theta}-\breve{\boldsymbol{\theta}}(k)]^T}{\partial\breve{\boldsymbol{\theta}}_M(k)}\right] \tag{9.2.125}$$

式中,第 i 块矩阵为

$$\frac{\partial[\boldsymbol{\theta}-\breve{\boldsymbol{\theta}}(k)][\boldsymbol{\theta}-\breve{\boldsymbol{\theta}}(k)]^T}{\partial\breve{\boldsymbol{\theta}}_i(k)}=$$

$$\begin{bmatrix} & -[\boldsymbol{\theta}_1-\breve{\boldsymbol{\theta}}_1(k)] & \\ \boldsymbol{0} & -[\boldsymbol{\theta}_2-\breve{\boldsymbol{\theta}}_2(k)] & \boldsymbol{0} \\ & \vdots & \\ -[\boldsymbol{\theta}_1-\breve{\boldsymbol{\theta}}_1(k)] \quad \cdots & -2[\boldsymbol{\theta}_i-\breve{\boldsymbol{\theta}}_i(k)] & \cdots \quad -[\boldsymbol{\theta}_M-\breve{\boldsymbol{\theta}}_M(k)] \\ & \vdots & \\ \boldsymbol{0} & -[\boldsymbol{\theta}_M-\breve{\boldsymbol{\theta}}_M(k)] & \boldsymbol{0} \end{bmatrix} \tag{9.2.126}$$

式中，$i=1,2,\cdots,M$。当 $\hat{\boldsymbol{\theta}}(k)=E\{\boldsymbol{\theta}|\boldsymbol{D}(k)\}$ 时，式(9.2.123)取极小值。

上述分析表明，不管参数 $\boldsymbol{\theta}$ 的后验概率密度取什么形式，条件期望参数估计总是无偏一致估计。可是，条件期望参数估计在计算上存在着很大的困难。这是因为计算式(9.2.117)必须事先求得参数 $\boldsymbol{\theta}$ 的后验概率密度，并且式(9.2.117)的积分运算比较困难。因此，一般情况下，条件期望参数估计在工程上是难以应用的。但是，如果参数 $\boldsymbol{\theta}$ 与输入输出数据之间的关系是线性的，而且数据噪声服从高斯分布，那么式(9.2.117)会有准确解。下面将主要讨论 Bayes 方法在这种情况下的模型参数辨识问题。

2)最小二乘法的 Bayes 参数辨识算法

设 CARMA 测量模型为

$$A(q)y(k)=C(q)x(k)+e(k) \tag{9.2.127}$$

式中，$\{e(k)\}$ 是均值为零、方差为 σ_e^2 的服从高斯分布的白噪声序列；且

$$\begin{cases} A(q)=1+a_1q^1+\cdots+a_Mq^M \\ C(q)=c_1q^1+\cdots+c_Lq^L \end{cases} \tag{9.2.128}$$

模型阶次 M 和 L 事先给定。

模型式(9.2.127)的最小二乘格式为

$$y(k)=\boldsymbol{h}^T(k)\boldsymbol{\theta}+e(k) \tag{9.2.129}$$

式中

$$\begin{cases} \boldsymbol{h}(k)=[-y(k-1),\cdots,-y(k-M),x(k-1),\cdots,x(k-L)]^T \\ \boldsymbol{\theta}=[a_1,\cdots,a_M,c_1,\cdots,c_L]^T \end{cases} \tag{9.2.130}$$

当由 Bayes 方法估计模型式(9.2.129)的参数 $\boldsymbol{\theta}$ 时，首先要把参数 $\boldsymbol{\theta}$ 看成随机变量，然后利用式(9.2.113)或式(9.2.117)来确定参数 $\boldsymbol{\theta}$ 的估计值，但都需要预先确定参数 $\boldsymbol{\theta}$ 的后验概率密度 $f(\boldsymbol{\theta}|\boldsymbol{D}(k))$，由 Bayes 公式，得参数 $\boldsymbol{\theta}$ 的后验概率密度为

$$f(\boldsymbol{\theta}|\boldsymbol{D}(k))=\frac{f(y(k)|\boldsymbol{\theta},\boldsymbol{D}(k-1))f(\boldsymbol{\theta}|,\boldsymbol{D}(k-1))}{f(y(k)|\boldsymbol{D}(k-1))} \tag{9.2.131}$$

设参数 $\boldsymbol{\theta}$ 在数据 $\boldsymbol{D}(0)$ 条件下的先验概率分布是均值为 $\hat{\boldsymbol{\theta}}(0)$、协方差阵为 $\boldsymbol{P}_{\boldsymbol{\theta}}(0)$

的正态分布，即

$$f(\boldsymbol{\theta}|\boldsymbol{D}(0))=\frac{(2\pi)^{\frac{-M'}{2}}}{\sqrt{\det\boldsymbol{P}_{\boldsymbol{\theta}}(0)}}\exp\left\{-\frac{1}{2}[\boldsymbol{\theta}-\hat{\boldsymbol{\theta}}(0)]^T\boldsymbol{P}_{\boldsymbol{\theta}}^{-1}(0)[\boldsymbol{\theta}-\hat{\boldsymbol{\theta}}(0)]\right\} \tag{9.2.132}$$

式中，$M'=\dim\boldsymbol{\theta}$，则参数 $\boldsymbol{\theta}$ 在数据 $\boldsymbol{D}(k)$ 条件下的后验概率分布也是正态分布的，其均值和协方差阵分别记作 $\hat{\boldsymbol{\theta}}(k)$ 和 $\boldsymbol{P}_{\boldsymbol{\theta}}(k)$。于是，参数 $\boldsymbol{\theta}$ 在数据 $\boldsymbol{D}(k-1)$ 条件下的概率密度为

$$f(\boldsymbol{\theta}|\boldsymbol{D}(k-1))=\frac{(2\pi)^{\frac{-M'}{2}}}{\sqrt{\det\boldsymbol{P}_{\boldsymbol{\theta}}(k-1)}}$$

$$\times\exp\left\{-\frac{1}{2}[\boldsymbol{\theta}-\hat{\boldsymbol{\theta}}(k-1)]^T\boldsymbol{P}_{\boldsymbol{\theta}}^{-1}(k-1)[\boldsymbol{\theta}-\hat{\boldsymbol{\theta}}(k-1)]\right\} \tag{9.2.133}$$

同时，由于 $e(k)\sim N(0,\sigma_e^2)$，结合式(9.2.129)，则 $y(k)\sim N(\boldsymbol{h}^T(k)\boldsymbol{\theta},\sigma_e^2)$，因此数据的条件概率密度为

$$f(y(k)\,|\,\boldsymbol{\theta},\boldsymbol{D}(k-1))=\frac{1}{\sqrt{2\pi\sigma_e^2}}\exp\left\{-\frac{1}{2\sigma_e^2}[y(k)-\boldsymbol{h}^T(k)\boldsymbol{\theta}]^2\right\} \tag{9.2.134}$$

将式(9.2.133)和式(9.2.134)代入式(9.2.132)，得

$$f(\boldsymbol{\theta}|\boldsymbol{D}(k))=\mathrm{N}_0\exp\left\{-\frac{1}{2\sigma_e^2}[y(k)-\boldsymbol{h}^T(k)\boldsymbol{\theta}]^2\right.$$

$$\left.-\frac{1}{2}[\boldsymbol{\theta}-\hat{\boldsymbol{\theta}}(k-1)]^T\boldsymbol{P}_{\boldsymbol{\theta}}^{-1}(k-1)[\boldsymbol{\theta}-\hat{\boldsymbol{\theta}}(k-1)]\right\} \tag{9.2.135}$$

式中，N_0 与 $\boldsymbol{\theta}$ 无关，且

$$\mathrm{N}_0=\frac{(2\pi)^{\frac{-M'}{2}}}{f(y(k)\,|\,\boldsymbol{D}(k-1))\sqrt{2\pi\sigma_e^2\det\boldsymbol{P}_{\boldsymbol{\theta}}(k-1)}} \tag{9.2.136}$$

式(9.2.135)两边取对数后，得

$$\log f(\boldsymbol{\theta}|\boldsymbol{D}(k))=\mathrm{const}-\frac{1}{2\sigma_e^2}[y(k)-\boldsymbol{h}^T(k)\boldsymbol{\theta}]^2$$

$$-\frac{1}{2}[\boldsymbol{\theta}-\hat{\boldsymbol{\theta}}(k-1)]^T\boldsymbol{P}_{\boldsymbol{\theta}}^{-1}(k-1)[\boldsymbol{\theta}-\hat{\boldsymbol{\theta}}(k-1)] \tag{9.2.137}$$

将式(9.2.137)右边展开，并整理成二次型

$$\log f(\boldsymbol{\theta}|\boldsymbol{D}(k))=\mathrm{const}-\frac{1}{2}[\boldsymbol{\theta}-\frac{1}{\sigma_e^2}\boldsymbol{P}_{\boldsymbol{\theta}}(k)\boldsymbol{h}(k)y(k)-\boldsymbol{P}_{\boldsymbol{\theta}}(k)\boldsymbol{P}_{\boldsymbol{\theta}}^{-1}(k-1)\hat{\boldsymbol{\theta}}(k-1)]^T$$

$$\times\boldsymbol{P}_{\boldsymbol{\theta}}^{-1}(k)[\boldsymbol{\theta}-\frac{1}{\sigma_e^2}\boldsymbol{P}_{\boldsymbol{\theta}}(k)\boldsymbol{h}(k)y(k)-\boldsymbol{P}_{\boldsymbol{\theta}}(k)\boldsymbol{P}_{\boldsymbol{\theta}}^{-1}(k-1)\hat{\boldsymbol{\theta}}(k-1)] \tag{9.2.138}$$

式中

$$\boldsymbol{P}_{\boldsymbol{\theta}}^{-1}(k)=\boldsymbol{P}_{\boldsymbol{\theta}}^{-1}(k-1)+\frac{1}{\sigma_e^2}\boldsymbol{h}(k)\boldsymbol{h}^T(k) \tag{9.2.139}$$

得

$$\boldsymbol{P}_{\boldsymbol{\theta}}(k)\boldsymbol{P}_{\boldsymbol{\theta}}^{-1}(k-1)=\boldsymbol{I}-\frac{1}{\sigma_e^2}\boldsymbol{P}_{\boldsymbol{\theta}}(k)\boldsymbol{h}(k)\boldsymbol{h}^T(k) \tag{9.2.140}$$

代入式(9.2.138),有

$$\log f(\boldsymbol{\theta}|\boldsymbol{D}(k)) = \text{const} - \frac{1}{2}(\boldsymbol{\theta}-\bar{\boldsymbol{\theta}})^T\boldsymbol{P}_{\boldsymbol{\theta}}^{-1}(k)(\boldsymbol{\theta}-\bar{\boldsymbol{\theta}}) \tag{9.2.141}$$

式中

$$\bar{\boldsymbol{\theta}} = \hat{\boldsymbol{\theta}}(k-1) + \frac{1}{\sigma_e^2}\boldsymbol{P}_{\boldsymbol{\theta}}(k)\boldsymbol{h}(k)[y(k)-\boldsymbol{h}^T(k)\hat{\boldsymbol{\theta}}(k-1)] \tag{9.2.142}$$

根据式(9.2.110),当 $\hat{\boldsymbol{\theta}}(k)=\bar{\boldsymbol{\theta}}$ 时,$\log f(\boldsymbol{\theta}|\boldsymbol{D}(k))$达到最大值。因此 $\hat{\boldsymbol{\theta}}(k)=\bar{\boldsymbol{\theta}}$ 是参数 $\boldsymbol{\theta}$ 在 k 时刻的极大后验估计。

同时,式(9.2.141)表明,参数 $\boldsymbol{\theta}$ 的后验概率密度函数为

$$f(\boldsymbol{\theta}|\boldsymbol{D}(k)) = \mathrm{N}_0\exp\left\{-\frac{1}{2}(\boldsymbol{\theta}-\bar{\boldsymbol{\theta}})^T\boldsymbol{P}_{\boldsymbol{\theta}}^{-1}(k)(\boldsymbol{\theta}-\bar{\boldsymbol{\theta}})\right\} \tag{9.2.143}$$

根据式(9.2.117),有

$$\hat{\boldsymbol{\theta}}(k) = E\{\boldsymbol{\theta}|\boldsymbol{D}(k)\} = \bar{\boldsymbol{\theta}} \tag{9.2.144}$$

可见,模型式(9.2.129)的极大后验参数估计和条件期望参数估计两者的结果是一致的。但是,这并不能说明两种参数估计方法对所有问题的估计结果都是一致的。一般说来,当 k 比较小时,这两种方法的估计结果是不同的;当 k 比较大时,它们就没有什么差别了,两者的估计结果将趋于一致。

如果对式(9.2.144)使用一次矩阵反演公式,并令

$$\boldsymbol{G}(k) = \frac{1}{\sigma_e^2}\boldsymbol{P}_{\boldsymbol{\theta}}(k)\boldsymbol{h}(k) \tag{9.2.145}$$

则类似于最小二乘递推算法的推导,可求得 Bayes 方法的参数递推估计算法为

$$\begin{cases}\hat{\boldsymbol{\theta}}(k) = \hat{\boldsymbol{\theta}}(k-1) + \boldsymbol{G}(k)[y(k)-\boldsymbol{h}^T(k)\hat{\boldsymbol{\theta}}(k-1)] \\ \boldsymbol{G}(k) = \boldsymbol{P}_{\boldsymbol{\theta}}(k-1)\boldsymbol{h}(k)[\boldsymbol{h}^T(k)\boldsymbol{P}_{\boldsymbol{\theta}}(k-1)\boldsymbol{h}(k)+\sigma_e^2]^{-1} \\ \boldsymbol{P}_{\boldsymbol{\theta}}(k) = [\boldsymbol{I}-\boldsymbol{G}(k)\boldsymbol{h}^T(k)]\boldsymbol{P}_{\boldsymbol{\theta}}(k-1)\end{cases} \tag{9.2.146}$$

显然,在假设正态分布的前提下,Bayes 估计相当于加权最小二乘法中的加权因子取 $\boldsymbol{\Lambda}(k)=\dfrac{1}{\sigma_e^2}$。

9.3 CARMA 模型的最小方差控制

9.3.1 单输入多输出随机系统

1)最小方差控制

CARMA 模型的性能评价函数使系统输出的方差为最小,为最小方差控制。最小方差控制的目标是对给定 CARMA 模型,寻找一个控制策略,使系统输出的方差

最小。

对给定 CARMA 模型

$$A(q)Y(k) = B(q)e(k) + C(q)X(k-d) \tag{9.3.1a}$$

$$A(q) = 1 + a_1 q^1 + a_2 q^2 + \cdots + a_N q^N \tag{9.3.1b}$$

$$B(q) = 1 + b_1 q^1 + b_2 q^2 + \cdots + b_N q^N \tag{9.3.1c}$$

$$C(q) = c_0 + c_1 q^1 + c_2 q^2 + \cdots + c_N q^N \tag{9.3.1d}$$

在该模型中,控制函数 $X(k)$ 定义为

$$X(k) = g[Y(k), Y(k-1), \cdots, Y(k_0); X(k-1), X(k-2), \cdots, X(k_0)]$$

性能评价函数 J 定义为系统输出 $Y(k)$ 的方差,即

$$J = E\{Y^2(k)\} \tag{9.3.2}$$

现在要寻找一种使系统输出方差式(9.3.2)为最小的最优控制策略,称为最小方差控制策略,这种控制称为最小方差控制。

2)控制策略

按照 p 步预测方法求解最小方差控制策略。把式(9.3.1)改写为

$$e(k) = \frac{A(q)}{B(q)}Y(k) - \frac{C(q)}{B(q)}q^d X(k) \tag{9.3.3}$$

由于从控制作用开始到系统输出延迟 d 步,在时刻 k 加入的系统输入 $X(k)$,延迟到时刻 $(k+d)$ 时才在系统输出 $Y(k+d)$ 开始出现,因此有

$$Y(k+d) = \frac{C(q)}{A(q)}X(k) + \frac{B(q)}{A(q)}e(k+d) \tag{9.3.4}$$

将 $B(q)$ 分解为

$$B(q) = A(q)F(q) + q^d G(q) \tag{9.3.5}$$

为此,将 $F(q)$ 选为 $d-1$ 阶多项式,而 $G(q)$ 必为 $N-1$ 阶多项式,即

$$F(q) = 1 + f_1 q^1 + f_2 q^2 + \cdots + f_{d-1} q^{(d-1)} \tag{9.3.6}$$

$$G(q) = g_0 + g_1 q^1 + g_2 q^2 + \cdots + g_{N-1} q^{(N-1)} \tag{9.3.7}$$

这时,式(9.3.4)可写为

$$Y(k+d) = F(q)e(k+d) + \frac{C(q)}{A(q)}X(k) + \frac{G(q)}{A(q)}e(k) \tag{9.3.8}$$

将式(9.3.3)代入式(9.3.8),得

$$Y(k+d) = F(q)e(k+d) + \frac{G(q)}{B(q)}Y(k) + \frac{C(q)}{A(q)}X(k) - \frac{G(q)}{A(q)}\frac{C(q)}{B(q)}q^d X(k) \tag{9.3.9}$$

结合式(9.3.5)与式(9.3.9),得

$$Y(k+d) = F(q)e(k+d) + \frac{G(q)}{B(q)}Y(k) + \frac{C(q)F(q)}{B(q)}X(k) \tag{9.3.10}$$

式中，第一项与第二、第三项是独立的。并且，在时刻 k，$Y(k)$ 是已知的，$X(k)$ 是待确定的，但也是确定性函数。

将式(9.3.10)代入式(9.3.2)，得

$$J = E\{Y^2(k+d)\} = E\{[F(q)e(k+d)]^2\} + [\frac{G(q)}{B(q)}Y(k) + \frac{C(q)F(q)}{B(q)}X(k)]^2 \tag{9.3.11}$$

要使式(9.3.11)最小，则

$$\frac{G(q)}{B(q)}Y(k) + \frac{C(q)F(q)}{B(q)}X(k) = 0$$

于是

$$X(k) = -\frac{G(q)}{C(q)F(q)}Y(k) \tag{9.3.12}$$

这时，J 的最小值 $J_{\min}$ 为

$$J_{\min} = E\{[F(q)e(k+d)]^2\} = (1 + f_1^2 + f_2^2 + \cdots + f_{d-1}^2) \tag{9.3.13}$$

此时

$$Y(k+d) = F(q)e(k+d) = e(k+d) + f_1 e(k+d-1) + \cdots + f_{d-1}e(k+1) \tag{9.3.14}$$

总之，对式(9.3.1)实行最小方差控制时，最小方差控制策略如式(9.3.12)所示；控制偏差由一个噪声序列组成，如式(9.3.14)所示；最小性能评价函数为偏差噪声序列的方差，如式(9.3.13)所示。在式(9.3.10)中，第一项是预测误差，后两项是 d 步预测。选择控制策略，使控制误差等于预测误差，就是最小方差控制策略。因此，可把控制问题分为两部分，一部分是预测，另一部分是求控制策略，这称为分离定理。称式(9.3.10)为预测模型。对于线性问题，$e(k)$ 为高斯假设的条件可放松。

【例 9.3】已知 CARMA 模型

$$y(k) + ay(k-1) = x(k-1) + e(k) + be(k-1)$$

式中，$y(k)$ 是系统输出，它既是被控制量，又是量测量，其均值为零。求最小方差控制策略。

解：设 k 时刻系统 $Y(k)$ 已被测量，是已知量，要求对其进行控制。为此，将题给模型写为 $Y(k+1)$ 的形式

$$Y(k+1) = e(k+1) + X(k) - aY(k) + be(k)$$

对 $Y(k+1)$ 取方差，得

$$\begin{aligned} J &= E[Y^2(k+1)] \\ &= E\{[e(k+1) + X(k) - aY(k) + be(k)]^2\} \\ &= E\{e^2(k+1)\} + E\{[X(k) - aY(k) + be(k)]^2\} + 2E\{e(k+1)[X(k) - aY(k) + be(k)]\} \end{aligned}$$

式中，$e(k+1)$ 是 $Y(k+1)$ 的新息，与 $[X(k) - aY(k) + be(k)]$ 独立，即

$$E\{e(k+1)[X(k)-aY(k)+be(k)]\}=0$$

这时

$$J=E[Y^2(k+1)]+E[X(k)-aY(k)+be(k)]^2$$

式中，k 时刻的 $Y(k)$ 和 $e(k)$ 都已确定，$X(k)$ 为待求的确定量，只要上式右边的第二项为零，即

$$X(k)-aY(k)+be(k)=0$$

或

$$X(k)=aY(k)-be(k)$$

就得

$$J_{\min}=E[e^2(k+1)]$$

此时

$$Y(k+1)=e(k+1)$$

在上式中用 k 代替 $k+1$，得

$$Y(k)=e(k)$$

所以，最小方差控制策略为

$$X(k)=(a-b)Y(k)$$

【例 9.4】已知 CARMA 模型如式(9.3.1)所示，式中

$$A(q)=1-1.7q^1+0.7q^2$$
$$B(q)=1+1.5q^1+0.9q^2$$
$$C(q)=1+0.5q^1$$

试求 $d=1$、$d=2$ 和 $d=3$ 时的最小方差控制策略。

解：(1)$d=1$ 的情况。利用恒等式(9.3.5)计算出

$$F(q)=1$$
$$G(q)=3.2+0.2q$$

由式(9.3.12)、式(9.3.13)和式(9.3.14)分别求出

$$X(k)=-\frac{3.2+0.2q}{1+0.5q}Y(k)=-0.5X(k-1)-3.2Y(k)-0.2Y(k-1)$$

$$J_{\min}=1$$
$$X(k+1)=e(k+1)$$

(2)$d=2$ 时，同样求出

$$F(q)=1+3.2q$$
$$G(q)=5.64-2.24q$$

$$X(k)=-\frac{5.64-2.24q}{1+3.7q+1.6q^2}Y(k)$$

$$= -3.7X(k-1) - 1.6X(k-2) - 5.64Y(k) + 2.24Y(k-1)$$

$$J_{\min} = 1 + 3.2^2 = 11.24$$

$$Y(k+2) = e(k+2) + 3.2e(k+1)$$

(3)$d=3$ 时，同样求出

$$F(q) = 1 + 3.2q + 5.64q^2$$

$$G(q) = 6.908 + 3.818q$$

$$X(k) = -\frac{6.908 + 3.818q}{(1+0.5q)(1+3.2q+5.64q^2)}Y(k)$$

$$= -\frac{6.908 + 3.818q}{1 + 3.7q + 7.24q^2 + 2.82q^3}Y(k)$$

$$= 3.7X(k-1) - 7.24X(k-2) - 2.82X(k-3) + 6.908Y(k) + 3.818Y(k-1)$$

$$J_{\min} = 1 + 3.2^2 + 5.64^2 = 43.0496$$

$$Y(k+3) = e(k+3) + 3.2e(k+2) + 5.64e(k+1)$$

可见，时间延迟越大，性能指标会越大，控制误差也大大增加。

【例 9.5】设 CARMA 模型为

$$Y(k) = \frac{1}{1+0.7q}X(k-1) + \frac{1+0.2q}{1-0.2q}e(k)$$

式中，$e(k)$为独立同分布高斯 $N(0,1)$随机变量序列。试确定系统的最小方差控制策略。

解：把题给模型改写为 CARMA 模型的标准形式

$$A(q)Y(k) = B(q)e(k) + C(q)X(k-1)$$

式中

$$A(q) = (1-0.2q)(1+0.7q) = 1 + 0.5q^1 - 0.14q^2$$

$$B(q) = (1+0.7q)(1+0.2q) = 1 + 0.9q^1 + 0.14q^2$$

$$C(q) = 1 - 0.2q$$

$$d - 1, N - 2$$

采用比较系数法，得到

$$F(q) = 1$$

$$G(q) = 0.4 + 0.28q$$

由式(9.3.12)、式(9.3.13)和式(9.3.14)分别求出

$$X(k) = -\frac{0.4 + 0.28q}{1 - 0.2q}Y(k) = 0.2X(k-1) - 0.4Y(k) - 0.28Y(k-1)$$

$$J_{\min} = 1$$

$$Y(k+1) = e(k+1)$$

9.3.2 多输入多输出随机系统

当式(9.3.1)中,$\boldsymbol{X}(k)$、$\boldsymbol{Y}(k)$和$\boldsymbol{e}(k)$为$N\times 1$向量,$\boldsymbol{A}(q)$、$\boldsymbol{B}(q)$和$\boldsymbol{C}(q)$为矩阵多项式时,矩阵多项式恒等式为

$$\boldsymbol{A}^{-1}(q)\boldsymbol{B}(q) = \boldsymbol{F}(q) + q^d\boldsymbol{A}^{-1}(q)\boldsymbol{G}(q) \tag{9.3.15}$$

式中,$\boldsymbol{F}(q)$和$\boldsymbol{G}(q)$仍为矩阵多项式。最小方差控制策略、控制误差和最小性能指标分别为

$$\boldsymbol{X}(k) = -\boldsymbol{C}^{-1}(q)\boldsymbol{G}(q)\boldsymbol{F}^{-1}(q)\boldsymbol{Y}(k) \tag{9.3.16}$$

$$\boldsymbol{Y}(k+d) = \boldsymbol{F}(q)\boldsymbol{e}(k+d) \tag{9.3.17}$$

$$\begin{aligned} J_{\min} &= \min E[Y^T(k+d)Y(k+d)] \\ &= E\{[F(q)e(k+d)]^T[F(q)e(k+d)]\} \\ &= \mathrm{tr}\{[I + f_1^T f_1 + f_2^T f_2 + \cdots + f_{d-1}^T f_{d-1}]\} \end{aligned} \tag{9.3.18}$$

9.4 次最优控制算法

在模型式(9.3.1)中,按最小方差控制的要求,多项式$C(q)$的零点都应在单位圆外,即要求$C(q)$是最小相位的。如果$C(q)$在单位圆内有零点,即$C(q)$是非最小相位的,会造成系统不稳定,不能实现最小方差控制策略。这时的控制过程为:先使系统稳定,再采用次最优控制算法进行控制决策。

9.4.1 稳定性分析

1)CARMAs 模型及控制策略

随机控制系统 CARMA 模型由式(9.3.1)描述,多项式$A(q)$、$B(q)$与$C(q)$是真实参量,$C(q)$是非最小相位的,该系统是非稳定系统。为此,可设计一个可由最小方差控制算法进行控制的稳定 CARMA 模型去逼近非稳定的 CARMA 模型。设计一个用最小方差控制算法进行控制的稳定 CARMA 模型为

$$A_s(q)Y(k) = B_s(q)e(k) + C_s(q)X(k-d) \tag{9.4.1}$$

式中,下标s表示设计。$A_s(q)$、$B_s(q)$、$C_s(q)$是设计参量,可通过理论计算或系统辨识等方法确定。设计参量值尽可能逼近真实参量值,但一般不能做到完全相同。式(9.4.1)所示的模型记为 CARMAs 模型。对于 CARMAs 模型,可按最小方差控制算法进行p步预测方法,将式(9.4.1)改写为

$$e(k) = \frac{A_s(q)}{B_s(q)}Y(k) - \frac{C_s(q)}{B_s(q)}q^dX(k) \tag{9.4.2}$$

系统延迟d时刻的输出$Y(k+d)$为

$$Y(k+d)=\frac{C_s(q)}{A_s(q)}X(k)+\frac{B_s(q)}{A_s(q)}e(k+d) \tag{9.4.3}$$

令

$$B_s(q)=A_s(q)F_s(q)+q^dG_s(q) \tag{9.4.4}$$

式中，将 $F_s(q)$ 选为 $d-1$ 阶多项式，而 $G_s(q)$ 必为 $N-1$ 阶多项式，即

$$F_s(q)=1+f_{1s}q^1+f_{2s}q^2+\cdots+f_{(d-1)s}q^{(d-1)} \tag{9.4.5}$$

$$G_s(q)=g_{0s}+g_{1s}q^1+g_{2s}q^2+\cdots+g_{(N-1)s}q^{(N-1)} \tag{9.4.6}$$

将式(9.4.3)改写为

$$Y(k+d)=F_s(q)e(k+d)+\frac{C_s(q)}{A_s(q)}X(k)+\frac{G_s(q)}{A_s(q)}e(k) \tag{9.4.7}$$

将式(9.4.2)代入式(9.4.7)，得

$$\begin{aligned}Y(k+d)&=F_s(q)e(k+d)+\frac{G_s(q)}{B_s(q)}Y(k)+\frac{C_s(q)}{A_s(q)}X(k)-\frac{G_s(q)}{A_s(q)}\frac{C_s(q)}{B_s(q)}q^dX(k)\\&=F_s(q)e(k+d)+\frac{G_s(q)}{B_s(q)}Y(k)+\frac{C_s(q)F_s(q)}{B_s(q)}X(k)\end{aligned} \tag{9.4.8}$$

式中，第一项与第二、第三项是独立的。并且，在时刻 k，$Y(k)$ 是已知的，$X(k)$ 是待确定的，但也是确定性函数。

将式(9.4.8)代入式(9.3.2)，得

$$\begin{aligned}J&=E\{Y^2(k+d)\}\\&=E\{[F_s(q)e(k+d)]^2\}+[\frac{G_s(q)}{B_s(q)}Y(k)+\frac{C_s(q)F_s(q)}{B_s(q)}X(k)]^2\end{aligned} \tag{9.4.9}$$

要使式(9.4.9)最小，则

$$\frac{G_s(q)}{B_s(q)}Y(k)+\frac{C_s(q)F_s(q)}{B_s(q)}X(k)=0$$

于是

$$X(k)=-\frac{G_s(q)}{C_s(q)F_s(q)}Y(k) \tag{9.4.10}$$

这时，J 的最小值 $J_{\min}$ 为

$$J_{\min}=E\{[F_s(q)e(k+d)]^2\}=(1+f_{1s}^2+f_{2s}^2+\cdots+f_{(d-1)s}^2) \tag{9.4.11}$$

此时

$$Y(k+d)=F_s(q)e(k+d)=[e(k+d)+f_{1s}e(k+d-1)+\cdots+f_{(d-1)s}e(k+1)] \tag{9.4.12}$$

$$Y(k)=F_s(q)e(k+d) \tag{9.4.13}$$

实际情况是用设计的最小方差控制策略去控制真实系统，其系统传递函数，如图 9.4 所示，图中引入多项式 $v(k)=\dfrac{B(q)}{A(q)}e(k)$。

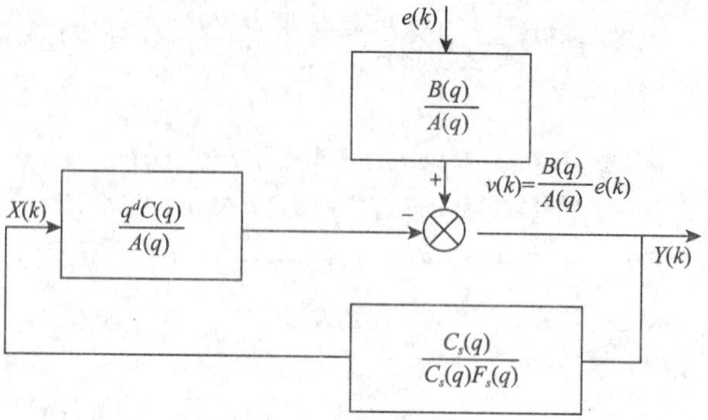

图 9.4　最小方差控制系统传递函数图

2)CARMAs 模型的稳定性要求

为进行稳定性分析，将 $e(k)$ 作为系统输入，把 $X(k)$ 和 $Y(k)$ 作为系统输出，则系统环闭传递函数，即有

$$Y(k)=\frac{1}{1+\dfrac{G_s(q)}{C_s(q)F_s(q)}\cdot\dfrac{q^dC(q)}{A(q)}}v(k)$$

$$=\frac{C_s(q)B(q)F_s(q)}{A(q)C_s(q)F_s(q)-A_s(q)C(q)F_s(q)+C(q)B_s(q)}e(k) \quad (9.4.14)$$

$$X(k)=\frac{-B(q)G_s(q)}{A(q)C_s(q)F_s(q)-A_s(q)C(q)F_s(q)+C(q)B_s(q)}e(k) \quad (9.4.15)$$

为使系统稳定，要求特征方程

$$A(q)C_s(q)F_s(q)-A_s(q)C(q)F_s(q)+C(q)B_s(q)=0 \quad (9.4.16)$$

的根都在单位圆外。为简化分析，令

$$A_s(q)=A(q), B_s(q)=B(q), C_s(q)=C(q) \quad (9.4.17)$$

式(9.4.16)变为

$$C(q)B_s(q)=0 \quad (9.4.18)$$

由式(9.4.18)看出，为使系统稳定，要求 $C(q)$ 和 $B_s(q)$ 的零点，即系统极点都在单位圆外。

9.4.2　次最优控制算法

当多项式 $C(q)$ 为非最小相位时，系统不稳定，不能实现最小方差控制策略。下面介绍两种方法，它们能使系统正常工作，但为次最优控制策略。

1)极点消去法

设 N 阶多项式 $C(q)$ 是非最小相位的，将它分解为

$$C(q)=C_1(q)C_2(q) \quad (9.4.19)$$

$$N=N_1+N_2 \quad (9.4.20)$$

式中，$C_1(q)$是 N_1 阶多项式，其零点都在单位圆外；$C_2(q)$是 N_2 阶多项式，其零点都在单位圆内或单位圆上。解决问题的关键是将 $B(q)$分解为

$$B(q) = A(q)F_1(q) + q^d C_2(q)G_1(q) \tag{9.4.21}$$

$$F_1(q) = 1 + f_{11}q^1 + f_{12}q^2 + \cdots + f_{1(N_2+d+1)}q^{(N_2+d+1)} \tag{9.4.22}$$

$$G_1(q) = g_{10} + g_{11}q^1 + g_{12}q^2 + \cdots + g_{1(N-1)}q^{(N-1)} \tag{9.4.23}$$

式中，$F_1(q)$是 $d+N_2-1$ 阶的，则 $q^dC_2(q)G_1(q)$是 $d+N_2+N-1$ 阶的，也就是 $G_1(q)$是 $N-1$ 阶的。多项式 $F_1(q)$和 $G_1(q)$由比较系数法确定。$C_2(q)$的零点都在单位圆内，使系统不稳定，必须在系统闭环极点中将 $C_2(q)$消去，按最小方差控制算法的同样方法，可得有关公式

$$X(k) = -\frac{C_2(q)G_1(q)}{C(q)F_1(q)}Y(k) = -\frac{G_1(q)}{C_1(q)F_1(q)}Y(k) \tag{9.4.24}$$

$$\begin{aligned} Y(k+d) &= F_1(q)e(k+d) \\ &= [e(k+d) + f_{11}e(k+d-1) + f_{12}e(k+d-2) + \cdots \\ &\quad + f_{1(d-1)}e(k+1) + f_{1d}e(k) + \cdots + f_{1(N_2+d-1)}e(k-N_2+1)] \end{aligned} \tag{9.4.25}$$

$$J_{\min} = (1 + f_{11}^2 + f_{12}^2 + \cdots + f_{1(d-1)}^2 + f_{1d}^2 + \cdots + f_{1(N_2+d-1)}^2) \tag{9.4.26}$$

式(9.4.24)表明，已从闭环分母中消去 $C_2(q)$，分母中不再包含单位圆以内的极点，系统便成了稳定系统。式(9.4.26)所示的系统输出方差大于最小方差控制所达到的方差，因此，这种控制算法称为次最优控制算法，这种控制称为次最优控制。

为进行稳定性分析，令

$$C_{2s}(q) = C_2(q) \tag{9.4.27}$$

式中，下标 s 表示设计用参量。闭环传递函数为

$$Y(k) = \frac{C_{1s}(q)B(q)F_{1s}(q)}{A(q)C_{1s}(q)F_{1s}(q) - A_s(q)C_1(q)F_{1s}(q) + C_1(q)B_s(q)}e(k) \tag{9.4.28}$$

$$X(k) = \frac{B(q)G_{1s}(q)}{A(q)C_{1s}(q)F_{1s}(q) - A_s(q)C_1(q)F_{1s}(q) + C_1(q)B_s(q)}e(k) \tag{9.4.29}$$

系统的特征方程为

$$A(q)C_{1s}(q)F_{1s}(q) - A_s(q)C_1(q)F_{1s}(q) + C_1(q)B_s(q) = 0 \tag{9.4.30}$$

为简化分析，令

$$A_s(q) = A(q), \quad B_s(q) = B(q), \quad C_s(q) = C(q) \tag{9.4.31}$$

则有

$$C_1(q)B_s(q) = 0 \tag{9.4.32}$$

与式(9.4.18)比较可知，式(9.4.32)中已消去 $C_2(q)$，使特征方程的根都在单位圆外，因此系统是稳定的。

【例 9.6】设 CARMA 模型为

$$Y(k)+0.64Y(k-1)+0.22Y(k-2)=$$
$$6.4X(k-3)+19.2X(k-4)+e(k)-0.82e(k-1)+0.21e(k-2)$$

试确定次最优控制策略。

解:把题给模型写为

$$A(q)Y(k)=B(q)e(k)+C(q)X(k-d)$$

式中

$$A(q)=1+0.64q^1+0.22q^2$$
$$B(q)=1-0.82q^1+0.21q^2$$
$$C(q)=6.4(1+3q)$$
$$N=2,d=3$$

显然,多项式 $C(q)$在单位圆内有零点,使系统工作不稳定,采用极点消去法,只能求出次最优控制策略。将 $C(q)$和 $B(q)$分解为

$$C(q)=C_1(q)C_2(q)$$
$$B(q)=A(q)F_1(q)+q^dC_2(q)G_1(q)$$

式中,$C_1(q)=6.4(N_1=0)$,$C_2(q)=1+3q(N_2=1)$,$F_1(q)$是 $N_2+d-1=3$ 阶多项式,$G_1(q)$是 $N-1=1$ 阶多项式。通过比较系数法,得到

$$F_1(q)=1-1.46q^1+0.92q^2-0.25q^3$$
$$G_1(q)=0.02+0.2q$$

次最优控制策略、控制误差与性能评价函数分别为

$$X(k)=-\frac{-0.02+0.02q}{6.4(1-1.46q+0.92q^2-0.25q^3)}Y(k)$$
$$=1.46X(k-1)-0.92X(k-2)+0.25X(k-3)+0.003Y(k)-0.003Y(k-1)$$
$$Y(k)=e(k)-1.46e(k-1)+0.92e(k-2)-0.25e(k-3)$$
$$J_{\min}=1+1.46^2+0.92^2+0.25^2=4.04$$

而此模型按最小方差控制算法,得最小方差控制策略、控制误差与性能评价函数分别为

$$X(k)=-\frac{0.27+0.2q}{6.4(1+3q)(1-1.46q+0.92q^2)}Y(k)$$
$$=-1.54X(k-1)+3.45X(k-2)-2.77X(k-3)+0.04Y(k)+0.03Y(k-1)$$
$$Y_0(k)=e(k)-1.46e(k-1)+0.92e(k-2)$$
$$J_{\min 0}=1+1.46^2+0.92^2=3.98$$

显然,次最优控制策略的性能评价函数值比最小方差控制策略大。

2)加权最小方差控制

多项式 $C(q)$是非最小相位,且控制信号 $X(k)$可能出现过大,而导致实际设备饱

和或不允许，会影响调节品质或不能正常工作。针对这个问题，在性能评价函数中加入加权控制信号。为此，把性能评价函数定义为加权最小方差

$$J = E[Y^2(k+d) + wX^2(k)] \tag{9.4.33}$$

式中，w 为加权系数。对 CARMA 模型式(9.3.1)，寻找一种控制策略 $X(k)$，使性能指标式(9.4.33)为最小。

(1)加权最小方差控制方法

将式(9.3.10)代入式(9.4.33)，化简得

$$\begin{aligned} J &= E\{[F(q)e(k+d) + \frac{G(q)}{B(q)}Y(k) + \frac{C(q)F(q)}{B(q)}X(k)]^2 + wX^2(k)\} \\ &= E\{[F(q)e(k+d)]^2\} + [\frac{G(q)}{B(q)}Y(k) + \frac{C(q)F(q)}{B(q)}X(k)]^2 + wX^2(k) \end{aligned} \tag{9.4.34}$$

式中，$Y(k)$为观测值，是已知量；$X(k)$为待确定的确定性函数。

为了求 J 的最小值，由式(9.4.34)对 $X(k)$的偏导数为零，得

$$\frac{\partial J}{\partial X(k)} = 2[\frac{G(q)}{B(q)}Y(k) + \frac{C(q)F(q)}{B(q)}X(k)]b_0 + 2wX(k) = 0 \tag{9.4.35}$$

式中

$$\begin{aligned} b_0 &= \frac{\partial}{\partial X(k)}\{b_0X(k) + g[X(k-1), X(k-2), \cdots]\} \\ &= \frac{\partial}{\partial X(k)}\left(\frac{G(q)}{B(q)}Y(k) + \frac{C(q)F(q)}{B(q)}X(k)\right) \end{aligned} \tag{9.4.36}$$

由式(9.4.35)，得

$$X(k) = \frac{G(q)}{C(q)F(q) + \frac{w}{b_0}B(q)}Y(k) \tag{9.4.37}$$

$$\begin{aligned} J_{\min} = E\{[F(q)e(k+d)]^2\} + \frac{C^2(q)}{B^2(q)}\{[1 - \frac{C(q)F(q)}{C(q)F(q) + \frac{w}{b_0}B(q)}]^2 \\ + \frac{wB^2(q)}{[C(q)F(q) + \frac{w}{b_0}B(q)]^2}\}Y^2(k) \end{aligned} \tag{9.4.38}$$

上式右边第一项就是最小方差控制的最小性能评价函数值，而第二项是正的，因此，加权最小方差控制的最小性能评价函数值肯定大于最小方差控制的最小性能评价函数值，加权最小方差控制也是一种次最优控制。当 w 等于零时，加权最小方差控制策略就是最小方差控制策略。

(2)加权最小方差控制的稳定性

令设计参量等于真实参量，推导出闭环传递函数为

$$Y(k)=\frac{C(q)F(q)+\frac{w}{b_0}B(q)}{C(q)+\frac{w}{b_0}A(q)}e(k) \tag{9.4.39}$$

$$X(k)=\frac{G(q)}{C(q)+\frac{w}{b_0}A(q)}e(k) \tag{9.4.40}$$

特征方程为

$$C(q)+\frac{w}{b_0}A(q)=0 \tag{9.4.41}$$

显然，当加权系数 w 为零时，其特征方程与最小方差控制情况相同，闭环极点就是多项式 $C(q)$ 的零点；当加权系数 w 为无穷大时，$C(q)$ 可以忽略，闭环极点就是 $A(q)$ 的零点。一般情况，$A(q)$ 的零点都在单位圆外。总之，加权最小方差控制系统的闭环极点，随 w 的增加，由 $C(q)$ 的零点向 $A(q)$ 的零点逼近。适当选取 w 值，可确定较为理想的闭环极点。

习　题

1. 设随机过程的随机差分方程为

$$Y(k+1)=aY(k)+e(k)\quad (|a|<1)$$

式中，$\{e(k),k=0,\pm1,\pm2,\cdots\}$ 是独立同分布高斯 $N(0,\sigma^2)$ 随机变量序列；初始状态 $Y(k_0)$ 为高斯 $N(0,\sigma_0^2)$；$\{e(k),k=0,\pm1,\pm2,\cdots\}$ 与 $Y(k_0)$ 是独立的。试确定 $Y(k)$ 的方差和当 $k\to\infty$ 或 $k_0\to-\infty$ 时方差的极限。当选

$$\sigma_0^2=\lim_{k\to\infty}\sigma^2(k)$$

时，试证明此过程是平稳的，并确定此平稳过程的协方差函数和谱密度。

2. 设被辨识系统结构，如下图所示。输入序列 $\{X(k)\}$ 满足充分激励条件，且 $X(k)=0,k<0$，$\{e(k)\}$ 为观测噪声序列，已知脉冲响应 $h(k)=0,k<0,k>M$，根据 $\{X(k)\}$ 与 $Z(k)$ 序列，用最小二乘法求出脉冲响应的估计值 $\hat{h}(k),k=0,1,\cdots,M$ 的表示式，并讨论：

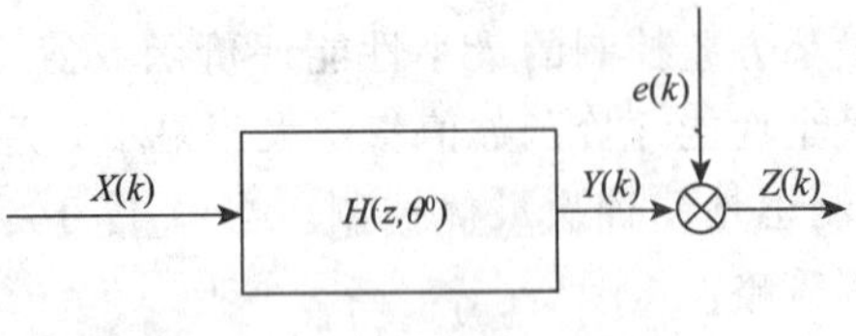

(1) $\{X(k)\}$ 为单位强度白噪声序列时，互相关函数 $R_{ZX}(i),i=0,1,\cdots,M$ 与 $\hat{h}(i)$ $(i=0,1,\cdots,M)$ 间的相互关系；

(2)当 $E[e(k)]=0$，$\{e(k)\}$与$\{X(k)\}$统计独立时，$\hat{\boldsymbol{h}}=[\hat{h}(0),\hat{h}(1),\cdots,\hat{h}(M)]$的无偏性；

(3)当$\{e(k)\}$为零均值白噪声序列，$E[\boldsymbol{e}(k)\boldsymbol{e}^T(k)]=\sigma^2\boldsymbol{I}$，$\{X(k)\}$具有各态历经性，$\{X(k)\}$与$\{e(k)\}$统计独立时，$\hat{h}$ 的一致性。

3. 设被辨识系统结构图，如下图所示。

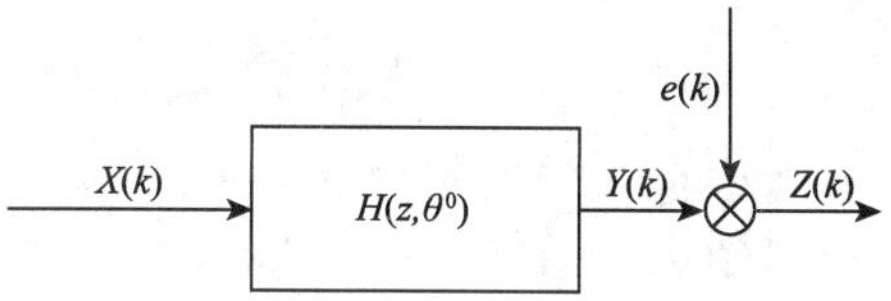

其量测方程为

$$y(k) = ay(k-1) + cx(k-1) + v(k)$$

式中

$$v(k) = e(k) - ae(k-1)$$

$\{X(k)\}$与$\{Z(k)\}$均为具有遍历性的平稳随机序列；噪声序列$\{e(k)\}$是零均值独立同分布的随机序列且与$\{X(k)\}$统计独立，即

$$E[e(k)] = 0, E[e(k)e(j)] = \sigma^2\delta_{kj}, E[e(k)X(j)] = 0$$

试讨论 $\hat{\boldsymbol{\theta}}_{LS}$ 的一致性问题。

4. 在习题 2 所示的辨识结构中，$\{e(k)\}$是服从 $N(0,1)$分布的不相关随机噪声，且

$$\begin{cases} A(q) = 1 - 2.5a_1q^1 + 1.7q^2 \\ B(q) = 1 \\ C(q) = 1.6q^1 + 0.8q^2 \end{cases}$$

输入信号采用 4 阶 M 序列，幅度为 1。若模型结构为

$$y(k) + a_1y(k-1) + a_2y(k-2) = c_1x(k-1) + c_2x(k-2) + e(k)$$

试用递推最小二乘法确定模型参数 a_1,a_2,c_1,c_2。

5. 在习题 2 所示的辨识结构中，$\{e(k)\}$是服从 $N(0,1)$分布的不相关随机噪声，且

$$\begin{cases} A(q) = 1 - 1.5a_1q^1 + 0.7q^2 \\ B(q) = 1 - q^1 - 0.2q^2 \\ C(q) = q^1 + 0.5q^2 \end{cases}$$

输入信号采用 4 位移位的 M 序列，幅度为 0.3。若采用模型结构为

$$y(k) + a_1y(k-1) + a_2y(k-2) = c_1x(k-1) + c_2x(k-2) + e(k) + b_1e(k-1) + b_2e(k-2)$$

试用递推最小二乘法确定模型参数 a_1,a_2,b_1,b_2,c_1,c_2。

6. 设系统动态方程为

$$y(k)=ax(k)+e(k)+be(k-1)$$

式中,噪声序列$\{e(k)\}$为零均值独立同分布随机序列,其分布为$N(0,1)$,b值已知,试求a的最大似然估计表示式。

7. 在习题2所示的辨识结构中,$\{v(k)\}$是服从$N(0,1)$分布的不相关随机噪声,且

$$\begin{cases}A(q)=1-1.5a_1q^1+0.7q^2\\B(q)=1-q^1+0.2q^2\\C(q)=1.0q^1+0.5q^2\end{cases}$$

若采用模型结构为

$$\begin{aligned}y(k)+a_1y(k-1)+a_2y(k-2)&=c_1x(k-1)+c_2x(k-2)\\&\quad+e(k)+b_1e(k-1)+b_2e(k-2)\end{aligned}$$

试用 Bayes 法确定模型参数a_1,a_2,b_1,b_2,c_1,c_2。

8. 设$Y_1,\cdots,Y_N$是独立同分布随机变量序列,其中每个Y_t具有对数正态分布,即

$$\ln Y_t\sim N(m,\sigma^2)\quad t\in[1,2,\cdots,N]$$

试证明:(1)

$$E[Y_t]=m_t=\exp[m+\frac{\sigma^2}{2}]$$

$$E\{[Y_t-m_t]^2\}=C=m_t^2[\exp[\sigma^2]-1]$$

(2)m_t,C的极大似然估计为

$$\hat{m}_{tML}=\exp[\frac{1}{N}\sum_{t=1}^{N}X_t+\frac{1}{2}S]$$

$$\hat{C}_{ML}=\hat{m}_t^2[\exp[S]-1]$$

式中

$$S=\frac{1}{N}\sum_{t=1}^{N}[X_t-\frac{1}{N}\sum_{k=1}^{N}X_k]^2$$

$$X_k=\ln Y_k\quad(k=1,2,\cdots,N)$$

9. 设四阶、双输入、双输出线性离散系统的脉冲传递函数矩阵为

$$\boldsymbol{H}(z)=\begin{bmatrix}\dfrac{z-0.4}{z^2-0.65z+0.1} & \dfrac{2z-0.5}{z^2-0.65z+0.1}\\ \dfrac{2z^2-2z+0.5}{z^3-1.25z^2+0.5z-0.0625} & \dfrac{4z-1}{z^3-1.25z^2+0.5z-0.0625}\end{bmatrix}$$

当不考虑噪声时,试用递推最小二乘法进行参数估计。

10. 设四阶、双输入、双输出线性离散系统的$H(z)$同习题9,将其展成z^{-1}的无

限序列

$$\boldsymbol{H}(z)=\boldsymbol{J}_1 z^{-1}+\boldsymbol{J}_2 z^{-2}+\cdots+\boldsymbol{J}_l \boldsymbol{Z}^{-l}+\cdots$$

其中前五个 Markov 参数矩阵为

$$\boldsymbol{J}_1=\begin{bmatrix}1 & 2\\ 2 & 0\end{bmatrix},\boldsymbol{J}_2=\begin{bmatrix}0.25 & 0.8\\ 0.5 & 4\end{bmatrix},\boldsymbol{J}_3=\begin{bmatrix}0.0625 & 0.32\\ 0.125 & 4\end{bmatrix}$$

$$\boldsymbol{J}_4=\begin{bmatrix}0.0156 & 0.128\\ 0.0313 & 3\end{bmatrix},\boldsymbol{J}_5=\begin{bmatrix}0.0039 & 0.0512\\ 0.0078 & 2\end{bmatrix}$$

当不考虑噪声时，试用递推最小二乘法进行参数估计，求出 $\hat{\boldsymbol{J}}_1\sim\hat{\boldsymbol{J}}_5$。

11. 设四阶、双输入、双输出线性离散系统的差分方程为 $\boldsymbol{A}(z)\boldsymbol{Y}(k)=\boldsymbol{C}(z)\boldsymbol{X}(k)$，式中，$\boldsymbol{A}(z)$、$\boldsymbol{C}(z)$ 为

$$\boldsymbol{A}(z)=\begin{bmatrix}z^2-0.65z+0.1 & 0\\ \dfrac{5}{6}z-\dfrac{1}{3} & z^2-z+0.25\end{bmatrix},\boldsymbol{C}(z)=\begin{bmatrix}z-0.4 & 2z-0.5\\ 2z-\dfrac{2}{3} & \dfrac{17}{3}\end{bmatrix}$$

试用递推最小二乘法进行参数估计。

12. 对于随机过程 $\{y(k)\}$ 满足方程

$$y(k)=\frac{1}{1+aq}e(k)+\sigma v(k)$$

求出其使均方误差为最小的两步预测，并确定预测误差。式中，$\{e(k),k=0,\pm 1,\pm 2,\cdots\}$ 和 $\{v(k),k=0,\pm 1,\pm 2,\cdots\}$ 是独立同分布高斯 $N(0,1)$ 随机变量序列，$|a|<1$。

13. 设随机系统为

$$y(k)=\frac{1}{1+0.5q}x(k-1)+\frac{1+0.7q}{1-0.2q}e(k)$$

式中，$e(k)$ 是独立同分布高斯 $N(0,1)$ 随机变量序列，试确定最小方差控制策略。

14. 设随机系统为

$$y(k)+ay(k-1)=cx(k-d)+[e(k)+be(k-1)]$$

式中，$\{e(k),k=\cdots,-2,-1,0,1,2,\cdots\}$ 是独立同分布高斯 $N(0,1)$ 随机变量序列。试分别在 $d=1,2$ 和 3 时，确定最小方差控制策略和控制误差。

15. $A(q)y(k)=C(q)X(k-d)$ 是确定性系统。试证明控制策略

$$X(k)=-\frac{G(q)}{C(q)F(q)}Y(k)$$

具有使系统的输出在 p 步时达到零的特性。式中，多项式 $F(q)$ 和 $G(q)$ 由恒等式

$$1=A(q)F(q)+q^{-d}G(q)$$

确定。

16. 设随机系统为

$$A(q)y(k)=C(q)x(k-d)+B(q)e(k)$$

试在控制策略

$$x(k)=-\frac{G(q)}{C(q)F(q)}y(k)$$

$$1=A(q)F(q)+q^{-d}G(q)$$

调节时，确定输出的方差 $D[y(k)]$。

17. 设随机系统为

$$y(k)=\frac{C_1(q)}{A_1(q)}x(k-d)+\frac{B_1(q)}{A_2(q)}e(k)$$

如果多项式 $A_2(q)$在 $q=1$ 有单一零点，并且 $A_1(1)\neq 0$，试证明最小方差控制策略将总包含一个积分。

18. 试确定系统 $y(k)+0.5y(k-1)=e(k)+2e(k-1)+x(k-1)$ 的最小方差控制策略和控制误差的方差。

19. 设随机系统为

$$\frac{1}{1+2q}y(k)=\frac{1}{1+2q}x(k-1)+\frac{1+0.7q}{1-0.2q}e(k)$$

式中，$e(k)$是独立同分布高斯 $N(0,1)$随机变量序列。试确定最小系统的最小方差控制策略。

20. 若 PI 调节器的数字模型为

$$x(k)=x(k-1)+K[(1+\frac{h}{T})y(k)-y(k-1)]$$

式中，K，h 和 T 是正数。试证明上式算法是最小方差控制律形如

$$A(q)y(k)=C(q)x(k-p)+B(q)e(k)$$

的一般系统。

21. 证明系统 $A(q)y(k)=C(q)x(k-d)+B(q)e(k)$在 $p>d$ 时，存在一种控制策略，使得调节误差等于 p 步预测输出的误差。

22. 为求系统 $A(q)y(k)=C_1(q)C_2(q)x(k-d)+B(q)e(k)$的次最优策略，用恒等式

$$H(q)B(q)=A(q)F'(q)+C_2(q)G'(q)$$

也能确定 $d+N_2-1$ 阶多项式 $F'(q)$和 $N-1$ 阶多项式 $G'(q)$，式中 $H(q)$是 $d+N_2-1$ 阶的任意多项式。试证明：控制律为

$$x(k)=-\frac{q^pG'(q)}{C_1(q)F'(q)}y(k)$$

控制误差为

$$H(q)y(k)=\lambda F'(q)e(k)$$

闭环系统的特征方程为

$$H(q)C_1(q)B(q) = 0$$

23. 对于给定的系统 $A(q)y(k)=C(q)x(k-d)+B(q)e(k)$，试证明控制策略

$$x(k) = -\frac{G_1(q)}{F_1(q)}y(k)$$

给出了一个特征方程为

$$q^{N+d-1}B(q) = 0$$

的闭环系统。式中，$N+d-1$ 阶多项式 $F_1(q-1)$ 和 $N-1$ 阶多项式 $G_1(q)$ 由恒等式

$$B(q) = A(q)F_1(q) + q^{-d}C(q)G_1(q)$$

来定义。再证明此闭环系统对参数 $C(q)$ 的变化并不特别敏感。并计算控制误差的方差，且与最小方差进行比较。

24. 试确定系统 $y(k)+ay(k-1)=x(k-1)+2.5x(k-2)+x(k-3)+e(k)+be(k-1)$ 的最小方差控制策略和最小控制误差，说明最优系统对参数变化是非常敏感的。

25. 已知系统 $y(k+1)=-0.8y(k-1)+x(k)+0.3e(k)$，且 $y(k)\sim N(m_y(k),R_y(k))$ 与 $e(k)\sim N(2,1)$ 互相独立。试求出使评价函数 $J=E\{y(k+1)^2\}$ 为最小的控制策略 $u(k)$，并计算 $J_{\min}$ 的值。实行这种控制后，$y(k+1)$ 等于什么？

第 10 章 随机状态模型与估计

【内容导读】 本章定义了离散时间与连续时间随机系统状态模型，给出了各种模型统计假设与统计特性；讨论了随机系统状态的预测、滤波与平滑；分析了离散时间随机系统与连续时间随机系统、CARMA 模型与状态空间模型的转换方法。

由于随机系统固有的不确定性，系统的状态和输出为具有某种统计特性的随机过程。因此，在一般情况下，企图测量系统某个时刻的状态或精确预报系统的状态和输出在未来时刻的变化是不可能的。所以，随机系统理论必须借助于数理统计中的估计理论，来研究对系统的状态和输出的估计。本章将讨论随机状态模型与估计问题。

10.1 离散时间随机系统状态模型与估计

10.1.1 离散时间随机系统状态模型

1)状态模型

【定义 10.1】设离散时间随机系统输出向量为 $\boldsymbol{Z}(k)$、状态向量为 $\boldsymbol{Y}(k)$，称方程组

$$\boldsymbol{Y}(k+1) = f_1[\boldsymbol{Y}(k),k] + f_2[\boldsymbol{Y}(k),k] + e_1[\boldsymbol{Y}(k),k] \tag{10.1.1}$$

$$\boldsymbol{Z}(k) = g[\boldsymbol{Y}(k),k] + e_2[\boldsymbol{Y}(k),k] \tag{10.1.2}$$

为离散时间随机系统状态一般模型。式中，$f_i(\cdot)(i=1,2)$ 为 k 时刻状态向量 $\boldsymbol{Y}(k)$ 的函数，决定了 $k+1$ 时刻状态向量 $\boldsymbol{Y}(k+1)$；$g(\cdot)$ 为 k 时刻状态向量 $\boldsymbol{Y}(k)$ 的函数，决定了 k 时刻系统输出向量 $\boldsymbol{Z}(k)$。

【定义 10.2】设离散时间随机系统输出向量为 $\boldsymbol{Z}(k)$，系统随机控制向量为 $\boldsymbol{X}(k)$ 与状态向量为 $\boldsymbol{Y}(k)$，称方程组

$$\boldsymbol{Y}(k+1)=\boldsymbol{\Gamma}(k+1,k)\boldsymbol{Y}(k)+\boldsymbol{\Xi X}(k)+\boldsymbol{e}_1(k) \tag{10.1.3}$$

$$\boldsymbol{Z}(k)=\boldsymbol{\Pi Y}(k)+\boldsymbol{e}_2(k) \tag{10.1.4}$$

为离散时间随机线性系统状态模型。式中，$\boldsymbol{X}(k)$、$\boldsymbol{Y}(k)$与模型噪声向量 $\boldsymbol{e}_1(k)$均为 $N\times 1$ 维；$\boldsymbol{Z}(k)$及量测噪声向量 $\boldsymbol{e}_2(k)$为 $L\times 1$ 维；$\boldsymbol{\Gamma}(k+1,k)$为 $N\times N$ 维状态转移矩阵；$\boldsymbol{\Xi}$ 为 $N\times N$ 维控制矩阵；$\boldsymbol{\Pi}$ 为 $L\times N$ 维量测矩阵。方程式(10.1.1)与式(10.1.3)称为对象方程；方程式(10.1.2)与式(10.1.4)称为输出方程。实际上，定义 10.2 是定义 10.1 的线性化。

2)模型假设与性质

(1)噪声向量 $\boldsymbol{e}_1(k)$为独立同分布高斯 $N(0,\boldsymbol{R}_1(k))$白噪声向量，即

$$E[\boldsymbol{e}_1(k)]=0 \tag{10.1.5}$$

$$\boldsymbol{R}_1(k_1,k_2)=E[\boldsymbol{e}_1(k_1)\boldsymbol{e}_1(k_2)]=\begin{cases}\boldsymbol{R}_1(k) & (k_1=k_2=k)\\ 0 & (k_1\neq k_2)\end{cases} \tag{10.1.6}$$

式中，$\boldsymbol{R}_1(k)$一般为常阵，也可以是时变的。

(2)状态向量初值 $\boldsymbol{Y}(k_0)$为高斯 $N(\boldsymbol{m}_0,\boldsymbol{R}_0)$向量，由于 $\boldsymbol{Y}(k_0)$和 $\boldsymbol{e}_1(k)$都是高斯的，所以 $\boldsymbol{Y}(k)$也是高斯的($\boldsymbol{Y}(k)$可写为 $\boldsymbol{Y}(k_0)$和 $\boldsymbol{e}_1(k)$的线性组合)。$\boldsymbol{e}_1(k)$和 $\boldsymbol{Y}(k)$互相独立，即满足

$$\operatorname{cov}[\boldsymbol{e}_1(k_1),\boldsymbol{Y}(k_2)]=0 \qquad (k_1\geqslant k_2) \tag{10.1.7}$$

(3)状态转移矩阵 $\boldsymbol{\Gamma}(k_2,k_1)$具有如下性质：

$$\boldsymbol{\Gamma}(k,k)=\boldsymbol{I} \tag{10.1.8}$$

$$\boldsymbol{\Gamma}(k_3,k_2)\boldsymbol{\Gamma}(k_2,k_1)=\boldsymbol{\Gamma}(k_3,k_1) \tag{10.1.9}$$

$$\boldsymbol{\Gamma}^{-1}(k_2,k_1)=\boldsymbol{\Gamma}(k_1,k_2) \tag{10.1.10}$$

10.1.2　离散时间系统状态模型的统计特性

已知状态向量 $\boldsymbol{Y}(k)$是高斯过程，它完全由均值函数和协方差函数确定，并假定噪声向量 $\boldsymbol{e}_1(k)$的均值为零。现考虑式(10.1.3)中没有控制项 $\boldsymbol{X}(k)$的简单情况。

1)状态向量均值函数

$$\begin{aligned}\boldsymbol{m}_Y(k+1)&=E[\boldsymbol{\Gamma}(k+1,k)\boldsymbol{Y}(k)+\boldsymbol{e}_1(k)]\\&=\boldsymbol{\Gamma}(k+1,k)E[\boldsymbol{Y}(k)]=\boldsymbol{\Gamma}(k+1,k)\boldsymbol{m}_Y(k)\end{aligned} \tag{10.1.11}$$

由初始条件

$$\boldsymbol{m}_Y(k_0)=\boldsymbol{m}_0 \tag{10.1.12}$$

则

$$\boldsymbol{m}_Y(k)=\boldsymbol{\Gamma}(k,k_0)\boldsymbol{m}_0 \tag{10.1.13}$$

2)协方差函数矩阵 $\boldsymbol{C}_Y(k_1,k_2)$

设 $k_1 \geqslant k_2$,由状态转移矩阵性质(10.1.9),并利用式(10.1.13),得到

$$\boldsymbol{Y}(k_1)=\boldsymbol{\Gamma}(k_1,k_1-1)\boldsymbol{Y}(k_1-1)+\boldsymbol{e}_1(k_1-1)$$

$$=\boldsymbol{\Gamma}(k_1,k_2)\boldsymbol{Y}(k_2)+\sum_{i=k_2+1}^{k_1}\boldsymbol{\Gamma}(k_1,i)\boldsymbol{e}_1(i-1) \tag{10.1.14}$$

$$\boldsymbol{m}_Y(k_1)=\boldsymbol{\Gamma}(k_1,k_2)\boldsymbol{m}_Y(k_2) \tag{10.1.15}$$

所以

$$\boldsymbol{C}_Y(k_1,k_2)=E\{[\boldsymbol{Y}(k_1)-\boldsymbol{m}_Y(k_1)][\boldsymbol{Y}(k_2)-\boldsymbol{m}_Y(k_2)]^T\}$$

$$=E\left\{\left[\boldsymbol{\Gamma}(k_1,k_2)(\boldsymbol{Y}(k_2)-\boldsymbol{m}_Y(k_2))+\sum_{i=k_2+1}^{k_1}\boldsymbol{\Gamma}(k_1,i)\boldsymbol{e}_1(i-1)\right]\right.$$

$$\left.\cdot\left[\boldsymbol{\Gamma}(k_1,k_2)(\boldsymbol{Y}(k_2)-\boldsymbol{m}_Y(k_2))+\sum_{i=k_2+1}^{k_1}\boldsymbol{\Gamma}(k_1,i)\boldsymbol{e}_1(i-1)\right]^T\right\}$$

$$=\boldsymbol{\Gamma}(k_1,k_2)\boldsymbol{\sigma}_Y^2(k_2) \tag{10.1.16}$$

式中

$$\boldsymbol{\sigma}_Y^2(k)=E\{[\boldsymbol{Y}(k)-\boldsymbol{m}_Y(k)][\boldsymbol{Y}(k)-\boldsymbol{m}_Y(k)]^T\} \tag{10.1.17}$$

$\boldsymbol{\sigma}_Y^2(k)$的递推公式为

$$\boldsymbol{\sigma}_Y^2(k+1)=E\{[\boldsymbol{Y}(k+1)-\boldsymbol{m}_Y(k+1)]\cdot[\boldsymbol{Y}(k+1)-\boldsymbol{m}_Y(k+1)]^T\}$$

$$=E\{[\boldsymbol{\Gamma}(k+1,k)(\boldsymbol{Y}(k)-\boldsymbol{m}_Y(k))][\boldsymbol{\Gamma}(k+1,k)(\boldsymbol{Y}(k)-\boldsymbol{m}_Y(k))]^T\}$$

$$=\boldsymbol{\Gamma}(k+1,k)\boldsymbol{\sigma}_Y^2(k)\boldsymbol{\Gamma}^T(k+1,k)+\boldsymbol{R}_1(k) \tag{10.1.18}$$

式中,第 1 项为方差矩阵的转移项,第 2 项表示由噪声引起的方差增加量。

若已知方差矩阵初值 $\boldsymbol{\sigma}_Y^2(k_0)=\boldsymbol{R}_0$ 和 $\boldsymbol{R}_1(i)(i=k_0,k_1,\cdots)$,可用式(10.1.18)递推得到 $\boldsymbol{\sigma}_Y^2(k)$,再用式(10.1.16)就能求出 $\boldsymbol{C}_Y(k_1,k_2)$。

当 $\boldsymbol{\Gamma}(k+1,k)$和 $\boldsymbol{R}_1(k)$为常阵时,即

$$\boldsymbol{\Gamma}(k+1,k)=\boldsymbol{\Gamma} \tag{10.1.19}$$

$$\boldsymbol{R}_1(k)=\boldsymbol{R}_1 \tag{10.1.20}$$

时,均值函数、方差函数阵和协方差函数矩阵分别为

$$\boldsymbol{m}_Y(k)=\boldsymbol{\Gamma}(k,k_0)\boldsymbol{m}_0=\boldsymbol{\Gamma}^{k-k_0}\boldsymbol{m}_0 \tag{10.1.21}$$

$$\boldsymbol{\sigma}_Y^2(k)=\boldsymbol{\Gamma}\boldsymbol{\sigma}_Y^2(k-1)\boldsymbol{\Gamma}^T+\boldsymbol{R}_1=\boldsymbol{\Gamma}[\boldsymbol{\Gamma}\boldsymbol{\sigma}_Y^2(k-2)\boldsymbol{\Gamma}^T+\boldsymbol{R}_1]\boldsymbol{\Gamma}^T+\boldsymbol{R}_1$$

$$=\boldsymbol{\Gamma}^{k-k_0}\boldsymbol{R}_0(\boldsymbol{\Gamma}^T)^{k-k_0}+\sum_{i=0}^{k-k_0-1}\boldsymbol{\Gamma}^i\boldsymbol{R}_1(\boldsymbol{\Gamma}^T)^i \tag{10.1.22}$$

$$\boldsymbol{C}_Y(k_1,k_2)=\boldsymbol{\Gamma}(k_1,k_2)\boldsymbol{\sigma}_Y^2(k_2)=\boldsymbol{\Gamma}^{k_1-k_2}\boldsymbol{\sigma}_Y^2(k_2) \tag{10.1.23}$$

如果状态转移矩阵 $\boldsymbol{\Gamma}$ 的所有特征值都小于 1,当 $k_2\to\infty$时,$\boldsymbol{\sigma}_Y^2(k_2)$收敛,有稳态值

$$\boldsymbol{\sigma}_Y^2(\infty)=\lim_{k_2\to\infty}\boldsymbol{\sigma}_Y^2(k_2)=\boldsymbol{\sigma}_Y^2 \tag{10.1.24}$$

此稳态值容易由式(10.1.22)求出：

$$\boldsymbol{\sigma}_Y^2(\infty)=\boldsymbol{\Gamma}\boldsymbol{\sigma}_Y^2(\infty)\boldsymbol{\Gamma}^T+\boldsymbol{R}_1 \tag{10.1.25}$$

【例 10.1】一动力学系统的随机状态方程为

$$\boldsymbol{Y}(k+1)=\begin{bmatrix}1.5 & -0.7\\ 1 & 0\end{bmatrix}\boldsymbol{Y}(k)+\begin{bmatrix}0.5\\ 1\end{bmatrix}\boldsymbol{e}_1(k)$$

式中，噪声$\{\boldsymbol{e}_1(k),k\in T\}$是独立同分布高斯 $N(0,1)$随机变量序列，$\boldsymbol{e}_1(k)$与$\boldsymbol{Y}(k)$互相独立。试确定状态变量$\boldsymbol{Y}(k)$的稳态协方差。

解：先验证给定动力学系统是否稳定，在求出定态方差 $\boldsymbol{\sigma}_Y^2(\infty)$，最后确定定态协方差 $C_Y(l,k)$。

(1)验证系统的稳定性

稳定的条件是转移矩阵 $\boldsymbol{\Gamma}$ 的特征值λ 小于 1。对于给定系统，不难求出

$$\boldsymbol{\Gamma}=\begin{bmatrix}1.5 & -0.7\\ 1 & 0\end{bmatrix}$$

$$|\lambda\boldsymbol{I}-\boldsymbol{\Gamma}|=0$$

$$\lambda=0.75\pm j0.37$$

$$|\lambda|=0.84$$

系统特征值的模小于 1，系统稳定，存在稳态方差和稳态协方差。

(2)求稳态方差 $\boldsymbol{C}_Y(k_1,k_2)$

$$\boldsymbol{\sigma}_Y^2(\infty)=\boldsymbol{\Gamma}\boldsymbol{\sigma}_Y^2(\infty)\boldsymbol{\Gamma}^T+\boldsymbol{R}_1$$

式中

$$\boldsymbol{\sigma}_Y^2(\infty)=\begin{bmatrix}\sigma_{11}^2 & \sigma_{12}^2\\ \sigma_{21}^2 & \sigma_{22}^2\end{bmatrix}$$

$$\boldsymbol{\Lambda}=\begin{bmatrix}0.5\\ 1\end{bmatrix}$$

$$\boldsymbol{R}_1=\mathrm{E}\{[\boldsymbol{\Lambda}\boldsymbol{e}_1(k)][\boldsymbol{\Lambda}\boldsymbol{e}_1(k)]^T\}=\boldsymbol{\Lambda}E[\boldsymbol{e}_1(k)\boldsymbol{e}_1^T(k)]\boldsymbol{\Lambda}^T=\boldsymbol{\Lambda}\boldsymbol{\Lambda}^T=\begin{bmatrix}0.25 & 0.5\\ 0.5 & 1\end{bmatrix}$$

由上述各式经简单计算，得到 $\sigma_{11}^2=1.43$，$\sigma_{12}^2=\sigma_{21}^2=1.56$，$\sigma_{22}^2=2.43$，即

$$\boldsymbol{\sigma}_Y^2(\infty)=\begin{bmatrix}1.43 & 1.56\\ 1.56 & 2.43\end{bmatrix}$$

(3)确定稳态协方差 $\boldsymbol{C}_Y(k_1,k_2)$

令 $k_1\geqslant k_2$，利用 $\boldsymbol{C}_Y(k_1,k_2)=\boldsymbol{\Gamma}(k_1,k_2)\boldsymbol{\sigma}_Y^2(k_2)=\boldsymbol{\Gamma}^{k_1-k_2}\boldsymbol{\sigma}_Y^2(k_2)$，得到最后结果

$$\boldsymbol{C}_Y(k_1,k_2)=\boldsymbol{\Gamma}^{k_1-k_2}\boldsymbol{\sigma}_Y^2(k_2)=\begin{bmatrix}1.5 & -0.7\\ 1 & 0\end{bmatrix}^{k_1-k_2}\begin{bmatrix}1.43 & 1.56\\ 1.56 & 2.43\end{bmatrix}$$

10.1.3 离散时间随机系统的预测、滤波与平滑

1)状态估计与分类

(1)状态估计

随机系统是一种受噪声干扰的动力学系统,简单情况下可表示为

$$\boldsymbol{Y}(k)=\boldsymbol{S}(k)+\boldsymbol{N}(k) \tag{10.1.26}$$

式中,$\boldsymbol{S}(k)$是有用信号(状态),$\boldsymbol{N}(k)$是噪声,量测信号$\boldsymbol{Y}(k)$是含噪信号。如何从信号$\boldsymbol{Y}(k)$中滤去噪声$\boldsymbol{N}(k)$的影响,得到有用信号$\boldsymbol{S}(k)$呢?这种问题称为状态估计(state estimation)。

对于离散时间状态测量模型

$$\boldsymbol{y}(k+1)=\boldsymbol{\Gamma y}(k)+\boldsymbol{e}_1(k) \tag{10.1.27}$$

$$\boldsymbol{z}(k)=\boldsymbol{\Pi y}(k)+\boldsymbol{e}_2(k) \tag{10.1.28}$$

的状态估计,就是从量测向量$\boldsymbol{z}(k)$把状态向量$\boldsymbol{y}(k)$估计出来,而使某种性能评价函数为最小。式中,$\boldsymbol{\Gamma}$为$N\times N$状态转移,$\boldsymbol{\Pi}$为$L\times N$量测阵,$\boldsymbol{\Gamma}$和$\boldsymbol{\Pi}$可以是时变的或时不变的;$\boldsymbol{y}(k)$,$\boldsymbol{e}_1(k)$均为$N\times 1$维向量;$\boldsymbol{z}(k)$,$\boldsymbol{e}_2(k)$均为$L\times 1$维向量。

线性随机控制问题可分为两部分,一部分是状态估计,另一部分是根据状态估计建立状态反馈,即确定最优控制规律,这称为分离定理。因此,状态估计是随机控制的重要组成部分。

(2)状态估计分类

设由k时刻测量向量$\boldsymbol{z}(k)$估计k_1时刻状态$\boldsymbol{y}(k_1)$的值,记为$\hat{\boldsymbol{y}}(k_1|k)$,即

$$\hat{\boldsymbol{y}}(k_1\mid k)=\hat{\boldsymbol{y}}(k_1\mid \boldsymbol{z}(k),\boldsymbol{z}(k-1),\cdots,\boldsymbol{z}(k_0))=\hat{\boldsymbol{y}}(k_1\mid \Im_k) \tag{10.1.29}$$

式中

$$\Im_k=[\boldsymbol{z}^T(k),\boldsymbol{z}^T(k-1),\cdots,\boldsymbol{z}^T(k_0)] \tag{10.1.30}$$

按k和k_1的关系,状态估计可以分为3类:

①当$k_1>k$时,称为预测(prediction);

②当$k_1=k$时,称为滤波(filter);

③当$k_1<k$时,称为平滑(smoothing)或内插(interpolation)。

(3)性能评价函数

状态估计的优劣常用性能评价函数来衡量,性能评价函数可以反映估计效果且容易计算。性能评价函数不同,可得到各种状态不同的估计结果。性能评价函数可定义为

$$J=E\{g(y-\hat{y})\mid z\}=\int_{-\infty}^{\infty}g(y-\hat{y})f(y\mid z)\mathrm{d}y \tag{10.1.31}$$

式中,$f(y|z)$表示在z已知条件下,y的条件概率密度;性能评价函数J是测量值z

的函数。使性能评价函数 J 为最小的状态估计 $\hat{y}$ 成为最优估计。$g(\cdot)$是一个对称的、非递减的、正的、实可积的函数；$y-\hat{y}$ 是估计的偏差；$\hat{y}$ 是在获得测量值 z 的条件下得到的。

2)离散时间随机系统状态预测

设离散时间随机线性状态模型为式(10.1.27)与式(10.1.28)。在该模型中，假设：

①模型噪声 $\boldsymbol{e}_1(k)$和量测噪声 $\boldsymbol{e}_2(k)$分别为独立同分布高斯 $N(0,\boldsymbol{R}_1)$和 $N(0,\boldsymbol{R}_2)$随机向量序列，即为离散时间高斯白噪声向量，$\boldsymbol{R}_1$ 和 $\boldsymbol{R}_2$ 可以是时变的或时不变的，$\boldsymbol{e}_1(k)$和 $\boldsymbol{e}_2(k)$相互独立，即

$$E[\boldsymbol{e}_1(k_1)\boldsymbol{e}_2(k_2)] = 0 \qquad (k_1 \neq k_2) \tag{10.1.32}$$

②状态向量初值 $\boldsymbol{y}(k_0)$为高斯 $N(\boldsymbol{m}_0,\boldsymbol{R}_0)$的，与 $\boldsymbol{e}_1(k)$和 $\boldsymbol{e}_2(k)$相互独立，即

$$E\{[\boldsymbol{y}(k_0) - \boldsymbol{m}_0]\boldsymbol{e}_1(k)\} = 0 \qquad (k \geqslant k_0) \tag{10.1.33}$$

$$E\{[\boldsymbol{y}(k_0) - \boldsymbol{m}_0]\boldsymbol{e}_2(k)\} = 0 \qquad (k \geqslant k_0) \tag{10.1.34}$$

由于 $\boldsymbol{y}(k_0)$、$\boldsymbol{e}_1(k)$和 $\boldsymbol{e}_2(k)$都是高斯的，而 $\boldsymbol{y}(k)$和 $\boldsymbol{z}(k)$可表示为它们的线性组合，因此也是高斯的。

③估计值 $\hat{\boldsymbol{y}}(k_1|k)$是指由 k_0 时刻到 k 时刻的测量值 $\boldsymbol{z}(k_0),\boldsymbol{z}(k_1),\cdots,\boldsymbol{z}(k)$对 k_1 时刻$\boldsymbol{y}(k_1)$的估计，即

$$\hat{\boldsymbol{y}}(k_1 \mid k) = \hat{\boldsymbol{y}}(k_1 \mid \boldsymbol{z}(k),\boldsymbol{z}(k-1),\cdots,\boldsymbol{z}(k_0)) = \hat{\boldsymbol{y}}(k_1 \mid \mathfrak{I}_k) \tag{10.1.35}$$

式中，$\mathfrak{I}_k$ 表示测量向量

$$\mathfrak{I}_k = [\boldsymbol{z}^{\mathrm{T}}(k),\boldsymbol{z}^{\mathrm{T}}(k-1),\cdots,\boldsymbol{z}^{\mathrm{T}}(k_0)]^{\mathrm{T}} \tag{10.1.36}$$

(1)　步最优预测

离散时间随机状态模型式(10.1.27)和式(10.1.28)的一步最优预测 $\hat{\boldsymbol{y}}(k+1|k)$满足递推方程

$$\hat{\boldsymbol{y}}(k+1 \mid k) = \boldsymbol{\Gamma}\hat{\boldsymbol{y}}(k \mid k-1) + \boldsymbol{G}(k \mid k-1)[\boldsymbol{z}(k) - \boldsymbol{\Pi}\hat{\boldsymbol{y}}(k \mid k-1)] \tag{10.1.37}$$

式中，$\boldsymbol{G}(k|k-1)$称为增益矩阵，且

$$\boldsymbol{G}(k \mid k-1) = \boldsymbol{\Gamma}\boldsymbol{\sigma}^2_{\tilde{Y}}(k \mid k-1)\boldsymbol{\Pi}^T[\boldsymbol{\Pi}\boldsymbol{\sigma}^2_{\tilde{Y}}(k \mid k-1)\boldsymbol{\Pi}^T + \boldsymbol{R}_2]^{-1} \tag{10.1.38}$$

式中，一步预测误差的方差阵 $\boldsymbol{\sigma}^2_{\tilde{Y}}(k+1|k)$为

$$\begin{aligned}
\boldsymbol{\sigma}^2_{\tilde{Y}}(k+1 \mid k) &= E[\tilde{\boldsymbol{y}}(k+1 \mid k)\tilde{\boldsymbol{y}}^{\mathrm{T}}(k+1 \mid k)] \\
&= [\boldsymbol{\Gamma} - \boldsymbol{G}(k \mid k-1)\boldsymbol{\Pi}]\boldsymbol{\sigma}^2_{\tilde{Y}}(k \mid k-1)[\boldsymbol{\Gamma} - \boldsymbol{G}(k \mid k-1)\boldsymbol{\Pi}]^{\mathrm{T}} \\
&\quad + \boldsymbol{R}_1 + \boldsymbol{G}(k \mid k-1)\boldsymbol{R}_2\boldsymbol{G}^{\mathrm{T}}(k \mid k-1) \\
&= \boldsymbol{\Gamma}\boldsymbol{\sigma}^2_{\tilde{Y}}(k \mid k-1)\boldsymbol{\Gamma}^{\mathrm{T}} + \boldsymbol{R}_1 - \boldsymbol{G}(k \mid k-1)\boldsymbol{\Pi}\boldsymbol{\sigma}^2_{\tilde{Y}}(k \mid k \quad 1)\boldsymbol{\Gamma}^{\mathrm{T}} \\
&= \boldsymbol{\Gamma}\boldsymbol{\sigma}^2_{\tilde{Y}}(k \mid k-1)\boldsymbol{\Gamma}^{\mathrm{T}} + \boldsymbol{R}_1 - \boldsymbol{G}(k \mid k-1)[\boldsymbol{\Pi}\boldsymbol{\sigma}^2_{\tilde{Y}}(k \mid k-1)\boldsymbol{\Pi}^T
\end{aligned}$$

$$+\boldsymbol{R}_2]\boldsymbol{G}^{\mathrm{T}}(k \mid k-1)$$

$$=[\boldsymbol{\Gamma}-\boldsymbol{G}(k \mid k-1)\boldsymbol{\Pi}]\boldsymbol{\sigma}_{\tilde{Y}}^2(k \mid k-1)\boldsymbol{\Gamma}^{\mathrm{T}}+\boldsymbol{R}_1 \tag{10.1.39}$$

初值为

$$\hat{\boldsymbol{y}}(k_0 \mid k_0-1)=\boldsymbol{m}_0 \tag{10.1.40}$$

$$\boldsymbol{\sigma}_{\tilde{Y}}^2(k_0 \mid k_0-1)=\boldsymbol{R}_0 \tag{10.1.41}$$

假设 $\boldsymbol{R}_2$ 为正定,以保证式(10.1.38)的存在。

现在推导上述公式,分 3 步进行。

第 1 步:确定 $\tilde{\boldsymbol{y}}(k+1|k)$的递推公式和 $\boldsymbol{G}(k|k-1)$

记 $\tilde{\boldsymbol{y}}(k|k-1)$为由 $\boldsymbol{y}(k-1),\boldsymbol{y}(k-2),\cdots,\boldsymbol{y}(k_0)$对 $\boldsymbol{y}(k)$的估计误差,并考虑到 $\boldsymbol{e}_1(k),\boldsymbol{e}_2(k)$与$\mathfrak{I}_{k-1}$和 $\tilde{y}(k|k-1)$相互独立,即

$$E\{\tilde{\boldsymbol{y}}(k+1 \mid k)\}=0 \tag{10.1.42}$$

$$E\{\boldsymbol{e}_1(k) \mid \mathfrak{I}_{k-1}\}=E\{\boldsymbol{e}_1(k)\}=0 \tag{10.1.43}$$

$$E\{\boldsymbol{e}_2(k) \mid \mathfrak{I}_{k-1}\}=E\{\boldsymbol{e}_2(k)\}=0 \tag{10.1.44}$$

$$E\{\tilde{\boldsymbol{y}}(k \mid k-1)\boldsymbol{e}_2(k)^{\mathrm{T}}\}=E\{\boldsymbol{e}_2(k)\tilde{\boldsymbol{y}}^{\mathrm{T}}(k \mid k-1)\}=0 \tag{10.1.45}$$

$$\begin{aligned}\boldsymbol{R}_{y\tilde{z}}(k+1,k \mid k-1)&=E\{[\boldsymbol{y}(k+1)-\boldsymbol{m}_Y(k+1)]\tilde{\boldsymbol{z}}^{\mathrm{T}}(k \mid k-1)\}\\&=E\{[\boldsymbol{\Gamma}\boldsymbol{y}(k)+\boldsymbol{e}_1(k)-\boldsymbol{\Gamma}\boldsymbol{m}_Y(k)]\\&\quad[\boldsymbol{\Pi}\tilde{\boldsymbol{y}}(k \mid k-1)+\boldsymbol{e}_2(k)]^{\mathrm{T}}\}\\&=\boldsymbol{\Gamma}E\{\boldsymbol{y}(k)\tilde{\boldsymbol{y}}^{\mathrm{T}}(k \mid k-1)\}\boldsymbol{\Pi}^{\mathrm{T}}\\&=\boldsymbol{\Gamma}\boldsymbol{\sigma}_{\tilde{y}}^2(k \mid k-1)\boldsymbol{\Pi}^{\mathrm{T}}\end{aligned} \tag{10.1.46}$$

式中

$$\begin{aligned}\tilde{\boldsymbol{z}}(k \mid k-1)&=\boldsymbol{z}(k)-\hat{\boldsymbol{z}}(k \mid k-1)\\&=\boldsymbol{z}(k)-E\{\boldsymbol{\Pi}\boldsymbol{y}(k)+\boldsymbol{e}_2(k) \mid \mathfrak{I}_{k-1}\}\\&=\boldsymbol{z}(k)-\boldsymbol{\Pi}\hat{\boldsymbol{y}}(k \mid k-1)\\&=\boldsymbol{\Pi}\boldsymbol{y}(k)+\boldsymbol{e}_2(k)-\boldsymbol{\Pi}\hat{\boldsymbol{y}}(k \mid k-1)\\&=\boldsymbol{\Pi}\hat{\boldsymbol{y}}(k \mid k-1)+\boldsymbol{e}_2(k)\end{aligned} \tag{10.1.47}$$

所以,有

$$\begin{aligned}\boldsymbol{R}_{\tilde{z}\tilde{z}}(k \mid k-1,k \mid k-1)&=E\{\tilde{\boldsymbol{z}}(k \mid k-1)\tilde{\boldsymbol{z}}^{\mathrm{T}}(k \mid k-1)\}\\&=E\{[\boldsymbol{\Pi}\tilde{\boldsymbol{y}}(k \mid k-1)+\boldsymbol{e}_2(k)][\boldsymbol{\Pi}\tilde{\boldsymbol{y}}(k \mid k-1)+\boldsymbol{e}_2(k)]^{\mathrm{T}}\}\\&=\boldsymbol{\Pi}\boldsymbol{\sigma}_{\tilde{Y}}^2(k \mid k-1)\boldsymbol{\Pi}^{\mathrm{T}}+\boldsymbol{R}_2\end{aligned} \tag{10.1.48}$$

因此

$$\begin{aligned}\hat{\boldsymbol{y}}(k+1 \mid k)&=E\{\boldsymbol{y}(k+1) \mid \mathfrak{I}_k\}=E\{\boldsymbol{y}(k+1) \mid \mathfrak{I}_{k-1},\boldsymbol{z}(k)\}\\&=E\{\boldsymbol{y}(k+1) \mid \mathfrak{I}_{k-1},\hat{\boldsymbol{y}}(k \mid k-1)\}\\&=E\{\boldsymbol{y}(k+1) \mid \mathfrak{I}_{k-1}\}+E\{\boldsymbol{y}(k+1) \mid \tilde{\boldsymbol{z}}(k \mid k-1)\}-\boldsymbol{m}_Y(k+1)\\&=E\{\boldsymbol{y}(k+1) \mid \mathfrak{I}_{k-1}\}+\boldsymbol{R}_{y\tilde{z}}(k+1,k \mid k-1)\end{aligned}$$

$$\cdot \boldsymbol{R}_{\tilde{z}\tilde{z}}^{-1}(k \mid k-1, k \mid k-1)\tilde{z}(k \mid k-1) \tag{10.1.49}$$

式中

$$E\{\boldsymbol{y}(k+1) \mid \mathfrak{I}_{k-1}\} = E\{\boldsymbol{\Gamma}\boldsymbol{y}(k) + \boldsymbol{e}_1(k) \mid \mathfrak{I}_{k-1}\} = \boldsymbol{\Gamma}\hat{\boldsymbol{y}}(k \mid k-1) \tag{10.1.50}$$

其余五项取值为零。令

$$\boldsymbol{G}(k \mid k-1) = \boldsymbol{R}_{y\tilde{z}}(k+1, k \mid k-1)\boldsymbol{R}_{\tilde{z}\tilde{z}}^{-1}(k \mid k-1, k \mid k-1) \tag{10.1.51}$$

把式(10.1.50)、式(10.1.46)、式(10.1.47)及式(10.1.48)代入式(10.1.49)，就得到式(10.1.37)。把式(10.1.50)、式(10.1.51)和式(10.1.47)代入式(10.1.49)，就得到式(10.1.38)。

第 2 步：确定 $\boldsymbol{\sigma}_{\tilde{Y}}^2(k+1|k)$

$$\begin{aligned}
\tilde{\boldsymbol{y}}(k+1 \mid k) &= \boldsymbol{y}(k+1) - \hat{\boldsymbol{y}}(k+1 \mid k) \\
&= \boldsymbol{\Gamma}\boldsymbol{y}(k) + \boldsymbol{e}_1(k) - \{\boldsymbol{\Gamma}\hat{\boldsymbol{y}}(k \mid k-1) + \boldsymbol{G}(k \mid k-1)[\boldsymbol{\Pi}\tilde{\boldsymbol{y}}(k \mid k-1) \\
&\quad + \boldsymbol{e}_2(k)]\} \\
&= [\boldsymbol{\Gamma} - \boldsymbol{G}(k \mid k-1)\boldsymbol{\Pi}]\tilde{\boldsymbol{y}}(k \mid k-1) + \boldsymbol{e}_1(k) - \boldsymbol{G}(k \mid k-1)\boldsymbol{e}_2(k)
\end{aligned} \tag{10.1.52}$$

式中，右边三项是互相独立的，因此有

$$\begin{aligned}
\boldsymbol{\sigma}_{\tilde{Y}}^2(k+1 \mid k) &= E\{\tilde{\boldsymbol{y}}(k+1 \mid k)\tilde{\boldsymbol{y}}^{\mathrm{T}}(k+1 \mid k)\} \\
&= [\boldsymbol{\Gamma} - \boldsymbol{G}(k \mid k-1)\boldsymbol{\Pi}]\boldsymbol{\sigma}_{\tilde{Y}}^2(k \mid k-1)[\boldsymbol{\Gamma} - \boldsymbol{G}(k \mid k-1)\boldsymbol{\Pi}]^{\mathrm{T}} + \boldsymbol{R}_1 \\
&\quad + \boldsymbol{G}(k \mid k-1)\boldsymbol{R}_2\boldsymbol{G}^{\mathrm{T}}(k \mid k-1)
\end{aligned} \tag{10.1.53}$$

只要把式(10.1.52)适当展开，就得证。

第 3 步：确定初值 $\hat{\boldsymbol{y}}(k_0|k_0-1)$ 和 $\boldsymbol{\sigma}_{\tilde{Y}}^2(k_0|k_0-1)$

因为由式(10.1.37)与式(10.1.38)，得

$$\begin{aligned}
\hat{\boldsymbol{y}}(k_0+1 \mid k_0) &= \boldsymbol{\Gamma}\hat{\boldsymbol{y}}(k_0 \mid k_0-1) + \boldsymbol{\Gamma}\boldsymbol{\sigma}_{\tilde{Y}}^2(k_0 \mid k_0-1)\boldsymbol{\Pi}^{\mathrm{T}}[\boldsymbol{\Gamma}\boldsymbol{\sigma}_{\tilde{Y}}^2(k_0 \mid k_0-1)\boldsymbol{\Pi}^{\mathrm{T}} + \boldsymbol{R}_2]^{-1} \\
&\quad \cdot [\boldsymbol{z}(k_0) - \boldsymbol{\Pi}\hat{\boldsymbol{y}}(k_0 \mid k_0-1)]
\end{aligned} \tag{10.1.54}$$

$$\hat{\boldsymbol{y}}(k_0+1 \mid k_0) = \boldsymbol{m}_Y(k_0+1) + \boldsymbol{R}_{yz}(k_0+1, k_0)\boldsymbol{R}_{zz}^{-1}(k_0, k_0)[\boldsymbol{z}(k_0) - \boldsymbol{m}_z(k_0)] \tag{10.1.55}$$

式中

$$\boldsymbol{m}_y(k_0+1) = \boldsymbol{\Gamma}\boldsymbol{m}_0 \tag{10.1.56}$$

$$\boldsymbol{y}(k_0+1) - \boldsymbol{m}_y(k_0+1) = \boldsymbol{\Gamma}[\boldsymbol{y}(k_0) - \boldsymbol{m}_0] + \boldsymbol{e}_1(k_0) \tag{10.1.57}$$

$$\boldsymbol{z}(k_0) - \boldsymbol{m}_z(k_0) = \boldsymbol{z}(k_0) - \boldsymbol{\Pi}\boldsymbol{m}_0 = \boldsymbol{\Pi}[\boldsymbol{z}(k_0) - \boldsymbol{m}_0] + \boldsymbol{e}_2(k_0) \tag{10.1.58}$$

$$\begin{aligned}
\boldsymbol{R}_{zz}(k_0, k_0) &= \boldsymbol{\Pi}\boldsymbol{R}_0\boldsymbol{\Pi}^{\mathrm{T}} + \boldsymbol{R}_2 \\
\boldsymbol{R}_{yz}(k_0+1, k_0) &= E\{[\boldsymbol{y}(k_0+1) - \boldsymbol{m}_y(k_0+1)][\boldsymbol{z}(k_0) - \boldsymbol{m}_z(k_0)]^{\mathrm{T}}\} = \boldsymbol{\Gamma}\boldsymbol{R}_0\boldsymbol{\Pi}^{\mathrm{T}}
\end{aligned} \tag{10.1.59}$$

把式(10.1.56)～式(10.1.59)代入式(10.1.55)，得

$$\hat{\boldsymbol{y}}(k_0+1 \mid k_0)=\boldsymbol{\Gamma m}_0+\boldsymbol{\Gamma R}_0\boldsymbol{\Pi}^{\mathrm{T}}[\boldsymbol{\Pi R}_0\boldsymbol{\Pi}^{\mathrm{T}}+\boldsymbol{R}_2]^{-1}[\boldsymbol{z}(k_0)-\boldsymbol{\Pi m}_0] \tag{10.1.60}$$

一步最优预测过程，如图 10.1 所示。

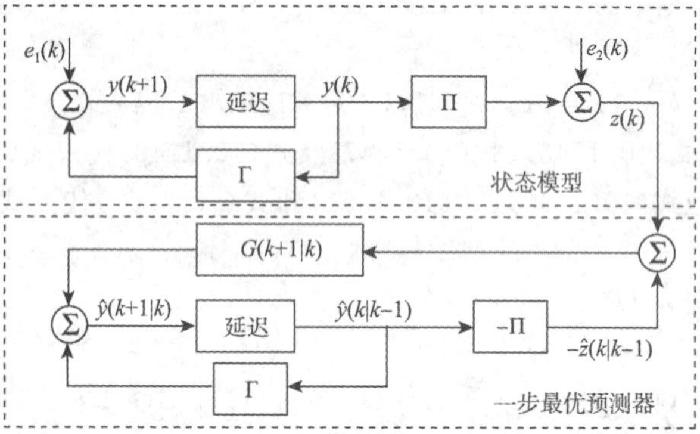

图 10.1　一步最优预测框图

(2)最优滤波(卡尔曼滤波)

离散时间随机状态模型式(10.1.27)和式(10.1.28)的最优滤波方程为

$$\hat{\boldsymbol{y}}(k+1 \mid k+1)=\boldsymbol{\Gamma}\hat{\boldsymbol{y}}(k \mid k)+\boldsymbol{G}(k+1 \mid k+1)[\boldsymbol{z}(k+1)-\boldsymbol{\Pi\Gamma}\hat{\boldsymbol{y}}(k \mid k)] \tag{10.1.61}$$

式中，滤波增益阵为

$$\boldsymbol{G}(k+1 \mid k+1)=\boldsymbol{\sigma}_{\tilde{Y}}^2(k+1 \mid k)\boldsymbol{\Pi}^{\mathrm{T}}[\boldsymbol{\Pi\sigma}_{\tilde{Y}}^2(k+1 \mid k)\boldsymbol{\Pi}^{\mathrm{T}}+\boldsymbol{R}_2]^{-1} \tag{10.1.62}$$

式中，$\boldsymbol{R}_2$ 为正定的，一步预测误差的方差阵 $\boldsymbol{\sigma}_{\tilde{Y}}^2(k+1|k)$ 为

$$\boldsymbol{\sigma}_{\tilde{Y}}^2(k+1 \mid k)=\boldsymbol{\Gamma\sigma}_{\tilde{Y}}^2(k \mid k)\boldsymbol{\Gamma}^{\mathrm{T}}+\boldsymbol{R}_1 \tag{10.1.63}$$

滤波误差的方差阵为

$$\begin{aligned}\boldsymbol{\sigma}_{\tilde{Y}}^2(k+1 \mid k+1)&=[\boldsymbol{I}-\boldsymbol{G}(k+1 \mid k+1)\boldsymbol{\Pi}]\boldsymbol{\sigma}_{\tilde{Y}}^2(k+1 \mid k)[\boldsymbol{I}-\boldsymbol{G}(k+1 \mid k+1)\boldsymbol{\Pi}]^{\mathrm{T}}\\&\quad+\boldsymbol{G}(k+1 \mid k+1)\boldsymbol{R}_2\boldsymbol{G}^{\mathrm{T}}(k+1 \mid k+1)\\&=[\boldsymbol{I}-\boldsymbol{G}(k+1 \mid k+1)\boldsymbol{\Pi}]\boldsymbol{\sigma}_{\tilde{Y}}^2(k+1 \mid k)\end{aligned} \tag{10.1.64}$$

初值为

$$\hat{\boldsymbol{y}}(k_0 \mid k_0)=\boldsymbol{m}_0 \tag{10.1.65}$$

$$\boldsymbol{\sigma}_{\tilde{Y}}^2(k_0 \mid k_0)=\boldsymbol{R}_0 \tag{10.1.66}$$

导出上述公式可按 4 步进行。

第 1 步：确定 $\hat{\boldsymbol{y}}(k+1|k+1)$ 的递推公式和 $\boldsymbol{G}(k+1|k+1)$

$$\begin{aligned}\hat{\boldsymbol{y}}(k+1 \mid k+1)&=E\{\boldsymbol{y}(k+1) \mid \mathfrak{I}_{k+1}\}=E\{\boldsymbol{y}(k+1) \mid \mathfrak{I}_k,\tilde{\boldsymbol{z}}(k+1 \mid k)\}\\&=E\{\boldsymbol{y}(k+1) \mid \mathfrak{I}_k\}+E\{\boldsymbol{y}(k+1) \mid \tilde{\boldsymbol{z}}(k+1 \mid k)\}-\boldsymbol{m}_y(k+1)\end{aligned}$$

$$= \boldsymbol{\Gamma}\hat{\boldsymbol{y}}(k \mid k) + \boldsymbol{R}_{y\tilde{z}}(k+1, k+1 \mid k)\boldsymbol{R}_{\tilde{z}\tilde{z}}^{-1}(k+1 \mid k, k+1 \mid k)\tilde{\boldsymbol{z}}(k+1 \mid k) \tag{10.1.67}$$

式中

$$\begin{aligned}\tilde{\boldsymbol{z}}(k+1 \mid k) &= \boldsymbol{z}(k+1) - \hat{\boldsymbol{z}}(k+1 \mid k) = \boldsymbol{z}(k+1) - \boldsymbol{\Pi}\boldsymbol{\Gamma}\hat{\boldsymbol{y}}(k \mid k) \\ &= \boldsymbol{\Gamma}\hat{\boldsymbol{y}}(k+1 \mid k) + \boldsymbol{e}_2(k+1)\end{aligned} \tag{10.1.68}$$

$$E\{\tilde{\boldsymbol{z}}(k+1 \mid k)\} = 0 \tag{10.1.69}$$

$$\begin{aligned}\boldsymbol{R}_{\tilde{z}\tilde{z}}(k+1 \mid k, k+1 \mid k) &= E\{[\boldsymbol{\Pi}\tilde{\boldsymbol{y}}(k+1 \mid k) + \boldsymbol{e}_2(k+1)] \\ &\quad [\boldsymbol{\Pi}\tilde{\boldsymbol{y}}(k+1 \mid k) + \boldsymbol{e}_2(k+1)]^{\mathrm{T}}\} \\ &= \boldsymbol{\Pi}\boldsymbol{\sigma}_{\tilde{Y}}^2(k+1 \mid k)\boldsymbol{\Pi}^{\mathrm{T}} + \boldsymbol{R}_2\end{aligned} \tag{10.1.70}$$

$$\begin{aligned}\boldsymbol{R}_{y\tilde{z}}(k+1, k+1 \mid k) &= E\{[\boldsymbol{y}(k+1) - \boldsymbol{m}_y(k+1)] \\ &\quad [\boldsymbol{\Pi}\tilde{\boldsymbol{y}}(k+1 \mid k) + \boldsymbol{e}_2(k+1)]^{\mathrm{T}}\} \\ &= E\{\boldsymbol{y}(k+1)\tilde{\boldsymbol{y}}^{\mathrm{T}}(k+1 \mid k)\}\boldsymbol{\Pi}^{\mathrm{T}} \\ &= \boldsymbol{\sigma}_{\tilde{Y}}^2(k+1 \mid k)\boldsymbol{\Pi}^{\mathrm{T}}\end{aligned} \tag{10.1.71}$$

令

$$\boldsymbol{G}(k+1 \mid k+1) = \boldsymbol{R}_{y\tilde{z}}(k+1, k+1 \mid k)\boldsymbol{R}_{\tilde{z}\tilde{z}}^{-1}(k+1 \mid k, k+1 \mid k) \tag{10.1.72}$$

把式(10.1.70)和式(10.1.71)代入式(10.1.72)就得到式(10.1.62)。把式(10.1.72)和式(10.1.68)代入式(10.1.67)就得到式(10.1.63)。

第2步:确定 $\boldsymbol{\sigma}_{\tilde{Y}}^2(k+1|k)$

$$\tilde{\boldsymbol{y}}(k+1 \mid k) = \boldsymbol{y}(k+1) - \hat{\boldsymbol{y}}(k+1 \mid k) = \boldsymbol{\Gamma}\hat{\boldsymbol{y}}(k \mid k) + \boldsymbol{e}_1(k) \tag{10.1.73}$$

代入 $\boldsymbol{\sigma}_{\tilde{Y}}^2(k+1|k)$ 的定义式,就得到式(10.1.64)。

第3步:确定 $\boldsymbol{\sigma}_{\tilde{Y}}^2(k+1|k+1)$

把式(10.1.61)代入 $\tilde{\boldsymbol{y}}(k+1|k+1)$ 表达式中,得

$$\begin{aligned}\tilde{\boldsymbol{y}}(k+1 \mid k+1) &= \boldsymbol{y}(k+1) - \hat{\boldsymbol{y}}(k+1 \mid k+1) \\ &\quad - [\boldsymbol{I} - \boldsymbol{G}(k+1 \mid k+1)\boldsymbol{\Pi}]\tilde{\boldsymbol{y}}(k+1 \mid k) \\ &\quad - \boldsymbol{G}(k+1 \mid k+1)\boldsymbol{e}_2(k+1)\end{aligned} \tag{10.1.74}$$

所以

$$\begin{aligned}\boldsymbol{\sigma}_{\tilde{Y}}^2(k+1 \mid k+1) &= E\{\tilde{\boldsymbol{y}}(k+1 \mid k+1)\tilde{\boldsymbol{y}}^{\mathrm{T}}(k+1 \mid k+1)\} \\ &= [\boldsymbol{I} - \boldsymbol{G}(k+1 \mid k+1)\boldsymbol{\Pi}]\boldsymbol{\sigma}_{\tilde{Y}}^2(k+1 \mid k)[\boldsymbol{I} - \boldsymbol{G}(k+1 \mid k+1)\boldsymbol{\Pi}]^{\mathrm{T}} \\ &\quad + \boldsymbol{G}(k+1 \mid k+1)\boldsymbol{R}_2\boldsymbol{G}(k+1 \mid k+1)\end{aligned} \tag{10.1.75}$$

把它适当展开并化简,容易得到结果。

第4步:初值

将式(10.1.65)和式(10.1.66)作为初值。

最优滤波流程，如图 10.2 所示。

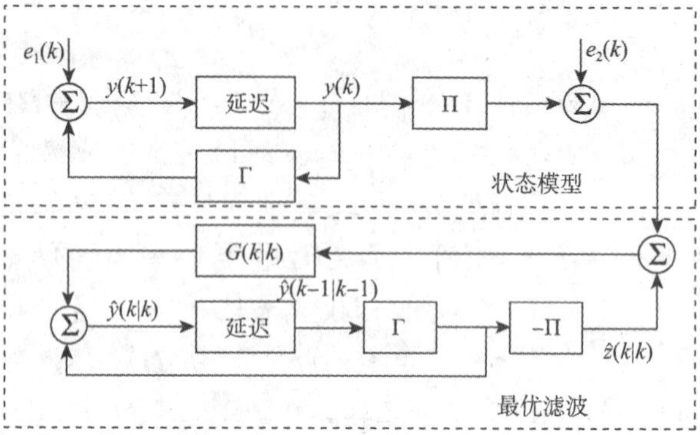

图 10.2　最优滤波框图

如果将式(10.1.61)、式(10.1.62)和式(10.1.64)视为第一套计算公式，则

$$\boldsymbol{G}(k \mid k) = \boldsymbol{\sigma}_{\tilde{Y}}^2(k \mid k)\boldsymbol{\Pi}^{\mathrm{T}}\boldsymbol{R}_2^{-1} \tag{10.1.76}$$

$$[\boldsymbol{\sigma}_{\tilde{Y}}^2(k \mid k)]^{-1} = [\boldsymbol{\sigma}_{\tilde{Y}}^2(k \mid k-1)]^{-1} + \boldsymbol{\Pi}^{\mathrm{T}}\boldsymbol{R}_2^{-1}\boldsymbol{\Pi} \tag{10.1.77}$$

式(10.1.63)视为第二套计算公式，这是因为

$$\begin{aligned}\boldsymbol{G}(k \mid k) &= \boldsymbol{\sigma}_{\tilde{Y}}^2(k \mid k-1)\boldsymbol{\Pi}^{\mathrm{T}}[\boldsymbol{\Pi}\boldsymbol{\sigma}_{\tilde{Y}}^2(k \mid k-1)\boldsymbol{\Pi}^{\mathrm{T}} + \boldsymbol{R}_2]^{-1} \\ &= [(\boldsymbol{\Pi}\boldsymbol{\sigma}_{\tilde{Y}}^2(k \mid k-1)\boldsymbol{\Pi}^{\mathrm{T}} + \boldsymbol{R}_2)[\boldsymbol{\sigma}_{\tilde{Y}}^2(k \mid k-1)\boldsymbol{\Pi}^{\mathrm{T}}]^{-1}]^{-1} \\ &= [\boldsymbol{\Pi}^{\mathrm{T}}\boldsymbol{R}_2^{-1}\boldsymbol{\Pi} + [\boldsymbol{\sigma}_{\tilde{Y}}^2(k \mid k-1)]]^{-1}\boldsymbol{\Pi}^{\mathrm{T}}\boldsymbol{R}_2^{-1}\end{aligned} \tag{10.1.78}$$

而

$$\begin{aligned}\boldsymbol{I} - \boldsymbol{G}(k \mid k)\boldsymbol{\Pi} &= [\boldsymbol{\Pi}^{\mathrm{T}}\boldsymbol{R}_2^{-1}\boldsymbol{\Pi} + [\boldsymbol{\sigma}_{\tilde{Y}}^2(k \mid k-1)]^{-1}]^{-1}[\boldsymbol{\Pi}^{\mathrm{T}}\boldsymbol{R}_2^{-1}\boldsymbol{\Pi} + [\boldsymbol{\sigma}_{\tilde{Y}}^2(k \mid k-1)]^{-1}] \\ &\quad - [\boldsymbol{\Pi}^{\mathrm{T}}\boldsymbol{R}_2^{-1}\boldsymbol{\Pi} + [\boldsymbol{\sigma}_{\tilde{Y}}^2(k \mid k-1)]^{-1}]^{-1}\boldsymbol{\Pi}^{\mathrm{T}}\boldsymbol{R}_2^{-1}\boldsymbol{\Pi} \\ &= [\boldsymbol{\Pi}^{\mathrm{T}}\boldsymbol{R}_2^{-1}\boldsymbol{\Pi} + [\boldsymbol{\sigma}_{\tilde{Y}}^2(k \mid k-1)]^{-1}]^{-1}[\boldsymbol{\sigma}_{\tilde{Y}}^2(k \mid k-1)]^{-1}\end{aligned} \tag{10.1.79}$$

$$\begin{aligned}\boldsymbol{\sigma}_{\tilde{Y}}^2(k \mid k) &= [\boldsymbol{I} - \boldsymbol{G}(k \mid k)\boldsymbol{\Pi}]\boldsymbol{\sigma}_{\tilde{Y}}^2(k \mid k-1)[\boldsymbol{I} - \boldsymbol{G}(k \mid k)\boldsymbol{\Pi}]^{\mathrm{T}} + \boldsymbol{G}(k \mid k)\boldsymbol{R}_2\boldsymbol{G}^{\mathrm{T}}(k \mid k) \\ &= [\boldsymbol{\Pi}^{\mathrm{T}}\boldsymbol{R}_2^{-1}\boldsymbol{\Pi} + [\boldsymbol{\sigma}_{\tilde{Y}}^2(k \mid k-1)]^{-1}]^{-1}\end{aligned} \tag{10.1.80}$$

式(10.1.80)即为式(10.1.77)。将式(10.1.80)代入式(10.1.78)，就得式(10.1.76)。

(3)p 步最优预测

以一步最优预测和最优滤波为基础，求 p 步最优预测和 p 步最优预测误差的方差。

$$\hat{\boldsymbol{y}}(k+p \mid k) = \boldsymbol{\Gamma}\hat{\boldsymbol{y}}(k+p-1 \mid k) = \boldsymbol{\Gamma}^{p-1}\hat{\boldsymbol{y}}(k+1 \mid k) = \boldsymbol{\Gamma}^{p}\hat{\boldsymbol{y}}(k \mid k) \tag{10.1.81}$$

$$\boldsymbol{\sigma}_{\tilde{Y}}^2(k+p \mid k) = \boldsymbol{\Gamma}\boldsymbol{\sigma}_{\tilde{Y}}^2(k+p-1 \mid k)\boldsymbol{\Pi}^{\mathrm{T}} + \boldsymbol{R}_1$$

$$= \boldsymbol{\Gamma}^{p-1}\boldsymbol{\sigma}_{\tilde{Y}}^{2}(k+1 \mid k)(\boldsymbol{\Gamma}^{\mathrm{T}})^{p-1} + \sum_{l=0}^{p-2}\boldsymbol{\Gamma}^{l}\boldsymbol{R}_{1}(\boldsymbol{\Gamma}^{\mathrm{T}})^{l}$$

$$= \boldsymbol{\Gamma}^{p}\boldsymbol{\sigma}_{\tilde{Y}}^{2}(k \mid k)(\boldsymbol{\Gamma}^{\mathrm{T}})^{p} + \sum_{l=0}^{p-1}\boldsymbol{\Gamma}^{l}\boldsymbol{R}_{1}(\boldsymbol{\Gamma}^{\mathrm{T}})^{l} \tag{10.1.82}$$

【例 10.2】已知状态方程

$$\boldsymbol{Y}(k+1) = \boldsymbol{\Gamma}\boldsymbol{Y}(k) + \boldsymbol{\Xi}\boldsymbol{X}(k) + \boldsymbol{e}_{1}(k)$$

$$\boldsymbol{Z}(k) = \boldsymbol{Y}(k)$$

式中，$\boldsymbol{Y}(k_0) \sim N(\boldsymbol{m}_0, \boldsymbol{R}_0)$与噪声 $\boldsymbol{e}_1(k) \sim N(\boldsymbol{m}_1, \boldsymbol{R}_1)(k \geqslant k_0)$相互独立；$\boldsymbol{X}(k)$为所加控制向量；$\boldsymbol{\Gamma}$ 与 $\boldsymbol{\Xi}$ 为已知常阵。试用卡尔曼估计方法求出 $\hat{\boldsymbol{y}}(k+1|k)$，$\tilde{\boldsymbol{y}}(k+1|k)$和 $\boldsymbol{\sigma}_{\tilde{Y}}^{2}(k+1|k)$。

解：由一步预测公式求解：

$$\hat{\boldsymbol{y}}(k+1 \mid k) = \boldsymbol{m}_{y}(k+1) + \boldsymbol{R}_{yz}(k+1,k)\boldsymbol{R}_{zz}^{-1}(k,k)[\boldsymbol{z}(k) - \boldsymbol{m}_{z}(k)]$$

式中

$$\boldsymbol{m}_{y}(k+1) = E[\boldsymbol{\Gamma}\boldsymbol{Y}(k) + \boldsymbol{\Xi}\boldsymbol{X}(k) + \boldsymbol{e}_{1}(k)] = \boldsymbol{\Gamma}\boldsymbol{m}_{Y}(k) + \boldsymbol{\Xi}\boldsymbol{X}(k) + \boldsymbol{m}_{1}$$

$$\boldsymbol{R}_{zz}(k,k) = E\{[\boldsymbol{Z}(k) - \boldsymbol{m}_{z}(k)][\boldsymbol{Z}(k) - \boldsymbol{m}_{z}(k)]^{T}\}$$

$$= E\{[\boldsymbol{Y}(k) - \boldsymbol{m}_{y}(k)][\boldsymbol{Y}(k) - \boldsymbol{m}_{y}(k)]^{T}\} = \boldsymbol{R}_{yy}(k,k)$$

$$\boldsymbol{R}_{yz}(k+1,k) = E\{[\boldsymbol{Y}(k+1) - \boldsymbol{m}_{Y}(k+1)][\boldsymbol{Z}(k) - \boldsymbol{m}_{z}(k)]^{T}\}$$

$$= E\{[\boldsymbol{\Gamma}(\boldsymbol{Y}(k) - \boldsymbol{m}_{Y}(k)) + \boldsymbol{e}_{1}(k)][\boldsymbol{Y}(k) - \boldsymbol{m}_{Y}(k)]\}$$

$$= \boldsymbol{\Gamma}\boldsymbol{R}_{yy}(k,k)$$

于是

$$\hat{\boldsymbol{y}}(k+1 \mid k) = \boldsymbol{\Gamma}\boldsymbol{z}(k) + \boldsymbol{\Xi}\boldsymbol{X}(k) + \boldsymbol{m}_{1}$$

$$\tilde{\boldsymbol{y}}(k+1 \mid k) = \boldsymbol{y}(k+1) - \hat{\boldsymbol{y}}(k+1 \mid k) = \boldsymbol{e}_{1}(k) - \boldsymbol{m}_{1}$$

$$\boldsymbol{\sigma}_{\tilde{Y}}^{2}(k+1 \mid k) = E[\tilde{\boldsymbol{y}}(k+1 \mid k)\tilde{\boldsymbol{y}}^{T}(k+1 \mid k)] = \boldsymbol{R}_{1}$$

【例 10.3】已知给定系统方程

$$Y(k+1) = 0.4Y(k) + 4X(k) + e_{1}(k)$$

$$Z(k) = 3Y(k) + e_{2}(k)$$

并且 $Y(k_0) \sim N(1,5)$，$e_1(k) \sim N(0,2)$，$e_2(k) \sim N(1,2)$互相独立，$X(k)$为控制量，已测得 $z(k_0)=10$，试求 $\hat{y}(k_0+1|k_0)$的值。

解：本题系统方程中有控制项 $X(k)$，且量测噪声的均值不为零，经推导得一步预测公式为

$$\hat{y}(k+1 \mid k) = \Gamma\hat{y}(k \mid k-1) + \Xi X(k) + G(k \mid k-1)$$
$$[z(k) - \Pi\hat{y}(k \mid k-1) - m_{2}(k)]$$

根据初值 $\hat{y}(k_0|k_0-1)=m_0$，$R(k_0|k_0-1)=R_0$，可得

$$\hat{y}(k_0+1 \mid k_0) = \Gamma m_0 + \Xi X(k) + G(k_0 \mid k_0-1)[z(k_0) - \Pi m_0 - m_2]$$

式中

$$G(k_0 \mid k_0-1) = \Gamma R_0 \Pi^{\mathrm{T}}[\Pi R_0 \Pi^{\mathrm{T}} + R_2]^{-1}$$

代入数据$\Gamma=0.4$,$\Xi=4$,$\Pi=3$,$m_0=1$,$R_0=5$,$m_2=1$,$R_2=2$,$y(k_0)=10$,得到

$$G(k_0 \mid k_0-1) = \frac{6}{47} \approx 0.128$$

$$\hat{y}(k_0+1 \mid k_0) = 0.4\times 1 + 4X(k_0) + 0.128[10-1\times 3-1] = 1.168 + 4X(k_0)$$

10.1.4 离散时间随机系统的最优平滑

1)最优平滑分类

当$n<l$时,最优估计$\hat{y}(n|l)$称为最优平滑,而按n和l的关系,最优平滑可分为3类:

(1)固定区间平滑

设N为正整数,$k=0,1,\cdots,N-1$,则$\hat{y}(k|N)$称为固定区间(最优)平滑。

(2)固定点平滑

令k为正整数,$j=k+1,k+2,\cdots$,则$\hat{y}(k|j)$称为固定点(最优)平滑或单点平滑。

(3)固定滞后平滑

令N为正整数,$k=0,1,2,\cdots$,则$\hat{y}(k|k+N)$称为固定滞后平滑。

各类平滑都是在一步最优平滑和二步最优平滑的基础上分析的,所以本节重点讨论一步最优平滑和二步最优平滑,并给出各类平滑结果。

2)一步最优平滑

(1)设离散时间随机状态模型为式(10.1.27)与式(10.1.28),其一步最优平滑为

$$\begin{aligned}\hat{\boldsymbol{y}}(k \mid k+1) &= \hat{\boldsymbol{y}}(k \mid k) + \boldsymbol{A}(k)[\hat{\boldsymbol{y}}(k+1 \mid k+1) - \hat{\boldsymbol{y}}(k+1 \mid k)] \\ &= \hat{\boldsymbol{y}}(k \mid k) + \boldsymbol{A}(k)\boldsymbol{G}(k+1 \mid k+1)\tilde{\boldsymbol{z}}(k+1 \mid k) \\ &= \hat{\boldsymbol{y}}(k \mid k) + \boldsymbol{M}(k \mid k+1)[\boldsymbol{z}(k+1) - \boldsymbol{\Pi}\boldsymbol{\Gamma}\hat{\boldsymbol{y}}(k \mid k)]\end{aligned} \tag{10.1.83}$$

因为

$$\begin{aligned}\hat{\boldsymbol{y}}(k \mid k+1) &= E\{\boldsymbol{y}(k) \mid \Im_{k+1}\} \\ &= E\{\boldsymbol{y}(k) \mid \Im_k, \boldsymbol{z}(k+1)\} \\ &= E\{\boldsymbol{y}(k) \mid \Im_k, \tilde{\boldsymbol{z}}(k+1 \mid k)\} \\ &= E\{\boldsymbol{y}(k) \mid \Im_k\} + E\{\boldsymbol{y}(k) \mid \tilde{\boldsymbol{z}}(k+1 \mid k)\} - \boldsymbol{m}_y(k) \\ &= \hat{\boldsymbol{y}}(k \mid k) + \boldsymbol{R}_{y\tilde{z}}(k, k+1 \mid k)\boldsymbol{R}_{\tilde{z}\tilde{z}}^{-1}(k+1 \mid k, k+1 \mid k) \\ &\quad \tilde{\boldsymbol{z}}(k+1 \mid k)\end{aligned} \tag{10.1.84}$$

式(10.1.84)中

$$\tilde{\boldsymbol{z}}(k+1 \mid k) = \boldsymbol{z}(k+1) - \hat{\boldsymbol{z}}(k+1 \mid k)$$

$$= \boldsymbol{\Pi}\tilde{\boldsymbol{y}}(k+1 \mid k) + \boldsymbol{e}_2(k+1)$$

$$= \boldsymbol{\Pi}\boldsymbol{\Gamma}\tilde{\boldsymbol{y}}(k \mid k) + \boldsymbol{\Pi}\boldsymbol{e}_1(k) + \boldsymbol{e}_2(k+1) \tag{10.1.85}$$

$$E\{\tilde{\boldsymbol{z}}(k+1 \mid k)\} = 0 \tag{10.1.86}$$

$$\begin{aligned}\boldsymbol{R}_{\tilde{z}\tilde{z}}(k+1 \mid k, k+1 \mid k) &= E\{\tilde{\boldsymbol{z}}(k+1 \mid k)\tilde{\boldsymbol{z}}^{\mathrm{T}}(k+1 \mid k)\} \\ &= E\{[\boldsymbol{\Pi}\tilde{\boldsymbol{y}}(k+1 \mid k) + \boldsymbol{e}_2(k+1)] \\ &\quad [\boldsymbol{\Pi}\tilde{\boldsymbol{y}}(k+1 \mid k) + \boldsymbol{e}_2(k+1)]^{\mathrm{T}}\} \\ &= \boldsymbol{\Pi}\boldsymbol{\sigma}_{\tilde{Y}}^2(k+1 \mid k)\boldsymbol{\Pi}^{\mathrm{T}} + \boldsymbol{R}_2\end{aligned} \tag{10.1.87}$$

$$\begin{aligned}\boldsymbol{R}_{y\tilde{z}}(k, k+1 \mid k) &= E\{[\boldsymbol{y}(k) - \boldsymbol{m}_y(k)]\tilde{\boldsymbol{z}}^{\mathrm{T}}(k+1 \mid k)\} \\ &= E\{[\boldsymbol{y}(k) - \boldsymbol{m}_y(k)][\boldsymbol{\Pi}\boldsymbol{\Gamma}\tilde{\boldsymbol{y}}(k \mid k) \\ &\quad + \boldsymbol{\Pi}\boldsymbol{e}_1(k) + \boldsymbol{e}_2(k+1)]^{\mathrm{T}}\} \\ &= E\{\boldsymbol{y}(k)\tilde{\boldsymbol{y}}^{\mathrm{T}}(k \mid k)\}\boldsymbol{\Gamma}^{\mathrm{T}}\boldsymbol{\Pi}^{\mathrm{T}} = \boldsymbol{\sigma}_{\tilde{Y}}^2(k \mid k)\boldsymbol{\Gamma}^{\mathrm{T}}\Pi^{\mathrm{T}}\end{aligned} \tag{10.1.88}$$

式(10.1.83)中

$$\begin{aligned}\boldsymbol{M}(k \mid k+1) &= \boldsymbol{R}_{y\tilde{z}}(k, k+1 \mid k)\boldsymbol{R}_{\tilde{z}\tilde{z}}^{-1}(k+1 \mid k, k+1 \mid k) \\ &= \boldsymbol{\sigma}_{\tilde{Y}}^2(k \mid k)\boldsymbol{\Gamma}^{\mathrm{T}}\boldsymbol{\Pi}^{\mathrm{T}}[\boldsymbol{\Pi}\boldsymbol{\sigma}_{\tilde{Y}}^2(k+1 \mid k)\boldsymbol{\Pi}^{\mathrm{T}} + \boldsymbol{R}_2]^{-1} \\ &= \boldsymbol{\sigma}_{\tilde{Y}}^2(k \mid k)\boldsymbol{\Gamma}^{\mathrm{T}}[\boldsymbol{\sigma}_{\tilde{Y}}^2(k+1 \mid k)]^{-1}\boldsymbol{\sigma}_{\tilde{Y}}^2(k+1 \mid k)\boldsymbol{\Pi}^{\mathrm{T}} \\ &\quad [\boldsymbol{\Pi}\boldsymbol{\sigma}_{\tilde{Y}}^2(k+1 \mid k)\boldsymbol{\Pi}^{\mathrm{T}} + \boldsymbol{R}_2]^{-1} \\ &= \boldsymbol{A}(k)\boldsymbol{G}(k+1 \mid k+1)\end{aligned} \tag{10.1.89}$$

式(10.1.89)中,$\boldsymbol{A}(k)$称为固定区间最优平滑增益阵,且

$$\boldsymbol{A}(k) = \boldsymbol{\sigma}_{\tilde{Y}}^2(k \mid k)\boldsymbol{\Gamma}^{\mathrm{T}}[\boldsymbol{\sigma}_{\tilde{Y}}^2(k+1 \mid k)]^{-1} \tag{10.1.90}$$

$\boldsymbol{G}(k+1|k+1)$为卡尔曼滤波增益阵,且

$$\boldsymbol{G}(k+1 \mid k+1) = \boldsymbol{\sigma}_{\tilde{Y}}^2(k+1 \mid k)\boldsymbol{\Pi}^{\mathrm{T}}[\boldsymbol{\Pi}\boldsymbol{\sigma}_{\tilde{Y}}^2(k+1 \mid k)\boldsymbol{\Pi}^{\mathrm{T}} + \boldsymbol{R}_2]^{-1} \tag{10.1.91}$$

(2)设离散时间随机状态模型为式(10.1.27)与式(10.1.28),其一步最优平滑误差 $\tilde{\boldsymbol{y}}(h|h+1)$的方差矩阵为

$$\boldsymbol{\sigma}_{\tilde{Y}}^2(k \mid k+1) = \boldsymbol{\sigma}_{\tilde{Y}}^2(k \mid k) + \boldsymbol{A}(k)[\boldsymbol{\sigma}_{\tilde{Y}}^2(k+1 \mid k+1) - \boldsymbol{\sigma}_{\tilde{Y}}^2(k+1 \mid k)]\boldsymbol{A}^{\mathrm{T}}(k) \tag{10.1.92}$$

方差的推导过程如下:

将式(10.1.89)代入式(10.1.83),得

$$\hat{\boldsymbol{y}}(k \mid k+1) = \hat{\boldsymbol{y}}(k \mid k) + \boldsymbol{A}(k)\boldsymbol{G}(k+1 \mid k+1)\tilde{\boldsymbol{z}}(k+1 \mid k) \tag{10.1.93}$$

通过利用卡尔曼滤波公式

$$\hat{\boldsymbol{y}}(k+1 \mid k+1) = \boldsymbol{\Gamma}\hat{\boldsymbol{y}}(k \mid k) + \boldsymbol{G}(k+1 \mid k+1)\tilde{\boldsymbol{z}}(k+1 \mid k) \tag{10.1.94}$$

得到

$$\boldsymbol{G}(k+1 \mid k+1)\tilde{\boldsymbol{z}}(k+1 \mid k) = \hat{\boldsymbol{y}}(k+1 \mid k+1) - \boldsymbol{\Gamma}\hat{\boldsymbol{y}}(k \mid k) = \hat{\boldsymbol{y}}(k+1 \mid k+1) - \hat{\boldsymbol{y}}(k+1 \mid k) \tag{10.1.95}$$

把式(10.1.95)代入式(10.1.93)，得到

$$\hat{\boldsymbol{y}}(k \mid k+1) = \hat{\boldsymbol{y}}(k \mid k) + \boldsymbol{A}(k)[\hat{\boldsymbol{y}}(k+1 \mid k+1) - \hat{\boldsymbol{y}}(k+1 \mid k)] \tag{10.1.96}$$

将式(10.1.96)改写为

$$\hat{\boldsymbol{y}}(k \mid k+1) - \boldsymbol{A}(k)\hat{\boldsymbol{y}}(k+1 \mid k+1) = \hat{\boldsymbol{y}}(k \mid k) - \boldsymbol{A}(k)\hat{\boldsymbol{y}}(k+1 \mid k) \tag{10.1.97}$$

$$\hat{\boldsymbol{y}}(k) - \hat{\boldsymbol{y}}(k \mid k+1) + \boldsymbol{A}(k)\hat{\boldsymbol{y}}(k+1 \mid k+1) = \hat{\boldsymbol{y}}(k) - \hat{\boldsymbol{y}}(k \mid k) + \boldsymbol{A}(k)\hat{\boldsymbol{y}}(k+1 \mid k)$$

或

$$\tilde{\boldsymbol{y}}(k \mid k+1) + \boldsymbol{A}(k)\hat{\boldsymbol{y}}(k+1 \mid k+1) = \tilde{\boldsymbol{y}}(k \mid k) + \boldsymbol{A}(k)\hat{\boldsymbol{y}}(k+1 \mid k) \tag{10.1.98}$$

式(10.1.98)左边两项是互相独立的，右边两项也是相互独立的。并且，$E\{\tilde{\boldsymbol{y}}(k|k+1)\}=0$，把式(10.1.98)两边平方，并取均值，得到

$$\boldsymbol{\sigma}^2_{\tilde{Y}}(k \mid k+1) = \boldsymbol{\sigma}^2_{\tilde{Y}}(k \mid k) + \boldsymbol{A}(k)[\boldsymbol{\sigma}^2_{\hat{Y}}(k+1 \mid k) - \boldsymbol{\sigma}^2_{\hat{Y}}(k+1 \mid k+1)]\boldsymbol{A}^{\mathrm{T}}(k) \tag{10.1.99}$$

另有

$$\tilde{\boldsymbol{y}}(k+1 \mid k) + \hat{\boldsymbol{y}}(k+1 \mid k) = \tilde{\boldsymbol{y}}(k+1 \mid k+1) + \hat{\boldsymbol{y}}(k+1 \mid k+1) \tag{10.1.100}$$

同理，得到

$$\boldsymbol{\sigma}^2_{\hat{Y}}(k+1 \mid k) - \boldsymbol{\sigma}^2_{\hat{Y}}(k+1 \mid k+1) = \boldsymbol{\sigma}^2_{\tilde{Y}}(k+1 \mid k+1) - \boldsymbol{\sigma}^2_{\tilde{Y}}(k \mid k+1) \tag{10.1.101}$$

把式(10.1.101)代入式(10.1.99)，得到最后式(10.1.92)。

3)二步最优平滑

(1)设离散时间随机状态模型为式(10.1.27)与式(10.1.28)，其二步最优平滑为

$$\hat{\boldsymbol{y}}(k \mid k+2) = \hat{\boldsymbol{y}}(k \mid k) + \boldsymbol{A}(k)[\hat{\boldsymbol{y}}(k+1 \mid k+2) - \hat{\boldsymbol{y}}(k+1 \mid k)] \tag{10.1.102}$$

式中，$\boldsymbol{A}(k)$称为固定区间平滑增益阵，表示为

$$\boldsymbol{A}(k) = \boldsymbol{\sigma}^2_{\tilde{Y}}(k \mid k)\boldsymbol{\Gamma}^{\mathrm{T}}[\boldsymbol{\sigma}^2_{\tilde{Y}}(k+1 \mid k)]^{-1} \tag{10.1.103}$$

这是因为

$$\hat{\boldsymbol{y}}(k \mid k+2) = E\{\boldsymbol{y}(k) \mid \mathfrak{I}_{k+2}\} = E\{\boldsymbol{y}(k) \mid \mathfrak{I}_{k+1}, \tilde{\boldsymbol{z}}(k+2 \mid k+1)\} = E\{\boldsymbol{y}(k) \mid \mathfrak{I}_{k+1}\} + E\{\boldsymbol{y}(k) \mid \tilde{\boldsymbol{z}}(k+2 \mid k+1)\} - \boldsymbol{m}_y(k)$$

$$= \hat{\boldsymbol{y}}(k \mid k+1) + \boldsymbol{R}_{y\tilde{z}}(k, k+2 \mid k+1) \cdot \boldsymbol{R}_{\tilde{z}\tilde{z}}^{-1}(k+2 \mid k+1, k+2 \mid k+1)\tilde{\boldsymbol{z}}(k+2 \mid k+1) \tag{10.1.104}$$

式(10.1.104)中

$$\begin{aligned}\tilde{\boldsymbol{z}}(k+2 \mid k+1) &= \boldsymbol{z}(k+2) - \hat{\boldsymbol{z}}(k+2 \mid k+1) \\ &= \boldsymbol{\Pi}\tilde{\boldsymbol{y}}(k+2 \mid k+1) + \boldsymbol{e}_2(k+2) \\ &= \boldsymbol{\Pi\Gamma}\tilde{\boldsymbol{y}}(k+1 \mid k+1) + \boldsymbol{\Pi e}_1(k+1) + \boldsymbol{e}_2(k+2) \\ &= \boldsymbol{\Pi\Gamma}[\boldsymbol{I} - \boldsymbol{G}(k+1 \mid k+1)\boldsymbol{\Pi}]\boldsymbol{\Gamma}\tilde{\boldsymbol{y}}(k \mid k) \\ &\quad + \boldsymbol{\Pi\Gamma}[\boldsymbol{I} - \boldsymbol{G}(k+1 \mid k+1)\boldsymbol{\Pi}]\boldsymbol{e}_1(k) + \boldsymbol{\Pi e}_1(k+1) \\ &\quad - \boldsymbol{\Pi\Gamma G}(k+1 \mid k+1)\boldsymbol{e}_2(k+1) + \boldsymbol{e}_2(k+2)\end{aligned} \tag{10.1.105}$$

$$E\{\tilde{\boldsymbol{z}}(k+2 \mid k+1)\} = 0 \tag{10.1.106}$$

$$\boldsymbol{R}_{\tilde{z}\tilde{z}}(k+2 \mid k+1, k+2 \mid k+1) = \boldsymbol{\Pi\sigma}_{\tilde{Y}}^2(k+2 \mid k+1)\boldsymbol{\Pi}^{\mathrm{T}} + \boldsymbol{R}_2 \tag{10.1.107}$$

$$\begin{aligned}\boldsymbol{R}_{y\tilde{z}}(k, k+2 \mid k+1) &= E\{[\boldsymbol{y}(k) - \boldsymbol{m}_y(k)]\tilde{\boldsymbol{z}}^T(k+2 \mid k+1)\} \\ &= \boldsymbol{\sigma}_{\tilde{Y}}^2(k \mid k)\boldsymbol{\Gamma}^{\mathrm{T}}[\boldsymbol{I} - \boldsymbol{G}(k+1 \mid k+1)\boldsymbol{\Pi}]^{\mathrm{T}}\boldsymbol{\Gamma}^{\mathrm{T}}\boldsymbol{\Pi}^{\mathrm{T}}\end{aligned} \tag{10.1.108}$$

令

$$\boldsymbol{M}(k \mid k+2) = \boldsymbol{R}_{y\tilde{z}}(k, k+2 \mid k+1)\boldsymbol{R}_{\tilde{z}\tilde{z}}^{-1}(k+2 \mid k+1, k+2 \mid k+1)$$

则

$$\begin{aligned}\boldsymbol{M}(k \mid k+2) = {}& \boldsymbol{\sigma}_{\tilde{Y}}^2(k \mid k)\boldsymbol{\Gamma}^{\mathrm{T}}[\boldsymbol{I} - \boldsymbol{G}(k+1 \mid k+1)\boldsymbol{\Pi}]^{\mathrm{T}}\boldsymbol{\Gamma}^{\mathrm{T}}\boldsymbol{\Pi}^{\mathrm{T}} \\ & [\boldsymbol{\Pi\sigma}_{\tilde{Y}}^2(k+2 \mid k+1)\boldsymbol{\Pi}^{\mathrm{T}} + \boldsymbol{R}_2]^{-1}\end{aligned} \tag{10.1.109}$$

式(10.1.109)中

$$\boldsymbol{G}(k+1 \mid k+1) = \boldsymbol{\sigma}_{\tilde{Y}}^2(k+1 \mid k)\boldsymbol{\Pi}^{\mathrm{T}}[\boldsymbol{\Pi\sigma}_{\tilde{Y}}^2(k+1 \mid k)\boldsymbol{\Pi}^{\mathrm{T}} + \boldsymbol{R}_2]^{-1} \tag{10.1.110}$$

即

$$\boldsymbol{\Pi}^{\mathrm{T}} = [\boldsymbol{\Pi\sigma}_{\tilde{Y}}^2(k+2 \mid k+1)\boldsymbol{\Pi}^{\mathrm{T}} + \boldsymbol{R}_2]^{-1} = [\boldsymbol{\sigma}_{\tilde{Y}}^2(k+2 \mid k+1)]^{-1}\boldsymbol{G}(k+2 \mid k+2) \tag{10.1.111}$$

利用卡尔曼滤波公式，得

$$[\boldsymbol{I} - \boldsymbol{G}(k+1 \mid k+1)\boldsymbol{\Pi}]^{\mathrm{T}} = [\boldsymbol{\sigma}_{\tilde{Y}}^2(k+1 \mid k)]^{-1}\boldsymbol{\sigma}_{\tilde{Y}}^2(k+1 \mid k+1) \tag{10.1.112}$$

把式(10.1.112)和式(10.1.111)代入式(10.1.109)，得到

$$\boldsymbol{M}(k \mid k+2) = \boldsymbol{A}(k)\boldsymbol{A}(k+1)\boldsymbol{G}(k+2 \mid k+2) \tag{10.1.113}$$

式中，$\boldsymbol{A}(k)$和 $\boldsymbol{A}(k+1)$由式(10.1.103)给出。由式(10.1.105)、式(10.1.109)和式

(10.1.110)等，得

$$\hat{\boldsymbol{y}}(k \mid k+2)=\hat{\boldsymbol{y}}(k \mid k+1)+\boldsymbol{M}(k \mid k+2)[\boldsymbol{z}(k+2)-\boldsymbol{\Pi\Gamma}\hat{\boldsymbol{y}}(k+1 \mid k+1)]$$
$$=\hat{\boldsymbol{y}}(k \mid k+1)+\boldsymbol{A}(k)\boldsymbol{A}(k+1)\boldsymbol{G}(k+2 \mid k+2)\tilde{\boldsymbol{z}}(k+2 \mid k+1) \qquad (10.1.114)$$

由最优滤波公式(10.1.62)，用 $k+1$ 置换 k，得

$$\hat{\boldsymbol{y}}(k+2 \mid k+2)=\hat{\boldsymbol{y}}(k+2 \mid k+1)+\boldsymbol{G}(k+2 \mid k+2)\tilde{\boldsymbol{z}}(k+2 \mid k+1) \qquad (10.1.115)$$

即

$$\boldsymbol{G}(k+2 \mid k+2)\tilde{\boldsymbol{z}}(k+2 \mid k+1)=\hat{\boldsymbol{y}}(k+2 \mid k+2)-\hat{\boldsymbol{y}}(k+2 \mid k+1) \qquad (10.1.116)$$

把式(10.1.116)代入式(10.1.114)，得

$$\hat{\boldsymbol{y}}(k \mid k+2)=\hat{\boldsymbol{y}}(k \mid k+1)+\boldsymbol{A}(k)\boldsymbol{A}(k+1)[\hat{\boldsymbol{y}}(k+2 \mid k+2)-\hat{\boldsymbol{y}}(k+2 \mid k+1)] \qquad (10.1.117)$$

再把下列两个一步最优平滑公式

$$\hat{\boldsymbol{y}}(k \mid k+1)=\hat{\boldsymbol{y}}(k \mid k)+\boldsymbol{A}(k)[\hat{\boldsymbol{y}}(k+1 \mid k+1)-\hat{\boldsymbol{y}}(k+1 \mid k)] \qquad (10.1.118)$$

$$\boldsymbol{A}(k+1)[\hat{\boldsymbol{y}}(k+2 \mid k+2)-\hat{\boldsymbol{y}}(k+2 \mid k+1)]=\hat{\boldsymbol{y}}(k+1 \mid k+2)-\hat{\boldsymbol{y}}(k+1 \mid k+1) \qquad (10.1.119)$$

代入式(10.1.117)，得到最后结果。

(2)设离散时间随机状态模型为式(10.1.27)与式(10.1.28)，其二步最优平滑误差 $\hat{\boldsymbol{y}}(k|k+2)$ 的方差阵为

$$\boldsymbol{\sigma}_{\tilde{Y}}^2(k \mid k+2)=\boldsymbol{\sigma}_{\tilde{Y}}^2(k \mid k)+\boldsymbol{A}(k)[\boldsymbol{\sigma}_{\tilde{Y}}^2(k+1 \mid k+2)-\boldsymbol{\sigma}_{\tilde{Y}}^2(k+1 \mid k)]\boldsymbol{A}^{\mathrm{T}}(k) \qquad (10.1.120)$$

二步最优平滑误差 $\tilde{\boldsymbol{y}}(k|k+2)$ 的方差阵 $\boldsymbol{\sigma}_{\tilde{Y}}^2(k|k+2)$ 的推导与一步最优平滑类似，不再赘述。

比较一步最优平滑和二步最优平滑表示式(10.1.83)和式(10.1.102)不难发现，两式形式相同，只有右边方括弧内第一项不同，一个是 $\hat{\boldsymbol{y}}(k+1|k+1)$，另一个是 $\hat{\boldsymbol{y}}(k+1|k+2)$。

4)各类最优平滑

(1)固定区间最优平滑

设离散时间随机状态模型为式(10.1.27)与式(10.1.28)，其固定区间最优平滑为

$$\hat{\boldsymbol{y}}(k \mid N)=\hat{\boldsymbol{y}}(k \mid k)+\boldsymbol{A}(k)[\hat{\boldsymbol{y}}(k+1 \mid N)-\hat{\boldsymbol{y}}(k+1 \mid k)] \qquad (10.1.121)$$

式中，N 为固定区间；$\boldsymbol{A}(k)$ 为

$$\boldsymbol{A}(k)=\boldsymbol{\sigma}_{\tilde{Y}}^{2}(k\mid k)\boldsymbol{\Gamma}[\boldsymbol{\sigma}_{\tilde{Y}}^{2}(k+1\mid k)]^{-1} \tag{10.1.122}$$

固定区间最优平滑误差 $\tilde{\boldsymbol{y}}(k|N)$ 的方差阵为

$$\boldsymbol{\sigma}_{\tilde{Y}}^{2}(k\mid N)=\boldsymbol{\sigma}_{\tilde{Y}}^{2}(k\mid k)+\boldsymbol{A}(k)[\boldsymbol{\sigma}_{\tilde{Y}}^{2}(k+1\mid N)-\boldsymbol{\sigma}_{\tilde{Y}}^{2}(k+1\mid k)]\boldsymbol{A}^{\mathrm{T}}(k) \tag{10.1.123}$$

(2)固定点最优平滑

设离散时间随机状态模型为式(10.1.27)与式(10.1.28)，对 $j=k+1,k+2,\cdots$，k 为固定点，则固定点最优平滑为

$$\begin{aligned}\hat{\boldsymbol{y}}(k\mid j)&=\hat{\boldsymbol{y}}(k\mid j-1)+\boldsymbol{M}(k\mid j)\tilde{z}(j\mid j-1)\\&=\hat{\boldsymbol{y}}(k\mid j-1)+\boldsymbol{B}(j)[\hat{\boldsymbol{y}}(j\mid j)-\hat{\boldsymbol{y}}(j\mid j-1)]\end{aligned} \tag{10.1.124}$$

式中

$$\boldsymbol{M}(k\mid j)=\Big[\prod_{l=k}^{j-1}\boldsymbol{A}(l)\Big]\boldsymbol{G}(j\mid j)=\boldsymbol{B}(j)\boldsymbol{G}(j\mid j) \tag{10.1.125}$$

$$\boldsymbol{B}(j)=\prod_{l=k}^{j-1}\boldsymbol{A}(l)=\boldsymbol{B}(j-1)\boldsymbol{A}(j-1) \tag{10.1.126}$$

$$\boldsymbol{A}(l)=\boldsymbol{\sigma}_{\tilde{Y}}^{2}(l\mid l)\boldsymbol{\Gamma}^{\mathrm{T}}\boldsymbol{\sigma}_{\tilde{Y}}^{2}(l+1\mid l+1) \tag{10.1.127}$$

$\boldsymbol{B}(j)$ 称为固定点最优平滑增益矩阵。固定点最优平滑误差 $\tilde{\boldsymbol{y}}(k|j)$ 的方差阵为

$$\begin{aligned}\boldsymbol{\sigma}_{\tilde{Y}}^{2}(k\mid j)&=\boldsymbol{\sigma}_{\tilde{Y}}^{2}(k\mid j-1)-\boldsymbol{B}(j)\boldsymbol{G}(j\mid j)\boldsymbol{\Pi}\boldsymbol{\sigma}_{\tilde{Y}}^{2}(j\mid j-1)\boldsymbol{B}^{\mathrm{T}}(j)\\&=\boldsymbol{\sigma}_{\tilde{Y}}^{2}(k\mid j-1)-\boldsymbol{B}(j)[\boldsymbol{\sigma}_{\tilde{Y}}^{2}(j\mid j)-\boldsymbol{\sigma}_{\tilde{Y}}^{2}(j\mid j-1)]\boldsymbol{B}^{\mathrm{T}}(j)\end{aligned} \tag{10.1.128}$$

(3)固定滞后最优平滑

设离散时间随机状态模型为式(10.1.27)与式(10.1.28)，对固定滞后时间 N，固定滞后最优平滑为

$$\begin{aligned}\hat{\boldsymbol{y}}(k+1\mid k+1+N)=&\boldsymbol{\Gamma}\hat{\boldsymbol{y}}(k\mid k+N)+\boldsymbol{C}(k+1+N)\boldsymbol{G}(k+1+N)\\&\cdot\tilde{z}(k+1+N\mid k+N)+\boldsymbol{V}(k+1)[\hat{\boldsymbol{y}}(k\mid k+N)-\hat{\boldsymbol{y}}(k\mid k)]\end{aligned} \tag{10.1.129}$$

式中，$\boldsymbol{G}(k+1+N)$ 表示最优滤波增益阵 $\boldsymbol{G}(k+1+N|k+1+N)$。

$$\boldsymbol{C}(k+1+N)=\prod_{l=k+1}^{k+N}\boldsymbol{A}(l)=\boldsymbol{B}(k+1+N) \tag{10.1.130}$$

$$\boldsymbol{A}(l)=\boldsymbol{\sigma}_{\tilde{Y}}^{2}(l\mid l)\boldsymbol{\Gamma}^{\mathrm{T}}[\boldsymbol{\sigma}_{\tilde{Y}}^{2}(l+\mid l)]^{-1} \tag{10.1.131}$$

$$\boldsymbol{V}(k+1)=\boldsymbol{R}_{1}[\boldsymbol{\Gamma}^{T}]^{-1}[\boldsymbol{\sigma}_{\tilde{Y}}^{2}(k\mid k)]^{-1} \tag{10.1.132}$$

固定滞后最优平滑误差 $\tilde{\boldsymbol{y}}(k+1|k+1+N)$ 的方差阵为

$$\begin{aligned}\boldsymbol{\sigma}_{\tilde{Y}}^{2}(k+1\mid k+1+N)=&\boldsymbol{\sigma}_{\tilde{Y}}^{2}(k+1\mid k)-\boldsymbol{C}(k+1+N)\boldsymbol{G}(k+1+N\mid k+1+N)\\&\cdot\boldsymbol{\Pi}\boldsymbol{\sigma}_{\tilde{Y}}^{2}(k+1+N\mid k+N)\boldsymbol{C}^{\mathrm{T}}(k+1+N)-\boldsymbol{A}^{-1}(k)\end{aligned}$$

$$\cdot\left[\boldsymbol{\sigma}_{\tilde{Y}}^{2}(k \mid k)-\boldsymbol{\sigma}_{\tilde{Y}}^{2}(k \mid k+N)\right]\left[\boldsymbol{A}^{\mathrm{T}}(k)\right]^{-1} \tag{10.1.133}$$

以上几类最优化平滑结果,可按前面证明的思路进行,这里不重述。

【例 10.4】已知离散时间随机状态标量方程

$$Y(k+1)=Y(k)+e_1(k)$$
$$Z(k)=Y(k)+e_2(k)$$

式中:$e_1(k)\sim N(0,25)$,$e_2(k)\sim N(0,15)$,$y(k_0)\sim N(10,100)$互相独立。试求:

(1)最优滤波误差的方差阵 $\sigma_{\tilde{Y}}^2(k|k)(k=1,2,3,4)$,并求稳态值 $\sigma_{\tilde{Y}}^2=\sigma_{\tilde{Y}}^2(\infty|\infty)$;

(2)固定区间最优平滑误差的方差阵 $\sigma_{\tilde{Y}}^2(k|N)(k=0,1,2,3)$,$N=4$,计算中把(1)中最优滤波误差的方差阵 $\sigma_{\tilde{Y}}^2(4|4)$作为初值;

(3)固定点最优平滑误差的方差阵 $\sigma_{\tilde{Y}}^2(0|j)(j=1,2,3,4)$。

解:(1)先确定最优滤波 $\sigma_{\tilde{Y}}^2(k|k)(k=1,2,3,4)$。将题给模型与式(10.1.27)、式(10.1.28)比较,得

$$\Gamma=1 \quad \Pi=1 \quad R_1=25 \quad R_2=15 \quad R_0=100$$

把上述数据代入最优滤波公式(10.1.63)、式(10.1.62)和式(10.1.64),得到

$$\sigma_{\tilde{Y}}^2(k+1 \mid k)=\sigma_{\tilde{Y}}^2(k \mid k)+25$$

$$G(k+1 \mid k+1)=\frac{\sigma_{\tilde{Y}}^2(k+1 \mid k)}{\sigma_{\tilde{Y}}^2(k+1 \mid k)+15}$$

$$\sigma_{\tilde{Y}}^2(k+1 \mid k+1)=15 G(k+1 \mid k+1)$$

把 $R_0=\sigma_{\tilde{Y}}^2(0|0)=100$ 作为初值,依次利用以上三式递推求得 $\sigma_{\tilde{Y}}^2(k|k-1)$、$G(k|k)$和 $\sigma_{\tilde{Y}}^2(k|k)(k=1,2,3,4)$。计算结果在表 10.1 中列出。

表 10.1　最优滤波设计结果

k	$\sigma_{\tilde{Y}}^2(k\|k-1)$	$G(k\|k)$	$\sigma_{\tilde{Y}}^2(k\|k)$
0			100
1	125	0.89	13.40
2	38.40	0.72	10.80
3	35.80	0.70	10.57
4	35.60	0.70	10.55

再求稳态值。σ^2 的稳态方程

$$\sigma^2=\frac{15(\sigma^2+25)}{\sigma^2+40}$$

其解 $\sigma^2=10.55$,-35.55,略去负根,取 $\sigma^2=10.55$。将这个解与表 10.1 中结果比较可知,$k=4$ 时,$\sigma_{\tilde{Y}}^2(4|4)$已达稳态。

(2)把(1)中数据代入固定区间最优平滑公式(10.1.92)和式(10.1.90),得

$$\sigma_{\tilde{Y}}^2(k \mid 4) = \sigma_{\tilde{Y}}^2(k \mid k) + A^2(k)[\sigma_{\tilde{Y}}^2(k+1 \mid 4) - \sigma_{\tilde{Y}}^2(k+1 \mid k)]$$

$$A(k) = \frac{\sigma_{\tilde{Y}}^2(k \mid k)}{\sigma_{\tilde{Y}}^2(k+1 \mid k)}$$

将(1)中 $\sigma_{\tilde{Y}}^2(k|k)$ 和 $\sigma_{\tilde{Y}}^2(k|k-1)$ 代入上式,选择初值为 $\sigma_{\tilde{Y}}^2(4|4)=10.55$,可求出 $A(k)$ $(k=0,1,2,3)$,$\sigma_{\tilde{Y}}^2(k|N)(k=0,1,2,3)$。计算结果在表10.2中列出。

表10.2 固定区间最优平滑计算结果

k	$\sigma_{\tilde{Y}}^2(k\|k)$	$\sigma_{\tilde{Y}}^2(k\|k-1)$	$A(k)$	$\sigma_{\tilde{Y}}^2(k\|4)$
0	100		0.80	26.23
1	13.40	125	0.35	9.73
2	10.80	38.40	0.30	8.30
3	10.57	35.80	0.30	8.36
4	10.55	35.60		10.55

(3)把(1)和(2)中有关数据代入式(10.1.128),得

$$\sigma_{\tilde{Y}}^2(0 \mid j) = \sigma_{\tilde{Y}}^2(0 \mid j-1) + B^2(j)[\sigma_{\tilde{Y}}^2(j \mid j) - \sigma_{\tilde{Y}}^2(j \mid j-1)]$$

$$B(j) = A(0)A(1)\cdots A(j-1)$$

将 $R_0=\sigma_{\tilde{Y}}^2(0|0)=100$ 作为初值,利用上式,递推得到 $\sigma_{\tilde{Y}}^2(0|j)(j=0,1,2,3)$。计算结果列于表10.3中。

表10.3 固定点最优平滑计算结果

k,j	$\sigma_{\tilde{Y}}^2(k\|k)$	$\sigma_{\tilde{Y}}^2(k\|k-1)$	$A(k)$	$B(j)$	$\sigma_{\tilde{Y}}^2(0\|j)$
0	100		0.80		100
1	13.40	125	0.35	0.80	28.58
2	10.80	38.40	0.30	0.28	26.43
3	10.57	35.80	0.30	0.08	26.25
4	10.55	35.60		0.03	26.23

10.1.5 色噪声环境下的最优估计

噪声可分为白噪声和色噪声。在白噪声情况下,模型噪声 $e_1(k)\sim N(0,R_1)$ 和量测噪声 $e_2(k)\sim N(0,R_2)$,并且两者相互独立。当 $e_1(k)$ 和 $e_2(k)$ 为色噪声时,需要讨论:(1)色噪声的表示方法;(2)模型噪声 $e_1(k)$ 为色噪声情况下的最优估计;(3)模型

噪声 $e_1(k)$ 与量测噪声 $e_2(k)$ 相关情况分析；(4)量测噪声 $e_2(k)$ 为色噪声时的最优估计。

1)成形滤波器

【定义 10.3】设模型噪声 $e_1(k)$ 是均值为零和自相关函数阵为

$$\boldsymbol{R}_1(k_1,k_2)=E[\boldsymbol{e}_1(k_1)\boldsymbol{e}_1^T(k_2)] \tag{10.1.134}$$

的随机序列，且 $\boldsymbol{R}_1(k_1,k_2)$ 为正定阵。$\boldsymbol{e}_1(k)$ 的差分方程(状态方程)

$$\boldsymbol{e}_1(k+1)=\boldsymbol{\Gamma}_1(k+1,k)\boldsymbol{e}_1(k)+\boldsymbol{v}(k) \tag{10.1.135}$$

式中，$\boldsymbol{v}(k)$ 为白噪声序列，与 $\boldsymbol{e}_1(k)$ 互相独立，则称差分方程式(10.1.135)为随机序列 $\boldsymbol{e}_1(k)$ 的成形滤波器。

当 $\boldsymbol{e}_1(k)$ 的均值函数和自相关函数阵给定时，可得 $\boldsymbol{\Gamma}_1(k+1,k)$ 和 $\boldsymbol{v}(k)$ 的均值函数和自相关函数阵。即

$$E[\boldsymbol{e}_1(k+1)]=E[\boldsymbol{\Gamma}_1(k+1,k)\boldsymbol{e}_1(k)]+E[\boldsymbol{v}(k)]=E[\boldsymbol{v}(k)]$$

所以

$$E[\boldsymbol{v}(k)]=0 \tag{10.1.136}$$

$$\begin{aligned}\boldsymbol{R}_1(k+1,k)&=E[\boldsymbol{e}_1(k+1)\boldsymbol{e}_1^T(k)]\\&=E\{[\boldsymbol{\Gamma}_1(k+1,k)\boldsymbol{e}_1(k)+\boldsymbol{v}(k)]\boldsymbol{e}_1^T(k)\}\\&=\boldsymbol{\Gamma}_1(k+1,k)\boldsymbol{R}_1(k,k)\end{aligned}$$

所以

$$\boldsymbol{\Gamma}_1(k+1,k)=\boldsymbol{R}_1(k+1,k)\boldsymbol{R}_1^{-1}(k,k) \tag{10.1.137}$$

$$\begin{aligned}\boldsymbol{R}_v(k)&=E[\boldsymbol{v}(k)\boldsymbol{v}^T(l)]\\&=E\{[\boldsymbol{e}_1(k+1)-\boldsymbol{\Gamma}_1(k+1,k)\boldsymbol{e}_1(k)][\boldsymbol{e}_1(k+1)-\boldsymbol{\Gamma}_1(k+1,k)\boldsymbol{e}_1(k)]^T\}\\&=E[\boldsymbol{e}_1(k+1)\boldsymbol{e}_1^T(k+1)]-E[\boldsymbol{e}_1(k+1)\boldsymbol{e}_1^T(k)]\boldsymbol{\Gamma}_1^T(k+1,k)\\&\quad-\boldsymbol{\Gamma}_1(k+1,k)E[\boldsymbol{e}_1(k)\boldsymbol{e}_1^T(k+1)]\\&\quad+\boldsymbol{\Gamma}_1(k+1,k)E[\boldsymbol{e}_1(k)\boldsymbol{e}_1^T(k)]\boldsymbol{\Gamma}_1^T(k+1,k)\\&=\boldsymbol{R}_1(k+1,k+1)-\boldsymbol{R}_1(k+1,k)\boldsymbol{R}_1^{-1}(k,k)\boldsymbol{R}_1^T(k+1,k)\\&\quad-\boldsymbol{R}_1(k+1,k)\boldsymbol{R}_1^{-1}(k,k)\boldsymbol{R}_1(k,k+1)\\&\quad+\boldsymbol{R}_1(k+1,k)\boldsymbol{R}_1^{-1}(k,k)\boldsymbol{R}_1(k,k)\boldsymbol{R}_1^{-1}(k,k)\boldsymbol{R}_1^T(k+1,k)\\&=\boldsymbol{R}_1(k+1)-\boldsymbol{R}_1(k+1,k)\boldsymbol{R}_1^{-1}(k,k)\boldsymbol{R}_1(k,k+1)\end{aligned} \tag{10.1.138}$$

2)色噪声情况下的最优滤波

设离散时间随机线性系统状态模型和模型噪声的成形滤波器方程为

$$\boldsymbol{Y}(k+1)=\boldsymbol{\Gamma}\boldsymbol{Y}(k)+\boldsymbol{e}_1(k) \tag{10.1.139}$$

$$\boldsymbol{Z}(k)=\boldsymbol{\Pi}\boldsymbol{Y}(k)+\boldsymbol{e}_2(k) \tag{10.1.140}$$

$$\boldsymbol{e}_1(k+1)=\boldsymbol{\Gamma}_1\boldsymbol{e}_1(k)+\boldsymbol{v}(k) \tag{10.1.141}$$

式中，$\boldsymbol{Y}(k)$ 为 $N\times1$ 状态向量，初值为 $\boldsymbol{Y}(k_0)\sim N(\boldsymbol{m}_0,\boldsymbol{R}_0)$；$\boldsymbol{Z}(k)$ 为 $L\times1$ 测量向量；$\boldsymbol{\Gamma}$

为 $N\times N$ 状态转移阵；$\boldsymbol{\Pi}$ 为 $L\times N$ 测量阵；$\boldsymbol{\Gamma}_1$ 为 $N\times N$ 成形滤波器状态转移阵；$\boldsymbol{e}_1(k)$为 $N\times 1$ 模型色噪声 $N(0,\boldsymbol{R}_1)$；$\boldsymbol{e}_2(k)$为 $L\times 1$ 量测白噪声 $N(0,\boldsymbol{R}_2)$；$\boldsymbol{v}(k)$为 $N\times 1$ 白噪声。$\boldsymbol{\Gamma},\boldsymbol{\Pi},\boldsymbol{\Gamma}_1$ 可以是时变的或时不变的。

假设 $\boldsymbol{Y}(k)$、$\boldsymbol{e}_1(k)$和 $\boldsymbol{e}_2(k)$两两相互独立，由于 $\boldsymbol{Y}(k_0)$、$\boldsymbol{e}_1(k)$和 $\boldsymbol{e}_2(k)$都是高斯的，使得 $\boldsymbol{Y}(k)$和 $\boldsymbol{Z}(k)$也是高斯的。$\boldsymbol{R}_1$ 和 $\boldsymbol{R}_2$ 可以是时变的或时不变的；$\boldsymbol{v}(k)$与 $\boldsymbol{Y}(k)$，$\boldsymbol{e}_2(k)$也是相互独立的。

由成形滤波器性质知，$\boldsymbol{\Gamma}_1(k+1,k)$、$\boldsymbol{v}(k)$的均值 $\boldsymbol{m}_v$ 和方差 $\boldsymbol{R}_v$ 分别为

$$\boldsymbol{\Gamma}_1(k+1,k)=\boldsymbol{R}_1(k+1,k)\boldsymbol{R}_1^{-1}(k,k) \tag{10.1.142}$$

$$\boldsymbol{m}_v=\boldsymbol{0} \tag{10.1.143}$$

$$\boldsymbol{R}_v(k,k)=\boldsymbol{R}_1(k+1,k+1)-\boldsymbol{R}_1(k+1,k)\boldsymbol{R}_1^{-1}(k,k)\boldsymbol{R}_1(k,k+1) \tag{10.1.144}$$

对上述问题，进行最优滤波求解。

将式(10.1.139)、式(10.1.140)和式(10.1.141)写成状态矩阵向量方程（状态矩阵向量法）

$$\begin{bmatrix}\boldsymbol{y}(k+1)\\ \boldsymbol{e}_1(k+1)\end{bmatrix}=\begin{bmatrix}\boldsymbol{\Gamma}(k+1,k) & \boldsymbol{I}\\ \boldsymbol{0} & \boldsymbol{\Gamma}_1(k+1,k)\end{bmatrix}\begin{bmatrix}\boldsymbol{y}(k)\\ \boldsymbol{e}_1(k)\end{bmatrix}+\begin{bmatrix}\boldsymbol{0}\\ \boldsymbol{v}(k)\end{bmatrix} \tag{10.1.145}$$

$$\boldsymbol{Z}(k)=[\boldsymbol{\Pi}\quad\boldsymbol{0}]\begin{bmatrix}\boldsymbol{y}(k)\\ \boldsymbol{e}_1(k)\end{bmatrix}+\boldsymbol{e}_2(k) \tag{10.1.146}$$

为了方便起见，记

$$\begin{cases}\bar{\boldsymbol{y}}(k)=\begin{bmatrix}\boldsymbol{y}(k)\\ \boldsymbol{e}_1(k)\end{bmatrix}\\ \bar{\boldsymbol{\Gamma}}(k+1,k)=\begin{bmatrix}\boldsymbol{\Gamma}(k+1,k) & \boldsymbol{I}\\ \boldsymbol{0} & \boldsymbol{\Gamma}_1(k+1,k)\end{bmatrix}\\ \bar{\boldsymbol{e}}_1(k)=\begin{bmatrix}\boldsymbol{0}\\ \boldsymbol{v}(k)\end{bmatrix}\end{cases} \tag{10.1.147}$$

$$\mathrm{E}[\bar{\boldsymbol{e}}_1(k)]=0\qquad \bar{\boldsymbol{R}}_1(k)=\begin{bmatrix}\boldsymbol{0} & \boldsymbol{0}\\ \boldsymbol{0} & \boldsymbol{R}_3(k)\end{bmatrix} \tag{10.1.148}$$

$$\bar{\boldsymbol{\Pi}}=[\boldsymbol{\Pi}\quad\boldsymbol{0}] \tag{10.1.149}$$

因此，式(10.1.145)和式(10.1.146)可写为

$$\bar{\boldsymbol{y}}(k+1)=\bar{\boldsymbol{\Gamma}}(k+1,k)\bar{\boldsymbol{y}}(k)+\bar{\boldsymbol{e}}_1(k) \tag{10.1.150}$$

$$\boldsymbol{Z}(k)=\boldsymbol{\Pi}\bar{\boldsymbol{Y}}(k)+\boldsymbol{c}_2(k) \tag{10.1.151}$$

式中，$\bar{\boldsymbol{e}}_1(k)$与 $\bar{\boldsymbol{e}}_2(k)$相互独立。再令 $\boldsymbol{v}(k)$为离散时间高斯白噪声 $\boldsymbol{N}(\boldsymbol{0},\boldsymbol{R}_3)$，由状态方程式(10.1.150)和式(10.1.151)求得的最优滤波为

$$\hat{\bar{\boldsymbol{y}}}(k+1 \mid k+1)=\bar{\boldsymbol{\Gamma}}\hat{\bar{\boldsymbol{y}}}(k \mid k)+\bar{\boldsymbol{G}}(k+1 \mid k+1)[\boldsymbol{z}(k+1)-\bar{\boldsymbol{\Pi}}\bar{\boldsymbol{\Gamma}}\hat{\bar{\boldsymbol{y}}}(k \mid k)] \tag{10.1.152}$$

$$\bar{\boldsymbol{G}}(k+1 \mid k+1)=\boldsymbol{\sigma}_{\tilde{\bar{Y}}}^{2}(k+1 \mid k)\bar{\boldsymbol{\Pi}}^{\mathrm{T}}[\bar{\boldsymbol{\Pi}}\boldsymbol{\sigma}_{\tilde{\bar{Y}}}^{2}(k+1 \mid k)\bar{\boldsymbol{\Pi}}^{\mathrm{T}}+\boldsymbol{R}_{2}]^{-1} \tag{10.1.153}$$

$$\boldsymbol{\sigma}_{\tilde{\bar{Y}}}^{2}(k+1 \mid k)=\bar{\boldsymbol{\Gamma}}\boldsymbol{\sigma}_{\tilde{\bar{Y}}}^{2}(k \mid k)\bar{\boldsymbol{\Gamma}}^{\mathrm{T}}+\bar{\boldsymbol{R}}_{1} \tag{10.1.154}$$

$$\begin{aligned}\boldsymbol{\sigma}_{\tilde{\bar{Y}}}^{2}(k+1 \mid k+1)&=[\boldsymbol{I}-\bar{\boldsymbol{G}}(k+1 \mid k+1)\bar{\boldsymbol{\Pi}}]\boldsymbol{\sigma}_{\tilde{\bar{Y}}}^{2}(k+1 \mid k)[\boldsymbol{I}-\bar{\boldsymbol{G}}(k+1 \mid k)\bar{\boldsymbol{\Pi}}^{\mathrm{T}}]^{\mathrm{T}}\\&\quad+\bar{\boldsymbol{G}}(k+1 \mid k+1)\boldsymbol{R}_{2}\bar{\boldsymbol{G}}^{T}(k+1 \mid k+1)\\&=[\boldsymbol{I}-\bar{\boldsymbol{G}}(k+1 \mid k+1)\bar{\boldsymbol{\Pi}}]\boldsymbol{\sigma}_{\tilde{\bar{Y}}}^{2}(k+1 \mid k)\end{aligned} \tag{10.1.155}$$

$$\bar{\boldsymbol{y}}(k_0 \mid k_0)=\mathrm{E}[\bar{\boldsymbol{y}}(k_0)]=\begin{bmatrix}\boldsymbol{m}_0\\ \boldsymbol{\Gamma}_1\boldsymbol{m}_0\end{bmatrix}=\bar{\boldsymbol{m}}_0 \tag{10.1.156}$$

$$\boldsymbol{\sigma}_{\bar{Y}}^{2}(k_0 \mid k_0)=\boldsymbol{R}_{\bar{y}}(k_0,k_0)=\begin{bmatrix}\boldsymbol{R}_0 & \boldsymbol{0}\\ \boldsymbol{0} & \boldsymbol{R}_1\end{bmatrix}=\bar{\boldsymbol{R}}_0 \tag{10.1.157}$$

3)模型噪声和量测噪声相关的最优滤波

在系统状态方程式(10.1.139)和式(10.1.140)及式(10.1.141)中,给定状态初值 $\boldsymbol{y}(k_0)\sim N(\boldsymbol{m}_0,\boldsymbol{R}_0)$;模型噪声 $\boldsymbol{e}_1(k)$ 为高斯 $N(0,\boldsymbol{R}_1)$ 白噪声,与 $\boldsymbol{y}(k_0)$ 相互独立;量测噪声 $\boldsymbol{e}_2(k)$ 为高斯 $N(0,\boldsymbol{R}_2)$ 白噪声,与 $\boldsymbol{y}(k_0)$ 相互独立;而 $\boldsymbol{e}_1(k)$ 与 $\boldsymbol{e}_2(k)$ 相关,其互相关函数为

$$\boldsymbol{R}_{e_1e_2}(k_1,k_2)=E\left\{\begin{bmatrix}\boldsymbol{e}_1(k_1)\\ \boldsymbol{e}_2(k_2)\end{bmatrix}[\boldsymbol{e}_1(k_1) \quad \boldsymbol{e}_2(k_2)]\right\}=\begin{bmatrix}\boldsymbol{R}_{11}(k_1,k_1) & \boldsymbol{R}_{12}(k_1,k_2)\\ \boldsymbol{R}_{21}(k_2,k_1) & \boldsymbol{R}_{22}(k_2,k_2)\end{bmatrix} \tag{10.1.158}$$

在上述条件下,系统状态方程式(10.1.139)和式(10.1.140)及式(10.1.141)的最优滤波公式为

$$\hat{\boldsymbol{y}}(k+1 \mid k+1)=\boldsymbol{\Gamma}\hat{\boldsymbol{y}}(k \mid k)+\boldsymbol{G}(k+1 \mid k+1)[\boldsymbol{z}(k+1)-\boldsymbol{\Pi}\boldsymbol{\Gamma}\hat{\boldsymbol{y}}(k \mid k)] \tag{10.1.159}$$

式中

$$\boldsymbol{G}(k+1 \mid k+1)=[\boldsymbol{\sigma}_{\tilde{Y}}^{2}(k+1 \mid k)\boldsymbol{\Pi}^{\mathrm{T}}+\boldsymbol{R}_{12}(k,k+1)][\boldsymbol{\Pi}\boldsymbol{\sigma}_{\tilde{Y}}^{2}(k+1 \mid k)\boldsymbol{\Pi}^{\mathrm{T}}+\boldsymbol{R}_{2}] \tag{10.1.160}$$

一步预测误差 $\tilde{\boldsymbol{y}}(k+1|k)$ 的方差阵 $\boldsymbol{\sigma}_{\tilde{Y}}^{2}(k+1|k)$ 为

$$\boldsymbol{\sigma}_{\tilde{Y}}^{2}(k+1 \mid k)=\boldsymbol{\Gamma}\sigma_{\tilde{Y}}^{2}(k \mid k)\boldsymbol{\Gamma}^{\mathrm{T}}+\boldsymbol{R}_{1} \tag{10.1.161}$$

式中,最优滤波误差 $\tilde{\boldsymbol{y}}(k|k)$ 的方差阵 $\boldsymbol{\sigma}_{\tilde{Y}}^{2}(k|k)$ 表示为

$$\begin{aligned}\boldsymbol{\sigma}_{\tilde{Y}}^{2}(k+1 \mid k+1)&=[\boldsymbol{I}-\boldsymbol{G}(k+1 \mid k+1)\boldsymbol{\Pi}]\boldsymbol{\sigma}_{\tilde{Y}}^{2}(k+1 \mid k)[\boldsymbol{I}-\boldsymbol{G}(k+1 \mid k+1)\boldsymbol{\Pi}]^{\mathrm{T}}\\&\quad+\boldsymbol{G}(k+1 \mid k+1)\boldsymbol{R}_{2}\boldsymbol{G}^{\mathrm{T}}(k+1 \mid k+1)\end{aligned}$$

$$= [\boldsymbol{I} - \boldsymbol{G}(k+1 \mid k+1)\boldsymbol{\Pi}]\boldsymbol{\sigma}_{\tilde{Y}}^{2}(k+1 \mid k+1) \tag{10.1.162}$$

初值为

$$\hat{\boldsymbol{y}}(k_0 \mid k_0) = \boldsymbol{m}_0 \tag{10.1.163}$$

$$\boldsymbol{\sigma}_{\tilde{Y}}^{2}(k_0 \mid k_0) = \boldsymbol{R}_0 \tag{10.1.164}$$

利用状态估计基本计算公式，可以推导上述公式，方法与前面讨论类似，这里不再重述。

4)量测噪声 $\boldsymbol{e}_2(k)$ 为色噪声时的最优滤波

设离散时间随机状态方程

$$\boldsymbol{Y}(k+1) = \boldsymbol{\Gamma}\boldsymbol{Y}(k) + \boldsymbol{e}_1(k) \tag{10.1.165}$$

$$\boldsymbol{Z}(k) = \boldsymbol{\Pi}\boldsymbol{Y}(k) + \boldsymbol{e}_2(k) \tag{10.1.166}$$

式中，$\boldsymbol{e}_2(k)$ 为色噪声，表示为

$$\boldsymbol{e}_2(k+1) = \boldsymbol{\Gamma}_2(k+1,k)\boldsymbol{e}_2(k) + \boldsymbol{e}(k) \tag{10.1.167}$$

当 $\boldsymbol{e}_2(k) \sim N(\boldsymbol{0},\boldsymbol{R}_2)$ 时，$\boldsymbol{\Gamma}_2(k+1,k)$ 和 $\boldsymbol{e}(k) \sim N(\boldsymbol{0},\boldsymbol{R}_4)$ 为

$$\boldsymbol{\Gamma}_2(k+1,k) = \boldsymbol{R}_2(k+1,k)\boldsymbol{R}_2^{-1}(k,k) \tag{10.1.168}$$

$$\boldsymbol{R}_4(k,k) = \boldsymbol{R}_2(k+1,k) - \boldsymbol{R}_2(k+1,k)\boldsymbol{R}_2^{-1}(k,k)\boldsymbol{R}_2(k,k+1) \tag{10.1.169}$$

(1)状态矩阵向量法及其存在的问题

将式(10.1.165)、式(10.1.166)和式(10.1.167)组合在一起，得到

$$\begin{bmatrix} \boldsymbol{y}(k+1) \\ \boldsymbol{e}_2(k+1) \end{bmatrix} = \begin{bmatrix} \boldsymbol{\Gamma}(k+1,k) & \boldsymbol{0} \\ \boldsymbol{0} & \boldsymbol{\Gamma}_2(k+1,k) \end{bmatrix} \begin{bmatrix} \boldsymbol{y}(k) \\ \boldsymbol{e}_2(k) \end{bmatrix} + \begin{bmatrix} \boldsymbol{e}_1(k) \\ \boldsymbol{e}(k) \end{bmatrix} \tag{10.1.170}$$

$$\boldsymbol{z}(k) = \lfloor \boldsymbol{\Pi} \quad \boldsymbol{I} \rfloor \begin{bmatrix} \boldsymbol{y}(k) \\ \boldsymbol{e}_2(k) \end{bmatrix} \tag{10.1.171}$$

并记为

$$\bar{\boldsymbol{y}}(k+1) = \bar{\boldsymbol{\Gamma}}(k+1,k)\bar{\boldsymbol{y}}(k) + \bar{\boldsymbol{e}}_1(k) \tag{10.1.172}$$

$$\boldsymbol{z}(k) = \bar{\boldsymbol{\Pi}}\bar{\boldsymbol{y}}(k) \tag{10.1.173}$$

式中

$$\bar{\boldsymbol{y}}(k) = \begin{bmatrix} \boldsymbol{y}(k) \\ \boldsymbol{e}_2(k) \end{bmatrix}, \bar{\boldsymbol{\Gamma}}(k+1,k) = \begin{bmatrix} \boldsymbol{\Gamma}(k+1,k) & \boldsymbol{0} \\ \boldsymbol{0} & \boldsymbol{\Gamma}_2(k+1,k) \end{bmatrix}, \bar{\boldsymbol{e}}_1(k) = \begin{bmatrix} \boldsymbol{e}_1(k) \\ \boldsymbol{e}(k) \end{bmatrix} \tag{10.1.174}$$

$$\bar{\boldsymbol{\Pi}} \quad [\boldsymbol{\Pi} \quad \boldsymbol{I}] \tag{10.1.175}$$

噪声 $\boldsymbol{e}_1(k)$ 的统计特性为

$$E[\bar{\boldsymbol{e}}_1(k)] = 0, \bar{\boldsymbol{R}}_{e_1 e}(k,k) = E\left\{ \begin{bmatrix} \boldsymbol{e}_1(k) \\ \boldsymbol{e}(k) \end{bmatrix} [\boldsymbol{e}_1(k) \quad \boldsymbol{e}(k)] \right\} = \begin{bmatrix} \boldsymbol{R}_{11}(k,k) & \boldsymbol{R}_{14}(k,k) \\ \boldsymbol{R}_{41}(k,k) & \boldsymbol{R}_{44}(k,k) \end{bmatrix} \tag{10.1.176}$$

状态方程式(10.1.172)和式(10.1.173)的最优滤波方程组为

$$\hat{\bar{\boldsymbol{y}}}(k+1 \mid k+1) = \bar{\boldsymbol{\Gamma}}\,\hat{\bar{\boldsymbol{y}}}(k \mid k) + \bar{\boldsymbol{G}}(k+1 \mid k+1)[\boldsymbol{z}(k+1) - \bar{\bar{\boldsymbol{\Pi}}}\bar{\boldsymbol{\Gamma}}\,\hat{\bar{\boldsymbol{y}}}(k \mid k)] \tag{10.1.177}$$

$$\bar{\boldsymbol{G}}(k+1 \mid k+1) = \boldsymbol{\sigma}^2_{\tilde{\bar{Y}}}(k+1 \mid k)\bar{\bar{\boldsymbol{\Pi}}}^{\mathrm{T}}[\bar{\bar{\boldsymbol{\Pi}}}\boldsymbol{\sigma}^2_{\tilde{\bar{Y}}}(k+1 \mid k)\bar{\bar{\boldsymbol{\Pi}}}^{\mathrm{T}}]^{-1} \tag{10.1.178}$$

$$\boldsymbol{\sigma}^2_{\tilde{\bar{Y}}}(k+1 \mid k) = \bar{\boldsymbol{\Gamma}}\boldsymbol{\sigma}^2_{\tilde{\bar{Y}}}(k \mid k)\bar{\boldsymbol{\Gamma}} + \bar{\boldsymbol{R}}_1 \tag{10.1.179}$$

$$\boldsymbol{\sigma}^2_{\tilde{\bar{Y}}}(k+1 \mid k+1) = [\boldsymbol{I} - \bar{\boldsymbol{G}}(k+1 \mid k+1)\bar{\bar{\boldsymbol{\Pi}}}]\boldsymbol{\sigma}^2_{\tilde{\bar{Y}}}(k+1 \mid k)[\boldsymbol{I} - \bar{\boldsymbol{G}}(k+1 \mid k+1)\bar{\bar{\boldsymbol{\Pi}}}]^{\mathrm{T}} \tag{10.1.180}$$

状态初值为

$$\hat{\bar{\boldsymbol{y}}}(k_0 \mid k_0) = \bar{\boldsymbol{m}}_0 \tag{10.1.181}$$

$$\boldsymbol{\sigma}^2_{\tilde{\bar{Y}}}(k_0 \mid k_0) = \bar{\boldsymbol{R}}_0 \tag{10.1.182}$$

$$\bar{\boldsymbol{m}}_0 = \begin{bmatrix} \boldsymbol{m}_0 \\ \boldsymbol{0} \end{bmatrix} \tag{10.1.183}$$

$$\bar{\boldsymbol{R}}_0 = \begin{bmatrix} \boldsymbol{R}_0 & \boldsymbol{0} \\ \boldsymbol{0} & \boldsymbol{R}_4 \end{bmatrix} \tag{10.1.184}$$

由方程式(10.1.173)知，方程中没有量测噪声，这使最优滤波增益阵$\bar{\boldsymbol{G}}(k+1|k+1)$，即式(10.1.178)右边求逆矩阵中没有$\bar{\boldsymbol{R}}_2$这一项。在求最优滤波时，已假定$\bar{\boldsymbol{R}}_2$是正定的，以保证上述逆矩阵存在，而现在没有$\bar{\boldsymbol{R}}_2$这一项，无法保证逆矩阵存在，可能出现病态。

(2)等价量测方程法

用状态矩阵向量方程组求量测噪声为色噪声时的最优滤波方程，可能会出现病态。为避免可能出现此问题，可采用等价量测方程法。

首先，要构造一个等价量测方程。

用$\boldsymbol{\Gamma}_2(k+1,k)$对方程式(10.1.166)进行变换，得

$$\boldsymbol{\Gamma}_2(k+1,k)\boldsymbol{z}(k) = \boldsymbol{\Gamma}_2(k+1,k)\boldsymbol{\Pi}(k)\boldsymbol{y}(k) + \boldsymbol{\Gamma}_2(k+1,k)\boldsymbol{e}_2(k) \tag{10.1.185}$$

由方程式(10.1.165)～式(10.1.167)，得到

$$\begin{aligned} \boldsymbol{z}(k+1) &= \boldsymbol{\Pi}(k+1)\boldsymbol{y}(k+1) + \boldsymbol{e}_2(k+1) \\ &= \boldsymbol{\Pi}(k+1)[\boldsymbol{\Gamma}(k+1,k)\boldsymbol{y}(k) + \boldsymbol{e}_1(k)] + \boldsymbol{\Gamma}_2(k+1,k)\boldsymbol{e}_2(k) + \boldsymbol{e}(k) \end{aligned} \tag{10.1.186}$$

由式(10.1.185)和式(10.1.186)，得

$$\begin{aligned} \bar{\bar{\boldsymbol{z}}}(k) &= \boldsymbol{z}(k+1) - \boldsymbol{\Gamma}_2(k+1,k)\boldsymbol{z}(k) \\ &= [\boldsymbol{\Pi}(k+1)\boldsymbol{\Gamma}(k+1,k) - \boldsymbol{\Gamma}_2(k+1,k)\boldsymbol{\Pi}(k)]\boldsymbol{y}(k) + [\boldsymbol{\Pi}(k+1)\boldsymbol{e}_1(k) + \boldsymbol{e}(k)] \\ &= \bar{\bar{\boldsymbol{\Pi}}}(k)\boldsymbol{y}(k) + \bar{\boldsymbol{e}}_2(k) \end{aligned} \tag{10.1.187}$$

式中

$$\overline{\overline{\boldsymbol{\Pi}}}(k) = \boldsymbol{\Pi}(k+1)\boldsymbol{\Gamma}(k+1,k) - \boldsymbol{\Gamma}_2(k+1,k)\boldsymbol{\Pi}(k) \tag{10.1.188}$$

$$\overline{\overline{\boldsymbol{e}}}_2(k) = \boldsymbol{\Pi}(k+1)\boldsymbol{e}_1(k) + \boldsymbol{e}(k) \tag{10.1.189}$$

式(10.1.187)是一个等价测量方程，等效噪声$\overline{\overline{\boldsymbol{e}}}_2(k)$是白噪声，与模型噪声 $\boldsymbol{e}_1(k)$是相关的。而且有下列统计特性。

$$E[\overline{\overline{\boldsymbol{e}}}_2(k)] = 0 \tag{10.1.190}$$

$$\overline{\overline{\boldsymbol{R}}}_2(k,k) = \boldsymbol{\Pi}(k+1)\boldsymbol{R}_{11}(k,k)\boldsymbol{\Pi}^{\mathrm{T}}(k+1) + \boldsymbol{R}_3(k,k) \tag{10.1.191}$$

$$\overline{\overline{\boldsymbol{R}}}_{12}(k,k) = \mathrm{E}[\boldsymbol{e}_1(k)\,\overline{\overline{\boldsymbol{e}}}_2^T(k)] = \boldsymbol{R}_{11}\boldsymbol{\Pi}^{\mathrm{T}}(k+1) \tag{10.1.192}$$

等价随机状态方程式(10.1.165)和式(10.1.187)的最优滤波递推方程组为

$$\hat{\boldsymbol{y}}(k+1 \mid k+1) = \boldsymbol{\Gamma}\hat{\boldsymbol{y}}(k \mid k) + \overline{\overline{\boldsymbol{G}}}(k+1 \mid k+1)[\overline{\overline{\boldsymbol{z}}}(k+1) - \overline{\overline{\boldsymbol{\Pi}}}\boldsymbol{\Gamma}\hat{\boldsymbol{y}}(k \mid k)] \tag{10.1.193}$$

$$\begin{aligned}\overline{\overline{\boldsymbol{G}}}(k+1 \mid k+1) = &[\overline{\overline{\boldsymbol{\sigma}}}_{\tilde{Y}}^2(k+1 \mid k)\,\overline{\overline{\boldsymbol{\Pi}}}^{\mathrm{T}} + \overline{\overline{\boldsymbol{R}}}_{12}(k,k)]\\ &[\overline{\overline{\boldsymbol{\Pi}}}\,\overline{\overline{\boldsymbol{\sigma}}}_{\tilde{Y}}^2(k+1 \mid k)\,\overline{\overline{\boldsymbol{\Pi}}}^{\mathrm{T}} + \overline{\overline{\boldsymbol{R}}}_{22}(k,k)]^{-1}\end{aligned} \tag{10.1.194}$$

$$\overline{\overline{\boldsymbol{\sigma}}}_{\tilde{Y}}^2(k+1 \mid k) = \boldsymbol{\Gamma}\overline{\overline{\boldsymbol{\sigma}}}_{\tilde{Y}}^2(k \mid k)\boldsymbol{\Gamma}^T + \boldsymbol{R}_{11}(k,k) \tag{10.1.195}$$

$$\begin{aligned}\overline{\overline{\boldsymbol{\sigma}}}_{\tilde{Y}}^2(k+1 \mid k+1) = &[\boldsymbol{I} - \overline{\overline{\boldsymbol{G}}}(k+1 \mid k+1)\,\overline{\overline{\boldsymbol{\Pi}}}]\boldsymbol{\sigma}_{\tilde{Y}}^2(k+1 \mid k)\\ &[\boldsymbol{I} - \overline{\overline{\boldsymbol{G}}}(k+1 \mid k+1)\,\overline{\overline{\boldsymbol{\Pi}}}]^{\mathrm{T}} + \overline{\overline{\boldsymbol{G}}}(k+1 \mid k+1)\\ &\overline{\overline{\boldsymbol{R}}}_2(k,k)\boldsymbol{G}^{\mathrm{T}}(k+1 \mid k+1)\end{aligned} \tag{10.1.196}$$

$$\hat{\boldsymbol{y}}(k_0 \mid k_0) = \boldsymbol{m}_0 \tag{10.1.197}$$

$$\overline{\overline{\boldsymbol{\sigma}}}_{\tilde{Y}}^2(k_0 \mid k_0) = \boldsymbol{R}_0 \tag{10.1.198}$$

10.1.6　稳定性与模型误差分析

1)稳定性

稳定性问题是控制系统、最优估计的基本问题，是系统首要必须保证的性质。这里以最优滤波的稳定性问题为例进行分析，而且从估计误差方差阵入手，以使问题简化。

(1)滤波稳定性

在进行滤波时，预先给定状态初值 $\hat{\boldsymbol{y}}(k_0)$和方差阵 $\boldsymbol{\sigma}_{\tilde{Y}}^2(k_0 \mid k_0)$与应当取的最优初值 $E[\boldsymbol{y}(k_0)]$和方差阵 $\boldsymbol{R}(k_0,k_0)$总有一定的误差。初值误差对最优滤波的影响，正是需要讨论的。

【定义 10.4】对系统

$$\boldsymbol{Y}(k+1) = \boldsymbol{\gamma}(k+1,k)\boldsymbol{Y}(k) + \boldsymbol{v}(k) \tag{10.1.199}$$

式中，$\boldsymbol{\gamma}(k+1,k)$为可逆转移矩阵。如果存在常数 $C>0$，使得对所有 $k\geqslant 0$，范数

$$||\ \boldsymbol{\gamma}(k,k_0)\ || \leqslant C \tag{10.1.200}$$

则称该系统是稳定的。如果 $k \to \infty$，有范数

$$\| \boldsymbol{\gamma}(k,k_0) \| \to 0 \tag{10.1.201}$$

则称该系统是渐近稳定的。如果存在常数 $C_1>0$ 和 $C_2>0$，使得对所有 $k_1 \geqslant k_2 \geqslant 0$ 时，有

$$\| \boldsymbol{\gamma}(k_1,k_2) \| \leqslant C_2 \mathrm{e}^{-C_1(k_1-k_2)} \tag{10.1.202}$$

则称该系统是一致渐近稳定的。

上述定义表明，一致渐近稳定必然渐近稳定，渐近稳定必然稳定。

(2)滤波误差方差阵的上下限

设离散时间随机状态模型为

$$\boldsymbol{Y}(k+1) = \boldsymbol{\Gamma}(k+1,k)\boldsymbol{Y}(k) + e_1(k) \tag{10.1.203}$$

$$\boldsymbol{Z}(k) = \boldsymbol{\Pi}(k)\boldsymbol{Y}(k) + \boldsymbol{e}_2(k) \tag{10.1.204}$$

给定条件和假设如前所述，则系统式(10.1.203)和式(10.1.204)完全能控制和完全能观测的充要条件分别是

$$\boldsymbol{C}(k-N+1,k) = \sum_{l=k-N+1}^{k} \boldsymbol{\Gamma}(k,l)\boldsymbol{R}_{11}(l-1,l-1)\boldsymbol{\Gamma}^{\mathrm{T}}(k,l) > 0 \tag{10.1.205}$$

$$\boldsymbol{O}(k-N+1,k) = \sum_{l=k-N+1}^{k} \boldsymbol{\Gamma}^{\mathrm{T}}(l,k)\boldsymbol{\Pi}^{\mathrm{T}}(l)\boldsymbol{R}_{22}^{-1}(l,l)\boldsymbol{\Gamma}(l,k) > 0 \tag{10.1.206}$$

【定义 10.5】对系统方程式(10.1.203)和式(10.1.204)，如果存在正整数 N 和 $\alpha>0,\beta>0$，使得对所有 $k \geqslant N$，有

$$\alpha \boldsymbol{I} \leqslant \boldsymbol{C}(k-N+1,k) \leqslant \beta \boldsymbol{I} \tag{10.1.207}$$

则称该系统是一致完全能控制的。对系统方程式(10.1.203)和式(10.1.204)，如果存在正整数 N 和 $\alpha>0,\beta>0$，使得对所有 $k \geqslant N$，有

$$\alpha \boldsymbol{I} \leqslant \boldsymbol{O}(k-N+1,k) \leqslant \beta \boldsymbol{I} \tag{10.1.208}$$

则称该系统是一致完全能观测的。

对一致完全能控制和一致完全能观测的线性系统，其最优线性滤波误差的方差阵 $\boldsymbol{\sigma}_{\tilde{Y}}^2(k|k)$，在 $k \geqslant N$ 时，满足不等式

$$\frac{\alpha}{1+(k\beta)^{\mathrm{T}}}\boldsymbol{I} \leqslant \boldsymbol{\sigma}_{\tilde{Y}}^2(k \mid k) \leqslant \frac{1+(k\beta)^{\mathrm{T}}}{\alpha}\boldsymbol{I} \tag{10.1.209}$$

且有 $\boldsymbol{\sigma}_{\tilde{Y}}^2(k|k)>0$。也就是说，最优线性滤波误差的方差阵 $\boldsymbol{\sigma}_{\tilde{Y}}^2(k|k)$ 对 k 有一致的有界上限和正定的下限。

(3)最优滤波递推公式

对一致完全能控制和一致完全能观测的线性系统，其最优滤波递推公式为

$$\hat{\boldsymbol{y}}(k+1 \mid k+1) = \boldsymbol{\Gamma}(k+1,k)\hat{\boldsymbol{y}}(k \mid k) + \boldsymbol{G}(k+1 \mid k+1)$$

$$
\begin{aligned}
&[\boldsymbol{z}(k+1)-\boldsymbol{\Pi}(k+1)\boldsymbol{\Gamma}(k+1,k)\hat{\boldsymbol{y}}(k\mid k)] \\
&=[\boldsymbol{I}-\boldsymbol{G}(k+1\mid k+1)\boldsymbol{\Pi}(k+1)]\boldsymbol{\Gamma}(k+1,k)\hat{\boldsymbol{y}}(k\mid k) \\
&\quad+\boldsymbol{G}(k+1\mid k+1)\boldsymbol{z}(k+1) \\
&=\boldsymbol{\gamma}(k+1,k)\hat{\boldsymbol{y}}(k\mid k)+\boldsymbol{G}(k+1\mid k+1)\boldsymbol{z}(k+1) \qquad (10.1.210)
\end{aligned}
$$

式中

$$\boldsymbol{\gamma}(k+1,k)=[\boldsymbol{I}-\boldsymbol{G}(k+1\mid k+1)\boldsymbol{\Pi}(k+1)]\boldsymbol{\Gamma}(k+1,k) \qquad (10.1.211)$$

(4)定常系统最优滤波的稳定性

对定常系统式(10.1.203)和式(10.1.204),即 $\boldsymbol{\Gamma},\boldsymbol{\Pi},\boldsymbol{R}_{11}$ 和 $\boldsymbol{R}_{22}$ 都为常阵,且 $\boldsymbol{R}_{11}>0$ 和 $\boldsymbol{R}_{22}>0$,则该系统由完全能控制和完全能观测可导出其为一致完全能控制和一致完全能观测的,即一致性总是满足的。可进一步得到,该系统一致完全能控制和一致完全能观测的充要条件分别为

$$\sum_{l=0}^{N-1}\boldsymbol{\Gamma}^l[\boldsymbol{\Gamma}^l]^{\mathrm{T}}>0 \qquad (10.1.212)$$

$$\sum_{l=0}^{N-1}[\boldsymbol{\Gamma}^l]^{\mathrm{T}}\boldsymbol{\Pi}^{\mathrm{T}}\boldsymbol{\Pi}\boldsymbol{\Gamma}^l>0 \qquad (10.1.213)$$

式中,N 为状态维数。

可以证明,对于完全能控制和完全能观测的定常线性系统,必然存在唯一的正定方差阵 $\boldsymbol{\sigma}^2$,从任何初始方差阵 $\boldsymbol{\sigma}_{\tilde{Y}}^2(k_0\mid k_0)$ 出发,恒有

$$\lim_{k\to\infty}\boldsymbol{\sigma}_{\tilde{Y}}^2(k\mid k)=\boldsymbol{\sigma}^2 \qquad (10.1.214\text{a})$$

$$\lim_{k\to\infty}\boldsymbol{\sigma}_{\tilde{Y}}^2(k+1\mid k)=\boldsymbol{M} \qquad (10.1.214\text{b})$$

$$\lim_{k\to\infty}\boldsymbol{G}(k+1\mid k+1)=\boldsymbol{G} \qquad (10.1.214\text{c})$$

式中,$\boldsymbol{M}$ 和 $\boldsymbol{K}$ 都为常阵。

$$\boldsymbol{M}=\boldsymbol{\Gamma}\{\boldsymbol{M}-\boldsymbol{M}\boldsymbol{\Pi}^{\mathrm{T}}[\boldsymbol{\Pi}\boldsymbol{M}\boldsymbol{\Pi}^{\mathrm{T}}+\boldsymbol{R}_2]^{-1}\boldsymbol{\Pi}\boldsymbol{M}\}\boldsymbol{\Gamma}^{\mathrm{T}}+\boldsymbol{R}_{11} \qquad (10.1.215)$$

$$\boldsymbol{G}=\boldsymbol{M}\boldsymbol{\Pi}^{\mathrm{T}}[\boldsymbol{\Pi}\boldsymbol{M}\boldsymbol{\Pi}^{\mathrm{T}}+\boldsymbol{R}_2]^{-1} \qquad (10.1.216)$$

$$\boldsymbol{\sigma}^2=\boldsymbol{M}-\boldsymbol{M}\boldsymbol{\Pi}^{\mathrm{T}}[\boldsymbol{\Pi}\boldsymbol{M}\boldsymbol{\Pi}^{\mathrm{T}}+\boldsymbol{R}_2]^{-1}\boldsymbol{\Pi}\boldsymbol{M} \qquad (10.1.217)$$

2)模型误差分析

在正确模型条件下最优滤波稳定性问题解决后,模型不准对最优滤波是有影响的。但实际方程和所建模型之间总是存在误差,需对模型误差进行分析。

为方便起见,仅只考虑模型状态初值 $\bar{\boldsymbol{y}}(k_0\mid k_0)$、滤波误差方差初值 $\bar{\boldsymbol{\sigma}}_{\tilde{Y}}^2(k_0\mid k_0)$、模型噪声 $\bar{\boldsymbol{R}}_{11}(k,k)$ 和测量噪声 $\bar{\boldsymbol{R}}_{22}(k,k)$ 存在误差,用 $\boldsymbol{y}(k_0\mid k_0)$、$\boldsymbol{\sigma}_{\tilde{Y}}^2(k_0\mid k_0)$、$\boldsymbol{R}_{11}(k,k)$ 和 $\boldsymbol{R}_{22}(k,k)$ 表示实际值。

(1)建模得到的系统模型和最优滤波公式

$$\bar{z}(k+1)=\boldsymbol{\Gamma}\bar{\boldsymbol{y}}(k)+\bar{e}_1(k) \qquad (10.1.218)$$

$$\bar{\boldsymbol{y}}(k+1)=\boldsymbol{\Pi}\bar{\boldsymbol{y}}(k)+\bar{\boldsymbol{e}}_2(k) \tag{10.1.219}$$

$$\hat{\bar{\boldsymbol{y}}}(k+1\mid k+1)=\boldsymbol{\Gamma}\hat{\bar{\boldsymbol{y}}}(k\mid k)+\bar{\boldsymbol{G}}(k+1\mid k+1)[\boldsymbol{z}(k+1)-\boldsymbol{\Pi}\boldsymbol{\Gamma}\hat{\bar{\boldsymbol{y}}}(k\mid k)] \tag{10.1.220}$$

$$\bar{\boldsymbol{G}}(k+1\mid k+1)=\bar{\boldsymbol{\sigma}}_{\bar{\tilde{Y}}}^2(k+1\mid k)\boldsymbol{\Pi}^{\mathrm{T}}[\boldsymbol{\Pi}\bar{\boldsymbol{\sigma}}_{\bar{\tilde{Y}}}^2(k+1\mid k)\boldsymbol{\Pi}^{\mathrm{T}}+\boldsymbol{R}_{22}]^{-1} \tag{10.1.221}$$

$$\bar{\boldsymbol{\sigma}}_{\bar{\tilde{Y}}}^2(k+1\mid k)=\boldsymbol{\Gamma}\bar{\boldsymbol{\sigma}}_{\bar{\tilde{Y}}}^2(k\mid k)\boldsymbol{\Gamma}^{\mathrm{T}}+\bar{\boldsymbol{R}}_{11}(k,k) \tag{10.1.222}$$

$$\begin{aligned}\bar{\boldsymbol{\sigma}}_{\bar{\tilde{Y}}}^2(k+1\mid k+1)=&[\boldsymbol{I}-\bar{\boldsymbol{G}}(k+1\mid k+1)\boldsymbol{\Pi}]\bar{\boldsymbol{\sigma}}_{\bar{\tilde{Y}}}^2(k+1\mid k)[\boldsymbol{I}-\bar{\boldsymbol{G}}(k+1\mid k+1)\boldsymbol{\Pi}]^{\mathrm{T}}\\&+\bar{\boldsymbol{G}}(k+1\mid k+1)\bar{\boldsymbol{R}}_{22}(k,k)\bar{\boldsymbol{G}}(k+1\mid k+1)\end{aligned} \tag{10.1.223}$$

(2)模型误差

模型误差定义为实际值与滤波值之差,即

$$\tilde{\bar{\boldsymbol{y}}}(k\mid k)=\boldsymbol{y}(k)-\hat{\bar{\boldsymbol{y}}}(k\mid k)$$

$$\tilde{\bar{\boldsymbol{y}}}(k+1\mid k)=\boldsymbol{y}(k+1)-\hat{\bar{\boldsymbol{y}}}(k+1\mid k)$$

$$\bar{\boldsymbol{\sigma}}_{\bar{\tilde{Y}}}^{2\Delta}(k\mid k)=E[\tilde{\bar{\boldsymbol{y}}}(k\mid k)\,\tilde{\bar{\boldsymbol{y}}}^{\mathrm{T}}(k\mid k)]$$

$$\bar{\boldsymbol{\sigma}}_{\bar{\tilde{Y}}}^{2\Delta}(k+1\mid k)=E[\tilde{\bar{\boldsymbol{y}}}(k+1\mid k)\,\tilde{\bar{\boldsymbol{y}}}^{\mathrm{T}}(k+1\mid k)] \tag{10.1.224}$$

经计算得到

$$\bar{\boldsymbol{\sigma}}_{\bar{\tilde{Y}}}^{2\Delta}(k+1\mid k)=\boldsymbol{\Gamma}\bar{\boldsymbol{\sigma}}_{\bar{\tilde{Y}}}^{2\Delta}(k\mid k)\boldsymbol{\Gamma}^{\mathrm{T}}+\boldsymbol{R}_{11}(k,k) \tag{10.1.225}$$

$$\begin{aligned}\bar{\boldsymbol{\sigma}}_{\bar{\tilde{Y}}}^{2\Delta}(k+1\mid k+1)=&[\boldsymbol{I}-\bar{\boldsymbol{G}}(k+1\mid k+1)\boldsymbol{\Pi}]\bar{\boldsymbol{\sigma}}_{\bar{\tilde{Y}}}^{2\Delta}(k+1\mid k)[\boldsymbol{I}-\bar{\boldsymbol{G}}(k+1\mid k+1)\boldsymbol{\Pi}]^{\mathrm{T}}\\&+\bar{\boldsymbol{G}}(k+1\mid k+1)\boldsymbol{R}_{22}(k,k)\bar{\boldsymbol{G}}^{\mathrm{T}}(k+1\mid k+1)\end{aligned} \tag{10.1.226}$$

(3)方差差值

$$\begin{aligned}\Delta\bar{\boldsymbol{\sigma}}^2(k\mid k)&=\bar{\boldsymbol{\sigma}}_{\bar{\tilde{Y}}}^2(k\mid k)-\bar{\boldsymbol{\sigma}}_{\bar{\tilde{Y}}}^{2\Delta}(k\mid k)\\&=[\boldsymbol{I}-\bar{\boldsymbol{G}}(k\mid k)\boldsymbol{\Pi}]\Delta\bar{\boldsymbol{\sigma}}^2(k\mid k-1)[\boldsymbol{I}-\boldsymbol{G}(k\mid k)\boldsymbol{\Pi}]^{\mathrm{T}}\\&\quad+\bar{\boldsymbol{G}}(k\mid k)[\bar{\boldsymbol{R}}_{22}(k,k)-\boldsymbol{R}_2(k,k)]\bar{\boldsymbol{G}}(k\mid k)\end{aligned} \tag{10.1.227}$$

$$\begin{aligned}\Delta\bar{\boldsymbol{\sigma}}^2(k\mid k-1)&=\bar{\boldsymbol{\sigma}}_{\bar{\tilde{Y}}}^2(k\mid k-1)-\bar{\boldsymbol{\sigma}}_{\bar{\tilde{Y}}}^{2\Delta}(k\mid k-1)\\&=\boldsymbol{\Gamma}\Delta\bar{\boldsymbol{\sigma}}^2(k-1\mid k-1)\boldsymbol{\Gamma}^{\mathrm{T}}+[\bar{\boldsymbol{R}}_{11}(k-1,k-1)-\boldsymbol{R}_{11}(k-1,k-1)]\end{aligned} \tag{10.1.228}$$

从式(10.1.227)和式(10.1.228),可得如下结论:

①只在状态初值、滤波误差方差阵初值、模型噪声和量测噪声方差阵有误差的条件下,如果选取 $\bar{\boldsymbol{\sigma}}_{\bar{\tilde{Y}}}^2(k_0\mid k_0)\geqslant\bar{\boldsymbol{\sigma}}_{\bar{\tilde{Y}}}^{2\Delta}(k_0\mid k_0)$,再对所有 k 选取 $\bar{\boldsymbol{R}}_{11}(k,k)\geqslant\boldsymbol{R}_{11}(k,k)$,$\bar{\boldsymbol{R}}_{22}(k,k)\geqslant\boldsymbol{R}_{22}(k,k)$,则对所有 k,必有 $\bar{\boldsymbol{\sigma}}_{\bar{\tilde{Y}}}^2(k|k)\geqslant\bar{\boldsymbol{\sigma}}_{\bar{\tilde{Y}}}^{2\Delta}(k|k)$。

②只在状态初值、滤波误差方差阵初值、模型噪声和量测噪声方差阵有误差的条件下,如果选取 $\bar{\boldsymbol{\sigma}}_{\bar{\tilde{Y}}}^2(k_0|k_0)\leqslant\bar{\boldsymbol{\sigma}}_{\bar{\tilde{Y}}}^2(k_0|k_0)$,再对所有 k 选取$\bar{\boldsymbol{R}}_{11}(k,k)\leqslant\boldsymbol{R}_{11}(k,k)$,$\bar{\boldsymbol{R}}_{22}(k,k)\leqslant\boldsymbol{R}_{22}(k,k)$,则对所有 k,必有 $\bar{\boldsymbol{\sigma}}_{\bar{\tilde{Y}}}^2(k|k)\leqslant\bar{\boldsymbol{\sigma}}_{\bar{\tilde{Y}}}^{2\Delta}(k|k)$。

③只在状态初值、滤波误差方差阵初值、模型噪声和量测噪声方差阵有误差的条

件下，并设系统是一致完全能控制的和一致完全能观察的，如果选取 $\bar{\boldsymbol{\sigma}}_{\tilde{Y}}^{2}(k_0|k_0) \geqslant \bar{\boldsymbol{\sigma}}_{\tilde{Y}}^{2\Delta}(k_0|k_0)$，$\bar{\boldsymbol{R}}_{11}(k,k) \geqslant \boldsymbol{R}_{11}(k,k)$，$\bar{\boldsymbol{R}}_{22}(k,k) \geqslant \boldsymbol{R}_{22}(k,k)$，则 $\bar{\boldsymbol{\sigma}}_{\tilde{Y}}^{2\Delta}(k|k)$有一致的上界和下界，即存在某常数 $C>0$，对所有 k，有

$$\bar{\boldsymbol{\sigma}}_{\tilde{Y}}^{2\Delta}(k \mid k) \leqslant \bar{\boldsymbol{\sigma}}_{\tilde{Y}}^{2}(k \mid k) \leqslant CI \tag{10.1.239}$$

从结论①与②能得到启示：尽管在实际中不能确定 $\hat{\boldsymbol{y}}(k_0|k_0)$、$\bar{\boldsymbol{\sigma}}_{\tilde{Y}}^{2\Delta}(k|k)$、$\boldsymbol{R}_{11}(k,k)$和$\boldsymbol{R}_{22}(k,k)$的准确值，但可采用它们的较准确性，限制滤波误差方差阵真值的大小。如果滤波效果还没有达到要求，即 $\bar{\boldsymbol{\sigma}}_{\tilde{Y}}^{2}(k|k)$过大，可适当往下调整 $\bar{\boldsymbol{\sigma}}_{\tilde{Y}}^{2}(k_0|k_0)$、$\bar{\boldsymbol{R}}_{11}(k,k)$和$\bar{\boldsymbol{R}}_{22}(k,k)$的值，以使所设计的滤波器在规定误差范围内良好地工作。

从结论③能得到启示：如果由于模型误差而使 $\bar{\boldsymbol{\sigma}}_{\tilde{Y}}^{2}(k|k)$无上界而发散，可通过适当选取$\bar{\boldsymbol{R}}_{11}(k,k)$和$\bar{\boldsymbol{R}}_{22}(k,k)$，使建模的系统具有一致完全能控制性和一致完全能观测性，从而使 $\bar{\boldsymbol{\sigma}}_{\tilde{Y}}^{2}(k|k)$具有上界，能稳定地工作。

10.2　连续时间随机系统状态模型与估计

10.2.1　连续时间随机系统状态模型

1)状态模型

【定义 10.6】设连续时间随机系统输出向量为 $\boldsymbol{Z}(t)$、状态向量为 $\boldsymbol{Y}(t)$，称方程组

$$\frac{\mathrm{d}\boldsymbol{Y}(t)}{\mathrm{d}t} = f_1[\boldsymbol{Y}(t),t] + f_2[\boldsymbol{Y}(t),t] + \boldsymbol{e}_1[\boldsymbol{Y}(t),t] \tag{10.2.1}$$

$$\boldsymbol{Z}(t) = g[\boldsymbol{Y}(t),t] + \boldsymbol{e}_2[\boldsymbol{Y}(t),t] \tag{10.2.2}$$

为连续时间随机系统状态一般模型。式中，$f_i(\cdot)(i=1,2)$为状态向量 $\boldsymbol{Y}(t)$的函数，$f_1(\cdot)$决定了模型的输入，$f_2(\cdot)$决定了模型的控制项；$g(\cdot)$为状态向量 $\boldsymbol{Y}(k)$的函数，决定了系统的测量输入；$\boldsymbol{e}_i(\cdot)(i=1,2)$为状态向量 $\boldsymbol{Y}(t)$的函数，$\boldsymbol{e}_1(\cdot)$决定了模型的误差函数，$\boldsymbol{e}_2(\cdot)$决定了测量误差函数。

【定义 10.7】设连续时间随机系统测量向量为 $\boldsymbol{Z}(t)$，系统随机控制向量为 $\boldsymbol{X}(t)$与状态向量为 $\boldsymbol{Y}(t)$，称方程组

$$\frac{\mathrm{d}\boldsymbol{Y}(t)}{\mathrm{d}t} = \boldsymbol{AY}(t) + \boldsymbol{BX}(t) + \boldsymbol{e}_1(t) \tag{10.2.3}$$

$$\boldsymbol{Z}(t) = \boldsymbol{HY}(t) + \boldsymbol{e}_2(t) \tag{10.2.4}$$

为连续时间随机线性系统状态模型的状态向量微分方程组；称式(10.2.1)和式(10.2.3)为对象方程；称式(10.2.2)和式(10.2.4)为测量(输出)方程；称方程组

$$\mathrm{d}\boldsymbol{Y}(t) = \boldsymbol{AY}(t)\mathrm{d}t + \boldsymbol{BX}(t)\mathrm{d}t + \mathrm{d}\boldsymbol{W}_1(t) \tag{10.2.5a}$$

$$\mathrm{d}\boldsymbol{W}_1(t) = \boldsymbol{e}_1(t)\mathrm{d}t \tag{10.2.5b}$$

$$d\boldsymbol{Z}(t) = \boldsymbol{H}\boldsymbol{Y}(t)dt + d\boldsymbol{W}_2(t) \tag{10.2.6a}$$

$$d\boldsymbol{W}_2(t) = \boldsymbol{e}_2(t)dt \tag{10.2.6b}$$

为连续时间随机线性系统状态模型的状态向量增量方程。

式中，$\boldsymbol{X}(t)$、$\boldsymbol{Y}(t)$与噪声向量 $d\boldsymbol{W}_1(t)$、$\boldsymbol{e}_1(t)$均为 $N\times1$ 维；$\boldsymbol{Z}(k)$及量测噪声向量 $d\boldsymbol{W}_2(t)$、$\boldsymbol{e}_2(k)$均为 $L\times1$ 维；$\boldsymbol{A}$，$\boldsymbol{B}$ 为 $N\times N$ 维状态转移矩阵；$\boldsymbol{H}$ 为 $L\times N$ 维测量矩阵。方程式(10.2.3)与式(10.2.5)称为对象方程；方程式(10.2.4)与式(10.2.6)称为输出方程。实际上，定义 10.7 是定义 10.6 的线性化。

需要注意的是，随机状态模型式(10.2.3)中含有高斯白噪声项 $\boldsymbol{e}_1(t)$，其方差是 $\delta(t)$ 函数，实际上是不存在的，也就是说$\dfrac{d\boldsymbol{Y}(t)}{dt}$是不存在的，因此，在使用该模型时可能出现错误，这一点要引起注意。随机状态模型式(10.2.5a)中的噪声项是维纳过程 $d\boldsymbol{W}(t)$，它与高斯白噪声 $\boldsymbol{e}_1(t)$不同，是存在的，即增量 $d\boldsymbol{Y}(t)$是存在的，因此，直接利用该模型进行计算不会出现错误。

2)模型假设

(1)$\boldsymbol{e}_1(t)$是连续时间高斯 $N(0,\boldsymbol{R}_1(t)\delta(t))$白噪声，其中 $\boldsymbol{R}_1(t)$可以是时不变的或时变的。

(2)$d\boldsymbol{W}_1(t)$是连续时间维纳过程 $N(0,\boldsymbol{R}_1(t)dt)$，其中 $\boldsymbol{R}_1(t)$可以是时不变的或时变的。

(3)$d\boldsymbol{W}_2(t)$是连续时间维纳过程 $N(0,\boldsymbol{R}_2(t)dt)$，其中 $\boldsymbol{R}_2(t)$可以是时不变的或时变的。

(4)状态初始值 $\boldsymbol{Y}(t_0)$为高斯 $N(\boldsymbol{m}_0,\boldsymbol{R}_0)$随机变量。由于 $\boldsymbol{Y}(t_0)$、$\boldsymbol{e}_1(t)$、$d\boldsymbol{W}_1(t)$都是高斯的，因此由它们之和得到的状态向量 $\boldsymbol{Y}(t)$也是高斯的，$\boldsymbol{e}_1(t)$与 $\boldsymbol{Y}(t_0)$也相互独立。

(5)$d\boldsymbol{W}_1(t)$、$d\boldsymbol{W}_2(t)$与 $\boldsymbol{Y}(t)$互相独立，即满足

$$E[d\boldsymbol{W}_1(t_1)\boldsymbol{Y}(t_2)] = 0 \qquad (t_1 \geqslant t_2) \tag{10.2.7}$$

$$E[d\boldsymbol{W}_2(t_1)\boldsymbol{Y}(t_2)] = 0 \qquad (t_1 \geqslant t_2) \tag{10.2.8}$$

$$E[d\boldsymbol{W}_1(t_1)d\boldsymbol{W}_2(t_2)] = 0 \tag{10.2.9}$$

$$E[\boldsymbol{e}_1(t_1)\boldsymbol{Y}(t_2)] = 0 \qquad (t_1 > t_2) \tag{10.2.10}$$

10.2.2 连续时间随机系统状态模型的统计特性

已知状态向量 $\boldsymbol{Y}(t)$是高斯过程，它完全由均值函数和自协方差函数确定。为了方便起见，在式(10.2.5a)中，令 $\boldsymbol{X}(t)=0$，则该方程变为

$$d\boldsymbol{Y}(t) = \boldsymbol{A}\boldsymbol{Y}(t)dt + d\boldsymbol{W}_1(t) \tag{10.2.11}$$

所谓求模型式(10.2.11)的解就是求解 $\boldsymbol{Y}(t)$的均值函数和自协方差函数。

1)均值函数

根据线性系统理论,式(10.2.11)的解为

$$\boldsymbol{Y}(t_2)=\boldsymbol{\Gamma}(t_2,t_1)\boldsymbol{Y}(t_1)+\int_{t_1}^{t_2}\boldsymbol{\Gamma}(t_2,t)\mathrm{d}\boldsymbol{W}(t) \tag{10.2.12}$$

式中,$\boldsymbol{\Gamma}(t_1,t_2)$为状态转移阵,其有如下性质:

$$\frac{\partial}{\partial t_1}\boldsymbol{\Gamma}(t_1,t_2)=\boldsymbol{A}(t_1)\boldsymbol{\Gamma}(t_1,t_2) \tag{10.2.13}$$

$$\frac{\partial}{\partial t_1}\boldsymbol{\Gamma}^T(t_1,t_2)=\boldsymbol{\Gamma}^T(t_1,t_2)\boldsymbol{A}^T(t_1) \tag{10.2.14}$$

$$\frac{\partial}{\partial t_2}\boldsymbol{\Gamma}(t_1,t_2)=-\boldsymbol{\Gamma}(t_1,t_2)\boldsymbol{A}(t_2) \tag{10.2.15}$$

$$\frac{\partial}{\partial t_2}\boldsymbol{\Gamma}^T(t_1,t_2)=-\boldsymbol{A}^T(t_2)\boldsymbol{\Gamma}^T(t_1,t_2) \tag{10.2.16}$$

$$\frac{\partial}{\partial t_1}\det\boldsymbol{\Gamma}(t_1,t_2)=[\mathrm{tr}\boldsymbol{A}(t_1)]\det\boldsymbol{\Gamma}(t_1,t_2) \tag{10.2.17}$$

若$[-\boldsymbol{A}^T(\cdot)]$的状态转移阵为$\boldsymbol{\psi}(t_1,t_2)$,则

$$\boldsymbol{\psi}(t_1,t_2)=[\boldsymbol{\Gamma}^T(t_1,t_2)]^{-1} \tag{10.2.18}$$

若$||\boldsymbol{A}(t)||\leqslant C$,$C$为任意实数,则

$$||\,\boldsymbol{\Gamma}(t_1,t_2)\,||\leqslant \exp[C(t_1-t_2)]\quad(\forall\, t_1\geqslant t_2) \tag{10.2.19}$$

对式(10.2.12)两边取均值并利用上述性质,就得到状态向量$\boldsymbol{Y}(t)$的均值函数$\boldsymbol{m}_Y(t)$

$$\boldsymbol{m}_Y(t)=\boldsymbol{\Gamma}(t,t_0)\boldsymbol{m}_0 \tag{10.2.20}$$

均值函数的导数为

$$\frac{\mathrm{d}\boldsymbol{m}_Y(t)}{\mathrm{d}t}=\frac{\partial}{\partial t}\boldsymbol{\Gamma}(t,t_0)\boldsymbol{m}_0=\boldsymbol{A}(t)\boldsymbol{\Gamma}(t,t_0)\boldsymbol{m}_0=\boldsymbol{A}(t)\boldsymbol{m}(t) \tag{10.2.21}$$

其初值为

$$\boldsymbol{m}_Y(t_0)=\boldsymbol{m}_0$$

2)自协方差函数

令$t_1\geqslant t_2$,按自协方差函数定义,并利用

$$\boldsymbol{C}_Y(t_0,t_0)=E\{[\boldsymbol{Y}(t_0)-\boldsymbol{m}_0][\boldsymbol{Y}(t_0)-\boldsymbol{m}_0]^T\} \tag{10.2.22}$$

$$E\{\mathrm{d}\boldsymbol{W}(t)[\mathrm{d}\boldsymbol{W}(t)]^T\}=\boldsymbol{R}_1(t)\mathrm{d}t \tag{10.2.23}$$

得

$$\begin{aligned}\boldsymbol{C}_Y(t_1,t_2)&=E\{[\boldsymbol{Y}(t_1)-\boldsymbol{m}_Y(t_1)][\boldsymbol{Y}(t_2)-\boldsymbol{m}_Y(t_2)]^T\}\\&=E\{[\boldsymbol{\Gamma}(t_1,t_2)(\boldsymbol{Y}(t_2)-\boldsymbol{m}_Y(t_2))+\int_{t_2}^{t_1}\boldsymbol{\Gamma}(t_1,t_2)\mathrm{d}\boldsymbol{W}(t_2)][\boldsymbol{Y}(t_2)-\boldsymbol{m}_Y(t_2)]^T\}\\&=\boldsymbol{\Gamma}(t_1,t_2)\boldsymbol{\sigma}_Y^2(t_2)\end{aligned} \tag{10.2.24}$$

式中

$$\begin{aligned}\boldsymbol{\sigma}_{Y}^{2}(t_2) &= E\{[\boldsymbol{Y}(t_2)-\boldsymbol{m}_{2Y}][\boldsymbol{Y}(t_2)-\boldsymbol{m}_{2Y}]^T\} \\ &= E\left\{\left[\boldsymbol{\Gamma}(t_2,t_1)(\boldsymbol{Y}(t_1)-\boldsymbol{m}_{1Y})+\int_{t_1}^{t_2}\boldsymbol{\Gamma}(t_2,t)\mathrm{d}\boldsymbol{W}(t)\right]\right. \\ &\quad \left.\cdot\left[\boldsymbol{\Gamma}(t_2,t_1)(\boldsymbol{Y}(t_1)-\boldsymbol{m}_{1Y})+\int_{t_1}^{t_2}\boldsymbol{\Gamma}(t_2,t)\mathrm{d}\boldsymbol{W}(t)\right]^T\right\} \\ &= \boldsymbol{\Gamma}(t_2,t_1)E\{[\boldsymbol{Y}(t_1)-\boldsymbol{m}_{1Y}][\boldsymbol{Y}(t_1)-\boldsymbol{m}_{1Y}]^T\}\boldsymbol{\Gamma}^T(t_2,t_1) \\ &\quad +E\left\{\left[\int_{t_1}^{t_2}\boldsymbol{\Gamma}(t_2,t)\mathrm{d}\boldsymbol{W}(t)\right]\left[\int_{t_1}^{t_2}\boldsymbol{\Gamma}(t_2,t)\mathrm{d}\boldsymbol{W}(t)\right]^T\right\} \\ &= \boldsymbol{\Gamma}(t_2,t_1)\boldsymbol{C}_Y(t_1,t_1)\boldsymbol{\Gamma}^T(t_2,t_1)+\int_{t_1}^{t_2}\boldsymbol{\Gamma}(t_2,t)\boldsymbol{C}_Y(t,t)\boldsymbol{\Gamma}^T(t_2,t)\mathrm{d}t\end{aligned} \tag{10.2.25}$$

利用公式

$$\frac{\mathrm{d}}{\mathrm{d}t_2}\int_{t_1}^{t_2}F(t_2,t)\mathrm{d}t = F(t_2,t_2)+\int_{t_1}^{t_2}\frac{\mathrm{d}}{\mathrm{d}t_2}F(t_2,t)\mathrm{d}t \tag{10.2.26}$$

得里卡蒂方程(Riccati equation)

$$\frac{\mathrm{d}\boldsymbol{\sigma}_{Y}^{2}(t_2)}{\mathrm{d}t_2} = \boldsymbol{A}(t_2)\boldsymbol{\sigma}_{Y}^{2}(t_2)+\boldsymbol{\sigma}_{Y}^{2}(t_2)\boldsymbol{A}^T(t_2)+\boldsymbol{C}_Y(t_2)$$

省去下标，得

$$\frac{\mathrm{d}\boldsymbol{\sigma}_{Y}^{2}(t)}{\mathrm{d}t} = \boldsymbol{A}(t)\boldsymbol{\sigma}_{Y}^{2}(t)+\boldsymbol{\sigma}_{Y}^{2}(t)\boldsymbol{A}^T(t)+\boldsymbol{C}_Y(t) \tag{10.2.27}$$

初值为

$$\boldsymbol{\sigma}_{Y}^{2}(t_0) = \boldsymbol{C}_Y(t_0,t_0) \tag{10.2.28}$$

【例 10.5】设布朗运动粒子的运动方程为

$$y'(t) = x(t)$$

$$mx'(t) = -cx(t)+e(t)$$

式中，$y(t)$为粒子位置；$x(t)$为粒子速度；m 为粒子质量；c 为斯托克斯黏滞力系数(常数)；$e(t)$表示液体分子间碰撞产生的随机力。由于碰撞的时间均值极短，$e(t)$近似为高斯 $N(0,\sigma^2\delta(t))$白噪声，σ^2 为常数。并设

$$E[y(0)] = E[x(0)] = E[y^2(0)] = E[x^2(0)] = E\{y(0)x(0)\} = 0$$

试计算 $E[x^2(t)]$、$E[x(t)y(t)]$和 $E[y^2(t)]$。

解：布朗运动粒子在向各个方向运动的概率、受力大小和运动速度的概率是相同的，因此有

$$E[x(t)] = 0$$

$$E[y(t)] = 0$$

粒子运动速度 $x(t)$ 的方差、位置 $y(t)$ 的方差和 $x(t)$ 与 $y(t)$ 的互协方差，分别表示为

$$\sigma_{11}^2(t) = E[x^2(t)]$$

$$\sigma_{22}^2(t) = E[y^2(t)]$$

$$\sigma_{12}^2(t) = \sigma_{21}^2(t) = E[x(t)y(t)]$$

方差阵为

$$\sigma^2(t) = \begin{bmatrix} \sigma_{11}^2(t) & \sigma_{12}^2(t) \\ \sigma_{21}^2(t) & \sigma_{22}^2(t) \end{bmatrix}$$

下面利用 $\sigma^2(t)$ 的里卡蒂方程求解。

为此，将 $y'(t)=x(t)$ 与 $mx'(t)=-cx(t)+e(t)$ 改写为状态向量增量方程，即

$$\begin{bmatrix} dx(t) \\ dy(t) \end{bmatrix} = \begin{bmatrix} -\frac{c}{m} & 0 \\ 1 & 0 \end{bmatrix} \begin{bmatrix} x(t) \\ y(t) \end{bmatrix} dt + \begin{bmatrix} \frac{1}{m} \\ 0 \end{bmatrix} dW(t)$$

式中，$dW(t)$ 为维纳过程

$$dW(t) = e(t)dt$$

$$\boldsymbol{A} = \begin{bmatrix} -\frac{c}{m} & 0 \\ 1 & 0 \end{bmatrix}, \boldsymbol{\Lambda} = \begin{bmatrix} \frac{1}{m} \\ 0 \end{bmatrix}$$

$$\boldsymbol{R}_1(t)dt = E[\boldsymbol{\Lambda} d\boldsymbol{W}(t) d\boldsymbol{W}^T(t) \boldsymbol{\Lambda}^T] = \begin{bmatrix} \frac{q}{m^2} & 0 \\ 0 & 0 \end{bmatrix} dt$$

将已知条件和上述各式代入里卡蒂方程，得

$$\begin{cases} \dfrac{d\sigma_{11}^2(t)}{dt} = -\dfrac{2c}{m}\sigma_{11}^2(t) + \dfrac{\sigma^2}{m^2} \\ \dfrac{d\sigma_{12}^2(t)}{dt} = \dfrac{d\sigma_{21}^2(t)}{dt} = -\dfrac{c}{m}\sigma_{12}^2(t) + \sigma_{11}^2(t) \\ \dfrac{d\sigma_{22}^2(t)}{dt} = 2\sigma_{12}^2(t) \end{cases}$$

解上述方程，得到最后结果

$$\begin{cases} \sigma_{11}^2(t) = \dfrac{\sigma^2}{2cm}[1 - e^{-\frac{2c}{m}t}] \\ \sigma_{12}^2(t) = \dfrac{\sigma^2}{c^2}\left[\dfrac{1}{2} + \dfrac{1}{2}e^{-\frac{2c}{m}t} - e^{-\frac{c}{m}t}\right] \\ \sigma_{22}^2(t) = \dfrac{\sigma^2}{c^2}\left\{t + \dfrac{m}{2c}[1 - e^{-\frac{2c}{m}t}] - \dfrac{2m}{c}[1 - e^{-\frac{c}{m}t}]\right\} \end{cases}$$

10.2.3 连续时间随机状态模型的状态估计

连续时间随机状态模型的状态估计,包括滤波、预测和平滑问题。这里,利用随机过程和系统知识直接导出状态估计的结果。

1)状态模型

为了讨论方便,仅考虑无控制项 $\boldsymbol{X}(t)$ 的连续时间状态模型,即

$$\mathrm{d}\boldsymbol{Y}(t)=\boldsymbol{A}\boldsymbol{Y}(t)\mathrm{d}t+\mathrm{d}\boldsymbol{W}_1(t) \tag{10.3.1a}$$

$$\mathrm{d}\boldsymbol{Z}(t)=\boldsymbol{H}\boldsymbol{Y}(t)\mathrm{d}t+\mathrm{d}\boldsymbol{W}_2(t) \tag{10.3.1b}$$

式中,$\boldsymbol{Y}(t)$ 为 $N\times1$ 维状态向量,状态初始值 $\boldsymbol{Y}(t_0)$ 是均值为 $\boldsymbol{m}_0$、方差阵为 $\boldsymbol{R}_0$ 的随机过程,$\mathrm{d}\boldsymbol{W}_1(t)$ 是 $N\times1$ 维均值为零、方差阵为 $\boldsymbol{R}_1\mathrm{d}t$ 的独立增量过程,$\boldsymbol{A}$ 为 $N\times N$ 维系数矩阵,$\boldsymbol{Z}(t)$ 为 $L\times1$ 维测量向量,$\boldsymbol{H}$ 为 $L\times N$ 维系数矩阵,$\mathrm{d}\boldsymbol{W}_2(t)$ 是 $N\times1$ 维均值为零、方差阵为 $\boldsymbol{R}_2\mathrm{d}t$ 的独立增量过程,并且它们两两相互独立,即

$$E[\boldsymbol{Y}(t_0)\mathrm{d}\boldsymbol{W}_1(t)]=0\qquad(t\geqslant t_0) \tag{10.3.2a}$$

$$E[\boldsymbol{Y}(t_0)\mathrm{d}\boldsymbol{W}_2(t)]=0\qquad(t\geqslant t_0) \tag{10.3.2b}$$

$$E[\mathrm{d}\boldsymbol{W}_1(t)\mathrm{d}\boldsymbol{W}_2(t)]=0 \tag{10.3.2c}$$

2)新息过程

将 $\{\boldsymbol{Z}(t_2)\}$ 对 $\boldsymbol{Y}(t_1)$ 的状态估计表示为 $\hat{\boldsymbol{Y}}(t_1|t_2)$。设估计误差 $\tilde{\boldsymbol{Y}}(t_1|t_2)=\boldsymbol{Y}(t_1)-\hat{\boldsymbol{Y}}(t_1|t_2)$,与 $\{\boldsymbol{Y}(t)\}$ 所处的希尔伯特空间互相独立,几何上相互垂直。

对测量模型式(10.3.1b)定义一个新息过程 $\mathrm{d}\boldsymbol{\nu}(t)$,表示为

$$\mathrm{d}\boldsymbol{\nu}(t)=\mathrm{d}\boldsymbol{Z}(t)-\boldsymbol{H}\hat{\boldsymbol{Y}}(t\mid t)\mathrm{d}t \tag{10.3.3}$$

或

$$\mathrm{d}\boldsymbol{\nu}(t)=\boldsymbol{H}\tilde{\boldsymbol{Y}}(t\mid t)\mathrm{d}t+\mathrm{d}\boldsymbol{W}_2(t) \tag{10.3.4}$$

新息过程 $\mathrm{d}\boldsymbol{\nu}(t)$ 与 $\mathrm{d}\boldsymbol{W}_2(t)$ 有相同的统计特性,也是一个均值为零和方差阵为 $\boldsymbol{R}_2\mathrm{d}t$ 的独立增量过程。这是因为

$$\begin{aligned}E[\boldsymbol{Y}(t_1)(\boldsymbol{\nu}(t_2)-\boldsymbol{\nu}(t_1))^T]&=E\left\{\boldsymbol{Y}(t_1)\left[\int_{t_1}^{t_2}\boldsymbol{H}\tilde{\boldsymbol{Y}}(t\mid t_1)\mathrm{d}t+\int_{t_1}^{t_2}\mathrm{d}\boldsymbol{W}_2(t)\right]\right\}\\&=\int_{t_1}^{t_2}\boldsymbol{H}\boldsymbol{E}\{\boldsymbol{Y}(t_1)\tilde{\boldsymbol{Y}}(t\mid t_1)\}\mathrm{d}t+\int_{t_1}^{t_2}E\{\boldsymbol{Y}(t_1)\mathrm{d}\boldsymbol{W}_2(t)\}\\&=0(t_1<t_2)\end{aligned} \tag{10.3.5}$$

显然,$\mathrm{d}\boldsymbol{\nu}(t)$ 的均值为

$$E[\mathrm{d}\boldsymbol{\nu}(t)]=E[\boldsymbol{H}\tilde{\boldsymbol{Y}}(t\mid t)\mathrm{d}t+\mathrm{d}\boldsymbol{W}_2(t)]=\boldsymbol{H}\boldsymbol{E}[\tilde{\boldsymbol{Y}}(t\mid t)]\mathrm{d}t+E[\mathrm{d}\boldsymbol{W}_2(t)]=0$$

$\mathrm{d}\boldsymbol{\nu}(t)$ 的方差阵为

$$\begin{aligned}\boldsymbol{\sigma}_{\mathrm{d}\nu}^2(t)=\boldsymbol{R}_{\mathrm{d}\nu}(t,t)&=E[\mathrm{d}\boldsymbol{\nu}(t)\mathrm{d}\boldsymbol{\nu}^T(t)]\\&=E\{[\boldsymbol{H}\tilde{\boldsymbol{Y}}(t\mid t)\mathrm{d}t+\mathrm{d}\boldsymbol{W}_2(t)][\boldsymbol{H}\tilde{\boldsymbol{Y}}(t\mid t)\mathrm{d}t+\mathrm{d}\boldsymbol{W}_2(t)]^T\}\end{aligned}$$

$$= E[\boldsymbol{H}\sigma_{\tilde{Y}}^2(t \mid t)\boldsymbol{H}^T \mathrm{d}t\mathrm{d}t] + E[\boldsymbol{H}\widetilde{\boldsymbol{Y}}(t \mid t)\mathrm{d}t\mathrm{d}\boldsymbol{W}_2(t)]$$
$$+ E[\mathrm{d}\boldsymbol{W}_2(t)\mathrm{d}t\widetilde{\boldsymbol{Y}}^T(t \mid t)\boldsymbol{H}^T] + E[\mathrm{d}\boldsymbol{W}_2(t)\mathrm{d}\boldsymbol{W}_2^T(t)]$$
$$= \boldsymbol{R}_2\mathrm{d}t \tag{10.3.6}$$

式中，第 3 式右边第 1 项 $\mathrm{d}t\mathrm{d}t$ 是 $\mathrm{d}t$ 的高阶无限小，因此，第一项为零；因为 $\widetilde{\boldsymbol{Y}}(t|t)$ 与 $\mathrm{d}\boldsymbol{W}_2(t)$ 互相独立，因此，第 2、第 3 两项均为零；只有第 4 项有值，为 $\boldsymbol{R}_2\mathrm{d}t$。

对随机过程 $\{\boldsymbol{Y}(t)\}$，以及均值为零、方差为 $\int_0^t R\mathrm{d}\lambda$ 的独立增量过程 $\{\mathrm{d}\boldsymbol{v}(t)\}$，必有

$$\hat{\boldsymbol{Y}}(t \mid t) = \int_0^t \frac{\mathrm{d}}{\mathrm{d}\lambda}E[\boldsymbol{Y}(t)\boldsymbol{v}^T(\lambda)]\boldsymbol{R}^{-1}\mathrm{d}\boldsymbol{v}(\lambda) \tag{10.3.7}$$

对于上述公式证明，可以按以下思路进行。

若已知 $\hat{y}(t|t)$ 属于 $\boldsymbol{v}(t)$ 所处希尔伯特空间，则必存在某个矢量函数 $\boldsymbol{\varphi}(t)$ 使得

$$\hat{y}(t \mid t) = \int_0^t \boldsymbol{\varphi}(\lambda)\mathrm{d}\boldsymbol{v}(\lambda) \tag{10.3.8}$$

再任选一个矢量函数 $\boldsymbol{\varphi}(t)$，使 $\int_0^t \boldsymbol{\varphi}(\lambda)\mathrm{d}\boldsymbol{v}(\lambda)$ 属于 $\boldsymbol{v}(t)$ 所处希尔伯特空间，因此与滤波误差 $\tilde{\boldsymbol{y}}(t|t) = \boldsymbol{y}(t) - \hat{\boldsymbol{y}}(t|t)$ 正交，于是

$$E\left\{\boldsymbol{y}(t)\left[\int_0^t \boldsymbol{\varphi}(\lambda)\mathrm{d}\boldsymbol{v}(\lambda)\right]^T\right\} - E\left\{\hat{\boldsymbol{y}}(t \mid t)\left[\int_0^t \boldsymbol{\varphi}(\lambda)\mathrm{d}\boldsymbol{v}(\lambda)\right]^T\right\}$$
$$= E\left\{\int_0^t \boldsymbol{\phi}(\lambda)\mathrm{d}\boldsymbol{v}(\lambda)\left[\int_0^t \boldsymbol{\varphi}(\lambda)\mathrm{d}\boldsymbol{v}(\lambda)\right]^T\right\}$$
$$= \int_0^t\int_0^t \boldsymbol{\phi}(\lambda)E\{\mathrm{d}\boldsymbol{v}(\lambda)\mathrm{d}\boldsymbol{v}^T(\lambda)\}\boldsymbol{\varphi}^T(\lambda)$$
$$= \int_0^t \boldsymbol{\phi}(\lambda)\boldsymbol{R}\boldsymbol{\varphi}^T(\lambda)\mathrm{d}\lambda \tag{10.3.9}$$

因为 $\varphi(t)$ 是任选的，现选为 $\boldsymbol{\varphi}(\lambda) = \boldsymbol{I}$，且 $t_1 \leqslant t_2$，则式(10.3.9)变为

$$E[\boldsymbol{y}(t_2)\boldsymbol{v}(t_1)] = \int_0^t \boldsymbol{\phi}(\lambda)\boldsymbol{R}\mathrm{d}\lambda \tag{10.3.10}$$

$$\boldsymbol{\phi}(\lambda) = \frac{\mathrm{d}}{\mathrm{d}\lambda}E\{\boldsymbol{y}(t)\boldsymbol{v}(\lambda)\}\boldsymbol{R}^{-1} \tag{10.3.11}$$

把式(10.3.11)代入式(10.3.10)，就得到式(10.3.7)。

3)连续时间随机状态模型的最优滤波

对连续时间随机状态模型式(10.3.1)，在给定新息过程式(10.3.3)的条件下，最优滤波满足线性随机方程(卡尔曼滤波方程)

$$\mathrm{d}\hat{\boldsymbol{y}}(t \mid t) = [\boldsymbol{A} - \boldsymbol{\sigma}_{\tilde{Y}}^2(t \mid t)\boldsymbol{H}^T\boldsymbol{R}_2^{-1}\boldsymbol{H}]\hat{\boldsymbol{y}}(t \mid t)\mathrm{d}t + \boldsymbol{\sigma}_{\tilde{Y}}^2(t \mid t)\boldsymbol{H}^T\boldsymbol{R}_2^{-1}\mathrm{d}z(t)$$
$$= \boldsymbol{A}\hat{\boldsymbol{y}}(t \mid t)\mathrm{d}t + \boldsymbol{\sigma}_{\tilde{Y}}^2(t \mid t)\boldsymbol{H}^T\boldsymbol{R}_2^{-1}\mathrm{d}\boldsymbol{v}(t) \tag{10.3.12}$$

$$\hat{\boldsymbol{y}}(0 \mid 0) = \mathrm{E}[\boldsymbol{y}(0)] = \boldsymbol{m}_0 \tag{10.3.13}$$

式中，$\boldsymbol{\sigma}_{\tilde{Y}}^2(t|t) = E[\tilde{\boldsymbol{y}}(t|t)\tilde{\boldsymbol{y}}^T(t|t)]$ 为最优滤波误差的方差阵，它满足里卡蒂方程

$$\frac{\mathrm{d}\boldsymbol{\sigma}_{\tilde{Y}}^{2}(t\mid t)}{\mathrm{d}t}=\boldsymbol{A}\boldsymbol{\sigma}_{\tilde{Y}}^{2}(t)+\boldsymbol{\sigma}_{\tilde{Y}}^{2}(t\mid t)\boldsymbol{A}^{T}+\boldsymbol{R}_{1}-\boldsymbol{\sigma}_{\tilde{Y}}^{2}(t\mid t)\boldsymbol{H}^{T}\boldsymbol{R}_{2}^{-1}\boldsymbol{H}\boldsymbol{\sigma}_{\tilde{Y}}^{2}(t\mid t) \tag{10.3.14}$$

$$\boldsymbol{\sigma}_{\tilde{Y}}^{2}(0\mid 0)=D[\boldsymbol{y}(0)]=\boldsymbol{\sigma}_{0}^{2}=\boldsymbol{R}_{0} \tag{10.3.15}$$

为了对比滤波方程式(10.3.12)与状态方程式(10.3.1b),并将它们重写在一起,即

$$\mathrm{d}\boldsymbol{Y}(t)=\boldsymbol{A}\boldsymbol{Y}(t)\mathrm{d}t+\mathrm{d}\boldsymbol{W}_{1}(t) \tag{10.3.16}$$

$$\mathrm{d}\hat{\boldsymbol{y}}(t\mid t)=\boldsymbol{A}\hat{\boldsymbol{y}}(t\mid t)\mathrm{d}t+\boldsymbol{\sigma}_{\tilde{Y}}^{2}(t\mid t)\boldsymbol{H}^{T}\boldsymbol{R}_{2}^{-1}\mathrm{d}\boldsymbol{v}(t) \tag{10.3.17}$$

可见,滤波方程与状态方程具有相同的动力学系数矩阵 $\boldsymbol{A}(t)$,也是由一个独立增量过程 $\boldsymbol{\sigma}_{\tilde{Y}}^{2}(t|t)\boldsymbol{H}^{T}\boldsymbol{R}_{2}^{-1}\mathrm{d}\boldsymbol{v}(t)$来驱动,若 $\boldsymbol{\sigma}_{\tilde{Y}}^{2}(t|t)\boldsymbol{H}^{T}\boldsymbol{R}_{2}^{-1}$ 用 $\boldsymbol{G}(t)$表示,$\boldsymbol{G}(t)$称为最优滤波增益。

上述公式可先在 $\hat{\boldsymbol{y}}(0|0)=\boldsymbol{m}(0)=0$ 的情况下推导,然后再把结果推广到 $\hat{\boldsymbol{y}}(0|0)=\boldsymbol{m}(0)\neq 0$ 的情况。推导过程可参照相关文献,这时略去。需要说明,上述最优滤波解中,滤波误差方差阵 $\boldsymbol{\sigma}_{\tilde{Y}}^{2}(t)$不是随机阵;在计算上,可以先计算 $\boldsymbol{\sigma}_{\tilde{Y}}^{2}(t|t)$,然后求解由观测(测量)过程$\{\boldsymbol{Z}(t)\}$驱动的线性时变方程式(10.3.12)和式(10.3.13),得到最优(卡尔曼)滤波$\{\hat{\boldsymbol{y}}(t|t)\}$。由于给定的初值 $\boldsymbol{\sigma}^{2}(0|0)=\boldsymbol{R}_{Y}(0)=\boldsymbol{R}_{0}$ 是非负定的,式(10.3.14)的解 $\boldsymbol{\sigma}_{\tilde{Y}}^{2}(t|t)=\mathrm{E}\{\tilde{\boldsymbol{y}}(t|t)\tilde{\boldsymbol{y}}^{\mathrm{T}}(t|t)\}\leqslant\mathrm{E}\{\boldsymbol{y}(t)\boldsymbol{y}^{\mathrm{T}}(t)\}$是非负定且有界的。

【例 10.6】设标量方程

$$\mathrm{d}y=-\alpha y\mathrm{d}t+\mathrm{d}w$$

$$\mathrm{d}z=y\mathrm{d}t+\beta\mathrm{d}v$$

式中:$\mathrm{d}w$ 和 $\mathrm{d}v$ 都为均值为零、方差为 $\mathrm{d}t$ 的独立增量过程;α 和 β 为系数;给定状态初值 $E[\boldsymbol{y}(0)]=0$;$R_{Y}(0)=\sigma_{Y}^{2}(0)=\sigma_{0}^{2}$ 非负定。试写出卡尔曼滤波方程并求解里卡蒂方程。

解:按连续时间随机状态模型的最优滤波方程,由式(10.3.6)得 $R_{2}\mathrm{d}t=E\{[\beta\mathrm{d}v]^{2}\}=\beta^{2}\mathrm{d}t$,因此可得题给标量方程式的卡尔曼滤波和里卡蒂方程

$$\begin{cases}\mathrm{d}\hat{y}(t\mid t)=-[\alpha-\sigma_{\tilde{Y}}^{2}(t\mid t)\beta^{-2}]\hat{y}(t\mid t)\mathrm{d}t+\sigma_{\tilde{Y}}^{2}(t\mid t)\beta^{-2}\mathrm{d}z(t),\hat{y}(t\mid t)=0\\ \dfrac{\mathrm{d}\sigma_{\tilde{Y}}^{2}(t\mid t)}{\mathrm{d}t}=1-[\sigma_{\tilde{Y}}^{2}(t\mid t)]^{2}\beta^{-2}-2\sigma_{\tilde{Y}}^{2}(t\mid t)\alpha,\sigma_{Y}^{2}(0\mid 0)=\sigma_{0}^{2}\end{cases}$$

求解卡尔曼滤波和里卡蒂方程,得到

$$\sigma_{\tilde{Y}}^{2}(t\mid t)=\beta^{2}(\sqrt{\alpha^{2}+\beta^{-2}}-\alpha)$$
$$+\frac{2\beta^{2}\sqrt{\alpha^{2}+\beta^{-2}}(\sigma_{0}^{2}-\beta^{2}(\sqrt{\alpha^{2}+\beta^{-2}}-\alpha))}{(\sigma_{0}^{2}+\beta^{2}(\sqrt{\alpha^{2}+\beta^{-2}}+\alpha))\mathrm{e}^{2\sqrt{\alpha^{2}+\beta^{-2}}}t-(\sigma_{0}^{2}-\beta^{2}(\sqrt{\alpha^{2}+\beta^{-2}}-\alpha))}$$

$$\lim_{t\to\infty}\sigma_{\tilde{Y}}^{2}(t\mid t)=\beta^{2}(\sqrt{\alpha^{2}+\beta^{-2}}-\alpha)$$

这表明，当 $t\to\infty$ 时，卡尔曼滤波方程几乎变成时不变系统，这种情况甚至发生在$\{y(t)\}$不稳时，即 α 为负值。这时，信号 $y(t)\mathrm{d}t$ 最终完全淹没了噪声 $\mathrm{d}v(t)$，使得滤波特别容易。

如果选取令 $\sigma_0^2=\beta^2(\sqrt{\alpha^2+\beta^{-2}}-\alpha)$，那么里卡蒂方程变为$\dfrac{\mathrm{d}\sigma_{\tilde{Y}}^2(t|t)}{\mathrm{d}t}=0$，使得在所有时刻都有 $\sigma_{\tilde{Y}}^2(t)=\beta^2(\sqrt{\alpha^2+\beta^{-2}}-\alpha)$。这表明：一方面，在较长时间进行连续观测时，观测器记忆$\{y(t)\}$；另一方面，当 $y(t)\mathrm{d}t$ 远离初始位置时，$\sigma_0^2=\beta^2(\sqrt{\alpha^2+\beta^{-2}}-\alpha)$确保消除这种趋向，使偏离程度(误差)的方差保持在 $\sigma_{\tilde{Y}}^2(t|t)=\beta^2(\sqrt{\alpha^2+\beta^{-2}}-\alpha)$的水平。

4)最优预测

为求解最优预测 $\hat{\boldsymbol{y}}(t+\tau|t)$，$\tau>0$，将式(10.2.11)的解写为

$$\boldsymbol{y}(t+\tau)=\boldsymbol{\Gamma}(t+\tau,t)\boldsymbol{y}(t)+\int_t^{t+\tau}\boldsymbol{\Gamma}(t+\tau,\lambda)\mathrm{d}\boldsymbol{W}(\lambda) \tag{10.3.18}$$

当$\int_t^{t+\tau}\boldsymbol{\Gamma}(t+\tau,\lambda)\mathrm{d}\boldsymbol{W}(\lambda)$与 $\boldsymbol{y}(t)$所属希尔伯特空间正交时，最优预测为

$$\hat{\boldsymbol{y}}(t+\tau\mid t)=\boldsymbol{\Gamma}(t+\tau,t)\hat{\boldsymbol{y}}(t\mid t) \tag{10.3.19}$$

当系统矩阵 $\boldsymbol{A}$ 是时不变的，有

$$\boldsymbol{\Gamma}(t+\tau,t)=\boldsymbol{\Gamma}(\tau,0) \tag{10.3.20}$$

由式(10.3.19)，有

$$\mathrm{d}\hat{\boldsymbol{y}}(t+\tau\mid t)=\mathrm{d}[\boldsymbol{\Gamma}(\tau,0)\hat{\boldsymbol{y}}(t\mid t)]=\boldsymbol{\Gamma}(\tau,0)\mathrm{d}\hat{\boldsymbol{y}}(t\mid t) \tag{10.3.21}$$

由于 $\boldsymbol{\Gamma}(\tau,0)$是非奇异的，则有

$$\hat{\boldsymbol{y}}(t\mid t)=\boldsymbol{\Gamma}^{-1}(\tau,0)\hat{\boldsymbol{y}}(t+\tau\mid t) \tag{10.3.22}$$

把式(10.3.22)和式(10.3.21)代入式(10.3.22)，得

$$\mathrm{d}\hat{\boldsymbol{y}}(t+\tau\mid t)=\boldsymbol{\Gamma}(\tau,0)\boldsymbol{A}\boldsymbol{\Gamma}^{-1}(\tau,0)\hat{\boldsymbol{y}}(t+\tau\mid t)\mathrm{d}t+\boldsymbol{\Gamma}(\tau,0)\boldsymbol{\sigma}_{\tilde{Y}}^{2}(t\mid t)\boldsymbol{H}^{\mathrm{T}}\boldsymbol{R}_2^{-1}\mathrm{d}\nu(t) \tag{10.3.23}$$

初值为

$$\hat{\boldsymbol{y}}(\tau\mid 0)=\boldsymbol{\Gamma}(\tau,0)\boldsymbol{m}_0 \tag{10.3.24}$$

5)最优平滑

平滑也称内插，最优平滑 $\hat{\boldsymbol{y}}(t|s)$包括三种基本形式，即固定点最优平滑 $\hat{\boldsymbol{y}}(0|t)$、固定区间最优平滑 $\hat{\boldsymbol{y}}(t|b)$和固滞后最优平滑 $\hat{\boldsymbol{y}}(t-\tau|t)$，其中 t 是可调的，而 b 和 τ 是固定不变的。通过将滤波作为终值条件，可计算 $\hat{\boldsymbol{y}}(t|b)$。在连续时间随机状态模型式(10.3.1)、式(10.3.2)和新息过程式(10.3.3)及模型假设的条件下，最优平滑 $\hat{\boldsymbol{y}}(t|b,b>t)$满足微分方程

$$\frac{\mathrm{d}\hat{\boldsymbol{y}}(t \mid b)}{\mathrm{d}t} = \boldsymbol{A}\hat{\boldsymbol{y}}(t \mid b)\mathrm{d}t + \boldsymbol{R}_1[\boldsymbol{\sigma}_{\tilde{Y}}^2(t \mid t)]^{-1}[\hat{\boldsymbol{y}}(t \mid b) - \hat{\boldsymbol{y}}(t \mid t)]\mathrm{d}t \tag{10.3.25}$$

终值条件为

$$\hat{\boldsymbol{y}}(b \mid b) = \hat{\boldsymbol{y}}_b \tag{10.3.26}$$

式(10.3.25)推导，读者可自己完成。

10.3 随机状态模型的转换

离散时间和连续时间线性随机状态模型可以互相转换。连续时间随机状态模型通过采样离散化就可转化为离散时间随机状态模型；离散时间随机状态模型通过时间取极限可以转换为连续时间随机状态模型。一般说，与连续时间随机状态模型相比，离散时间随机状态模型比较简单，把离散时间随机状态模型的时间极限化，推广到连续时间过程，是经常采用的方法。

10.3.1 连续时间随机状态模型的离散化

设连续时间线性随机状态模型为

$$\mathrm{d}\boldsymbol{Y}(t) = \boldsymbol{A}(t)\boldsymbol{Y}(t)\mathrm{d}t + \mathrm{d}\boldsymbol{W}_1(t) \tag{10.4.1}$$

$$\mathrm{d}\boldsymbol{Z}(t) = \boldsymbol{H}(t)\boldsymbol{Y}(t)\mathrm{d}t + \mathrm{d}\boldsymbol{W}_2(t) \tag{10.4.2}$$

式中，$\boldsymbol{A}(t)$为 $N\times N$ 维状态转移阵，可以是时变或者时不变的；$\boldsymbol{Y}(t)$为 $N\times 1$ 维状态向量；$\mathrm{d}\boldsymbol{W}_1$ 为 $N\times 1$ 维模型噪声向量，是增量维纳过程 $N(0,\boldsymbol{R}_1(t,t)\mathrm{d}t)$；$\boldsymbol{Z}(t)$为 $L\times 1$ 量测向量；$\boldsymbol{H}(t)$为 $L\times N$ 维量测矩阵，可以是时变或时不变的；$\mathrm{d}\boldsymbol{W}_2(t)$为 $L\times 1$ 量测噪声向量，是增量维纳过程 $N(0,\boldsymbol{R}_2(t,t)\mathrm{d}t)$；$\boldsymbol{Y}(t)$与 $\mathrm{d}\boldsymbol{W}_1(t)$、$\mathrm{d}\boldsymbol{W}_1(t)$与 $\mathrm{d}\boldsymbol{W}_2(t)$互相独立，即

$$E[\boldsymbol{Y}(t_1)\mathrm{d}\boldsymbol{W}_2^T(t_2)] = 0 \qquad (t_2 \geqslant t_1) \tag{10.4.3}$$

$$E[\mathrm{d}\boldsymbol{W}_2(t_1)\mathrm{d}\boldsymbol{W}_1^T(t_2)] = 0 \tag{10.4.4}$$

由于状态向量初值$\boldsymbol{Y}(t_1)$和 $\mathrm{d}\boldsymbol{W}_2(t)$都是高斯过程，因此由式(10.4.2)可知，$\mathrm{d}\boldsymbol{Z}(t)$也是高斯过程。下列给出离散化过程。

1)模型的离散化

为区分连续时间 t 和离散时间 k，并把两者联系起来，令 $t_k=k$。

按式(10.2.11)的解——式(10.2.12)，可写出式(10.4.1)的解为

$$\boldsymbol{y}(t_{k+1}) = \boldsymbol{\Gamma}(t_{k+1},t_k)\boldsymbol{y}(t_k) + \int_{t_k}^{t_{k+1}} \boldsymbol{\Gamma}(t_{k+1},t)\mathrm{d}\boldsymbol{W}_1(t) \tag{10.4.5}$$

令

$$e_1(t_k) = \int_{t_k}^{t_{k+1}} \boldsymbol{\Gamma}(t_{k+1}, t) \mathrm{d}\boldsymbol{W}_1(t) \tag{10.4.6}$$

得

$$\boldsymbol{y}(k+1) = \boldsymbol{\Gamma}(k+1, k)\boldsymbol{y}(k) + \boldsymbol{e}_1(k) \tag{10.4.7}$$

对式(10.4.2)积分,并把式(10.4.5)代入积分式,得

$$\begin{aligned} \boldsymbol{z}(t_{k+1}) &= \boldsymbol{z}(t_k) + \int_{t_k}^{t_{k+1}} \mathrm{d}\boldsymbol{z}(\lambda) \\ &= \boldsymbol{z}(t_k) + \int_{t_k}^{t_k - 1} \boldsymbol{H}(\lambda)\left[\boldsymbol{\Gamma}(\lambda, t_k)\boldsymbol{y}(t_k) + \int_{t_k}^{\lambda} \boldsymbol{\Gamma}(\lambda, t)\mathrm{d}\boldsymbol{W}_1(t)\right]\mathrm{d}\lambda + \int_{t_k}^{t_{k+1}} \mathrm{d}\boldsymbol{W}_2(\lambda) \\ &= \boldsymbol{z}(t_k) + \boldsymbol{\Pi}(t_{k+1}, t_k)\boldsymbol{y}(t_k) + \boldsymbol{e}_2(t_k) \end{aligned} \tag{10.4.8}$$

式中

$$\boldsymbol{\Pi}(t_{k+1}, t_k) = \int_{t_k}^{t_{k+1}} \boldsymbol{H}(\lambda)\boldsymbol{\Gamma}(\lambda, t_k)\mathrm{d}\lambda \tag{10.4.9}$$

$$\begin{aligned} \boldsymbol{e}_2(t_k) &= \int_{t_k}^{t_{k+1}} \boldsymbol{H}(\lambda)\int_{t_k}^{\lambda} \boldsymbol{\Gamma}(\lambda, t)\mathrm{d}\boldsymbol{W}_1(\lambda)\mathrm{d}\lambda + \int_{t_k}^{t_{k+1}} \mathrm{d}\boldsymbol{W}_2(\lambda) \\ &= \int_{t_k}^{t_{k+1}}\int_{t_k}^{t_{k+1}} \boldsymbol{H}(\lambda)\boldsymbol{\Gamma}(\lambda, t)\mathrm{d}\lambda\mathrm{d}\boldsymbol{W}_1(t) + \int_{t_h}^{t_{k+1}} \mathrm{d}\boldsymbol{W}_2(\lambda) \\ &= \int_{t_k}^{t_{k+1}} \boldsymbol{\Pi}(t_{k+1}, t)\mathrm{d}\boldsymbol{W}_1(t) + \int_{t_k}^{t_{k+1}} \mathrm{d}\boldsymbol{W}_2(\lambda) \end{aligned} \tag{10.4.10}$$

再令

$$\Delta \boldsymbol{z}(t_k) = \boldsymbol{z}(t_{k+1}) - \boldsymbol{z}(t_k) \tag{10.4.11}$$

则由式(10.4.8)得到

$$\boldsymbol{\Delta z}(t_k) = \boldsymbol{z}(t_{k+1}) - \boldsymbol{z}(t_k) = \boldsymbol{\Pi}(t_{k+1}, t_k)\boldsymbol{y}(t_k) + \boldsymbol{e}_2(t_k) \tag{10.4.12}$$

即

$$\boldsymbol{\Delta z}(k) = \boldsymbol{z}(k+1) - \boldsymbol{z}(k) = \boldsymbol{\Pi}(k+1, k)\boldsymbol{y}(k) + \boldsymbol{e}_2(k) \tag{10.4.13}$$

式(10.4.7)和式(10.4.13)就是连续时间线性随机状态模型式(10.4.1)和式(10.4.2)的离散化模型。

2)模型噪声向量 $\boldsymbol{e}_1(k)$ 和量测噪声向量 $\boldsymbol{e}_2(k)$ 的数字特征

$\boldsymbol{e}_1(k)$ 的均值函数 $E[\boldsymbol{e}_1(k)]$ 和自协方差函数 $\boldsymbol{R}_1(k)$ 分别为

$$E[\boldsymbol{e}_1(k)] = 0 \tag{10.4.14}$$

$$\begin{aligned} \boldsymbol{R}_1(k) &= E[\boldsymbol{e}_1(t_k)\boldsymbol{e}_1^T(t_k)] \\ &= E\left[\int_{t_k}^{t_{k+1}}\int_{t_k}^{t_{k+1}} \boldsymbol{\Gamma}(t_{k+1}, t)\mathrm{d}\boldsymbol{W}_1(t)\mathrm{d}\boldsymbol{W}_1^T(\lambda)\boldsymbol{\Gamma}^T(t_{k+1}, \lambda)\right] \\ &= \int_{t_k}^{t_{k+1}} \boldsymbol{\Gamma}(t_{k+1}, t)\boldsymbol{R}_1(t, t)\boldsymbol{\Gamma}^T(t_{k+1}, t)\mathrm{d}t \end{aligned} \tag{10.4.15}$$

$\boldsymbol{e}_2(k)$ 的均值函数 $E[\boldsymbol{e}_2(k)]$ 和自协方差函数 $\boldsymbol{R}_2(k)$ 分别为

$$E[\boldsymbol{e}_2(k)] = 0 \tag{10.4.16}$$

$$
\begin{aligned}
\boldsymbol{R}_2(k) &= E[\boldsymbol{e}_2(t_k)\boldsymbol{e}_2^T(t_k)] \\
&= \int_{t_k}^{t_{k+1}}\int_{t_k}^{t_{k+1}} \boldsymbol{\Pi}(t_{k+1},t)E[\mathrm{d}\boldsymbol{W}_1(t)\mathrm{d}\boldsymbol{W}_1^T(\lambda)]\boldsymbol{\Pi}^T(t_{k+1},\lambda) \\
&\quad + \int_{t_k}^{t_{k+1}}\int_{t_k}^{t_{k+1}} E[\mathrm{d}\boldsymbol{W}_2(t)\mathrm{d}\boldsymbol{W}_2^T(\lambda)] \\
&= \int_{t_k}^{t_{k+1}} \boldsymbol{\Pi}(t_{k+1},t)\boldsymbol{R}_1(t,t)\boldsymbol{\Pi}^T(t_{k+1},t)\mathrm{d}t + \int_{t_k}^{t_{k+1}} \boldsymbol{R}_2(t,t)\mathrm{d}t
\end{aligned}
\tag{10.4.17}
$$

可见，$\boldsymbol{e}_1(k)$和 $\boldsymbol{e}_2(k)$中都含有 $\mathrm{d}\boldsymbol{W}_1(t)$，因此，两者是相关的，互协方差函数 $\boldsymbol{R}_{12}(k)$为

$$
\boldsymbol{R}_{12}(k,k) = E[\boldsymbol{e}_1(k)\boldsymbol{e}_2^T(k)] = \int_{t_k}^{t_{k+1}} \boldsymbol{\Pi}(t_{k+1},t)\boldsymbol{R}_1(t,t)\boldsymbol{\Pi}^T(t_{k+1},t)\mathrm{d}t
\tag{10.4.18}
$$

【例 10.7】设随机微分方程为

$$
\mathrm{d}\boldsymbol{Y}(t) = \begin{bmatrix}1 & 0\\0 & 0\end{bmatrix}\boldsymbol{Y}(t)\mathrm{d}t + \begin{bmatrix}1\\0\end{bmatrix}\mathrm{d}\boldsymbol{W}_1(t)
$$

$$
\mathrm{d}\boldsymbol{Z}(t) = [0 \quad 1]\boldsymbol{Y}(t)\mathrm{d}t + \mathrm{d}\boldsymbol{W}_2(t)
$$

式中，$\mathrm{d}\boldsymbol{W}_1(t)$是增量维纳过程 $N(0,\mathrm{d}t)$；$\mathrm{d}\boldsymbol{W}_2(t)$是增量维纳过程 $N(0,\boldsymbol{R}\mathrm{d}t)$；$\boldsymbol{Z}(t)$、$\mathrm{d}\boldsymbol{W}_1(t)$和 $\mathrm{d}\boldsymbol{W}_2(t)$两两互相独立。当采样区间为 ΔT 时，试确定它的采样型。

解：由给定方程和条件，得到

$$
\boldsymbol{A} = \begin{bmatrix}1 & 0\\0 & 0\end{bmatrix} \qquad \boldsymbol{H} = [0 \quad 1]
$$

$$
\boldsymbol{R}_1(t,t) = \begin{bmatrix}1 & 0\\0 & 0\end{bmatrix} \qquad \boldsymbol{R}_2(t,t) = \boldsymbol{R}
$$

由上述三个矩阵数据，可计算状态转移阵 $\boldsymbol{\Gamma}(k+1,k)$和量测阵 $\boldsymbol{\Pi}(k+1,k)$。

$$
\boldsymbol{\Gamma}(k+1,k) = e^{\boldsymbol{A}\Delta T} = \boldsymbol{I} + \boldsymbol{A}\Delta T = \begin{bmatrix}1+\Delta T & 0\\0 & 1\end{bmatrix}
$$

$$
\boldsymbol{\Pi}(k+1,k) = \int_0^{\Delta T} \boldsymbol{H}(\lambda)\boldsymbol{\Gamma}(\lambda,0)\mathrm{d}\lambda = [0 \quad \Delta T]
$$

由上述两式列出的离散化方程为

$$
\boldsymbol{Y}(k+1) = \begin{bmatrix}1+\Delta T & 0\\0 & 1\end{bmatrix}\boldsymbol{Y}(k) + \boldsymbol{e}_1(k)
$$

$$
\boldsymbol{Z}(k+1) = \boldsymbol{Z}(k) + [0 \quad \Delta T]\boldsymbol{Y}(k) + \boldsymbol{e}_2(k)
$$

由题意知，模型噪声的均值为零，故自相关函数阵为

$$
\boldsymbol{R}_1(k,k) = \int_0^{\Delta T} \boldsymbol{\Gamma}(\Delta T,\lambda)\boldsymbol{R}_1(t,t)\boldsymbol{\Gamma}^T(\Delta T,\lambda)\mathrm{d}\lambda
$$

$$= \int_0^{\Delta T} \begin{bmatrix} 1+\Delta T & -\lambda \\ 0 & 1 \end{bmatrix} \begin{bmatrix} 1 & 0 \\ 0 & 0 \end{bmatrix} \begin{bmatrix} 1+\Delta T & 0 \\ -\lambda & 1 \end{bmatrix} d\lambda = \begin{bmatrix} (1+\Delta T)^2 \Delta T & 0 \\ 0 & 0 \end{bmatrix}$$

由题意知,量测噪声 $e_2(k)$ 的均值为零,故自相关函数阵为

$$\begin{aligned} \boldsymbol{R}_2(k,k) &= \int_0^{\Delta T} \boldsymbol{\Pi}(\Delta T,\lambda)\boldsymbol{R}_1(t,t)\boldsymbol{\Pi}^T(\Delta T,\lambda)d\lambda + \int_0^{\Delta T} \boldsymbol{R}_2(t,t)d\lambda \\ &= \int_0^{\Delta T} [-\lambda, \Delta T-\lambda] \begin{bmatrix} 1 & 0 \\ 0 & 0 \end{bmatrix} \begin{bmatrix} -\lambda \\ \Delta T-\lambda \end{bmatrix} d\lambda + \int_0^{\Delta T} R d\lambda \\ &= \frac{(\Delta T)^3}{3} + R\Delta T \end{aligned}$$

$\boldsymbol{e}_1(k)$ 和 $\boldsymbol{e}_2(k)$ 的互相关函数阵为

$$\begin{aligned} \boldsymbol{R}_{12}(k,k) &= \int_0^{\Delta T} \boldsymbol{\Gamma}(t_{k+1},\lambda)\boldsymbol{R}_1(t,t)\boldsymbol{\Pi}^T(t_{k+1},\lambda)d\lambda \\ &= \int_0^{\Delta T} \begin{bmatrix} 1+\Delta T & -\lambda \\ 0 & 1 \end{bmatrix} \begin{bmatrix} 1 & 0 \\ 0 & 0 \end{bmatrix} \begin{bmatrix} -\lambda \\ \Delta T-\lambda \end{bmatrix} d\lambda = \begin{bmatrix} -(1+\Delta T)\Delta T \\ 0 \end{bmatrix} \end{aligned}$$

10.3.2　离散时间随机状态模型的连续化

设离散时间线性随机状态模型为

$$\boldsymbol{Y}(k+1) = \boldsymbol{\Gamma}(k+1,k)\boldsymbol{Y}(k) + \boldsymbol{e}_1(k) \tag{10.4.19}$$

$$\begin{aligned} \boldsymbol{Z}(k) &= \boldsymbol{Y}(k+1) - \boldsymbol{Y}(k) \\ &= \boldsymbol{\Pi Y}(k) + \boldsymbol{e}_2(k) \end{aligned} \tag{10.4.20}$$

式中,各向量的维数与物理意义同前。

假设 $\boldsymbol{e}_2(k)$ 为离散时间高斯 $N(0,\boldsymbol{R}_2(k,k))$ 白噪声,并且 $\boldsymbol{Y}(k)$ 与 $\boldsymbol{e}_1(k)$、$\boldsymbol{e}_1(k)$ 与 $\boldsymbol{e}_2(k)$ 互相独立,即满足

$$E[\boldsymbol{Y}(k_1)\boldsymbol{e}_1(k_2)] = 0 \qquad (k_2 \geqslant k_1) \tag{10.4.21}$$

$$E[\boldsymbol{e}_1(k_1)\boldsymbol{e}_2(k_2)] = 0 \tag{10.4.22}$$

若状态向量初值 $\boldsymbol{Y}(k_1)$ 和 $\boldsymbol{e}_2(k_2)$ 都是高斯过程,则 $\boldsymbol{Z}(k)$ 也是高斯过程。

离散时间随机状态模型的连续化过程如下:

为区分离散时间 k 和连续时间 t,并把两者联系起来,令 $k=t_k$。通过极限化的方法把式(10.4.19)和式(10.4.20)转换成连续时间随机状态模型。令采样区间为 ΔT,由

$$\frac{d}{dt}\boldsymbol{\Gamma}(t,t_k) = \boldsymbol{A}(t)\boldsymbol{\Gamma}(t,t_k) \tag{10.4.23}$$

得

$$\boldsymbol{\Gamma}(t_k+\Delta T,t_k) = \boldsymbol{I} + \boldsymbol{A}(t_k)\Delta T \tag{10.4.24}$$

将式(10.4.24)代入式(10.4.19),得

$$\boldsymbol{Y}(t+\Delta T)-\boldsymbol{Y}(t)=\boldsymbol{A}(t)\boldsymbol{Y}(t)\Delta T+\boldsymbol{e}_1(t) \tag{10.4.25}$$

$$\Delta\boldsymbol{Y}(t)=\boldsymbol{A}(t)\boldsymbol{y}(t)\Delta T+\Delta\boldsymbol{W}_1(t) \tag{10.4.26}$$

式中，用时间 t 代替了时间 t_k，结果不变。$\Delta\boldsymbol{W}_1(t)$是一个 $N\times 1$ 维增量维纳过程，它与 $\boldsymbol{e}_1(t)$的关系式为

$$\Delta\boldsymbol{W}(t)=\frac{\boldsymbol{e}_1(t)\Delta T}{\Delta T}=\frac{\Delta\boldsymbol{W}_1(t)}{\Delta T} \tag{10.4.27}$$

式中

$$\Delta\boldsymbol{W}_1(t)=\boldsymbol{e}_1(t)\Delta T \tag{10.4.28}$$

为增量维纳过程。显然，$\Delta\boldsymbol{W}(t)$的均值为零，自相关函数 $\boldsymbol{R}_1(t_k,t_k)$为

$$\boldsymbol{R}_1(t_k,t_k)=E[\Delta\boldsymbol{W}(t_k)\Delta\boldsymbol{W}^T(t_k)]=\frac{E[\boldsymbol{e}_1(k)\boldsymbol{e}_1^T(k)]\Delta T}{(\Delta T)^2}=\frac{\boldsymbol{R}_1(k,k)}{\Delta T} \tag{10.4.29}$$

类似地，把测量方程式(10.4.20)写为

$$\Delta\boldsymbol{Y}(t)=\frac{\boldsymbol{\Pi}(t)}{\Delta T}\boldsymbol{Y}(t)\Delta T+\Delta\boldsymbol{W}_2(t)=\boldsymbol{H}(t)\boldsymbol{Y}(t)\Delta T+\Delta\boldsymbol{W}_2(t) \tag{10.4.30}$$

式中

$$\boldsymbol{H}(t)=\frac{\boldsymbol{\Pi}(t)}{\Delta T} \tag{10.4.31}$$

$\Delta\boldsymbol{W}_2(t)$是 $L\times N$ 维维纳过程，其均值为零，自相关函数阵 $\boldsymbol{R}_2(t_k,t_k)$为

$$\boldsymbol{R}_2(t_k,t_k)=\frac{\boldsymbol{R}_2(k,k)}{\Delta T} \tag{10.4.32}$$

当 $\Delta T\to 0$ 时，式(10.4.26)和式(10.4.30)就极限化为连续时间线性随机状态模型式(10.4.1)和式(10.4.2)。

10.4　CARMA 模型与状态空间模型的转换

设 CARMA 模型为

$$Y(k)=\frac{B(q)}{A(q)}e(k)+\frac{C(q)}{A(q)}X(k-d) \tag{10.5.1}$$

$$A(q)=1+a_1q^1+a_2q^2+\cdots+a_Nq^N \tag{10.5.2}$$

$$B(q)=1+b_1q^1+b_2q^2+\cdots+b_Nq^N \tag{10.5.3}$$

$$C(q)=c_0+c_1q^1+c_2q^2+\cdots+c_Nq^N \tag{10.5.4}$$

计算$\frac{B(q)}{A(q)}$和$\frac{C(q)}{A(q)}$，有

$$\frac{B(q)}{A(q)}=1+\frac{B_1(q)}{A(q)} \tag{10.5.5}$$

$$\frac{C(q)}{A(q)} = c_0 + \frac{C_1(q)}{A(q)} \tag{10.5.6}$$

式中

$$B_1(q) = (b_1 - a_1)q^1 + (b_2 - a_2)q^2 + \cdots + (b_N - a_N)q^N \tag{10.5.7}$$

$$C_1(q) = (c_1 - c_0 a_1)q^1 + (c_2 - c_0 a_2)q^2 + \cdots + (c_N - c_0 a_N)q^N \tag{10.5.8}$$

把式(10.5.5)和式(10.5.6)代入式(10.5.1),得

$$\begin{aligned} Y(k) &= c_0 X(k-d) + \frac{C_1(q)}{A(q)}X(k-d) + e(k) + \frac{B_1(q)}{A(q)}e(k) \\ &= Y_1(k) + c_0 X(k-d) + e(k) \end{aligned} \tag{10.5.9}$$

式中

$$Y_1(k) = \frac{C_1(q)}{A(q)}X(k-d) + \frac{B_1(q)}{A(q)}e(k) \tag{10.5.10}$$

$$A(q)Y_1(k) = C_1(q)X(k-d) + B_1(q)e(k) \tag{10.5.11}$$

对式(10.5.11)令

$$\begin{cases} Y_1(k+1) = -a_1 Y_1(k) + (c_1 - c_0 a_1)X(k-d) + (b_1 - a_1)e(k) + Y_2(k) \\ Y_2(k+1) = -a_2 Y_1(k) + (c_2 - c_0 a_2)X(k-d) + (b_2 - a_2)e(k) + Y_3(k) \\ \qquad \vdots \\ Y_N(k+1) = -a_N Y_1(k) + (c_N - c_0 a_N)X(k-d) + (b_N - a_N)e(k) \end{cases} \tag{10.5.12}$$

$$\boldsymbol{Y}(k) = [Y_1(k) \quad Y_2(k) \quad \cdots \quad Y_N(k)]^T \tag{10.5.13}$$

式(10.5.12)和式(10.5.11)是等价的。把式(10.5.12)、式(10.5.13)和式(10.5.9)写成状态空间方程,即

$$\boldsymbol{Y}(k+1) = \begin{bmatrix} -a_1 & 1 & 0 & \cdots & 0 \\ -a_2 & 0 & 1 & \ddots & 0 \\ \vdots & \vdots & \ddots & \ddots & \vdots \\ -a_N & 0 & \cdots & & 0 \end{bmatrix} \boldsymbol{Y}(k) + \begin{bmatrix} c_1 - c_0 a_1 \\ c_2 - c_0 a_2 \\ \vdots \\ c_N - c_0 a_N \end{bmatrix} \boldsymbol{X}(k-d) + \begin{bmatrix} b_1 - a_1 \\ b_2 - a_2 \\ \vdots \\ b_N - a_N \end{bmatrix} \boldsymbol{e}(k) \tag{10.5.14}$$

$$\boldsymbol{Z}(k) = [1 \quad 0 \quad \cdots \quad 0]\boldsymbol{Y}(k) + c_0 \boldsymbol{X}(k-d) + \boldsymbol{e}(k) \tag{10.5.15}$$

或

$$\begin{aligned} \boldsymbol{Y}(k+1) &= \boldsymbol{\Gamma}\boldsymbol{Y}(k) + \boldsymbol{\Xi}\boldsymbol{X}(k-d) + \boldsymbol{\Lambda}_1 \boldsymbol{e}(k) \\ \boldsymbol{Z}(k+1) &= \boldsymbol{\Pi}\boldsymbol{Y}(k) + \boldsymbol{\Xi}'\boldsymbol{X}(k-d) + \boldsymbol{\Lambda}_2 \boldsymbol{e}(k) \end{aligned} \tag{10.5.16}$$

式中,$\boldsymbol{\Gamma} = \begin{bmatrix} -a_1 & 1 & 0 & \cdots & 0 \\ -a_2 & 0 & 1 & \ddots & 0 \\ \vdots & \vdots & \ddots & \ddots & \vdots \\ -a_N & 0 & \cdots & & 0 \end{bmatrix}$,$\boldsymbol{\Pi} = [1 \quad 0 \quad \cdots \quad 0]$,$\boldsymbol{\Xi} = \begin{bmatrix} c_1 - c_0 a_1 \\ c_2 - c_0 a_2 \\ \vdots \\ c_N - c_0 a_N \end{bmatrix}$

$$\boldsymbol{\Xi}' = c_0, \boldsymbol{\Lambda}_1 = \begin{bmatrix} b_1 - a_1 \\ b_2 - a_2 \\ \vdots \\ b_N - a_N \end{bmatrix}, \boldsymbol{\Lambda}_2 = 1$$

习　题

1. 一动力学系统的随机差分方程为

$$\boldsymbol{Y}(k+1) = \begin{bmatrix} 1 & 0.5 \\ 0.1 & 0.2 \end{bmatrix} \boldsymbol{Y}(k) + \begin{bmatrix} 1.0 \\ 0.5 \end{bmatrix} \boldsymbol{e}(k)$$

式中，$\{e(k), k=0,\pm 1,\pm 2,\cdots\}$是独立同分布高斯 $N(0,1)$随机变量序列；$\boldsymbol{e}(k)$和$\boldsymbol{Y}(k)$互相独立。试确定稳态分布的协方差。

2. 一维系统的状态方程和观测方程为

$$\boldsymbol{Y}(k+1) = 2\boldsymbol{Y}(k) + \boldsymbol{e}_1(k)$$

$$\boldsymbol{Z}(k) = \boldsymbol{Y}(k) + \boldsymbol{e}_2(k)$$

设 $\boldsymbol{e}_1(k)$和 $\boldsymbol{e}_2(k)$都是均值为零的白噪声，$E[\boldsymbol{e}_1(k)] = E[\boldsymbol{e}_2(k)] = 0$，$E[\boldsymbol{e}_1(k)\boldsymbol{e}_1^T(j)] = 2\delta_{kj}$，$E[\boldsymbol{e}_2(k)\boldsymbol{e}_2^T(j)] = \delta_{kj}$，$E[\boldsymbol{e}_1(k)\boldsymbol{e}_2^T(j)] = 0$，$\boldsymbol{m}_Y(0) = 0$，$\sigma_Y^2(0) = 4$。设观测值 $\mathbf{Z}(0)=0$，$\mathbf{Z}(1)=4$，$\mathbf{Z}(2)=3$，$\mathbf{Z}(3)=2$。求 $\hat{\boldsymbol{Y}}(k|k-1)$。

3. 设系统状态方程为

$$\begin{bmatrix} y_1(k+1) \\ y_2(k+1) \end{bmatrix} = \begin{bmatrix} 1 & 1 \\ 0 & 1 \end{bmatrix} \begin{bmatrix} y_1(k) \\ y_2(k) \end{bmatrix}$$

观测方程为

$$z(k) = \begin{bmatrix} 0 & 1 \end{bmatrix} \begin{bmatrix} y_1(k) \\ y_2(k) \end{bmatrix} + e(k)$$

设 $e(k)$是均值为零的白噪声序列，$E[e(k)]=0$，$E[e(k)e(j)] = 0.1\delta_{kj}$。设 $\mathbf{Z}(0)=100$，$\mathbf{Z}(1)=97.9$，$\mathbf{Z}(2)=94.4$，$\mathbf{Z}(3)=92.7$，给定初值

$$E\begin{bmatrix} y_1(0) \\ y_2(0) \end{bmatrix} = \begin{bmatrix} 95 \\ 1 \end{bmatrix}$$

$$\boldsymbol{\sigma}_Y^2(0) = \begin{bmatrix} 10 & 0 \\ 0 & 1 \end{bmatrix}$$

求 $\hat{\boldsymbol{Y}}(k|k-1)$及 $\hat{\boldsymbol{Y}}(k|k)$。

4. 平稳随机过程的随机差分方程为

$$\boldsymbol{Y}(k+1) = \boldsymbol{\Gamma}\boldsymbol{Y}(k) + \boldsymbol{e}(k)$$

式中，$\{e(k), k=0,\pm 1,\pm 2,\cdots\}$是均值为零和自相关函数阵为 $\boldsymbol{R}_1$ 的独立同分布

向量序列。设 $\boldsymbol{\Gamma}$ 的特征多项式为

$$\det[\lambda \boldsymbol{I} - \boldsymbol{\Gamma}] = \lambda^n + a_1\lambda^{n-1} + \cdots + a_n$$

试证明状态变量分量的任意线性组合的自相关函数 $R_Y(\tau)$ 满足

$$R_Y(k) + a_1R_Y(k-1) + \cdots + a_nR_Y(k-n) = 0 \qquad (k \geqslant n)$$

5. 随机变量 Y 服从 $N(m,\sigma_0^2)$ 分布，用测量仪器确定 y，测量误差 e 可用对 y 是独立的高斯 $N(0,\sigma_0^2)$ 随机变量来模拟。试在先验信息和测量使 $E\{|y-\hat{y}|\}$ 为极小的意义上，确定 x 的最优估计。

6. 标量随机过程方程为

$$y(k) = \sum_{s=k_0}^{k} g(k,s)v(s)$$

$$z(k) = \sum_{s=t_0}^{t} h(k,s)e(s)$$

式中，$v(k)$ 和 $e(k)$ 是两个独立高斯 $N(0,1)$ 变量的相关序列

$$E\{v(k)e(s)\} = \alpha\delta_{k,s}$$

且 $h(k,k)\neq 0$。试确定利用 $z(k),z(k-1),\cdots,z(k_0)$ 对 $y(k)$ 的最优均方估计 $\hat{y}(k|k)$。

7. 某动力学系统状态模型为

$$y(k+1) = y(k) + e_1(k)$$

$$z(k) = y(k) + e_2(k)$$

式中，$\{e_1(k),k=0,\pm1,\pm2,\cdots\}$ 和 $\{e_2(k),k=0,\pm1,\pm2,\cdots\}$ 分别是两个独立高斯 $N(0,1)$ 和 $N(0,\sigma^2)$ 随机变量序列。初始状态是高斯 $N(1,\sigma_0^2)$ 的。试确定系统的最优一步预测状态估计量。

8. 设动力学系统状态模型为

$$\boldsymbol{y}(k+1) = \boldsymbol{\Gamma y}(k) + \boldsymbol{e}_1(k)$$

$$\boldsymbol{z}(k) = \boldsymbol{\Pi y}(k) + \boldsymbol{e}_2(k)$$

式中

$$\boldsymbol{\Gamma} = \begin{bmatrix} 1 & 1 \\ 0 & 1 \end{bmatrix} \qquad \boldsymbol{\Pi} = [1 \quad 0]$$

$$\boldsymbol{R}_1 = \begin{bmatrix} r_1 & 0 \\ 0 & r_2 \end{bmatrix} \quad \boldsymbol{R}_2 = 1$$

试确定一步预测定态估计的协方差 $\boldsymbol{C}_Y = \begin{bmatrix} c_1 & c_2 \\ c_3 & c_4 \end{bmatrix}$ 和增益矩阵 $\boldsymbol{G}$。

9. 设系统状态方程及观测方程为

$$\begin{bmatrix} y_1(k+1) \\ y_2(k+1) \end{bmatrix} = \begin{bmatrix} 1 & 2 \\ 0 & 1 \end{bmatrix} \begin{bmatrix} y_1(k) \\ y_2(k) \end{bmatrix} + \begin{bmatrix} 2 \\ 1 \end{bmatrix} \boldsymbol{e}_1(k)$$

$$\boldsymbol{Z}(k) = [1 \quad 0] \begin{bmatrix} y_1(k) \\ y_2(k) \end{bmatrix} + \boldsymbol{e}_2(k)$$

设 $\boldsymbol{e}_1(k)$ 和 $\boldsymbol{e}_2(k)$ 都是均值为零的白噪声序列，且互不相关。$E[\boldsymbol{e}_1(k)] = E[\boldsymbol{e}_2(k)] = 0$，$E[\boldsymbol{e}_1(k)\boldsymbol{e}_1^T(k)] = q^2\delta_{kj}$，$E[\boldsymbol{e}_2(k)\boldsymbol{e}_2^T(k)] = r^2\delta_{kj}$。求系统的可控阵 $\boldsymbol{C}(k-N+1,k)$ 和观测阵 $\boldsymbol{O}(k-N+1,k)$，判定滤波差分方程的稳定性。

10. 设动力学系统状态模型为

$$\boldsymbol{y}(k+1) = \boldsymbol{\Pi y}(k) + \boldsymbol{\Xi x}(k) + \boldsymbol{e}_1(k)$$

$$\boldsymbol{z}(k) = \boldsymbol{\Pi y}(k) + \boldsymbol{e}_2(k)$$

式中，$\{e_1(k)\}$ 和 $\{e_2(k)\}$ 是离散时间高斯白噪声，其均值为零，协方差为

$$E[\boldsymbol{e}_1(k)\boldsymbol{e}_1^T(s)] = \delta_{k,s}\boldsymbol{R}_1$$

$$E[\boldsymbol{e}_1(k)\boldsymbol{e}_2^T(s)] = \delta_{k,s}\boldsymbol{R}_{12}$$

$$E[\boldsymbol{e}_2(k)\boldsymbol{e}_2^T(s)] = \delta_{k,s}\boldsymbol{R}_2$$

试证明最优估计 $\hat{y}(k) = \hat{y}(k|k-1)$ 给定为

$$\hat{\boldsymbol{y}}(k+1) = \boldsymbol{\Pi}\hat{\boldsymbol{y}}(k) + \boldsymbol{\Xi x}(k) + \boldsymbol{G}[z(k) - \boldsymbol{\Pi}\hat{\boldsymbol{y}}(k)]$$

$\boldsymbol{G}$ 的最佳值给定为

$$\boldsymbol{G} = \boldsymbol{G}(k) = \boldsymbol{G}(k \mid k-1) = [\boldsymbol{\Gamma\sigma}_{\tilde{Y}}^2(k)\boldsymbol{\Pi}^T + \boldsymbol{R}_{12}][\boldsymbol{\Pi\sigma}_{\tilde{Y}}^2(k)\boldsymbol{\Pi}^T + \boldsymbol{R}_2]^{-1}$$

式中

$$\boldsymbol{\sigma}_{\tilde{Y}}^2(k+1) = \boldsymbol{\sigma}_{\tilde{Y}}^2(k+1 \mid k+1) = \boldsymbol{\Gamma\sigma}_{\tilde{Y}}^2(k)\boldsymbol{\Gamma}^{\mathrm{T}} + \boldsymbol{R}_1 - \boldsymbol{G}(k)[\boldsymbol{\Pi\sigma}_{\tilde{Y}}^2(k)\boldsymbol{\Pi}^{\mathrm{T}} + \boldsymbol{R}_2]\boldsymbol{G}^{\mathrm{T}}(k)$$

11. 设系统状态模型为

$$\boldsymbol{y}(k+1) = \boldsymbol{\Gamma y}(k) + \boldsymbol{\Lambda e}(k)$$

$$\boldsymbol{z}(k) = \boldsymbol{\Pi y}(k) + \boldsymbol{e}(k)$$

式中，$\{e(k)\}$ 是均值为零、自相关函数为 $\boldsymbol{R}_2$ 的独立高斯随机变量序列。初始状态是高斯的，其均值为 $\boldsymbol{m}_0$，自相关函数为 $\boldsymbol{R}_0$。假设矩阵 $\boldsymbol{\Gamma}$，$\boldsymbol{\Lambda}$ 和 $\boldsymbol{\Pi}$ 有常数元，并且矩阵 $\boldsymbol{\Gamma}-\boldsymbol{\Lambda\Pi}$ 的所有特征值都在单位圆内。试确定一步预测最优估计量和定态估计误差的协方差。

12. 设 y 和 z 是标量，且系统模型为

$$y(k+1) = y(k) + be(k)$$

$$z(k) = y(k) + e(k)$$

式中，$\{e(k)\}$ 是独立高斯 $N(0,1)$ 随机变量序列。初始状态 $y(k_0)$ 是高斯 $N(0,\sigma_0^2)$ 的，并且所有 k 对 $e(k)$ 是独立的。试确定最优均方估计 $\hat{y}(k+1|k)$ 和 $\hat{z}(k+1|k)$、预测误差，特别要分析 $t_0 \to -\infty$ 时的情况。

13. 设系统模型为

$$y(k)+a(k-1)y(k-1)=b(k-1)x(k-1)+e(k)$$

式中

$$a(k+1)=a(k)+v_1(k)$$
$$b(k+1)=b(k)+v_2(k)$$

$\{e(k)\}$,$\{v_1(k)\}$和$\{v_2(k)\}$是分别具有方差 σ_2^2,σ_{11}^2 和 σ_{22}^2 的离散时间高斯白噪声。试用卡尔曼滤波原理估计参数 a 和 b。

14. 设系统状态模型为

$$\boldsymbol{y}(k+1)=\begin{bmatrix}1 & 2\\0 & 1\end{bmatrix}\boldsymbol{y}(k)+\begin{bmatrix}0\\1\end{bmatrix}\boldsymbol{e}(k)$$
$$\boldsymbol{z}(k)=[1\quad 0]\boldsymbol{y}(k)+\boldsymbol{e}(k)$$

式中,$\{e(k)\}$是独立高斯 $N(0,1)$随机变量序列。试确定一步预测最优估计和估计误差的定态协方差。

15. 设系统状态模型为

$$\boldsymbol{y}(k+1)=\boldsymbol{\Gamma}\boldsymbol{y}(k)+\boldsymbol{e}_1(k)$$
$$\boldsymbol{z}(k)=\boldsymbol{\Pi}\boldsymbol{y}(k)+\boldsymbol{e}_2(k)$$

有新息

$$\tilde{\boldsymbol{y}}(k+1\mid k)=[\boldsymbol{\Gamma}-\boldsymbol{G}(k\mid k-1)\boldsymbol{\Pi}]\tilde{\boldsymbol{y}}(k\mid k-1)+\boldsymbol{e}_1(k)-\boldsymbol{G}(k\mid k-1)\boldsymbol{e}_2(k)$$
$$\tilde{\boldsymbol{z}}(k\mid k-1)=\boldsymbol{\Pi}\tilde{\boldsymbol{y}}(k)+\boldsymbol{e}_2(k)$$

试求解一步预测和滤波问题。

16. 给定状态方程

$$y(k+1)=0.6y(k)+2x(k)+e_1(k)$$
$$z(k)=3y(k)+e_2(k)$$

式中:$y(k_0)\sim N(5,10)$,$e_1(k)\sim N(0,3)$,$e_2(k)\sim N(1,4)$互相独立;$x(k)$是控制量;已测得 $z(k_0)=20$。试求 $\hat{y}(k_0+1|k_0)$的值。

17. 设一维连续系统的状态方程和观测方程为

$$\frac{\mathrm{d}y(t)}{\mathrm{d}t}=-2.5y(t)+e_1(t)$$
$$z(t)=3y(t)+e_2(t)$$

式中,$e_1(t)$和 $e_2(t)$都是均值为零的白噪声,且

$$E[e_1(t)]=E[e_2(t)]=0,\qquad E[e_1(t)e_1(\tau)]=1\cdot\delta(t-\tau)$$
$$E[e_2(t)e_2(\tau)]=2\delta(t-\tau),\qquad E[e_1(t)e_2(\tau)]=1\cdot\delta(t-\tau)$$

设 $E[y(0)]=1$,$\sigma_Y^2(0)=1$。设观测间隔为 0.1s,相应的观测值为

$$z(0)=1,\quad z(0.1)=0.9,\quad z(0.2)=0.8$$

$$z(0.3)=0.7,\quad z(0.4)=0.6,\quad z(0.5)=0.5$$

求 $\hat{y}(k+1|k)$。

18. 随机过程方程为

$$y(t)=\int_{s=t_0}^{t} g(t,s)\mathrm{d}\upsilon(s)$$

$$z(t)=\int_{s=t_0}^{t} h(t-s)\mathrm{d}e(s)$$

式中,$e(t)$和 $\upsilon(t)$是具有单位方差参数的维纳过程

$$E\{\mathrm{d}\upsilon(u)\mathrm{d}e(\upsilon)\}=\begin{cases}\sigma^2\mathrm{d}\upsilon & (u=\upsilon)\\ 0 & (u\neq\upsilon)\end{cases}$$

并假设 $z(k)$有逆

$$e(t)=\int_{s=t_0}^{t} k(t,s)\mathrm{d}z(s)$$

试确定利用$\{z(s),t_0\leqslant s\leqslant t\}$使均方估计误差为极小的 $y(t)$的估计 $\hat{y}(t|s)$,再确定估计误差的方差 $E\{\tilde{y}(t)\tilde{y}(t)|z(s)\}$。

19. 连续时间随机系统状态模型为

$$\mathrm{d}x(t)=\alpha x(t)\mathrm{d}t+\mathrm{d}w(t)$$

$$\mathrm{d}y(t)=x(t)\mathrm{d}t+\mathrm{d}\upsilon(t)$$

式中,$\{w(t)\}$和$\{\upsilon(t)\}$是增量协方差分别为 $\sigma_1^2\mathrm{d}t$ 和 $\sigma_2^2\mathrm{d}t$ 的独立维纳过程。假设初始状态是高斯 $N(m_0,\sigma_0^2)$的,试证明最优滤波的增益是

$$G(t)=\frac{\sigma^2(t)}{\sigma_2^2}$$

式中

$$\sigma^2(t)=\frac{\dfrac{\sigma_1^2}{\beta}\sinh\beta t+\sigma_0^2\cosh\beta t+\dfrac{\alpha\sigma_0^2}{\beta}\sinh\beta t}{\cosh\beta t-\dfrac{\alpha}{\beta}\sinh\beta t+\dfrac{\sigma_0^2}{\beta\sigma_2^2}\sinh\beta t}$$

$$\beta^2=\alpha^2+\frac{\sigma_1^2}{\sigma_2^2}$$

20. 连续时间随机系统状态模型为

$$\mathrm{d}y(t)+a(t)y(t)\mathrm{d}t=b(t)x(t)\mathrm{d}t+\mathrm{d}e(t)$$

式中,$\{e(t)\}$是方差参数为 σ_e^2 的维纳过程;参数 a 和 b 由

$$\mathrm{d}a(t)=-\alpha a(t)\mathrm{d}t+\mathrm{d}\upsilon(t)$$

$$\mathrm{d}b(t)=-\beta b(t)\mathrm{d}t+\mathrm{d}w(t)$$

给定;$\{v(t)\}$和$\{w(t)\}$是方差参数分别为 σ_{11}^2 和 σ_{22}^2 的独立维纳过程。试导出能确定参数 a 和 b 的递推方程。

21. 设系统状态方程和观测方程为

$$\begin{bmatrix}\dfrac{\mathrm{d}y_1(t)}{\mathrm{d}t}\\ \dfrac{\mathrm{d}y_2(t)}{\mathrm{d}t}\end{bmatrix}=\begin{bmatrix}0 & 1\\ -1 & 0\end{bmatrix}\begin{bmatrix}y_1(t)\\ y_2(t)\end{bmatrix}+\begin{bmatrix}0\\ 1\end{bmatrix}\boldsymbol{e}_1(t)$$

$$\boldsymbol{Z}(t)=\begin{bmatrix}1 & 0\end{bmatrix}\begin{bmatrix}y_1(t)\\ y_2(t)\end{bmatrix}+\boldsymbol{e}_2(t)$$

设 $\boldsymbol{e}_1(t)$和 $\boldsymbol{e}_2(t)$都是均值为零的白噪声且互不相关，$E[\boldsymbol{e}_1(t)]=E[\boldsymbol{e}_2(t)]=0$，$E[\boldsymbol{e}_1(t)\boldsymbol{e}_1^T(\tau)]=\delta(t-\tau)$，$E[\boldsymbol{e}_2(t)\boldsymbol{e}_2^T(\tau)]=3\delta(t-\tau)$。判定滤波的稳定性，求滤波的稳态解，作出滤波系统的方块图。求出以 $\boldsymbol{Z}(t)$为输入，$\hat{y}_1(t|t)$为输出的传递函数。

22. 连续时间随机系统状态模型为

$$\mathrm{d}\boldsymbol{y}(t)=\boldsymbol{A}\boldsymbol{y}(t)\mathrm{d}t+\mathrm{d}\boldsymbol{w}(t)$$
$$\mathrm{d}\boldsymbol{z}(t)=\boldsymbol{C}\boldsymbol{y}(t)\mathrm{d}t+\mathrm{d}\boldsymbol{v}(t)$$

式中

$$\boldsymbol{A}=\begin{bmatrix}0 & 1\\ 0 & 0\end{bmatrix}\quad \boldsymbol{C}=\begin{bmatrix}1 & 0\end{bmatrix}\quad \boldsymbol{R}_1=\begin{bmatrix}1 & 0\\ 0 & \sigma^2\end{bmatrix}\quad \boldsymbol{R}_2=0$$

试确定稳态卡尔曼滤波和最优滤波器的传递函数。

23. 连续时间随机系统的状态估计问题为

$$\begin{cases}\mathrm{d}\boldsymbol{y}(t)=\boldsymbol{A}\boldsymbol{y}(t)\mathrm{d}t+\boldsymbol{B}\mathrm{d}\boldsymbol{u}(t)\\ \mathrm{d}\boldsymbol{z}(t)=\boldsymbol{C}\boldsymbol{y}(t)\mathrm{d}t+\mathrm{d}\boldsymbol{e}(t)\end{cases}$$

$$\begin{cases}\mathrm{d}\boldsymbol{x}(t)=-\boldsymbol{A}^T\boldsymbol{x}(t)\mathrm{d}t+\boldsymbol{C}^T\mathrm{d}\boldsymbol{v}(t)\\ \mathrm{d}\boldsymbol{y}(t)=\boldsymbol{B}^T\boldsymbol{x}(t)\mathrm{d}t+\mathrm{d}\boldsymbol{n}(t)\end{cases}$$

式中，$\{u(t),t\in T\}$，$\{e(t),t\in T\}$，$\{v(t),t\in T\}$和$\{n(t),t\in T\}$是增量协方差分别为 $\boldsymbol{R}_1\mathrm{d}t$，$\boldsymbol{R}_2\mathrm{d}t$，$\boldsymbol{R}_3^{-1}\mathrm{d}t$ 和 $\boldsymbol{R}_1^{-1}\mathrm{d}t$ 的过程。初始状态是高斯的，其协方差分别为 $\boldsymbol{R}_0$ 和 $\boldsymbol{R}_0^{-1}$。试证明这两个状态估计问题是对偶的。

24. 设标量连续时间随机过程$\{y(t),t\in T\}$为

$$y(t)=\int_{t_0}^{t}g(t,s)\mathrm{d}w(s)$$

式中

$$g(t,s)=(t-s)\mathrm{e}^{-(t-s)}$$

$\{w(t),t\in T\}$是具有单位方差参数的维纳过程，且

$$E\{\mathrm{d}w(t)\mathrm{d}w(t)\}=\mathrm{d}t$$

并取 $t_0=-\infty$。试确定在区间$(t,t+\tau)$上形式为

$$\hat{y}(t+\tau\mid t)=\alpha y(t)$$

的最优均方预测。

25. 某动力学系统状态模型为

$$\boldsymbol{y}(k+1)=\boldsymbol{\Gamma y}(k)+\boldsymbol{\Xi x}(k)+\boldsymbol{e}_1(k)$$

$$\boldsymbol{z}(k)=\boldsymbol{\Pi y}(k)+\boldsymbol{e}_2(k)$$

式中,$\{e_1(k)\}$和$\{e_2(k)\}$是离散时间白噪声,其均值为零,协方差为

$$E[\boldsymbol{e}_1(s)\boldsymbol{e}_1^T(k)]=\delta_{s,k}\boldsymbol{R}_1$$

$$E[\boldsymbol{e}_1(s)\boldsymbol{e}_2^T(k)]=\delta_{s,k}\boldsymbol{R}_{12}$$

$$E[\boldsymbol{e}_2(s)\boldsymbol{e}_2^T(k)]=\delta_{s,k}\boldsymbol{R}_2$$

试证明:该系统的状态变量数学模型可以为

$$\hat{\boldsymbol{y}}(k+1)=\boldsymbol{\Gamma}\hat{\boldsymbol{y}}(k)+\boldsymbol{\Xi x}(k)+\boldsymbol{G}(k)[\boldsymbol{z}(k)-\boldsymbol{\Pi}\hat{\boldsymbol{y}}(k)]$$

增益向量 $\boldsymbol{G}(k)$的最优值为

$$\boldsymbol{G}(k)=[\boldsymbol{\Gamma\sigma}_{\tilde{Y}}^2(k)\boldsymbol{\Pi}^T+\boldsymbol{R}_{12}](\boldsymbol{\Pi\sigma}_{\tilde{Y}}^2(k)\boldsymbol{\Pi}^T+\boldsymbol{R}_2)^{-1}$$

式中

$$\boldsymbol{\sigma}_{\tilde{Y}}^2(k+1)=\boldsymbol{\Gamma\sigma}_{\tilde{Y}}^2(k)\boldsymbol{\Gamma}^T+\boldsymbol{R}_1-\boldsymbol{G}(k)(\boldsymbol{\Pi\sigma}_{\tilde{Y}}^2(k)\boldsymbol{\Pi}^T+\boldsymbol{R}_2)\boldsymbol{G}^T(k)$$

其性能评价函数是使估计误差

$$\tilde{\boldsymbol{y}}(k)=\boldsymbol{y}(k)-\hat{\boldsymbol{y}}(k)$$

的方差

$$\boldsymbol{\sigma}_{\tilde{Y}}^2(k)=E\{[\tilde{\boldsymbol{y}}(k)-E\{\tilde{\boldsymbol{y}}(k)\}][\tilde{\boldsymbol{y}}(k)-E\{\tilde{\boldsymbol{y}}(k)\}]^T\}$$

为极小。

26. 当随机系统的微分方程

$$\mathrm{d}\boldsymbol{y}(t)=\boldsymbol{Ay}(t)\mathrm{d}t+\mathrm{d}\boldsymbol{v}(t)$$

的解为

$$\boldsymbol{y}(t)=\boldsymbol{\Gamma}(t,t_0)\boldsymbol{y}(t_0)+\int_{t_0}^{t}\boldsymbol{\Gamma}(t,s)\mathrm{d}\boldsymbol{v}(s)$$

式中

$$\frac{\mathrm{d}\boldsymbol{\Gamma}(t,t_0)}{\mathrm{d}t}=\boldsymbol{A}(t)\boldsymbol{\Gamma}(t,t_0)$$

$$\boldsymbol{\Gamma}(t_0,t_0)=\boldsymbol{I}$$

$$\int_{t_0}^{t}\boldsymbol{\Gamma}(t,s)\mathrm{d}\boldsymbol{v}(s)=\boldsymbol{v}(t)-\boldsymbol{\Gamma}(t,t_0)\boldsymbol{v}(t_0)-\int_{t_0}^{t}\left[\frac{\mathrm{d}}{\mathrm{d}s}\boldsymbol{\Gamma}(t,s)\right]\boldsymbol{v}(s)\mathrm{d}s$$

试证明微分方程的解是一个均值为 $\boldsymbol{m}_Y(t)$和自相关函数为 $\boldsymbol{R}(s,t)$的高斯过程,其中

$$\frac{\mathrm{d}\boldsymbol{m}_Y}{\mathrm{d}t}=A\boldsymbol{m}_Y$$

$$\boldsymbol{m}_Y(t_0)=\boldsymbol{m}_0$$

$$\boldsymbol{R}(s,t)=\boldsymbol{\Gamma}(t,s)\boldsymbol{\sigma}_Y^2(t)\qquad(s\geqslant t)$$

$$\frac{\mathrm{d}\boldsymbol{\sigma}_Y^2(t)}{\mathrm{d}t}=\boldsymbol{A}\boldsymbol{\sigma}_Y^2(t)+\boldsymbol{\sigma}_Y^2(t)\boldsymbol{A}^T+\boldsymbol{R}_1$$

$$\boldsymbol{\sigma}_Y^2(t_0)=\boldsymbol{R}_0$$

27. 连续时间随机系统微分方程为

$$\mathrm{d}\boldsymbol{y}(t)=\boldsymbol{A}\boldsymbol{y}(t)\mathrm{d}t+\mathrm{d}\boldsymbol{v}(t)$$

$$\mathrm{d}\boldsymbol{z}(t)=\boldsymbol{C}\boldsymbol{y}(t)\mathrm{d}t+\mathrm{d}\boldsymbol{e}(t)$$

式中,维纳过程$\{\boldsymbol{v}(t),t\in T\}$和$\{\boldsymbol{e}(t),t\in T\}$通过联合增量协方差

$$E\left\{\begin{bmatrix}\mathrm{d}\boldsymbol{v}(t)\\\mathrm{d}\boldsymbol{e}(t)\end{bmatrix}\begin{bmatrix}\mathrm{d}\boldsymbol{v}^T(t) & \mathrm{d}\boldsymbol{e}^T(t)\end{bmatrix}\right\}=\begin{bmatrix}\boldsymbol{R}_1 & \boldsymbol{R}_{12}\\\boldsymbol{R}_{12}^T & \boldsymbol{R}_2\end{bmatrix}\mathrm{d}t$$

相联系。试证明给定方程的离散型由

$$\boldsymbol{y}(t_{k+1})=\boldsymbol{\Gamma}(t_{k+1},t_k)+\tilde{\boldsymbol{v}}(t_k)$$

$$\boldsymbol{z}(t_{k+1})=\boldsymbol{z}(t_k)+\boldsymbol{\Pi}(t_{k+1},t_k)\boldsymbol{y}(t_k)+\tilde{\boldsymbol{e}}(t_k)$$

给定,其中$\tilde{\boldsymbol{e}}(t_k)$和$\tilde{\boldsymbol{v}}(t_k)$的均值为零,协方差为

$$E\{\tilde{\boldsymbol{v}}(t_k)\tilde{\boldsymbol{v}}^T(t_k)\}=\widetilde{\boldsymbol{R}}_1(t_i)=\int_{t_k}^{t_{k+1}}\boldsymbol{\Gamma}(t_{k+1},s)\boldsymbol{R}_1(t_h)\boldsymbol{\Gamma}^T(t_{k+1},s)\mathrm{d}s$$

$$E\{\tilde{\boldsymbol{v}}(t_k)\tilde{\boldsymbol{e}}^T(t_k)\}=\widetilde{\boldsymbol{R}}_{12}(t_k)=\int_{t_k}^{t_{k+1}}\boldsymbol{\Gamma}(t_{k+1},s)[\boldsymbol{R}_1(s)\boldsymbol{\Pi}^T(t_{k+1},s)+\boldsymbol{R}_{12}(s)]\mathrm{d}s$$

$$E\{\tilde{\boldsymbol{e}}(t_k)\tilde{\boldsymbol{e}}^T(t_k)\}=\widetilde{\boldsymbol{R}}_2(t_k)=\int_{t_k}^{t_{k+1}}[\boldsymbol{\Pi}(t_{k+1},s)\boldsymbol{R}_1(s)\boldsymbol{\Pi}^T(t_{k+1},s)+\boldsymbol{\Pi}(t_{k+1},s)\boldsymbol{R}_{12}(s)+\boldsymbol{R}_{12}^T(s)\boldsymbol{\Pi}^T(t_{k+1},s)+\boldsymbol{R}_2(s)]\mathrm{d}s$$

28. 对参数为

$$\boldsymbol{A}=\begin{bmatrix}0&0&0\\1&0&0\\0&1&0\end{bmatrix},\boldsymbol{C}=\begin{bmatrix}0&1&0\\0&0&1\end{bmatrix},\boldsymbol{R}_1=\begin{bmatrix}q_1&0&0\\0&q_2&0\\0&0&r\end{bmatrix},\boldsymbol{R}_{12}=\begin{bmatrix}0&0\\0&0\\r&0\end{bmatrix},\boldsymbol{R}_2=\begin{bmatrix}r&0\\0&r\end{bmatrix}$$

的系统,试确定采样区间为Δt的这个系统的采样型参量$\boldsymbol{\Gamma},\boldsymbol{\Pi},\widetilde{\boldsymbol{R}}_1,\widetilde{\boldsymbol{R}}_{12}$和$\widetilde{\boldsymbol{R}}_2$。

29. 设四阶、双输入、双输出线性离散系统的状态空间可观测标准型为

$$\boldsymbol{\Gamma}=\begin{bmatrix}0&1&0&0\\-0.1&0.65&0&0\\0&0&0&1\\\frac{1}{3}&-\frac{5}{6}&-0.25&1\end{bmatrix},\boldsymbol{\Xi}=\begin{bmatrix}1&2\\0.25&0.8\\2&0\\0.5&4\end{bmatrix}$$

$$\boldsymbol{\Pi}=\begin{bmatrix}1&0&0&0\\0&0&1&0\end{bmatrix}$$

试用递推最小二乘法进行参数估计。

参考文献

陈明.信号与通信工程中的随机过程.北京:科学出版社,2005.

杜雪樵,惠军.随机过程.合肥:合肥工业大学出版社,2006.

郭尚来.随机控制.北京:清华大学出版社,2000.

郭业才,阮怀林.随机信号分析.合肥:合肥工业大学出版社,2009.

郭业才.通信信号分析与处理.合肥:合肥工业大学出版社,2009.

侯媛彬,汪梅,王立琦.系统辨识及其MATLAB仿真.北京:科学出版社,2004.

李必俊.随机过程.西安:西安电子科技大学出版社,1993.

李言俊,张科.系统辨识理论及应用.北京:国防工业出版社,2004.

李永庆,梅文博.随机信号分析解题指南.北京:北京理工大学出版社,2005.

刘次华.随机过程.武汉:华中科技大学出版社,2006.

刘嘉焜,王公恕.应用随机过程(第二版).北京:科学出版社,2006.

罗鹏飞,张文明.随机信号分析与处理.北京:清华大学出版社,2006.

马文平,李兵兵,田红心,等.随机信号分析.北京:科学出版社,2006.

毛用才,保铮.复高阶循环平稳信号的非参数多谱估计.电子科学学刊,1997,**19**(5):577-583.

毛用才,胡奇英.随机过程.西安:西安电子科技大学出版社,2001.

孙清华,孙昊.随机过程内容、方法与技巧.武汉:华中科技大学出版社,2004.

王宏禹.随机数字信号处理.北京:科学出版社,1998.

王永德.随机信号分析基础.北京:电子工业出版社,2005.

王志贤.最优状态估计与系统辨识.西安:西北工业大学出版社,2004.

杨福生.随机信号分析.北京:清华大学出版社,1990.

张贤达.时间序列分析—高阶统计量方法.北京:清华大学出版社,2001.

赵淑清,郑薇.随机信号分析.哈尔滨:哈尔滨工业大学出版社,1999.

朱华.随机信号分析.北京:北京理工大学出版社,1990.

George E P Box,Gwilym M Jenkins,Gregory C Reinsel.时间序列分析预测与控制.北京:中国统计出版社,1999.

James O Berger.统计决策论及贝叶斯分析.贾乃光,译.北京:中国统计出版社,1998.

S. M. Ross.随机过程.何声武,谢胜荣,程依明,译.北京:中国统计出版社,1998.